U0232845

中药材
无公害栽培生产技术规范

陈士林　董林林　李西文　徐　江　主编

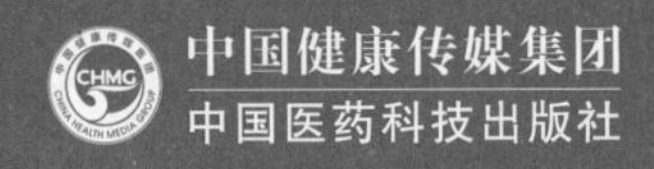

内容提要

本书是关于中药材无公害栽培生产的技术规范，针对当前中药材盲目引种、农药化肥不合理使用、优良新品种匮乏、质量标准缺失等生产实际问题，编者在总结十余年科学试验研究及技术推广的基础上，提出并构建了中药材无公害栽培生产技术体系，解决了优质药材栽培生产的关键性问题。本书内容分为上、下两篇。上篇系统地介绍了中药材无公害栽培的关键技术及技术应用案例；下篇共收藏43种中药材，分别翔实介绍了各品种种植的科学选址、田间管理、采收及加工等无公害栽培生产技术。本书内容科学、实用，技术先进简便，可操作性强，为保障中药材安全性和有效性，建立高品质药材生产规范。本书主要供中药材栽培生产技术人员及中药企业、药品监管、科研部门参考，也可作为院校师生及相关培训教材使用。

图书在版编目（CIP）数据

中药材无公害栽培生产技术规范 / 陈士林，董林林，李西文，徐江主编．—北京：中国医药科技出版社，2018.12

ISBN 978-7-5214-0636-8

Ⅰ．①中…　Ⅱ．①陈…②董…③李…④徐…　Ⅲ．①药用植物—栽培技术—无污染技术—中国　Ⅳ．① S567-65

中国版本图书馆 CIP 数据核字（2018）第 291136 号

美术编辑　陈君杞

版式设计　锋尚设计

出版　**中国健康传媒集团 | 中国医药科技出版社**

地址　北京市海淀区文慧园北路甲 22 号

邮编　100082

电话　发行：010-62227427　邮购：010-62236938

网址　www.cmstp.com

规格　787×1092 mm　1/16

印张　31 1/4

字数　685 千字

版次　2018 年 12 月第 1 版

印次　2018 年 12 月第 1 次印刷

印刷　三河市万龙印装有限公司

经销　全国各地新华书店

书号　ISBN 978-7-5214-0636-8

定价　158.00 元

《中药材无公害栽培生产技术规范》

编委会

统筹指导　程惠珍　任德权　张伯礼

主　　编　陈士林　董林林　李西文　徐　江

副 主 编　向　丽　李　刚　李　琦　户田光胤　余育启　沈　亮　马双成

顾　　问　郭巧生　郭玉海　陈　君　王文全　王建华　张永清

编　　委　叶　萌　陈中坚　王　瑛　程显好　开国银　刘友平　刘玉德　魏富刚　近藤健儿
刘思京　孟祥霄　尉广飞　刘　霞　丁丹丹　胡志刚　张乃㛃　于　强　余卫东
骆　璐　杨　俐　苏丽丽　王欢欢　熊　超　徐　雷　许亚茹　朱广伟　梁从莲
李孟芝　马婷玉　王　旭　梁乙川　王　瑀　沈　奇　钟均超　吴　杰　陈鸿平
庞晓慧　王　蕾　黄林芳　王　勇　张元科　俞磊明　孙　伟　杨　晓　李　钰
石召华　翟俊文　吴沙沙　鹿江南　李文佳　黄旗凯　梁成刚　汪　燕　刘志香
于东悦　焦作奎　段宝忠　崔　宁　张燕君　高　翰　刘　丹　胡帅军　黄辰昊
薛建平　郭梦月　钱广涛　胡娅婷　赵小惠　林瑞超　徐　燃　王　磊

前言

中药材无公害栽培生产技术体系是保障药材安全、有效的前提，是中药产业可持续发展的必要条件。然而，长期以来中药材无序生产、农药化肥不规范使用、抗性新品种匮乏、质量标准缺失等问题，严重制约了中药材产业的健康发展及产业升级。中药材的安全和质量成为全社会关注的焦点和中药材生产急需解决的问题。以生产无公害中药材为目标，建立标准化、规范化的无公害生产技术体系，已成为中药材生产和促进中药产业健康发展的必然选择。

我国中药材种类众多，生长环境与栽培技术都存在较大差异，栽培生产全过程涉及中药学、农学、环境科学、植物学、生物学、栽培学及管理科学等学科，需要融合多学科、多行业的新技术与新方法。为保障中药材的安全、优质、稳定、质量可控及资源的持续利用，促进中药现代化和国际化，实现中药材无公害栽培生产已势在必行。中国中医科学院陈士林教授长期开展无公害中药材栽培生产的理论与实践研究，建立了中药材无公害栽培生产技术体系。中药材无公害栽培生产技术体系，是基于《中药材生产质量管理规范》（GAP）、国家农业及相关中药材无公害质量标准，以栽培生产无公害中药材为目标的生产技术体系，主要包括：基于 GIS 空间信息技术的药用植物合理选址、抗性品种选育、合理施肥及病虫害综合防治、无公害质量标准等。针对中药材生产普遍存在的农药残留、重金属超标和种质退化、质量下降等突出问题，以中药材无公害栽培生产为目的，围绕产地生态环境、生产过程、产品质量等控制中药材质量的关键环节，在基于十余年的试验数据、推广基地的生产数据及药材主产区的调研情况基础之上进行总结与提炼，编写了《中药材无公害栽培生产技术规范》，系统阐释了中药材无公害栽培生产理论、方法与技术规范，从而科学构建了中药材无公害栽培生产技术体系，为实现无公害中药材栽培生产提供有力的理论基础和技术体系保障。

本书内容分上、下两篇。上篇全面系统介绍了无公害中药材及无公害中药材栽培生产概念、中药材栽培生产现状、中药材无公害栽培生产新技术体系构成和拟解决的关键问题，各章分别阐述了合理选址、抗性品种选育、合理施肥、病害综合防治和无公害中药材质量标准；下篇共收载 43 种中药材品种，分别翔实介绍了各中药材品种种植的科学选址、田间管理、采收及加工等无公害栽培生产技术。本书内容翔实、新颖、重点突出，具有鲜明的时代性与广泛的实用性，对于中药材生产、管理、科研部门具有参考价值。鉴于复杂生态因子及人为操作会不同程度的影响中药材生产，各中药材品种在实际引种和生产中应因地制宜，结合当时当地的实际情况进行相应的调整、合理规划与规范化生产。

感谢程惠珍研究员、任德权教授、张伯礼院士对本书的统筹指导！感谢郭巧生、郭玉海、陈君、王文全、王建华、张永清、王良信、钱忠直、刘春生、丁万隆、杨美华、陈清、左元梅、薛健、李世访等专家对书稿提出的宝贵建议！

鉴于本书作者经验和编写水平，技术体系的构建仍然需要进一步的完善，各中药材生产关键技术也有不足之处，敬请专家、同仁与读者指正。

编者

2018 年 10月

目录

上篇

中药材栽培生产理论与方法

绪论

无公害中药材栽培生产是一项系统工程，涉及中药学、农学、生物学、生态学、化学、环境科学等学科。无公害中药材即产地环境、生产过程和产品质量符合国家有关标准和规范要求，药材中有害物质（如农药残留、重金属等）的含量控制在相关规定允许范围内的安全、优质中药材。中药材无公害栽培生产技术是对影响药材安全质量的关键生产环节，包括对种植生产场地生态环境、肥料和农药使用、产品的运输及加工过程等中药材生产过程进行质量控制的技术。

中药材合理选址是无公害中药材生产前提，基于 GIS 技术对中药材生长环境进行栅格聚类分析，形成空间可视化的系统区划，避免因盲目选址造成的中药材病虫害频繁发生、质量下降等问题。新品种选育为无公害中药材生产提供资源保障。通过优质抗性品种选育及推广，降低农药使用量及频率。合理施肥有利于中药材无公害种植。依据中药材需肥规律，在以有机肥为基础的条件下实现各种养分平衡供应，减少化学肥料用量进而减少土壤污染。病虫害综合防治体系能减少农药残留。通过优先选用农业措施、生物防治和物理防治的方法建立病虫害综合防治体系，最大限度地减少化学农药的用量以减少污染和残留。基于中药材产地、市场、进出口检验等数据结合国内外中药材的相关标准，建立的无公害中药材的质量标准为其生产提供依据。通过将各环节关键技术的整合形成无公害中药材生产标准规程。中药材无公害栽培生产技术的实施，有利于减少农药及化肥使用，有助于生态环境和谐，保障中药材安全、助力其产业升级。

一、中药材生产现状

随着中药产业迅猛增长，野生药材资源不断减少，人工栽培已成为解决中药资源短缺的主要方式。人工栽培过程中，种植环境选择，水、肥、农药等不当使用及加工贮藏等环节均可造成中药材农药残留和重金属及有害元素的超标，此外由于生态环境的恶化，土壤及水体中农药残留及重金属等污染物也造成中药材农药残留及重金属的超标。大多数中药材的种植需要特定的生态区域，而盲目的产地选址导致中药材病害频繁发生、种质退化、质量下降。中药材有效性和安全性受到质疑，严重制约中药材产业的可持续发展。因此发展无公害中药材生产，建立标准化、规范化技术体系，已成为中药材生产发展和促进中药产业健康发展的必然方向和迫切需要。

（一）无序生产方式阻碍中药材产业可持续发展

中药材种植过程中无序生产，农药、化肥等不规范使用是导致中药材农残、重金属超标的关键环节。与农作物相比，中药材不仅种类繁多、药用部位复杂，而且其产区多样、生物学特征差异显著，这就决定了中药材病虫害具有种类多、发生规律各异等特点。如宁夏枸杞 *Lycium barbarum* 的果实（枸杞子）和根皮（地骨皮）均可入药，枸杞在生长过程中可能会受到近 70 种害虫侵袭。多年生中药材地下病虫害普遍发生，防治难度极大。随着科技发展，中药材病虫害防治取得了一定进展，但现阶段防治过程中仍存在防治无序、滥用化学农药等现象，严重影响了药材质量和安全。由于产地选址不当、产地环境质量不达标所导致的中药材农残、重金属超标，药用品质下降等问题，已严重影响了中药材的质量、安全与声誉，成为中医药事业发展及迈进国际市场的重要阻碍之一。因此，通过 GIS 信息技术指导中药材合理选址，开展适宜当地的优质抗逆新品种的选育，以合理施肥及病虫害综合防治为主的田间管理体系，实现中药材种植标准化、规范化，保障中药材种植产业转型及快速发展。

（二）质量标准缺失制约中药材产业升级及国际化发展

中药材质量问题已逐步得到了人们的重视，《中药材生产质量管理规范（试行）》于 2002 年由原国家食品药品监督管理局颁布，《中药材生产质量管理规范（修订草案征求意见稿）》已于 2018 年公开征求意见，规范中包含了对生产基地、种子种苗、种植管理、采收加工等环节的要求，为保证药材质量，促进药材规范化生产提供了依据，是指导中药材生产加工的总则。但中药材重金属污染和品质下降等问题依然严重，现阶段无公害中药材产地环境的相关细则尚属空白，中药材产地区划方法原始，缺乏科学指导。种植基地的大气、土壤及灌溉水质量是中药材农残、重金属控制的重要环节，地理位置、气候条件和土壤类型是影响药用品质的基本因素，作为中药材生产的源头，开展无公害中药材产地环境质量标准研究具有重要意义。

（三）农残及重金属等超标影响中药材安全性及有效性

中药材作为防病、治病的特殊商品，应具备安全、有效、质量稳定可控的特性。然而，随着中医药产业的快速发展，野生中药资源已难以满足人们日益增长的用药需求，人工种植已成为保证中药材市场需求和可持续发展的重要手段。中药材是中药产业的源头，药材质量的优劣关乎中药产业的兴衰。我国有药用植物 12 000 余种，其中人工种植的药用植物已达 300 余种，供应量约占全国中药市场的 80%，而且种植面积还在逐年增加。种植过程中病害频发，农药的不规范使用，导致农药残留超标，危害环境安全及人体健康。现阶段中药材重金属污染等问题普遍存在，如冬虫夏草的砷严重超标问题等，导致部分中药产品退出国外市场。据不完全统计，有相当比例中药材重金属和农药残留量不符合标准，包含川芎、细辛、茵陈、枇杷叶、猪苓、红花、金银花等，黄芩中检测到多种有机磷类杀虫剂残留含量。各国对中药材的进口均采取严格审查和检测措施。中药材常见的农药残留包括有机氯类、有机磷类、氨基甲酸酯类、拟除虫菊酯类等，多种残留物具有剧毒或高毒性，危害人类健康。

中药材种植产业起步较晚，发展薄弱，虽然自《中药材生产质量管理规范（试行）》颁布以来，我国实行中药材规范化生产已十余年，药材种植业已由粗放生产、广种薄收的模式逐步向精细、集约、高产、高品质的方向转变，中药材GAP已形成业内共识，然而种植过程中农药、化肥等不规范使用仍导致中药材农残、重金属超标，制定无公害种植规范与标准是种植产业转型及快速发展的重要环节。随着人们生活水平的提高，对优质安全药材需求与日俱增，生产低农残、高品质药材已成为中药材产业发展的必然趋势，中药材的安全性及有效性是其生产的最终目标，优质中药材也是满足市场多元化的需求。因此，中药材农残、重金属及有害元素含量限量指标是检验产品质量的关键指标。

依据产品的属性，中药材可以划分为：普通中药材、无公害中药材、绿色中药材及有机中药材（绪表-1）。普通中药材是产地环境、种植及加工过程达到普通药材生产规定，药材质量达到《中国药典》标准可进行市场流通的中药材。无公害中药材即产地环境、种植及加工过程符合《中药材生产质量管理规范》，种植过程允许部分使用符合国家标准的农药、化肥、激素等，药材中有害物质（如农药残留、重金属等）的含量控制在相关无公害管理规定允许范围内的优质中药材，质量高于药典规定。绿色中药材即产地环境、种植及加工过程符合国家有关绿色标准和规范要求，经有关部门认定的优质中药材，质量等级优于无公害中药材。有机中药材即根据有机农业生产要求，遵循自然和生态规律，生产及加工过程中禁止使用农药、化肥、激素等人工合成物质及基因工程技术，经独立有机机构认证的纯天然优质中药材，质量等级优于绿色中药材。无公害、绿色及有机中药材按照GAP标准进行生产，GAP是中药材无公害生产的核心基础，无公害生产是GAP的关键内容。

绪表-1　中药材种植等级规范

类型	产地环境	肥料使用	农药使用	质量标准
普通中药材	符合普通农产品产地环境标准	符合国家或农业部制定的普通农产品肥料使用标准	符合国家或农业部制定的普通农产品农药使用标准	药典标准
无公害中药材	1. 符合《中药材生产质量管理规范》 2. 空气环境质量应达到GB/T 3095-2012二级标准要求，种植地土壤必须符合GB 15618-1995二级标准要求，灌溉水质量必须符合GB 5084-2005的规定要求	1. 符合《中药材生产质量管理规范》 2. 参照使用符合国家无公害农产品生产的化肥	1. 符合《中药材生产质量管理规范》 2. 参照使用符合国家无公害农产品生产的农药	1. 药典标准 2. 无公害农残和重金属及有害元素限量标准
绿色中药材	1. 符合《中药材生产质量管理规范》 2. 空气质量要符合GB 3095-2012中的二级标准，生产灌溉水质要求应符合GB 5084-2005标准要求，土壤环境质量要符合GB 15618-2008中的二级标准	1. 符合《中药材生产质量管理规范》 2. 限制性使用符合国家标准的化肥、生长调节剂	1. 符合《中药材生产质量管理规范》 2. 限制性使用经审批合格可应用于中药材生产的农药	1. 药典标准 2. 绿色认证

续表

类型	产地环境	肥料使用	农药使用	质量标准
有机中药材	1. 符合《中药材生产质量管理规范》 2. 空气质量要符合 GB 3095-2012 中的二级标准，生产灌溉水质要求应符合 GB 5084-2005 标准要求，土壤环境质量要符合 GB 15618-2008 中的二级标准	1. 符合《中药材生产质量管理规范》 2. 使用获得认证的有机肥；禁止使用化肥、生长调节剂等化学合成品	1. 符合《中药材生产质量管理规范》 2. 禁止使用农药、除草剂等	1. 药典标准 2. 有机认证

二、中药材无公害栽培生产技术体系

中药材无公害栽培生产技术对影响药材安全质量的生产环节，包括种植基地生态环境、优良品种、肥料、农药、产地加工及运输储藏等环节进行质量控制，确保获得安全、优质的中药材。我国中药材无公害种植研究基础薄弱，无序生产和不规范使用农药导致农残超标，严重影响中药疗效与安全。中药材无公害生产技术体系为我们提供了突破无公害中药材产业瓶颈的新途径。主要包括：基于 GIS 信息技术的中药材产地选址技术，以现代组学方法为主辅助药用植物的精细育种技术，以宏基因组学指导土壤复合改良技术，药用植物合理施肥及病虫害的防治技术。基于 GIS 技术创建了空间可视化和栅格空间聚类分析结合的系统区划，指导药用植物无公害引种和合理规划生产布局。通过解析基原物种基因组、转录组等遗传背景，辅助药用植物优良品种选育技术体系，提高育种效率，为无公害中药材提供源头保障。通过宏基因组学解析药用植物种植对土壤微生态调控作用，建立“土壤消毒＋绿肥回田＋菌剂调控”的土壤复合改良技术。基于需肥规律建立药用植物基肥及追肥的施肥技术，减少化肥使用量。针对病害类型及发病规律，建立病虫害的综合防治方法，形成药用植物病虫害无公害防治技术体系，精细田间管理，减少农药及化肥使用，有助于生态环境和谐，保障中药材安全并助力其产业升级。

无公害中药材生产技术规程是生产体系的具体操作规范。规程以生产无公害中药材为目的，涵盖产地环境、生产过程、产品质量等控制中药材质量的关键环节。无公害中药材生产产地生态环境应依据 GMPGIS-II 计算得到的生态因子阈值及区划进行产地的选择，空气环境质量应达到 GB/T 3095-2012 二级标准要求，种植地土壤必须符合 GB 15618-1995 二级标准要求，灌溉水质量必须符合 GB 5084-2005 的规定要求。针对中药材生产情况，选择适宜当地的抗病优质品种，加强优良种子及种苗的培育；无公害中药材合理施肥应符合使用肥料的施用原则和要求，肥料的种类按 DB13/T 454 执行。遵循“预防为主，综合防治”的植保方针，以改善生态环境、加强栽培管理为基础，优先选用农业防治、生物防治和物理防治的方法，禁止使用高毒、高残留农药及其混配剂，最大限度地减少化学农药的用量，以减少污染和残留。此外产品质量达到无公害中药材质量标准，其中高毒性、高检出率的农药残留及铅、镉、汞、砷、铬等重金属及有害元素限量达到无公害中药材质量通用标准。

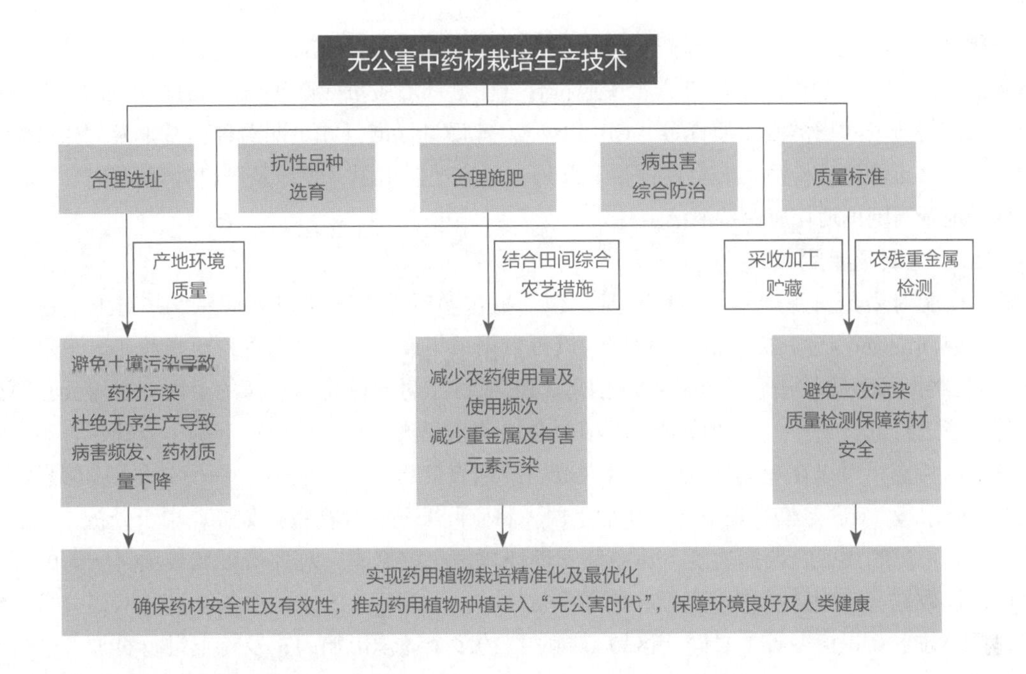

（一）生产基地选址及基地环境

1. 生产基地选址

“诸药所生，皆有境界”，任何一种中药都有特定的地理分布和生长环境。无公害中药材生产基地选址必须遵循地域性原则，根据中药材物种的生物学特性，因地制宜，合理布局。开展中药材生产生态区域选址，分析中药材的适宜生长区域，选择生产基地，是实现中药材无公害生产的首要环节。

20世纪80年代有学者将数值分类、模糊数学等数学方法应用于中药生产气候适宜性研究，但由于缺少生态环境因素等综合效应评价，存在一定局限性。近年来，3S技术［地理信息系统（Geographical Information System，GIS），遥感（Remote Sensing，RS），全球定位系统（Global Positioning System，GPS）］在中药材绿色生产基地建设中得到广泛应用。陈士林课题组将GIS的空间可视化技术和数值定量评价应用于中药材产地生态适宜性分析，建立了一套较为完整、量化的中药材地域生态适宜性系统评价指标体系和数值区划方法。研发的中药材产地适宜性分析地理信息系统（Geographic Information System for Global Medicinal plants II，GMPGIS-II），采用气象数据与土壤数据栅格空间聚类分析方法，对中药材在全国范围内进行了生态适宜区筛选和评估，优选出最适宜中药材生产区域。其多因子模糊综合评价模型不仅能全面客观评价多个环境生态因子对评价单元的综合影响，而且能确定每个评价单元的不同生态相似度，科学、快速、准确地分析出与药材生态条件最适宜地区。GMPGIS-II为中药材的迁地保护、引种栽培、中药材生产基地提供了评价技术平台，避免盲目引种栽培以及由此产生的中药材品质下降和生产无序发展。

2. 产地环境质量评价

中药材是一种特殊商品，安全性至关重要。无公害中药材生产基地应远离城市、公路、工业园区，周围无潜在的工矿污染源，如化工企业、水泥厂、石灰厂、矿厂等。《中药材生产质量管理规范》(试行)规定,中药材产地的环境应符合国家相应标准,空气应符合《环境空气质量标准》GB 3095-2012 二级标准;土壤应符合《土壤环境质量标准》GB 15618-1995 二级标准;灌溉水应符合《农田灌溉水质标准》GB 5084-2005 质量标准。并定期对种植基地及周边环境水质、大气、土壤进行检测和安全性评价。此外,还应把握水源、肥源及肥料处理,生产、加工、贮藏场地及周围场地均应保持清洁卫生。

3. 产地环境监测

GPS 能对中药材生产基地进行精确定位,提供实时而准确的空间信息,并对卫星遥感影像进行空间配准,还可作为 GIS 的数据源进行数据采集或对已有数据进行更新修正。卫星遥感(RS)资料图像包含波谱、空间和时间信息,RS 监测作为一种监测农情的手段有着得天独厚的优势,能进行高分辨率、多角度、多时项的对地动态观测,具有实时、准确、方便、客观、快速及时的特点,可以在短期内连续获取大范围的地表信息,自动成图,是 GIS 的重要信息源和数据更新手段。GIS 是信息提取与分析的手段,将空间关系和属性数据集成,用于分析、表达空间关系。可以利用 GIS 数据功能,建立和管理环境信息数据库,对评价区域或项目所需的环境评价属性数据和空间数据进行查询、更新和提取,同时利用 GIS 空间分析功能(网格分析、邻近分析、数字高程模型等)对同一区域不同时段的多个环境影响因素及特征进行叠加,分析区域环境质量与其他因素之间的相关关系,从而对区域环境质量进行对比。3S 技术在农业生态环境监测与质量评价、精准农业、农业资源监测和管理、土地利用变化监控等方面广泛应用。利用 3S 技术对一定面积的无公害中药材种植基地环境进行监测与跟踪,具有直观、时效快、客观性强等优点。建设无公害中药材生产基地应在地域性、安全性的前提下,结合实际情况综合考虑当地交通、经济状况、投资环境、人文状况等社会环境因素,使之具有可操作性。基于 3S 技术的无公害中药材生产基地环境动态监测是发展方向。

(二)种植过程

1. 种植模式

栽培是中药材资源再生的主要途径,依据栽培环境的差异,栽培方式主要包括野生抚育和传统栽培等方式,保障中药材资源再生。

大田栽培(field cultivation):依据中药材的生物学特性精耕细作,用地与养地结合,是将农、林、牧相结合的一类栽培措施。目前,多种中药材形成了较为成熟的大田栽培的技术体系,例如人参的农田栽种模式,已经形成了一套完整的技术体系,包括选地、整地、搭建遮阴棚等,并且在栽培过程中水肥管理、田间清洁、防止提前倒苗等田间管理措施;又如大田栽培菊花技术体系包含:抗逆品种的选择,定值前做畦,种植过程中水肥管理、修剪、病虫害防治等关键技术。大田栽培多选择农田进行中药材的生产,然而近年来高强度的耕作措施导致土壤环境的恶化,因此中药材的生产应结合其生物学特性,对产地环境、种植过程、产品检测等环节加强监控,保障中药材的安全及有效。

仿生栽培(bionic cultivation):为模仿生物自然规律栽培药用植物的方法。如根据植物异株克生进行合理间作、轮作、套作,改善生态和生理状况,进一步提高栽培效益。以三七为例,林下栽培可利用树木或遮阴棚进行光调节,林中土壤病原菌含量少,且林中低温、适水等自然条件有助于三七的生长发育，林下栽培模式可有效的缓解传统种植模式下连作障碍导致土地紧缺，提供高品质三七药材，促进多元立体三七栽培模式发展；冬虫夏草设施仿生的栽培模式，取得较为成熟的技术体系并进行应用；模拟野山参生长环境实行林下栽培石柱参、黄连、石斛等林下栽培都是仿野生栽培的典型。

中药材野生抚育（wild medicinal materials tending）：为一种新兴的药材生产方式和中药资源可再生技术。它是根据动植物药材生长特性及对生态环境条件的要求，在其原生或相似的环境中，人为或自然增加种群数量，使其资源量达到能为人们采集利用，并能继续保持群落平衡的一种药材生产方式。其中，药用植物野生采集和栽培的有机结合。中药材野生抚育的基本方式有：半野生栽培、封禁、人工管理与补种、仿种等。林下山参是典型野生抚育的代表；在四川甘孜州康定折多山高山灌丛及高山草甸中人工模拟野外群落，建立的川贝母野生抚育基地是半野生栽培的案例；甘草、麻黄的围栏养护是封禁培植的代表；带根移栽刺五加、五味子的育苗补栽是人工管理与补种的示范。其他较成功的中药材野生抚育的品种还有益智、细辛、金线莲、天麻、灵芝、金莲花、猫爪草、绞股蓝、川龙薯蓣、八角莲、紫萁贯众、淫羊藿等。作为一种重要的人工种植的互补技术和中药材生态产业新模式，中药材野生抚育适用于人工种植品质变异、占用耕地、引种困难、珍稀濒危的药材品种。由于野生抚育药材是在原生态环境中生长，远离污染源，人为干预少，不易发生病虫害，能提供高品质野生药材。野生抚育模式下药材采挖和生产是在生物群落动态平衡的基础上进行，具有药材生产与保护生态环境双赢协调发展的独特优势。在保护珍稀濒危药材、生物多样性和中药资源的可持续合理利用中发挥重要作用。

2. 品种选择及田间管理

品种选择，应在选择优质、高产品种的同时要选择抗病、抗虫及适应性广的品种，这样既保证了中药材良好的药性，还可减少农药的使用量及使用次数，使其真正达到无公害的标准。土壤是药用植物生长发育的最直接的环境，水、热、营养等因素通过土壤供给。但由于土壤可能含有杂草种子、细菌和真菌等有害物质，故在种植中药材前需对土壤进行整理，如清理杂质、耕作等，通过整地改善土壤的水分、养分、通气条件，有利于土壤微生物活力，促进植物根系生长发育，提高成活率，降低病虫草害，减少农药使用。播种育苗种子种苗的质量影响到中药材质量与产量。选择高纯度、高净度、高发芽率的种子，及抗逆性强，饱满完整、外形整齐，个大、活力高，健康不带病菌害虫的品种，有利于种子发芽、生长，可有效地控制、降低中药材生长过程中农药的使用。应对种子种苗进行品质检验与检疫，并按照GAP进行管理，从而保证无公害栽培中药材质量。

3. 合理施肥

如为提高产量而过度施用化肥，将使中药材安全性问题突出，品质降低。如氮肥施用过多，土壤中硝酸盐浓度增高，造成严重污染；施用过多磷肥会使有害重金属如铬、铅等超标。因此，应尽量施用无害化处理的有机肥料（如堆肥、沤肥、厩肥、沼气肥、绿肥、饼肥等）及经国家有关部门审批合格的化肥、微生物肥、腐殖质类肥料、叶面肥等；而且所施有机肥应充分腐熟达到无公害化卫生标准，并采用点施或深施，减少有机肥可能对种植中药材直接或间接地接触；同时，注意要科学施肥，包括施肥量、施肥时期、施肥方法和肥料养分配比；特别注意，严禁施用各种未经国家允许使用的工业垃圾、城市生活垃圾、医院垃圾，以免对土壤及中药材带来污染。

（三）病虫害综合防治技术

中药材病虫害种类多，危害重，无公害中药材病虫害防治应遵循“预防为主，综合防治”的植保方针。综合防治是从生物与环境的整体观点出发，本着预防为主的指导思想和安全、有效、经济、简便的原则，因地制宜，合理运用农业、生物、化学、物理的方法及其他有效的生态手段，把病虫害危害控制在经济阈值以下，以实现经济、社会、生态效益的目的。同时应加强无公害中药材病虫害防治的无污染新技术研究。

施用高毒、高残留农药及不规范地使用农药，造成中药材农药残留超标，从而极大危害人类健康，可致急性中毒，有的长期蓄积会引起许多慢性疾病。因此应科学施用农药，坚持预防为主。应优先选择生物农药，在必需使用化学农药时严格选用高效、低毒、低残留的化学农药，允许使用植物源杀虫剂、杀菌剂、拒避剂和增效剂（除虫菊素、大蒜素等）、活体微生物农药（真菌制剂、细菌制剂、病毒制剂）、矿物源农药（硫制剂、铜制剂）以及农用抗生素（春雷霉素、浏阳霉素）等。使用农药严格按照《农药安全使用标准》（GB 4285-89）和《农药合理使用准则》（GB/T 8321）的要求，禁止使用国家明令禁止的高毒、剧毒、高残留的农药及其混配农药品种。

1. 预测预报技术

植物病虫害预测预报是根据植物病虫害流行规律分析、推测未来一段时间内病虫分布扩散和为害趋势的综合性科学技术。准确的病虫测报，可以增强防治病虫害的预见性和计划性，提高防治工作的经济效益、生态效益和社会效益，使之更加经济、安全、有效。

2. 农业防治技术

农业防治是通过调整栽培技术措施减少或防治病虫害的方法。具有安全有效、简便易行、成本低的优点。主要措施有选用抗病虫品种，调整品种布局，选留健康种苗，轮作、深耕灭茬，调节播种期，合理施肥，及时灌溉排水，适度整枝打杈，搞好田园卫生和安全运输贮藏等。如将穿心莲播种期由4～5月调整在2～3月初播种，可避免或减轻立枯病、枯萎病和疫病的发生和危害，从而获得高产；红花适期早播，可以避免炭疽病和红花实蝇的危害。

3. 物理防治技术

物理防治是利用物理因子防治有害生物生长、发育、繁殖的方法，包括用温度、光、电磁波、超高波、核辐射等物理方法来防治植物病虫害。一般用于有害生物大量发生之前，或作为有害生物已经大量发生为害时的急救措施。

（1）灯光诱杀　利用频振式杀虫灯诱杀肉苁蓉地下害虫黄褐丽金龟及其寄主梭梭害虫草地螟，虫口基数大为降低，取得了很好的防治效果；对化橘红采取灯光诱集，人工捕杀的防治措施，显著降低曲牙土天牛虫口数目。

（2）物理阻隔技术　单层高分子膜——高脂膜能有效抑制盐肤木上芒果蚜越冬卵的孵化而且“杀”低龄若蚜效果明显，又不影响天敌的活动，是一种防治微型昆虫的新方法。应用地膜覆盖隔离技术防治枸杞红瘿蚊，可在枸杞红瘿蚊成虫羽化出土产生危害前，完全将越冬的枸杞红瘿蚊成虫封闭于膜下隔离封杀，对枸杞红瘿蚊的防治效果在98%以上，防治持效期可维持至枸杞全生长期。

（3）仿生植保技术　采用仿生技术防治枸杞木虱、枸杞蚜虫、枸杞红瘿蚊及金银花忍冬圆尾蚜等害虫，于秋季害虫越冬期将仿生胶喷施于越冬场所及目标植物表面，可显著降低越冬害虫的数量和越冬质量，早春害虫发生初期再次喷施控制建群种群数量，可将害虫数量全年控制在防治指标之下。生长季节在诱集植物表面喷施仿生胶，能够在数周时间内持续诱捕靶标害虫，避免施用农药，实现安全防控的目的。

4. 生物防治技术

生物防治是利用生物或其代谢产物控制有害生物种群的发生、繁殖或减轻其危害的方法。一般利用有害生物的寄生性、捕食性和病原性天敌来消灭有害生物，如以虫治虫、微生物治虫、以菌治病等方法。具有对环境污染小，无公害优势，为解决中药材免受农药污染的有效途径。

（1）应用天敌昆虫防治中药材害虫　在金银花害虫咖啡虎天牛幼虫体表发现寄生性天敌昆虫后，学者开展了管氏肿腿蜂人工扩繁及防治中药材蛀茎害虫的应用研究。使肿腿蜂的贮存寿命从20～40天延长至200天以上，保证了肿腿蜂繁殖及生产用蜂的需要。肿腿蜂对金银花天牛、菊花天牛、玫瑰多带天牛、罗汉果愈斑天牛田间寄生率达50%～70%，且有明显的田间持续控制效能。防治效果均在50%以上。

（2）利用拮抗微生物防治中药材根病技术　如多种木霉对人参锈腐病的室内拮抗作用和田间防治效果较好。利用生防菌和有机添加剂“Mx”防治人参锈腐病，防治效果达60%以上。木霉菌对黄芪根腐病菌、北沙参菌核病菌、西洋参立枯病菌、丹参根腐病菌及款冬花菌核病菌有较强的拮抗作用，优于常用农药。

（3）植物源农药防治技术　植物源农药是利用药用植物具有杀虫、杀菌等特性的功能，提取其活性成分加工而成的药剂。由于源于自然，具有对人、畜安全，不污染环境、不易引起抗药性，在自然环境中易于降解等优点，已成为当今农药研究与开发的热点。植物源杀菌剂对西洋参叶斑病的防治效果达到65%以上，植物杀虫剂对密银花蚜虫的防治效果达到75%以上，实现了部分替代化学农药在无公害中药材生产中的使用。

5. 化学防治技术

化学防治具有快速、高效和成本低等优点，已在药用植物病虫害防治中发挥了重要作用，目前仍为防治病虫害的重要手段。但使用不当会杀伤有益生物，导致有害生物产生抗药性，污染环境，造成药材农药残留超标，药材品质下降。因此，化学农药的安全评价和使用技术是无公害中药材安全生产的重要内容。有学者提出吡虫啉在枸杞、金银花等药材上的安全使用技术；提出防治枸杞主要害虫农药安全使用技术，试验农药在枸杞果实中的最大残留限量（MRL）建议值和安全间隔期，拟定《枸杞蚜虫防治农药安全使用技术》和《枸杞瘿螨防治农药安全使用技术》标准。

（四）采收、产地加工和包装储运

1. 采收

药材的采收直接影响到药材的质量和产量，采收时间和采收方法是关键环节。适时采收包括采收期和采收年限。不同生产区域的采收期各不相同，如在江苏栽培的太子参于7月上旬采收，而西部贵州的高海拔区则推迟至9月；多部位入药的药材的采收时应兼顾各个部位的适宜采收期。根据药材质量并参考传统采收经验等因素确定适宜采收方法，严格按照安全间隔期施农药及合理确定采收时间；采收工具、机械应保持清洁卫生、无污染，存放在清洁干燥场所；采收时应避免人为损伤，剔除非药用部位、破损腐烂变质部分和异物，并注意保持药材的完整性，避免影响药材品质和商品等级。

2. 产地加工技术

为了保证无公害中药材内在质量可靠稳定，符合制药原料要求，除了规范药材的产地、品种、栽培方法、采收时间外，还必须对药材的产地加工进行科学研究和分析整理，筛选确定科学合理的药材的产地加工方法。药材的产地加工是指药材在收获起土后的挑选分级、冲洗、整理、扎把、晾干、薰烤、切制等粗加工过程。该过程对药材质量产生非常严重的影响。中药材产地加工的研究不足，已成为中药材的无公害的“瓶颈”。

目前产地加工过程仍较粗放，存在诸多问题：厂房和加工设备陈旧，无法保证中药饮片质量；在中药材的产地加工过程中存在污染问题，如用于清洗药材的水质污染，石灰脱水、硫磺熏蒸漂白杀虫、刮皮、染色，导致二氧化硫、重金属超标、有效成分损失和改变、毒性增加等药材质量问题；产地加工不规范，缺乏统一标准。实施过程所用的操作规程（SOP），大多沿袭传统加工方法，很少经过科学的分析和论证，由于各地产地加工方法各异，标准不一，造成同一种药材甚至同一规格的药材质量差异大。解决措施：参考GMP相关标准，建立设施先进、检测手段齐全的现代化中药饮片加工厂；在无公害中药材的生产过程中，要规范中药材实行GAP标准，按照中药材炮制法规或规范，在产地加工过程中做到无公害，符合环境保护要求，确保种植后的无公害中药材在加工中不会受到二次污染，符合入药标准；建立和规范统一药材产地加工标准，进一步评价传统产地加工方法的合理性，并充分地认识到不足，建立更加科学的产地加工理论体系；建立加工品的质量评价标准，特别是重金属、农药残留等有害物质含量，有效成分或主要成分含量要符合国家的有关规定。慎重采用硫磺熏制，传统硫磺熏制品种，必须增加二氧化硫的含量限值，冲洗的水质应符合标准。加工场地清洁、通风良好，有防雨、防尘、防晒、防虫鼠禽畜设备和设施。以确保药材质量，符合无公害中药材的要求。

3. 包装、贮运技术

中药材经过产地加工后需要进行包装，以利于保证中药材质量和贮运。中药材有商品规格和等级之分，产地应将药材分级包装。包装材料符合食品级材料标准要求；不得与有毒、有害和有异味物品混贮，贮存环境和运输工具要保持清洁卫生、阴凉、干燥，参照国家有关标准，严格控制和降低害虫、环境污染物及重金属、黄曲霉毒素等有害物质对中药材的污染。

（五）中药材无公害质量控制技术

应从内在和外在因素进行无公害中药材的质量控制。内在因素主要包括有效成分的组成和含量。外在因素包括中药材的外观要求和杂质含量以及外源性有害残留物限量（农残、重金属等）。

1. 农药残留检测技术及限量标准

我国出口的中药材在欧美等国际市场上多次因农药残留超标等原因被查扣，农药残留污染已成为中药材走向世界的障碍，成为当前无公害中药材生产中亟待解决的重要问题。

（1）检测技术　主要为色谱及其联用技术，包括薄层色谱法（TLC）、气相色谱法（GC）、气相色谱质谱法（GC-MS）、高效液相色谱法（HPLC）、高效液相色谱质谱法（LC-MS）等。

（2）限量标准　2015 年版《中国药典》附录中规定了 31 种有机氯类农药、12 种有机磷类农药、3 种拟除虫菊酯类农药的测定方法和 2 种农药多残留量测定法，但只给出了几种中药材中农药残留的限量标准，相比国际上制定的标准，范围覆盖面较窄。

2. 重金属含量检测技术及限量标准

对人体毒害最大的重金属包括铅、镉、汞、砷、铬、铜等，其毒性作用在于重金属进入人体后，使蛋白质变性，酶失活，组织细胞出现结构和功能上的损害，导致不同类型的中毒性肾病、抗生育、骨质疏松及变形、神经系统损害、致突变，甚至致癌等。

（1）检测技术　主要为光谱及其联用技术，包括比色法、原子吸收光谱法、原子发射光谱法、原子荧光光谱法、紫外分光光度法、电感耦合等离子体质谱法等。色谱技术应用相对较少，如高效液相色谱法。

（2）限量标准　随着中药重金属污染越来越受到关注，许多国家与地区都制定了中药重金属限量标准，并且越来越严格。2001 年我国制定了中药的第一个进出口质量标准《药用植物及制剂外经贸绿色行业标准》（WM2-2001），这也是我国中药的第一个绿色标准，该标准对进出口中药重金属限量进行了统一规范。2004 年商务部发布 WM/T2-2004 代替 WM2-2001。2015 年版《中国药典》亦增加了中药材中铅、镉、砷、汞、铜 5 种有害元素的测定方法和在规定实验条件下能与硫代乙酰胺或硫化钠作用显色的金属杂质检查方法，以及二氧化硫残留量测定法和黄曲霉毒素测定法。另外，2015 年版《中国药典》对中药注射剂品种全部增加了重金属和有害元素限度标准。在国外，日本及韩国继 2005 年发布中药材重金属等行业新标准后，近几年又相继公布了新的中药材重金属许可标准与检测方法。

3. 真菌毒素检测技术及限量标准

真菌毒素（Mycotoxin）是由真菌产生的具有毒性的二级代谢产物，主要包括黄曲霉毒素（AnatoxinS，AF）、脱氧雪腐镰刀菌烯醇（Deoxynivalenol，DON）、展青霉素（Patulin）、赭曲霉毒素 A（OehratoxinA，OTA）、玉米赤霉烯酮（Zearalenon，ZEA）等。多种毒素具有毒性、致癌性、致突变性和致畸毒性。

检测技术主要有色谱及其联用技术，包括薄层色谱法（TLC）、气相色谱分析法（GC）及其联用技术、高效液相色谱法（HPLC）及其联用技术、免疫分析技术等。2004 年，FAO 通报了各国有关真菌毒素的管理状况（Worldwide Regulations for Myeotoxins in Food and Feed 2003）。2003 年底至少有 99 个国家在食品和（或）饲料方面建立了关于真菌毒素的法规。目前少数国家和地区对药材制定了 AF 和 OTA 的限量标准（COMMISSION No.165/2010；COMMISSION No. 105/2010；COMMISSION No. 1126/2007；COMMISSION 1881/2006）。

目前我国常用中药有害残留物的检测技术相对薄弱，限量标准及相关的数据库不健全，还没有全面地对可能的污染来源进行分析和监控。同时由于水源、土壤、大气污染、种植及产地加工不科学，化肥和农药使用的不规范加重了中药材中重金属、农残等有害物质的含量超标，极大地影响了中药材的质量。因此，如何从源头上控制中药材的质量，是无公害中药材质量控制技术重点探索的问题。

三、中药材无公害生产技术拟解决的关键问题

针对中药材无序生产、不规范使用农药等问题，通过 GIS 信息技术指导药用植物精准选址，避免盲目选址导致的病虫害频发，土壤农残及重金属超标等问题，为无公害中药材生产提供前提；以现代组学方法辅助药用植物抗病新品种的选育，减少农药的使用量，为无公害中药材生产提供源头保障；以合理施肥及病虫害综合防治为主的田间精细管理，为无公害中药材生产提供技术支撑。无公害质量标准体系的建立为高品质药材建立规范。在全国多个贫困县指导开展了无公害中药材生产布局；基于病虫害基因检测技术和无公害农药安全性评价技术，人参、三七、丹参、西洋参、五味子、桔梗等中药材的化学农药用量减少 20%～80%。中药材无公害生产技术体系的应用获得了显著的社会、经济及生态效益。

（一）避免无序生产致病害频发、品质下降，实现栽培精准化及最优化

中药材无公害栽培技术依据生物技术、信息技术等多学科为基础的面向中药材生产的农业管理，解决药用植物种植中产地选择、品种选育、土壤改良、施肥管理、病害防治等关键问题，实现中药材栽培的精准化及最优化。基于 GIS 技术创建了空间可视化和栅格空间聚类分析相结合的系统区划，在全国多个贫困县开展了无公害中药材生产布局，产生了很好的反响。

（二）减少农药化肥的使用，保障环境友好及人类健康

通过解析中药基原物种全基因组、转录组等遗传背景，建立药用植物品种选育技术体系，构建了抗性品种选育平台，完成了优良品种选育，并获得新品种和良种证书，使病虫害发生率降低。通过宏基因组学解析药用植物种植对土壤微生态环境的影响，建立“土壤消毒＋绿肥回田＋菌剂调控”的土壤复合改良技术。基于需肥规律建立药用植物基肥及追肥的合理施肥技术，减少化肥使用量。针对病害类型及发病规律，在药用植物种植前（土壤改良）及种植过程中建立了基于病虫害农业防治、化学防治、物理防治及生物防治的综合防治方法，形成中药材病虫害的无公害综合防治技术，无公害种植基地通过 GAP 或 GACP 认证，保障药材安全。中药材无公害精细栽培技术体系，保障药材的良性发展，使中药材生产规范化及精细化。如：目前无公害人参药材质量标准缺失，特别是农药残留问题严重，已经成为人参走向国际的主要瓶颈之一。针对上述问题，科研人员通过多年农田栽参研究数据及产区调研结果，制订了人参无公害农田栽培技术体系，通过土壤修复，病虫害综合防治平台的建立，抗逆新品种培育等关键技术，以促进农田栽参种植产业的健康可持续发展。无公害人参药材精细栽培体系包含基于 GIS 技术的基准选址技术、农田栽培品种的筛选、农田人参育苗和移栽种植模式的建立、土壤的复合改良、合理施肥及病虫害防治。该模式提供了由伐林栽参向农田栽参转型发展的新途径。

（三）建立无公害中药材质量标准，为高品质药材树立规范

农药残留量及重金属含量是影响药材品质及安全的重要因子，制约中药材可持续发展。同

时以安全性为主要依据对中药材进行品质等级划分，使市场更加多元化，是中药材产业整体升级发展的必然选择。如:《无公害三七药材及饮片农药与重金属及有害元素的最大残留限量》规定了206项农药残留、5项重金属及有害元素的限量标准，对中药材的品质发展具有引领作用。该标准作为中国中药协会团体标准进行发布，作为我国中药材领域首个无公害标准，是让三七走向国际，创立世界知名品牌的战略部署中意义重大的一步，将为三七进入国际大健康领域提供坚实基础。基于DNA条形码和化学指纹图谱的中药材全程质量追溯系统为无公害药材实现安全、有效、稳定和可控提供保障。从中药原材料的生产到成药的销售是一个多环节且复杂的过程，确保中药生产全程质量的安全、有效、稳定、可控。在现有食品和药品等前期溯源技术研究的基础上，把中药材固有的属性与流通信息管理相结合，以追溯码为载体，以市场需求为导向，建立了中药材全程质量追溯管理系统，推动追溯管理与市场准入相衔接，实现中药材全过程追溯。

第一章　无公害中药材产地环境

中药材作为防病、治病的特殊商品，其安全性至关重要。产地环境是导致药材农残、重金属污染的重要因素，据统计我国中药材镉、铅、汞、砷、铜的超标率分别达到6.9%～28.5%，甚至出现同一批次药材多种重金属同时超标的情况。重金属对人体具有毒害作用，且由于中药往往用药周期较长，更容易导致在体内蓄积，严重危害人体健康。产地环境中的土壤及水体等污染是导致中药材重金属超标的主要因素之一，种植产区的合理选址是保障药材安全的主要举措之一。通过总结我国无公害农产品产地环境质量标准的发展进程及研究现状，结合中药材种植方法，借鉴已有成熟标准，建立了无公害中药材产地环境质量标准；同时提出运用产地生态适宜性区划信息系统，以药材野生分布区、道地产区及主产区样点的气候和土壤因子信息为依据，对栽培选地进行科学预测，得出潜在的无公害中药材生态适宜产区，最终达到降低药材农残及重金属含量、提高药材品质、生产无公害中药材的目的。

第一节　产地环境质量标准

我国无公害农产品产地环境标准经历了数量上先增后减、种类上由单品种到农业大类再到整个种植业的发展历程，可细分为三个阶段。2001～2002年为起步时期的快速发展阶段，共计颁布无公害农产品产地环境标准18项，主要为单品种标准，共计14项，其余4项为农产品大类标准；2003～2014年为稳定发展阶段，共计颁布无公害农产品产地环境标准7项，均为农产品大类产地环境标准，并对之前发布的部分单品种标准进行了废止替代；2015年和2016年为标准整合阶段，2015 年农业部颁布《无公害农产品 生产质量安全控制技术规范》（NY/T 2798-2015）系列标准，第 2～6 部分为五个种植业农产品大类规范，规定了农产品大类的产地环境要求（NY/T 2798-2015）。2016 年农业部颁布《无公害农产品种植业产地环境条件》（NY/T 5010-2016），并对此前颁布的所有单品种及农业大类的产地环境标准进行了废止替代，完成了对无公害农产品产地环境质量标准的整合（图 1-1-1）。

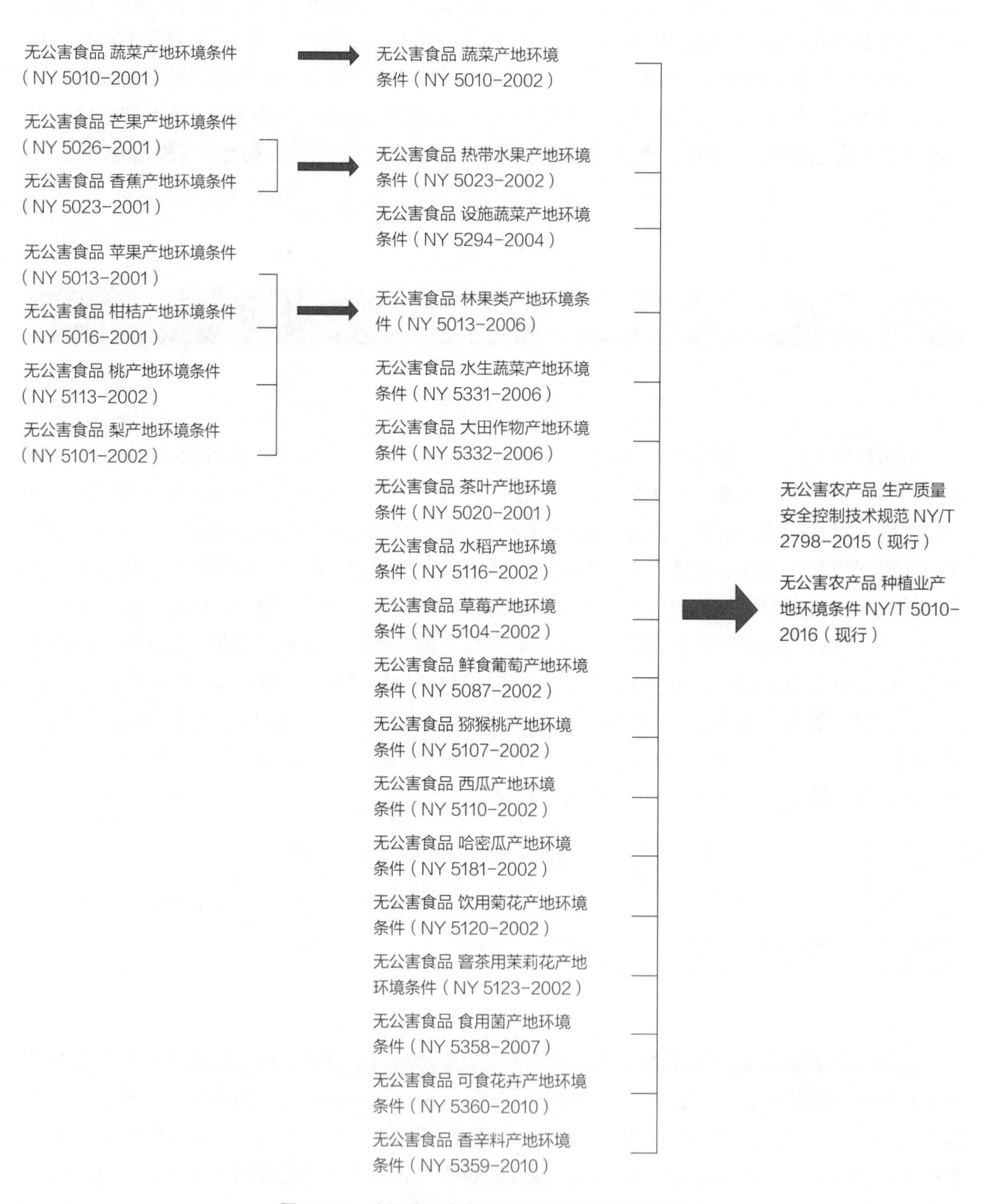

图 1-1-1 中国无公害农产品产地环境标准修订情况

中药材按照不同特性具有多种分类方法。中药材基原按照自然分类法可分为药用植物和药用真菌等，按照种植环境可分为陆生药用植物和水生药用植物；药材按照药用部位又可分为根茎类药材、全草类药材、果实与种子类药材、叶类药材等。因此无公害中药材的产地环境标准难以完全参照《无公害农产品 种植业产地环境条件》，需根据不同类别中药材生产特点和重金属污染规律选择不同的指标与限值。与此同时，中药材往往存在与粮食、蔬菜等农作物套作、轮作、间作等现象，且药用植物、药用真菌的栽培均属于种植业，考虑到我国无公害农产品产地环境标准从分散到统一的发展特点，无公害中药材的产地环境质量标准应借鉴《无公害农产品 种植业产地环境条件》中的指标与限值，以符合发展规律，这样既可保证无公害中药材的生产需求，又能避免多种中药材混种，中药材与其他农作物间作、套作、轮作导致的多次产地认定，达到减少生产时间和降低经济成本的目的。

无公害中药材产地环境的区域生态因子（年生长均温、最冷季均温、最热季均温、年均相对湿度、年均降水量等）、空气环境质量、土壤环境质量、灌溉水的水质质量应达到相应的规定（图 1-1-2）。

无公害中药材产地环境

产地生态因子	空气质量	土壤环境质量	灌溉水质量
• 年生长均温 • 最冷季均温 • 最热季均温 • 年均温 • 年均相对温度 • 年均降水量 • 年均日照	• GB/T 3095–2012 中一、二级标准	• 依据《中国药材产地生态适宜性区划（第二版）》对土壤类型的规定 • GB 15618 和 NY/T 391 的一级或二级土壤质量标准	• GB 5084–2005 的规定

图 1-1-2　无公害中药材产地环境

一、生态环境

无公害中药材生产要根据每种中药材生物学特性，依据《中国药材产地生态适宜性区划（第二版）》进行产地的选择。产地区域生态因子值范围包括：年生长均温、最冷季均温、最热季均温、年均温、年均相对湿度、年均降水量、年均日照等 21 个生态因子。无公害中药材生产选择在生态环境条件良好的地区，产地区域和灌溉上游无或不直接受工业“三废”、城镇生活、医疗废弃物等污染，避开公路主干线、土壤重金属含量高的地区，不能选择冶炼工业（工厂）下风向 3 km 内。空气环境质量应符合 GB/T 3095-2012 中一、二级标准值要求。

二、灌溉水质量标准

无公害中药材生产过程中需要进行田间灌溉时，应根据不同中药材需水规律及土壤墒情进行合理灌溉，灌溉水的水源质量必须符合 GB 5084-2005 的规定要求。水中总汞、总镉、总砷、六价铬、总铅、氟化物、氰化物、全盐量、总铜含量的限量、粪大肠杆菌群数含量限量参照标准规定。灌溉水是中药材种植的必要条件，其质量优劣严重影响中药材的质量与安全，利用工业废水灌溉，可通过污染土壤的方式间接污染药用植物，使中药材重金属含量超标。研究表明，污水灌溉地区农产品的重金属含量明显高于净水灌溉地区。因此，严格控制灌溉水中污染物含量是减少中药材农残、重金属含量的保障。

《无公害农产品 种植业产地环境条件》（NY/T 5010-2016）的灌溉水标准将农作物生产基地分为了水田、旱地、蔬菜、食用菌四类。中药材基原按照自然分类和种植环境分类可分为药用真菌（如灵芝、茯苓等），陆生药用植物（如人参、三七等）和水生药用植物（如莲、泽泻等）三类，根据他们的栽培特点，应分别与 NY/T 5010-2016 中的食用菌、旱地、水田的指标和限值相对应（表 1-1-1）。由于药用真菌如灵芝等对于重金属具有高富集特性，且不同种类对重金属的富集程度不同，因此可在将药用真菌指标限值作为基本标准的前提下，根据不同种植种类和产地实际情况，适当提高灌溉水的重金属限量要求。

表 1-1-1　无公害中药材生产基地灌溉水质量标准

项目	水生药用植物	陆生药用植物	药用真菌
pH	5.5~8.5		6.5~8.5
总汞（mg/L）	0.001		0.001
总镉（mg/L）	0.01		0.005
总砷（mg/L）	0.05	0.1	0.01
总铅（mg/L）	0.2		0.01
六价铬（mg/L）	0.1		0.05

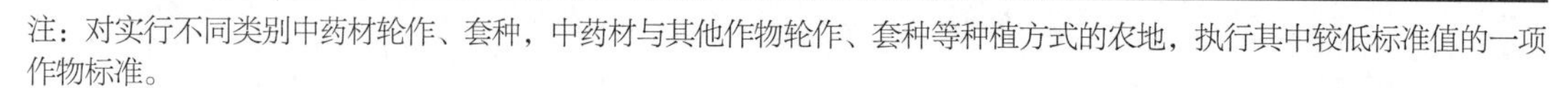

注：对实行不同类别中药材轮作、套种，中药材与其他作物轮作、套种等种植方式的农地，执行其中较低标准值的一项作物标准。

三、土壤质量标准

无公害中药材种植土壤环境的选择，针对具体中药材类型，依据《中国药材产地生态适宜性区划（第二版）》对土壤类型的规定进行选址，种植地土壤必须符合 GB 15618 和 NY/T 391 的一级或二级土壤质量标准要求。土壤农残、重金属的含量对农产品和中药材的质量影响极大。土壤是植物赖以生存的物质条件，其所含有机营养和矿物营养是植物生长发育的基础，但土壤中的农药残留和重金属物质也会随着植物的生长而进入体内。从我国环境部、农业部对土壤污染的普查结果看，镉、汞、砷、铅、铜等无机物是土壤污染的主要来源，与中药材易检出重金属种类相符。

《无公害农产品 种植业产地环境条件》（NY/T 5010-2016）的土壤标准将农产品生产基地分为了水田、旱地、农田、果园、食用菌五类，由于土壤 pH 值会影响土壤胶体和黏粒对重金属离子的吸附能力，因此将每一项指标的限值分为了 pH<6.5，pH 6.5～7.5 和 pH>7.5 三个级别。

与无公害中药材生产基地灌溉水质量标准相同，水生药用植物生产基地的土壤质量标准应对应NY/T 5010-2016中的水田标准，陆生药用植物对应旱地标准。在铜指标方面，由于果实、种子类（如肉豆蔻、罗汉果等）药材受铜污染的水平较低，因此，果实和种子类中药材生产基地的铜指标限值应对NY/T 5010-2016中的果园标准（表1-1-2）。药用真菌则对应食用菌的指标与限值（表1-1-3），与灌溉水标准情况相同，药用真菌可根据不同种植种类的重金属富集特点和产地实际情况，适当提高生产基地的土壤重金属限量要求。

表1-1-2　无公害中药材生产基地土壤质量标准

项目	基本指标			项目	选测指标		
	pH<6.5	pH6.5~7.5	pH>7.5		pH<6.5	pH6.5~7.5	pH>7.5
镉（mg/kg）≤	0.3	0.3	0.6	铜（mg/kg）≤	50（除果实、种子类药材）	100	100
汞（mg/kg）≤	0.3	0.5	1		150（果实、种子类药材）	200	200
砷（mg/kg）≤	30（水生药用植物）	25	20	镍（mg/kg）≤	40	50	60
	40（陆生药用植物）	30	25				
铅（mg/kg）≤	250	300	350				
铬（mg/kg）≤	250（水生药用植物）	300	350				
	150（陆生药用植物）	200	250				

注：对实行不同类别中药材轮作、套种，中药材与其他作物轮作、套种等种植方式的农田，执行其中较低标准值的一项作物标准。

表1-1-3　无公害药用真菌生产基地土壤质量标准

项目	土壤基质			项目	其他栽培基质
	pH≤6.5	pH 6.5~7.5	pH≥7.5		
镉（mg/kg）≤	0.3	0.3	0.6	镉（mg/kg）≤	0.3
汞（mg/kg）≤	0.3	0.5	1	汞（mg/kg）≤	0.1
砷（mg/kg）≤	40	30	25	砷（mg/kg）≤	0.8
铅（mg/kg）≤	250	300	350		

注：参照NY/T 5010-2016《无公害农产品 种植业产地环境条件》相关标准。

四、空气质量标准

植物可通过吸收大气中的重金属导致自身污染，同时大气中的重金属可通过沉降作用影响土壤质量，间接导致中药材重金属含量超标。研究表明，药材中的部分重金属种类的富集量与大气中的重金属含量呈显著线性正相关，空气污染严重区域植物的重金属含量明显高于非污染区域。

《无公害农产品 种植业产地环境条件》(NY/T 5010-2016）相比旧标准最大的区别在于去除了对产地环境空气质量的要求，这一区别基于空气质量的变化规律和多年来对无公害站点的长期监测经验分析。因此，无公害中药材生产基地在符合《无公害食品 产地认定规范》(NY/T 5343-2006）要求，周围5 km内无污染源、远离交通主干道的情况下，亦可以免测空气质量(NY/T 5343-2006)。但考虑到空气中的污染物仍对中药材有较大影响，所以建议将二氧化氮、二氧化硫、总悬浮颗粒物、氟化物四项作为选测指标，限值符合《环境空气质量标准》(GB 3095-2012)(表1-1-4)，结合种植基地所在地实际情况，由当地产地认定责任部门进行认定。

表1-1-4 无公害中药材生产基地空气质量标准

项目	年平均	月平均	24小时平均	植物生长季平均	1小时平均
总悬浮颗粒物（标准状态）/（mg/m^3）≤	200		300		
二氧化硫（标准状态）/（mg/m^3）≤	60		150		500
二氧化氮（标准状态）/（mg/m^3）≤	40		80		200
氟化物（动力法）/ [$\mu g/(dm^2 \cdot d)$] ≤		3		2	

参照《环境空气质量标准》(GB 3095-2012)

第二节 产地生态适宜性分析

中药材品质是评价优质中药材的重要指标，在满足中药材安全性这一基本要求的前提下，优质高产是人们对中药材的更高追求。生态环境与药材质量密切相关，近年来为了追求经济利益，无序引种导致药材存活率和有效成分含量降低的情况时有发生。为提高药材种植成功率和品质，中国中医科学院中药研究所基于药用植物生长发育特点研发了“药用植物全球产地生态适宜性区划信息系统”(geographic information system for global medicinal plants-I，GMPGIS-I)，提出并建立了基于GIS的无公害中药材精准选址技术，创建了空间可视化和栅格空间聚类分析结合的系统区划。该系统整合了药用植物分布的空间数据库，Worldclim、CliMond全球气候数据库和HWSD全球土壤数据库，根据药用植物野生分布区、道地产区、主产区，提取适合药用植物生长的生态因子和土壤类型，利用环境阈值进行欧氏距离计算，预测药用植物最大生态相似度区域，指导药材栽培基地选址，保证药材质量。对中国大宗、常用中药材的基原物种进行了产地生态适宜性分析，并出版《中国药材产地生态适宜性区划》(第二版）一书；成功运用于人参、三七等物种的引种栽培中，针对红豆杉、刺五加、檀香、沉香、银杏、重楼、阳春砂、广陈皮等物种进行了详细产区规划分析，在全国多个贫困县开展了基于GIS技术的无公害中药材生产布局。随着技术的不断发展，药用植物全球产地生态适宜性区划信息系统也进行了升级(GMPGIS-II)，将更有助于中药材产区规划。该系统具有以下特点：①基于全球气候和全球土壤数据库，数据较为完善；②气候数据、土壤数据与地理信息系统数据有机结合的栅格重分类分析方法，保证了产地生态适宜性分析的系统性和准确性；③以地理信息系统 GIS 为平台，通过引入相似性聚类分析，可以实现药用植物产地生态适宜性区划的自动化分析；④由于各种药用植物对气候和土壤因子要求不同，通过此平台设置不同的分析条件，可以保证此系统分析结果的智能化和可靠性。GMPGIS 的成功研发，使中药材种植产区可以在全球寻找潜在适宜区，解决了中药材种植与农田和林地间的土地资源间的矛盾，对中药全球化具有推动作用。

一、产地适宜性系统

根据引种地原产地气候、土壤等生态因子的相似性，获得其在全球范围内的适宜产地，是有效指导药用植物引种和合理规划生产布局的基本保证。GMPGIS 系统采用了四个数据库：①基础地理信息数据库，包括矢量数据的国界区划和城市区划等数据；②气候因子数据库，包括全球气候数据库（WorldClim global climate data），全球生物气候学建模数据库（CliMond: global climatologies for bioclimatic modeling）；③全球土壤数据库（Harmonized World Soil Database, HWSD）（Choi Y S2016）；④药用植物分布空间数据库，整合全球野生药材分布、主产地和道地药材经纬度数据。

关于全球药用植物生态适宜性产地区划，GMPGIS 主要具有以下功能：系统涵盖超过 240 种全球药用植物的采样点，样点数据主要来源于主产地、野生分布或道地药材产区，用户可使用系统进行查看、坐标下载。系统包含药用植物生长的生态环境栅格数据库，主要来源于 WorldClim，CliMond 和 HWSD，其中包括生长季均温、最热季均温、最冷季均温、年均温、年均湿度、年均降水、年均日照和土壤等生态因子，并为用户提供一致的栅格精度。结合物种采样点数据库，系统可提取生态因子的取值范围和土壤类型，并自动生成相应表格。用户可以输入拉丁名称或用户定义的采样点的坐标数据，系统自动计算出全球范围内每平方公里的相似度。结合基础地理信息数据库中的国界区划和城市区划等数据，可计算出国家、地区甚至乡县级的最大生态相似度区域面积。用户可以对多个药用植物分布的预测结果进行对比分析，并生成分析表格。

二、生态适宜性因子

气候及土壤条件是影响药材品质的关键因素，不同的温度、降水、光照、土壤类型会使同一药用植物在形态、有效成分含量等方面表现出明显差异，影响药材的品质。为了保证人工种植药材的品质，首先应了解该药材野生分布区、道地产区、主产区的环境条件。针对药用植物的生长特点，GMPGIS 能够提取影响药用植物生长及药材品质的 6 个气候因子（年均温度、最热季均温、最冷季均温、年均降雨量、相对湿度、光照）和土壤类型，得到适合该药用植物生长的环境阈值，用于药用植物产地生态适宜性分析。

以秦岭 - 淮河南北生态气候分界，以北主要有人参、甘草、黄芪、肉苁蓉等常用药材，人参主产于吉林、黑龙江和辽宁等地；甘草主产于内蒙古、新疆、甘肃、宁夏和青海等地；黄芪主产于内蒙古、山西、甘肃等地；肉苁蓉主产于内蒙古、新疆、甘肃和宁夏等地。以淮河—秦岭以北20种药用植物为例，分析其生态因子主要为：年生长期均温 -5.6～24.9℃，最冷季均温 -26.0～9.9℃，最热季均温 -0.5～31.4℃，年均温 -12.7～14.6℃，年均相对湿度 36.3%～71.8%，年均降水 16～1999 mm，年均日照 113.0～171.7 W/m²（表1-1-5）。GMPGIS信息系统为淮河—秦岭以北药用植物精准选址提供了依据。

以淮河—秦岭以南药用植物有三七、黄连、穿心莲、铁皮石斛等常用药材，三七主产于云南等地；黄连主产于湖北、重庆、四川、贵州等地；穿心莲主产于广东、广西、四川等地；铁皮石斛主产于浙江、云南、江西、福建和安徽等地。分析发现，淮河—秦岭以南药用植物的生态因子主要为：年生长期均温 2.7～27.7℃，最冷季均温 -9.6～20.8℃，最热季均温 5.6～29.1℃，年均温 -1.7～25.3℃，年均相对湿度 50.2%～78.3%，年均降水 813～2666 mm，年均日照 68.5～157.3 W/m²（表1-1-6）。

三、全球产地区划

拥有相似的环境条件，是保证药材拥有相似品质的前提，根据野生分布区、道地产区、主产区的生态因子阈值，GMPGIS通过数据标准化，相似性聚类分析、栅格重分类等流程，预测得到与野生分布区、道地产区、主产区气候条件和土壤类型相似的区域。GMPGIS分析得到的药用植物产地生态适宜性区划，精度最高可达 1×1 km²，以可视化数字地图的方式直观呈现，并计算得到国家、省（市）乃至县乡级别的药用植物最大生态相似度区域面积。GMPGIS可科学指导中药材种植基地选址，有效提高药用植物的引种成功率，并一定程度上保证人工种植中药材的质量。当前利用GMPGIS已完成200余种中药材的产地生态适宜性区划研究，并出版《中国药材产地生态适宜性区划》（第2版）一书。此外还对人参、青蒿等重要中药材品种的产地生态适宜性及品质生态学进行了深入研究与分析，并已指导引种栽培。

四、小结

中药材规范化生产已走过十余年时间，为药材质量提升做出了巨大贡献，但现阶段人们对中药材的需求趋于多元化。无公害栽培是当前时期中药材种植产业的发展新方向，而生产基地环境恰恰是无公害中药材种植的基础，植物生长发育所需的土壤、水分、空气均属于产地环境，产地环境质量好坏是直接影响中药材产品是否达到无公害标准的前提。因此，在继续推行中药材GAP的前提下，建立适合中药材种植特点的无公害产地环境质量标准，符合当前时期中药材种植产业向无公害方向发展的重要需求。

近年来，随着信息技术与3S技术的快速发展，物种的潜在生态适宜分布研究取得了突飞猛进的进展。多种生态位模型的出现为植物引种、外来物种入侵防控提供了科学指导。面对中药材无序引种栽培导致的药材成活率低和品质下降等问题，建立针对中药材生长发育特点的生态位模型，符合我国中医药产业的发展需要。GMPGIS填补了中药材生态位模型的空白，其科学性和准确性在近年来的中药材种植生产实践和科学研究中得到了验证，已成为指导中药材生产基地选址的重要辅助手段，GMPGIS的推广与运用有利于中药资源的可持续发展。中药材产地生态适宜性区划方法和无公害中药材产地环境质量标准建立只是无公害中药材生产的源头，最终获

表 1-1-5 淮河—秦岭以北药用植物适宜生态因子（GMPGIS-I）

中药材	年生长期均温 /℃	最冷季均温 /℃	最热季均温 /℃	年均温 /℃	年均相对湿度 /%	年均降水 /mm	年均日照 /（W/m²）
人参	7.1～20.3	-23.2～3.5	12.3～24.6	-2.1～14.0	54.9～71.8	520-1999	113.0～158.6
甘草	4.0～21.3	-24.9～-1.9	7.3～26.4	-4.5～12.9	38.4～62.9	23-585	126.0～171.7
掌叶大黄	4.8～16.3	-10.9～0.5	8.1～19.9	-0.8～10.7	43.5～60.1	397～732	135.2～151.7
胀果甘草	-3.4～24.9	-24.1～-1.9	1.6～31.4	-10.8～14.2	36.3～48.0	16-301	148.6～164.4
白芷	7.5～21.7	-24.3～2.2	12.3～26.5	-1.5～14.6	49.8～63.6	385～794	121.09～160.8
伊利贝母	8.7～17.1	-15.3～-8.3	13.3～22.8	0～7.4	48.1～57.6	126～450	144.6～158.8
黄芩	8.3～20.1	-23.5～2.3	11.9～25.8	-2.0～13.1	51.0～65.8	336～771	126.4～161.4
黄芪	4.2～21.6	-24.8～-4.2	9.6～26.4	-4.4～14.0	45.9～63.4	225～833	122.9～166.4
银柴胡	1.2～18.3	-18.7～-5.2	4.7～24.1	-4.5～9.5	41.5～62.0	105～597	122.3～166.5
新疆紫草	2.5～16.3	-23.5～-6.5	6.8～20.9	-6.5～8.3	44.9～55.0	81～393	145.0～156.1
内蒙古紫草	4.1～18.1	-17.8～-5.6	9.0～23.8	-3.7～9.0	44.0～55.2	37～581	152.3～166.4
天山雪莲	2.4～17.5	-20.7～-9.9	6.7～22.5	-6.0～7.9	45.9～57.0	134～467	144.2～162.2
肉苁蓉	13.4～20.7	-12.0～-5.1	19.1～25.5	4.3～11.6	41.7～56.6	32～244	145.9～168.2
管花肉苁蓉	-5.6～21.2	-25.1～-1.9	-0.5～25.5	-12.7～13.1	38.0～49.8	23～140	153.0～159.5
雪莲花	1.4～14.5	-15.8～-2.1	5.2～18.3	-4.9～7.8	38.4～51.2	83～638	145.8～160.6
草麻黄	9.8～20.2	-18.3～-0.9	14.2～25.2	1.0～12.7	41.0～58.4	186～527	151.2～170.5
中麻黄	7.9～17.9	-13.1～-0.5	11.2～23.2	1.9～11.3	39.9～59.3	48～576	140.1～163.1
锁阳	9.0～21.2	-13.2～-4.3	14.0～26.7	1.3～12.1	37.3～56.1	15～298	146.8～166.2
关黄柏	10.4～17.1	-20.9～-4.7	16.6～22.0	-7.0～9.4	51.4～63.6	368～833	122.9～159.4
枸杞	-2.1～19.9	-26.0～-2.0	2.2～25.6	-10.6～10.1	47.6～59.1	105～642	141.9～167.4
冬虫夏草	0.5～10.2	-16.3～4.1	4.0～13.8	-5.6～4.2	39.7～51.1	334～756	141.9～157.3

表 1-1-6 淮河—秦岭以南药用植物适宜生态因子（GMPGIS-I）

药用植物	年生长期均温 /℃	最冷季均温 /℃	最热季均温 /℃	年均温 /℃	年均相对湿度 /%	年均降水 /mm	年均日照 /（W/m²）
三七	15.3～23.6	6.3～12.5	16.8～25.3	12.2～19.7	67.4～75.7	972～1632	134.3～142.0
山柰	17.0～27.5	8.1～20.0	18.4～28.7	13.9～24.9	72.9～77.2	1002～2144	130.9～145.5
千年健	18.9～27.5	4.5～18.7	20.3～29.0	13.9～24.3	67.9～77.5	1183～2497	122.0～155.7
巴戟天	21.6～27.7	9.3～20.3	24.0～29.1	17.6～25.1	72.1～77.1	1198～1770	132.5～148.0
白术	17.7～24.5	2.0～9.2	21.6～28.7	12.1～18.7	63.1～75.0	813～1923	122.2～148.6
杭白芷	20.3～24.4	3.5～8.6	24.3～28.4	14.5～18.4	71.8～75.5	958～1683	119.6～147.6
柳叶白前	18.8～25.5	3.3～18.6	22.2～28.4	13.7～22.9	69.7～75.5	1069～2011	121.2～146.8
防己	18.3～27.0	2.1～15.9	21.0～29.0	12.8～23.1	67.3～76.6	1416～1975	123.0～144.0
温郁金	18.1～25.8	4.3～12.6	20.9～28.8	13.2～21.0	71.0～76.5	1459～1960	125.9～137.8
广西莪术	24.8～26.7	13.4～15.5	26.5～28.7	21.0～22.7	72.7～75.2	1200～2014	130.9～137.6
昆明山海棠	15.3～23.1	3.2～12.2	17.0～27.0	12.1～18.5	54.0～74.7	847～1910	123.4～150.2
明党参	20.7～24.4	2.4～8.3	25.3～28.3	14.1～18.6	68.5～74.6	854～1555	68.5～74.6
泽泻	2.7～27.3	-9.6～18.0	5.6～29.0	-1.7～24.0	56.7～78.3	879～2254	124.4～149.8
独活	11.6～23.1	-2.0～7.3	14.3～27.2	7.2～16.9	57.4～73.4	798～1735	122.9～142.8
姜黄	19.7～26.5	5.7～18.2	20.4～28.5	15.1～23.1	66.3～74.6	1091～2089	119.5～155.3
夏天无	19.1～24.6	1.7～8.6	23.4～28.6	12.9～18.5	69.6～74.2	964～1778	128.1～147.3
高良姜	20.6～27.6	5.2～20.8	24.6～28.7	15.1～25.3	57.7～77.9	865～1925	113.0～153.2
浙贝母	19.5～22.9	3.6～7.3	23.5～27.1	13.8～17.1	74.4～75.5	1357～1751	137.0～139.8
黄山药	9.8～23.2	-2.6～14.3	12.5～25.8	5.4～20.1	50.2～72.0	831～1501	125.5～149.8
黄连	14.7～21.8	-0.5～7.9	18.7～25.5	9.2～16.8	62.4～73.2	844～1514	122.1～135.7
多花黄精	13.8～23.1	-1.5～9.9	17.8～27.3	8.3～18.0	63.0～74.0	916～1965	122.7～146.4
湖北贝母	14.4～24.5	-0.7～7.7	18.2～28.5	8.9～18.5	66.7～74.1	955～1575	126.9～146.8
雷公藤	17.0～24.9	2.7～10.0	20.2～28.6	12.1～19.3	71.3～75.5	1363～2186	126.0～142.4
广藿香	23.5～27.6	12.8～20.5	25.1～28.8	19.8～25.2	57.7～77.8	865～1802	124.0～144.6
美花石斛	17.8～27.5	8.0～19.3	19.3～28.9	14.6～24.6	70.1～76.0	1128～1870	126.1～152.6
灯盏细辛	11.6～25.9	-1.3～12.8	13.5～28.3	7.8～21.3	57.9～73.0	965～1468	122.2～149.1
鸡骨草	25.0～26.9	13.6～15.7	26.8～29.1	21.4～22.6	73.4～76.0	1366～2334	132.0～144.3
穿心莲	20.3～27.5	3.7～20.6	21.5～28.8	14.4～25.2	67.9～77.8	800～1956	124.0～152.6
铁皮石斛	8.1～26.2	-2.4～15.3	10.5～28.5	4.3～22.3	60.3～75.3	832～2666	125.6～157.3

得无公害人工种植中药材，还需要多学科手段的精确指导，以及优质种苗、田间管理、病虫害防治、贮存运输等方面的配合。因此，一系列相关标准的建立和详细操作规程的制定，是人们能够用上优质放心药的前提，同时也符合中药材种植产业的发展趋势。

第三节 技术应用案例

一、刺五加产地生态适宜性研究

刺五加来源于五加科植物刺五加 *Acanthopanax senticosus*（Rupr. et Maxim.）Harms。刺五加从1977年版《中国药典》开始作为独立的药物收载，具有益气健脾、补肾安神的功效。野生刺五加原主产于我国小兴安岭、大兴安岭、长白山、燕山山脉、太行山和秦岭山脉等，是我国东北林区珍贵的中药资源。随着以刺五加为原料的产品日益受到国内外欢迎，尤其是近年来发现其药效与人参相似后，刺五加全面开发利用的速度迅速加快，现已经研发出多种以刺五加为原料的药品、保健品和食品：如刺五加注射液、刺五加片、安神补脑胶囊、刺五加茶、刺五加酒等，产品远销日本、韩国、东南亚地区，以及俄罗斯、欧洲、北美洲等一些国家和地区，是我国重要的出口商品，具有较高的经济价值。

目前，市场上刺五加的供应绝大部分依赖野生，由于巨大的消费需求，很多商家在刺五加产区开设了加工基地，大量采收刺五加野生药材制备产品，导致其自然资源遭到毁灭性破坏，蕴藏量大幅度下降，分布面积急剧缩减。再加上野生刺五加适生环境生态幅较窄，有性繁殖率低，无胚种子较多，天然更新较为困难，使刺五加野生资源面临枯竭。1992年公布的《中国植物红皮书-稀有濒危植物》（第一册）中，刺五加被列为渐危物种。2008年又被列入北京市政府批准公布的《北京市重点保护野生植物名录》的二级保护植物，属于濒危和需要特别关注的野生药用植物。为了保护这一珍稀药用植物物种并对其进行合理的开发利用，近年来，我国已开始人工繁育并栽培刺五加，但目前的栽培引种存活率和产量极低，供需矛盾仍在不断扩大。为此，科学分析刺五加适宜生态区域，并充分了解与其品质密切相关的生态因子影响规律，是有效进行资源再生的前提。项目课题组采用GMPGIS系统结合最大熵模型（maximum entropy model，MaxEnt）软件，对渐危药用植物刺五加在全球的潜在适宜区进行了分析，并探讨了主要适宜区的气候生态因子年均温、最热季均温、最冷季均温、年降水量、年平均湿度、年均日照范围及土壤类型，以及各生态因子与刺五加有效成分紫丁香苷（2015年版《中国药典》收载的含量测定项）含量积累的相关性，揭示刺五加对环境因子的适应策略，为刺五加在适宜区推广种植及野生抚育提供科学依据。

采用GMPGIS-I结合最大熵模型对渐危药用植物刺五加进行全球产地生态适宜区分析，依据刺五加主要生态因子年均温、最热季均温、最冷季均温、年降水量、年平均湿度、年均日照的阈值范围，结合冗余分析RDA评估主产区刺五加紫丁香苷含量与主要生态因子之间的相关性，综合得出与刺五加有效成分含量紧密相关的生态因子。

（一）结果与分析

1. 刺五加全球潜在适宜区分析

根据刺五加在全球分布区的228个样点，基于GMPGIS系统的生态阈值聚类和分析，获得刺五加在全球最大生态相似度适宜产区分布图。刺五加主要集中生长在寒温带的中国东北及俄罗斯远东地区，向南往西可经我国长白山、雾灵山到太行山，向北往东可达朝鲜和日本北海道，喜湿润－半湿润季风气候。研究表明刺五加在全球的潜在适宜区域还包含北美洲中部及偏东的美国与加拿大交界的五大湖范围区域、美国西北部、加拿大西南部，欧洲东部、东南及中部的乌克兰、罗马尼亚、匈牙利和德国等潜在适宜的分布区，以及中亚内陆国家哈萨克斯坦与中国新疆交界地带、俄罗斯西南部等零星区域。基于MaxEnt软件最大信息熵模型算法对刺五加在全球的分布区域及面积进行分析，结果表明，当MaxEnt适宜性指数＞15%区域分布面积与GMPGIS平台分析结果最为接近，刺五加均主要在中国、美国、俄罗斯和加拿大4国的生态相似区域面积最大，其中GMPGIS分析得出该4国的最大适生面积共占刺五加全球潜在适生分布区总面积的85%左右，此分析结果与MaxEnt分析结果87%较为一致，但GMPGIS与MaxEnt方法分析各国得出的各国适生面积并不完全相同，例如俄罗斯通过2种软件分析的结果有一定差异。（图1-1-3）

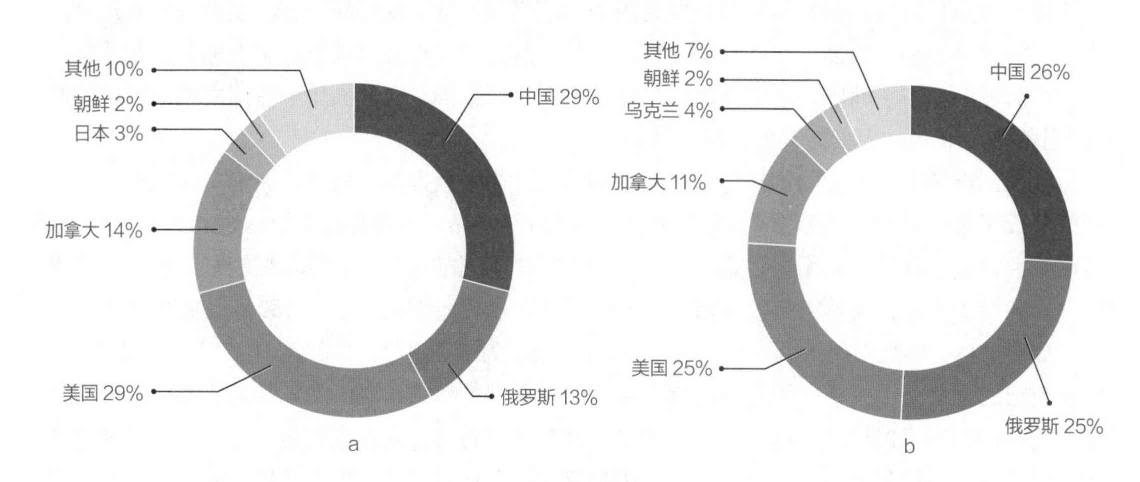

图1-1-3 刺五加在世界各地区最大生态相似度区域

a：GMPGIS-I预测分析刺五加在世界各地区最大生态相似度区域；b：MaxEnt预测分析刺五加在世界各地区最大生态相似度区域

2. 刺五加国内产地生态适宜性分析

根据图1-1-3所示，GMPGIS与MaxEnt分析结果均表明，刺五加原主产区位于我国东北地区，主要分布在黑龙江、内蒙古、吉林、辽宁等地，其中小兴安岭及长白山北部蕴藏量较大。该区域大体属于温带季风气候，四季分明、雨热同期，刺五加在该区的分布面积达到全国总面积的50%以上。该地区环境与刺五加喜温湿－半温湿生态条件相吻合。而河北、山西、陕西3省适宜栽种面积分别也达到100 000 km^2以上，属于刺五加在国内具有潜在扩种价值的适生省份。近年来，在山西省交城、兴县、离石等地发现了越来越多的野生刺五加资源，主要原因可能是由于山西省为地形多样的省份，以上3个县区位于山西省中部西侧吕梁地区，地形具有明显的垂直变化，平均海拔在 1000 m 以上，多属大陆暖温带季风气候，提供了刺五加较适宜生长的生态环境。

基于 GMPGIS 系统的分析结果，在四川大凉山与小相岭间、重庆南山区延伸至云南东南边缘横断山地向云贵高原过渡的衔接地段具有刺五加的潜在分布区域。通过更全面的样点调查，也发现了少量野生刺五加分布。（标本采集地：凉山彝族自治州、涪陵地区南川、若尔盖县、天全县；云南省玉龙县、彝良县；馆藏单位与鉴定人：中国科学院成都生物研究所标本室、四川省草原研究所标本馆、中国科学院西双版纳热带植物标本馆；鉴定人：杨少华、杨丽云等）。原因可能是由于该地区气候属低纬度高原南亚季风气候，具温凉之更迭，降水较为丰富，也能给刺五加提供了较为合适的生长环境，说明该地区具有一定的引种潜力。故四川盆地东南边缘与云贵高原过渡地带也可考虑和规划成为刺五加的资源再生区域。

3. 刺五加分布区的生态特征

刺五加在生长分布区域最冷季均温为 -23～1℃，最热季节均温 9～26℃，年均温 -7～13℃，年均降水量 405～1571 mm，年均相对湿度 52%～73%，年均日照 111～260 W/m^{-2}，适宜刺五加生长的土壤类型以暗色土、人为土、始成土、冲积土、潜育土等为主。将采样点的地理分布和气候因子数据导入 MaxEnt 3.3.3 中，分析得出了该药用植物的主要气候生态因子响应曲线。通过综合分析得出，气候因子对刺五加分布起主要作用，一般认为，刺五加分布概率＞0.5，其对应的生态因子的值适合刺五加生长。随着年均温度数值增加，当年均温＞-7℃时刺五加的分布概率急剧上升，7℃左右达到刺五加最适宜生长的年均温度条件，随后下降，在年均温为 20℃其分布概率几乎为零，故刺五加年均温的适宜范围为 -7℃～7℃，最冷季均温适宜范围为 -14～-1℃，最热季均温适宜范围为 17～22℃，年均湿度的分布概率幅度较为集中，湿度在 40% 以下分布概率几乎为零，年均湿度范围在 40%～78% 为刺五加最适宜生长的条件。最适宜年降水量范围在 500～850 mm，年均日照范围在 130～165 W/m^{-2}。该结果表明，适宜刺五加生态幅度较窄，典型生境主要分布在大陆兼海洋性气候区域，地处山的北坡、西北坡和东北坡的阴凉湿润地带，南坡高温干燥分布稀少。

4. 刺五加紫丁香苷含量与生态因子排序分析

图 1-1-4 是刺五加在我国东北产区 26 个样点的 RDA 双向排序图，采样点与环境因子箭头共同反映出样点的分布沿每个环境因子方向的变化特征。将筛选得到的 6 个生态因子值提取到采样点信息表中。采用 CanoDraw 5.0 相关性系数对提取的生态因子与 26 份刺五加样品（根和茎）总紫丁香苷成分含量进行相关分析。蓝色箭头代表刺五加（根和茎）中紫丁香苷有效成分的含量，红色箭头分别代表不同的生态因子。从图 1-1-4 可以看出，年均湿度对刺五加根和茎紫丁香苷含量的影响较为显著，呈正相关。除此以外，对于刺五加根部，在一

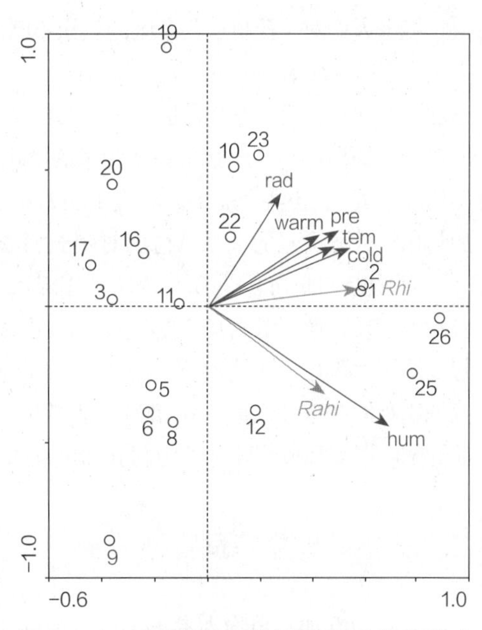

图 1-1-4　刺五加（根、茎）紫丁香苷含量及生态因子的冗余分析（RDA）

定范围之内，最冷季均温、年均温、年均降水量、最热季均温与刺五加根中紫丁香苷的含量也具有一定正相关性，年均日照与根中紫丁香苷含量的累积呈微弱的负相关；而对于刺五加的茎部，最冷季均温、年均温、年降水量、最热季均温、年均日照与刺五加茎中紫丁香苷的含量积累均呈正相关。

（二）小结

产地环境是药材引种栽培和品质保证的重要因素，直接影响到药材的产量和质量。尤其是对于刺五加这种适生幅度狭窄、生长周期长的药用植物，如果盲目引种，不仅存活率低，还会导致药材品质严重下降，影响中药的有效性、安全性，也会极大损害药农的经济利益和种植积极性。GMPGIS 系统能够对中药材产地的适宜性进行多生态因子、多统计方法的定量化与空间化分析，进而综合确定中药材产地生态适宜性区划，已逐渐推广应用于药用植物潜在分布适宜区的分析研究。基于刺五加 228 个样点开展 GMPGIS 分析结果与 MaxEnt 分析结果较为一致：分析刺五加在全球潜在适宜产区主要分布在北半球中高纬度区的东亚，以中国较为集中，我国东北地区为刺五加的主要道地产区，这可能由多重环境生态因子条件综合所致。GMPGIS 结果显示，四川及云南高原过渡地带也为刺五加的相似适生区。这是由于 GMPGIS 与 MaxEnt 相比，所有样点在分析潜在适生区分布中均起决定作用，采样点均被适宜区覆盖，不存在离群采样点。在全球范围内，北美洲中部及偏东的美国、加拿大，欧洲东部、东南及中部乌克兰、罗马尼亚、匈牙利和德国，以及中亚内陆哈萨克斯坦与中国新疆交界地带和俄罗斯西南部，由于该区域的环境变量条件适宜，也可以发展为刺五加引种栽培的区域。因此，在已发现少量散在野生刺五加的区域，可以考虑扩大人工栽培区的面积，对于还未发现刺五加的潜在适生区可以考虑引种及栽培，由此获得更为丰富的刺五加栽培资源。

随着人们对于药材适宜产区的认识不断加深，相关研究人员都在不断尝试用更加准确和合理的方法来阐释产地的各种生态因子与引种区域和药材品质的关系及影响。因此通过 RDA 冗余分析对刺五加（根及茎）紫丁香苷含量与 6 个生态因子之间的相关性进行双向排序分析，结果表明，年均湿度对刺五加根部和茎部紫丁香苷含量的影响最为显著，呈正相关性。另外，最冷季均温、年均温、年均降水量、最热季均温也同时与刺五加根部及茎部有效成分的积累呈正相关。不同的生境下刺五加与药用成分含量的关系，得出对刺五加影响较为明显和突出的因素是湿度与光照（对林下生物来讲即湿度与郁闭度）。研究表明，年降水量、平均气温是影响刺五加资源分布的主要生态因子，极端温度及日照时数对刺五加资源分布的影响不显著。综上所述，气候因子在刺五加资源分布中起到决定性作用。年均湿度、降水、温度构成刺五加产区适应性和品质优劣重要生态因子，与刺五加引种的产地和品质密切相关，是刺五加引种、扩种的主要参考指标。半阴生环境，半阴半阳的针阔叶混交林或阔叶林下为刺五加适宜的日照环境，在全光条件下栽培适应性存在一些问题。

二、人参产地生态适宜性分析

人参为五加科植物人参 *Panax ginseng* C. A. Mey. 的干燥根及根茎，享有“百草之王”美誉，主要分布在中国东北和朝鲜、韩国、日本、俄罗斯东部地区，是驰名中外的珍贵药材。人参药用价值较高，长期掠夺式采挖以及生态环境破坏，导致其野生资源已濒临枯竭，现已被中国《国家重点保护野生药用动植物名录》收录，目前人参药材主要来源于栽培品。虽然中国人参产量大、质量好，但其依靠“伐林栽参，参后还林”的栽培模式，对森林资源和生态环境造成了严重破坏。自 1998 年起，中国政府明令禁止砍伐森林，规定 25° 以上坡地必须退耕还林，造成人参可用林地资源锐减。由于人参连作障碍一直未能解决，原栽培地恢复期在 20 年以上，人参种植地面临重新选地的问题，严重限制了人参产业的可持续发展。2012 年，卫生部批准人参作为新资源食品在市场上流通，由此导致人参全球范围内供需矛盾日益突出。

为满足国内外市场对人参的巨大需求，中国迫切需要走上“农田栽参”等非林地栽参的发展道路。农田栽参种植模式解决了参、林争地矛盾，有利于人参的集约化经营和科学化管理。韩国、日本、朝鲜等国通过开展人参新品种培育及增配技术等相关研究，现已具备较为完善的“农田栽参，参粮轮作”配套种植技术。与此相比，中国“农田栽参”起步较晚，又缺乏适合在农田栽培的人参新品种，技术体系还不完善。盲目进行农田引种，不仅造成大范围死苗现象，产量下降，导致资源、人力、物力的浪费，还导致药材质量下降，影响临床疗效。由于人参新品种培育历程较长，农田栽参大规模推广还存在技术壁垒，通过产地生态适宜性分析寻找最适宜人参栽培地有助于提高成功率。

通过开展人参全球范围内产地生态适宜性分析及农田栽培选地规范制定，为农田栽参合理规划生产布局及规范化种植提供科学依据。采用 GMPGIS-I 系统，以本草文献记载的道地产区、野生分布区以及当前主产区 271 个样点的生态环境因子值为计算依据，经过生态相似性分析获得人参全球范围内的最佳生态适宜产区和潜在种植区，主要包括美国、加拿大、中国、俄罗斯、日本、朝鲜、法国、意大利、乌克兰、韩国等国家。其中，人参在中国的生态适宜产区主要包括黑龙江、吉林、辽宁、陕西、甘肃、湖北、四川、内蒙古、山东和山西等省区。另外，在产地生态适宜性分析结果和项目组多年农田栽参研究数据基础上，结合文献及对部分种植基地的调研结果，初步制订了农田栽参选地规范，为人参农田规模化种植、引种栽培和保护抚育提供科学依据，农田栽参选地规范为高品质人参的科学生产奠定基础。

（一）结果与分析

1. 人参最大生态相似度区域分析

基于人参在全球分布区的 271 个样点信息，GMPGIS 分析得到人参主要生长区域生态因子值范围值：年生长期均温为 7.10～20.30℃、最冷季均温 −23.20～3.50℃、最热季均温 12.30～24.60℃、年均温 −2.10～14.00℃、年均相对湿度 54.39%～71.53%、年均降雨量 520～1999 mm、年均日照 113.21～158.55（W/m^2）；其中主要土壤类型有强淋溶土、暗色土、始成土、潜育土、薄层土、淋溶土、黑土等。由人参最大生态相似度区域全球分布可知：人参在全球的最大生态相似度区域（生态相似度 99.9%～100% 区域）主要分布在亚洲的中国、日本、韩国、朝鲜、土耳其、格鲁吉亚、阿塞拜疆及亚美尼亚；欧洲的俄罗斯、法国、意大利、乌克兰、塞尔维亚、保加利亚、西班牙、匈牙利、罗马尼亚、德国、瑞士以及北美洲的美国、加拿大等地区。人参全球最大生态相似度区域面积比例图见图 1-1-5，人参在美国、加拿大和中国的最大生态相似度区域面积最大（图 1-1-6），占人参全球最大生态相似度区域面积的 72.25%。

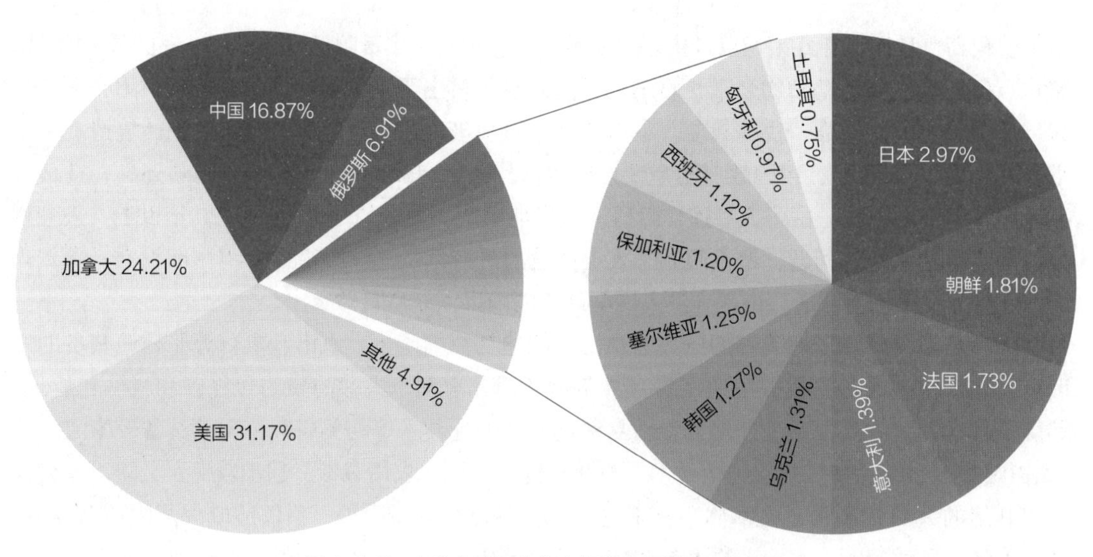

图 1-1-5 人参全球最大生态相似度区域面积比例图

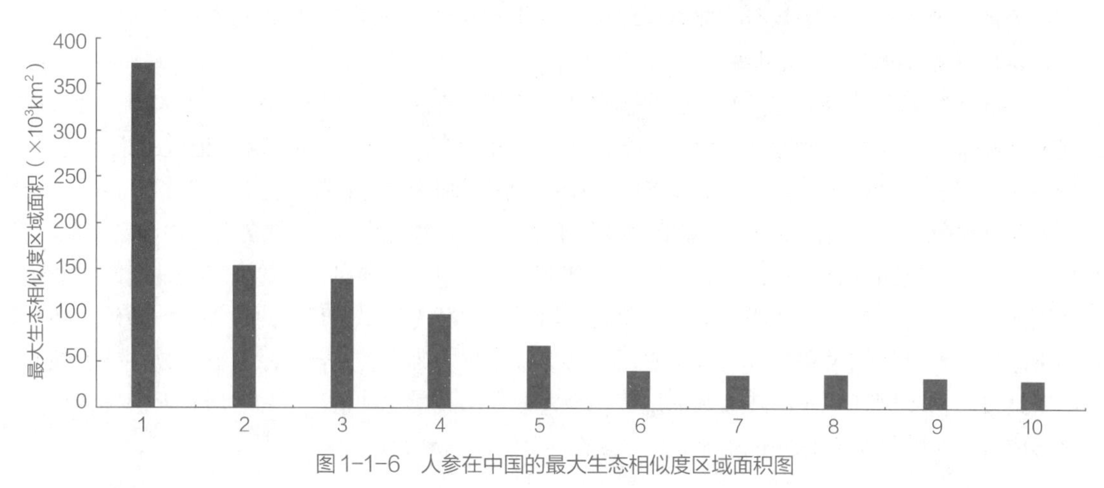

图 1-1-6 人参在中国的最大生态相似度区域面积图

1：黑龙江，2：吉林，3：辽宁，4：陕西，5：甘肃，6：湖北，7：内蒙古，8：四川，9：山东，10：山西

基于人参在中国的样点信息，根据 GMPGIS 分析得到人参在中国的最大生态相似度区域分布图。人参在中国的最大生态相似度区域包括黑龙江、吉林、辽宁、陕西、甘肃、湖北、四川、内蒙古、山东、河南、河北等省区。其中面积前 3 位的区域是黑龙江、吉林和辽宁。黑龙江适宜产区包括铁力、嘉荫、林口、海林、富锦、虎林、宝清等县，吉林适宜产区包括靖宇、抚松、通化、桦甸、集安、敦化、长白等县，辽宁适宜产区包括桓仁、新宾、宽甸、新抚、凤城、开原、法库、新民等县。（表 1-1-7）

表 1-1-7 人参在中国的最大生态相似度主要区域地点

省（区）	县（市）数	主要县（市）	面积 /km²
黑龙江	65	铁力、嘉荫、林口、海林、富锦、虎林、宝清、延寿等	372 037.1
吉 林	42	靖宇、抚松、通化、桦甸、集安、敦化、长白、柳河等	153 588.9

续表

省（区）	县（市）数	主要县（市）	面积 /km²
辽　宁	62	桓仁、新宾、宽甸、新抚、凤城、开原、法库、新民等	139 559.8
陕　西	77	柞水、山阳、宜川、黄陵、旬邑、麟游、丹凤、洛川等	101 300.2
甘　肃	39	正宁、天水、合水、甘谷、武都、秦安、清水、成县等	67 881.6
湖　北	44	神农架、保康、竹溪、房县、巴东、兴山、鹤峰、郧西等	39 998.6
四　川	63	平武、北川、茂县、汶川、宝兴、美姑、宁南、昭觉等	38 093.0
内蒙古	15	鄂伦春旗、莫力达瓦旗、阿荣旗、扎兰屯、宁城等	36 212.0

2. 人参农田栽培选地规范

为从微观可操作层面指导农田栽参选地及规范化生产，在人参全球产地生态适宜性宏观分析结果的基础上，随机选择 2 个点开展了农田栽参试验，所选地块经过土壤消毒、绿肥改良处理后，其土壤 pH 值显著降低，有机质、总氮等指标含量升高，改良后的土壤理化等指标接近林下参地土壤，适宜人参种植。直播及移栽模式下的农田参及林地参存苗率和病虫害指数差异不显著。对土壤进行改良可以有效提高土壤有机质含量，降低土壤容重，增加土壤肥力，提高人参存苗率，促进人参生长。在此基础上，农田栽参项目组调研了吉林省白山市、通化市，辽宁省本溪市、抚顺市和丹东市等 10 余个农田栽参基地 3000 多亩的人参种植现状，结合山西省长子县和黎城县等人参原产地调查及取样分析结果，参考国内外相关文献，初步制定了农田栽参规范化选地方法。

（1）生态指标　农田栽参需选择在阴凉、散射光较强、靠近水源的地区。本研究基于人参 GMPGIS 研究结果，结合农田栽参数据，得出栽培选地的环境因子值。气温：年均温 −2.1～14.0℃、最热季均温 12.3～24.6℃、最冷季均温 −23.2～3.5℃。

光照：人参喜散射光、弱光、蓝光，怕直射光、强光、白光，适宜其生长的年均日照范围为 113.0～158.6 W/m²。水分：人参生长期间，土壤相对湿度保持在 35%～50%。土壤水分大于 60% 将会抑制人参根部生长，引起参根腐烂，土壤水分低于 30% 易导致人参生长不良。人参种植基地年均相对湿度适宜范围为 54.9%～71.8%，年均降水量适宜范围为 520～1999 mm。

（2）土壤理化指标　农田栽参适宜选择土壤有机质含量较高的黄沙腐殖土或黑沙腐殖土。韩国农田栽参的种植技术较为成熟，其通常选择易于排水和灌水的缓坡地或平地；日本农田栽参多选择排水良好的坡地或便于人工排水的平坦地。农田栽参土壤应符合“土壤环境”质量二级标准，农药应符合“农药安全使用标准”。基于 GMPGIS 研究结果，结合农田栽参种植基地及验证试验 4 年的分析结果，参考土壤环境质量标准（GB 15618-1995）得到农田栽参选地分级使用规范。（表 1-1-8）

（3）其他指标　地势：宜选择山麓倾斜地、低山丘陵及有一定坡度（2°～15°）、排水良好、灌溉便利的地区；坡向以北坡、东北坡、东坡及东南坡较好；不宜选择土壤黏重及低洼易积水的地区。农田栽参宜选在土壤肥沃、农业灾害较少的地区；应远离交通主干道、厂矿、医院、家畜养殖场及村舍等周围有污染源的地区。适宜选择在背风向阳、日照时间长、排水良好、土质疏松肥沃、保水和保肥性能较好的中性或微酸性砂壤土中种植；前茬物种以大豆、玉米、紫苏、苜蓿等为好。为减轻土壤改良成本，所选地块需要进行土壤常规理化指标及农残重金属测定。经过 GMPGIS 分析及其适宜种植区农田栽参田间试验研究，得到适宜农田栽参的土壤营养元素范围（表 1-1-9）。农田栽参选地规范中的土壤理化指标范围主要来源于农田栽参种植基地的调研及测试分析结果。

表 1-1-8 农田栽参选地土壤环境因子分类表

分级指标	地形	土壤排水等级	土壤类型	倾斜度/°	倾斜方向	有效土深/cm	板结层/cm
许可范围	河床平坦地、丘陵地、山麓倾斜地	微良好	黏土、微沙质壤土和沙壤土	1～25	正东、正北、东北及西北方向	≥20	0～120
最适合	山麓倾斜地	非常良好	壤土	2～7	正北及东北方向	≥100	≤30
适合	低丘陵地	良好	微沙质壤土、沙壤土	7～15	正东及西北方向	50～100	30～80
不适	河床地、沙丘地、山岳地	不良	沙土、沙土和壤土混合土	≥25	正西、正南及西南方向	≤20	≥120

表 1-1-9 农田栽参选地土壤营养元素分类表

分级指标	pH	有机质/（g/kg）	碱解氮/（mg/kg）	速效磷/（mg/kg）	速效钾/（mg/kg）	Ca^{2+}/（mg/kg）	Mg^{2+}/（mg/kg）
许可范围	5.0～7.0	15～150	50～150	15～100	40～300	400～1000	150～800
适合	5.5～6.5	50～100	50～100	20～80	100～200	400～900	200～400
较低	≤5.0	≤15	≤50	≤15	≤40	≤400	≤150
过高	≥7.0	≥150	≥150	≥100	≥300	≥1000	≥800

（二）小结

本研究基于人参 271 个样点开展 GMPGIS 分析，选点覆盖人参道地产区、主产区和野生分布区，预测结果较为准确。

在世界范围内，人参主要分布在北纬 30°～48° 的中国东北地区、韩国中部、朝鲜北部及俄罗斯远东等地区。本研究运用 GMPGIS 分析系统得出在亚洲、北美洲及欧洲均有潜在的适宜人参生长区域。调查表明丹麦、法国、德国、意大利、西班牙和瑞士均有人参属药材加工及用药需求，Heinrich Wischmann 等人早在 1983 年就在德国进行了人参种植，并于 1992 年成功收获了人参药材。根据人参生物学特性及其对散射光和空气湿度等气候因子的需求特点，提出人参可以在罗马尼亚、南斯拉夫、意大利、法国、德国及丹麦等国家种植，其推测的适宜地区在本研究得到的结果范围内，验证了 GMPGIS 系统的科学性和准确性。本研究发现人参在亚欧大陆的适宜种植地区与中国目前倡导的“一带一路”在地理位置上高度吻合，随着农田栽参技术的不断成熟，将极大促进人参种植产业国际化。

在中国范围内，除吉林、辽宁、黑龙江等省适宜人参种植外，GMPGIS分析结果显示山西、陕西、北京、云南、四川、山东等地具有一定适宜人参种植的潜在分布面积。第三次全国中药资源普查曾得出上述产区均有农田栽参引种栽培记录，这也进一步证明了GMPGIS的应用价值。目前，中国以林地栽培为主的人参产量达到了世界总产量的70%以上，随着中国可用林地栽参面积不断减少，农田栽参将成为中国未来人参种植产业的主要发展模式之一。中国在2015年发布的《中药材保护和发展规划》（2015－2020年）以及《中医药发展战略规划纲要》（2016－2030年）均提到加快中药材种植产业绿色发展，并重点强调开展人参、川贝母等稀缺中药材基地建设。因此，推动农田栽参种植模式不仅可以增加人参种植面积，解决其日趋紧张的人参栽培用地的供需矛盾，而且有利于人参的规范化作业、机械化生产和现代化精细加工。应用GMPGIS系统在宏观上对人参全球生态适宜产区进行了预测，并在微观上对适宜产区内的农田栽参选地规范进行了归纳、总结及验证，研究结果可为农田栽参合理规划布局及规范化生产提供参考。

三、八角属药用植物生态适宜性分析

木兰科八角属植物是莽草酸的主要来源，其药用历史悠久。八角属植物共计34种，中国分布有28种，其中15种具有药用价值。包括八角茴香（*Illicium verum* Hook. f.）、红茴香（*Illicium henryi* Diels）、大八角（*Illicium majus* Hook. f. & Thoms.）、野八角（*Illicium simonsii* Maxim.）、小花八角（*Illicium micranthum* Dunn）、红花八角（*Illicium dunnianum* Tutch.）、莽草（*Illicium lanceolatum* A. C. Smith ）、华中八角（*Illicium fargesii* Finet & Gagnep）、假地枫皮（*Illicium jiadifengpi* B. N. Chang）、地枫皮（*Illicium difengpi* B. N. Chamg）、厚皮香八角（*Illicium ternstroemioides* A. C. Smith ）、大花八角（*Illicium macranthum* A. C. Smit）、少药八角（*Illicium oligandrum* Merr. et Chun）、短柱八角（*Illicium brevistylum* A. C. Smith）和厚叶八角（*Illicium pachyphyllum* A. C. Smith）。其中八角茴香和地枫皮被收录入2015年版《中国药典》，地枫皮被列入中国珍稀濒危物种名录。八角属植物全球分布较为零星，关于其潜在分布区尚未报道。为了缓解莽草酸需求量大，八角属植物受地域、季节的限制及保护濒危物种，以及化学合成成本高、不环保等现状问题，运用GMPGIS软件，分析了15种药用八角属植物的全球潜在适宜性产地，并总结了莽草酸的生物合成和主要的化学合成途径。

（一）结果与分析

1. 野生药用八角属植物资源分布

该属植物主要分布在我国东南部，如广西、云南、福建、海南等地，少许分布在缅甸、越南、巴西等国家。

2. 野生药用八角属生态因子阈值范围

利用中国数字植物标本馆数据库和中国国家标本植物资源平台以及查阅文献，选取具有代表性药用八角属各物种的采样点，收集各个采样点相应的经纬度，提取 GMPGIS 中生态因子数据，总结分析各物种的生态因子阈值，药用植物八角属 15 个物种间的生态因子值差异较显著，但生长条件多为山谷、森林、溪边等阴湿环境。土壤主要集中在强淋溶土、低活性淋溶土、黑钙土、红砂土等类型，各物种的生态因子范围 boxplot 图详见图 1-1-7。

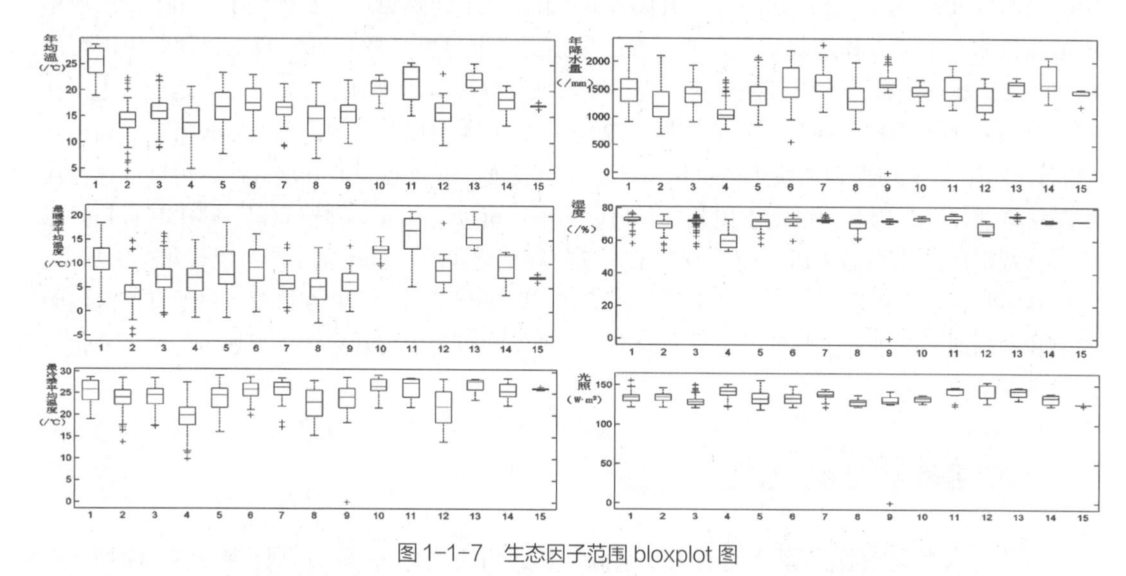

图 1-1-7　生态因子范围 bloxplot 图

（1. 八角茴香；2. 红茴香；3. 大八角；4. 野八角；5. 小花八角；6. 红花八角；7. 莽草；8. 华中八角；9. 假地枫皮；10. 地枫皮；11. 厚皮香八角；12. 大花八角；13. 少药八角；14. 短柱八角；15. 厚叶八角）

3. 野生药用八角属植物生态适应性分布图及面积图

利用 GMPGIS 软件分析获得八角属药用植物全球最大生态适应区分布图（图 1-1-8）。15 种八角属植物主要分布范围在北纬 45° 至南纬 45° 之间。其中，中国和美国是其全球潜在分布适应区面积最大的两个国家。八角茴香和濒危物种——地枫皮全球潜在适应性面积较少，最大潜在适宜性分布区主要在中国。红茴香、大八角、野八角等 5 个品种的全球潜在适应性面积最为广泛，主要分布在中国、美国、巴西等国家。其中厚叶八角生态适应区仅在中国有分布。

八角茴香，为莽草酸的主要植物来源，收载于 2015 年版《中国药典》。中国潜在分布区面积有 20.53 hm^2（1 hm^2=1 平方千米），主要分布在广西、福建等地。越南、巴西等国家也有零星分布，潜在分布区面积分别为 0.3 和 0.04 hm^2。全球潜在分布区面积 10.60 hm^2。

（1）红茴香，中国特有种，15 种药用植物八角属中潜在分布面积最大的物种。中国潜在分布区面积高达 213.84 hm^2，主要分布在云南、广西、四川、湖南等地。美国潜在分布面积为 143.07 hm^2，位居第二。巴西、日本、韩国等也有分布，潜在分布面积分别为 13.79、13.53、12.86 和 7.36 hm^2。全球潜在分布区面积 392.75 hm^2。

（2）大八角，民间传统草药，中国潜在分布区面积约 162.17 hm^2，占全球 59%，位居第一。主要分布在广西、云南、湖南、四川等低纬度地区。美国、巴西和日本等国家的潜在分布区面积分别是 70.14（25%）、13.05（5%）和 6.5（6%）hm^2。地中海沿岸，如意大利、西班牙、葡萄牙等也有少量分布。全球潜在分布区面积高达 278.43 hm^2。

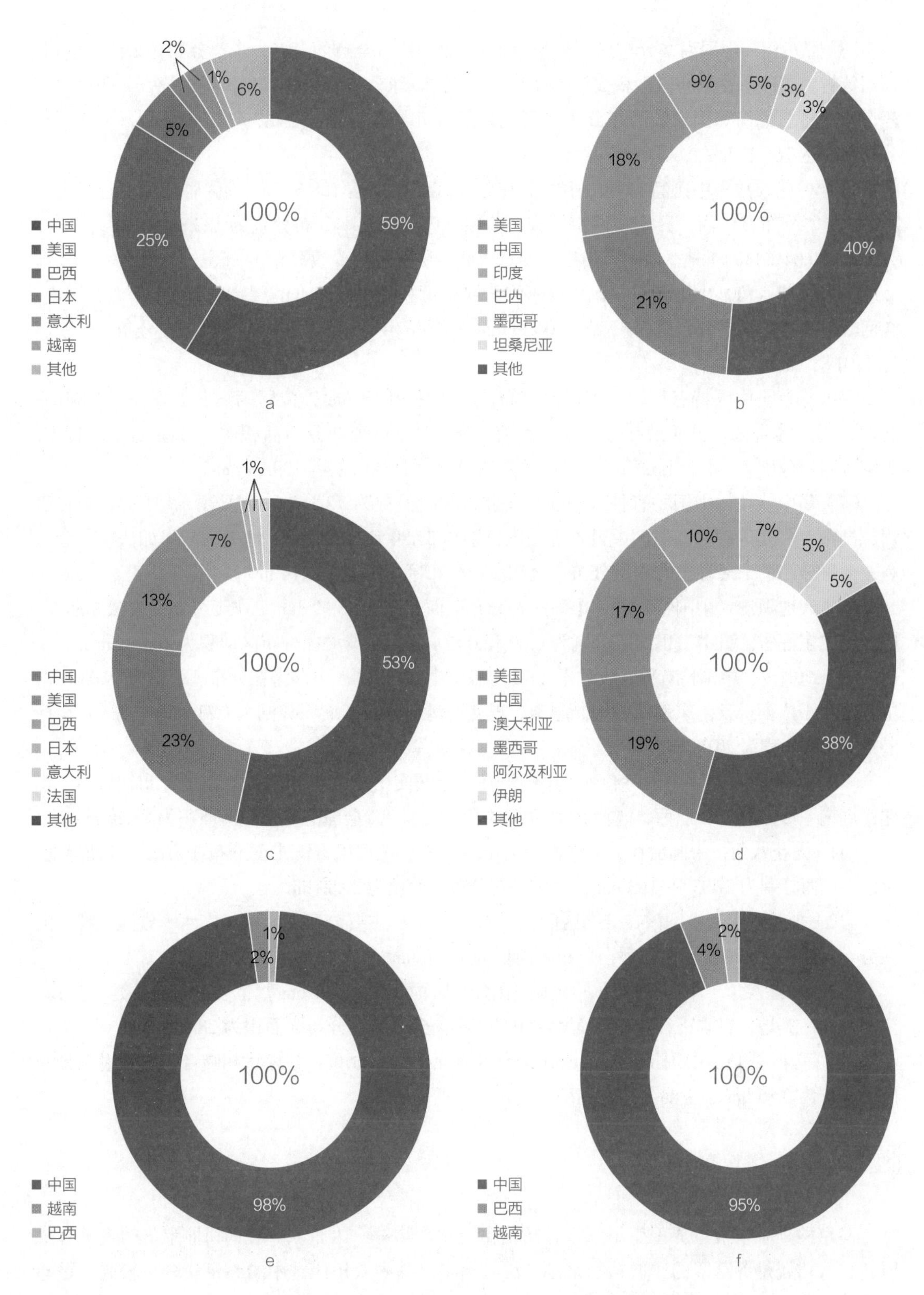

图 1-1-8　典型药用八角属植物世界分布面积比例

（a. 大八角；b. 野八角；c. 小花八角；d. 红花八角；e. 八角茴香；f. 地枫皮）

（3）野八角，中国潜在分布区面积为 110.94 hm^2，约占全球的 18%。主要分布在云南、贵州、四川等省。美国潜在分布区面积高达 159.21 hm^2，占全球分布面积的 21%，位居第一。印度、巴西、墨西哥、缅甸等国家的潜在分布区面积分别为 70.42、40.60、25.87 和 21.48 hm^2。全球潜在分布面积达 765.29 hm^2。

（4）小花八角，中国特有种。中国潜在分布区面积高达 188.66 hm^2，位居全球榜首，约占 23%。主要分布在广西、云南、湖南等省。美国、巴西、日本分布分别为 107.86（13%），56.38（7%）和 9.04（1%）hm^2。地中海沿岸，如意大利、法国也有少数分布。

（5）红花八角，中国特有种。中国潜在分布区面积为 160.36 hm^2，主要分布于广西、湖南、江西等地。美国潜在分布区面积高达 204.15 hm^2，约占 19%，位居第一。全球潜在分布区面积高达 1101.88 hm^2。

（6）莽草，中国特有种。中国潜在分布区面积为 91.65 hm^2，位居第一。主要分布在湖南、江西、广西等省区。巴西潜在分布区面积有 8.36 hm^2，占全球分布面积的 7.6%。越南、日本、美国等国家分别为 1.41、1.62 和 0.20 hm^2。全球潜在分布区面积有 109.13 hm^2。

（7）华中八角，中国特有种。中国潜在分布区面积有 71.72 hm^2，位居第一。主要分布在贵州、湖南、广西等省区。美国，日本等国家分别为 31.80 和 5.82 hm^2，地中海沿岸如法国、意大利、西班牙和葡萄牙等也有零星分布。全球潜在分布区面积有 135.16 hm^2。

（8）假地枫皮，中国特有种。中国潜在分布区面积高达 45.39 hm^2，主要分布在安徽、浙江、广西、广东等省。日本、巴西等分别为 0.60 和 0.47 hm^2。全球潜在分布区面积为 46.49 hm^2。

（9）地枫皮，中国特有种，收载于 2015 年版《中国药典》。中国潜在分布区面积为 19.03 hm^2，主要分布于广西、云南东南部等地。越南、巴西的潜在分布区面积分别为 0.73 和 0.32 hm^2。全球潜在分布区面积为 20.08 hm^2。

（10）厚皮香八角，中国特有种。中国潜在分布区面积高达 76.46 hm^2，主要分布在海南、福建、湖南、广东等省。巴西、越南分别为 6.84 和 4.27 hm^2。全球潜在分布区面积为 88.70 hm^2。

（11）大花八角，中国潜在分布区面积为 42.45 hm^2，位居第一。主要分布在云南、江西等地，美国、巴西分别为 27.03 和 9.63 hm^2。全球潜在分布区面积为 89.89 hm^2。

（12）少药八角，中国潜在分布区面积为 10.76 hm^2，主要分布在广东、广西等省区。越南潜在分布区面积 2.53 hm^2。全球潜在分布区面积为 13.58 hm^2。

（13）短柱八角，中国特有种。中国潜在分布区面积为 27.83 hm^2，主要分布在福建、广东、广西、湖南等地。日本潜在分布区面积为 0.57 hm^2。全球潜在分布区面积为 28.40 hm^2。

（14）厚叶八角，中国特有种。潜在分布区只在中国有分布，与现状相吻合。中国潜在分布区面积仅为 0.56 hm^2。主要分布在湖南、贵州、广西等省区。

（二）小结

莽草酸是唯一被世界卫生组织推荐防治禽流感药物——达菲（磷酸奥司他韦）的关键合成原料。八角属是莽草酸的主要植物来源，种类繁多。其中八角茴香中的莽草酸含量较高，是莽草酸的主要原料来源。GMPGIS 分析表明，其生态适宜性产区多分布在中国，适宜面积占全球比例高达 98%。地枫皮为国家濒危物种之一，中国潜在分布区面积占全球比例高达 95%。此外，

15 种药用八角属植物在中国的潜在分布区面积之和高达 14 680×10^3 km^2，位居榜首。在美国潜在分布区面积之和为 7430×10^3 km^2，位居第二。因此，中国作为全球八角属植物资源分布最为丰富的国家，合理开发和利用尤为重要。另外，莽草酸的生物合成和化学合成存在耗时长、成本高、不环保等问题，使得八角属药用植物来源的合理开发和持续利用问题亟待解决。开展人工合成莽草酸研究具有重要意义。

基于 GMPGIS 分析结果表明除中国外，美国可作为引种栽培的主要国家。红茴香、小花八角、红花八角等药材原为中国特有物种，预测分析美国存在潜在分布区的物种均可作为引种对象。濒危物种地枫皮为中国特有种，越南、巴西两国家存在其潜在适应区，因此在越南、巴西引种培育地枫皮将有利于缓解地枫皮的濒危状态，对物种多样性的保护与永续发展具有重要意义。总之，通过 GMPGIS 软件，预测莽草酸原料植物的全球潜在分布区，有利于保证抗禽流感药物达菲原料的可持续供应，为八角属植物的合理开发和应用提供科学依据。

第二章 无公害中药材品种选育

大多药用植物为多年生植物，生长周期长，其生长和发育易受病虫害和生态因子的影响。为了抵御病虫害的发生，大量使用各种农药（包括杀菌剂和杀虫剂），农药滥用是中药材农残超标的主要原因，也是影响中药材质量和安全性的重要因素。培育优质、高产和抗逆性强的中药材新品种是抵御病虫害等胁迫因子主要途径之一，进而减少农药的使用，保障药材的安全有效。

陈士林等提出本草基因组计划（Herb Genome Program），是针对具有重大经济价值和典型次生代谢途径的药用植物进行的全基因组测序和后基因组学研究的系列计划，促进了各种“组学”研究方法在药用植物研究领域的应用。历经 10 余年，随着测序成本的降低，药用植物各种组学技术不断发展，生物信息学分析方法逐渐完善，形成了本草基因组学（Herbgenomics）。本草基因组学是利用组学技术研究中药基原物种的遗传信息及其调控网络，阐明中药防治人类疾病分子机制的学科，主要包括中草药结构基因组、转录组、功能基因组、蛋白组、代谢组、表观基因组、宏基因组等。而随着中药材基因组、转录组测序陆续展开，海量数据为中药材遗传信息提供了大量的资源，为发掘中药材抗逆及参与有效成分合成途径的基因提供了重要信息，为中药材提供大量的分子标记，有助于实现分子标记与优良性状的连锁，加快优质中药材的选育进程。

针对中药材传统育种周期长、效率低等问题，提出基于本草基因组学辅助中药材优质新品种选育的策略。通过中药材的基因组、转录组、简化基因组等分析，获得大量 SNP、SSR 等标记，结合中药材高产、优质、抗逆等目标性状，辅助中药材新品种的选育，如紫苏高产新品种“中研肥苏 1 号”、三七抗病新品种“苗乡抗七 1 号”等。然而中药材种类繁多，研究基础薄弱，应通过加强中药材组学研究为其新品种优质基因筛选提供标记，同时建立分子育种结合传统选育的综合技术，实现分子标记与优良性状的连锁，加快优质中药材的选育进程，保障中药材的安全有效。

第一节 中药材品种及选育

针对中药材生产情况，选择适宜当地抗病、优质、高产、商品性好的优良品种，尤其是对病虫害有较强抵抗能力的品种。病虫害一方面造成产量和品质的降低；另一方面使用化学农药来防治病虫害，不仅增加成本且污染环境，还会通过食物链使产品中残留的农药进入人体而产生毒害，危及人体健康。选育优质抗逆的新品种是无公害中药材生产的关键环节。目前已通过选择、杂交、诱变等传统方法培育出人参、丹参、地黄、西洋参、桔梗、厚朴、柴胡、菘蓝、罗汉果、红花等高产优质中药材品种。中药材育种目标不仅注重入药部位的产量和有效成分（次生代谢物）的含量，还应注重中药材的抗逆性问题。但由于中药材杂合度较高，生长周期较长，育种目标特殊等原因，导致传统育种方式效率较低。分子育种是在经典遗传学和分子生物学等理论指导下，将现代生物技术手段整合到传统育种方法中，实现表型和基因型的有机结合，快速培育优质新品种的育种方法。分子标记辅助优质中药材的选育已取得一系列的进展，随着高通量测序技术的发展，药用植物遗传信息不断挖掘，为分子标记的筛选与开发提供信息。

一、抗逆品种

优质、高产、抗逆是中药材新品种选育的目标。目前已选育优质中药材品种有人参、枸杞、薏苡、青蒿、丹参、罗汉果、柴胡、桔梗、阳春砂、黄芪、地黄、三七、金银花、远志、附子、黄连、半夏、板蓝根、沙棘、灵芝和山药等（表 1-2-1）。已选育的新品种主要通过单株选择、系统选育等传统方法获得，相比作物新品种选育，中药材新品种的选育工作还非常薄弱，已选育新品种较少。

鉴于获得新品种的中药材数量少且多集中于高产优质品种的选育，抗逆性中药材品种的选育较少，仅有薏苡的“薏苡 2 号”抗黑穗病，桔梗的“中梗粉花 1 号”抗立枯病，阳春砂的“春选 2 号”抗叶斑病、苗疫病等，地黄的“地怀 81 号”高抗斑枯病、中抗轮纹病，三七的“苗乡抗七 1 号”抗根腐病，板蓝根的“定蓝 1 号”抗根腐病，山药的“铁棍 1 号”高抗褐斑病等获得抗性品种。其中桔梗、地黄、板蓝根、西红花抗病品种经系统选育获得，薏苡和山药抗病品种经诱变育种获得，三七抗病品种由分子辅助选育获得（表 1-2-1）。

表 1-2-1 部分已选育中药材新品种及其特性

物种	品种	选育方法	特性
人参	吉参 1 号、黄果人参、新开河 1 号、福星 01	系统选育	高产、优质
枸杞	宁杞 5 号	单株选育	高产
薏苡	浙薏 2 号	诱变育种	高产、高抗
青蒿	渝青 1 号、桂蒿 1 号、桂蒿 3 号、鄂蒿 1 号	单株选育、混合选育、派生系统选育、集团混合选育	高产优质

续表

物种	品种	选育方法	特性
丹参	北丹 1 号、陕黄、99-2、99-3	系统选育	高产
罗汉果	普丰青皮、永青 1 号	杂交育种	高产优质
柴胡	中柴 1 号、中柴 2 号、中柴 3 号	单株选育	优质
桔梗	中梗 1 号、中梗 2 号、中梗 3 号、鲁梗 1 号、鲁梗 2 号、中梗白花 1 号、中梗粉花 1 号	系统选育	高产、优质、抗病
阳春砂	春选 2 号	回交育种	高产、抗逆
黄芪	陇芪 3 号	诱变育种	高产优质
地黄	怀地 81 号	太空诱变、系统选育	优质抗病
三七	苗乡抗七 1 号、滇七 1 号和苗七 1 号	分子辅助育种、系统选育	抗病
金银花	华金 6 号、北花 1 号、九丰 1 号、中花 1 号、忍冬 1 号等	系统选育、单株选育等	高产、优质
远志	晋远 2 号	单株选育	高产
附子	中附 1 号、中附 2 号	系统选育	丰产
黄连	黄连 1 号	系统选育	高产
半夏	鄂半夏 2 号	系统选育	高产
板蓝根	定蓝 1 号	系统选育	高产、优质、抗病、抗逆
西红花	番红 1 号	系统选育	丰产、优质、抗病
绞股蓝	恩七叶甜	系统选育	优质
沙棘	新垦沙棘 1 号、新垦沙棘 2 号	群体选育	高产优质抗逆
灵芝	沪农 1 号、龙芝 2 号	杂交选育	抗病、高产
山药	铁棍 1 号、温山药 1 号	太空诱变育种	高抗褐斑病
紫苏	中研肥苏 1 号	分子辅助育种	高产

二、高产品种

中药材高产优质品种选育已取得一系列进展，如运用系统选育方法对人参品种进行了选育，选出了丰产性强、单根重大、根形美观、皂苷含量高的人参新品种“吉参 1 号”。利用雄性不育系 GP1BC1-12-11 选育出桔梗新品种，其中“中梗 1 号”“中梗 2 号”“中梗 3 号”桔梗总皂苷含量较高。采用系统选育的方法选育出附子产量较高的“中附 1 号”“中附 2 号”。系统选育法从陕西省镇坪县黄连农家种群体中选育出新品种“黄连1号”，具有植株性状优良、产量高等特点。采用系统法从来凤野生种中选育出半夏新品种“鄂半夏2号”，其产量和质量均比现有半夏高。运用系统选育方法培育出板蓝根新品种“定蓝1号”，具有丰产、抗病和抗逆等特性，适宜在海拔为1800～2500 m、年降水量为450～500 mm的半干旱及高寒地区推广应用。采用系统选育方法对建德西红花进行品种选育，获得丰产、品优、抗病的新品种“番红1号”。系统选育出了绞股蓝新品种“恩七叶甜”，其口感清甜，有效化学成分含量提高了33%～77%，大大提高了绞股蓝的工业生产价值。用单株选育的方法获得“宁杞5号”，果实粒大、肉厚、口感甘甜，干果含总糖、枸杞多糖、类胡萝卜素、甜菜碱分别为560 mg/g、34.9 mg/g、1.2 g/kg、9.8 mg/g。在系统选育、种质资源搜集的基础上，经单株培育10余年，获得金银花新品种“华金6号”，该品种花蕾期比一般品种晚4～5天，花蕾持续15～20天不开放，且植株花蕾较为集中，便于采收，药材产量比其他金银花品种高。

以浙南道地药材品种“浙薏1号”为突变体，经诱变育种选育出薏苡新品种“浙薏2号”，其产量、质量和抗逆性效果均优于对照薏苡。徐敬珲等利用快中子束辐照植物育种技术对“陇芪1号”种子进行辐照处理，选育出黄芪新品种“陇芪3号”，与对照陇芪1号相比产量增加17.1%、根腐病株率和病情指数分别降低3.46%和2.79%；总灰分、浸出物、黄芪甲苷、毛蕊异黄酮葡萄糖苷含量分别为2.6%、31.7%、0.089%、0.080%，具有显著提高。该品种适宜在黄芪主产区栽培，具丰产、抗逆、抗病虫等特点。通过太空诱变育种筛选获得山药7个新品系（编号为1号、2号、4号、6号、8号、10号），对其产量、尿囊素含量、水溶性浸出物及抗病性等方面进行了测定分析，发现6号高抗炭疽病和褐斑病，抗性较高；10号中抗炭疽病和高抗褐斑病，抗性表现良好；10号和6号淀粉、还原糖、蛋白质、灰分含量均高于对照；并将新品系10号定为“铁棍06-1”，作为食用铁棍山药新品种推广。结果表明中药材品种的培育已经获得了一定的进展，多集中于优质高产品种的培育，抗逆中药材品种的培育较少。

第二节 分子辅助抗性品种选育

药用植物种类多、育种起步晚，相对农作物非常落后。传统选育是利用外在表型结合经济性状多代纯化筛选，实现增产与高抗的目的，但选育周期长，效率低。现代分子生物技术可加快药用植物育种进程，项目组建立了高通量混合测序技术的全基因组组装及拼接技术，完成灵芝、丹参、人参、紫芝等物种全基因组测序，通过基因组重测序，建立了目的连锁性状基因数据挖掘的生物信息学分析方法，选育了一批优良品种，获得苗乡抗七1号、中研油苏1号等新品种或良种证书，降低病虫害发生率最高达62.9%。

传统选育是药用植物主要的选育手段之一，该选育方法利用外在表型结合经济性状通过多代纯化筛选，实现增产或高抗的目的。药用植物种类繁多，育种起步晚，有很多属于多年生的植物，传统选育周期长，效率低。采用现代生物分子技术中选育优质高产抗病虫的中药材新品种，可以有效地缩短选育时间，加快选育的效率，进而保障无公害中药材生产。通过药用植物转录组、基因组测序，可获取大量的SSR、SNPs等标记，筛选与高产、优质、抗逆等表型相联的DNA片段作为标记，进而辅助新品种的选育。通过目的关联基因数据挖掘与药用植物表型相结合进行品种选育的方法，获得三七、紫苏新品种。抗根腐病、锈腐病等病害的抗病新品种，可有效减少农药的使用，促进中药材产业可持续发展。此外利用基因组测序技术对群体进行高通量测序，通过关联分析等途径定位到控制某个或某些性状的关键基因，对后代基因型进行筛选，可加快选育新的品种。通过基因组序列信息构建高密度遗传图谱和物理图谱，通过分子标记与优良性状之间的连锁研究，在QTL及染色体范围内研究自然群体基因渐渗。依据青蒿的农艺表型，通过构建遗传图谱识别影响青蒿产量的位点，确定了协同LG1和LG9上的位点影响青蒿产率，这些候选基因可作为分子标记育种的分子基础，辅助青蒿新品种的选育。

一、分子辅助育种策略

目前中药材育种的方法主要是传统选育，该方法利用外在表型筛选优良性状，再经过多代纯化，实现增产或高抗的目的，但是该方法选育周期长、效率低。采用现代分子技术选育新品种，可有效缩短育种周期，加快选育效率。中药材分子育种过程结合了植物育种技术、分子生物学和生物技术等手段以提高选择效率，加快育种进程，促进中药材新品种的培育。分子育种主要包括分子标记辅助育种、基因工程育种和分子设计育种3种。分子标记辅助育种是利用分子标记与控制目的性状的基因紧密连锁的特点，通过检测分子标记来检测目的基因是否存在，达到快速选择目标性状植株的目的。基因工程育种是通过基因工程技术将外来或人工合成的DNA或RNA分子导入受体材料，使后代获得某些特性的育种方法。但该技术尚不能应用于中药材基原植物的育种。分子设计育种通过各种技术的集成与整合，在田间试验之前利用计算机设计育种过程中的遗传因素和环境因素对生长发育的影响进行模拟、筛选和优化，提出最佳的符合育种目标的基因型组合以及亲本选配策略，以提高育种过程的预见性和育种效率。

目前作物育种体系比较成熟，已挖掘大量的基因，为作物遗传育种提供了大量的依据。如在马铃薯的8个连锁群中发现14个线虫抗性位点和大量的QTL。用125个SSR标记对91份水稻进行抗病性关联分析，结果发现与抗稻瘟病性状关联的SSR位点有32个，与抗纹枯病性状相关联的SSR位点有19个。另外甘蔗中也获得大量的抗旱基因，为培育抗旱甘蔗新品种提供了依据。在水稻中发现大量的与农艺性状相关联的SSR位点。然而中药材分子育种起步较晚，运用本草基因组学辅助中药材新品种选育，可加快选育进程。通过构建目标群体，对目标群体进行分子标记的开发，结合表型确定标记，利用标记辅助中药材新品种选育，加快新品种及良种的选育进程（图1-2-1）。

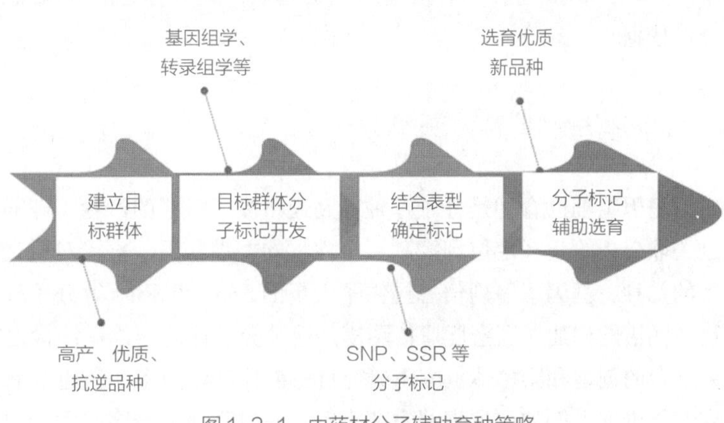

图1-2-1　中药材分子辅助育种策略

（一）DNA 标记辅助新品种选育

DNA 标记辅助育种以 DNA 多态性为基础，依据分子杂交、聚合酶链式反应、高通量测序等技术，筛选与高产、优质、抗逆等表型相联的 DNA 片段作为标记，进而辅助新品种的选育。随着测序成本的降低，药用植物的转录组、全基因组测序结果提供了大量的 SSR 和 SNP 等分子标记，为发掘植物抗逆及参与有效成分合成途径的新基因提供了信息，提高了选育的效率。454GS FLX Titanium 高通量测序技术对丹参二年生根的转录组进行测序和功能分析，挖掘其次生代谢物合成相关基因。丹参有效成分生物合成途径关键酶基因的发掘为克隆基因、基因功能研究提供了基础数据，为研究有效成分的生物合成途径和调控机制奠定了基础，同时为应用生物技术方法提高丹参有效成分含量或直接生产有效成分和其中间体提供了可行性。转录组数据分析并获得大量的 EST 序列，为人参基因组的开展奠定基础。下一代测序技术组装人参的全基因组序列，总计 3.5 Gb 全基因组核苷酸序列编码了 42 006 种预测基因。采用人参二十二个转录组数据集和质谱图，鉴定出 31 个基因涉及甲羟戊酸途径及 225 个 UDP- 糖基转移酶（UGT）基因。人参核基因组的获得揭示了人参皂苷的生物合成和进化，为分子辅助育种及抗病机制提供依据。通过分析人参、西洋参、三七根部转录组获得大量与皂苷合成、抗逆相关的 SSR，为人参属药用植物新品种选育提供依据。现代分子生物学技术加速目标 DNA 标记的筛选与开发，这些标记应用于重要农艺性状的定位，高效的筛选出高产、优质、抗逆新品种。

海量的分子标记是分子辅助育种的前提。高通量测序成本降低，使中药材基因组、转录组、基因芯片数据大量涌现，为开展中药材分子育种提供了基础条件。如全基因组研究便于通过汇集有关基因型的所有相关信息、表型和环境进行有效设计和实现分子标记辅助育种。转录组学主要研究植物体 RNA 的表达水平，利用转录组序列开发 SSR 标记提高了遗传多样性和分子标记辅助育种研究的准确性。结构基因组主要是研究基因组的序列图谱、遗传图谱和物理图谱，即通过遗传作图和核苷酸序列测定确定基因在染色体上的位置和顺序。结构基因组学研究主要依赖于数量性状位点（QTL）及 DNA 测序技术。通过对长春花进行全基因组鸟枪法测序，组装得到 523M 基因组序列，注释出 33 829 个基因，并发现大量萜类物质合成相关基因。采用 454GS FLX 平台对银杏叶进行转录组测序分析，获得了六万多条 EST 序列，拼接后获得两万多个 Unigene，其中 14 个参与银杏萜内酯合成的关键酶基因，5 个 MVA 途径中合成酶的关键基因，9 个 MEP 途径中合成酶的关键基因。这些标记的开发辅助加快优质中药材的选育提供分子依据。

（二）基因组学辅助新品种选育

基因组辅助育种是分子育种在高通量测序时代的产物，即通过对群体进行高通量测序，通过关联分析等途径定位到控制某个性状的关键基因，直接对后代基因型进行选择的方法来选育新的品种。基因组序列信息提供了大量的 SSRs 和 SNPs 等分子标记，有利于高密度遗传图谱和物理图谱的构建，高密度遗传图谱加速了分子标记与优良性状之间的连锁研究，有益于 QTL 研究平台的创建和染色体范围内研究自然群体基因渐渗。高通量测序结合农艺表型的 QTL 定位研究获得进展，例如依据青蒿农艺表型，通过高通量测序技术构建遗传图谱识别影响青蒿产量的位点，结果表明QTLs协同LG1和LG9上的位点影响青蒿产率，LG4与QTL（数量性状位点）协同促进青蒿鲜重，却抑制青蒿素浓度，前体合成基因的候补基因DXR2与C4 LG9上青蒿合成QTL有协同作用，这些候选基因可作为分子标记育种的分子基础，辅助青蒿新品种的选育。利用RAD-Seq技术筛选三七抗病品种—苗乡抗七1号的特异SNPs位点，结合田间抗病性的农艺特征，辅助抗病新品种的选育，缩短育种周期，加快育种的进程。通过全基因组测序筛选出中研肥苏1号（京品鉴药2016054）的30个非同变异突变SNP标记，这些特异性SNP标记可用于紫苏该新品种材料鉴选。

遗传图谱是数量性状位点（QTL）、基因克隆及分子标记辅助育种的基础。连锁图谱的构建包括：①建立合适的作图群体；②选择合适的作图群体的遗传标记；③建立连锁群，确定基因排序和遗传距离。遗传连锁作图主要的分子标记有RFLP、RAPD、SRAP、SSR、SNP等，每种分子标记各有优缺点，见表1-2-2。中药材基因组和转录组等序列信息提供了大量的SSR和SNP等分子标记，有利于高密度遗传图谱和物理图谱的构建，进而加速了分子标记与优良性状之间的连锁研究，提高了育种效率。

表1-2-2　中药材主要分子标记开发方法及优缺点

方法	原理	优点	缺点
RFLP	对获得DNA连上特定的人工接头，作为模板进行扩增，获得多态性位点	高效、可靠、重复性高、通量高、少量DNA	引物需标记且标记分布不均
RAPD	通过PCR反应获得DNA多态性位点	操作简单、所需DNA量少、多态性较高、检测速度快	结果重复性差、不能区分显性纯合和杂合基因型
SRAP	利用独特引物对开放阅读框进行扩增，因物种、个体差异产生多态性	简单、可靠、共显性	需要特定引物
基因组学	结合基因型数据SNP、QTL位点和表现型数据，同时对多个性状进行选择；	稳定性高、（共）显性、易自动化	数据分析具有专业要求
转录组学	在海量数据中利用转录组序列开发SSR、InDel标记	多态性丰富、覆盖度高、共显性、稳定可靠等	引物开发需要已知的序列并且成本高

基因组研究辅助优质高产作物的选育，如研究者筛选了705份芝麻资源进行全基因组测序，发掘500多万个单核苷酸多态性（SNP），构建了芝麻高密度单倍型图谱。本草基因组学的研究也为中药材农艺性状提供了分子标记。用蓖麻的全基因组序列信息，筛选SSR重复序列，并以SSR为主要标记构建高密度遗传图谱，定位蓖麻株高相关的QTL，用于蓖麻矮化品种的选育，大大提高选育效率。郭林林等构建了丹参遗传连锁图谱，发现与根部表型性状相关的QTL主要分布在第2连锁群和第4连锁群上，这些与性状紧密连锁的QTL位点极大地提高了数量性状优良基因型的选择，可有效地提高丹参品种选育进程。随后，构建了首个丹参超高密度遗传连锁图谱（含有8个连锁群），在图谱上获得了大量的SLAF标记，这为丹参产量和品质的提高奠定了重要基础。构建了木薯的高密度遗传图谱，发现标记分布在18个连锁群中，并且每个连锁群

SNP 数目不均等，这为木薯新品种选育提供依据。说明遗传图谱的构建在中药材新品种标记开发上具有一定的应用，为中药材新品种选育提供依据。

二、分子辅助优质高产品种选育

中药材分子育种是海量分子标记的发展和高通量测序的产物，利用分子生物学和生物技术促进新品种的培育，以提高选择效率，加快育种进程。基因组、转录组、基因芯片是获取海量标记的技术。随着本草基因组学技术的发展，中药材分子标记的开发难度降低，物理图谱得以相继构建，这为优质中药材分子育种提供了理论基础。通过本草基因组学解析中药材基因组信息，有效次生代谢产物的生物合成机制也逐渐被发现，都为定向提高中药材有效成分的分子设计育种提供依据。以下主要从中药材高产和优质等位点开发进行阐述（表 1-2-3）。

表 1-2-3 中药材优质高产目标性状分子标记的选择

物种	方法	位点	特性
蓖麻	全基因组测序	SSR 位点	矮化相关位点
丹参	遗传连锁图谱	QTL 位点	根表型相关位点
木薯	遗传连锁图谱	高密度遗传图谱	根表型性状相关位点
紫苏	全基因组测序	30 个突变 SNP 标记	丰产基因
丹参	基因组测序	4832 个 SSR 位点	表型相关基因
灵芝	基因组测序	13 个萜类合酶的编码基因，36 个氧化还原酶编码基因和 219 个 CYP 序列	萜类合成相关基因
青蒿	基因组测序	QTLs、LG1 和 LG9 上 的 位 点，DXR2 和 LG9 基因	产量位点和青蒿合成基因
人参	基因组测序	31 个甲羟戊酸途径的基因及 225 个 UGT 基因	皂苷合成基因
丹参	转录组测序	126 条基因序列	丹参酮和丹酚酸合成基因
川贝母	转录组测序	3817 个 SSR 位点	分子标记位点
青蒿	转录组测序	ADS 和 CYP71AV1 基因	青蒿素和青蒿酸合成基因

本草基因组学解析中药材基因组，并获得大量的性状相关位点。如通过全基因组测序技术筛选了“中研肥苏 1 号”的 30 个突变 SNP 标记，这为紫苏新品种选育提供理论基础。完成了丹参基因组草图的组装，基因组大小为 538 Mb，发现重复序列占基因组数的一半以上（54.44%），大于 40 bp 的 SSR 位点有 4832 个，可用于遗传图谱构建、分子标记筛选等工作，为后期丹参群体遗传学与基因组学研究奠定基础。

本草基因组学研究已成功揭示了多种代谢途径相关基因，为高产中药材的选育提供分子依据。灵芝基因组的组装，得到 1063 个转运蛋白（134 个家族），注释得到 13 个萜类合酶的编码基因，36 个氧化还原酶编码基因和 219 个 CYP 序列，这些基因数据为优质灵芝新品种的选育提供分子基础。人参的全基因组序列共获得 3.5 G 全基因组核苷酸序列，并采用人参转录组鉴定出 31 个涉及甲羟戊酸途径的基因及 225 个 UGT 基因，为人参皂苷合成机制及人参分子辅助育种提供依据。转录组学测序技术也为中药材功能基因的挖掘发挥了很大的作用。如应用 454GS FLX Titanium 平台对二年生丹参根进行转录组测序，共获得 46 000 多条 EST，编码丹参酮合成的 15 个关键酶基因的序列有 27 条，编码丹酚酸合成的 11 个关键酶基因的序列有 29 条，以及 70 条 CYP450 序列，这些发现为丹参酮和丹酚酸生物合成途径的关键酶基因的发掘提供了基础数据。运用 Illumina HiSeq 2000 对川贝母鳞茎、叶片进行测序，共获得 3817 个 SSR 位点，并发现川贝母 SSR 位点出现的频率较高，类型较丰富，多态性也较高，这些发现为川贝母分子标记辅助育种提供基础。对蓝光处理下的青蒿转录组进行分析，发现蓝光可通过提高青蒿素合成酶基因 ADS 和 CYP71AV1 的表达，从而显著地提高青蒿素和青蒿酸的积累，这可获得调控青蒿素及青蒿酸含量的关键基因，为高含量青蒿新品种的选育提供基础。

三、分子辅助优质抗逆品种选育

运用传统育种方法很难有效地筛选抗性相关基因并快速培育抗性品种。通过高通量测序技术，解析药用植物基因组信息，可获得大量与抗逆相关联的基因作为抗性分子标记，辅助抗性中药材品种的选育。以下主要从中药材的抗病虫、抗旱、抗寒、抗热等分子位点的开发进行阐述（表 1-2-4）。

表 1-2-4　中药材抗性分子标记的选择

物种	位点	特性
柑橘	抗病积累效应的 5 个位点	抗病基因
银杏	多个编码与抗病与防御相关的 unigenes	抗病基因
三七	Record_519688，PnPR1 和 PnPR10-1	抗病基因，可使根腐病下降 35.8%~62.9%
人参	2 个 Unigenes（c55244_g1 和 c58299_g4）	抗锈腐病基因
百合	抗性同源序列分析	抗病基因
野生人参	27 个 R genes	抗锈腐病基因
丹参	iCOI1 基因	抗虫基因，可减弱丹参对昆虫咬噬耐受性
卷柏	NDH 基因	抗旱基因
丹参	MiRNA 基因	抗旱基因
铁皮石斛	HSP70 基因，DoWRKY5 基因	抗寒基因
枳	60 个转录因子	抗寒基因
苦荞	FtF3'H 基因	抗寒基因
王百合	GPAT 基因	抗寒基因

续表

物种	位点	特性
青蒿	ADS、CYP71AV1 基因	抗寒基因
核桃	JrGRAS2 基因	抗热基因
丹凤	耐铜性相关的基因	耐铜基因

（一）分子辅助抗病新品种选育

病虫害是中药材生长重要的生物因子，要加快中药材抗病虫的分子育种，先要挖掘植物的抗病虫的标记位点。分子辅助选择在中药材抗病虫品种选育中具有应用，如采用简化基因组测序技术，快速筛选抗病株“苗乡抗七 1 号”的 12 个特异 SNP 位点，其中 record_519688 位点与三七抗根腐病相关，此片段可作为遗传标记辅助选育抗病品种，有效缩短育种年限，该品种对根腐病具有显著的抗性，使根腐病的病情指数下降 35.8%～62.4%。基于人参全基因组分析获得 2 799 099 个 SNPs，并鉴定了 1652 个抗性基因，在分子水平上揭示了人参抗病机制，为人参抗性育种奠定分子基础。通过 IRAP 图谱定位技术，找到与柑橘抗病累积效应连锁的 5 个微效位点，为柑橘抗病品种选育提供依据。利用 IRAP 构建了酸橙与枳杂交后代的遗传图谱，并分析了这些标记在 66 个酸橙与枳的杂交后代中的分离比及图谱定位 Gypsy-like 反转录转座子在染色体上的分布，为抗性品种选育提供分子依据。采用高通量测序技术对银杏叶进行转录组测序，获得多个与抗病防御相关的基因，为银杏抗病品种的培育奠定了基础。采用 Illumina 测序平台对锈腐菌处理后的人参进行转录组测序，发现有 257 个 Unigenes 与抗性相关，其中有 2 个 Unigenes（c55244_g1 和 c58299_g4）被注释为病程相关蛋白，且在锈腐病处理后表达上调；另外还发现 29 个与抗性相关的转录因子基因，这为人参抗病品种的选育奠定了基础。将三七病程相关蛋白 1 基因（PR1）进行了克隆，并转入大肠杆菌成功表达，为后期培育三七抗病品种提供参考。采用同源克隆法和 RACE 技术结合，鉴定了三七抗病基因 PnPR10-1，发现 PnPR10-1 在根部受根腐病病原菌胁迫后表达量上调，为对照组表达量的 3.8 倍，推测该基因可能参与抗三七根腐病等广谱抗病防御反应。采用鳞片接种法对 36 个栽培百合品种及 5 个野生种进行枯萎病接种鉴定，发现百合品种及野生种中蕴含丰富的抗枯萎病种质资源，可为百合枯萎病抗性基因鉴定及抗性品种选育提供理论依据。首次对野生和栽培品种的人参转录组进行了比较，分析发现有 2153 个 Unigene 被注释为抗病相关的基因（R genes），有 28 个 R genes 的表达在野生人参和栽培人参中存在差异；其中有 27 个 R genes 在野生人参中表达量上调，这说明野生人参具有较好地抗病能力。

关于中药材抗虫相关基因的研究较少，仅见丹参等研究中有报道。运用 RNAi 技术使丹参中的 COI1 基因沉默表达，对沉默株系的抗虫性检测，与对照相比 iCOI1 株系叶片损伤指数上升，对昆虫咬噬耐受性减弱；同时，抗性相关基因 WKRY70 和 NPR1 的表达量在 iCOI1 株系中显著降低；并且发现 iCOI1 株系中丹参酮类（丹参酮 IIA 和隐丹参酮）和丹酚酸类（迷迭香酸和丹酚酸 B）的含量及其合成关键酶基因（C4H、RAS、HCT、HMGR、GGPPS、CPS、KSL 和 CYP76AH1）的表达量较野生型显著降低，结果表明丹参中 COI1 基因参与调控丹参抗虫性及主要次生代谢产物的合成，为优质高产抗性丹参品种选育奠定基础。

（二）分子标记辅助抗旱新品种选育

干旱是制约中药材产量的重要的非生物胁迫因素之一，提高耐旱性是中药材育种的重要目标之一。分子生物学手段筛选抗旱基因已应用于中药材抗旱品种的选育，可为中药材抗旱品种的选育提供依据。通过对正常生长和以 10% PE 6000 干旱胁迫处理的丹参进行高通量测序分析，构建 miRNA 表达谱，共获得 395 种 miRNAs，总表达量有 1 348 048 条，与正常丹参相比，干旱处理的丹参中 miRNA 的种类和表达量显著增多；并发现与丹参干旱胁迫相关的 15 种新的丹参 miRNAs，总表达量为 5206 个，这些数据对抗旱丹参品种选育具有重要的指导作用。通过预测了卷柏中 27761 个编码基因，在干旱胁迫处理后，2363 个基因（11.38%）表达量发生显著变化；并对几种同属植物进行叶绿体基因组进行比较分析，发现卷柏结构发生了独特的重排，完全失去了 NADPH 脱氢酶（NDH）基因，说明 NDH 基因缺失与其耐旱性具有关。采用 iPBS 技术对不同产地的虎杖进行了遗传多样性研究，结果表明虎杖种质资源在分子水平上确实存在较大遗传差异，为虎杖资源评价及育种提供了理论依据。通过构建缺水环境下黄芩根和叶的 cDNA 文库，共获得 6491 个 EST 和 659 个 Unigene，并预测了与黄芩活性成分相关的 78 个功能性 SSR，为研究黄芩分子遗传学和功能基因组的研究提供支撑。

（三）分子标记辅助抗高温、低温新品种选育

温度是影响中药材生长和地理分布的重要非生物胁迫因素之一。筛选和开发中药材寒冷和高温胁迫应答基因对提高中药材抗低温、高温的分子育种具有重要的作用。目前，已鉴定了大量的寒冷胁迫应答基因，对 35 个铁皮石斛同胞家系和森山 2 号进行了冻害情况研究，结果表明有 46.8% 家系抗冻能力较好，其中浙江亲本抗寒性最高，云南软角抗寒性最差，说明不同地区的铁皮石斛具有不同的抗寒性。对抗寒性较强的铁皮石斛种质进行 SCoT PCR 进行差异表达分析，获得了冷胁迫下铁皮石斛的抗寒相关基因，另外，采用 RACE 方法从铁皮石斛中克隆得到 HSP70 基因，发现该基因能被低温诱导表达。铁皮石斛 DoWRKY5 基因在低温诱导处理下，表达量显著升高，推测该基因在低温胁迫应答中起重要的调控作用。这些报道可为后续研究铁皮石斛的抗寒机制和抗寒品种的选育奠定基础。对冷处理及对照条件下的枳进行转录组测序，获得了一系列差异表达基因，其中 60 个是对寒冷起反馈调节作用的转录因子。采用同源克隆和 RACE 技术从苦荞花蕾中克隆苦荞 F3′ H（FtF3′H）基因，并分析了冷胁迫下 FtF3′H 基因在苦荞中的表达量，结果显示冷胁迫显著增强了 FtF3′H 的表达和花青素的积累（$P<0.05$），说明苦荞在冷胁迫下能通过提高 FtF3′H 基因的表达量从而促进花青素的合成，参与其抗逆生理过程。通过同源克隆和巢式 PCR 方法从 4℃低温诱导的王百合中分离出 GPAT 基因，并且发现冷处理能促进 GPAT 基因的表达，且随冷诱导时间的延长，基因表达量不断增大，诱导 4 小时时开始有大量表达，16 小时表达量达到最高，这表明 GPAT 基因在百合冷胁迫应答中起到重要的作用。克隆青蒿的 ADS 和 CYP71AV1 基因，发现这两个基因受冷胁迫诱导表达，表达量明显增高，青蒿素的含量显著提高 2～3 倍，为青蒿的抗寒性品种培育提供依据。

目前对高温胁迫的应答基因研究较少，仅在中药材核桃和丹参中有报道。如在核桃中克隆获得一个基因（Jr GRAS2），对其进行高温胁迫下诱导表达分析，发现在热胁迫下 Jr GRAS2 基

因被显著诱导，与对照核桃相比，高温胁迫（36℃胁迫0.5小时）核桃茎中Jr GRAS2基因的表达量上调335.5倍，表明Jr GRAS2基因具有响应热胁迫的能力，为核桃高温胁迫应答的重要候选基因。研究了热胁迫处理后丹参的转录组表达情况，发现了大量的蛋白合成序列，其中包括激酶相关蛋白基因序列（8个），Ca^{2+}相关蛋白基因序列（7个），转录相关蛋白基因序列（14个），信号相关蛋白基因序列（13个）和热激蛋白基因序列（12个），这些基因序列的发现为后续研究热胁迫下丹参的逆境响应与次生代谢途径之间的关系奠定基础。

（四）分子标记辅助其他抗性新品种选育

影响中药材生长的胁迫因子除了病虫害、干旱、温度等，还有重金属胁迫等。如对铜元素处理的丹凤和对照组丹凤进行转录组测序，获得4324个差异表达基因，通过功能富集分析等方法获得12个与耐铜相关的基因，且这些基因在铜元素处理的丹凤中表达量显著上调。

四、小结

现代分子生物技术对优质中药材品种的选育具有重要的作用，优质中药材的分子生物学研究依赖现代技术的支持。通过基因组、转录组、蛋白组等获得海量的数据，可有效挖掘中药材抗性相关基因和药效成分合成相关基因，给优质中药材分子生物学的研究及优质新品种选育带来新的契机。因此，加强组学研究为中药材新品种优质基因筛选提供标记并且建立中药材综合育种技术，加快中药材育种进程。

（一）加强组学研究为中药材新品种优质基因筛选提供标记

现代分子生物技术的发展使基因组学的研究进入一个新的时期，可获得大量的优质基因信息，并对优质基因进行分离与鉴定，为中药材新品种优质基因筛选提供标记。中药药效成分合成相关基因被大量发现，如在三七中皂苷合成相关基因，长春花中生物碱合成基因，丹参中丹参酮类物质合成相关基因。此外，也发现了大量的抗性基因，如筛选获得“苗乡抗七1号”的12个特异SNP位点，可辅助选育抗病品种；通过对全基因组分析获得1652个抗性基因，可为人参抗性育种奠定分子基础，这些抗性基因的发现为研究中药抗性机理提供依据。药效物质合成相关基因和抗性基因的发现为中药材的分子育种研究提供“功能性分子标记”，加快优质中药材品种选育。

（二）建立中药材综合育种技术加快育种进程

由于中药材性状较为复杂，目前大多数中药材品种选育多依靠传统育种技术，难以快速高效地选育出优良品种。随着生物学研究的快速发展，传统育种技术必将整合现代分子生物技术形成综合的育种技术。丹参以传统育种方法选择根直径、根长和根条数作为主要的表型性状，然后构建一张连锁图谱，并检测到与表型性状相关的QTL位点19个。中药材综合育种技术需以传统育种技术为基础，利用现代标记辅助技术和基因组选择技术为辅助，筛选与开发优良性状有关的位点，实现分子标记与优良性状的连锁，加快培育抗逆、高产、优质的中药材优良品种，促进优质中药材品种选育进程。

第三节　技术应用案例

一、三七抗病品种选育

药用植物传统育种主要依赖于植物的表型选择，一个优良品种的培育往往需要花费几年甚至十几年的时间，如何提高育种效率，是育种的关键。基因型与环境间互作等多重因素会影响表型选择效率，现代分子生物技术可加快药用植物育种进程，缩短育种周期，其中药用植物DNA标记辅助育种以DNA多态性为基础，依据分子杂交、聚合酶链式反应、高通量测序等技术，筛选与高产、优质、抗逆等表型相联的DNA片段作为标记，辅助新品种的选育，该技术可应用于遗传图谱构建、重要农艺性状基因的标记定位、种质资源遗传多样性、分子标记辅助选择等方面。随着测序成本的降低，已经陆续在中草药开展了转录组、全基因组测序，这些序列信息提供了大量的SSR和SNP等分子标记，有利于高密度遗传图谱和物理图谱的构建，高密度图谱加速了分子标记与优良性状之间的关联研究，为发掘植物抗逆及参与有效成分合成途径的新基因提供了许多线索和启示，提高了选育的效率。陈士林等首次提出“Herbgenomics”的概念，该学科涉及中草药结构基因组、功能基因组、基因组辅助育种、中草药蛋白质组学、中草药宏基因等内容，并阐明本草基因组学将加速药用植物优良品种的选育并促进绿色中药农业的科学化和规模化发展。

以三七 *Panax notoginseng*（Burk.）F.H.Chen 为例，介绍了药用植物依据DNA多态性为基础，利用高通量测序技术筛选与抗病相关联的SNP标记，辅助三七抗病新品种的选育。三七是五加科人参属植物，其性温、味甘、微苦，具有散瘀止血、消肿定痛的功能，是片仔癀、云南白药、复方三七口服液等常见中药制剂的主要原料之一。三七在心脑血管方面的独特疗效越来越被人们所认可，其需求量逐年增加。为满足日益增长的需求，三七已经开展了系统的栽培技术研究，形成了较为规范的GAP技术体系。然而三七为典型的生态脆弱型阴生植物，其分布区域较窄，连作障碍等问题严重。三七的人工栽培过程中病虫害比较严重，例如根结线虫病害显著抑制了三七块根的生长，抑制率高达30%以上；三七种植导致根际土壤微生物多样性及组成的变化，随着其种植年限增加根腐病致病菌 *Fusarum oxysporum* 的丰度显著增加。在病害防治过程中，高毒农药的投入破坏了三七田间生态系统，并造成三七农残及重金属超标。而三七不同栽培品种的抗病性存在显著性差异，选育抗病性品种可获得性状优良、抗逆性强的三七群体植株，有效地减少农药的使用量。抗病新品种的选育是保障三七产业可持续发展的策略之一。

系统选育是三七遗传改良的方式之一，也是三七育种的重要手段。孙玉琴等对三七植株性状差异进行比较，结果表明三七植株的茎、块根、休眠芽、花序、叶、果实存在明显变异，为三七育种工作提供了依据。通过对三七不同变异类型中皂苷含量的比较分析，确定将紫根、复叶柄平展型、长形根、宽叶 4 种类型作为三七品种选育的目标。然而系统选育育种周期长，受环境影响较大，在短时间内选择优良性状难度极大。采用 DNA 标记辅助三七新品种的选育，该方法不仅准确性高，而且缩短育种周期。利用高通量测序技术检测抗病群体中的 SNP 位点，结合 PCR 技术筛选与三七抗病关联的 DNA 片段，以此基因片段作为标记辅助系统选育，并利用该关联基因片段筛选潜在的抗病群体。

药用植物 DNA 标记辅助育种以 DNA 多态性为基础，依据分子杂交、聚合酶链式反应、高通量测序等技术，筛选与高产、优质、抗逆等表型关联的 DNA 片段作为标记，辅助新品种的选育。采用 DNA 标记辅助育种结合系统选育的技术，选育首个三七抗病新品种“苗乡抗七 1 号”。结果表明，基于 RAD-Seq 技术检测出抗病品种包含 12 个特异 SNP 位点，经验证 record_519688 位点与三七抗根腐病相关，包含此位点的基因片段可作为抗病品种的遗传标记辅助三七系统选育；与常规栽培种相比，抗病品种种苗根腐病及锈腐病的发病率分别下降 83.6%，71.8%；二年生及三年生三七根腐病的发病率分别下降 43.6%，62.9%。此外，依据与抗病关联的 SNP 筛选三七潜在的抗病群体，该模式扩大目标群体并提高选育效率。药用植物 DNA 标记辅助育种将加快药用植物新品种选育及推广的进程，保障中药材产业健康发展。

（一）结果与分析

1. 抗病植株的 SNP 位点开发

结合 SNP 数据和表型数据，使用 tasselv 5.2 进行性状关联分析，与感病群体相比，抗病群体具有 12 个差异的 SNP 位点（极显著 LOD＞3）。依据 record_519688 位点，采用通用引物（F1，R1）检测抗病株（n=60）与感病株（n=60）的 PCR 产物，均有清晰的条带，见图 1-2-2a。采用 SNP 特异引物（Fk1，R1）检测，50 株抗病株有清晰条带（检出率 83.3%），而感病株无条带，见图 1-2-2b。测序产物序列与 RAD-Seq 序列结果一致，感病株与抗病株的变异位点，见图 1-2-2c。结果表明，本试验中该 SNP 位点与三七抗病性相关，可作为三七抗病品种的 DNA 标记。依据该位点对抗病群体后代进行选择，目标株为 66.7%，淘汰非目标株辅助系统选育。

2. 三七抗病品种的病害类型及发病率

调查发现，该试验区内常规栽培种及抗病品种种苗的主要病害类型为根腐病及锈腐病，见图 1-2-3。常规栽培种及抗病品种种苗根腐病的发病率分别为 6.7%，1.1%，而锈腐病发病率分别为 15.6%，4.4%，抗病品种的根腐病及锈腐病发病率分别下降 83.6%，71.8%。结果表明，抗病品种种苗对根腐病及锈腐病表现显著的抗性。调查结果表明，二年及三年生三七主要病害类型为根腐病。

二年生三七根腐病发病率分别为 3.4%，1.9%，三年生三七该病的发病率为 11.4%，4.2%，与对照相比，二年及三年生三七抗病品种的根腐病发病率显著下降了 43.6%，62.9%。结果表明，二年及三年生三七抗病品种对根腐病表现出显著的抗病性。

3. 利用与抗病关联的 SNP 位点筛选潜在抗病群体

在 3 个留种基地进行 5000 份单株留种，利用抗病品种的 SNP 位点进行筛选，见图 1-2-4。留种基地分别为平远镇莲花塘、砚山县郊址村及文山县平坝镇。随机抽取每个基地 100 份单株，采用通用引物（F1，R1）均检测出清晰的目标条带（n=300），特异引物（Fk1，R1）检测该300份三七样品的56份样品包含清晰的目标条带。结果表明，随机检测的自然群体中，包含目标位点的单株为18.7%。后续试验中将目标株通过人工病圃进行系统选育，加快抗病品种的扩繁。

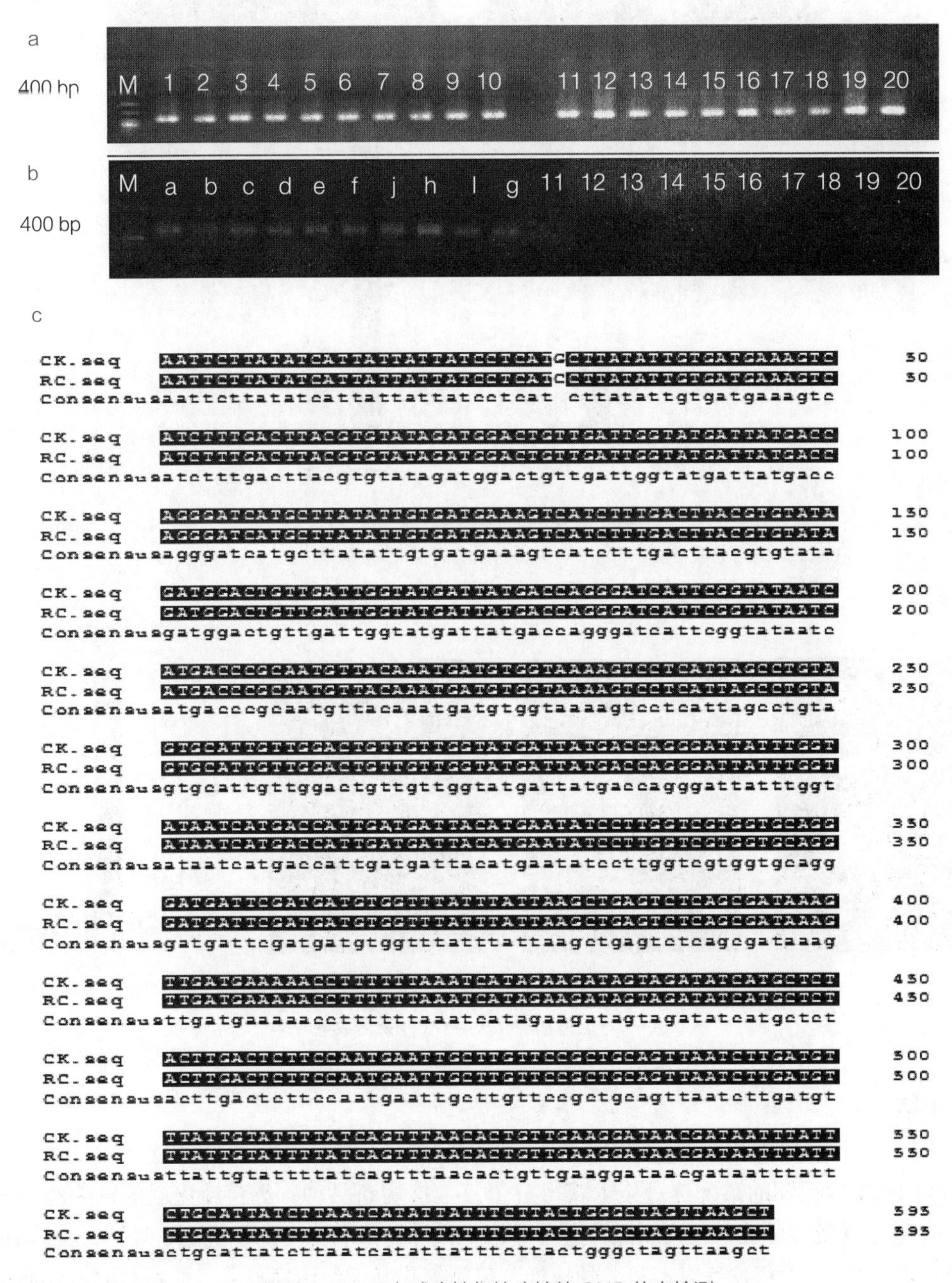

图1-2-2　三七感病株与抗病株的SNP位点检测

a. 通用引物PCR产物；b. 特异引物PCR产物；c. 感病株与抗病株的PCR产物序列信息；1～10及a～k. 抗病品种；11～12. 感病品种；M. DNA Marker；CK. 感病株；RC. 抗病株。

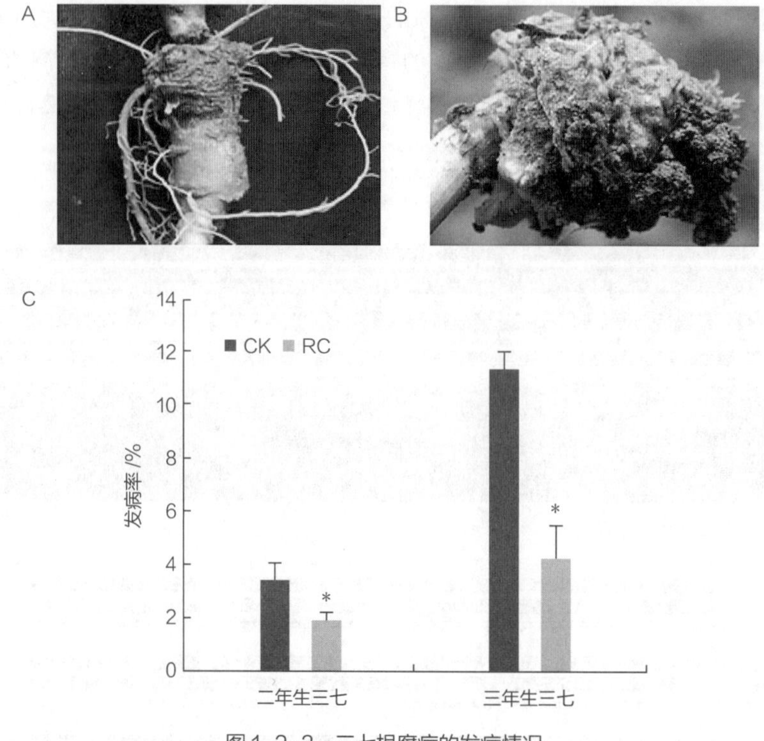

图 1-2-3 三七根腐病的发病情况

A. 二年生三七根腐病；B. 三年生三七根腐病；C. 发病率（x±s，n=60）（CK：常规栽培种；RC：抗性种）

图 1-2-4 利用抗病品种关联的 SNP 位点筛选潜在抗病群体

A～C：选种基地；D：PCR 产物的数量

（二）小结

利用 DNA 标记辅助系统选育技术获得首个三七抗病新品种，选育纯化后的抗病品种表现一致性、稳定性及特异性，作为新品种进行登记，该品种命名为“苗乡抗七 1 号”（云林园植新登第 2016060 号），对根腐病具有显著的抗性。采用简化基因组测序技术，快速检测抗病品种的 SNP 位点，依据抗病表型结合 PCR 技术筛选并确定与抗病相关的 SNP 位点，利用该位点筛选目标株辅助系统选育，加快三七抗病新品种的选育。此外，利用该关联位点辅助筛选留种基地潜在的抗病群体，之后将包含目标位点的株系在人工病圃中进行系统选育，进一步筛选并纯化抗病群体，该模式扩大了目标株系的繁育群体，提高育种效率并加快中药材的选育及推广，研究结果将陆续发表。利用 DNA 序列的遗传多态性可建立物种的遗传标记，加快药用植物品种选育的进程。检测 DNA 水平上的遗传变异最精确的方法是直接测定 DNA 序列，因此可利用高通量测序技术对测定的物种进行分析比较，揭示生物体在单个核苷酸水平上的遗传多态性，辅助系统选育。

RAD-Seq 技术是在二代测序基础上发展起来的一项基于全基因组酶切位点的简化基因组测序技术，技术流程简单，不受有无基因组的限制，即可获得数以万计的多态性标记，该方法快速鉴定高标准性的变异标记（SNP），已广泛应用于分子育种，系统进化，种质资源鉴定等领域。以简化基因组测序技术获得三七中 40 765 个有效单核苷酸多态（SNP），并用这些 SNP 位点分析了 8 个种质的群体结构和系统发生树。简化基因组测序能高效、低成本开发出大量可用于群体遗传分析的 SNP 标记，为新品种的选育奠定基础。利用简化基因组技术检测 SNP 位点，为三七分子辅助育种提供有效的分子标记，并为无参考基因组中药材分子辅助育种提供思路及策略。此外，前期工作中作者解析了三七块茎的转录组，获得 30 852 单一序列，其中 70.2% 的序列为注释序列，筛选出 11 个参与三萜皂苷生物合成途径的基因；并依据转录组数据克隆了三萜皂苷合成途径中编码关键酶的基因（PnSE1，PnSE2）。因此可依据三七转录组及表达谱的研究，以参与或调控皂苷合成途径的关键基因为目标基因，辅助选育高产优质的三七新品种，进而保障优质无公害的三七原料。

随着栽培面积的不断扩大，连作障碍造成三七的损失巨大，已成为制约该地区三七产业可持续发展的重要因素。三七栽培中根腐病及锈腐病是其主要病害类型，其中根腐病造成损失可达 70% 以上，甚至可导致毁园绝收。因此，抗根腐病三七新品种的选育是克服连作障碍的有效途径之一。三七的单株根重、株高、茎粗等主要农艺性状与种苗质量有明显的相关性，表现出随着种苗质量等次的提高而增加的趋势，且三七产量也随着种苗等级的提高而提高。抗病品种的一级及二级种苗总量高于常规栽培品种，抗病品种的种苗对根腐病及锈腐病表现较强的抗性，两年生及三年生三七对根腐病表现显著的抗性，该三七抗病新品种的大面积推广将有效减少农药的使用量，减轻环境污染，降低农残对人体健康的危害，促进并保障三七产业的可持续发展。

二、紫苏新品种选育

紫苏（*Perilla frutescens* L.），为唇形科紫苏属一年生草本植物，原产于亚洲东部。现主要分布于我国的西南、东北、西北、东南地区，东南亚各国及喜马拉雅山脉地区均有分布。紫苏是中国传统的药食兼用型植物，我国紫苏栽培及食用历史相当久远。早在西周《尔雅》便有记述，《本草纲目》《齐民要术》等均有药用记载。紫苏是原卫生部首批公布的 60 种药食两用型植物之一，茎、叶和种子均可入药，《中国药典》收录种有紫苏籽、紫苏叶、紫苏梗。紫苏幼苗及嫩叶香味独特，是东亚各国较为喜爱的蔬菜及调味品。近年来研究发现，紫苏种子油中 α- 亚麻酸（人体必需脂肪酸之一）的含量可以高达 65%，它具有促进大脑发育和治疗心脑血管疾病等多种保健功效。对其研究和开发已受到国内外的广泛关注。

我国是紫苏主要产地及出口国。随着紫苏产业发展，国际需求不断增加。但我国多为农村散户种植，缺乏优质品种及规模效应，产值较低。目前在我国甘肃、吉林、山西、贵州及四川等地均有紫苏新品种选育的报道，但选育品种的区域性适应性仍有待加强。该研究报道通过系统选育，结合分子标记辅助鉴定的方法进行紫苏新品种选育。通过全基因组测序，根据已有的基因集对检测到的变异进行注释，并与紫苏常见变异数据库比对分析，最后筛选出30个非同义突变SNPs标记作为中研肥苏1号特征性SNP标记，用于紫苏新品种的材料鉴选。最终选育形成具有叶籽两用、丰产、高抗、耐瘠等特性，可做绿肥使用的中研肥苏1号紫苏新品种。中研肥苏1号通过北京市植物新品种鉴定，鉴定编号为京品鉴药2016054。本研究采用分子标记辅助鉴定的方法，指导紫苏新品种选育，获得紫苏品种，为紫苏规模化生产和种植提供优良的种质资源。分子标记辅助鉴定指导新品种选育，可为药用植物育种提供新的参考。

（一）结果与分析

1. 紫苏新品种选育流程

紫苏为一年生自花授粉植物，课题组在前期广泛进行资源收集和材料种植的基础上，从田间筛选出1株产量优势的突变单株。在此基础上，采用连续5代的系统选育法，对产量、抗性及品质进行强化选择，并结合分子标记辅助鉴定，最终形成紫苏新品种中研肥苏1号。该品种叶色背面紫色、花色粉白、籽粒灰白。该品种特点为株型高大（最高近3 m），可叶籽双收，稳产高产，含油量高，分枝集中，抗逆性强。中研肥苏1号叶中紫苏烯及柠檬醛质量分数分别为54.39%、5.08%，可作绿肥使用。

（1）SNP标记开发　采用高通量的二代测序开发紫苏新品种SNP标记。对于中研肥苏1号，采用高通量测序，共获得34.597 G数据量，对基因组覆盖度达95.21%。与参考基因组比较，中研肥苏1号的特征性纯合SNP位点为992 609个，纯合的Indel位点为416 089个（表1-2-5）。

表1-2-5　紫苏新品种高通量测序数据

品种名称	总测序数量	数据大小/G	双末端测序数量	单末端测序数量	对比到参考基因组条数/%	重复度/%	覆盖度	测序深度
中研肥苏1号	230 645 804	34.5968706	229 110 668	402 678	99.51	10.84	95.21	28

（2）紫苏新品种特异SNP标记获得　根据已有的基因集对检测到的变异进行注释，并与紫苏常见变异数据库比对分析，最终获得1367个特异的SNP标记，确定为中研肥苏1号特征性的SNP位点，可作为该品种分子标记图谱。根据变异基因的农艺学功能，最后筛选30个非同义突变SNPs标记作为中研肥苏1号特征性SNP标记（表1-2-6）。

表1-2-6　中研肥苏1号特征性SNP标记

SNP标记	位置	参考基因组碱基组成	新品种碱基组成	参考基因组氨基酸组成	新品种氨基酸组成
1	75 452	A	C	F	V
2	1 007 221	C	T	A	V
3	86 937	C	A	A	D
4	20 561	A	C	H	P
5	20 584	A	G	S	G
6	1 087 835	A	G	W	R
7	1 181 902	G	A	A	T
8	1 147 716	C	G	A	P
9	1 188 034	G	A	S	N
10	194 666	A	C	Y	S
11	356 556	T	G	E	A
12	943 920	A	G	I	T
13	1 885 094	T	G	N	H
14	86 067	T	C	L	S
15	92 724	C	A	L	M
16	64 112	T	C	N	D
17	173 268	G	A	T	I
18	122 191	G	A	S	F
19	966 356	C	T	S	L
20	1 022 530	A	T	R	S
21	1 022 641	G	C	Q	H
22	1 735 999	T	C	D	G
23	45 493	G	A	G	E
24	194 012	C	G	S	C
25	87 165	A	T	I	N
26	78 078	A	G	H	R
27	36 127	G	A	G	S

续表

SNP 标记	位置	参考基因组碱基组成	新品种碱基组成	参考基因组氨基酸组成	新品种氨基酸组成
28	419 067	T	C	D	G
29	418 605	C	G	E	Q
30	195 690	G	A	R	Q

（3）SNP 辅助鉴定及选育　采用 Taq ManSNP 基因分型方法对目标材料进行鉴选。对中研肥苏 1 号后代 20 个单株检测，30 个标记均与特征性 SNP 标记一致。说明品种一致性高，已稳定纯合。对筛选获得单株进行扩繁，形成紫苏新品种。

（4）紫苏新品种特征描述　中研肥苏 1 号区域试验表现为平均亩产为 95.11 kg，比对照增产 27.07%。平均生育期及全生育期与对照相当。含油量为 43.51%，比对照高 9.39%。叶丰产，每亩可采收约 520 kg 干叶及 200 kg 紫苏梗。该品种与原亲本材料比较，单株有效穗数增加 83.8 个，主穗长增加 12.5 cm，单株有效粒数增加 26.4 穗。籽粒含油量提高 11.06%。对中研肥苏 1 号的 13 个指标的特异性评价如下：叶色正绿色，背面紫色，花色粉白色，籽粒灰白色，与对照差异显著。一次有效分枝数，单株有效穗数，主穗长，主穗有效粒数，千粒重等产量构成因素显著高于对照。中研肥苏 1 号增产明显，品质优良，特征性显著。对中研肥苏 1 号 7 个指标的一致性评价，及对 4 个区域实验点的稳定性分析，一致性高，稳定性良好。

（二）小结

利用高通量测序获得了大量可用的紫苏遗传标记，通过参考基因组比对分析，建立了该品种特异的 SNP 标记指纹图谱，辅助紫苏新品种选育。选育新品种一致性、稳定性及特异性均较强，通过北京市新品种鉴定。中研肥苏 1 号品种特征为叶籽两用、丰产、高抗、耐瘠、可做绿肥使用，鉴定编号为京品鉴药 2016054。植物品种选育往往周期较长，较为依赖育种者经验。传统育种主要依据植株的表型进行选择，会受环境条件、基因间互作、基因型与环境互作等多种因素影响。药用植物育种除了考虑品种产量及抗性外，还需要考虑药用品质及特征性成分含量，因此与农作物育种比较需考虑更多的变量。

采用分子标记辅助鉴定的方法，通过分子检测，快速、准确的捕获目标标记，确定品种性状。高通量测序获得大量可用的遗传标记，可更有效的筛选获得特征性标记。该方法的应用可有效加快新品种选育的进程，尤其对药用植物特征性的鉴定及一致性稳定性有较高贡献度。归纳了分子辅助鉴定药用植物品种选育流程：首先对育种材料进行收集，通过自然突变、诱变及杂交等手段创新材料。结合目标性状开发该材料特征性的分子标记，在世代的选择中，采用标记鉴定方法加速材料的优异性状的纯化选择。通过特征性鉴定，最后形成药用植物新品种。该方法在传统的系统选育、诱变育种及杂交育种的基础上，结合高通量测序结果的应用，可快速有效的筛选新品种的特征性标记，并有效的指导新品种纯化选择和特征性鉴定。该方法的应用可有效加速药用植物新品种选育，为药用植物品种选育提供新的参考。

第三章　无公害中药材合理施肥

我国药用植物资源丰富，但随着中药产业迅猛增长，掠夺式开采导致野生药用植物资源日益枯竭，因此扩大药用植物的人工栽培就显得尤为重要，目前约有300种中药材以栽培为主。栽培过程中肥料的施用在提高中药材产量的同时，作物养分供求关系不平衡也导致施肥增产效率逐渐下降，从而引起一系列环境污染和资源浪费问题，造成中药材污染，影响药材安全及人类健康。中药材合理施肥是无公害生产的关键环节。

农作物合理施肥是在一定的环境条件下，根据作物类型、土壤特性、产量指标等寻求不同作物的肥料类型最佳配比，选择适宜的施肥时期、施肥量、施肥方法所制定的合理的施肥原则措施。目前对于施肥方面已涌现出多项行业标准，多用于农作物方面，尚无优质中药材合理施肥的相关概念及国家标准、行业标准。大宗药材人参（GB/T 34789-2017）、三七（GB/T 19086-2008）、枸杞（GB/T 19742-2008）等有关生产的国家标准中在施肥方面皆无明确规定所使用的肥料标准。根据现有的施肥相关标准及要求，对优质中药材的合理施肥问题进行探讨，为以后制定优质药材合理施肥的相关标准提供依据。

本章节对目前农业上的施肥现状及相关标准进行了整理，根据无公害、绿色、有机农业对肥料质量及施肥技术的相关标准要求，提出优质中药材的施肥原则、肥料选择及施肥技术。优质中药材合理施肥原则应遵循有机肥为主，辅以其他肥料使用，养分最大效率及无害化原则；无公害中药材施肥以有机肥为主，辅以其他肥料使用；绿色中药材施肥在无公害施肥的基础上，化肥仅允许少量使用；有机中药材肥料必须没有受到重金属、农药及其他有害化学物质污染且经过无害化处理，禁止施用人工化学合成的各种化肥和含氯肥料，可以施用一些天然的矿物肥料，限制使用天然矿物来源的土壤调节剂。优质中药材施肥方法应根据药用植物营养生理特点、吸肥规律、土壤供肥性能及肥料效应，确定肥料的适宜用量和比例及相应的施肥技术。

第一节　施肥现状及质量标准

我国农业上肥料尤其是无机肥用量过大，对土壤及农作物的污染较为严峻，存在氮肥施用量过高，大量元素肥养分配比不均，有机肥施用量少且施用不当等问题，从而影响农作物产量和质量。长期以来我国农作物施肥以人工为主，农户在使用化肥过程中常采用撒播方式，作业效率低且劳动强度大，同时造成肥料的浪费，多余的肥料也会渗入地下从而污染水源，造成环境污染、土壤板结。2015年农业部为控制化肥用量，保证农业施肥科学精准，推进有机肥替代、机械施肥、测土配方施肥及水肥一体化等措施，但测试方法时效性差，追踪指导较难，后续供应环节缺乏配合，配方施肥等技术难以落到实处。

将常规肥料减量，使用有机肥料替代处理棉花、小麦等作物后，不仅未减产，对土壤的酶活性等生物学性状均有明显改善作用；我国施肥技术和施肥机械的研究发展相对发达国家落后，不仅仅限制了化肥的利用率，还阻碍了农业现代化的进程；随着时间的推移，将会导致土壤肥力下降、水源污染及作物的品质下降等问题。测土配方施肥技术主要包括土壤测试、肥料配方设计和正确施用等过程，通过测土配方施肥技术得到土壤养分和肥料效应试验结果，合理调整肥料的施用比例，削减土壤养分上的障碍因子，可以明显提高作物产量。我国于 20 世纪 90 年代开始进行水肥一体化试验的研究和推广，至今多省（区）已有应用。在干旱缺水区，通过将滴灌、微灌技术和施肥相结合，使肥料与灌溉水充分相融，对农田水分和养分进行一体化管理，在灌溉的同时进行施肥，将水肥直接输送至作物根系的生长区域，实现水肥的高效利用，减少水肥损耗率，具有节水、节肥、节省劳动力等优点。

一、中药材施肥现状

中药材种类繁多，其营养规律与特点同农作物相比差异较大，虽然对一些中药材已经进行了施肥研究，但起步较晚，多数的研究旨在证明某种营养元素对药用有效成分和中药材产量所产生的影响。市场上缺少中药材专用肥料，人们主要依靠以往的种植经验购买肥料，地区之间肥料的选择相对不一，而药农之间往往互相模仿，凭经验和习惯或照搬农作物的施肥方法盲目施肥。与此同时，化学农药与肥料过量撒施、有机肥不作无害化处理而随意焚烧废弃排放等严重污染土壤环境。由于矿源不洁，各类化肥常常混入有害的成分如磷肥产品中，常存有镉、硼、氟、砷、铀及放射性物质，长期大量使用会导致上述重金属元素在土壤中堆积，进而污染中药材。有的药农常在下雨时施撒化肥，导致大量的养分随雨水流失，且容易烧苗，致使土壤板结，药材生长不良。因此，合理施肥对中药材质量保障及土壤环境的保护具有重要意义。目前大部分中药材的施肥研究集中于有机肥、无机肥对药用植物生长和产量的影响，以及某一微量元素对药用植物有效成分的作用。配方施肥、水肥一体化及药用植物专用肥方面研究较少。

通过配方施肥可以提高 5%～10% 的肥料利用率。目前河北省承德市利用测土配方施肥及机械化管理等生态种植技术在荒山荒坡及退耕还林土地上栽培中药材，效果良好。中药材的测土配方施肥是优质药材施肥技术的有效手段，但在全国性的测土配方施肥中，也出现了测试方法、配方问题、肥料供应等科学问题和一系列政策问题，同时在全国的推广应用也需加强。中药材水肥一体化应用较少，主要集中在北部地区，河北邢台巨鹿县及宁夏中部干旱区域率先针对枸杞、金银花药材提倡使用水肥一体化灌溉技术，节水节肥，提高了肥料资源利用率，在中药材合理施肥的发展中应加强其推广度。药用植物专用配方肥可以针对不同生态区不同药材的需肥特点，将氮磷钾和中微量元素等营养元素进行科学配比，供该区域药材专门使用，不仅可以保护环境，整体上也提高了药材产量和质量。随着中药材栽培技术的推广和大批药材生产基地的建立，施用药用植物专用肥作为优质药材施肥技术的有效途径将会有非常广阔的发展前景。

二、肥料使用标准

我国有关施肥的标准较多，其中以行业标准、地方标准和企业标准居多，但对于中药材的无公害施肥、绿色施肥及有机施肥方面国家标准及行业标准仍是一片空白。在施肥有关标准中，行业标准约有275条，其中不同肥料的化合物含量测定技术方法的标准最多，达170余条；肥料质量约有62条，其中作废17条，即将实施2条；施肥技术规范相对较少，仅有20条左右，其中作废3条，其余皆在实行中，无公害施肥技术标准尚无；有关施肥机械标准23条，作废6条，废止1条，即将实施2条。肥料相关主要现行标准见表1-3-1。

目前，各类作物生产规程中肥料多引用两例标准：NY/T 496《肥料使用通则》行业标准和NY/T 394《绿色食品肥料使用通则》行业标准，且肥料的选购储存多须符合行业标准NY/T 2798.1-2015《无公害农产品生产质量安全控制技术规范》第1部分：通则的相关规定。例如，《无公害食品蔬菜生产管理规范》NY/T 5363 2010行业标准在生产中选择了NY/T 496；《无公害药食两用的枸杞生产技术规程》行业标准中，则使用了NY/T 394。绿色食品的提出与发展在我国已将近30年，其肥料使用通则的行业标准现已由国家农业部于2013年颁布，对保护环境、提升农田肥力可以起到良好的作用。绿色食品的肥料主要以农家肥、有机肥、微生物肥为主，化学肥料为辅，且必须对环境无不良影响，符合持续发展、安全优质的原则。目前已应用于茶叶、多年生蔬菜等绿色食品生产的行业标准中。国家标准GBT 19630.1-19630.4-2005有机产品的推出使得有机食品的发展更加规范化，在有机食品国家标准及行业标准中，肥料主要来源于有机生产基地体系，同时禁止使用化学肥料。施肥相关内容展现在生产技术规程和技术规范中，尚无单独的肥料使用准则。

目前针在优质中药材合理施肥方面，仅有少量无公害中药材合理施肥的地方标准，绿色、有机施肥的国家标准和行业标准尚是空白。

三、肥料质量标准

肥料含有植物生长所需的营养元素及微量元素，是药用植物优质、高产的重要物质之一。而错施、滥施、劣质肥料也将导致中药材产量降低，质量下降，并对土壤造成污染及板结。因此，不同类型的肥料有严格的质量要求及重金属限量（表1-3-2、表1-3-3）。

1. 有机肥

主要来源于人畜粪便和动植物残体，经过发酵腐熟的含碳有机物料，不包括含有重金属、抗生素、农药残留等有毒有害物质的城市垃圾和污泥等。外观多呈褐色或灰褐色，粒状或粉状，无机械杂质和无恶臭。主要种类有人畜粪尿、秸秆、绿肥、堆沤肥、饼肥、沼气肥、腐殖酸肥、其他杂肥。有关有机肥的标准较少，主要为行业标准（不考虑地方标准及企业标准），主要质量要求集中于有机质含量（以干基计）、总养分（氮+五氧化二磷+氧化钾）含量、水分（游离水）含量和酸碱度，其中，有机质含量（以干基计）最少占30%，总养分最少占4%或80 g/L，水分（游离水）含量最大占30%，pH值5～8。现行的标准中有机肥料有机质含量（以干基计）与总养分含量较以前作废的标准有所增加，重金属最高限量值也有所降低。目前现行的有机肥标准主要为有机肥料（NY 525-2012）、油茶饼粕有机肥（LYT 2115-2013）和沼肥（NY/T 2596-2014）。

表 1-3-1 施肥相关现行标准

标准有关内容	标准编号	标准名称
有机肥	NY 525-2012	有机肥料
	SB/T 10999-2013	蚕沙肥料
	LY/T 2115-2013	油茶饼粕有机肥
	NY 884-2012	生物有机肥
	NY/T 2596-2014	沼肥
	GB/T 16716.7-2012	包装与包装废弃物 第 7 部分：生物降解和堆肥
无机肥	GB 15063-2009	复混肥料（复合肥料）
	GB/T 34319-2017	硼镁肥料
	HG/T 2321-2016	肥料级磷酸二氢钾
	HG/T 3275-1999	肥料级磷酸氢钙
	HG/T 4217-2011	无机包裹型复混肥料（复合肥料）
	HG/T 4851-2016	硝基复合肥料
	HG/T 5171-2017	粒状中微量元素肥料
	NY 1107-2010	大量元素水溶肥料
	NY 1428-2010	微量元素水溶肥料
	NY 2266-2012	中量元素水溶肥料
	NY/T 797-2004	硅肥
叶面肥	GB/T 17420-1998	微量元素叶面肥料
	HG/T 5050-2016	海藻酸类肥料
	NY 1429-2010	含氨基酸水溶肥料
腐殖质类肥	GB/T 35111-2017	腐殖酸类肥料 分类
	HG/T 5045～5046-2016	含腐植酸尿素和腐植酸复合肥料（2016）[合订本]
	HG/T 5046-2016	腐植酸复合肥料
	HG/T 5048～5050-2016	水溶性磷酸一铵、含海藻酸尿素和海藻酸类肥料（2016）[合订本]
	NY 1106-2010	含腐植酸水溶肥料
有机无机肥	GB 18877-2009	有机 - 无机复混肥料
	NY 481-2002	有机 - 无机复混肥料
微生物肥	NY 410-2000	根瘤菌肥料
	NY 411-2000	固氮菌肥料
	NY 412-2000	磷细菌肥料
	NY 413-2000	硅酸盐细菌肥料
	NY/T 798-2015	复合微生物肥料
其他肥	GB/T 23348-2009	缓释肥料
	GB/T 34763-2017	脲醛缓释肥料
	GB/T 35113-2017	稳定性肥料
	HG/T 3931-2007	缓控释肥料
	HG/T 4135-2010	稳定性肥料
	HG/T 4137-2010	脲醛缓释肥料
	HG/T 4215-2011	控释肥料
	HG/T 4365-2012	水溶性肥料

续表

标准有关内容	标准编号	标准名称
掺和肥	GB 21633-2008	掺混肥料（BB 肥）
	NY/T 1112-2006	配方肥料
施肥技术规范	GB/T 31732-2015	测土配方施肥 配肥服务点技术规范
	NY/T 1118-2006	测土配方施肥技术规范
	NY/T 2623-2014	灌溉施肥技术规范
	NY/T 2700-2015	草地测土施肥技术规程 紫花苜蓿
	NY/T 2851-2015	玉米机械化深松施肥播种作业技术规范
	NY/T 2911-2016	测土配方施肥技术规程
	YC/T 507-2014	烟草测土配方施肥工作规程
	YC/Z 459-2013	烤烟肥料使用指南
	NY/T 2065-2011	沼肥施用技术规范
肥料使用准则	NY/T 1109-2017	微生物肥料生物安全通用技术准则
	NY/T 1105-2006	肥料合理使用准则 氮肥
	NY/T 1868-2010	肥料合理使用准则 有机肥料
	NY/T 1869-2010	肥料合理使用准则 钾肥
	NY/T 1535-2007	肥料合理使用准则 微生物肥料
	NY/T 394-2013	绿色食品 肥料使用准则
	NY/T 496-2010	肥料合理使用准则 通则
其他肥	NY/T 3041-2016	生物炭基肥料
	QB/T 2849-2007	生物发酵肥
液体肥料施肥车	GB 10395.24-2010	农林机械 安全 第 24 部分：液体肥料施肥车
工作幅宽与施肥配套机械	GB/T 19991-2005	农业机械 播种、种植、施肥和喷雾机械 推荐工作幅宽
	GB/T 19991-2005	农业机械 播种、种植、施肥和喷雾机械 推荐工作幅宽
	GB/T 20346.1-2006	施肥机械 试验方法 第 1 部分：全幅宽施肥机
	GB/T 20346.2-2006	施肥机械 试验方法 第 2 部分：行间施肥机
	JB/T 8401.1-2017	旋耕联合作业机械 第 1 部分：旋耕施肥播种机
免耕施肥机械	DG/T 028-2016	免耕施肥播种机
	GB/T 20865-2007	免耕施肥播种机
	GB/T 20865-2017	免（少）耕施肥播种机
	NY/T 2087-2011	小麦免耕施肥播种机 修理质量
其他	SL 550-2012	灌溉用施肥装置基本参数及技术条件
	GB/T 35487-2017	变量施肥播种机控制系统
	NY/T 1003-2006	施肥机械质量评价技术规范
	GB/T 28740-2012	畜禽养殖粪便堆肥处理与利用设备

表 1-3-2 肥料质量要求

肥料类型	水分（游离水）含量/（%）≤	酸碱度	总养分（氮+五氧化二磷+氧化钾）或主要化合物含量（以干基计）/（g/L；%）≥	水不溶物的质量分数（g/L；%）≤	其他	肥料代表	引用标准
有机肥	30	pH 5~9	5%；沼渣液≥80 g/L	沼液≤50 g/L	沼渣肥有机质含量（以干基计）≥30%	有机肥、油茶饼粕有机肥、沼肥	NY 525-2012 LYT 2115-2013 NY/T 2596-2014
无机肥	6	pH 4~10	25%；液体肥料≥500 g/L	3%；液体肥料≤50 g/L	复混肥料（复合肥料）水溶性磷占有效磷百分率≥40%；水溶肥料主要元素含量≥10% 或≥100 g/L、其他元素含量≥0.1% 或≥1 g/L	复混肥料（复合肥料）、无机包裹型复混肥料（复合肥料）、硼镁肥料、肥料级磷酸二氢钾、大量元素水溶肥料、微量元素水溶肥料、中量元素水溶肥料	Q/CNPC 120-2006 HG/T 4217-2011 GB/T 34319-2017 HG/T 2321-2016 NY 1107-2010 NY 1428-2010 NY 2266-2012
叶面肥	5	pH 3~9	无	0.05%	微量元素叶面肥料微量元素含量≥0.1%；海藻酸类肥料海藻酸百分质量分数≥0.05%	微量元素叶面肥料、海藻酸类肥料	GB/T 17420-1998 HG/T 5050-2016
掺和肥	6	无	25%	无	水溶性磷占有效磷百分率分别高中低浓度分别为≥60%	掺混肥料（BB 肥）、配方肥料	GB 21633-2008 NY/T 1112-2006
腐殖质肥	5	pH 4~10	固体肥料≥3%；液体肥料≥30 g/L	固体肥料≤5%；液体肥料≤50 g/L	大量元素含量为≥20% 或≥200 g/L；微量元素含量为≥6.0%	含腐植酸水溶肥料	NY 1106-2010
有机－无机复混肥	12	pH 3~8	15%	无	有机质的质量分数 I 型≥8%	有机－无机复混肥料	GB 18877-2009 NY 481-2002
微生物肥	3	pH 4~9	无	无	有效活菌数≥0.2×10^8/ml（g）；杂菌率≤30%；有效期≥3%	根瘤菌肥料、固氮菌肥料、磷细菌肥料、硅酸盐细菌肥料、复合微生物肥料	NY 410-2000 NY 411-2000 NY 412-2000 NY 413-2000 NY/T 798-2015

表 1-3-3　肥料重金属等限量要求

	肥料类型	重金属含量总砷（As）（以烘干基计）%/（mg/kg）≤	总汞（Hg）（以烘干基计）%/（mg/kg）≤	总铅（Pb）（以烘干基计）%/（mg/kg）≤	总镉（Cd）（以烘干基计）%/（mg/kg）≤	总铬（Cr）（以烘干基计）%/（mg/kg）≤	蛔虫卵死亡率%≥	大肠杆菌值指标个/g（ml）≤	引用标准	是否应用
有机肥	有机肥料	15	2	50	3	150	95	100	NY 525-2012	现行
	油茶饼粕有机肥	15	2	50	3	150	95	100	LYT 2115-2013	现行
	沼肥	15	2	50	沼渣肥：3；沼肥液：10	沼渣肥：150；沼肥液：50	95	100	NY/T 2596-2014	现行
无机肥	硼镁肥料	0.0050	0.0005	0.0200	0.0010	0.0500	无	无	GB/T 34319-2017	现行
	肥料级磷酸二氢钾	0.0050	0.0010	0.0200	0.0500	0.0005	无	无	HG/T 2321-2016	现行
	大量元素水溶肥料	10	5	50	10	50	无	无	NY 1107-2010	现行
	微量元素水溶肥料	10	5	50	10	50	无	无	NY 1428-2010	现行
	中量元素水溶肥料	10	5	50	10	50	无	无	NY 2266-2012	现行
叶面肥	微量元素叶面肥料	0.002	无	0.001	0.01	50	无	无	GB/T 17420-1998	现行
	含氨基酸水溶肥料	10	5	50	10	50	无	无	NY 1429-2010	现行
	含腐植酸水溶肥料	10	5	50	10	50	无	无	NY 1106-2010	现行
	有机－无机复混肥料	0.0050	0.0005	0.015	0.001	0.05	95	0.1	GB 18877-2009	现行
	有机－无机复混肥料	30	5	100	3	300	95～100	10^{-1}～10^{-2}	NY 481-2002	现行
	复合微生物肥料	15	2	50	3	150	95	100	NY/T 798-2015	现行

2. 无机肥

主要有复混肥料、大量元素、中量元素及微量元素肥料，主要将矿石经化学或物理方法制成粉状或粒状的肥料产品。多呈白色、灰黄色或灰黑色，粉状、结晶或颗粒状，无结块，无机械杂质。关于无机肥的标准较多，更替也相对频繁。无机肥的质量标准要求多为总养分（氮＋五氧化二磷＋氧化钾）含量（以干基计）、水分（游离水）含量、水溶性磷占有效磷百分率（%）、粒度（1.00～4.75 mm 或 3.35～5.60 mm）、氯离子的质量分数、pH 值和水不溶物的质量分数，还包含了大量、中量或微量元素的含量（以元素计）。复混肥料中又将肥料分为不同等级的产品，多以高、中、低浓度指标三项进行要求。而复混肥料不论已作废还是经过更新现行的标准均没有对重金属进行限量要求，大量元素和微量元素重金属限量要求多以 NY 1110-2010 水溶肥料汞、砷、镉、铅、铬的限量要求为准。不涉及蛔虫卵死亡率及大肠杆菌值指标。

3. 微生物肥料

本身指用特定的微生物细菌培养生产后得到了具有特定肥效的微生物活体制品。主要类型有根瘤菌肥料、固氮菌肥料、磷细菌肥料和硅酸盐细菌肥料。主要特点是无毒、无害，不污染环境，能够通过本身特定微生物的作用提高土壤养分的转化，促进土壤团粒结构的形成，协调土壤中空气和水的比值，疏松土壤，保水、保温，同时促进产生植物生长物质，帮助植物生长。微生物肥料也多为我国农业行业标准，其主要质量要求指标集中于水分含量、活菌个数、杂菌率、酸碱度和有效期，有液体肥、固体肥、颗粒肥之分，pH 4～9，杂菌率、酸碱度和有效期等质量要求指标多随肥料外观状态的不同而变化，无重金属限量检查要求。

叶面肥、腐殖质肥、掺和肥及有机 - 无机复混肥主要质量要求指标集中于水分含量、总养分（氮＋五氧化二磷＋氧化钾）含量（以干基计）、水不溶物的质量分数、pH 3～10，肥料类型不同，其他项主要为各自作用物质的含量系数，如海藻酸类肥料中规定了海藻酸百分质量分数≥0.05%。除去叶面肥，表 1-3-2 中其他腐殖质肥、掺和肥及有机无机肥均没有重金属限量检查一项。

第二节 中药材合理施肥

合理施肥是无公害中药材的重要环节。肥料是提高作物产量，促进其生长发育的重要基础物质，合理施肥可满足药用植物生长所需的养料。肥料的施用在提高作物产量的同时，由于作物对养分供求关系不平衡引起的施肥增产效率也在逐渐下降，从而引起一系列资源浪费和环境污染问题。中药材生产中，合理施肥关乎资源、环境和药品安全的重要问题。

选用国家生产绿色食品的肥料使用准则中允许使用的肥料种类，所有的肥料应以对环境和作物（营养、味道、品质和植物抗性）不产生不良后果的方法使用。无公害中药材的合理施肥技术应依据中药材种类及生长阶段等内部因子，以养分归还学说、最小养分律等基本原理为指导，建立药用植物整个生育期的需肥规律，结合土壤供肥能力和肥料效率等信息数据，在以有机肥为基础的条件下，提出药用植物大量元素和微量元素的配比方案并建立相应的施肥技术，实现各种养分平衡供应，满足药用植物的需要，达到提高肥料利用率和减少用量，提高产量，改善药材品质，减少土壤污染，保障中药材无公害种植和无公害中药材生产过程中遵循肥料使用原则及要求，依据药用植物的需肥规律结合土壤供肥能力及肥料利用率等，选择合理施肥类型、方法及时期，既满足药用植物生长需求，同时避免环境污染（图 1-3-1）。

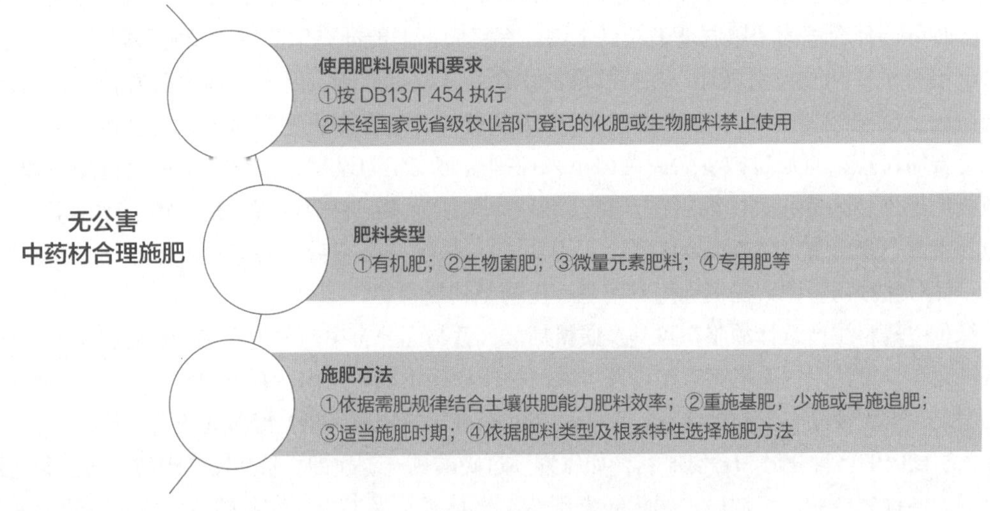

图 1-3-1　无公害中药材合理施肥

一、施肥原则

在无公害中药材生产过程中应遵循以下几个施肥原则：①有机肥为主，辅以其他肥料使用的原则；优质中药材生产过程中应优先使用有机肥作为基肥和种肥，追肥时可以根据药用植物的特殊需求适当增加无机肥料。②以多元复合肥为主，单元素肥料为辅的原则；无机肥选择以多元复合肥为主，单元素肥料为辅，大中微量元素配合使用平衡施肥。当有机肥和无机肥搭配使用时，化肥用量需要控制，一般控制施用标准无机氮与有机氮的的比例为 1∶1；③大中微量元素配合使用平衡施肥原则；④养分最大效率原则；肥料的使用必须满足药用植物对营养元素的需要，并能够使足够数量的有机物质返回土壤，保持或增加土壤肥力及土壤生物活性。种植优质药材的基地，在满足药用植物对营养元素需要的同时，需保证有足够数量的有机物归还土壤；⑤未经国家或省级农业部门登记的化肥或生物肥料禁止使用；⑥根据土质、中药材种类及肥料性质施肥原则；⑦无害化原则：堆肥、厩肥、沤肥、饼肥、沼肥等农家肥需经高温发酵，完全腐熟达到无害化卫生标准才可使用；禁止施用硝态氮肥；禁止施用城市垃圾；所有的肥料应以对环境和作物（营养、味道、品质和植物抗性）不产生不良后果的方法使用。叶面喷施必须在收获前 30 天进行。使用肥料的原则和要求、允许使用和禁止使用肥料的种类等按 DB13/T 454 执行。

二、肥料类型

允许使用的肥料类型和种类主要包括：有机肥、无机肥、生物菌肥、微生物菌肥等。有机肥包括堆肥、厩肥、沼肥、绿肥、作物秸秆、泥肥、饼肥等，应经过高温腐熟处理，杀死其中病原菌、虫、卵等，防止病原菌传播及扩繁，污染药材危害人体健康。无公害中药材生产施肥时有机肥中控制指标必须符合 DB13/T454 中的要求；有机肥料重金属限量应符合 NY 525 要求；粪大肠菌群数、蛔虫卵死亡率符合 NY 884 要求；有机－无机复混肥料和无机肥施用时主要作为辅助肥料使用；微生物肥料施用时应符合 GB 20287、NY/T 798 或 NY 884 标准要求；可与有机肥、微生物肥等配合施用；叶面喷施时须在收获前 30 天进行。土壤出现偏酸、偏碱或板结等障碍因素时可选择合适的土壤调理剂改良土壤。有机肥不但能补充中药材生长所需要的微量元素、增加土壤有机质和改良土壤外，在持续增加中药材产量和改善其品质方面更具有特殊作用。生物菌肥包括腐殖酸类肥料、根瘤菌肥料、磷细菌肥料、复合微生物肥料等。微生物菌肥具备无毒、无害的特点，可通过减少病原菌数量来控制病害发生与发展、活化土壤进而增加肥效、促进植物抗逆性，还能提高中药材的产量及品质。微量元素肥料即以铜、铁、硼、锌、锰、钼等微量元素及有益元素为主配制的肥料，可满足药用植物对必须元素的需求，保障其生长发育及产量。针对性施用微肥，提倡施用专用肥、生物肥和复合肥。

绿色中药材生产选择的肥料种类及质量标准大致与无公害中药材生产选择的肥料类似，化肥用量仅允许少量使用，无机氮素用量按当地同种作物用量减半使用。有机中药材生产中主要施加有机肥，有机肥须没有受到重金属、农药及其他有害化学物质污染且经过无害化处理，禁止施用人工化学合成的各种化肥和含氯肥料，如尿素、过磷酸钙、硫酸钾、硫酸铵、碳酸氢铵、氯化铵、氯化钾、各种复合肥、复混肥、稀土元素肥料、生长素及人工合成的各种多功能叶面营养液等，可以施用一些天然的矿物肥料，如矿产硝石、矿产钾盐等；限制使用天然矿物来源的土壤调节剂。优质中药材生产中所允许使用的肥料类型见表 1-3-4。

表 1-3-4 优质中药材生产所允许使用的肥料类型

<table>
<tr><th colspan="2" rowspan="2">农业生产允许使用的肥料类型</th><th colspan="6">中药材生产允许使用的肥料类型</th></tr>
<tr><th>有机肥</th><th>无机肥</th><th>有机－无机复混肥</th><th>微生物肥</th><th>土壤调理剂</th><th>参考标准</th></tr>
<tr><td>无公害施肥</td><td>有机肥、无机肥（包括单一元素肥、微量元素肥）、有机－无机复混肥、微生物肥、土壤调理剂</td><td rowspan="2">应充分腐熟，彻底杀灭对药用植物、畜禽、人体有害的病原菌、寄生虫卵、杂草种子等，重金属限量符合 NY 525 要求；粪大肠菌群数、蛔虫卵死亡率符合 NY 884 要求</td><td colspan="2">允许使用，追肥以速效肥为主</td><td rowspan="2">技术指标及重金属等限量应符合 GB 20287-2006</td><td rowspan="2">根据土壤障碍合理选用</td><td>NYT/496 2010
NYT/1868 2010
NYT 394-2013
NYT 2798.4-2015</td></tr>
<tr><td>绿色施肥</td><td>有机肥、无机肥、有机－无机复混肥、微生物肥、土壤调理剂（无机氮素用量按当地同种作物用量减半使用）</td><td colspan="2">仅作辅助肥料少量使用，无机氮素用量按当地同种作物用量减半使用</td><td>NYT 394-2013
NYT 288-2012</td></tr>
<tr><td>有机施肥</td><td>天然有机肥、商品有机肥、矿物源肥、微生物肥、土壤调理剂</td><td>有机肥应主要源于本农场或有机农场（或畜场），外购的商品有机肥，应通过有机认证或经认证机构许可；禁止使用化学合成肥料和城市污水污泥</td><td colspan="2">禁止使用化学合成肥料，可以使用天然矿物肥料</td><td>允许使用可降解的微生物加工副产品和天然存在的微生物制剂</td><td>限制使用天然矿物来源的土壤调理剂</td><td>GBT 19630.1-19630.4-2005
NYT 5197-2002</td></tr>
</table>

三、施肥方法

无公害中药材合理施肥技术依据药用植物整个生育期的需肥规律，结合土壤供肥能力和肥料效率等信息数据，在以有机肥为基础的条件下，按照药用植物大量元素和微量元素的配比方案进行施肥。针对根系浅的中药材和不易挥发的肥料宜适浅施，根系深和易挥发的肥料宜适深施。化肥深施，既可减少肥料与空气接触，防止氮素的挥发，又可减少氨离子被氧化成硝酸根离子，降低对中药材的污染。此外应掌握适当的施肥时间（期），在中药材采收前不能施用各种肥料，防止化肥和微生物污染，同时重施基肥，少施、早施追肥。合理施肥技术及其时期可实现各种养分平衡供应，满足药用植物生长需要，通过提高肥料利用率进而减少肥料的用量，保障中药材无公害种植。

施肥时应依照施肥原则，根据药用植物营养生理特点、吸肥规律、土壤供肥性能及肥料效应，确定有机肥、氮、磷、钾及微量元素肥料的适宜用量和比例，参考表 1-3-4 选择合适的肥料类型，确定相应的施肥技术；应尽量减少无机氮肥的施用量，充分提高无机氮肥的有效利用率，减少环境污染。肥料选择后，可根据中药材品种特性和产量潜力按大田生产所能达到的水平确定产量目标，根据药用植物不同生育期需肥规律确定施肥类型、施肥时间和施肥量。

（一）绿肥

绿肥作物生长过程中所产生的全部或部分绿色体，经翻压或者堆沤后施用到土地中作为肥料，具有提供养分、合理用地养地、部分替代化肥、提供饲草来源、保障粮食安全、改善生态环境、固氮、吸碳、节能减耗、驱虫、杀菌等作用。常用绿肥作物因其生长环境不同，种植时间及方式略有差异，通常选择在春季种植适宜绿肥作物，于种植药用植物前对绿肥进行翻压，对增强土壤肥力、改善土壤理化性状等都有明显效果（表 1-3-5）。传统的绿肥回田方式通常是将绿肥作物做简单处理，对土壤改良具有一定作用。绿肥作物的深加工可以创造出更大的经济效益，针对人参属药用植物筛选出适宜的绿肥作物——苏子（*Perilla frutescens*），并于花期将苏子割倒切段，晾晒3～4 天，耕翻并将绿肥作物秸秆及杂草扣压到土中，以后每隔 10～15 天耕翻一次，耕翻深度为20～25 cm，该方式可以有效增加土壤肥力，改变土壤微生物群落的组成；改良后土壤微生物群落在门及属水平上其丰度主要呈下降趋势，在科水平上其丰度主要呈增加趋势。绿肥回田可以改善土壤微生物区系，增加土壤中有益微生物群落及有机质的含量，进而改善土壤微生态环境。

表 1-3-5　药用植物常用绿肥作物

品种	拉丁名	适宜药用植物	施用方法	作用机制
玉米	*Zea mays* L.	人参、西洋参、大黄、附子、黄连、三七	秋播，覆土厚度 2～3 cm	减少农业生态环境的污染、起到培肥土壤的作用，保持土壤生产力持续增产
小麦	*Triticum aestivum* L.	三七、人参、大黄	秋播，覆土 3 cm，上面覆盖 3 cm 以上稻草	改善栽培地土壤理化性状，协调土壤的水、肥、热、气关系

续表

品种	拉丁名	适宜药用植物	施用方法	作用机制
紫苏	*Perilla frutescens* (L.) Britt.	人参	花期割倒切段，晾晒 3～4 天，耕翻时扣压到土中，每隔 10～15 天耕翻，深度为 20～25 cm	有效增加土壤肥力，改变土壤微生物群落的组成
紫花苜蓿	*Medicago sativa* L.	西洋参	平铺于田间，绿肥作物施用量为 1000～1200 千克 / 亩	改良盐碱地
三叶草	*Trifolium repens* L.	大黄	间作	根部结根瘤吸收空中游离氮素。
油菜	*Brassica campestris* L.	紫云英、人参	紫云英与密度为 20 万～40 万株 / 公顷油菜按 2：1 带型间作	提高土壤 pH、土壤有机质、碱解氮和速效磷含量，改善土壤肥力
大豆	*Glycine max* (Linn.) Merr.	人参、西洋参、大黄	多为秋播，覆土 3 cm，上面盖 3 cm 稻草	固氮培肥

（二）基肥

基肥多用充分腐熟的有机肥，可通过绿肥回田改善土壤微生物区系。基肥宜深施，为药用植物长期提供营养，可先将基肥均匀撒于表面，再翻耕入土。在玉米、小麦、大豆等前茬作物收获后，小麦残茬覆盖率不小于 40%、玉米残茬覆盖率不小于 80%；或小麦残茬覆盖量 0.3～0.6 kg/m^2（秸秆含水率不大于 25%），玉米残茬覆盖量 1.5～2.3 kg/m^2（含水率不大于 50%）的条件下，可以利用免耕施肥播种机进行播种施肥作业，作业时不应发生严重堵塞。以西洋参为例，施基肥及抗生菌肥，每平方米施基肥 10 kg，磷酸二胺 50 g，结合做床施入，与 15 cm 厚土拌匀。半夏每亩施 2000 kg 腐熟厩肥、25 kg 钙镁磷肥和 25 kg 硫酸钾作为基肥。红豆杉春季以施氮肥为主，尿素 20～30 千克/亩；秋季在 8 月初施磷钾复合肥 20～30 千克 / 亩。

（三）种肥

种肥多用腐熟农家肥、微生物肥料等。因其施于种子附近或与种子混播容易造成烧苗，因此种肥必须深施，并与播种分开进行，与种子保持适当距离。根据种子不同播种方法进行条施或穴施。可以通过变量施肥播种机对播种和施肥情况进行自动监控并进行实时处理。

（四）追肥

追肥是保证药材产量的重要施肥步骤，要根据不同药用植物对肥料的具体需求确定施用时间及次数。一般情况下，在药用植物生长前期多施复合肥或腐熟有机肥等含氮量较高的肥料，生长中后期，则以无机肥为主。如地黄为喜肥植物，在生长中期对氮、钾等元素的吸收量达到高峰，每亩追施 20 kg 磷酸二铵时能获得较大经济效益。需肥量较小的药用植物，如高山红景天则追肥较少，一般选择在移栽后第 2 年根据其生长情况追施适量腐熟农家肥、草木灰或磷肥。施肥方法可根据药用植物生长特性按照所需中耕、开沟、施肥的深度进行追肥，也可选择中耕追肥机进行中耕追肥。

通过长期生产实践，建立了人参、三七、红豆杉、黄芩等中药材的无公害施肥技术。与传统施肥技术相比，无公害中药材的合理施肥技术杜绝硝态氮肥的使用，化肥钙镁磷肥、硫酸钾肥、尿素等施用量每亩减少 5～30 kg（表 1-3-6）。

四、小结

自 20 世纪末以来，很多国家都越来越注重发展与环境的协调，由此促成了无公害农产品、绿色食品、有机食品生产和消费的兴起。20 世纪 80 年代后期我国无公害食品设点实施，2001 年农业部启动“无公害食品行动计划”，2002 年农业部在全国范围内全面推进“无公害食品行动计划”。1992 年农业部成立了中国绿色食品发展中心（CGFDC），AA 级绿色食品的标准及生产基地的建设促进了我国绿色食品与国际有机食品的接轨，此后陆续颁布的《有机食品认证管理办法》《有机食品技术规范》《AA 级绿色食品认证技术准则》等法规有力地推动了我国有机农业的发展。

无公害农业、有机农业、生态农业等农业形式的出现，推动了无公害中药材生产的发展。1999 年，无公害中药材的生产技术研究被提出。在中药材无公害栽培体系的基础下，建立了无公害中药材的生产技术规程，对保障药材质量安全，促进中药材产业健康发展具有重要意义。吕洪飞 1999 年提出绿色中药材的栽培及其监测、评价标准，在中药材种植过程中提倡使用农家肥料，尤其是腐熟的农家肥，要求减少化肥使用量，提出了土壤与单项重金属的污染分级标准，确保药用植物在栽培过程达到无害、无毒、安全。中国国际商会河北（安国）药业商会于 1998 年对张家口等地区的土壤、水质、空气污染物等进行质量监测，提出发展绿色药材种植，并成立绿色中药材开发研究中心。为促进中药产业的健康、快速发展，甘肃陇西县在 2013 年提出要积极突破现有模式，对有机中药材产业积极响应，其施肥核心是少施或不施化肥，主要利用生物有机肥料、矿物质肥料和土壤改良剂等经过配套组合后投入到有机中药材生产中。

在中药材生产中，无公害中药材、绿色中药材、有机中药材的生产构建对以后药材的良性发展、优质药材栽培的现代化体系具有重要意义。栽培过程中应选择无污染源生产基地，做到科学施肥以达到生产优质中药材的目的。优质中药材合理施肥技术，是根据中药材的需肥规律，土壤供肥性能与肥料效应，由传统的经验施肥方法走向科学定量化的施肥技术。以有机肥为基础，养分归还、最小养分律为指导，根据作物种类及生长阶段等内部因子信息，结合土壤供肥能力和肥料效率，将大量元素与微量元素进行配比，建立相应的无公害施肥技术。无公害中药材施肥技术是优质药材合理施肥的基本要求，可以提高肥料利用率和减少肥料用量，对于实现药用植物养分平衡供应，提高药材产量，改善药材品质，减少土壤污染具有重要意义。在此基础上才有可能逐步实现绿色中药材及有机中药材合理施肥，建立优质中药材的合理施肥体系。

表 1-3-6　药用植物传统施肥技术与无公害施肥技术比较

作物类型	传统施肥技术	无公害施肥技术	优势	减少量
基肥				
人参	以化肥菌剂复合肥为主，尿素 10 千克 / 亩	以有机肥为主，每亩施入充分腐熟的粪肥 2500～6000 kg	以有机肥为主	尿素使用减少 10 千克 / 亩
西洋参	施用基肥及抗生菌肥，每平方米施基肥 10 kg，磷酸二胺 50 g，尿素 10 g 结合做床施入，与 15 cm 土拌均	施基肥及抗生菌肥，每平方米施基肥 10 kg，磷酸二胺 50 g, 结合做床施入 , 与 15 cm 厚土拌匀	不施用尿素	尿素使用减少 6.67 千克 / 亩
三七	传统种植三七习惯以化学肥料为主采用多次追肥	以植物源生物有机肥为主	改善土壤，壮苗和提高种苗质量	——
半夏	亩施厩肥或堆肥 2000 kg、过磷酸钙 30 kg，并用 30 kg 硫酸钾作基肥	亩施 2000 kg 腐熟厩肥、25 kg 钙镁磷肥和 25 kg 硫酸钾作为基肥	钙镁磷肥和硫酸钾肥施用量减少	钙镁磷肥和硫酸钾肥施用量均减少 5 千克 / 亩
红豆杉	春季以施氮肥为主，施尿素 25～35 千克 / 亩；秋季可在 8 月初施磷钾复合肥 20～30 千克 / 亩	春季以施氮肥为主，尿素 20～30 千克 / 亩；秋季在 8 月初施磷钾复合肥 20～30 千克 / 亩	减少了尿素的施用	减少尿素使用量 5～15 千克 / 亩
追肥				
西洋参	硫酸锌 0.03% 溶液，硼酸按 8 mg/kg 浓度，开花前叶面喷施	开花前叶面喷施 500 g 原菌种粉，加 15 kg 豆饼粉 ,10 kg 草炭土	使用有机肥及菌肥	——
三七	化学肥料为主，每年施肥 4～6 次。分次追施，硝酸铵钙施用 225 kg/hm^2，磷肥品种为钙镁磷肥，施用方法按照传统种植习惯为分 6 次追施，K_2O 675 kg/hm^2 为适宜	施用生物有机活性肥，固体微生物菌肥每亩 20 kg；追肥以 3 月，6 月，9 月追施较佳	使用有机肥及菌肥，减少化肥使用	减少硝酸铵钙使用及频率
半夏	根据生长情况每亩施入腐熟饼肥 25 kg、过磷酸钙 20 kg、尿素 10 kg	齐苗和第一次、第二次倒苗之后各追施一次，每次以每亩用 20 kg 油饼兑 500 kg 有机肥追施为宜	减少了有机肥料的使用量以及无机肥料的种类。	减少过磷酸钙及尿素量 20 千克 / 亩、10 千克 / 亩
灯盏花	分蘖期每亩施用 5 kg 复合肥，兑成 0.5% 的浓度浇施；收获后每亩施 10 kg 复合肥，兑成 1.0% 的浓度浇施	磷和钾的 40% 做追肥施用，氮肥全部用作追肥施用	增施农家肥，减少复合肥的使用	减少复合肥量 15 千克 / 亩
紫苏	在花蕾形成前每亩追施速效氮肥一次 10 kg，过磷酸钙 10 kg	封垄前有机肥 10～14 千克 / 亩，配施尿素 10 千克 / 亩；苗高 60 cm 时，进行第 2 次施肥	增加了有机肥，减少了化肥的施用	减少速效氮肥和过磷酸钙使用量 10 千克 / 亩
红豆杉	追肥应在 5～7 月要中耕除草 2～3 次，结合中耕每次每亩追施尿素 5～10 kg、氯化钾 3～5 kg，兑水浇施或趁雨天撒施，可叶面喷施 0.25% 的尿素与磷酸二氢钾	施肥在 3 月到 4 月初追一遍菜籽饼和氮肥，每隔 20 天左右施一次稀释沤制的菜籽饼液	减少尿素、氯化钾、磷酸二氢钾的施用	减少尿素使用量 5～10 千克 / 亩，氯化钾使用量 3～5 千克 / 亩
地黄	前期以氮肥为主，每亩尿素 10 kg；块根膨大期，每亩追施复合肥 30 kg，饼肥 10 kg；中后期可叶面追肥 , 尿素、磷酸二氢钾和水按比例 3：1：300 喷洒	每亩用 64% 磷酸二铵 50 kg、硫酸钾肥 25 kg、有机肥 80 kg 或选用农家肥 1000 kg 左右	减少尿素、复合肥、磷酸二氢钾等化肥的施用	减少尿素、复合肥分别 10 千克 / 亩、30 千克 / 亩
黄芪	定苗后每亩追施氮肥 15～17 kg，硫酸钾 7～8 kg，过磷酸钙 10 kg, 加速幼苗生长。翌年每亩追施过磷酸钙 5～10 kg	2～3 年收获的每亩施厩肥 2000 kg 加过磷酸钙 10 kg、饼肥 150 kg 混拌均匀	减少化肥的施用，增加有机肥的施用	减少氮肥 15～17 千克/亩，硫酸钾 7～8 千克 / 亩

第三节　技术应用案例

一、人参有机肥使用技术

中国是世界上最早栽培人参的国家，是人参主产国，栽培面积和产量均居世界首位。随着人们对人参消费需求的日益增加，人参药品、食品、保健品、化妆品被不断开发，人参产业作为中药材产业的重要组成部分，面临着前所未有的机遇和挑战。随着国家对伐林栽参可用林地的逐步限制，农田栽参将成为人参种植产业发展的主要模式，农田栽参利用传统田地进行休耕种植人参，可实现传统作物与人参轮作，可解决人参与林业争地的矛盾。长期以人参产量为导向的栽培方式，盲目的引种栽培和扩大生产规模，滥用农药与化肥，致使药材中存在农药和重金属污染现象。现有的农田栽参管理技术粗放，导致人参质量良莠不齐，影响经济效益。人参产业的现代化发展使人参种植向规模化和精细化转变，而无公害生产是未来人参产业发展的重要方向。

农田土栽种人参存在产量低、病害重等问题，其主要原因为农田土的有机质含量低，土壤肥力较差，孔隙度小，容重大，不利于人参生长。因此，土壤改良是保障农田栽参顺利开展的前提。绿肥回田有效改变土壤的结构并对病虫害有显著的抑制作用，施肥改土可以增加土壤肥力，进而保证人参的良好生长。目前，针对土壤消毒和绿肥回田及施肥改土过程中，土壤微生态环境变化的研究相对较少，而该结果对于农田栽参的推广具有重要的指导意义。研究施肥过程中土壤微生态环境的变化，建立农田土壤有机肥使用方法，对农田栽参的顺利进行有重要意义。施肥处理措施降低土壤 pH，增加土壤肥力，降低土壤细菌多样性，改变细菌群落的组成。施肥措施改变农田土壤微生态环境，保障农田栽参的顺利开展。

（一）结果分析

与对照相比，绿肥回田及施肥改土的措施均减低了土壤 pH，增加了土壤总氮（N）、有机质（OM）、铁（Fe）、速效钾（AK）、镁（Mg）、锰（Mn）、全磷（P）、锌（Zn）的含量（表 1-3-7）；结果表明，施肥措施可以降低土壤 pH，增加土壤肥力。

施肥的措施降低了土壤微生物的多样性（表 1-3-8）。与对照相比，施肥后，香农指数，Chao1 和丰富度分别减低了 3%、2%。结果表明，施肥措施可以降低土壤微生物多样性，但差异不显著。

在门的水平上，与对照相比，回田后，土壤中 Proteobacteria、Bacteroidetes、Actinobacteria、TM7 和 Verrucomicrobia 的丰度；回田＋施肥后，土壤中 Firmicutes、Bacteroidetes、Acidobacteria、Nitrospira、Armatimonadetes、Chlorobi、Gemmatimonadetes、Chloroflexi 和 Planctomycetes 丰度下降（图 1-3-2a）。在科的水平上，回田后及回田＋施肥后土壤中 Succinivibrionaceae、Ruminococcaceae、Sphingobacteriaceae、Porphyromonadaceae、Lachnospiraceae、Xanthomonadaceae 和 Planococcaceae 丰度增加（图 1-3-2b）。在属的水平上，与对照相比，回田后土壤，*Buttiauxella*、*Faecalibacterium*、*Pseudomonas*、*Succinivibrio*、*Escherichia*、*Barnesiella*、*Acinetobacter*、*Pedobacter*、*Serratia* 和 *Stenotrophomonas* 丰度下降；回田＋施肥后土壤中 *Buttiauxella*、*Faecalibacterium*、*Succinivibrio*、*Escherichia*、*Barnesiella*、*Acinetobacter* 和 *Pedobacter* 丰度下降（图 1-3-2c）。

表 1-3-7 土壤理化性状

样品	pH	Organic matter（g/kg）	Total nitrogen（g/kg）	Fe（g/kg）	K（g/kg）	Mg（g/kg）	Mn（mg/kg）	P（g/kg）	Zn（mg/kg）
对照	5.80±0.13a	39.79±1.83b	2.36±0.03b	22.39±7.79a	3.48±0.48a	3.27±0.12b	549.57±16.22b	1.05±0.05a	68.14±0.88a
回田	5.21±0.05b	68.60±9.26a	3.48±0.25a	29.88±3.36a	3.51±0.23a	4.20±0.48a	727.70±94.83a	1.09±0.04a	79.68±6.66a
对照	5.65±0.05a	42.22±3.27b	2.40±0.06b	25.56±1.58a	3.22±0.67b	3.74±0.25b	556.54±48.86b	0.94±0.05b	67.59±1.37b
回田＋施肥	5.38±0.07b	74.36±1.54a	3.82±0.09a	29.96±4.21a	3.80±0.14a	4.28±0.51a	723.98±129.33a	1.26±0.03a	78.84±0.91a

注：数据为三次重复的平均值，不同字母表示处理与对照在 $P<0.05$ 水平上差异显著。

表 1-3-8 土壤微生物多样性

样品	Shannon Index	Chao 1	Richness
对照	4.87±0.20a	2959.04±287.46a	1270.87±74.34a
回田	4.81±0.06a	2918.09±249.37a	1256.05±62.79a
对照	4.88±0.17a	3750.29±237.26a	1248.95±48.74a
回田＋施肥	4.70±0.28a	3619.74±164.29a	1224.68±47.09a

注：数据为三次重复的平均值，不同字母表示处理与对照在 $P<0.05$ 水平上差异显著。

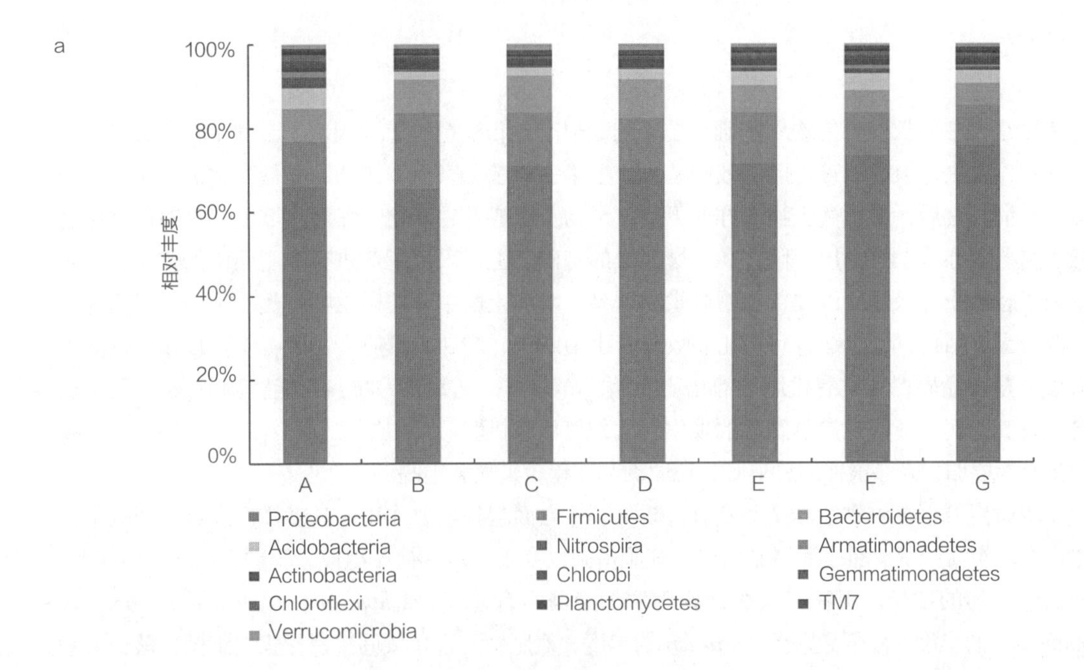

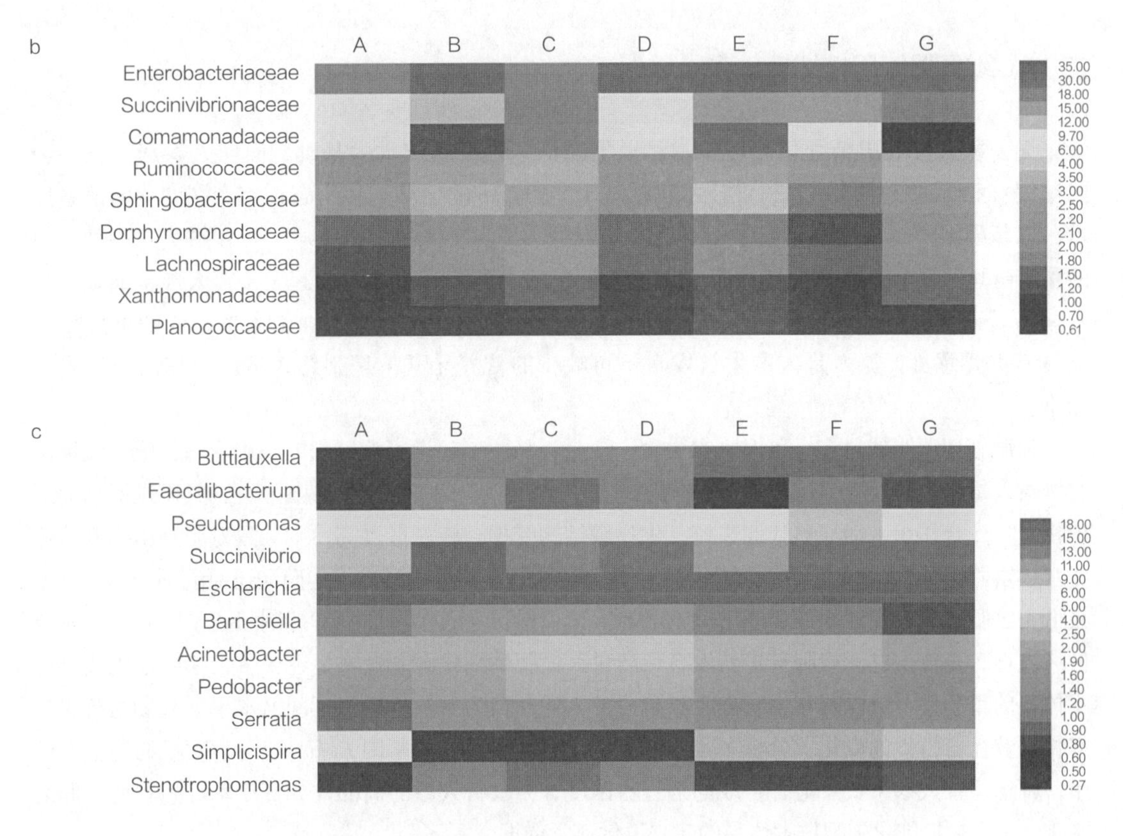

图1-3-2　土壤中细菌群落门水平变化（a），科水平变化（b）及属水平变化（c）

A、B、C、D、E、F及G分别表示消毒前、消毒对照、消毒后、消毒+回田对照、消毒+回田、消毒+回田+施肥对照、消毒+回田+施肥。数据为三次重复的平均值。

（二）小结

土壤是人参生长发育的物质基础，是影响参根产量和质量的重要因素，土壤中存在大量的致病微生物、害虫，土壤消毒可以有效的杀灭土层中病原菌、害虫及虫卵，减低作物的死苗率。经过氯化苦消毒之后，土壤微生物多样性下降，结构及组成发生变化，然而土壤消毒剂对土壤中有益微生物群落亦有杀灭作用，因此在土壤消毒的基础之上，采用紫苏进行绿肥回田的措施，改善土壤微生态环境。绿肥回田改善土壤微生物区系，增加土壤中有益微生物种类、土壤有机质的含量，改善土壤结构。紫苏结合有机肥有效改善土壤结构、增加土壤肥力，改善土壤环境，进而提高人参产量和品质，其中有机肥具有培肥土壤、养分全、肥效长等特点，能够调节参土氮、磷、钾含量及其比例，降低人参锈腐病的发生。此外使用有机肥后，土壤中硼、锌、镁、铁、锰、铜等微量元素增加，人参根部的总皂苷、还原糖和淀粉含量显著提高。

土壤微生群落在矿物营养循环及有机质降解等方面起到重要作用，其多样性及组成影响土壤的生产力、作物产量及品质。绿肥回田、施肥措施改变土壤多样性及组成，驱动土壤功能的转变，进而影响作物的生长。生物有机肥的施用增加土壤中有益菌 *Paenibacllus*，*Trichoaderma, Bacillus, Streptomyces* 的丰度，降低致病菌 *Fusarium* 的丰度。氮肥施用直接或间接诱导主要细菌群落，有助于富养型细菌群落（包括 *Proteobacteria* 和 *Bacteroidetes*）丰度的增加。

二、人参氮肥使用技术

无公害人参农田精细化栽培技术是以生物信息等高新技术为基础，面向人参产业化生产的精细农业管理技术体系，关键技术包括基于 GMPGIS 的全球人参生态适宜产区变化的信息技术、以基因组学、功能基因组学、土壤宏基因组学等为主体的生物技术，旨在解决人参种植中的精准选址、品种选育和土壤改良、施肥管理、病害防控等关键问题。无公害人参精细栽培技术体系研究对提高人参品质，保障人参药材安全，助力产业升级，保障人参产业的可持续发展具有重要意义。氮素是人参生长发育不可缺少的营养元素，是制约人参产量和品质的重要因素。

氮肥施用不当或过多，可对人参生育、产量、品质引起毒害。氮肥的施用形态、施肥数量及比例对人参的生长发育、产量形成、代谢调控、皂苷含量及病害发生影响显著。氮素过低则抑制植物叶片光合作用，活性氧代谢失调，生物膜结构受损；施氮量过高，则导致氮肥利用率低，造成水体富营养化，增加空气中氮氧化物气体。人参作为半阴性植物，其硝酸还原酶活力（NRA）极低，氮肥过剩会促使组织中 NO_3-N 及酰胺 -N 积累，呼吸作用加强，抑制阳离子吸收，造成类似“氮毒”表现，进而抑制其生长发育和产量。氮肥精细化施肥技术是无公害人参精细化栽培技术体系的重要环节。以两年生营养生长阶段的人参幼苗为材料，研究不同氮水平下人参幼苗的形态特征及光合特性的变化，分析了不同氮水平下皂苷合成相关基因 *PgHMGR* 和 *PgSE* 的时空表达量，筛选适宜人参生长及皂苷合成的适宜氮浓度，为改善人参的商品性和优质率等问题奠定理论基础，为人参精细化施肥技术体系的建立提供科学依据。

无公害农田栽参是人参种植产业化发展的主要模式，氮肥精细化管理是人参无公害农田栽培技术体系的关键环节。为探究氮肥精细化管理对人参生长阶段生物量积累及次生代谢产物合成的影响，以两年生营养生长阶段人参为试材，分别施加氮浓度为 0 mg/L，10 mg/L，20 mg/L 和 40 mg/L 霍格兰培养液，观测叶色、茎粗、叶绿素含量等表性变化，测定光合速率动态变化，定量分析皂苷合成关键基因 *PgHMGR* 和 *PgSQE* 的时空表达量。结果表明，不同氮浓度处理下人参光合速率和叶绿素含量变化差异显著，根、茎和叶中 *PgHMGR* 和 *PgSQE* 基因相对表达量差异显著。氮浓度为 20 mg/L 时，人参叶片净光合速率和叶绿素含量最大，叶片净光合速率随时间延长呈先上升后下降趋势。根中 *PgHMGR* 与 *PgSQE* 基因的相对表达量最高。推测适宜人参营养生长阶段的最适氮浓度为 20 mg/L（硝酸铵 57.14 mg/ 株，纯氮量 20 mg/ 株），该浓度是人参的最适皂苷合成氮浓度。无公害人参氮肥精细化栽培关键技术研究，有利于优质高效人参药材的生产，对减肥增效及环境友好型可持续生态人参种植产业发展提供科学依据。

（一）结果与分析

1. 不同氮水平下人参叶片形态特征的变化分析

研究发现氮素水平显著影响人参叶片的营养生长状态。氮素浓度为 0 mg/L 时，由于氮素浓度过低，人参叶片颜色黄化严重；当氮素浓度为 10 mg/L 时，其叶片颜色较 20 mg/L 和 40 mg/L 时的叶片颜色稍浅，氮素浓度为 40 mg/L 时人参叶色最为浓绿。但对不同氮浓度下人参营养生长阶段茎粗的分析结果显示，氮浓度对人参茎粗的影响效果并不显著（$P>0.05$）（图 1-3-3）。

2. 不同氮水平下人参光合特性的变化分析

对不同氮水平下人参叶片中叶绿素含量变化规律的分析表明，在氮浓度为 0 mg/L 到 40 mg/L 的范围内，叶片中叶绿素含量随着氮浓度的升高而表现出先上升，然后含量变化趋于平缓的趋势。氮浓度为 20 mg/L 和 40 mg/L 时，人参叶片中叶绿素含量较高，分别为 36.94 mg/g 和 36.41 mg/g，二者之间的叶绿素含量差异不显著（$P>0.05$），而其他浓度之间均存在显著性差异（$P<0.05$）（图 1-3-4）。

不同氮水平下人参净光合速率的动态结果显示，处理 5 天时不同氮水平间净光合速率的变化差异不大，当处理时间延长至 10 天时，处理间净光合速率的离差最大，净光合速率差异变化最明

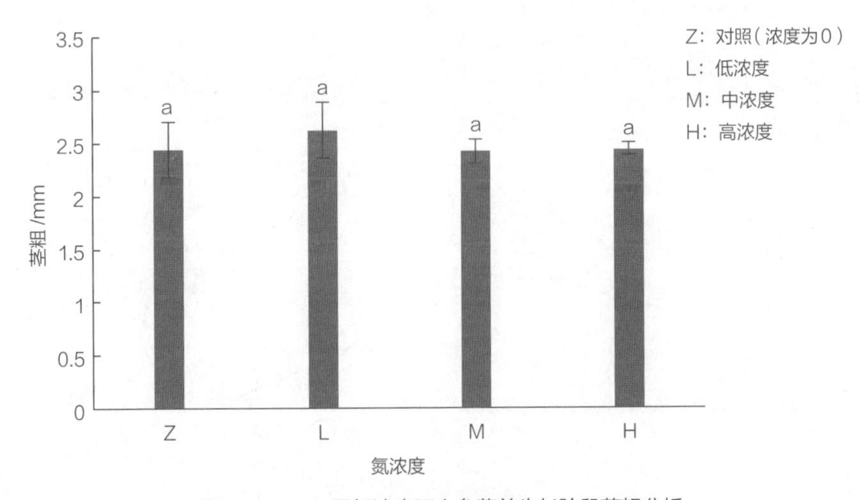

图 1-3-3　不同氮浓度下人参营养生长阶段茎粗分析

显，当处理时间达 40 天时，净光合速率间的差异最为显著（$P<0.05$）。总体而言，随着处理时间的延长，人参叶片净光合速率呈现先升高后下降的趋势，处理第 10 天时净光合速率最大，氮浓度为 20 mg/L 时其光合速率达最大值为 2.14 μmol · m^{-2} · s^{-1}。处理第 40 天时，氮浓度为 0 mg/L 人参叶片的净光合速率最低，氮浓度为 20 mg/L 的净光合速率变化不大（图 1-3-5）。

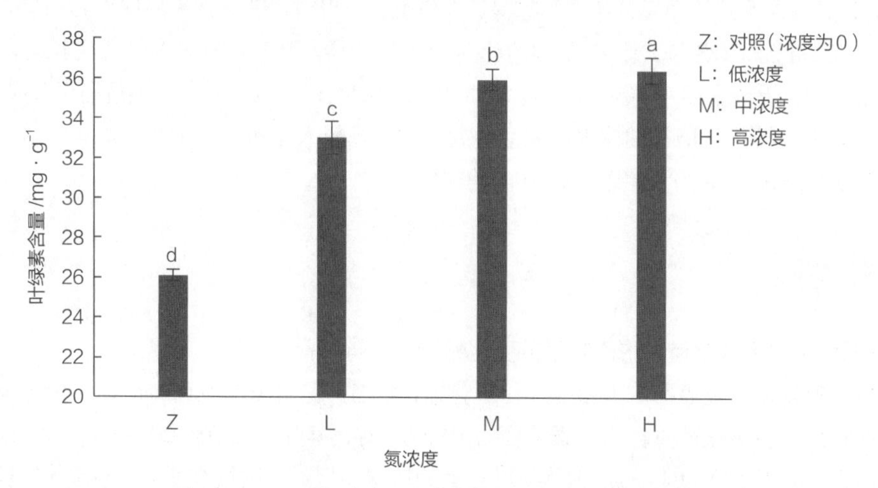

图 1-3-4　不同氮浓度下人参营养生长阶段叶绿素含量分析

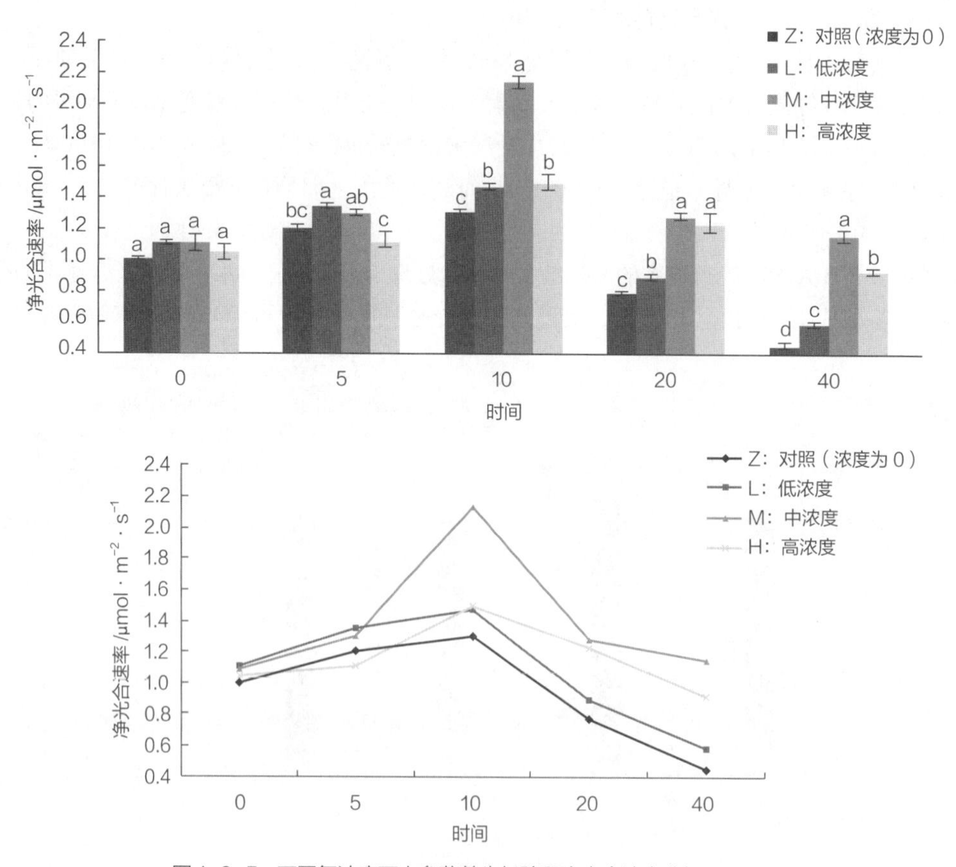

图 1-3-5　不同氮浓度下人参营养生长阶段净光合速率分析

3. 不同氮水平下人参 *PgHMGR* 基因时空表达特性分析

不同氮水平下人参根、茎、叶中 *PgHMGR* 基因表达趋势具有一定的差异性。人参根中 *PgHMGR* 基因在氮浓度为 20 mg/L 时表达量最高，氮浓度为 40 mg/L 时，人参根中 *PgHMGR* 基因的相对表达量最低，与其他氮浓度下根中 *PgHMGR* 基因的表达量存在显著性差异（$P<0.05$）。人参叶片中 *PgHMGR* 基因表达量随着氮浓度的升高，呈现为先下降后升高的趋势（图 1-3-6）。0 mg/L 与 40 mg/L 氮水平下人参叶片中 *PgHMGR* 基因的表达量差异不显著（$P>0.05$），其他氮素水平间均存在显著性差异（$P<0.05$）。

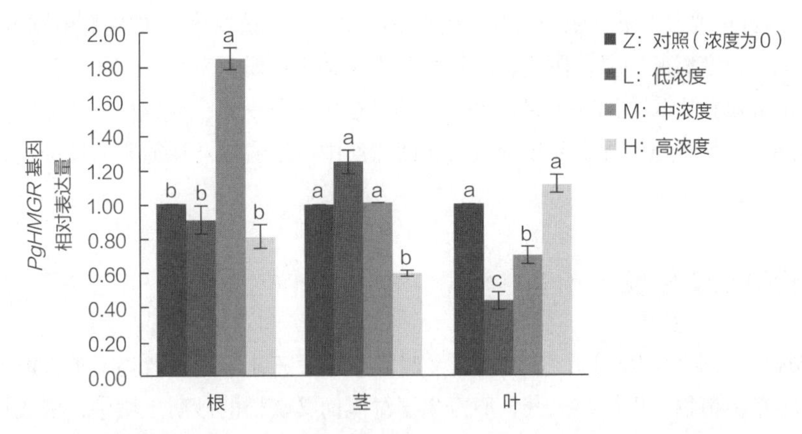

图 1-3-6　不同氮浓度下皂苷合成相关基因 *PgHMGR* 在人参不同组织中相对表达量

4. 不同氮水平下人参 *PgSQE* 基因时空表达特性分析

氮水平显著影响人参根、茎、叶中 *PgSQE* 基因的表达量（图 1-3-7）。氮素水平分别为 0 mg/L，10 mg/L，40 mg/L 时，人参根中 *PgSQE* 基因表达量差异不显著（$P>0.05$），氮浓度为 20 mg/L 时，*PgSQE* 基因的表达量与其他氮水平下该基因的表达量存在显著性差异（$P<0.05$）。人参茎中 *PgSQE* 基因的表达量呈先升高后下降的趋势，氮浓度为 20 mg/L 时 *PgSQE* 基因表达量最大，与其他浓度下该基因的表达量存在显著差异（$P<0.05$）。人参叶片中 *PgSQE* 基因相对表达量在氮浓度为 20 mg/L 和 40 mg/L 时，二者之间差异不显著，氮浓度为 0 mg/L 与 40 mg/L 间 *PgSQE* 基因的相对表达量差异不显著（$P>0.05$），其他处理相间 *PgSE* 基因的表达存在显著性差异（$P<0.05$）。

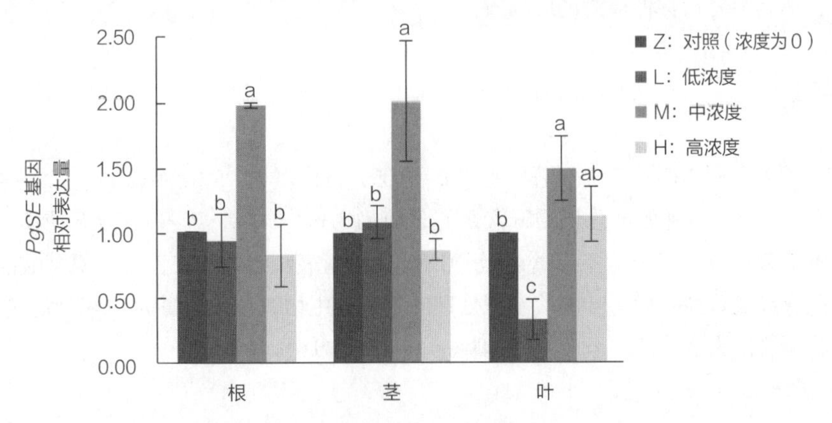

图 1-3-7　不同氮浓度下皂苷合成相关基因 *PgSQE* 在人参不同组织中相对表达量

（二）小结

氮是植物生长发育不可或缺的营养元素，是核酸、蛋白质、磷脂等生物大分子的重要组成成分，是植物光合器官形态建成的关键因子，氮过高或过低均会导致植物叶绿素含量下降，降低植物光合能力，造成植株早衰，叶片枯黄，不利于产量形成。对不同氮素水平下营养生长阶段人参叶片净光合速率与叶绿素含量的动态建成结果表明，氮素在 0～40 mg/L 范围内，人参叶片净光合速率与叶绿素含量随氮用量的增大呈先升高后下降的趋势，不添加任何氮素条件下，人参植株处理 40 天后叶片黄化现象严重，生长发育受到严重阻碍。氮对植物体内次生代谢产物的合成和积累具有重要影响。一定氮肥用量范围内，施氮量与人参根干物质重量呈正相关。氮肥施用过量，造成地上茎叶部分疯狂生长，消耗大量营养，影响参根干物质积累，导致根重短期内负增长，参根皂苷含量下降，淀粉含量增加，品质降低。实践生产中可以通过适当氮肥的精细化管理措施来调控人参皂苷含量。

三、半夏有机肥使用技术

半夏 *Pinellia ternate*（Thunb.）Breit. 别名又叫麻芋子、三叶半夏、老鸦芋头、地巴豆等。为天南星科多年生草本植物，以块茎入药，原野生于湿润而又疏松的砂质土壤中，根浅喜肥，从野生变家栽以后，仍未形成优良品种，有效成分含量偏低是目前限制半夏品质的主要因素之一，目前使用有机肥料对提高半夏的有效成分含量的研究还很少见，并且各地栽培和野生的半夏品质参差不齐，差距较大，为提高半夏的品质，我们选择了几种肥料在田间进行对比实验，分析是否能有效提高半夏的产量和品质，从而为半夏的栽培和基地的建设提供参考。

研究四种肥料五种不同处理对半夏总生物碱含量的影响，以提高栽培半夏的有效成分含量，实现高质高效和利润的最大化。方法为利用完全随机实验设计研究四种不同的肥料对半夏有效成分增产的效果。在 $\alpha=0.05$ 水平上，几种肥料与对照不存在显著性差异；$\alpha=0.05$ 水平，DUNCAN 检验表明矿质肥料、菌剂与对照差异性不显著，根施液态氨基肥与叶喷液态氨基肥与对照差异性显著，叶喷液态氨基肥有效含量最高为 0.0673%，根施液态肥的含量为 0.053% 比对照 0.048% 分别高出 39.6% 和 10.3%。液态氨基肥能够提高半夏有效成分含量，可以进一步研究其最佳剂量和时间及使用方式，达到半夏药材种植的高质高效。

（一）结果与分析

通过实验方差分析表明：对于显著性水平 $\alpha=0.05$，自由度 $f_A=5$，$f_e=12$ 时，$F_{0.05}=4.68$。由表 1-3-9 可以看出：半夏各种处理总生物碱含量的 F 值为 $3.388<4.68$，$P>0.05$ 故五种不同处理肥料实验对半夏的有效成分含量影响不显著；但 DUNCAN 检验表明组间存在差异，氨基酸液态肥效果最好，与对照存在显著性差异。叶喷液态肥处理的半夏总生物碱有效含量为 0.0673%，根施液态肥的半夏总生物碱含量为 0.053%，比对照 0.048% 分别高出 39.6% 和 10.3%。

表 1-3-9　不同处理半夏块茎生物碱测定

处理	取样 /g	OD 值	生物碱含量 /%	标准偏差	平均含量
	1.0013	0.3027	0.04407342		
对照	1.0047	0.3073	0.04465055	0.006737	0.048248
	1.0027	0.3786	0.05601943		
	1.0012	0.2734	0.03943555		
矿质颗粒	1.0024	0.2673	0.03842301	0.002253	0.037662
	1.0021	0.2464	0.03512611		
	1.0011	0.4241	0.06331867		
菌剂	1.0034	0.2671	0.0383531	0.013657	0.047638
	1.0012	0.2848	0.04124175		
	1.0025	0.2239	0.03155183		
矿质粉剂	1.0033	0.3906	0.05788322	0.013472	0.046366
	1.0007	0.3378	0.04966384		
叶喷氨	1.0027	0.4932	0.07414942		
基液肥	1.0016	0.4422	0.06615367	0.006377	0.067283
	1.0039	0.414	0.06154614		
根施氨	1.0013	0.4131	0.06156337	0.007334	0.053164
基液肥	1.0032	0.3401	0.04990376		
	1.0005	0.3274	0.04802485		

（二）小结

在半夏野生变家栽生产过程中，尚未发现能有效提高总生物碱含量的有机肥料，并且本实验中所使用的都是安全的生物肥料，符合 GAP 基地建设的要求。

第四章　无公害中药材病虫害综合防治

现阶段中药材病虫害防治过程中还存在较多问题，如大多数药农由于缺乏综合防治知识，滥用、误用农药，致使农药残留超标的现象普遍存在；施药方法不科学，不仅浪费农药，还降低了防治效果，同时也对生态环境造成了严重破坏；部分繁殖材料携带病菌，调运频繁加速病虫传播蔓延；另外，不合理的种植方法也是导致中药材病虫害频繁爆发的主要原因。无公害中药材病虫害防治是降低药材农残及重金属含量，保障高品质中药材的有效措施。无公害中药材病虫害综合防治是指在中药材病虫害防治过程中所使用的药剂种类及防治方法符合国家有关标准和规范要求，生产的药材有害物质（如农药残留、重金属、有害元素）含量控制在国家规定的安全使用范围内的防治方法。

参照粮食作物、蔬菜、水果、茶叶及菌类等无公害病虫害防治方法，归纳总结我国近 20 年来中药材病虫害防治领域的预测预警技术、防治技术及相关防治标准，在此基础上，针对中药材生产过程中病虫害防治无序、滥用农药等问题，依据中药材病虫害发生特点，提出了无公害中药材病虫害综合防治技术及防治规程。

第一节 病虫害种类及防治现状

药用植物在生长发育及贮藏运输过程中受到病原物或不良环境条件的持续感染，其干扰强度超过了能够忍受的程度，使植物正常的生理功能受到严重影响，在生理上和外观上表现出异常，这种偏离了正常状态的植物就是发生了病虫害，引起植物偏离正常生长发育状态而表现病变因素就是病因。药用植物病虫害的概念、症状、病原、病因、发生流行规律和防治原理与其他植物病虫害基本相同。药用植物病虫害防治就是从生物与环境的整体观点出发，依据病虫害预测预报进行合理防治，同时因地制宜地运用农业、生物、物理及化学防治方法，改善药材生长环境，降低病虫害发生概率，把病虫害危害控制在经济阈值以下。本节主要包括概括主要病虫害种类、预测预警技术及综合防治技术等。

一、主要病虫害种类

（一）主要病害种类

药用植物病害种类很多，病因也各不相同，造成的病害形式多样，一种植物可以发生多种病害，一种病原生物又能侵染多种植物。因此，植物病害的种类可以有多种分类方式：如按照寄主受害部位可分为根部病害、叶部病害和果实病害等；按照病害症状表现可分为腐烂型病害、斑点或坏死型病害、花叶或变色型病害等；按照传播方式来分可分为种传病害、水传病害、土传病害、气传病害等。根据是否有病原生物参与可分为侵染型病害和非侵染型病害两大类，即：病原生物因素侵染造成的病害，称为侵染型病害（因病原生物能够在植株间传染，因而又称传染型病害）；无病原生物参与、仅由于植物自身的原因或由于外界环境条件恶化所引起的病害，这类病害不会传染，称为非侵染性病害。

侵染型病害包含猝倒病、霜霉病、根腐病、立枯病、白粉病、菌核病、黑粉病、锈腐病、疫病、灰霉病、锈病、斑枯病、炭疽病、叶斑病、灰斑病、褐斑病、黑斑病、软腐病、青枯病、黄龙病、根结线虫病等，主要危害药用植物的根、茎、叶、花和果实，严重的甚至还会危害到植物全身的各个部位。常见的危害作物有人参、三七、延胡索、地黄、白术、金银花、桔梗、枸杞、党参、黄芪、芍药、薄荷、当归、板蓝根等。中药材病毒病的发生相当普遍，寄生性强，致病性强，致病力大，传染性高，能改变寄主的正常代谢途径使寄主细胞内合成的核蛋白变为病毒的核蛋白，受害植株一般表现出全株系统的病变。病毒性病害的常见症状有花叶、黄化、卷叶、缩顶、从枝矮化等症状。

表 1-4-1　主要病害种类及危害药用植物

种类	病原菌	主要危害部位	危害药用植物
猝倒病	腐霉菌（*Pythium spp.*）、疫霉菌 *Phytophthora*）	幼苗茎基部	人参、三七、西洋参等
霜霉病	霜霉属（*pasasitica*）	叶片	大黄、当归、延胡索等
根腐病	镰刀菌属（*Fusarium*）	根、芦头、支根	玉竹、百合、芍药、板蓝根、地黄、牛膝等
立枯病	镰刀菌属（*Fusarium*）和丝核菌（*Rhizoctonia solani*）	幼苗茎基部	三七、荆芥、防风、黄芪、穿心莲、杜仲、人参、重楼等
白粉病	白粉菌（*Erysiphe graminis*）	叶、嫩茎、花柄及花蕾、花瓣等部位	青蒿、山银花、防风、芍药、黄芪、牛蒡等
菌核病	核盘菌属（*Sclerotinia*）、链核盘菌属（*Monilinia*）、丝核属（*Rhizoctonia*）和小菌核属（*Sclerotium*）	茎蔓、叶片和果实	人参、延胡索、白术、贝母、丹参、红花、牛蒡子、细辛等
黑粉病 / 黑穗病	黑粉属（*Ustilago*）	枝干、叶、果实等部位	薏苡、大力子、车前子、决明子等
锈腐病	柱孢属（*Cylindrocarpon*）	地下茎、根茎、芽孢、嫩叶	人参、西洋参等
疫病	恶疫霉（*Phytophthora cactorum*）	茎、叶、花、鳞片和球根	百合、胡椒、长春花、百叶、阳春砂等
灰霉病	灰霉菌（*Botrytis cinerea*）	花、果、叶、茎	百合、紫苏、芦荟等
锈病	柄锈菌属（*Puccinia*）	茎叶	玉竹、何首乌、白术、白芷、当归、党参、黄芩、金银花等
斑枯病	半知菌亚门（*Deuteromycotina*）壳针孢属（*Septoria*）	叶片	龙胆草、紫苏、薄荷、枸杞、柴胡、人参等
炭疽病	菌胶孢炭疽菌（*Colletotricum gloeosporioides*）和黑线炭疽菌（*Colletotrichum dematium*）	叶、叶柄、茎及花果	玄参、芦荟、三七、枸杞、大黄、牛蒡等
叶斑病	尾孢属（*Cercospora*）、长蠕孢属（*Helminthosporium*）、壳针孢属（*SePtoria*）、叶点霉（*Phyllosticta*）、链格孢属（*Alternaria*）等	叶片	丁香、桔梗、白术、菊花、金银花、薄荷、枸杞、山药等

续表

种类	病原菌	主要危害部位	危害药用植物
灰斑病	灰斑病菌（*Cercospora sojina*）	叶片	玉竹、薄荷等
褐斑病	立枯丝核菌（*Rhizoctonia solani*）	叶片	益智、何首乌、山银花、溪黄草等
黑斑病	链格孢属（*Alternaria*）	植株的各个部位	芦荟、牛蒡、三七、山药、贝母等
细菌性软腐病	假单胞杆菌属（*Pseudomonas*）	根部	芦荟、百合、人参等
细菌性青枯病	青枯假单胞杆菌（*Pseudomonas solana cearum*）	叶片、茎	广藿香、白术等
黄龙病	革兰阴性菌（G^-）	根、叶、梢、果	柑橘、柠檬等
病毒病	黄瓜花叶病毒（Cucumber mosaic virus）	叶片、茎	百合、长春花、薄荷、牛蒡、白术、桔梗等
南方根结线虫	南方根结线虫（*Meloidogyne incognita*）	根部	苋属、无花果属、桔梗、豆蔻、栀子等
北方根结线虫	北方根结线虫（*Meloidogyne hapla*）	根部	人参、西洋参、三七、黄芪、补骨脂、当归、白术等

造成非侵染性病害的因素包括生理学因素、生态学因素及人为因素等。生理学因素主要包括植物自身遗传因子或先天型缺陷，可引起遗传型病害或生理病害；生态学因素主要包括生长过程中外部温度、自然现象、水分、土壤环境，可导致病害，人为因素主要包括由于农业操作或栽培措施不当、肥料元素供应过多或不足以及农药及化学制品使用不当，可导致药害等造成药用植物腐烂坏死。

表 1-4-2　中药材非侵染性病害的因素

分类	具体因素
遗传因素	植物自身遗传因子或先天型缺陷引起的遗传型病害或生理病害
生态因素	（1）温度，大气温度的过高或过低引起的灼烧与冻害。如西洋参进入伏天，天气干旱闷热，常发生日灼烧；南药肉豆蔻畏寒冷，极端最低气温出现 6℃时或偶尔出现霜冻，即受冻害，嫩梢即幼叶干枯死亡 （2）大气物理现象造成的伤害，如风、雨、雷电、冰雹等 （3）土壤水分和湿度，大气与土壤水分和湿度过多、过少、如旱、涝、渍害等 （4）大气和土壤有毒物质的污染和毒害
人为操作因素	（1）农业操作或栽培措施不当所致病害，如密度过大，播种过早或过迟，杂草过多等造成苗发黄或矮化以及不结实等各种病态 （2）肥料元素供应过多或不足，如缺素症和营养失调症 （3）农药及化学制品使用不当造成的药害

（二）主要虫害种类

危害药用植物的虫害主要分为地上虫害和地下虫害。地上虫害主要有瘿螨类、短须螨、胡萝卜微管蚜、红花长管蚜、叶蜂类、寥金花虫、星天牛、菊天牛、山茱萸蛀果蛾、红花实蝇、红蜘蛛、蛞蝓、蜗牛类、金龟子等。危害的主要作物有人参、三七、西洋参、白芷、金银花、天麻、红花、当归、桔梗、百合、菊花等，主要危害植物的地上部位如叶、花、茎或真菌的子实体。

表1-4-3　主要地上部害虫种类及危害药用植物

种类	拉丁学名	危害部位	主要药用植物
叶蜂	*Tenthredinidae*	叶片	山药、金银花、何首乌、玫瑰、紫薇等
胡萝卜微管蚜	*Semiaphis heraclei*	茎、叶、花	伞形科药材，如白芷、当归等
红花指管蚜（牛蒡长管蚜）	*Uroleucon gobonis*（*Matsumura*）	叶片	红花、牛蒡、青蒿、艾叶等
瘿螨	*Eriophyidae*	叶片、果实、花	枸杞、罗汉果、龙眼、荔枝等
短须螨	*Brochymena quadripustulata*	叶片	望江南、三七、地黄、半枝莲、菊花等
寥金花虫	*Chrysomeloidea*	叶片、新芽	伞形科和蓼科药用植物等
星天牛	*Anoplophora chinensis*	茎	木瓜、厚朴、枇杷、紫薇、无花果等
菊天牛	*Phytoecia rufiqentria*	茎	菊花、重楼、紫菀等
山茱萸蛀果蛾	*Asiacarposina cornusvoraYang*	果实	山茱萸
红花实蝇	*Acanthiophilus helianthi Rossi*	花蕾、种子	红花、白术、水飞蓟、矢车菊等
金龟子	*Alissonotum impressiolle Arrow*	果实、花蕾	红花、人参、玄参、女贞等
蛞蝓	*Agriolimax agrestis Linnaeus*	叶片、真菌子实体	灵芝、吴茱萸等
红蜘蛛	*Tetranychus cinnbarinus*	叶片	天冬、桔梗等
蜗牛	*Fruticicolidae*	叶片、真菌子实体	石斛、绞股蓝等

地下害虫是指在土中生活、为害植物地下部分的害虫，又称土壤害虫。地下害虫的主要种类有金针虫、蛄蝼、蛴螬、根蚜、白蚁等，主要危害作物的地下根茎。危害的主要作物有当归、贝母、人参、西洋参、天麻、金银花、白术、百合、栀子等。其中人参、三七、西洋参受金针虫、蛴螬、蛄蝼、根蚜、根象等危害；天麻受鼠害、蛄蝼等危害；桔梗受蛄蝼的危害。

地下害虫为害药用植物的方式主要有：①在土中啃食种子及幼苗根，造成缺苗断垄，如蝼蛄食害幼苗基部呈不整齐麻丝状残缺。②取食药用部位地下根、茎。地老虎类生活于土中，夜晚出土活动，危害植株近地上部分，咬断后将其植株拖入窝中取食。其中蛴螬、地老虎、金针虫、蝼蛄等地下害虫对药用植物为害普遍，根茎类中药材受地下害虫为害，直接造成商品部位损坏，质量下降，影响产量。同时因地下害虫为害造成伤口，导致病菌感染，引起各种土壤病害发生，尤其是根腐病严重，造成更大的经济损失。

表 1-4-4 主要地下虫害类型及危害药用植物

种类	拉丁学名	危害部位	主要药用植物
金针虫	*Pleonomus canaliculatus*	种子、幼根、根茎和地下茎	当归、党参、贝母、牡丹、人参等
蛄蝼	*Gryllotalpa*	嫩茎、主根、芦头、种子	金银花、人参、姜、天麻、桔梗、黄连等
蛴螬	*Holotrichia diomphalia*	幼茎及根部	人参、大黄、延胡索、西洋参、三七、川麦冬、百合等
钻心虫	*Chilo suppressalis*	根茎	北沙参、砂仁、川芎、慈菇、游草等
根蚜	*Smynthurode sbetae*	根茎	人参、西洋参、三七等
白蚁	*Anoplophora chinensis*	根茎	人参、厚朴、西洋参、三七、茯苓等
根螨	*Rhizoglyphus*	根	百合、半夏等

二、病虫害防治现状

中药材病虫害防治是目前中药材生产过程中较为薄弱的环节，制约着中药材产业化、现代化与国际化的发展。与粮食、果树、蔬菜、茶树和烟草等作物病虫害防治方法及出台标准相比，中药材病虫害防治标准尚处于起步阶段，已经颁布的标准少且不全面。病虫害防治标准不健全已成为阻碍中药材质量提高的关键因素。在国家行业标准信息服务网（ZBGB.org）中，以“病虫害”为关键字进行检索，1993～2018 年，中药材病虫害标准仅有 20 余条（表 1-4-5）。由表 1-4-5 可知，中药材病虫害防治标准具有数量少、沿用时间长、且以地方标准为主等特点。1993 年出台了 1 部西洋参地方标准；2000～2010 年，共颁布了 5 条标准，其中包括 4 条地方标准及 1 条行业标准，涉及的物种分别是橄榄、山核桃、栝楼、剑麻及杜仲；2011 年呈现增多态势，1 年内就颁布了苎麻、香草兰、山银花和枸杞病虫害防治 4 条标准；随后的 2012～2018 年共颁布 8 条标准，其中 2017～2018 年出台的人参、三七农残及重金属限量标准、中药材防霉变储藏规范标准为最新出台的团体标准。尽管如此，与中药材其他标准相比，中药材病虫害防治相关标准数量也是较少的。

病虫害防治标准更替周期长，更替速率低，是我国中药材病虫害防治标准的一大问题。1993 年施行的西洋参病虫鼠害防治规程至今仍未做修订。而 20 条标准中仅有 2003 年的“山核桃病虫害防治技术”、2004 年的“栝楼病虫害防治技术规范”和 2011 年“山银花病虫害综合防治技术规程”3 条标准进行了废止和更替，与我国病虫害防治研究论文数量相比，中药材病虫害防治标准的制定明显脱节。病虫害防治标准以地方标准为主，而国家标准、行业标准数量少是我国中药材病虫害防治标准的又一现状。因此，现阶段迫切需要加强国家中药材病虫害防治标准的出台。

表 1-4-5 中药材病虫害防治标准发展修订进程

年份	标准名称	代替文件	状态
1993	西洋参病虫鼠害防治规程（DB22/T815-1995）		现行
2003	橄榄标准综合病虫害综合防治（DB35/T500.6-2003）		现行
	山核桃病虫害防治技术（DB34/T349-2003）	DB34/T1582-2011	废止

续表

年份	标准名称	代替文件	状态
2004	栝楼病虫害防治技术规范（DB34/T409-2004）	DB34/T409-2015	废止
2009	剑麻主要病虫害防治技术规程（NY/T 1803-2009）		现行
2010	杜仲病虫害防治技术规程（DB61/T500.06-2010）		现行
2011	苎麻主要病虫害防治技术规范（NY/T 2042-2011）		现行
	香草兰病虫害防治技术规范（NY/T 2048-2011）		现行
	山银花病虫害综合防治技术规程（DB45/T779-2011）	DB45/T779-2016	废止
2016	枸杞病虫害防治农药雾化技术规程（DB45/T779-2016）		现行
2012	金盏花病虫害综合防治技术规程（DB62/T2205-2012）		现行
2013	生姜病虫害防治技术规程（DB51/T1642-2013）		现行
	胡椒主要病虫害防治技术规程（DB46/T260-2013）		现行
2014	绞股蓝病虫害防治（DB61/T931.4-2014）		现行
2015	中药病虫害综合防治技术规程金银花（DB37/T2664-2015）		现行
	一品红主要病虫害防治技术规程（DB44/T1684-2015）		现行
2016	甘草茎叶部病虫害防治技术规程（DB64/T1261-2016）		现行
2017	无公害三七药材及饮片农药与重金属及有害元素的最大残留限量（T/CATCM003-2017）		现行
2017	中药材及饮片防霉变储藏规范通则（T/CATCM 004-2017）		现行
2018	无公害人参药材及饮片农药与重金属及有害元素的最大残留限量（T/CATCM001-2018）		现行

第二节　病虫害防治技术

无公害中药材病虫害防治就是在最大限量减少化学农药使用的基础上，优先选用农业、生物、物理等综合防治技术，达到减少农药和重金属残留，生产优质药材的目的。

一、防治原则

中药材病虫害种类多，危害重，药材农残及重金属含量超标已成为制约中药材发展的核心问题。无公害中药材病虫害防治应严格遵守“预防为主，综合防治”的防治原则，在解析病虫害发生规律和危害程度的基础上，确定适合各药材的防治方法。病虫害防治应依据安全、有效、经济、实用的防治理念，优先选用农业、生物和物理的防治方法，化学农药防治为辅，最大限量地减少高毒、高残留化学农药的使用量，逐渐增加生物农药的使用量，完善无公害中药材病虫害防治体系，最终使药材质量符合国家标准，达到生产无公害中药材的目的。

二、预测预警技术

中药材病虫害预测预警技术是根据药用植物病虫害发生规律，预测不同时间及地区病虫分布、扩散及危害趋势的综合性研究技术。病虫害预测预警研究是制定病虫害防治措施的前提和基础，也是减少化学农药使用量、生产高品质中药材的重要技术。准确的病虫害预测预警分析，可有效增强病虫害防治的预见性和计划性，提高防治工作的经济效益及生态效益。目前，有关中药材病虫害预测预警技术的研究相对较少，主要包括病虫害基础信息数据库建设，病虫害专家支持系统的组建以及病虫害防治智能方案平台的建立，利用“3S”技术动态监控病虫害发生发展的预测预警等。研究方向主要集中在病虫害发生机制、预测预报方法、病虫害发生概率等方面。中药材病虫害预测预警常基于GIS等智能管理系统进行，研究较多的中药材主要包括枸杞、三七、石斛、肉苁蓉、山茱萸等（表1-4-6）。在中药材发病前及发病初期，进行及时预测预警，病虫害防治工作就会收到事半功倍的效果。因此，利用现代“3S”智能信息技术开展中药材病虫害预测预警研究，对防治中药材病虫害及提高药材产量及质量均具有重要意义。

表1-4-6　近年来中药材病虫害诊断与防治技术

系统名称	研发者	时间	系统开发工具及原理	防治内容
佳多自动虫情测报灯	刘万才，等	2001	以自动化控制技术为工具，达到诱虫自动开关、接虫带自动转换、温度湿度自动测定等职能，达到捕杀虫源的目的	肉苁蓉常见病虫害监控
植物病虫害测报灰色模型GM	熊彩云，等	2005	以灰色系统理论为模型，建立马尾松（*Pinus massoniana*）毛虫发生面积预测模型，预测病虫害发生趋势、精度高	马尾松松毛虫的防治及预警
三七黑斑病预测模型	杨建忠，等	2009	依据现有三七黑斑病相关数据，应用回归分析建立三七黑斑病预测模型，用于该病的预防和控制	三七黑斑病的综合防治
智能温室环境监控系统	石晓燕，等	2015	以物联网技术为工具，建立石斛电子种质档案，融合病虫害辅助诊断技术进行预测	铁皮石斛智能管理系统
枸杞病情指数反演模型	马菁，等	2015	利用光谱辐射仪对染病枸杞冠层进行光谱特征测定，得出与枸杞病虫害相关波段，建立病情指数反演模型	枸杞木虱、瘿螨、白粉病预测
山茱萸病虫害预测模型	白嫄，等	2016	以反距离加权插值（IDW）和GIS为工具，基于已知数据进行空间插值，预测未知地理空间病虫害发生趋势	山茱萸常见8种病虫害
宁夏枸杞病虫害监测与预警系统	李小文，等	2018	依托3S信息系统、物联网（TOI）、移动互联网、数据库等现代信息技术，研发了宁夏枸杞病虫害网络化监测预警系统。实现枸杞病虫害发生“早预防，早发现，早防治”，保证枸杞生产安全	枸杞常见病虫害预测预警

三、防治方法

依据病虫害发生规律及类型，对药用植物病虫害进行防治。防治方法主要包括农业防治、物理防治、化学防治、生物防治。

（一）农业防治

农业防治包含选用合理耕作措施、种子及种苗流通途径的检验及检疫、田间管理（依据药用植物的类型进行水肥光调控、中耕除草松土、清洁田园等）等措施。常采用的农业栽培管理措施有：秸秆覆盖、间作、轮作、休闲、填闲等技术，同时加强田间管理进而对病害进行绿色防治。病虫害可通过病土、人为操作等近距离传播，所以在精细栽培管理中防止交叉感染是降低病虫害的有效措施之一。通过改进耕作管理措施，调节药用植物生长环境，从而创造有利于药材生长而不利于病虫害发生的环境，达到控制病虫害发生和传播的目的。轮作应选择不同类型、非同科同属的作物，避免有相同的病虫害。翻耕可促使病株残体在地下腐烂，同时也可把地下病菌、害虫翻到地表，结合晒垡进行土壤消毒。深翻还可使土层疏松，有利于根系发育。适时播种、避开病虫危害高峰期，从而减少病虫害。

种植管理是中药材病虫害防治中的关键环节。生产优质无公害中药材，需要从技术方面入手，在各个种植环节创造有利于药用植物生长，不利于病虫害发生的环境条件，从而减少病原和虫源危害，获得优质高产药材原料。种植过程应选用优良抗病虫药材新品种，提高药材抗病能力、减少化学农药施用量；合理布局及提早或延后播种时期，不仅有利于药材增产，也有利于错开病虫害高发时期，从而抑制中药材病虫害的发生；运用科学、合理的栽培方法、密植及施肥技术，及时调整植株生长所需温度、湿度及光照条件，可以提高药用植物的抗病能力，减少用药量和次数。加强田间管理措施，时刻保持清洁，避免病害以残叶、废弃物作为寄主进行繁殖传播病原。此外，加强种苗、苗木等流通环节的检疫，防止病虫害的长距离传播。

（二）物理防治

根据病害对物理因素的反应规律，对病虫害进行防治，安全环保。常见方法有灯光诱杀法，采用频振式杀虫灯可有效诱杀多种中药材地下害虫；色板、色膜趋避诱杀法，利用害虫特殊光谱反应原理和光色生态规律，对害虫进行趋避和诱杀，如常用黄板、蓝板等；性诱剂法，可以用来治虫及虫情监测；辐射处理，将存储的种子及药材进行辐照处理，杀死里面含有的害虫及虫卵等；仿生植保技术，如利用仿生胶诱捕枸杞常见害虫等；紫外线辐照土壤消毒法，在夏季高温季节，通过覆盖地膜，提高地温，杀死土壤中的病原和虫源；人工捕杀，部分病虫害可采用人工方法进行消灭；防虫网防虫，防虫网是无公害中药材生产中重要的防虫方法，可以有效隔离一些迁飞传播性的害虫；地膜覆盖，地膜覆盖可以有效隔离病虫害由地下传播到地上，同时还可以防治杂草；高温灭菌，一些常见根类药材连作障碍较为严重，可采用高温灭菌法杀灭棚内土壤中的病原菌。生长季节如发现药材种植基地出现病虫害问题，可采用覆盖遮阳网，降低光照强度及温湿度方法，改变病虫害发生环境，抑制病虫害生长。物理防治方法安全无污染，有利于减少农药的使用量，提高中药材质量。

（三）生物防治

利用有益生物或其代谢产物对中药材病害进行有效防治的技术，具有经济、安全、有效且无污染等优点。生物防治主要包括生物农药和天敌防治，生物农药根据来源可分为植物源农药、动物源农药和微生物源农药。植物中含有多样的活性物质，至今已报道有 70 多科 200 多种植物具有杀虫活性，利用天然的植物化合物进行植物源农药的开发及应用，例如苦参碱、烟碱、藜芦碱、印楝素等，保障药材安全；动物源农药主要为捕食性昆虫代谢物包括昆虫毒素、昆虫激素和昆虫信息素等；微生物源农药又称生防菌剂或微生物菌剂，通过生产微生物的次生代谢物对病原菌或病虫进行防治，例如灭幼脲、阿维菌素、BT 乳剂等。天敌防治一般采用“以虫治虫”“以鸟治虫”等方法，利用自然界生物链对害虫进行抑制，成本低且对环境无污染。

利用生物天敌、杀虫微生物、农用抗生素及其他生防制剂等方法对中药材病虫害进行生物防治，可以减少化学农药的污染和残毒，具体组分名称及防治目标参照表 1-4-7。生物防治方法主要包括：①**以菌控病**（包括抗生素）：以中药材抗病诱导剂、多抗霉素、农用链霉素及新植霉素等抗生素防治中药材病害。如可用 1.5% 多抗霉素 150 倍液防治三七黑斑病。②**以虫治虫**：利用瓢虫、草蛉等捕食性天敌或赤眼蜂等寄生性天敌防治害虫。如利用管氏肿腿蜂防治星天牛、利用瓢虫控制烟蚜。枸杞园优势天敌多异瓢虫、中华草蛉等及甘草地优势天敌七星瓢虫对枸杞和甘草蚜虫具有自然控制作用。③**以菌治虫**（包括抗生素）：利用苏云金杆菌（Bt）等细菌，白僵菌、绿僵菌、蚜虫霉等真菌，阿维菌素、浏阳霉素等抗生素防治病虫害。例如木霉菌、枯草芽孢杆菌、苏云金芽孢杆菌是应用较为广泛的生防菌株。枯草芽孢杆菌 50-1 对人参根腐病具有显著的防治效果。生防菌株可通过产生次生代谢物（醌类、萜类、肽类、吡喃类、呋喃类、生物碱类、脂肪酸类、萘类等）对病原菌或病虫进行防治。④**植物源农药**：利用印楝油、苦楝素、苦皮藤素、烟碱等植物源农药防治多种病虫害。例如菊科植物的提取物对根结线虫，紫苏提取物对根腐病致病菌具有抑制效果。活性菌有机肥（EM 菌剂、酵素菌等）作基肥或叶面肥即增肥又防病。此外，应加强使用过程中药材质量的检测。三七、桔梗、丹参等无公害病虫害防治体系中，克球孢白僵菌 DP、印楝枯素、枯草芽孢杆菌、木霉菌、哈茨木霉菌等广泛使用，化学农药用量减少 20%～80%。

表 1-4-7　建议无公害中药材种植中优先使用的生物药剂

种类	组分名称	防治对象	使用方法
植物和动物来源	楝素（苦楝、印楝素）	半翅目、鳞翅目、鞘翅目	依据每种中药材类型，确定使用时间、剂量
	苦参碱	黏虫、菜青虫、蚜虫、红蜘蛛	
	乙蒜素	半知菌引起植物病害	
	氨基寡糖素	病毒病	
	桐油枯	地下害虫	
	印楝枯	地下害虫、线虫	

续表

种类	组分名称	防治对象	使用方法
微生物来源	球孢白僵菌	夜蛾科、蛴螬、棉铃虫	依据每种中药材类型，确定使用时间、剂量
	哈茨木霉、木霉菌	立枯病、灰霉病、猝倒病	
	淡紫拟青霉	线虫	
	苏云金杆菌	直翅目、鞘翅目、双翅目、膜翅目和鳞翅目	
	枯草芽孢杆菌	白粉病、灰霉病	
	蜡质芽孢杆菌	细菌性病害	
	甘蓝核型多角体病毒	夜蛾科幼虫	
	斜纹夜蛾核型多角体病毒	斜纹夜蛾	
	小菜蛾颗粒体病毒	蛾类	
	多杀霉素	蝶、蛾类幼虫	
	乙基多杀菌素	蝶、蛾类幼虫、蓟马	
	春雷霉素	半知菌、细菌	
	多抗霉素	链格孢、葡萄孢和圆斑病	
	多抗霉素 B	链格孢	
	宁南霉素	白粉病	
	中生菌素	细菌	
	硫酸链霉素	细菌	
生物化学产物	香菇多糖	病毒病	
	几丁聚糖	疫霉病	

（四）化学防治

化学农药防治法具有高效、快速、经济实用等优点，是中药材病虫害防治的主要方法。但现阶段滥用农药、施药方法不科学现象仍普遍存在，导致中药农药残留超标问题突出，药材品质严重下降，是中药材病虫害防治领域的常见问题。农业农村部暂将中药材同蔬菜、茶叶及果树等视为经济作物进行统一管理。为了规范农药使用原则，农业农村部《农药安全使用规范》（NY/T 1276-2007）规定："不得选择剧毒、高毒农药用于蔬菜、茶叶、果树、中药材等作物防治病害虫。"农业农村部《农药管理条例实施办法》第二十九条规定："剧毒、高毒农药不得用于防治卫生害虫，不得用于瓜类、蔬菜、果树、茶叶、中草药材等。"2016 年颁布的《中华人民共和国中医药法》第五十八条规定，在中药材种植规程中使用剧毒、高毒农药的种植人员，依据违规情节轻重，按照有关法律给予处罚及 5～15 日拘留，由此表明国家对中药材种植过程中滥用农药的加大查处力度。近年来，国家又陆续出台了多批禁止或限制使用的农药种类（表1-4-8）。虽然相关农药标准的出台对中药材病虫害的防治起到了重要指导作用，但是我国专门针对中药材病虫害防治中农药使用的法规或规定还不完善。中药材种类繁多，各药用植物生长习性差异较大，盲目使用在其他经济作物登记的农药种类，会存在较大风险。随着中医药在国际市场上的认可度越来越高，中药原料需求量正呈现急剧增长趋势，我国中药材栽培面积已由21世纪初的4万公顷，增加到目前的12万公顷。而且2011年代森锰锌农药的国内销量已经达到4.4万吨，在板蓝根、地黄、西洋参、太子参、金银花等药材中广泛使用，但未见被登记用于上述中药材的病虫害防治。

表1-4-8 农业部有关中药材禁用及限用农药公告相关内容

年份	公告号	禁用及限用农药种类	生效时间
2002	194号	甲拌磷、氧乐果、水胺硫磷、特丁硫磷、甲基硫环磷、治螟磷、甲基异柳磷7种	2002.4.22～2002.6.1
2002	199号	六六六，滴滴涕，毒杀芬，二溴氯丙烷，杀虫脒，二溴乙烷，除草醚，艾氏剂，狄氏剂，汞制剂，砷、铅类，敌枯双，氟乙酰胺，甘氟，毒鼠强，氟乙酸钠，毒鼠硅，甲胺磷，甲基对硫磷，对硫磷，久效磷，磷胺，甲拌磷，甲基异柳磷，特丁硫磷，甲基硫环磷，治螟磷，内吸磷，克百威，涕灭威，灭线磷，硫环磷，蝇毒磷，地虫硫磷，氯唑磷，苯线磷，三氯杀螨醇，氰戊菊酯等39种	2002.5.24
2003	322号	甲胺磷、对硫磷、甲基对硫磷、久效磷和磷胺5种高毒农药	2003.12.30～2007.1.1
2006	671号	甲磺隆、氯磺隆和胺苯磺隆等除草剂	2006.6.13～2006.12.31
2008	747号	停止及禁用含有八氯二丙醚农药产品	2007.3.1～2008.1.1
2010	农农发2号	禁止农药（23种）：六六六，滴滴涕，毒杀芬，二溴氯丙烷，杀虫脒，二溴乙烷，除草醚，艾氏剂，狄氏剂，汞制剂，砷类，铅类，敌枯双，氟乙酰胺，甘氟，毒鼠强，氟乙酸钠，毒鼠硅，甲胺磷，甲基对硫磷，对硫磷，久效磷，磷胺 限用农药（19种）：禁止甲拌磷，甲基异柳磷，特丁硫磷，甲基硫环磷，治螟磷，内吸磷，克百威，涕灭威，灭线磷，硫环磷，蝇毒磷，地虫硫磷，氯唑磷，苯线磷，氧乐果，三氯杀螨醇和氰戊菊酯，丁酰肼，特丁硫磷在，氟虫腈	2010.4.15
2011	1512号	发布中华人民共和国进出口农药管理名录，共计1163项	2011.1.1
2011	1586号	苯线磷、地虫硫磷、甲基硫环磷、磷化钙、磷化镁、磷化锌、硫线磷、蝇毒磷、治螟磷、特丁硫磷、杀扑磷、甲拌磷、甲基异柳磷、克百威、灭多威、灭线磷、涕灭威、磷化铝、氧乐果、水胺硫磷、溴甲烷、硫丹等22种	2011.10.31～2013.10.31
2012	1744号	禁止草甘膦使用	2012.8.31
2012	1745号	限制百草枯农药使用	2014.4.12
2013	1880号	更新了中华人民共和国进出口农药管理名录，共计1174项	2013.1.1
2013	2032号	氯磺隆、胺苯磺隆、甲磺隆、福美胂、福美甲胂、毒死蜱和三唑磷等7种	2013.12.31～2017.7.1

续表

年份	公告号	禁用及限用农药种类	生效时间
2015	农办农函 14 号	杀扑磷、甲拌磷、甲基异柳磷、克百威、氯化苦、溴甲烷 6 种	2015.10.1
2015	2289 号	杀扑鳞、溴甲烷、氯化苦 3 种	2015.10.1
2016	2445 号	百草枯、克百威、甲基异柳磷、甲拌磷、三氯杀螨酯、2.4-滴丁酯 6 种	2018.10.1
2017	2552 号	硫丹、溴甲烷、乙酰甲胺磷、丁硫克百威、乐果 5 种	2017.8.1～2019.8.1

注：参照《农药安全使用规范》(NY/T 1276-2007)、《中华人民共和国中医药法》等相关规定。

从生态环保角度出发，无公害中药材化学防治的重点是在化学农药使用的过程中，应严格控制药材的农残及重金属不超标，做到科学合理使用农药，对症用药及适时用药，严格执行用药安全间隔。针对病虫种类科学合理应用化学防治技术，采用高效、低毒、低残留的农药，对症适时施药，降低用药次数，选择关键时期进行防治。使用施药时期和施药剂量需要严格按照农药使用说明进行，以达到有效杀灭害虫，降低药材农药残量及保护天敌的目的。在无公害中药材种植过程中禁止使用高毒、高残留农药及其混配剂（包括拌种及杀地下害虫等）(表 1-4-9)。不允许使用的高毒高残留农药如：杀虫脒、氰化物、磷化铅、六六六、滴滴涕、氯丹、甲胺磷、甲拌磷、对硫磷、甲基对硫磷、内吸磷杀螟磷、磷胺、异丙磷、三硫磷、氧化乐果、磷化锌、克百威、水胺硫磷、久效磷、三氯杀螨醇、涕灭威等。2019 年 1 月 1 日起，欧盟将正式禁止含有化学活性物质的 320 种农药在境内销售，其中涉及我国正在生产、使用及销售的 62 个品种，使用这些农产品出口欧盟时，可能被退货或销毁，经分析欧盟禁止的农药多数存在高毒性或高残留等问题，包含在无公害中药材种植中禁止使用的化学农药名录中。另外，应加强病虫药性检测治理，施药过程中合理轮换使用农药，对同一种病害或虫害，应交替用药，避免或延缓病虫抗药性。严格遵守国家法规，科学合理使用农药，同时做好安全防护工作，保证人畜安全。

表 1-4-9 建议无公害中药材种植中禁止使用的化学农药

种类	农药名称	禁用原因
有机氯杀虫剂	滴滴涕（DDT）、六六六、林丹、甲氧高残毒 DDT、硫丹、艾氏剂、狄氏剂、毒杀芬、赛丹、八氯二丙醚、杀螟丹、定虫隆、	高残留、致癌
有机氯杀螨剂	三氯杀螨醇、三氯杀螨砜	含有一定数量的滴滴涕含持久性的有机污染物，残留超标
有机磷杀虫剂	甲拌磷、乙拌磷、久效磷、对硫磷、甲基对硫磷、甲胺磷、甲基异柳磷、治螟磷、氧化乐果、磷胺、地虫硫磷、灭克磷（益收宝）、水胺硫磷、氯唑磷、硫线磷、杀扑磷、特丁硫磷、克线丹、苯线磷、甲基硫环磷、硫环磷、灭线磷、内吸磷、蝇毒磷、乙酰甲胺磷、乐果、磷化钙、磷化镁、磷化锌、磷化铝、三唑磷、毒死蜱、氟虫腈、乙硫磷、喹硫磷、嘧啶磷、丙溴磷、双硫磷、	剧毒、高毒

续表

种类	农药名称	禁用原因
氨基甲酸酯杀虫剂	涕灭威、克百威、灭多威、丁硫克百威、丙硫克百威、残杀威、苯螨特	高毒、剧毒或代谢物高毒
二甲基甲脒类杀虫剂	杀虫脒、杀虫环	慢性毒性、致癌
卤代烷类熏蒸杀虫剂	二溴甲烷、环氧乙烷、二溴氯丙烷、溴甲烷、氯化苦、二溴乙烷、丁醚脲	致癌、致畸、高毒
有机砷杀菌剂	砷类、甲基砷酸锌（稻脚青）、甲基砷酸钙（稻宁）、甲基砷酸铁铵（田安）、福美甲砷、福美砷、退菌特	高残留、杂质致癌
有机锡杀菌剂	三苯基醋酸锡（薯瘟锡）、三苯基氯化锡、三苯基羟基锡（毒菌锡）	高残留、慢性毒性
有机汞杀菌剂	汞制剂、氯化乙基汞（西力生）、醋酸苯汞（赛力散）	剧毒、高残留
取代苯类杀菌剂	五氯硝基苯、稻瘟醇（五氯苯甲醇）、稻丰散、托布津、稻瘟灵、敌菌灵、	致癌、高残留、二次药害
人工合成杀菌剂	敌枯双	残留长
二、四—D类化合物	除草剂或植物生长调节剂、氟节胺、抑芽唑、2,4,5-涕	杂质致癌、飘移药害
拟除虫菊酯类	氰戊菊酯、甲氰菊酯、溴螨酯、胺菊酯、丙烯菊酯、四溴菊酯、氟氰戊菊酯	使用不当，残留超标
有机化合物	甘氟、氟乙酰胺、氟乙酸钠、毒鼠强、灭锈胺、敌磺钠、有效霉素、双胍辛胺、恶霜灵	剧毒、高毒
植物生长调节剂	有机合成的植物生长调节剂如丁酰肼（比九、B9）	致畸形
除草剂	各类除草剂如除草醚、氯磺隆、甲磺隆、2,4-滴丁酯、百草枯水剂、草甘膦混配水剂、胺苯磺隆、苯噻草胺、异丙甲草胺、扑草净、丁草胺、稀禾定、吡氟禾草灵、吡氟氯禾灵、噁唑禾草灵、喹禾灵、氟磺胺草醚、三氟羧草醚、氯炔草灵、灭草蜢、哌草丹、野草枯、氰草津、莠灭净、环嗪酮、乙羧氟草醚、草除灵	残留导致药害

注：以上所列是目前禁用或限用的农药品种，该名单将随国家新规定而修订，包含欧盟禁用农药。《农药管理条例》规定高剧毒、高毒农药不得用于防治卫生害虫，不得用于蔬菜、瓜果、茶叶和中草药材；欧盟公布禁用农药名目。

据不完全统计，截止2018年7月1号，仅有8种中药材（人参、枸杞、三七、杭白菊、延胡索、白术等）进行了农药产品登记（表1-4-10）。从登记的农药种类看，人参登记的农药种类最多，其次是枸杞，第三位是铁皮石斛，3种药材登记的农药种类均≥10种；而三七、白术及山药登记的农药种类分别为4种、3种和3种；菊花登记的农药种类仅为2种；贝母登记的农药种类最少为1种。8种中药材中登记的化学农药总数为44种，而登记的生物农药总数却很少，仅为9种。人参常见病虫害有黑斑病、猝倒病及锈腐病等18种，然而截至2018年中国农药信息网仅登记了疫病、黑斑病等8种病虫害防治农药；三七易受黑斑病、根腐病及疫病危害，但目前各病害仅登记了1种农药。由于我国中药材种类繁多，且每种中药材上发生的病虫害种类多样，目前登记可供使用的农药种类远不能满足无公害中药材生产中病虫害的防治需求。根据2017年我国最新颁布的《农药管理条例》第三十四条规定，农药使用者应当严格按照农药标签标注的使用范围、登记物种、使用方法和剂量进行防治，不得扩大使用范围或者改变使用方法。因此，未来急需在中药材生产领域开展中药材专用农药筛选及登记工作。

表 1-4-10 登记可用于无公害中药材病虫害防治的药剂种类

名称	病虫害及登记药剂	化学农药	生物农药	总计
人参	疫病（霜脲·锰锌、噻虫·咯·霜灵）、黑斑病（异菌脲、苯醚甲环唑、醚菌酯、代森锰锌、多抗霉素、王铜、丙环唑）、根腐病（枯草芽孢杆菌、噁霉灵）、灰霉病（哈茨木霉菌、乙霉·多菌灵、嘧菌环胺、多抗霉素）、立枯病（哈茨木霉菌、噻虫·咯·霜灵、枯草芽孢杆菌、咯菌腈）、锈腐病（噻虫·咯·霜灵、多菌灵、芽孢杆菌）、金针虫（噻虫·咯·霜灵、噻虫嗪）、根腐病（哈茨木霉）	16	3	19
枸杞	蚜虫（高效氯氰菊酯、苦参碱、吡虫啉、藜芦碱）、锈蜘蛛（硫磺）、根腐病（十三吗啉）、白粉病（香芹酚、苯甲·醚菌酯）、瘿螨（哒螨·乙螨唑）、炭疽病（苯甲·咪鲜胺）	8	2	10
铁皮石斛	炭疽病（咪鲜胺、苯醚·咪鲜胺）、蚜虫（吡虫啉）、蜗牛（四聚乙醛）、介壳虫（松脂酸钠）、黑斑病（咪鲜胺）、白绢病（井冈·噻呋）、软腐病（喹啉铜、噻森铜）	9	1	10
三七	黑斑病（苯醚甲环唑）、根腐病（枯草芽孢杆菌）、蓟马（苦参碱）、生长调节剂（吲哚丁酸）	3	1	4
白术	小地老虎（二嗪磷）、立枯病（井冈霉素）、白绢病（井冈·嘧苷素）	1	2	3
山药	炭疽病（咪鲜胺、二氰·吡唑酯）、调节生长剂（氯化胆碱）	3	0	3
菊花	蚜虫（噻虫嗪、高效氯氟氰菊酯）	2	0	2
贝母	蛴螬（阿维·吡虫啉）	1	0	1
总计	病害 21 种，农药 44 种	36	8	44

注：参照 2017 年颁布的《农药管理条例》。

依据农药使用规范要求，参照中药材、蔬菜、果树、烟草等已登记的农药名目，推荐无公害中药材种植可使用的安全、低残留的化学农药进行病虫害防治（表 1-4-11）。虫害可采用吡虫啉、抗蚜威、阿维菌素、噻虫嗪等化学农药；白粉病、黑斑病、圆斑病等可采用戊唑醇、嘧菌酯、异菌脲、甲基硫菌灵等农药进行防治；疫霉病、猝倒病等可采用霜脲·锰锌、嘧霉胺、烯酰·锰锌等农药进行防治。化学药剂可单用、混用，并注意交替使用，以减少病虫抗药性的产生，同时注意施药的安全间隔期，加强农药使用过程中残留量的检测，保障药材的安全。

表 1-4-11 推荐无公害中药材种植中可使用的化学农药

种类	农药名称	防治对象	允许使用的物种
杀虫剂	高效氯氟氰菊酯 lambda-cyhalothrin	菜青虫、地老虎等	枸杞、金银花、丹参等
	吡虫啉 imidacloprid	蚜虫、蓟马、白粉虱等	枸杞、杭白菊、金银花、丹参等
	吡蚜酮 pymetrozine	蚜虫、蓟马、白粉虱等	菊花、小麦、水稻等

续表

种类	农药名称	防治对象	允许使用的物种
杀虫剂	抗蚜威 pirimicarb	蚜虫、蓟马、白粉虱等	黄瓜、小麦、烟草等
	阿维菌素 abamectin	蚜虫、线虫、菜青虫、地老虎等	延胡索、地黄、黄瓜等
	炔螨特 propargite	红蜘蛛	柑桔树、苹果树等
	噻虫嗪 thiamethoxam	红蜘蛛、蚜虫、介壳虫	人参、糙米、金银花、杭白菊等
杀菌剂	氟硅唑 flusilazole	白粉病、黑斑病、圆斑病	人参、三七、贝母、果蔬类等
	腈菌唑 myclobutanil	白粉病、黑斑病、圆斑病	人参、铁皮石斛、黄瓜、香蕉等
	戊唑醇 tebuconazole	白粉病、黑斑病、圆斑病	人参、三七、铁皮石斛等
	苯醚甲环唑 difenoconazole	白粉病、黑斑病	三七、人参、枸杞、贝母等
	甲基硫菌灵 hiophanate-methyl	黑斑病、圆斑病、灰霉病	三七、丹参、黄瓜、番茄等
	嘧菌酯 azoxystrobin	黑斑病、圆斑病、灰霉病等	人参、三七、贝母、黄瓜等
	腐霉利 procymidone	灰霉病、黑斑病、圆斑病	人参、三七、果菜类蔬菜等
	异菌脲 iprodione	灰霉病、黑斑病	人参、三七、西洋参、番茄等
	嘧霉胺 pyrimethanil	灰霉病	人参、三七、黄瓜、番茄等
	霜脲·锰锌 cymoxanil，mancozeb	疫霉病、猝倒病	人参、延胡索、黄瓜等
	三乙膦酸铝 fosetyl-aluminium	疫霉病、猝倒病	胡椒、橡胶、水稻、棉花等
	噁霜·锰锌 oxadixyl，mancozeb	疫霉病、猝倒病	白术、黄瓜、马铃薯等
	烯酰·锰锌 dimethomorph，mancozeb	疫霉病、猝倒病	红豆杉、黄瓜、马铃薯等
	丙森锌 propineb	多种病原保护、疫病	人参、地黄、黄瓜、番茄等
	叶枯唑 bismerthiazol	细菌性病害	人参、水稻、大白菜、花卉等

注：本附表参照最新版农药使用规范。

无公害中药材病害化学防治中应科学合理施用农药，首先要对症下药及适期用药，在充分了解农药性能和使用方法的基础上，根据病虫害的发生规律、病虫害种类，选用合适的农药类型或剂型。在发病初期进行防治，控制其发病中心，防止其蔓延发展，一旦病害大量发生和蔓延就很难防治；对虫害则要求做到“治早、治小、治了”，虫害达到高龄期防治效果就差。其次为科学用药，要注意交替轮换使用不同作用机制的农药，不能长期单一化，防止病原菌或害虫产生抗药性，利于保持药剂的防治效果和使用年限。农药混配要以保持原有效成分或有增效作用，不增加对人畜的毒性并具有良好的物理性状为前提。一般各中性农药之间可以混用；中性农药与酸性农药可以混用；酸性农药之间可以混用；碱性农药不能随便与其他农药混用；微生物杀虫剂（如Bt），不能同杀菌剂及内吸性强的农药混用；混合农药应随配随用。选择正确喷药点或部位，施药时根据不同时期不同病虫害的发生特点确定植株不同部位为靶标，进行针对性施药。例如霜霉病的发生是由下部叶片开始向上发展的，早期防治霜霉病的重点在下部叶片，可以减轻上部叶片染病。蚜虫、白粉虱等害虫栖息在幼嫩叶子的背面，因此喷药时必须均匀，喷头向上，重点喷叶背面。要严格按照期限执行农药安全间隔，为了避免农药过量残留而引起对人、畜的不良影响，就必须严格遵循国家制定的农药安全间隔期，使农药在作物体内的残留量不超过允许值。

四、综合防治体系

减少化学农药使用量，大力开展中药材病虫害综合防治，是生产优质中药材的关键。经过多年发展，中药材病虫害综合防治技术有了较大进步，其中主要防治方法包括农业防治（合理耕作、水肥光调控、中耕除草及清洁田园等）、物理防治（高温消毒、杀虫灯诱杀、防虫网防虫、黄板或蓝板诱杀及仿生胶技术等）和生物防治（以菌控病、以虫治虫、以菌治虫及植物源农药等）、化学防治 4 种类型。中药材病虫害综合防治技术积累于“九五”“十五”期间，经过系统研究，首次将中药材病虫害依靠化学防治技术扩展到了生物防治、植物源农药等防治领域。在国家“十一五”科学研究期间，我国科研人员通过对中药材病虫害防治的研究机构共同攻关，将生物防治技术纳入中药材病虫害综合防治方法，并构建了较为完备的中药材病虫害无公害防治共性技术体系，相关研究成果为优质中药材生产提供了技术支撑。

无公害中药材病虫害防治按照“预防为主，综合防治”的植保方针，以改善生态环境，加强栽培管理为基础，优先选用农业措施、生物防治和物理防治的方法，最大限度地减少化学农药的用量，减少污染和残留。生产过程遵循有害生物防控物质的选用原则、农药使用规范要求，建立以农业措施、物理防治、安全低毒化学防治、生物防治相结合的综合防治体系（图 1-4-1）。发展无公害中药材生产，本着经济、安全、有效、简便的原则，优化协调运用农业、生物、化学和物理的配套措施，达到高产、优质、低耗、无害的目的。相应准则参照绿色食品农药使用准则（NY/T 393）、农药贮运销售和使用的防毒规程（GB 12475）、农药登记管理术语（NY/T 1667）。

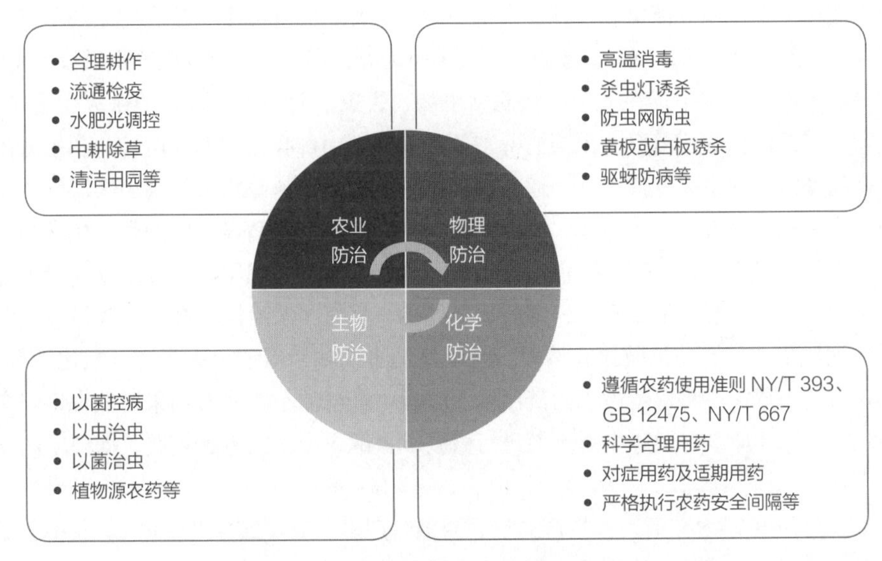

图 1-4-1　无公害中药材病虫害综合防治体系

药用植物病害的发生直接影响其产量及品质，其病虫害表现为多样性，例如根腐病、根结线虫病、白粉病、黑斑病、圆斑病、炭疽病、疫霉病等。病虫害防治成为当前中药可持续发展的主要任务。然而中药使用的特殊性决定了其质量比其产量更为重要，为使药材达到高效、安全、无污染的标准，基于病虫害的发生规律，参照农业部门限制使用农药名录，针对病害类型及发病规律，建立了药用植物病虫害基因检测技术体系，并结合配套GACP，形成中药材病虫害的无公害防治技术，统计数据表明该技术体系下农药使用量下降，药材及饮片中五氯硝基苯、灭线磷、氯化苦、辛硫磷、呋喃丹等农药均未检出，保障药材安全。无公害基地通过GAP或GACP认证。中药材病虫害的无公害防治技术与传统防治的主要差别为：①以防为主，防治结合；②常规防治以产量为前提，无公害种植以质量为前提，严禁施用农业部规定的禁用农药；③不可替代农药施用前根据每种药材吸收特点开展基础研究，控制施用量，药材检测达到无公害要求；④基于农业防治、物理防治、化学防治及生物学防治，在药用植物种植环节，对病虫害加强防治，建立综合防治方法。

1. 土壤改良

根际微生态环境影响药材产量及质量。随着种植年限的增加，土壤微生物失衡日益突出，导致药用植物连作障碍。利用宏基因组学技术对根际土壤微生物样本进行分析，绘制出根际微生物群落的“全景图”，揭示药用植物种植中土壤微生物多样性、种类及丰度的变化，解析根际土壤的功能变化，为土壤改良提供依据。宏基因组学研究可跨越预先培养环节来研究整体微生物，更加精确地反映微生物群落的活性及时空变化。研究发现，人参种植过程中有益微生物群落如*Luteolibacter, Cytophagaceae, Luteibacter, Sphingomonas, Sphingomonadaceae*和*Zygomycota*丰度下降，而有害微生物群落如*Brevundimonas, Enterobacteriaceae, Pandoraea, Cantharellales, Dendryphion, Fusarium*和*Chytridiomycota*丰度增加。三七种植过程中微生物群落多样性及组成的变化与三七死苗有相关性，*Fusarium*丰度的增加是导致三七死苗的重要因素之一。因此，通过消除土壤病原微生物群落，增加有益微生物群落是土壤改良的有效策略。土壤微生态环境的失衡是系统性的问题，单一的方法技术体系难以解决。基于宏基因组学研究解析人参、三七、西洋参等药用植物土壤微生态环境失衡机制，并在大量田间试验筛选的基础上，建立“土壤消毒+绿肥回田+菌剂调控”的综合策略，改善根际微生态环境，为无公害中药材持续生产提供技术支撑。

（1）土壤消毒　土壤中存在大量的致病微生物、害虫，消毒可以有效的杀灭土层中病原菌、害虫及虫卵，减低作物的死苗率。土壤消毒主要分为物理消毒和化学消毒两种。利用太阳能进行高温消毒是物理消毒的主要方式之一，通过在高温季节覆盖塑料薄膜来提高土壤温度，进而消灭土壤中的有害生物。该方法操作简单、经济实用、生态友好，但消毒不够彻底。化学消毒是目前土壤消毒的主要手段之一。传统土壤消毒常用的消毒剂主要有：碘甲烷、异硫氰酸烯丙酯、环氧丙烷、叠氮化钠、丙烯醛、辛硫磷、丙烯醛、灭线磷、臭氧、硫酰氟、氯化苦和氰胺化钙等，对单一或多种病原生物具有防治效果。然而传统土壤消毒剂如辛硫磷、灭线磷、氯化苦等化学品，对环境及人畜造成危害，将逐步被国内禁用。无公害中药材的土壤消毒剂采用低毒、安全的化学药剂，并配合土壤还原剂对根际生态环境进行修复，可解决土传病虫害难题，保障中药材的产量和品质。

通常中药材种植3～5年后，其生产力显著降低、产量一般降低20%～40%。其中土壤中的土传病害、根结线虫、杂草种子等是导致作物产量降低的主要原因。另外，连作障碍也是制约无公害中药材可持续发展的重要限制因素，连作障碍的产生与土壤中土传病害增加、微生物群落失衡有重要关系。为提高无公害中药材产量和质量，通常采用化学熏蒸法和非化学熏蒸等方法，对种植土壤进行病虫害防治及菌群结构调整。化学熏蒸是目前常用且效果较好的土壤消毒方法。为保护生态环境和生产高品质药材，目前，世界范围内推荐使用的土壤熏蒸剂主要有威百亩、棉隆、1,3-二氯丙烯、碘甲烷等。其中，在中药材种植领域应用较多、防治效果较好的主要有威百亩、棉隆和氰氨化钙等。另外，碘甲烷是近年来开发出来的一种灭菌范围广、消毒效果好的药剂，但由于其生产成本较高，目前，还没有在作物中大量推广应用。非化学熏蒸方法主要是依靠农业、物理或生物等方法进行土传病害防治。土壤消毒方法包括生物熏蒸及厌氧消毒、水控和漫灌等方法；物理防治技术包括太阳能消毒、蒸汽消毒、火焰消毒等方法；生物防治技术包括枯草芽孢杆菌、荧光假单胞菌、植物促生菌等方法。为减少土传病害，土壤施肥过程中所用有机肥应经过高温腐熟处理，然后再施入田间，防止病原菌在土壤中传播扩繁，污染中药材，危害人体健康。

表 1-4-12　常见土壤熏蒸剂对土壤有害生物防治效果比较

药剂种类	真菌	线虫	杂草	昆虫	其他特点
异硫氰酸甲酯（棉隆、威百亩）	高	中	高	中	威百亩杀灭草籽性能优于棉隆，适宜在潮湿环境中使用
1,3-二氯丙烯	底	高	底	高	高效防线虫
硫酰氟	高	高	中	中	熏蒸杀虫，干燥环境使用
氰氨化钙	高	中	底	底	对鱼和蜜蜂无毒害，可做土壤改良剂
碘甲烷	高	高	高	高	效果好，但价格高，推广面积小
二甲基二硫	中	高	中	中	根结线虫和土壤病原菌

（2）菌剂调控　微生群落在矿物营养循环、毒性物质降解等方面扮演重要角色，其多样性及组成影响土壤的生产力进而影响作物产量及品质。研究表明，药用植物种植会影响根际微生物群落多样性、组成及结构，导致土壤病原微生物群落丰度的增加，有益微生物丰度减少，进而导致死苗率的增加，但有益微生物的回接可有效的降低药用植物的死苗率。目前基于目标微生物（有效菌）开发的菌剂及菌肥，具有直接或间接改良土壤微生态环境、修复根际微生物区系平衡，降解有毒、有害物质等作用，进而促进植物生长、增强植物抗逆性，达到提高产量、改善品质、减少化肥使用等目的。按内含的微生物种类或功能特性可分为解磷固氮菌剂、生防菌剂、促生菌剂、菌根菌剂等（表 1-4-13），可以作为土壤改良剂或肥料进行单独使用，也可以与基肥搭配使用。

表 1-4-13　微生物菌剂类型及施用方法

菌剂类型	主要微生物种类	作用机制	优势	适用范围	施用方法
生防菌剂	真菌（木霉、拟青霉）、细菌（芽孢杆菌属、假单胞菌属、土壤杆菌）、放线菌	杀灭或压低病原物数量来控制植物病害发生、发展	对环境无污染	活性菌株、小范围和重复性试验内的应用	与基肥共施，或追施

续表

菌剂类型	主要微生物种类	作用机制	优势	适用范围	施用方法
菌根菌剂	真菌	与植物之间建立相互有利、互为条件的生理整体	扩大根系吸收面，增加根系吸收能力	“适地适菌”和“适物适菌”	与基肥共施
解磷固氮菌剂	细菌（枯草芽孢杆菌等）	解磷固氮促进生长，活化土壤，增加肥效	将土壤中无效磷转化为有效磷，并具有较强的固氮能力	无效磷较多，有效磷及氮元素极少的土壤	与腐熟有机肥共施
促生菌剂	荧光假单孢菌、芽孢杆菌、根瘤菌、沙雷菌属等	抑制或减轻植物病害促进植物生长发育和增加产量	具有生物防治、调节植物生长、促进植物营养等功能	土壤营养水平交差	通过媒介施用如细菌胶囊等

土壤环境的劣变是系统性的问题，单一的方法难以系统的修复土壤环境，土壤复合改良技术体系是目前有效的措施。在农田栽参土壤的复合改良中，与对照相比，土壤复合改良技术使人参存苗率显著提高 21.4%，株高及茎粗显著提高。三七土壤复合改良技术在克服连作土壤劣变的研究中取得突破性进展，并在文山、砚山、丘北等三七主产区进行大田推广。

2. 优良种子及种苗的培育

（1）优质种子筛选及消毒　针对无性繁殖的中药材，选取无病原体、健康的繁殖体作为材料进行处理。针对种子繁殖的中药材，从无病株留种、调种，剔除病籽、虫籽、瘪籽，种子质量应符合相应中药材种子二级以上指标要求。种子可通过包衣、消毒、催芽等措施进行处理，用于后续种植，降低发病率。消毒方法主要包括温汤浸种，干热消毒，杀菌剂拌种，菌液浸种等。温汤浸种是一种物理消毒的方法，水的温度和浸泡时间因药用植物品种而定，一边要不停搅拌，等到水凉停止搅拌，转入常规浸种催芽。干热消毒是把种子放到恒温箱里消毒一段时间，这种方法几乎可以杀死所有病菌，使病毒失活，消毒时间及温度依据种子类型而定。杀菌剂拌种多采用甲基托布津、高锰酸钾、多菌灵等进行种子消毒，消毒时间及剂量根据药用植物种子类型确定。菌液浸种，多采用生防菌剂的溶液进行种子处理，起到杀菌壮苗的效果。

（2）培育壮苗　针对有育苗需要的中药材，应提高育苗水平，培育壮苗，可通过营养土块、营养基、营养钵或穴盘等方式进行育苗。在育苗阶段，对床土进行消毒防止土壤传播病害。育苗前可利用高温覆膜的物理方法、采用喷洒波尔多液进行化学消毒、或将生防菌剂或促生菌剂通过喷洒或拌土进行苗床的消毒处理。配好的床土应具有以下特性：一是要疏松、通气、保水、透水、保温，具有良好的物理性状；二是要营养成分均衡，富含可供态养分且不过剩，酸碱度适宜，具有良好的化学性状；三是生态性良好，无病菌、虫卵及杂草种子。通过促根、炼苗等技术，加强苗期管理，促使苗壮，防止徒长，增强对低温，弱光适应性，提高抗逆能力。对于需要间苗匀苗的中药材，其原则为去小留大，去歪留正，去杂留纯，去劣留优，去弱留强。育苗期内要控制好温湿度，精心管理，使秧苗达到壮苗标准。定植前再对秧苗进行严格的筛选，可以大大减轻或推迟病害发生。

（3）加强种子、种苗的检验与检疫　避免病虫害长距离传播及扩散，目的在于防止植物病原体、害虫、杂草等有害生物传入或传出一个地区，保障一个地区农林生产的安全。对进出口

（或过境）以及在国内运输的种子及种苗进行检疫，发现携带病原的种子及种苗禁止进行流通。病虫害可通过病土、人为操作等近距离的传播，药用植物栽培管理中防止交叉感染是降低病虫害的有效措施之一，对农具及交通工具进行消毒处理，防止病原的传播；清洁田园应及时拔除、严格淘汰病株，摘除病叶病果并移出田间销毁，避免病害以残叶、废弃物作为寄主进行繁殖传播病原。

3. 水的管理

水分排放或供应不及时则会导致中药材病害、死亡等问题，排灌环节需要处理的问题包括：灌溉水的质量要满足标准要求；所选用的排灌方法要保证良好的水分利用率、田间湿度等，并且控制好灌溉量；灌水的时间应根据种植区域的具体情况而定，如：水分临界期、最大需水期等。腐熟有机肥可改善土壤结构，避免沤根，增强根际有益微生物的活动，减少病害发生。

4. 光的调控

光对中药材生长发育起到重要作用，根据中药材具体类型采取遮荫或补光等调控措施，使其光合作用达到最佳利用状态，进而有利于达到优质、高产、高效的栽培目标。种植密度的规划是为了让中药材有足够的生长空间，同时生长期间有足够的营养吸收，确保农作物稳定健康地生长，应合理配置株行距，优化群体结构。一般情况下，需要参照中药材的种类、品种、株型、最适叶面积系数、种植季节、水肥状况等因素，对种植密度、种植规格等详细分析，然后构建一个由苗期到成熟期的合理群体结构，让中药材植株之间能够维持良好的透光状态，特别是植株下部的光照条件，提高植株抗性，消除发病的局部小气候条件，为植物营造更加优越的生长环境，有效抵制种植病害的发生。

5. 仓储及运输管理

随着中药材市场需求量的迅速增长，全国各地贮存和运输的中药材数量逐年增加。根据中国商务部发布的《2016 年中药材流通市场分析报告》，2016 年我国进口中药材约 4.56 万吨，中药材及饮片出口总量 14.57 万吨。由于仓储病虫害侵害，导致我国每年储藏的药材损害量巨大，同时病虫在进行危害活动时，会使种子温度升高、水分含量减少，严重威胁着贮藏种子的安全。近年来通过对全国各省区的中药材害虫进行调查发现，各省区仓虫种类众多，具有明显地域性。中药材仓贮害虫种类复杂多样，因此，防治任务十分艰巨。中药材仓库害虫防治必须采取“预防为主，综合防治”的方针，坚持“安全、经济、有效”的原则，根据仓储害虫的传播途径、生活习性等特点，采取植物检疫、农业防治、物理防治、机械防治及化学防治等措施，控制仓储害虫的发生和传播蔓延，从而保障药材种子及原料的安全。目前仓储害虫的主要防治措施有清洁环境、加强检疫与检查、除湿、诱杀、低温存贮、高温杀虫、熏蒸、气调养护、辐射杀虫等方法。另外，中药材在入库前，确保药材已经经过检验检疫，并保证含水量处于安全范围内，长时间存储需要进行密封，创造良好的洁净、低温和避光环境，及时发现虫害并迅速进行消灭。

药用植物病害的无公害防治中必须坚持“预防为主，综合防治”的总体方针。基于病虫害的发生规律，以农业防治、物理防治、化学防治及生物学防治为基础，建立病虫害综合防治技术体系。针对病害类型及发病规律，了建立人参、三七、丹参、桔梗、何首乌等药用植物根腐病无公害的防治体系，与传统防治方法相比，统计数据表明无公害防治技术使农药使用量下降 20%～40%（表 1-4-14）。

表 1-4-14　药用植物根腐病传统防治与无公害防治方法比较

物种	阶段	传统防治技术	无公害防治技术	优势	减少率
人参	土壤消毒	氯化苦 25 千克 / 亩土壤消毒；45% 五氯硝基苯和 2.5% 敌百虫粉剂按 10～15 g · m^{-2} 施用；10% 灭线磷颗粒剂 5 g · m^{-2} 施入 15～20 cm 土层	棉隆 20 千克 / 亩进行土壤消毒，采用 32% 蜡芽菌、0.17 mg/L 枯草芽孢杆菌进行防治，结合深翻、暴晒及种植绿肥作物（苏子 0.8 千克 / 亩）修复土壤	高毒类农药禁止使用 结合物理及生物防治	——
三七	育苗 种植	45% 五氯硝基苯 2.5 千克 / 亩，拌土施入；恶霉灵可湿性粉剂 1.5 千克 / 亩，拌土施入；50% 福美双可湿性粉剂 1000～1500 倍溶液浇灌防治；35% 甲霜灵粉剂 1000～1500 倍液浇灌防治；70% 甲基硫菌灵可湿性粉剂 500 倍溶液喷雾防治	木霉菌、哈茨木霉菌喷雾 0.03 亿～0.04 亿 / 平方米，灌根 12 亿～18 亿 / 平方米；枯草芽孢杆菌 300～600 克 / 公顷防治；50% 甲基硫菌灵可湿性粉剂 1000～1500 倍溶液喷雾防治结合及时清除病残体，病株周围撒入生石灰消毒等措施	高毒杀菌剂禁止使用 用药种类减少、用药量减少，结合物理及生物防治	——
丹参	6～7 月 发病盛期 （种植）	用 50% 的多菌灵或 70% 甲基 · 硫菌灵可湿性粉剂 1000 倍液浇灌病株及周围，每株灌药量 250 ml，每周灌 1 次，连续 2～3 次；也可用 70% 甲基 · 硫菌灵可湿性粉剂 500 倍液喷施茎基部，间隔 10 天喷 1 次，连喷 2～3 次	70% 甲基 · 硫菌灵可湿性粉剂 1000 倍液浇灌病株及周围，每株灌药量 200 ml，每周灌 1 次，连续 2～3 次；用 70% 甲基 · 硫菌灵可湿性粉剂 800 倍液喷施茎基部，间隔 10 天喷 1 次，连喷 2～3 次	用药量减少	20%～37.5%
何首乌	育苗种植	恶霉灵可湿性粉剂 300 倍或 50% 多菌灵 500 倍或者 50% 托布津 1000 倍液，75% 敌克松可湿性粉剂 800 倍浇灌病区	50% 托布津 1500 倍液浇灌病区	用药种类减少 用药量减少	33.3%
桔梗	6～8 月	用 50% 多菌灵 5 千克 / 亩撒施进行土壤消毒	用 50% 多菌灵 3 千克 / 亩撒施进行土壤消毒	用药量减少	40%
西洋参	消毒种植	辛硫磷和棉隆各按 10 g · m^{-2} 均匀施入 20 cm 土层，翻耕 1～3 次	棉隆按 10 g/m^2 均匀施入 20 cm 土层，翻耕 3～5 次 木霉菌、哈茨木霉菌喷雾 0.03 亿～0.04 亿 /m^2，灌根 10 亿～18 亿 /m^2；枯草芽孢杆菌 400～600 g/hm^2 防治	高毒性农药禁止使用 加强生物防治	——

根结线虫病害已成为影响中药材生产的主要障碍因子之一。根结线虫病害类型表现多样而且形态接近，二龄期幼虫进入寄生阶段加大鉴定及检测的难度，然而病害类型的检测是有效防治的前提，利用条形码结合 Real-time PCR 技术，建立田间检测线虫病害类型的技术体系，并确定三七根结线虫病害类型——北方根结线虫，为三七根结线虫病害防治提供前提。与传统根结线虫病害防治相比，根结线虫无公害防治中农药使用量下降 20%～33.3%，采用微生物源低毒杀虫剂、克球孢白僵菌等生物防治方法进行病害的防治，使药材达到安全标准。

表 1-4-15　药用植物根结线虫传统防治与无公害防治方法比较

物种	阶段	传统防治技术	无公害防治技术	优势	减少率
丹参	育苗 种植	每公顷用 0.2% 阿维菌素可湿性粉剂或 10% 福气多颗粒剂 30 kg 1.8% 阿维素素乳油稀释 1000～1200 倍，灌根，7～10 天一次，连灌 2～3 次	每公顷用 0.2% 阿维菌素可湿性粉剂或 10% 福气多颗粒剂 20 kg 1.8% 阿维素素乳油稀释 1500 倍，灌根，7～10 天一次，连灌 2～3 次	用药量减少 结合生物防治	20%～33.3%
桔梗	育苗 种植	播种前 80% 二溴氯炳烷乳油，每亩 1～1.5 kg，稀释 15～20 倍。每 30 cm 灌穴、覆土；用 10% 克线磷 2 千克 / 亩，或 15% 铁灭克 1 千克 / 亩，或 3% 米洛尔 6 千克 / 亩	播种前每公顷用 0.2% 阿维菌素可湿性粉剂 20 kg；病害发生，采用克球孢白僵菌 DP 3.5 kg/hm^2，伴土沟施	用药种类减少 结合生物防治	——
三七	育苗 种植	75% 辛硫磷 1.5 千克 / 亩、10% 灭线磷 1.5 千克 / 亩，施入 15～20 cm 土层里；30% 敌百虫 500 倍溶液喷雾防控；1% 阿维菌素颗粒 1.5～2 千克 / 亩撒施	苏云金（16 000 IU/mg）1500～2250 g/hm^2，施入 15～20 cm 进行防控；印楝枯 30～40 千克 / 亩拌土撒施 1.8% 阿维素素乳油稀释 2000～3000 倍，灌根，7～10 天一次，连灌 2～3 次	高毒杀虫剂禁止使用 以植物源、微生物源杀虫剂防控	——
麦冬	根膨 大期	40% 呋喃丹 2.5 千克 / 亩或者 25% 辛硫磷 4 ml/m^2	1.8% 阿维素素乳油稀释 1500 倍，灌根	高毒农药禁止使用	——
西洋参	土壤 消毒 种植	播种或移栽前，用 10% 灭线磷颗粒剂 5 g/m^2 施入 15～20 cm 土层	采用 2.5% 氨基寡糖素，灌根	高毒类农药禁止使用 加强生物防治	——

白粉病借风传播，田间先出现发病中心，然后向四周蔓延发病，发病快难以防治。8、9 月份病情严重，9 月下旬至 10 月上旬形成子囊果落入土壤越冬。与传统防治方法相比，建立的无公害防治体系，农药使用量下降 30%～80%。

表 1-4-16　药用植物白粉病传统防治与无公害防治方法比较

物种	阶段	传统防治技术	无公害防治技术	优势	减少率
川芎	种植	发病初期用 25% 粉锈宁 1500 倍液喷施，10 天一次，连用 2～3 次；特别严重时喷施石硫合剂或 50% 甲基托布津 1000 倍液；50% 硫磺悬浮剂 800 倍溶液喷雾防治，10 天一次，连用 2～3 次	50% 硫磺悬浮剂 1500 倍溶液喷雾防治，10 天一次，连用 2～3 次	用药种类减少 用药量减少	30%
五味子	种植	50% 硫磺悬浮剂 800～1000 倍液，10 天一次，连用 2～3 次	50% 硫磺悬浮剂 1500 倍溶液喷雾防治，10 天一次，连用 2～3 次	用药量减少	30%～33.3%
芍药	种植	25% 粉锈宁 600～800 倍液；50% 多菌灵 500 倍液；10% 苯醚甲环唑水分散粒剂 1500 倍液 3～5 天一次，连续 2～3 次；70% 甲基托布津可湿性粉剂 800 倍液，10 天一次，连用 2～3 次	70% 甲基托布津可湿性粉剂 1200 倍液，10 天一次，连用 2～3 次	用药种类减少 用药量减少	33.3%

续表

物种	阶段	传统防治技术	无公害防治技术	优势	减少率
黄芪	种植	75% 百菌清可湿性粉剂 400～500 倍液；福星乳油 800～1000 倍液； 25% 腈菌唑乳油 500～600 倍液；20% 唑酮·氧乐果 1000～1200 倍液	50% 硫磺悬浮剂 1200～1500 倍溶液喷雾防治，14 天一次，连用 2～3 次	高毒农药禁止使用 用药种类减少	——
牡丹	种植	25% 粉锈宁 600～800 倍液；50% 多菌灵 500 倍液；10% 苯醚甲环唑水分散粒剂 1500 倍液 3～5 天一次，连续 2～3 次；70% 甲基托布津可湿性粉剂 800 倍液，10 天一次，连用 2～3 次	70% 甲基托布津可湿性粉剂 1200 倍液，10 天一次，连用 2～3 次	用药种类减少 用药量减少	33.3%
三七	育苗 种植	50% 多菌灵可湿性粉剂 500 倍溶液喷雾防治；25% 粉锈宁可湿性粉剂 500 倍溶液喷雾防治；50% 硫磺悬浮剂 800 倍溶液喷雾防治，7 天一次连用 3～4 次	50% 硫磺悬浮剂 800～1000 倍溶液喷雾防治，14 天一次，连用 2～3 次	用药种类减少 用药量及频率减少	50%～80%

中药材种类繁多，病虫害发生较为严重，广大药农为提高药材产量，滥用农药和化肥现象比较普遍。与农作物相比，中药材种植及病虫害防治基础较为薄弱，且处于无序化发展状态。2013 年，国际绿色和平环保组织发布《药中药：中药材农药污染调查报告》及《药中药：海外市场中药材农药残留检测报告》，检测发现中国药材中的农残及重金属污染情况十分严重，已经严重阻碍了我国中药材种植产业的健康可持续发展。现阶段中药材种植产业已经走到了急需变革的关键时期。近日，陈士林历经十余年，对 260 余种中药材无公害栽培技术进行了深入研究和实践，最终完成了“中药材无公害生产关键技术推广项目”，并且建立了中药材无公害生产技术体系。该项目的完成为中药材种植产业的健康可持续发展指明了方向，同时也为现阶段我国无公害中药材种植产业的发展提供了借鉴。病虫害防治是无公害中药材生产的关键环节，中药材病虫害防治技术的优劣，直接影响着药材质量的好坏。开展无公害中药材病虫害防治技术研究，制定无公害中药材病虫害防治规程，可加速推动我国中药材生产进入“无公害时代”。

无公害中药材病虫害防治的植保方针是提前进行病虫害预测预警，优先选用农业措施、生物防治和物理防治等技术进行病虫害防治，最大限度地减少高毒、高残留化学农药的使用量，使用国家推荐的低毒、低残留的农药，最大限度地减少农药及重金属残留，最终达到生产无公害优质中药材的目的。但截止目前，在中药材种植领域登记的农药种类仅为 44 种，且只涉及 8 种药材的 21 种病害。实际生产过程中，常规大宗中药材如果遭遇病虫害侵袭，大剂量盲目使用各种农药，不仅难以保证植株存活，还会导致药材农残及重金属含量严重超标。而且 2017 年 6 月 1 日实施的《农药管理条例》，明确规定，农药使用者应当严格按照农药标签标注的使用范围、使用方法和剂量进行防治，不得扩大使用范围或者改变使用方法，中药材病虫害化学防治过程中存在大量违规使用农药的情况。陈士林参照农业农村部的限制使用农药名录，根据病害发生规律，建立了药用植物无公害防治技术体系，研究结果有助于中药材病虫害的有效防治。另外，与农作物病虫害防治技术相比，中药材病虫害预测预警及综合防治技术还有待提高，而且国家在中药材病虫害防治出台的相关标准也较少，因此，中药材病虫害防治技术力量还较为薄弱，中药材病虫害防治仍是当前无公害中药材生产的重要任务。

近年来，随着中药材病虫害防治技术平台体系的建立、中药材病虫害无公害防治技术体系的形成以及无公害中药材生产技术规定的制定，无公害中药材病虫害防治技术得到了有效地提升。然而，中药材品种繁多，病虫害种类多样，目前中药材病虫害防治技术仍十分薄弱。未来时期，在减少化学农药使用量的前提下，应加强中药材病虫害发生规律分析、病虫害3S智能预测预警技术研究、抗病虫害新品种培育、专用农药筛选及登记、完善无公害中药材病虫害综合防治技术及相关标准的制定研究。本课题组通过基因组测序及分子标记辅助抗病、高产新品种选育技术，不仅缩短了育种周期，而且提高了药材产量及质量，同时也得到了人参抗病基因家族，为人参抗病虫害新品种的培育打下了坚实的基础。课题组制定的《无公害三七药材及饮片农药与重金属及有害元素的最大残留限量》（T/CATCM003-2017）是我国中药材领域首个无公害标准，为无公害中药材农残及重金属国家标准的制定提供了参考。结合中药材病虫害防治特点，制定了无公害中药材病虫害防治技术及生产过程中病虫害防治方法，研究结果不仅可以指导无公害中药材病虫害精细化防治，而且还为减少药材农残及重金属含量，生产高品质中药材提供了理论依据。

第三节　技术应用案例

一、人参生防菌株筛选及使用技术

根腐病是一种严重的病害，阻碍了人参属植物的连续种植，这种土传病害是由致病性真菌尖孢镰刀菌（*Fusarium oxysporum*）引起的，尖孢镰刀菌是人参植物的主要病源。尖孢镰刀菌相对丰度随三七栽培时间的延长而增加，三七死亡率与其相对丰度显著正相关。因此，降低致病真菌丰度可以减轻根腐病的发生。利用微生物拮抗剂进行生物防治，由于其无毒的特性，已引起人们的关注，成为控制植物病原体的一种有效方法。研究报告表明，荧光假单胞菌和 *amyloliquefaciens* RWL-1等生物防治细菌对番茄中的氧化孢子菌有明显的生长抑制作用。然而，抗人参根腐病的微生物拮抗剂尚不多见，应用生物防治菌可以有效地缓解人参根腐病引起的连作障碍问题。

（一）结果与分析

1. 枯草芽孢杆菌 50-1 对尖孢镰刀菌生防效果

由于人参土壤中病原体（尖孢镰刀菌）的相对丰度增加，采用共培养技术分离针对 *F. oxysporum* 的微生物拮抗剂以控制根腐病。共培养技术分离拮抗细菌枯草芽孢杆菌 PG 50-1。菌株 PG 50-1 是革兰阳性、氧化酶和过氧化氢酶阳性的棒状细菌物种。菌株 PG 50-1 对 *F. oxysporum* 表现出广谱的生长抑制活性，抑制率高达67.8%。

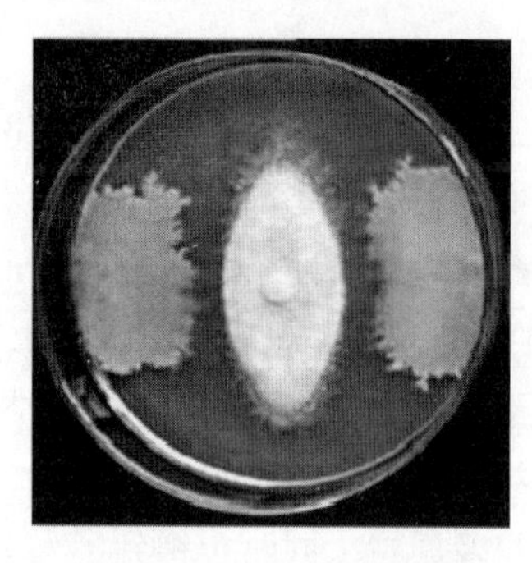

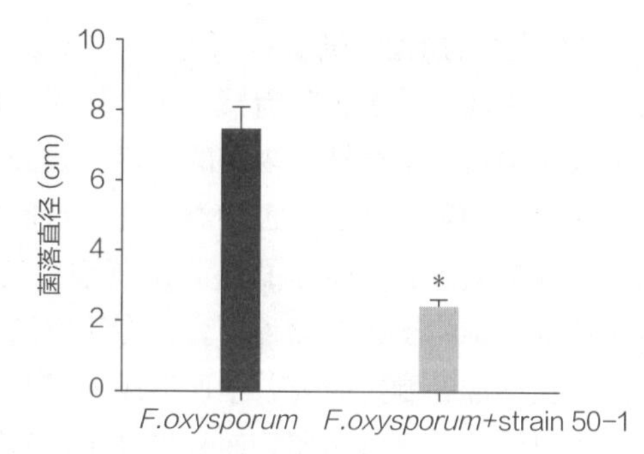

图 1-4-2 PG 50-1 的抑菌活性

通过 16S rRNA 序列的分析显示菌株 PG 50-1 属于枯草芽孢杆菌。PG 50-1 完整基因组由 4 040 837bp 的环状染色体组成，GC 含量为 43.86%。基因总数为 4193 个，占编码 3176 个蛋白质的基因组的 88.6%。

表 1-4-17 *Bacillus subtilis* strain 50-1 基因组信息

Attribute	Value
基因组大小（bp）	4 040 837
DNA coding（bp）	3 580 626
GC 含量（%）	43.86
染色体数	3
总基因数	4193
编码蛋白数	3176
rRNA（operons）	10
tRNA	86
指定到 COGs 基因数	2699

PG50-1 注释基因的功能主要是能量产生和转化、氨基酸转运和代谢、碳水化合物转运和代谢、无机离子转运和代谢以及基于 COG 功能分类的信号转导机制。

2. 生防细菌回植降低连作土壤中人参死亡率

盆栽试验结果表明，接种 50-1 菌株的再生土壤中，人参的死亡率和镰刀菌的相对丰度分别降低了 63.3% 和 46.1%（图 1-4-3）。此外，接种 50-1 菌株后，株高和叶面积分别增加了 62.7% 和 22.5%。结果表明，生防菌的接种减轻了人参连作障碍的问题。

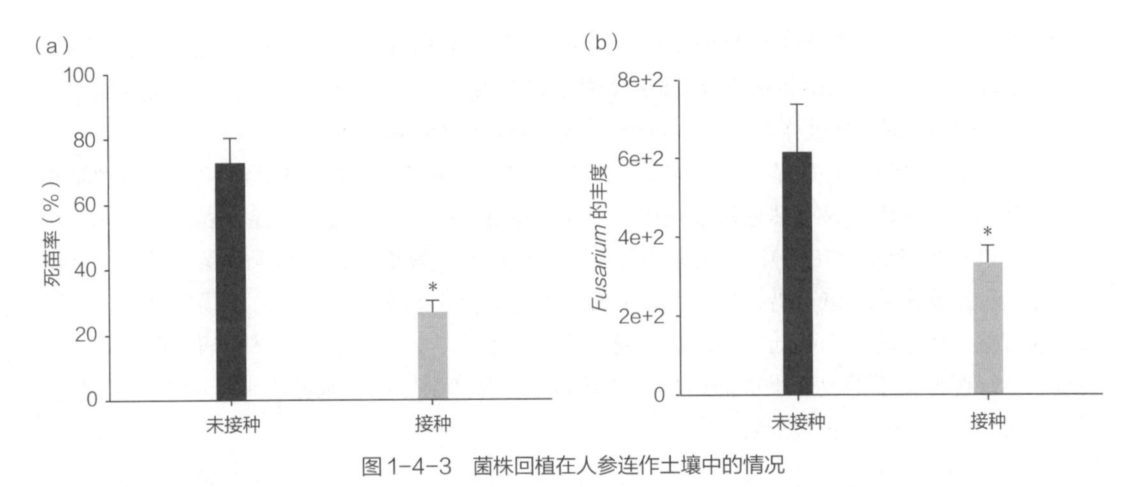

图 1-4-3　菌株回植在人参连作土壤中的情况

(a)菌株 50-1 接种后人参的死亡率。(b)土壤中镰刀菌的数量。未接种和接种分别代表用含有灭活和活化菌株 50-1 的培养物接种的样品。数据表示为平均值 ±SD(n=3)。* 表示无接种和接种之间的显著差异，P<0.05。

(二)小结

利用拮抗微生物或生物制剂，通过“以菌治菌”的方法来抑制病原菌、控制植物土传病害，是缓解人参连作障碍的一种有效措施。通过平板稀释法结合平板对峙培养法从人参根际土壤样品中分离筛选得到 1 株对人参根腐病原菌具有较强拮抗作用且抑菌活性稳定的细菌菌株 50-1，并基于 16S rRNA 序列分析和该菌株的形态学及生理生化特征的分析，将拮抗菌株 50-1 鉴定为枯草芽孢杆菌(*Bacillus subtilis*)。通过根灌注法对枯草芽孢杆菌 50-1 的生防效果进行评价，结果发现，在盆栽试验中接种菌株 50-1，不仅能有效抑制尖孢镰刀菌的生长且抑菌率高达 67.8%，而且能显著降低人参死苗率，促进人参植株生长发育，这些结果均表明枯草芽孢杆菌 50-1 具有良好的生防潜力。枯草芽孢杆菌凭借其分布广泛、易分离培养、抗菌谱广、抗逆能力强且对人畜无毒害作用等优势，而常被作为理想的生防菌筛选对象。

为进一步对拮抗菌株 50-1 进行评价，采用了 Illumina HiSeq 结合第三代测序技术对该菌株进行全基因组测序。相较于传统的分子生物学研究方法，二代和三代结合的测序策略利用 Illumina HiSeq 来提供高覆盖度的测序数据，再利用 PacBio 技术提供长读长数据以弥补二代测序读长短的缺点，然后再进行混合拼接，以获得高质量的组装结果，最终从基因组水平上对拮抗菌株 50-1 进行解析。其次，通过对该菌株的基因组注释分析还发现，该菌株基因组中含有大量功能未知的基因，这说明拮抗菌株 50-1 基因组中大部分 ORF 中的蛋白质序列可能还存在未知的新功能，这将有助于之后对拮抗菌株 50-1 相关生防功能基因的进一步挖掘。

二、人参土壤综合改良技术

利用土壤复合修复、绿肥回田、施肥改土的综合措施对农田微生态环境进行改良和修复，以土壤理化性质及人参存苗率等作为检验指标，初步建立一套适合农田栽参土壤改良的综合措施，为农田栽参的顺利开展提供有效的策略。综合土壤改良措施提高土壤有机质含量，降低土壤容重，增加土壤肥力，改变土壤细菌群落的多样性及组成，提高农田栽参的存苗率，促进人参的生长。因此，土壤消毒、绿肥回田和施肥改土相结合的方法是改善农田土壤微生态环境的有效措施，保证农田栽参顺利开展，促进林业生态环境的保护及人参产业的可持续发展。

土壤是人参赖以生存的基质，土壤微生态是影响人参生长发育的主要因素之一，与产量和质量密切相关。农田栽参与林地栽参相比，存在产量低、病虫害频发等问题，农田土与林地土相比，有机质含量低（≤3%），土壤肥力较差，孔隙度小，容重大，不利于人参生长。土壤微生态受多种因素影响，单一措施无法有效的改善农田的微生态系统，综合改良措施是解决农田栽参病害重、质量差、产量低等问题的关键环节。土壤消毒能有效杀灭土壤中病原菌，减轻土传病害；绿肥回田不但改变土壤的结构而且对病虫害有抑制作用；施肥改土可增加土壤肥力，有利于保证人参种植的稳产增收。

（一）结果分析

1. 综合改良措施降低土壤容重

综合改良措施降低 0～30 cm 土层的容重（图 1-4-4）。与对照相比，0～10 cm，11～20 cm，21～30 cm 土层中容重分别下降了 4.0%，9.3% 和 1.0%。结果表明，与 21～30 cm 土层容重相比，综合改良措施对 0～20 cm 土层容重影响较大。

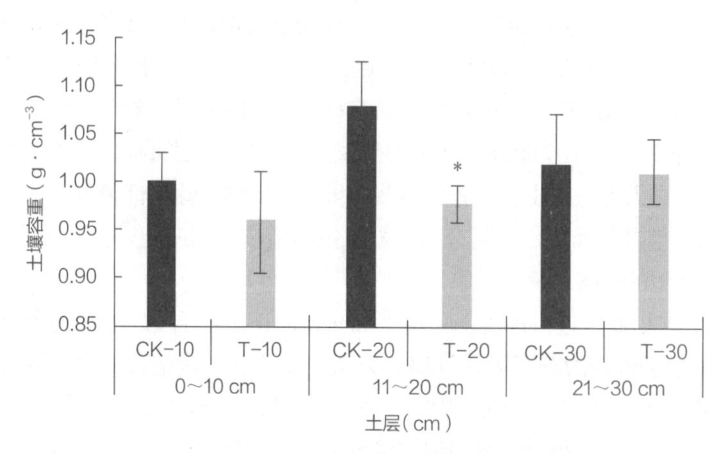

图 1-4-4 综合改良措施降低土壤容重

CK-10，T-10，CK-20，T-20，CK-30，T-30 分别表示对照 0～10 cm 土层，处理 0～10 cm 土层，对照 11～20 cm 土层，处理 11～20 cm 土层，对照 21～30 cm 土层和对照 21～30 cm 土层。数值为三次重复的平均值，* 表示处理与对照在 0.05 水平上差异显著。

与对照相比，综合改良措施显著降低 0～30 cm 土层的 pH（图 1-4-5）。与对照土层相比，0～10 cm，11～20 cm，21～30 cm 土层中 pH 分别下降了 3.9%，3.4% 和 2.8%。结果表明，随着土层的加深，综合改良措施对土壤 pH 的影响减弱。

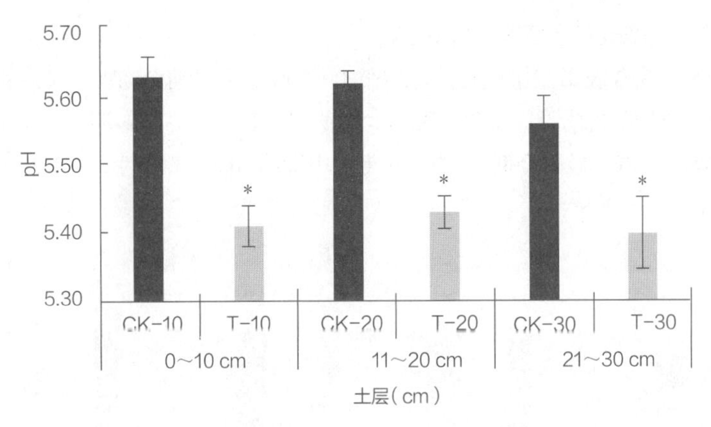

图 1-4-5　综合改良措施降低土壤 pH

CK-10，T-10，CK-20，T-20，CK-30，T-30 分别表示对照 0～10 cm 土层，处理 0～10 cm 土层，对照 11～20 cm 土层，处理 11～20 cm 土层，对照 21～30 cm 土层和对照 21～30 cm 土层。数值为三次重复的平均值，* 表示处理与对照在 0.05 水平上差异显著。

表 1-4-18　土壤中化学指标（1）

样品	总氮（g/kg）	有机质（g/kg）	钾（g/kg）	磷（g/kg）	钙（g/kg）
CK-10	2.15±0.07	38.42±1.91	2.16±0.02	0.85±0.03	2.29±0.03
T-10	2.72±0.07*	48.65±0.96*	2.56±0.15*	0.91±0.03*	3.00±0.13*
CK-20	2.14±0.06	34.55±1.14	4.01±0.22	0.93±0.04	3.05±0.33
T-20	2.86±0.05*	54.88±0.51*	4.04±0.50	1.01±0.03*	3.15±0.20
CK-30	2.16±0.07	34.98±2.38	3.03±0.23	0.89±0.04	2.55±0.12
T-30	2.59±0.02*	50.12±2.17*	2.46±0.15	0.95±0.02*	2.60±0.03

注：数值为三次重复的平均值，* 表示处理与对照在 0.05 水平上差异显著。

表 1-4-19　土壤中化学指标（2）

样品	铜（mg/kg）	铁（g/kg）	镁（g/kg）	锰（mg/kg）	钠（mg/kg）	锌（mg/kg）
CK-10	7.67±1.00	22.90±0.11	3.24±0.02	537.90±24.60	151.60±8.21	65.11±1.26
T-10	9.89±0.99*	26.36±0.26*	3.82±0.04*	646.00±16.80*	204.47±7.38*	67.79±2.10*
CK-20	6.83±1.02	24.20±1.62	3.61±0.20	555.94±57.45	272.22±33.31	71.09±3.76
T-20	8.34±1.12*	24.45±1.69	3.67±0.23	607.62±59.75	276.64±28.63	71.50±1.30
CK-30	7.29±1.76	23.14±1.74	3.45±0.22	506.51±67.28	196.43±13.50	66.90±0.85
T-30	7.22±0.12	23.52±0.99	3.64±0.05	530.08±28.32	198.65±8.04	68.79±1.16

注：数值为三次重复的平均值，* 表示处理与对照在 0.05 水平上差异显著。

2. 综合土壤改良措施改变土壤细菌群落结构

与对照土层相比，综合农田土壤改良措施降低 0～20 cm 土层细菌 OTU、Shannon 指数（*H'*），随着土层加深，OTU、*H'* 降低减弱，而 21～30 cm 土壤中 OTU、*H'* 高于对照土层（图 1-4-6a，b）。结果表明，综合土壤改良措施显著降低 0～10 cm 土层中细菌 Alpha 多样性。

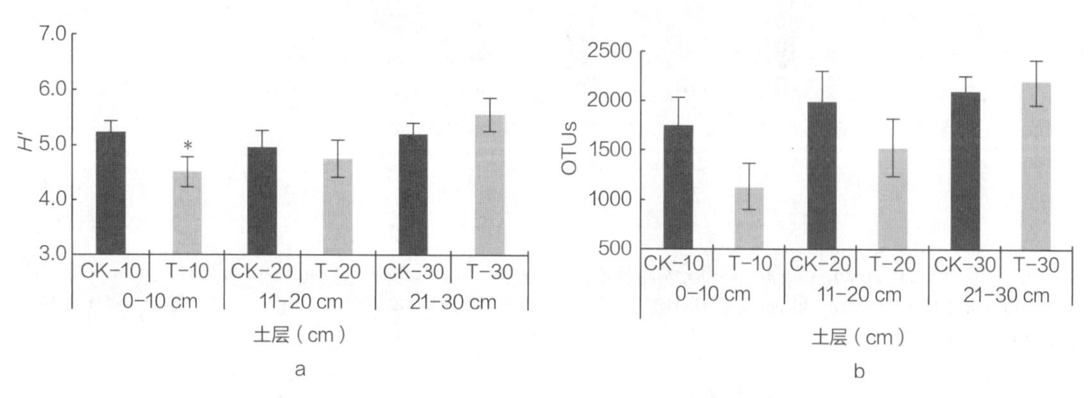

图 1-4-6 综合改良措施对土壤细菌群落多样性的影响

a：OTU；b：Shannon 指数。CK-10，T-10，CK-20，T-20，CK-30，T-30 分别表示对照 0～10 cm 土层，处理 0～10 cm 土层，对照 11～20 cm 土层，处理 11～20 cm 土层，对照 21～30 cm 土层和对照 21～30 cm 土层。数值三次重复平均值，* 表示处理与对照在 0.05 水平差异显著。

与对照相比，综合土壤改良措施改变不同土层细菌群落的组成（图 1-4-7）。在门的水平，农田土壤中主要包含 *Proteobacteria*，*Firmicutes*，*Bacteroidetes*，*Actinobacteria*，*Acidobacteria*，*Verrucomicrobia*，TM7，*Planctomycetes*，*Chloroplast*，*Nitrospira*，*Chloroflexi*，*Armatimonadetes*，*Euryarchaeota*，*Gemmatimonadetes*，*Chlorobi*。与对照土层相比，综合处理 0～10 cm 土层中细菌群落（除 *Proteobacteria*、*Verrucomicrobia* 和 *Nitrospira* 之外）表现为下降趋势，下降率为 17.5%～81.1%；11～20 cm 土层中细菌群落，*Actinobacteria*，*Acidobacteria*，*Verrucomicrobia*，*Planctomycetes*，*Chloroplast*，*Nitrospira*，*Chloroflexi*，*Euryarchaeota*，*Gemmatimonadetes* 丰度下降 8.7%～71.8%；21～30 cm 土层中细菌群落 *Proteobacteria*，*Bacteroidetes*，*Verrucomicrobia*，TM7，*Armatimonadetes*，丰度下降了 3.5%～38.9%，而其他群落丰度增加，增加了 8.8%～21.5%。在科的水平，与对照土层相比，0～10 cm 土层细菌除 *Enterobacteriaceae* 外，*Ruminococcaceae*，*Pseudomonadaceae*，*Moraxellaceae*，*Lachnospiraceae*，*Sphingobacteriaceae*，*Porphyromonadaceae*，*Comamonadaceae*，*Xanthomonadaceae* 丰度表现为下降趋势，下降率为 4.4%～53.4%；而 11～20 cm 土层细菌群落的丰度均增加，增加率为 6.5%～67.3%；21～30 cm 土层，除 *Enterobacteriaceae*，*Pseudomonadaceae*，*Moraxellaceae*，*Sphingobacteriaceae* 外，细菌群落丰度表现上调，增加了 0.3%～81.0%。结果表明，综合土壤改良之后，0～10 cm 土层中细菌群落丰度主要表现为下降趋势。

3. 综合土壤改良措施促进人参存苗率及生长

与对照相比，综合土壤改良措施显著增加人参的存苗率、促进人参生长。综合处理之后地块人参存苗率达 92.6%，与对照相比，显著提高 21.4%。综合处理后，人参株高及茎粗分别为 14.1 cm、0.84 cm，与对照相比，显著增加了 8.4% 及 7.9%。结果表明，综合土壤改良措施促进了人参的保苗及生长。

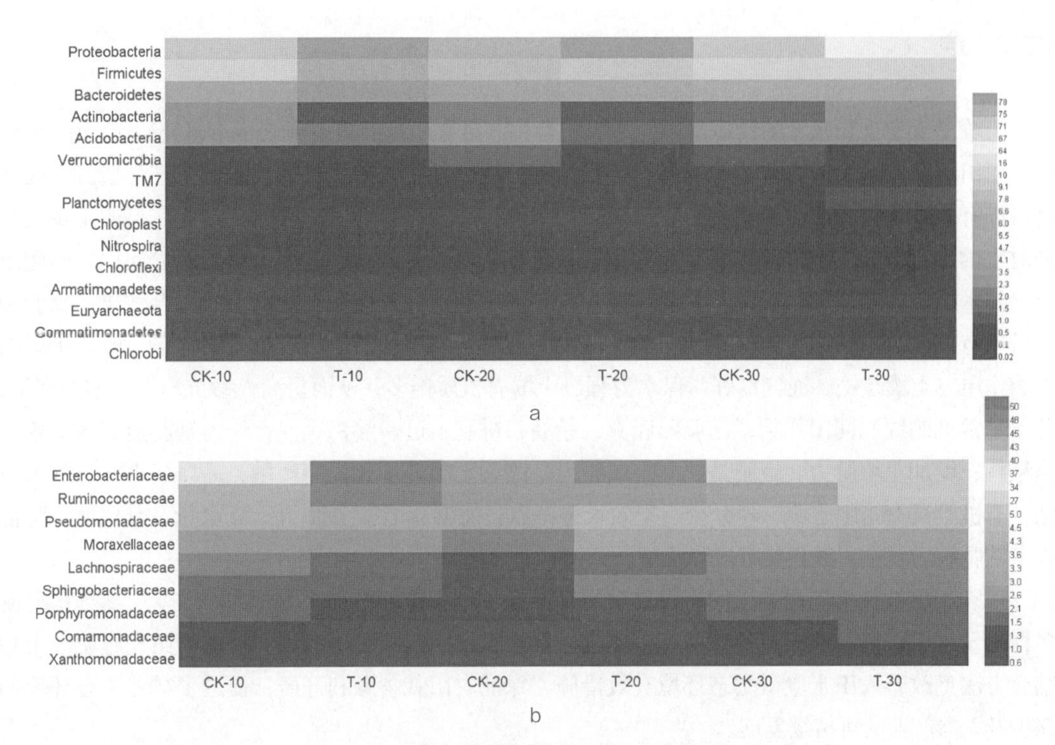

图1-4-7　综合改良措施影响土壤细菌群落的组成

a：门水平上细菌群落变化；b：科水平上细菌群落变化。CK-10，T-10，CK-20，T-20，CK-30，T-30分别表示对照0～10 cm土层，处理0～10 cm土层，对照11～20 cm土层，处理11～20 cm土层，对照21～30 cm土层和对照21～30 cm土层。数值为三次重复的平均值，*表示处理与对照在0.05水平上差异显著。

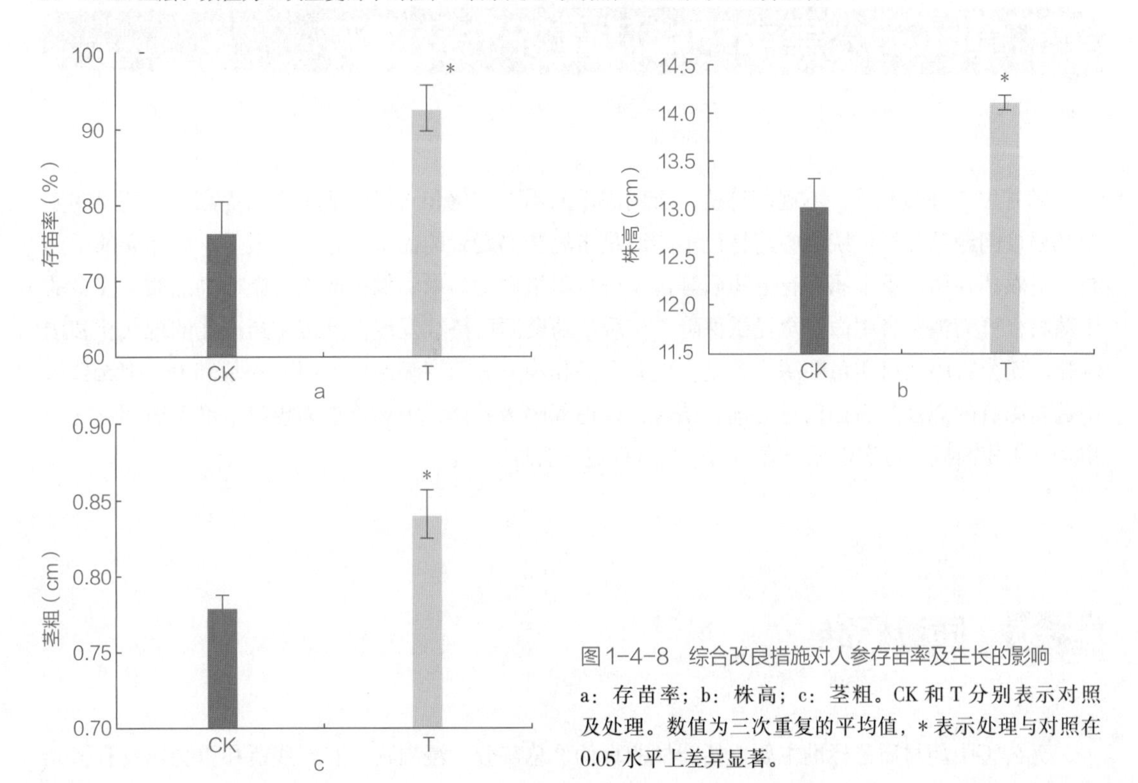

图1-4-8　综合改良措施对人参存苗率及生长的影响

a：存苗率；b：株高；c：茎粗。CK和T分别表示对照及处理。数值为三次重复的平均值，*表示处理与对照在0.05水平上差异显著。

（二）小结

土壤是人参生长发育的物质基础，是影响参根产量和质量的重要因素，本研究通过土壤修复、绿肥回田、施肥改土的综合措施对参地进行治理，建立适宜人参生长的农田微生态环境。土壤修复可以有效的杀灭土层中致病微生物，害虫和虫卵，减轻作物病害的发生。然而广谱的土壤修复剂对土壤中有益微生物群落亦有杀灭作用，只有在土壤修复的基础之上，采用绿肥回田、施肥改土等技术措施，才能取得灭菌、恢复地理、改善理化性状、改变微生物群落的综合效果。绿肥回田可以有效改善土壤微生物区系，增加土壤中有益微生物种类、土壤有机质的含量，改善土壤结构的作用。土壤疏松、通气良好、保水力强、土壤有机质增多，从而提高人参抗病力，增加产量。苏子是常见的绿肥回田作物，与腐熟鹿粪、猪粪、饼肥、过磷酸钙等混合作为基肥能有效改善土壤结构、增加土壤肥力。施肥是提高土壤肥力，改善土壤环境和提高产量、品质最直接有效的方法，有机肥具有培肥土壤、养分全、肥效长等特点，能够调节参土 N、P、K 含量及其比例，降低人参锈腐病的发生，提高其产量和质量。

综合土壤改良措施提高土壤有机质含量，降低土壤容重，增加土壤肥力，改变土壤细菌群落多样性及组成，提高农田栽参存苗率，促进人参生长。因此，土壤消毒、绿肥回田和施肥改土相结合方法是改善农田土壤微生态环境有效措施，保证农田栽参顺利开展，促进了林业生态环境的保护及人参产业的可持续发展。

第五章　无公害中药材质量标准及溯源

随着生态环境恶化，不规范种植，市场需求的不断变化和人民生活水平的提高，中药材的安全和质量问题凸显，传统的中药材已不能满足市场和消费者的需求，急需高质量、高品质的中药材。对农药残留、重金属、有害物质等含量进行限量规定，以确保生产无污染、高品质、安全的中药材，可为消费者生命安全提供保障，实现中药资源可持续发展，推进中药产业的现代化和国际化。无公害中药材质量溯源体系是在现有食品和药品等前期溯源技术研究的基础上，把无公害中药材固有的属性与流通信息管理相结合，以追溯码为载体，市场需求为导向，推动追溯管理与市场准入相衔接，可实现无公害中药材全过程追溯管理。

第一节　质量标准

无公害中药材质量标准主要包括药材的真伪、总灰分、浸出物、农药残留和重金属及有害元素限量、曲霉属真菌含量等质量指标。中药材真伪可通过形态、显微、化学及基因层面进行判别，《中国药典》2015年版对药材进行了详细的描述。杂质、水分、总灰分、浸出物、含量等质量指标参照《中国药典》2015年版检验方法及规定。农药残留、重金属及有害元素、曲霉属真菌含量等作为无公害中药材质量标准的重要指标，应建立其检测方法及标准体系，保障药材的安全及质量。此外，加工与贮藏是中药生产及流通的必经环节，加工与贮藏过程可有效降低中药农残污染、防止中药材重金属与有害物质超标、真菌毒素浸染，是保障无公害中药材的重要环节。通过研究无公害中药材加工与贮藏技术并制定其标准体系，以达到降低药材农残及重金属含量，生产无公害中药材的目的。

一、农药残留

农药残留即农残（pesticide residues），是农药使用后一个时期内没有被分解而残留于生物体、收获物、土壤、水体、大气中的微量农药原体、有毒代谢物、降解物和杂质的总称。中药材农药残留是指农药使用后一个时期内没有被分解而残留于中药材及其饮片中的微量农药原体、有毒代谢物、降解物和杂质的总称。

（一）农药污染的特点

①在中药中农药的残留是具有普遍性的，最为普遍、残留最多的是有机氯农药；②人工种植的中药含量明显要高于野生中药，在野生中药中很少被检出，或只有痕量检出；③农药残留在同一药材的不同部位的残留量不同；④农药的蓄积性，虽然没有发生过类似蔬菜农药的急性中毒事件，但当达到一定的水平后，会对人体带来严重的伤害。

（二）农药污染的途径及原因

①中药种植的过程中，药材生长的环境受到了污染，如土壤、大气、水源等，药材生长从环境中摄取，这成为了一些高残留农药的主要来源。②在中药的种植过程中，不科学的使用农药，甚至大量滥用农药，农药易被药用植物吸收，造成严重污染。③在药材的采收、运输、加工、贮存过程中受到的污染。例如采摘的时间不当，有些药材刚施用农药时间不长，农药还未得到降解，就对其进行采收。④动物类中药材中的污染可能是蓄积造成的，在其食物链中，很多都受到了污染和破坏，农药在药材中得以蓄积，人们使用该药材，健康受到很大威胁。

（三）农药残留的主要种类

①有机氯类农药。有机氯农药，氯代芳烃的衍生物，是用来控制植物病虫害的有机化合物。②有机磷类农药。有机磷农药，是一类化合物，可以用来防止植物类作物的病虫害。③氨基甲酸酯类农药。由于有机磷类农药大量的使用，多数品种的昆虫产生了对有机磷类农药的抗药性，加之有机氯农药遭到限用和禁用，使得氨基甲酸酯类农药获得了广泛的推广以及使用。氨基甲酸酯

类农药制剂的残留给人们的身体健康带来严重的危害。④拟除虫菊酯类农药。人工合成的除虫菊脂，是一类仿生合成的杀虫剂，是改变天然除虫菊酯的化学结构衍生的合成酯类。它具有高效、低毒、低残留、用量少的特点。⑤其他低毒类农药。往往属于低毒、低残留农药，从而残留在中药研究中是很少数。

（四）农药残留的检测方法

农药的种类繁多，有些中药的自身化学成分又与农药的性质相近，农药本身又具有化学异构体，中药中农药残留含量很少，甚至处于痕量级，以至于中药中农药检测具有很大的难度。现有的农药残留检测方法主要有：

（1）气相色谱法（GC） 这种方法是对农药检测的主要方法，在对有机氯类农药、有机磷类农药的检测中占主导地位，目前以毛细管柱为主代替了过去的以填充柱为主。

（2）高效液相色谱法（HPLC） 应用范围很广，一些热稳定性弱和极性强的农药及其代谢产物比较适合，可以和柱前提取、纯化，以及柱后的荧光衍生化反应；亦可以与 MS 等联用，有利于检测分析的实现。新型检测器的发明与使用，提高了 HPLC 的检测灵敏度。适用于氨基甲酸酯类热稳定弱、不易挥发的离子型农药进行检测。

（3）质谱法（MS） 质谱法是农残分析中比较常用的方法，随着质谱技术的发展，质谱法已经成为农残分析最有效的方法，化合物的质谱鉴定图比色谱图的保留时间要具有更好地直观效果，质谱的指纹间数据可以更好和色谱的保留时间配合，可以最大限度的提供可靠性的分析。质谱与 GC、AAS（原子吸收光谱法）、HLPC 的联用技术能够更有效、更精密的对农药残留进行检测。

（4）薄层色谱法（TLC） 简单易操作，分析样品种类多，不需要其他设备，所以多用于分离和筛选复杂的混合物。TLC 可以用特殊的显色剂观察斑点颜色和 Rf 定性，在与其他技术联用时可对被分离的一种或多种成分进行定性定量分析。

（5）活体生物测定法（ABBA） 有些发光的菌体体内荧光素在氧气参与时，在荧光酶的作用下会产生荧光，在受到某些有毒化合刺激时，会影响荧光酶的活性，使发出的荧光减弱，并在一定的范围内呈线性关系，这种方法可以用于现场的定量，具有简便灵敏的特点。但是，不能够进行完全的定量，测定效果不够准确。

2015 年版《中国药典》（一部）对以下中药材进行了有机氯农药残留量检测，其中人参、西洋参，照农药残留量测定法（通则 2341 有机氯类农药残留量测定法）第二法测定；甘草、黄芪照农药残留量测定法（通则 2341 有机氯类农药残留量测定法）第一法测定。

（五）农残限量标准

无公害中药材农药残留、重金属及有害元素限量应符合相关药材的国家标准、团体标准、地方标准以及 ISO 等相关规定。项目团队配合相关企业公司历尽十余年对大量出口药材的无公害药材出口标准进行了系统研究，如：收集人参样品 196 批次，覆盖吉林省、辽宁省、黑龙江省主要产区 25 县检测项目包括 168 项农药残留和 5 项重金属及有害元素，获得超过 3.0 万项数据和检测结果。2007～2017 年以来从主产区、药材市场采购等收集了 187 个批次三七药材，检测 206 种农药5种重金属及有害元素，分析了近4万项数据及检测结果。同时针对其他大宗中药材品种，通过多年来中药材产地、市场、进出口检验等数据分析，并参考《中国药典》、美国、欧盟、日本及韩国对中药材的相关标准以及ISO18664：*2015 Traditional Chinese Medicine-Determination of heavy metals in herbal medicines used in Traditional Chinese Medicine*（ISO18664-2015）、GB 2762-2016《食品安全国家标准 食品中污染限量》（GB 2762-2015）、GB 2763-2016《食品安全国家标准食品中农药最大残留限量》（GB 2763-2016）等现行规定，制定了无公害中药材农药残留限量通用标准规定（表1-5-1）。该标准规定了艾氏剂、毒死蜱、氯丹、五氯硝基苯等42项高毒性、高检出率的农药残留限量，与欧盟（花草茶的根类）（Regulation EC 396/2005 and amendments）、日本（中草药）（The Japan Food Chemical Research Foundation）、韩国（特殊商品）（MRL in pesticide of Korean）等标准相比，多项农残限量达到或低于欧盟、日本、韩国的现有标准，该通用标准的制定为高品质中药材提供保障。同时对重金属具有吸附等特性或已制定相关无公害质量标准的中药材，根据实际情况可另作参考。如人参、三七可参照T/CATCM 003-2017《无公害三七药材及饮片农药与重金属及有害元素的最大残留限量》（T/CATCM 003-2017）、T/CATCM 001-2018《无公害人参药材及饮片农药与重金属及有害元素的最大残留限量》（T/CATCM 001-2018）的规定。

表1-5-1　无公害中药材农药残留限量与国外已有标准限量比较

编号	项目	最大残留量/（mg/kg）	韩国最大残留量/（mg/kg）	欧盟最大残留量/（mg/kg）	日本最大残留量/（mg/kg）
1	艾氏剂 Aldrin	0.05	—	—	—
2	毒死蜱 Chlorpyrifos	0.50	—	0.50	0.50
3	氯丹（顺式氯丹、反式氯丹、氧化氯丹之和）Chlordane	0.10	—	0.02	0.02
4	总滴滴涕 p,p'-DDD、o,p'-DDD、p,p'-DDE、o,p'-DDE、p,p'-DDT、o,p'-DDT 之和	0.20	0.05	0.50	0.50
5	六六六 BHC	不得检出	0.05	0.02	—
6	七氯 Heptachlor	0.05	—	0.02	0.10
7	五氯硝基苯 Quintozene（PCNB）	0.10	0.50	0.10	0.02
8	六氯苯 Hexachlorobenzene	0.02	—	0.02	0.01
9	丙环唑 Propiconazole	0.05	—	0.10	0.05
10	腐霉利 Procymidone	0.50	—	0.10	0.50
11	五氯苯胺 Pentachloroaniline（PCA）	0.02	—	—	—
12	嘧菌酯 Azoxystrobin	0.50	0.50	0.50	0.50
13	多菌灵 Carbendazim	0.50	0.50	0.10	3.00
14	氟氯氰菊酯 Cyhalothrin	0.70	0.70	0.10	0.10
15	氯氰菊酯 Cypermethrin	0.10	0.10	0.10	0.05

续表

编号	项目	最大残留量 /（mg/kg）	韩国最大残留量 /（mg/kg）	欧盟最大残留量 /（mg/kg）	日本最大残留量 /（mg/kg）
16	戊唑醇 Tebuconazole	1.00	1.00	0.50	0.60
17	溴虫腈 Chlorfenapyr	不得检出	0.10	0.10	—
18	嘧菌环胺 Cyprodinil	1.00	2.00	1.00	0.80
20	苯醚甲环唑 Difenoconazole	0.50	0.50	0.50	0.20
21	烯酰吗啉 Dimethomorph	1.00	1.50	0.05	—
22	咯菌腈 Fludioxonil	0.70	1.00	1.00	0.70
23	醚菌酯 Kresoxim-Methyl	0.30	1.00	0.10	0.30
24	氟菌唑 Triflumizole	1.00	0.10	0.10	1.0
25	甲霜灵 Metalaxyl	0.05	0.50	0.10	0.05
26	辛硫磷 Phoxim	不得检出	—	0.10	0.02
27	吡唑醚菌酯 Pyraclostrobin	0.50	2.00	0.05	0.50
28	噻虫嗪 Thiamethoxam	0.02	0.10	0.10	0.02
29	甲胺磷 Methamidophos	不得检出	—	—	—
30	甲基对硫磷 Parathion-methyl	不得检出	—	—	—
31	久效磷 Monocrotophos	不得检出	—	—	—
32	地虫硫磷 Fonofos	不得检出	—	—	—
33	氧化乐果 Omethoate	不得检出	—	—	—
34	对硫磷 Thiophos	不得检出	—	—	—
35	灭线磷 Mocap	不得检出	—	0.02	—
36	七氟菊酯 Tefluthrin	0.10	0.10	0.05	0.10
37	百菌清 Chlorothalonil	0.10	0.10	0.10	1.00
38	克百威 Carbofuran	不得检出	—	—	—
39	恶霜灵 Oxadixyl	1.00	—	0.02	5.00
40	联苯菊酯 Bifenthrin	0.50	—	—	—
41	高效氯氟氰菊酯 Lambda-cyhalothrin	1.00	—	—	—
42	己唑醇 Hexaconazole	0.50	0.50	0.05	0.10

“—” 无限量规定

注：本附表参照最新版农药使用规范，参照《无公害中药材生产技术规程研究》。

二、重金属及有害元素

中药材中重金属及有害元素通常指中药材中含有铜、汞、砷、镉、铅5项元素。重金属污染已经成为影响中药质量和中药走向国际化的重要因素之一。导致中药重金属污染的途径主要有：环境导致的污染、药材本身所引起的污染、生产过程中带入的污染。中药重金属污染状况复杂，在不同的元素、不同的药材品种、不同产区等方面都存在较大差异。对中药重金属的控制环节应当包括：保证种植或养殖的生态环境清洁无污染；去除肥料、农药、饲料中的重金属污染；防止饮片炮制及中药制剂在生产加工、储藏、运输等过程中的重金属污染，只有这样才能有效杜绝重金属及有害元素污染中药材。

（一）重金属及有害元素污染的途径

（1）环境因素　环境因子当中的土壤、水、大气等构成药材产地种植或养殖的重要环境条件。土壤中的重金属污染主要是工农业发展导致重金属沉积于土壤中，以及不同的母岩所引入的重金属。大量含有重金属的污染物排入河流，工矿区及汽车尾气排放含有重金属的气体和粉尘等造成空气的污染等。由于这些环境因子的影响，造成不同生态环境的中药材有不同的重金属含量。

（2）药材因素　植物类药材、动物类药材生长过程的主动吸收和富集特性也是引起污染的因素之一。植物或动物在进化层次、个体发育、系统发育、遗传特性、生理生化以及代谢方面是有差异的，这就造成不同药材，甚至同一植物或动物其不同部位重金属的含量也不同。

（3）生产因素　生产过程中重金属的带入主要是采收、加工、辅料、包装、贮存、运输过程中的污染，以及种植或养殖过程中含重金属的农药、化肥、饲料等的使用，成为药材重金属超标的重要因素。对川附子炮制前后重金属的含量和浓度的变化研究发现，炮制品的铜、砷等的含量增加与炮制用水有关，甚至炮制容器中的重金属也可造成重金属污染现象的发生。贮存时为防止虫害、霉变，常用硫磺熏蒸药材而导致砷、汞含量增加。

（二）重金属及有害元素污染的防控

中药材重金属污染的防控主要从原药材及生产加工过程入手进行控制，具体措施为：①原药材中重金属的控制：主要包括对植物药、矿物药、动物药及中成药中重金属的控制。②生产加工过程控制：主要包括生产加工过程中重金属的控制及去除。

（三）重金属及有害元素污染的检测

2015年版《中国药典》（一部）收载的重金属及有害元素的检测方法主要有两种：①原子吸收分光光度法（AAS）：本方法系采用原子吸收分光光法测定中药中铜、汞、砷、镉、铅，所用仪器应符合使用要求（通则0406）。②电感耦合等离子体质谱法（ICP-MS）：本方法系采用电感耦合等离子体质谱仪测定中药中的铜、汞、砷、镉、铅，所用仪器应符合使用要求（通则0412）。

同时，被认可的重金属分析方法还有：紫外可分光光度法（UV）、原子荧光法（AFS）、电感耦合等离子体法（ICP）、X 荧光光谱（XRF）、阳极溶出法。

（四）重金属及有害元素限量规定

依据中药材重金属及有害元素的检测，结合目前世界不同国家或组织对重金属及有害元素的控制来看，主要检测内容为砷、铅、汞、镉、铜 5 项（铬仅加拿大有检测要求）。无公害中药材铅、镉、汞、砷、铜重金属及有害元素限量，参照《中国药典》2015 年版对药材进行规定。

三、曲霉属真菌污染

中药材中时有真菌和真菌毒素污染的情况发生，不仅会对药材质量造成影响，而且会降低中药及其产品的安全性，直接威胁到消费者生命健康。曲霉属真菌是常见的药材污染菌，对其进行快速、准确的检测可为药材真菌毒素污染进行早期风险预警，对保障中药材有效性和安全性具有重要意义。

（一）曲霉属真菌的分类

曲霉属由 Micheli 于 1729 年提出，Haller 在 1768 年进行了验证，Fries 于 1832 年正式确认了曲霉属的通用名称 *Aspergillus*。传统上曲霉属的分类基于其形态特征，Raper 和 Fennell 于 1965 年把这个属划分为 18 个组。Gams 等根据微观形态特征如分生孢子头的形状、颜色，顶囊的形状以及产孢细胞的排列方式等，将曲霉属真菌分为 6 个亚属：曲霉亚属 subgen. *Aspergillus*、烟色亚属 subgen. *Fumigati*、棒状亚属 subgen. *Clavati*、巢状亚属 subgen. *Nidulantes*、环绕亚属 subgen. *Circumdati* 以及华丽亚属 subgen. *Ornati*。随着“一种真菌，一个名称”概念的提出，现代的曲霉分类系统也发生了很大变化，曲霉的有性型属全部被处理为曲霉属的异名。根据分子系统学的聚类结果，有学者提出将曲霉属分为 4 个亚属和 19 个组。原先的棒状亚属被合并到烟色亚属，华丽亚属被移出曲霉属。Samson 等详述了曲霉属真菌的分类、系统发育以及命名法，描述了已知的 339 种曲霉属真菌及需要移出和存疑的物种。Visagie 等修订了曲霉属 *Circumdati* 组的物种，该组共有 27 个物种，引入了 7 种新物种：*A. occultus*、*A. pallidofulvus*、*A. pulvericola*、*A. salwaensis*、*A. sesamicola*、*A. subramanianii* 和 *A. westlandensis*。Hubka 等对曲霉属 *Flavipedes* 组的分类进行了修订，包括 3 个已知种和 7 个新的物种：*A. ardalensis*、*A. frels*、*A. luppii*、*A. magaliensis*、*A. movilensis*、*A. polyporicola* 和 *A. spelaeus*。Chen 等综合分子系统学、形态学等分析，对巢状亚属 *Nidulantes* 进行了系统整理，提出 1 个新组 *Cavernicolus*，报道了 10 个新种，目前巢状亚属共有 9 个组 117 个物种。此外，Chen 等也对曲霉属 *Aspergillus* 组的分类问题进行了研究，共归属 31 个物种，其中 9 个是新物种。通过使用多位点系统发育方法建立了 2 个独立的系统发育分析来检验曲霉属的单系性，统计分析结果推翻了曲霉属是非单系的假说，提供了强有力的论点支持该属是单系的，与单系青霉属明显区分开。

（二）药材污染曲霉属真菌的鉴定研究

真菌能作用于药材中的物质，生成自身细胞所需成分及分泌代谢物，使药材药效物质含量发生变化。研究表明，相比于霉变前，吴茱萸、当归等药材在霉变后药材中药效物质含量明显降低。真菌污染中药材不仅会产生真菌毒素等外源性毒性物质，同时也会对中药材自身的内源性毒性物质含量造成影响。曹艺等研究发现，米曲霉能使马兜铃、关木通和寻骨风3种中药材中马兜铃酸A含量不同程度地增加。真菌污染药材后会对中药材的药效物质和安全性产生影响，被真菌污染的药材在市场上流通对消费者的安全造成潜在的威胁，药材污染真菌的检测和鉴定对保障中药材安全性具有重要意义。

国内已有关于中药材霉变染菌的报道，这对消费者身体健康和生命安全带来了潜在的风险和威胁。对7种受赭曲霉毒素A污染的根类药材进行污染真菌的分析，在甘草和黄芩中分别分离到寄生曲霉 *A. parasiticus* 和黑曲霉。此外，在江西、浙江、河南和北京药店售卖的甘草药材中也分别检测到曲霉属真菌。研究者还对12种药用种子类药材表面的真菌进行了鉴定，结果表明曲霉属真菌是最常见的真菌，黑曲霉占据比例最大（12%），其次是杂色曲霉 *A. versicolor*（7%）、塔宾曲霉（7%）和烟曲霉（5%）通过对白芍、铁皮石斛、大青叶等9种中药的个子和饮片药材中真菌及真菌毒素污染情况的调查，发现曲霉属菌占分离总菌株数的24.1%，为优势菌群之一；饮片药材的优势菌为曲霉属和青霉属真菌。对来源于云南不同地区市售的三七、草果药材，以形态学特征为依据并结合分子生物学方法对药材表面的主要分离菌株进行鉴定，结果表明2种药材均受到曲霉属真菌污染。根据真菌基因组ITS序列设计了特异引物，对15种湖北市售中药材中分离得到50株真菌进行鉴定，成功鉴定其中的27株，以曲霉属真菌的污染较严重。对湖北、湖南和广西产的15种中药材中真菌进行了形态鉴定和分子鉴定，成功鉴定了126种真菌，其中曲霉属和青霉属真菌占主导地位。对8批陈皮中的真菌进行了分离鉴定，共分离得到25株菌株，通过显微鉴定和分子生物学鉴定，发现陈皮中优势菌株为黑曲霉。另外，分析三七、柴胡和党参3种根类药材的真菌污染情况，发现3种药材中均有曲霉属真菌的污染。对市场上14种功能性食品和10种香料真菌污染情况进行了调查，结果发现曲霉属和青霉属是污染的优势菌群，功能性食品中薏苡仁受污染最严重，香料中小茴香和花椒受污染最严重。目前国内已报道的受曲霉属真菌污染中药材及污染真菌种类见表1-5-2。

表1-5-2 国内中药材曲霉属真菌污染情况

类型	名称	药材拉丁名	来源	真菌种类
根及根茎类	甘草	*Glycyrrhizae Radix et Rhizoma*	江西	寄生曲霉
			浙江	杂色曲霉、聚多曲霉 *A. sydowii*
			河南	黄曲霉、杂色曲霉
			北京	黄曲霉、聚多曲霉
			湖北、湖南、广西	寄生曲霉、刺孢曲霉 *A. aculeatus*
	板蓝根	*Isatidis Radix*	安徽	*Aspergillus* spp.

续表

类型	名称	药材拉丁名	来源	真菌种类
根及根茎类	白芍	*Paeoniae Radix Alba*	安徽	*Aspergillus* spp.
	黄芩	*Scutellariae Radix*	江西	黑曲霉
	三七	*Notoginseng Radix et Rhizoma*	云南	烟曲霉
			湖北、湖南、广西	杂色曲霉
			河北	*Aspergillus* spp.
	当归	*Angelicae Sinensis Radix*	湖北、湖南、广西	刺孢曲霉、烟曲霉
	黄芪	*Astragali Radix*	湖北、湖南、广西	烟曲霉
	党参	*Codonopsis Radix*	湖北、湖南、广西	刺孢曲霉
			湖北	*Aspergillus* spp.
	柴胡	*Bupleuri Radix*	河北	*Aspergillus* spp.
	太子参	*Pseudostellariae Radix*	湖北、湖南、广西	杂色曲霉
	姜	*Zingiberis Rhizoma Recens*	四川、广东	黑曲霉
果实及种子类	橘核	*Citri Reticulatae Semen*	广东	黄曲霉
	荔枝核	*Litchi Semen*	广西	赭曲霉、烟曲霉
	决明子	*Cassiae Semen*	河北	杂色曲霉、烟曲霉
	菟丝子	*Cuscutae Semen*	内蒙古	黑曲霉、构巢曲霉
	薏苡仁	*Coicis Semen*	贵州	亮白曲霉 *A. candidus*、烟曲霉
			北京	黑曲霉、黄曲霉、赭曲霉
	沙苑子	*Astragali Complanati Semen*	甘肃	聚多曲霉、塔宾曲霉、黑曲霉、黄曲霉
	莲子	*Nelumbinis Semen*	山东	塔宾曲霉、赭曲霉、杂色曲霉、聚多曲霉
			北京	黑曲霉、黄曲霉、赭曲霉
	桃仁	*Persicae Semen*	山东	黑曲霉、烟曲霉、黄曲霉、构巢曲霉
	葶苈子	*Descurainiae Semen Lepidii Semen*	河北	聚多曲霉、构巢曲霉、杂色曲霉
	车前子	*Plantaginis Semen*	辽宁	烟曲霉、黑曲霉、杂色曲霉
	柏子仁	*Platycladi Semen*	山东	黑曲霉、黄曲霉
	草果	*Tsaoko Fructus*	云南	烟曲霉、黄曲霉
	苦杏仁	*Armeniacae Amarae Semen*	湖北、湖南、广西	杂色曲霉
			河北	黑曲霉、黄曲霉
	枸杞子	*Lycii Fructus*	湖北、湖南、广西	黄曲霉、杂色曲霉
			宁夏	黄曲霉

续表

类型	名称	药材拉丁名	来源	真菌种类
果实及种子类	山楂	*Crataegi Fructus*	北京	黑曲霉
	白果	*Ginkgo Semen*	北京	黑曲霉
	小茴香	*Foeniculi Fructus*	河北	黑曲霉、黄曲霉
	花椒	*Zanthoxyli Pericarpium*	北京	黑曲霉、黄曲霉
	陈皮	*Citri reticulatae Pericarpium*	四川、广东	黑曲霉、黄曲霉
全草类	薄荷	*Menthae Haplocalycis Herba*	安徽	*Aspergillus* spp.
	车前	*Plantaginis Herba*	安徽	*Aspergillus* spp.
	蒲公英	*Taraxaci Herba*	安徽	*Aspergillus* spp.
	穿心莲	*Andrographis Herba*	湖北、湖南、广西	杂色曲霉、烟曲霉
花类	红花	*Carthami Flos*	湖北、湖南、广西	黄曲霉
叶类	大青叶	*Isatidis Folium*	安徽	*Aspergillus* spp.
皮类	肉桂	*Cinnamomi Cortex*	北京	黑曲霉、黄曲霉

近年来，高通量测序技术迅速发展，测序通量不断提高，成本不断下降，时间逐渐缩短，是目前应用最普遍的测序技术之一。该技术对分析微生物群落结构有独特的优势，能够通过从环境样本中直接获取的总DNA进行文库构建并测序，更好地反映环境中微生物群落的复杂性和多样性，已被广泛应用于微生物群落多样性研究中。采用Illumina Miseq平台对韩国首尔某大学校园空气中曲霉属真菌丰度进行了检测，结果表明总共有4187个ITS1序列和35 741个BenA序列属于曲霉属真菌。基于ITS1和BenA序列，所有检测到的曲霉菌种的相对丰度分别为0.4%和6.8%，分别鉴定到13和46个物种。随后，研究者在韩国首尔的2个地点进行季节性空气采样，采用Illumina Miseq平台对18个空气样品对ITS1和BenA序列进行高通量测序，结果显示烟曲霉是最优势种，平均相对丰度分别为1.2%和5.5%。共检测出29种曲霉菌种，其中9种为已知的机会性病原菌。胥伟等通过人工促霉培养和Illumina Miseq高通量测序技术研究了黑毛茶霉变过程的真菌多样性，结果表明在高湿条件下曲霉属真菌相对丰度值最大（>98%），是导致仓储黑毛茶霉变的优势真菌种群。采用Illumina Miseq技术对不同地域加工的茯砖茶中发花微生物群落结构进行了解析，检测结果发现在真菌中曲霉属是绝对优势菌种，在每个样品中的丰度均在92%以上。目前还未见利用高通量测序技术对中药材污染真菌进行检测的相关文献报道，高通量测序技术在微生物检测中的广泛应用为中药材污染真菌检测与鉴定提供了新的思路。利用高通量测序技术对中药材污染真菌进行检测和分析，可克服传统真菌分离鉴定的困难，并在短时期内获得大量中药材污染真菌序列数据。通过分析不同种类中药材在不同产地、不同售卖地区真菌分布多样性的差异，充分了解中药材污染产毒真菌的情况，绘制中药材污染产毒真菌分布全景图并构建中药材污染产毒真菌鉴定标准序列数据库，可实现中药材产毒真菌的快速检测和动态监控，对污染中药材进行早期风险预警。

四、加工与贮藏

加工与贮藏是中药生产、流通的必经环节，无公害中药材加工与贮藏是降低中药农残污染、防止中药材重金属与有害物质超标、真菌毒素浸染、药材品质下降的重要生产过程，其加工标准操作规程和贮藏规范的制定以及质量保障体系的建立是无公害高品质中药材生产的重要保障。现阶段无公害中药材加工与贮藏标准缺失，中药材产地加工粗放、无生产操作规程和相应的标准致使重金属超标、SO_2残留超标等问题导致中药材有效性和安全性受到较大质疑。对无公害中药材加工与贮藏进行研究并制定标准体系，以达到降低药材农残及重金属含量，提高药材品质、生产无公害中药材的目的。研究建立无公害中药材加工与贮藏标准体系对于指导中药材生产、推进中医药事业健康发展具有重要意义。

（一）无公害中药材的加工

中药材加工包括产地加工与炮制加工，此节重点讨论产地加工。中药材产地采收后就地对药材进行干燥、处理与包装，称之为产地加工。保持中药药效物质基础含量、保证药材品质规格、利于包装、贮存和运输是中药材产地加工目的，通过产地加工以纯净药材，达到清除非药用部位及杂质、泥沙；降低和消除中药材毒性和不良性味的要求。毒性是指药材中含有的毒性成分，未经加工应用会产生中毒反应，如附子；不良性味是指药材中含有的刺激性成分，未经加工服用会产生副作用，如天南星类药材半夏等，采收后必须经产地加工，使毒性成分、刺激性成分消解或分解，确保临床用药安全。常用的中药材产地加工方法很多，主要有：洗涤、去皮、修整、加热处理（蒸、煮、烫等）、浸漂、熏硫、发汗等方法。产地加工中容易引入公害物质污染，影响中药材质量的主要有以下因素：

1. 生产用水

中药材在清洗、蒸、煮、烫、浸漂等加工过程中都要用到水，水质污染可能导致中药材产品的污染。无公害中药材加工中清洗水的质量要求应符合GB 3838地表水环境质量标准的Ⅰ～Ⅲ类水指标；而蒸、煮、烫等加热处理中用水的质量，参照《药品生产质量管理规范（2016年修订）》附录——中药饮片中的要求，至少应达到饮用水标准，应定期检测生产用水的质量，饮用水每年至少一次送相关检测部门检测。

2. 加工辅料

凡是加工过程中为了抑制不良性味、消除毒性、防止氧化变色，或者促进迅速干燥，防止腐烂等，而加入的其他材料，都属于加工辅料。辅料的质量、用量、添加、掺合的时间及用法恰当与否，都会影响药材的质量，甚至引入公害物质，污染药材。如附子加工过程中使用胆巴浸漂，容易导致药材中氯、镁等元素超标也给环境带来危害。因此无公害中药材加工中，应选择符合质量标准的辅料，建立统一规范的使用SOP，并在产品质量评价中针对性建立易引入公害物质的检测标准及限量标准，确保中药材的安全性和有效性。或者积极寻找替代方法，研发新型、绿色、无公害的加工方式，从根源上杜绝辅料对中药材质量的不良影响。

硫磺熏蒸是中药材传统的加工和贮藏方法，具有促进干燥、防霉、防腐、防虫、杀虫的作用，并具脱水漂白作用，使成品色泽美观。经硫磺熏蒸的中药材可以延长保质期，有利于药材的长期保存。但是硫磺熏蒸过量或不当，不可避免的会在药材中残留大量的二氧化硫，长期使用可损害人的肝肾系统，甚至可使细胞发生突变、致癌，严重影响中药材安全性。此外，硫磺熏蒸还可使部分药材性状发生变化，如硫磺熏后使百合内心变硬、白芍颜色变白、牛黄颜色变黑，蛤蚧硫化后易变质腐烂，枸杞子经硫磺熏蒸后更易发生走油变质等；可使部分药材有效成分被破坏，降低药材原有的疗效，影响中药材质量，如人参用硫磺熏蒸后，有效成分人参皂苷不稳定，白芷熏蒸前后有效成分享豆素类总含量下降。其燃烧还可造成空气污染。可见硫磺熏蒸法有悖于当今所倡导的无公害中药加工和贮藏的理念。因此在无公害中药材加工与贮藏中应慎用硫熏，尽量使用吸附式低温干燥、远红外加热干燥、微波干燥、真空冷冻干燥等新型无公害技术替代硫熏，在对部分药材还没有更好的养护方法替代之前，势必要严格制定硫磺熏蒸药材的质量标准，规范中药材加工和贮藏环节，保障中药材的品质与安全。

3. 加工场地

参照《中药材生产质量管理规范》(GAP)规定，无公害中药材加工场地应清洁、通风、无污染源，具有遮阳、防雨和防鼠、虫及禽畜的设施。

4. 加工设备

加工设备主要是指加工处理所使用的机械、各种工具、器具等，主要设备可分为工具、机械、熏硫设备、热处理设备、浸渍设备和干燥设备等。而在中药材的加工环节中，加工器具的使用不当易引入重金属、有害物质以及有效成分改变等，如大黄、何首乌的加工忌铁器，为此，应参照《中药材生产质量管理规范》(GAP)及《药品生产质量管理规范》(GMP)规定，根据中药材的不同特性及加工工艺的需要，选用能满足生产工艺要求的设备，且与中药材直接接触的设备、工具、容器应易清洁消毒，不易产生脱落物，不对中药材、质量产生不良影响。并按照GB/T 30219-2013 中药煎药机等规定加强对加工设备的管理，避免造成二次污染。

5. 技术队伍

加工技术是影响药材加工质量的主要因素。因此应加强对生产队伍的培训，一方面提高生产技术水平，一方面培养生产者无公害生产意识，从而提高药材加工质量。

(二)无公害中药材的贮藏

中药材贮藏是中药商品流通领域不可或缺的重要环节，对于保证中药供应、保证中药质量、防止遭受经济损失、维系中药生产意义重大。无公害中药材贮藏的首要任务是防止中药质量变异和公害物质污染。中药贮藏中的质量变异主要有虫蛀、霉变、泛油与泛糖、性味变化（包括色泽变化、药味变化、质地变化、形态变化等）、融化与潮解等，易引入公害物质主要为微生物或仓贮浸染后产生的真菌毒素及虫害排泄物等及化学药剂养护中使用的有毒杀虫剂残留。在贮藏中引入公害物质污染的主要有以下环节和因素，在贮藏过程中应围绕这些因素进行防控。

1. 仓储环境（空气、光照、温度、湿度、环境污染、器具等）

中药的贮藏是保证中药质量的关键所在，也是防止中药发生质变的重要措施。空气、光照、温度、湿度、环境污染及器具等外界因子均能直接影响药材品质。因此，无公害中药材贮藏应按照《中药材生产质量管理规范》(GAP)对贮藏温度、湿度、光照、通风等的要求，确定仓储设施条件，必要时安装空调及除湿设备，地面应整洁、无缝隙、易清洁，并具有防鼠、虫、禽畜的措施。药材应存放在货架上，与墙壁保持足够距离，防止虫蛀、霉变、腐烂、泛油等现象发生，并定期检查。且药材进行分类贮藏，避免与毒性药物混贮。在中药饮片进库前，应严格检查其含水量，库存后再检查时应用除湿机、吸湿剂以及气幕防潮等方法，控制相对湿度，以防止药材霉变，确保饮片质量，保证药物效用。一些比较贵重的中草药，如冰片、麝香等，应贮藏在密封的陶制品中，并在贮藏过程中由专人进行保管和防护。应将易燃的中草药放置在离电源、火源较远的位置，例如硫黄、干渠松香、海金沙等，同时时刻注意观察贮藏室内的温度和中草药是否有潮湿现象。剧毒中草药养护。针对剧毒中草药不仅需要按照上述进行管理，还应给予专柜贮藏，并进行加锁处理。

2. 包装材料

不同种类的中药材又具有不同的特性，或须防潮，或须防压，或须防冻，或须避光，因此对包装的要求也各有不同。包装不当经常导致药材被二次污染。按照《中药材生产质量管理规范》的要求，所使用的包装材料应当符合国家相关标准和药材特点，应清洁、干燥、无污染、无破损，保持中药材质量；禁止使用包装化肥、农药等二次利用的包装袋；毒性、按麻醉药品管理的中药材等需特殊管理的中药材应当使用有专门标记的特殊包装。

目前常用的包装材料有木制品、竹制品、藤制品、麻袋、瓦楞纸箱、塑料包装（聚乙烯、聚苯乙烯、聚碳酸酯、聚酯、聚丙烯）等，应根据药材特性选择合适的包装材料。现有包装贮藏方法虽各有优点，但又存在着本身难以克服的缺点，如费用高、操作复杂、不能满足使用安全的需要等。因此，包装前应检查并清除劣质品及异物。包装应按标准操作规程操作，并有批包装记录，其内容应包括品名、规格、产地、批号、重量、包装工号、包装日期等。同时，应避免中药材与包装材料间的相容及迁移，改变中药材的化学成分，在包装贮藏过程中依据 GB/T 21911-2008《食品中邻苯二甲酸酯的测定》中的相应规定进行邻苯二甲酸酯类的增塑剂检测。

3. 贮藏养护

在中药贮藏过程中选择合适的养护方法，是确保中药材质量、延长药材有效期的重要技术，但若养护方法不当，可造成药材二次污染。因此在中药贮藏中，应选择无公害贮藏方法，目前常用中药贮藏的方法主要有：

（1）自然通风法　自然通风法一种经济又简单的防潮方法。在晴天、空气干燥时开启仓库门窗通风透气，通风时间一般为春秋季上午 8 点至 11 点，夏季为上午 7 点至 10 点，下午一般不通风。通风时还应注意风向、风速，不利于自然通风时，应打开换气扇，强迫通风。贮藏仓库需清洁、通风良好，有防雨、防尘、防晒、防虫鼠禽畜设备和设施，以确保药材质量，符合无公害中药贮藏的要求。

（2）干燥贮藏　目前我国中药材传统的干燥方法主要是晒干、阴干（风干）和烘干。大部分药材经采收加工后进行干燥处理，常采用晒干、晾干、烘干、石灰吸潮等方法，再根据药材本身性质选择合适的干燥方式。一般在库房内放入一定的生石灰保持库房干燥；对于一些不能烘晒的特殊药材，可将包装好的药材与石灰一起存放，也能保证药材干燥。传统干燥方法成本很低，但是存在着许多工艺上的问题，如干燥时间长、有效成分破坏大、遇到阴雨天气容易霉烂变质、易被灰尘、蝇、鼠污染等缺点。因此现代研究开发了真空冷冻、微波、远红外、太阳能干燥等新方法，希望将中药材干燥技术逐渐规范化、法制化和标准化，做到真正有效地无公害干燥贮藏。

（3）对抗贮藏　中药材对抗贮藏是将某些有特殊气味的药材同易虫蛀、变色、泛油的药材一起贮藏，以此来防治药材变质现象。常用的对抗方法有：具有腥气的动物类中药与装在纱布袋内的花椒或细辛同贮；含糖、淀粉、油脂类较多的药材与草木灰同贮；白矾与种子类药材同贮；明矾与花类药材同贮；对于一些不易暴晒、烘烤的药材，也可与95%酒精密闭共贮等。对抗贮藏法简便易行，尤其适合于小、中量中药材的贮藏，常用于保管名贵中药，也符合无公害中药贮藏的要求。

（4）气调养护　中药材气调养护是一项绿色、环保、无污染的现代贮存技术，指通过集成的物理、化学方法调控储存密闭空间中的空气组，人为地营造一个害虫（虫卵）及霉菌无法存活的密闭环境，达到防治害虫、防止霉变、保持品质的一种贮藏养护方法。该方法绿色、环保、安全，不仅能够解决中药材仓储过程中发生的虫蛀、霉变、氧化变色、走油、泛糖、变色等突出问题，而且还能保持良好的内在品质和有效成分基本不变；此外，该项技术不仅适合于企业大规模规范化管理，还适合于农户小范围零星分散贮存。适用于中药材的综合贮存养护，是无公害中药贮藏体系建立中值得推广的绿色新技术。

（5）化学药剂养护　中药材在贮藏过程中被虫蛀且量大的情况下，多采用化学药品熏蒸方法防蛀。常用的杀虫剂主要有氯化苦、磷化铝、溴甲烷、二氧化硫等。由于其杀虫效果好、速度快、省时省力，在20世纪60年代中药材贮藏养护中得以快速推广应用。但随后产生的化学药剂残留、残留物质的致癌作用与刺激性、环境污染、害虫的抗药性引起了人们的重视，化学物质在中药贮藏养护中的弊端日益突出，自70年代起，将气调、冷藏、辐射、空调、远红外干燥、机械吸潮、真空密封等新设备、新技术应用于中药贮藏，使中药贮藏进入了现代技术应用时期。目前中药材贮藏中，氯化苦、磷化铝等化学药剂养护已被明令禁止，仅在少数地区经营者为了自身利益仍在违规使用。在无公害中药材贮藏中严禁使用，并建立有效快速的有害化学试剂的检测技术，制定规范的有害化学试剂残留限量，确保药材安全性。研发绿色、无公害抑菌剂及杀虫剂，是化学药剂养护法的发展方向。

综上，中药材无公害加工与贮藏是一项系统工程，在中药材无公害加工实施过程中，应围绕易引入公害的各环节及关键因素、加强全过程控制；加强对加工工艺和过程的科学研究，筛选确定科学合理的药材加工与贮藏方法，建立统一规范的生产工艺SOP；大力推广好的、新的加工方法，淘汰不合理的加工贮藏方法，不断地继承创新、完善加工贮藏技术，实现中药材加工与贮藏的规范化、标准化；同时在无公害药材评价体系中建立健全针对加工与贮藏环节易引入公害物质（重金属、真菌毒素、微生物、二氧化硫）的检测标准和限量，确保临床用药安全有效。

第二节　溯源体系

可追溯性是指根据记载的标识追溯实体的历史、应用情况和所处场所的能力（ISO8402：3116），或者通过记录标识的方法回溯某个实体来历、用途和位置的能力（ISO9001：2000），不同行业给出的解释不尽相同，目前尚未有统一的定义。追溯一词最早出现于西方国家制造业的质量管理标准中，欧盟为应对疯牛病事件于1997年开始在食源性产品方面建立了可追溯系统。理想的可追溯包括对产品及其相关活动进行企业内和企业间的全程跟踪。追溯是整个加工过程或供应链中的产品或产品特性的记录体系，其衡量标准包括宽度（信息范围）、深度（可追溯信息距离）和精确度（确定问题源头的能力）。可追溯的最终目的是存在追溯需求时，可以追踪产品的特性，尤其是发现问题原因，以便快速采取相应纠正措施。中药是预防和治疗疾病的物质，具有药品和商品的双重属性。近年来因假药、劣质药等导致的伤害频繁发生，引起了全社会的关注，但因缺乏全程监控，难以快速找到具体原因，构建中药流通质量追溯系统已经成为确保消费者权益迫切需要研究的课题。

中药作为中华民族的传统用药，在现代临床中的应用日趋广泛，中药材的质量关系到临床用药的有效性和安全性，对我国中医药事业的快速发展具有重要的影响。在我国，中药材生产长期处于粗放式经营状态，从栽培种植、采收、炮制加工、包装、运输、贮藏到最终的市场销售，每个环节都面临着质量方面的安全隐患。近年来，国内一系列事件的发生将中药安全性问题推上了风口浪尖，如：药材炮制加工、以假冒充、以次充好、人为添加等，使我国中药材的安全性面临着严峻的考验。因此，建立中药材“从生产到消费”的质量可追溯体系，通过信息记录、查询和问题产品溯源，实现全过程质量跟踪与溯源，对于推动我国中药现代化与国际化进程具有重要的作用。

一、中药材质量追溯

（一）质量追溯背景

目前中药从原药材种植到中成药的销售尚未建立全程的可追踪系统，难以保障中药质量的安全、有效、稳定及可控。虽然中医药理论体系较为完善，但“症对方准药不灵”的情况时有发生，其主要原因是不能保证中药质量的稳定可控。目前在整个质量保障体系中缺失的关键环节是无法确定质量问题源头，迫切需要加强中药质量追溯技术的研究及应用。从原药材的生产到成药销售的流通过程中均存在中药质量可追溯问题：

1. 栽培生产

新中国成立以后我国中药栽培一直采取计划经济管理，由各级药材公司负责，在全国建立药材生产基地。20世纪80年代后期药材公司改制经营后，药材生产转入粗放的分散农户经营模式，品种多、规模小、种质混杂、品质下降等特点导致药材质量下降。生产农户文化水平不高，质量安全意识不强，造成可追溯技术难以应用推广，也势必影响到后续环节的质量安全。

2. 采收与加工

药材品种的采收都是以个人或者家庭农户为单位进行的，加上药用植物品种繁多，同物异名、同名异物现象普遍，以及野生药用植物表型可塑性等影响因素，可追溯技术与中药采收严重脱节。原药材的加工因入药方式不同其加工方式也不相同，多种中成药仍然属于传统剂型，没有统一的质量标准。中药材作为农副产品进行管理，不法商贩利用加工方式不统一，无法严格监管的漏洞，掺杂造假，导致药材质量达不到临床要求。多数加工企业规模小，对原药材不进行事先检测，重金属和农残超标。很多地下加工厂达不到《中国药典》炮制标准，制售假冒伪劣饮片，给消费者带来巨大隐患。诸如此类，可追溯技术难以结合。

3. 仓储

仓储是中药物流系统的基础设施，是流通的控制中心，仓储期间的养护是中药材整个物流体系中关键的环节。为改变虫蛀、发霉变质中药材的外观性状，不法商贩通常采用硫磺熏蒸解决，达到卖假售劣的目的，而发霉变质类药材的主要原因就是仓储不规范。目前我国中药材流通仍为落后的传统农贸集市市场，农户和普通的中间商不具备标准仓储库，但目前难以对传统的仓储进行监管。

4. 物流和销售

中药材作为农副产品，还未达到标准化包装运输的水平，与普通农产品一样，缺失物流基本信息，如运输车辆信息以及运输人信息等。虽然逐步建立了中成药的物流和销售数据库信息，但不同的企业和生产厂商的信息难以共享，而中间商未能对仓储的药品进行检测，导致出现问题难以追溯。建立一个全程的中药质量追溯系统是目前推动中药现代化迫切需要解决的问题。

（二）中药可追溯技术研究现状

可追溯技术原理简单、应用广泛，但针对中药可追溯技术的研究目前尚未有文献报道，试点工作主要借助食品或农产品等领域的成熟技术。目前常用的可追溯技术有射频识别技术、条形码技术、射频加条形码复合技术以及基于地理信息系统、WEB 服务、移动网络智能视频等。

1. 无线射频识别技术

无线射频识别技术（radio frequency identification，RFID）开发于 20 世纪 90 年代，是利用射频信号通过空间耦合实现无接触信息传递，达到识别和数据交换的目的。识别系统包括电子标签、阅读器和应用软件，按照工作频率分为低频系统（135 KHz）、高频系统（13.56 MHz）、超高频系统（433.92 MHz）和微波系统（2.45 GHz）。不同地区和部门的标准有差别，常用的有 EPC 标准、UID 标准以及 ISO 标准。RFID 具有存储数据容量大、可读取距离远、使用寿命长、可重复使用、多目标识别等比较优势。但鉴于质量追溯的复杂性，实际操作中多采用 RFID 与其他多种技术结合进行追溯。如把 RFID 与 EPC 物联网相结合开发了猪肉的可追溯技术；结合 GPRS 技术，采用 RFID 建立了基于百合制品销售流通中的质量追溯技术；综合采用 RFID、虹膜、生物识别技术等实现了肉牛从养殖到屠宰环节的信息跟踪。中药从原植物的种子种苗鉴定到原药材的采收、加工、炮制，到质量检测、物流和运输都还处于无序分散的状态，处于多系统多阶段状态，虽然在中成药生产销售阶段建立了可追溯技术，但尚未形成完整的可追溯的质量监控体系。一旦在某一环节出现质量问题，无法从源头层层筛查。RFID 具有可重复使用和追加信息的特点，有望弥补独立系统的缺陷。

2. 条形码技术

条形码（barcode）作为一种数据输入手段已被物流信息系统所采用，通常对于每一种物品，它的编码是唯一的，已成为商品独有的世界通用的“身份证”。条形码可以标出商品的生产国、制造厂家、商品名称、生产日期、类别等信息，在相关的生产和流通环节可以对质量进行监控，因而在流通领域得到了广泛的应用。在识别伪劣产品、防假打假中也可起到重要作用。另外，销售商可以通过计算机网络及时将销售信息反馈给生产单位，缩小产、供、销之间信息传递的时空差。条形码一经录入便可反复使用、具有使用便捷、检索准确等优点，避免了传统的手工操作，是一种费用低廉、省时省力，应用面广的资料自动收集技术。针对蜂产业快速发展带来的质量问题，设计了基于条码技术的蜂产品全程可追溯条形码技术。建立了一种低成本、可靠性强的林下经济产品条形码质量追溯方法，该方法通过为每一批林下产品每次加工过程分配唯一的条码，实现产出有记录，流通可跟踪，责任可追溯，召回有针对的精确管理。

一维条形码目前使用最为广泛，但其最大资料长度通常不超过 15 个字元，受到资料容量的限制，多用以存放关键索引值，仅能标识商品，而不能对产品进行描述，因此对电脑网路和资料库依赖性强。在没有资料库或不便连接网路的地方，一维条形码便失去意义。因此，研究人员提出储存量较高的二维条形码。二维条形码具有条码技术的一些共性：每种码制有其特定的字符集；每个字符占有一定的宽度；具有一定的校验功能等。同时还具有对不同行的信息自动识别功能、及处理图形旋转变化等特点。目前的常用的二维码一般容量为 1800 个字符左右，通过改进运算方法可以提高到几十兆，则可把 DNA 条形码、化学条形码和流通的详细信息整合到一起输出到条码里，对中药整个流通过程实行监控。二维码目前广泛应用于日常流通产品，如生猪耳标、产品防伪以及电子凭证等。在二维码基础上开发了用于农产品质量追溯系统的汉信码编译码引擎，提出了一种通用的校正图形绘制方法，突破了混合编码优化、RS 纠错编码、位置探测图形中点提取等关键技术。

3. 射频加条形码复合技术

射频技术和条形码技术都是可快速进行追溯的技术手段，条形码技术成本低、结构简洁，技术相对更为成熟，使用最为广泛；但较易磨损，数据存储量小而且条码只对一种或一类商品有效，内容无法修改。相比之下，RFID 技术则具有明显的环境适应性，如防水、防磁、耐高温，标签使用寿命长、数据存储容量大和无需接触等优势，可同时对多个个体进行处理。鉴于各自特点，其具有各自适用范围。条形码多应用于大宗普通商品，射频卡多应用于名酒、家畜等价格较高的商品溯源。而实际应用时，为结合两种技术的优势，多进行联合使用。应用二维条码技术、无线射频电子标识技术实现了基于 NET 构架的猪肉安全生产的追溯系统。孙传恒等建立了基于 Linux 嵌入式技术的农产品流通阶段质量追溯系统。该系统集 RFID 身份识别、二维条码打印、无线数据上传于一体，实现了产品准入、市场抽检和市场追溯，并通过网络、POS（point of sales）机实现了公众查询追溯服务，建立了可操作的农产品流通追溯系统模型，具有良好的推广应用前景。从中药商品和药品双重属性的角度，条形码技术可以快速准确的对种植、采收和加工进行信息的采集，而无线射频技术又可以很好的对中药材个体化差异信息进行区分，二者的结合契合中药材自身的商品和药品双重属性特点。

4. 其他追溯技术

现有的追溯技术多数基于 Web 端，操作不方便。随着第三代移动通讯技术的发展及 3G 手机的普及，使用 3G 手机进行产品安全管理和质量追溯成为可能。使用 3G 手机自带的摄像头能方便的采集产品的图片、视频信息，通过 GPRS 上传至 Web 服务器。刘学馨等应用数据库技术，网络技术，GPRS 等技术，设计开发了基于 .net 平台的产品质量安全追溯系统，该系统由基于 Web 端的中心管理模块和企业管理模块、基于 3G 手机端的企业操作实时信息采集模块、基于 3G 手机的产品追溯模块 4 部分组成，实现了对产品生产、包装、销售全过程的信息跟踪和用户追溯的功能。

不同部门、不同行业的质量追溯数据编码格式存在较大的差异，这对国家层面上构建统一的产品质量追溯数据库造成了屏障。王雷等提出了一种基于 XML（extensible markup language）的产品质量追溯异构数据交换标准，从各采集点到省级监管平台、从省到国家，遵循统一的信息交换格式，从而实现信息资源共享和信息资源利用的最大化。另外，任晰等基于 Web 端创建了罗非鱼养殖的全程质量信息追溯系统；邓勋飞等则把地理信息定位系统的 GIS 技术和 EAN/UCC 条码技术相结合，实现了农产品的质量安全跟踪与追溯。

二、条形码技术在中药质量追溯中的应用

条形码作为一种数据输入手段已被物流信息系统所采用，通常对于每一种物品，它的编码是唯一的，已成为商品独有的世界通用的“身份证”。条形码可以标出商品的生产国、制造厂家、商品名称、生产日期、类别等信息，在相关的生产和流通环节可以对质量进行监控，因而在流通领域得到了广泛的应用。在识别伪劣产品、防假打假中也可起到重要作用。另外，销售商可以通过计算机网络及时将销售信息反馈给生产单位，缩小产、供、销之间信息传递的时空差。

条形码一经录入便可反复使用、具有使用便捷、检索准确等优点，避免了传统的手工操作，是一种费用低廉、省时省力，应用面广的资料自动收集技术。一维条形码目前使用最为广泛，但其最大资料长度通常不超过 15 个字元，受到资料容量的限制，多用以存放关键索引值，仅能标识商品，而不能对产品进行描述，因此对电脑网路和资料库依赖性强。在没有资料库或不便连网路的地方，一维条形码便失去意义。因此，最近几年开始有人提出一些储存量较高的二维条形码。二维条形码具有条码技术的一些共性：每种码制有其特定的字符集；每个字符占有一定的宽度；具有一定的校验功能等。同时还具有对不同行的信息自动识别功能及处理图形旋转变化等特点。

中药从原植物的种子种苗鉴定到原药材的采收、加工、炮制，到质量检测、物流和运输都还处于无序分散的状态，尚未形成完整的可追溯的质量监控体系。一旦在某一环节出现质量问题，无法从源头层层筛查，而条码技术则有望弥补这一缺陷。中药条形码的应用大概包括三个方面：品种的基原鉴定、质量的全程监控及流通过程的追溯监管。分子条形码可准确鉴定物种基原，化学条形码可弥补其在质量评价方面的欠缺，流通条形码可获得其准确的原材料产地、加工方式、物流公司、经销商等全面信息，实现中药材从农田到成品药的全程跟踪与追溯。消费者可以通过产品包装上的条形码，了解所购药品的生产企业、原材料产地、生产日期、检验信息、原药材种植（如打农药次数）、原药材加工（如加工温度、炮制方式）等各项信息。

目前的常用的二维码一般容量为 1800 个字符左右，通过改进运算方法可以提高到几十兆，则可把 DNA 条形码、化学条形码和流通的详细信息整合到一起输出到条码里，对中药整个流通过程实行监控。

（一）中药原植物物种鉴定

1. DNA 条形码

中药材由于其使用历史久远，来源多，以传统分类为主要手段，虽然显微鉴定和理化鉴定为中药分类做出了巨大的贡献，但操作复杂，难以形成标准。DNA barcoding（DNA 条形码）是利用一段标准 DNA 序列作为标记来实现快速、准确和自动化的物种鉴定，类似于超市利用条形码扫描区分成千上万种不同的商品。

2. DNA 条形码在中药物种鉴定上的应用

中药原植物样本经对目标基因测序后，采用 Blast 比较分析确定多位点的 DNA 分子标记中适合作为 DNA 条形码的序列，构建所研究物种的 DNA 条形码序列数据库。一维条形码虽然提高了资料收集与资料处理的速度，但最大资料长度通常不超过 15 个字元，受到资料容量的限制。常用 DNA 条形码序列一般均大于 200 bp，如果采用一维条形码，图像长度过长，难以像常规商品条形码一样实现快速识别，以目前单基因鉴别效率最高的 ITS2 序列为目标基因，此条形码为人参（*Panax ginseng*）的 ITS2 部分序列生成的条形码，由于条码太长，使用起来非常不方便。另外，如果葛的某一个基因存在特殊的二级结构，一维条形码难以进行描述，因此针对 DNA 条形码序列的大容量，可以采用二维条形码合成技术进行物种的鉴别。二维条形码除了具有一维条码的特点以外，还具有一定的校验功能，同时还具有对不同行的信息自动识别功能及处理图形旋转变化等特点。在没有电脑网络和数据库时仍然可用扫描仪直接读取内容，比如可以直接从手机传输的二维码图片进行直接扫描。

（二）条形码在中药栽培、加工、炮制、运输等领域质量监控的应用

中药质量的监控除了传统的各流通环节抽样检测外，能把采集、加工、炮制及物流运输等关键点进行整合信息输入条码才可以实现真正意义上的质量监控及全程追踪。目前，有一些企业或服务单位针对中药流通的单一环节进行了条形码的管理，如对原材料产地、生产日期、检验信息等采用条码进行数据库管理，中药企业可以明确原药材的来源及质量，在进行投料生产时可以根据复方的组成调节配方的比例；安国药材市场针对销售原药材无法进行追溯的问题，采用对商品包装上的条码增加确定的唯一销售摊位号来进行管理，一旦出现质量问题可以找到销售商。虽然诸如此类的管理手段提高了一些环节的监控水平，但如果超过了该环节的监管范围仍然无法进行追溯。

中药材从农田生产（或野外采集）到中成药的流程种，有几个关键点需要记录相关信息到条码：

（1）产地及规模：要具体到乡镇水平，或者使用 GPS 定位信息。单品种药材记录生产规模，是否是 GAP 基地生产，是单个农户生产还是龙头企业主导，企业要有唯一编号。

（2）药材来源类型及外观描述：野外采集还是人工栽培，外观形状描述。

（3）商品入药部位：全草、根、茎、叶、花、果实、种子、分泌物等。

（4）粗加工：加工企业要明确；加工方式涉及到切割方式（切片、段、块等）、干燥方式及温度范围（阴干、烘干、晒干、蒸煮等）、发汗、去皮、分等级等等。

（5）炮制方式：蒸、炒、炙、煅、炮、炼、煮沸、火熬、烧、斩断、研、锉、捣膏、酒洗、酒煎、酒煮、水浸、汤洗、刮皮、去核、去翅足、去毛等。

（6）质检：代表成分的含量或图谱，炮制加工前后的成分差异、色泽变化等。

（7）物流：产品加工后到经销间的转运、仓储、时间、温度、湿度或二次加工等信息，以及各环节涉及的企业名称。

（8）销售：一级、二级、三级等销售商代码。

因此，流通过程中的每个单位或最后的消费者可以从最终的商品条形码获得该产品之前的一切相关信息，相关管理单位也可以进行产品质量管理与追溯。

二维条形码容量大，除了具有一维条形码的特点，还可以把音像等信息包含到条码中，模拟如下：

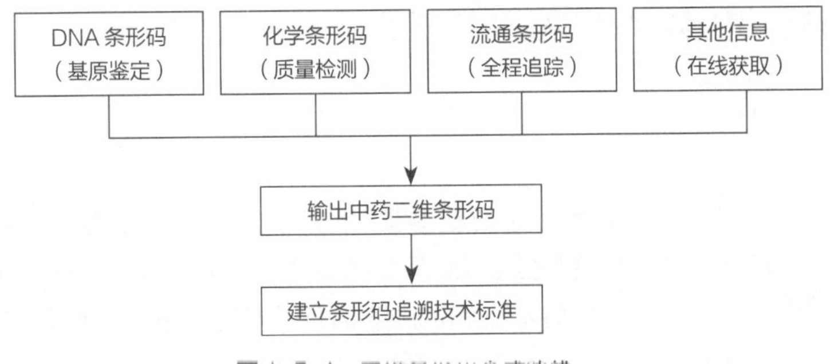

图 1-5-1　二维条形码合成路线

大容量二维条形码的开发是建立在目前中药研究水平基础上的，DNA 条形码、化学指纹图谱、中药一维条形码及相关图片音像等都已具备了相当的数据库资料，在建立了新的运算方法后，二维条形码包含的数据信息经过扫描解码输出全程监控资料。

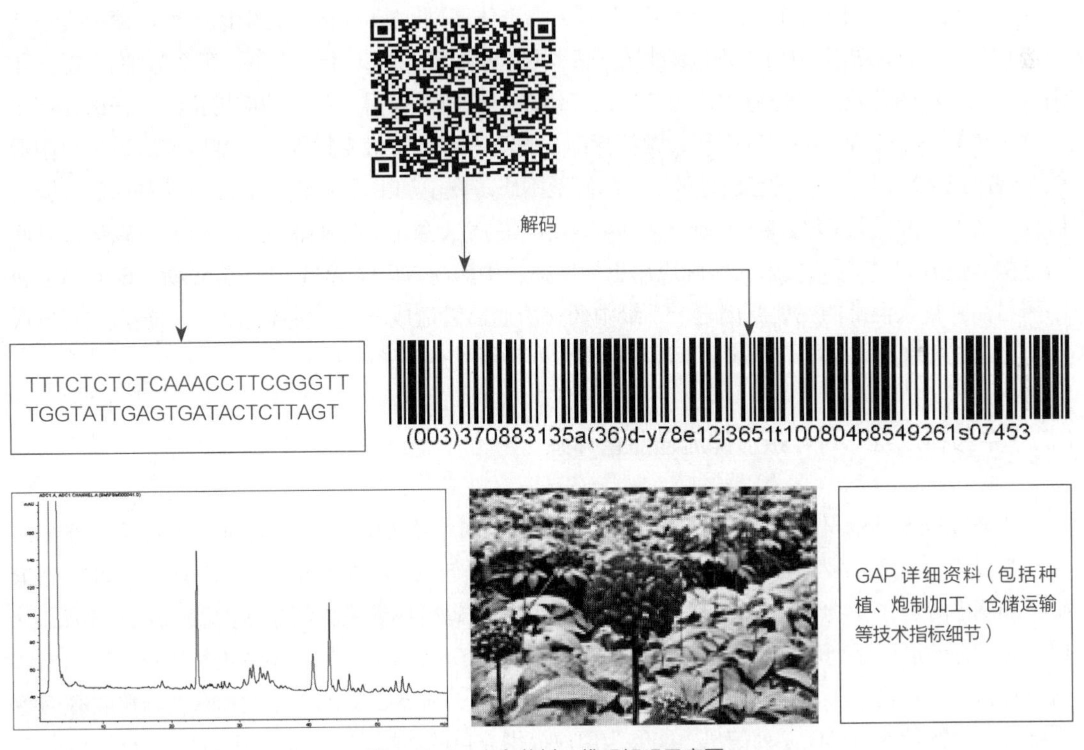

图 1-5-2　人参药材二维码解码示意图

条形码追溯技术是一种方便全程监控中药质量的有效手段，该技术的使用及进一步的优化还可以逐步完善并提高中药单品种 GAP 操作全程的技术标准。针对大宗常用中药材建立从农田生产到中成药消费的每一环节的数据库资料，通过信息比对，发现问题、解决问题，既可以做到点到线的全程追溯，提高质量监控的水平，又可以实现全程技术标准化，提高中药产品的质量稳定性，减少同方不同药的现象，为中药真正走向国际舞台奠定基础。

三、二维条形码在中药材质量追溯中的应用

（一）保障中药材质量

保障中药材质量是维护公众用药安全的基本要求。2014 年 9 月，为加强中药材及饮片管理、保证公共用药安全，原国家食品药品监督管理总局（China Food and Drug Administration，CFDA）组织开展中药材及饮片专项抽检，经检验发现 93 批不符合标准规定。中药材及饮片染色、增重、掺伪、掺杂等违法行为严重危害公众用药安全，CFDA 已组织相关机构采取相应控制措施，有针对性地加强中药材及饮片质量监管。鉴于中药材品种和来源的复杂性，对其真伪进行鉴别是中药材流通监管工作的重要内容。《中国药典》（2010 年版第三增补本）现已收载中药材 DNA 条形码分子鉴定法指导原则作为中药材质量控制的新方法，文献报道表明，该方法在市场监控工作中成效显著。DNA 条形码技术采用基因组内一段标准的、相对较短的 DNA 片段实现物种鉴定目的。目前，“DNA 条形码”实际指代的是各种药材标准 DNA 序列的碱基组成信息。陈士林等人创建的中药材 DNA 条形码鉴定体系选用内部转录间隔区 2（ITS2）为主体序列，psbA-trnH 为辅助序列对植物类中药材进行鉴定，而动物类中药材则以细胞色素 C 氧化酶亚基Ⅰ（COⅠ）为主，ITS2 为辅。近几年随着智能手机的普及，以摄像识读为基础的二维条形码技术获得了广泛的应用空间，普遍存在于日常生活的各个方面，如广告推送、微信营销、电商平台、手机支付等。二维码本质是采用图形组合规律记录数据信息，具有信息量大、编码范围广、便于加密等优势。鉴于二维码的强大功能，研究者基于开源代码 QRCode（quick response code）将 DNA 条形码序列转换为二维码，以扩大其应用范围，使 DNA 条形码技术的实际应用更加便捷。中药材“同物异名”“同名异物”现象是造成中药材品种复杂混乱的主要原因之一，给中药材流通监管造成不便。关木通误作木通，广防己误作防己造成患者严重肾损伤引起全世界范围对中药质量安全问题的关注。

（二）中药材二维 DNA 条形码流通监管体系

本研究以 5 种药材为例，基于 ITS2 序列建立中药材二维 DNA 条形码流通监管体系。整个体系分为 DNA 条形码序列获得与 DNA 条形码信息跨平台转换两大部分内容，包括 DNA 提取、PCR 扩增和测序等分子生物学实验步骤以及序列拼接和二维码转换等生物信息学步骤，用户扫描二维码得到物种条形码序列信息后，可将序列提交至中药材 DNA 条形码鉴定系统进行比对以获知该药材物种信息。目前该鉴定系统数据库中包含中国、美国、日本、韩国、印度和欧洲药典收载的绝大部分药用物种的条形码序列信息，能够为用户提供充足的数据支持。对于中药材流通体系而言，保证药材为正品来源是重中之重，二维 DNA 条形码技术能够自源头开始对药材来源进行监控。应用中药材 DNA 条形码鉴定系统对中药材种子种苗进行鉴定，可以确保药农所种植的品种即为药材正品，避免因种子种苗不易区分造成混种、错种，保证药农的根本利益；也可基于该数据库为中药材 GAP 生产企业订制专属鉴定系统，提供企业所需的药材物种二维 DNA 条形码，对各大规模种植基地进行标示，便于企业统一经营管理，收购商在进行药材收购时，通过扫描药材生产者提供的二维码即可辨别真伪，并可实地抽检，以便二次核实。中成药生产企业同样可采用此方法确保其原料药的投料准确性与安全性。此外，医院药房、药店等可使用二维码对其药库及处方管理

系统进行规整，既能系统管理采购、进货、验货等环节，又可实现当医生开具处方时，系统自动提供处方中各药材二维码至药品调剂科室，便于药剂师核对并调配处方，避免错配、漏配，即可解决类似本研究在材料收集过程中遇到的因地区习用名称差异而误将“样本 3”作“样本 1”出售等问题。消费者亦可通过扫描二维码确认自己所购药品的真假。

第三节　技术应用案例

一、无公害人参药材及饮片农药与重金属及有害元素的最大残留限量

本标准规定了无公害人参药材及饮片中艾氏剂、毒死蜱、氯丹、五氯硝基苯等 168 种农药残留、5 种重金属及有害元素的限量。本标准适用于无公害人参药材和饮片的判定。下列文件对于本文件的应用是必不可少的。凡是注日期的引用文件，仅注日期的版本适用于本文件。凡是不注日期的引用文件，其最新版本（包括所有的修改单）适用于本文件。《中国药典》（2015 年版，一部）；《中国药典》（2015 年版，四部）

人参药材为五加科人参属植物人参 *Panax ginseng* C. A. Mey. 的干燥根及根茎。人参饮片以人参药材为原料，经润透，切薄片，干燥而成的人参炮制品。最大残留限量，中药材或饮片中法定允许的农药最大浓度，以每千克中药材或饮片中农药残留的毫克数表示（mg/kg）。无公害人参药材及饮片以规范化标准管理为基础，生产出达到本标准规定农药残留、重金属及有害元素限量的人参药材及饮片。

（一）检测方法

1. 农药残留量检测

人参药材及饮片中 176 种农药残留量的测定采用气相色谱 - 串联质谱法和液相色谱 - 串联质谱法（见附录 1）。

2. 重金属及有害元素含量检测

铅、镉、铜、砷、汞按照《中国药典》（2015 年版，四部）通则 2321 铅、镉、铜、砷、汞测定法规定的方法。

3. 检验规则

（1）批次　以同一产地、同一连续生产周期生产一定数量的相对均质的人参药材及饮片为一个批次。

（2）抽样方法　试样的抽样方法按照《中国药典》（2015 年版，四部）通则 0211 药材和饮片取样法的规定执行。

（3）检验项目　农药残留为 176 种，其中表 1-5-3 所列 42 项为必检项，表 1-5-4 所列 126 项为推荐检测检项；表 1-5-5 所列重金属及有害元素为 5 项，均为必检项。

（4）判定规则　无公害人参药材或饮片的判定，应符合《中国药典》（2015 年版，一部）人参项下农药残留的要求及表 1-5-3、表 1-5-5 中限量指标。

（二）限量指标

1. 必检农药限量指标

必检艾氏剂、毒死蜱、氯丹、五氯硝基苯等 42 种农药种类及残留限量，见表 1-5-3。

表 1-5-3　无公害人参药材及饮片必检农药残留限量指标

编号	中文名	中文名	最大残留量 /（mg/kg）
1	Aldrin	艾氏剂	不得检出
2	Chlorpyrifos	毒死蜱	0.50
3	Chlordane	氯丹（顺式氯丹、反式氯丹、氧化氯丹之和）	不得检出
4	Pencycuron	戊菌隆	0.05
5	p,p'-DDD、o,p'-DDD、p,p'-DDE、o,p'-DDE、p,p'-DDT、o,p'-DDT	总滴滴涕	不得检出
6	Pentachlorothioanisole（PCTA）	甲基五氯苯硫醚	0.01
7	BHC（alpha-BHC/α、beta-BHC/β、gamma-BHC/γ、delta-BHC/δ 之和）	六六六	不得检出
8	Heptachlor	七氯	不得检出
9	Quintozene（PCNB）	五氯硝基苯	0.08
10	Hexachlorobenzene	六氯苯	0.05
11	Propiconazole	丙环唑	0.01
12	Procymidone	腐霉利	0.20
13	Pentachloroaniline（PCA）	五氯苯胺	0.02
14	Isofenphos-methyl	甲基异柳磷	0.02
15	Azoxystrobin	嘧菌酯	0.01
16	Carbendazim	多菌灵	0.10
17	Chlorobenzilate	乙酯杀螨醇	0.70
18	Cyhalothrin	三氟氯氰菊酯	0.05
19	Cypermethrin	氯氰菊酯	0.05
20	Cyfluthrin	氟氯氰菊酯	0.05
21	Tebuconazole	戊唑醇	0.05

续表

编号	中文名	中文名	最大残留量 /（mg/kg）
22	Methoxyfenozide	甲氧虫酰肼	0.05
23	Chlorfenapyr	溴虫腈	不得检出
24	Cyazofamid	氰霜唑	0.02
25	Cyprodinil	嘧菌环胺	0.80
26	Difenoconazole	苯醚甲环唑	0.20
27	Dimethomorph	烯酰吗啉	0.05
28	Dinotefuran	呋虫胺	0.05
29	Fludioxonil	咯菌腈	0.70
30	Flutolanil	氟酰胺	0.05
31	Kresoxim-Methyl	醚菌酯	0.10
32	Triflumizole	氟菌唑	0.10
33	Metalaxyl	甲霜灵	0.05
34	Myclobutanil	腈菌唑	0.05
35	Phoxim	辛硫磷	不得检出
36	Pyraclostrobin	吡唑醚菌酯	0.05
37	Thiamethoxam	噻虫嗪	0.02
38	Methamidophos	甲胺磷	不得检出
39	Parathion-methyl	甲基对硫磷	不得检出
40	Phorate	甲拌磷	不得检出
41	Monocrotophos	久效磷	不得检出
42	Fonofos	地虫硫磷	不得检出

注：“不得检出”，即检测值低于本标准附录 A 中表 A.1、表 A.2 所示标准物质定量限。

2. 推荐检测项农药限量指标

推荐检测高灭磷、啶虫脒、甲草胺等 126 种农药种类及残留限量，见表 1-5-4。

表 1-5-4　无公害人参药材及饮片推荐检测农药残留限量指标

编号	项目	最大残留限量（mg/kg）	编号	项目	最大残留限量（mg/kg）
1	Acephate 高灭磷	不得检出	3	Alachlor 甲草胺	不得检出
2	Acetamiprid 啶虫脒	不得检出	4	Bentazone 灭草松	不得检出

续表

编号	项目	最大残留限量（mg/kg）	编号	项目	最大残留限量（mg/kg）
5	Bifenthrin 联苯菊酯	不得检出	33	Fenitrothion（MEP） 杀螟硫磷	不得检出
6	Bromopropylate 溴螨酯	不得检出	34	Fenpropathrin 甲氰菊酯	不得检出
7	Buprofezin 噻嗪酮	不得检出	35	Fenpyroximate 唑螨酯	不得检出
8	Butachlor 丁草胺	不得检出	36	Flonicamid 氟啶虫酰胺	不得检出
9	Carbaryl（NAC） 甲萘威	不得检出	37	Fluazifop-butyl 吡氟禾草灵	不得检出
10	Carbofuran 虫螨威	不得检出	38	Fluazinam 氟啶胺	不得检出
11	Chlorpyrifos-methyl 甲基毒死蜱	不得检出	39	Flufenoxuron 氟虫脲	不得检出
12	Chromafenozide 环虫酰肼	不得检出	40	Triflumizole MET 甲基氯菌唑	不得检出
13	Clomeprop 氯甲酰草胺	不得检出	41	Haloxyfop-methyl 氟吡甲禾灵	不得检出
14	Clothianidin 噻虫胺	不得检出	42	Imazosulfuron 唑吡嘧磺隆	不得检出
15	Coumatetralyl 杀鼠迷	不得检出	43	Imibenconazole MET2 甲基 2 亚胺唑	不得检出
16	Cyanophos 杀螟腈	不得检出	44	Indanofan 茚草酮	不得检出
17	Daimuron 杀草隆	不得检出	39	Flufenoxuron 氟虫脲	不得检出
18	Diazinon 二嗪磷	不得检出	40	Triflumizole MET 甲基氯菌唑	不得检出
19	Dichlorvos（DDVP） 敌敌畏	不得检出	41	Haloxyfop-methyl 氟吡甲禾灵	不得检出
20	Dicofol 三氯杀虫螨	不得检出	42	Imazosulfuron 唑吡嘧磺隆	不得检出
21	Diflufenican 吡氟酰草胺	不得检出	43	Imibenconazole MET2 甲基 2 亚胺唑	不得检出
22	Dimethametryn 异戊腈	不得检出	44	Indanofan 茚草酮	不得检出
23	Dimethoate 乐果	不得检出	45	Indoxacarb 茚虫威	不得检出
24	Parathion 巴拉松	不得检出	46	Ioxynil 碘苯腈	不得检出
25	Endosulfan sulfate 硫丹硫酸盐	不得检出	47	Ipconazole 种菌唑	不得检出
26	Endrin 异狄剂	0.02	48	Isocarbofos 水胺硫磷	不得检出
27	Esprocarb 戊草丹	不得检出	49	Isoxathion 异噁唑啉	不得检出
28	Ethion 乙硫磷	不得检出	50	Linuron 利谷隆	不得检出
29	Ethiprole 乙虫腈	不得检出	51	Lufenuron 虱螨脲	不得检出
30	Ethychlozate 促长抑唑	不得检出	52	Malathion 马拉硫磷	不得检出
31	Etoxazole 乙螨唑	不得检出	53	MCPA-ethyl 2-甲-4氯乙酯	不得检出
32	Pentoxazone 戊基噁唑酮	不得检出	54	Mefenacet 苯噻酰草胺	不得检出

续表

编号	项目	最大残留限量（mg/kg）	编号	项目	最大残留限量（mg/kg）
55	Methidathion 杀扑磷	不得检出	83	Thiophanate 硫菌灵	不得检出
56	Methomyl 灭多威	不得检出	84	Tolclofos-methyl 甲基立枯磷	不得检出
57	Metolachlor 异丙甲草胺	不得检出	85	Tolfenpyrad 唑虫酰胺	不得检出
58	Omethoate 氧化乐果	不得检出	86	Triazophos 三唑磷	不得检出
59	Oxaziclomefone 噁嗪草酮	不得检出	87	Heptachlorepoxide cis 反式环氧七氯	不得检出
60	Furametpyr 福拉比	不得检出	88	Trifluralin 氟乐灵	不得检出
61	Pendimethalin 二甲戊灵	0.01	89	MCPA-thioethyl 2甲4氯硫代乙酯	不得检出
62	Imibenconazole MET1 甲基1亚胺唑	不得检出	90	Imibenconazole 亚胺唑	不得检出
63	Fenbuconazole 氰苯唑	不得检出	91	Fenthion 倍硫磷	不得检出
64	Phosalone 伏杀硫磷	不得检出	92	Phenthoate 稻丰散	不得检出
65	Phthalide 苯酞	不得检出	93	Benzoepin b β-硫丹	不得检出
66	Piperonyl butoxide 增效醚	不得检出	94	EPN 苯硫磷	不得检出
67	Pirimiphos-methyl 甲基嘧啶磷	不得检出	95	Permethrin cis 顺氏氯菊酯	不得检出
68	Prochloraz 咪鲜胺	不得检出	96	Permethrin trans 反氏氯菊酯	不得检出
69	Profenofos 丙溴磷	不得检出	97	Cyfluthrin 1 氟氯氰菊酯1	不得检出
70	Prometryn 扑草净	不得检出	98	Cyfluthrin 2 氟氯氰菊酯2	不得检出
71	Propanil 敌稗	不得检出	99	Cyfluthrin 3 氟氯氰菊酯3	不得检出
72	Propargite 炔螨特	不得检出	100	Fenvalerate 1 氰戊菊酯1	不得检出
73	Pyridaben 哒螨灵	不得检出	101	Fenvalerate 2 氰戊菊酯2	不得检出
74	Pyrimidifen 嘧螨醚	不得检出	102	Deltamethrin 溴氰菊酯	不得检出
75	Silafluofen 氟硅菊酯	不得检出	103	Carbofuran-3-hydroxy 羟基呋喃丹	不得检出
76	Simeconazole 硅氟唑	不得检出	104	MCPA 2-甲基-4-氯苯氧乙酸	不得检出
77	Tebufenozide 虫酰肼	不得检出	105	Pyroquilone 咯喹酮	不得检出
78	Tetradifon 三氯杀螨砜	不得检出	106	Edifenphos 克瘟散	不得检出
79	Thiacloprid 噻虫啉	不得检出	107	Pyriminobac-methyl Z 肟啶草Z	不得检出
80	Thifensulfuron-methyl 噻吩磺隆	不得检出	108	Pyriminobac-methyl E 肟啶草E	不得检出
81	Thiobencarb 禾草丹	不得检出	109	Cypermethrin 1 氟氯菊酯1	不得检出
82	Thiodicarb 硫双威	不得检出	110	Chlorobenzuron 灭幼脲	不得检出

续表

编号	项目	最大残留限量（mg/kg）	编号	项目	最大残留限量（mg/kg）
111	Ketoconazole 酮康唑	不得检出	119	o,p'-DDT o,p'- 滴滴涕	不得检出
112	Diafenthiuron 丁醚脲	不得检出	120	Chlordane cis 顺式氯丹	不得检出
113	Avermectin B1a 阿维菌素 Bla	不得检出	121	Chlordane trans 反式氯丹	不得检出
114	Ethofenprox 醚菊酯	不得检出	122	Chlordane oxy 氧化氯丹	不得检出
115	p,p'-DDD p,p'- 滴滴涕	不得检出	123	alpha-BHC/α α- 六六六	不得检出
116	p,p'-DDE p,p'- 滴滴伊	不得检出	124	beta-BHC/β β- 六六六	不得检出
117	o,p'-DDE o,p'- 滴滴伊	不得检出	125	gamma-BHC/γ γ- 六六六	不得检出
118	p,p'-DDT p,p'- 滴滴涕	不得检出	126	delta-BHC/δ δ- 六六六	不得检出

注："不得检出"，即检测值低于本标准附录 A 中表 A.1、表 A.2 所示标准物质定量限。

3. 重金属及有害元素限量指标

铅、镉、汞、砷、铜均为必检项，其最大限量指标，见表 1-5-5。

表 1-5-5 无公害人参药材及饮片中重金属及有害元素限量指标

编号	项目	最大残留限量 /（mg/kg）
1	铅（以 Pb 计）	0.50
2	镉（以 Cd 计）	0.50
3	汞（以 Hg 计）	0.10
4	砷（以 As 计）	1.00
5	铜（以 Cu 计）	20.00

二、无公害三七药材及饮片农药与重金属及有害元素的最大残留限量

本标准规定了无公害三七药材及饮片中腐霉利、烯酰吗啉、戊唑醇等 206 项农药残留的最大限量、5 种重金属及有害元素的最大限量。本标准适用于无公害三七药材和饮片的判定。下列文件对于本文件的应用是必不可少的。凡是注日期的引用文件，仅所注日期的版本适用于本文件。凡是不注日期的引用文件，其最新版本（包括所有的修改单）适用于本文件。《中国药典》2015 年版一部；《中国药典》2015 年版四部；GB/T 19086-2008 地理标志产品 文山三七。

三七药材（notoginseng radix et rhizome）三七药材为五加科人参属植物三七 *Panax notoginseng*（Burk.）F. H. Chen 干燥根及根茎。三七饮片（decoction pieces of notoginseng）。三七饮片以三七药材为原料，经过净制、干燥或低温干燥、切片、粉碎、蒸制加工而得的生、熟三七片或三七粉，可直接用于中医临床或制剂生产使用的处方药品。最大残留限量（maximum residue limit（MRL））在中药材及饮片或提取物内部或表面法定允许的农药最大浓度，以每千克中药材、饮片或提取物中

农药残留的毫克数表示（mg/kg）。

（一）检验方法

1. 农药残留量检测

三七药材及饮片中206种农药及相关化学品残留量的测定采用气相色谱-质谱法和液相色谱-串联质谱法。

2. 重金属及有害元素含量检测

铅、镉、铜、砷、汞按《中国药典》四部通则2321铅、镉、铜、砷、汞测定法规定的方法。

3. 检验规则

（1）批次　以同一产地、同一连续生产周期生产一定数量的相对均质的三七药材及饮片为一个批次。

（2）抽样方法　试样的抽样方法按《中国药典》四部通则0211药材和饮片取样法规定的方法执行。

（3）检验项目　检测指标农药残留为206项，其中对表1-5-6所列29项为必检项，表1-5-7所列177项为推检项；表1-5-8所列重金属及有害元素5项，均为必检项。

4. 判定规则

无公害三七药材或无公害三七饮片的判定，必须符合《中国药典》2015版一部三七项下的要求及表1-5-6、表1-5-8中必检项限量指标。无公害文山三七药材或无公害文山三七饮片的判定，必须符合国家标准GB/T 19086-2008《地理标志产品文山三七》的要求及表1-5-6、表1-5-8中必检项限量指标。

（二）限量指标

1. 必检农药限量指标

必检农药种类及限量应符合表1-5-6中规定。

表1-5-6　无公害三七药材及饮片必检农药最大残留限量

编号	项目	最大残留限量（mg/kg）	编号	项目	最大残留限量（mg/kg）
1	Procymidone 腐霉利	0.5	8	Carbendazim 多菌灵	0.5
2	Dimethomorph 烯酰吗啉	0.9	9	Oxadixyl 噁霜灵	0.1
3	Tebuconazole 戊唑醇	0.6	10	Thiophanate methyl 甲基硫菌灵	0.5
4	Quintozene 五氯硝基苯	0.02	11	Propamocarb 霜霉威	0.1
5	Azoxystrobin 嘧菌酯	0.3	12	Chlorothalonil 百菌清	0.1
6	Propiconazole 丙环唑	0.3	13	Triadimenol 三唑醇	0.2
7	Flusilazole 氟硅唑	0.1	14	Pyrimethanil 嘧霉胺	0.3

续表

编号	项目	最大残留限量（mg/kg）	编号	项目	最大残留限量（mg/kg）
15	Difenoconazole 苯醚甲环唑	0.2	23	Bifenthrin 联苯菊酯	0.05
16	Metalaxyl 甲霜灵	0.1	24	Diazinon 二嗪磷	0.05
17	Iprodione 异菌脲	2.0	25	DDT 滴滴涕（*p,p'*-DDT、*o,p'*-DDT、*p,p'*-DDE、*p,p'*-DDD、*o,p'*-DDD、*o,p'*-DDE 之和）	不得检出
18	Cypermethrin 氯氰菊酯	0.05	26	HCH 六六六（alpha-HCH/α、beta-HCH/β、gamma-HCH/γ、delta-HCH/δ 之和）	不得检出
19	Chlorpyrifos 毒死蜱	0.1	27	Chlordane 氯丹（顺式氯丹、反式氯丹、氧化氯丹之和）	不得检出
20	λ-Cyhalothrin 高效氯氟氰菊酯	0.1	28	Heptachlor 七氯	不得检出
21	Hexachlorobenzene 六氯苯	0.01	29	Aldrin 艾氏剂	不得检出
22	Cyfluthrin 氟氯氰菊酯	0.05			

注："不得检出"为低于附录 A 方法中所列的检出限量

2. 推检农药限量指标

规定了无公害三七药材及饮片中啶虫脒、乙草胺、甲草胺等推检农药种类及限量应符合表 1-5-7 中的规定。

表 1-5-7 无公害三七药材及饮片推检农药最大残留限量

编号	项目	最大残留限量（mg/kg）	编号	项目	最大残留限量（mg/kg）
1	Acetamiprid 啶虫脒	不得检出	10	Atrazine 莠去津	不得检出
2	Acetochlor 乙草胺	不得检出	11	Azinphos-methyl 保棉磷	不得检出
3	Alachlor 甲草胺	不得检出	12	Benalaxyl 苯霜灵	不得检出
4	Aldicarb sulfoxide 涕灭威亚砜	不得检出	13	Bendiocarb 噁虫威	不得检出
5	Aldicarb 涕灭威	不得检出	14	Benfluralin 乙丁氟灵	不得检出
6	Aldoxycarb/Aldicarb sulfone 砜灭威 / 涕灭威砜	不得检出	15	Benfuresate 呋草黄 / 呋草磺	不得检出
7	Alpha-HCH α- 六六六	不得检出	16	Bensulfuron-methyl 苄嘧磺隆	不得检出
8	Anilofos 莎稗磷	不得检出	17	Beta-HCH β- 六六六	不得检出
9	Aramite 杀螨特	不得检出	18	Bitertanol 联苯三唑醇	0.01

续表

编号	项目	最大残留限量（mg/kg）	编号	项目	最大残留限量（mg/kg）
19	Boscalid 啶酰菌胺	0.5	47	Dicofol 三氯杀螨醇	不得检出
20	Bromophos-ethyl 乙基溴硫磷	不得检出	48	Dieldrin 狄氏剂	不得检出
21	Bromopropylate 溴螨酯	不得检出	49	Diethofencarb 乙霉威	0.05
22	Buprofezin 噻嗪酮	不得检出	50	Diflubenzuron 除虫脲	不得检出
23	Butachlor 丁草胺	不得检出	51	Dimethenamid 二甲吩草胺	不得检出
24	Carbaryl 甲萘威	不得检出	52	Dimethoate 乐果	不得检出
25	Carbofenothion 三硫磷	不得检出	53	Dimethylvinphos 甲基毒虫畏	不得检出
26	Carbofuran-3-hydroxy 3- 羟基虫螨威	不得检出	54	Dioxabenzofos（Salithion）蔬果磷	不得检出
27	Carbofuran 虫螨威 / 克百威	不得检出	55	Diphenamid 双苯酰草胺	不得检出
28	Chlorbenside 杀螨醚 / 氯杀螨	不得检出	56	Disulfoton 乙拌磷	不得检出
29	Chlorbenzuron 灭幼脲	不得检出	57	Edifenphos 敌瘟磷 / 敌瘟散	不得检出
30	Chlorbufam 氯草灵	不得检出	58	Emamectin benzoate 甲氨基阿维菌素苯甲酸盐	不得检出
31	Chlorfenapyr 溴虫腈 / 虫螨腈	不得检出	59	Endosulfan sulfate 硫丹硫酸酯	不得检出
32	Chlorfenson 杀螨酯	不得检出	60	EPN 苯硫磷	不得检出
33	Chlorfenvinphos 毒虫畏	不得检出	61	Esprocarb 戊草丹	不得检出
34	Chlorobenzilate 乙酯杀螨醇	不得检出	62	Ethalfluralin 乙丁烯氟灵	不得检出
35	Chloroxuron 枯草隆	不得检出	63	Ethiofencarb 乙硫苯威	不得检出
36	Chlorpyrifos-methyl 甲基毒死蜱	不得检出	64	Ethion 乙硫磷	不得检出
37	Chlozolinate 乙菌利 / 克氯得	不得检出	65	Ethofumesate 乙氧呋草黄	不得检出
38	cis-Chlordane 顺式 - 氯丹	不得检出	66	Ethoprophos 灭线磷	不得检出
39	Clethodim 烯草酮	不得检出	67	Etofenprox 醚菊酯	不得检出
40	Clothianidin 噻虫胺	不得检出	68	Fenchlorphos 皮蝇磷	不得检出
41	Cyanazine 氰草津	不得检出	69	Fenitrothion 杀螟硫磷 / 杀螟松	不得检出
42	Cyprodinil 嘧菌环胺	0.75	70	Fenoxycarb 双氧威 / 苯醚威	不得检出
43	Delta-HCH δ- 六六六	不得检出	71	Fenpropathrin 甲氰菊酯	不得检出
44	Deltamethrin 溴氰菊酯	不得检出	72	Fenpropimorph 丁苯吗啉	不得检出
45	Dichlofenthion 除线磷	不得检出	73	Fensulfothion 丰索磷	不得检出
46	Dichlorvos 敌敌畏	不得检出	74	Fenthion 倍硫磷	不得检出

续表

编号	项目	最大残留限量（mg/kg）	编号	项目	最大残留限量（mg/kg）
75	Fentrazamide 四唑酰草胺 / 四唑啉酮	不得检出	101	Metolachlor 异丙甲草胺	不得检出
76	Fenvalerate 氰戊菊酯	不得检出	102	Mevinphos 速灭磷	不得检出
77	Fonofos 地虫硫磷	不得检出	103	Monocrotophos 久效磷	不得检出
78	Furalaxyl 呋霜灵	不得检出	104	Napropamide 敌草胺	不得检出
79	Gamma-HCH/Lindane γ-六六六 / 林丹	不得检出	105	Nicosulfuron 烟嘧磺隆	不得检出
80	Haloxyfop-2-ethoxy-ethyl 氟吡乙禾灵	不得检出	106	Nitrothal-Isopropyl 酞菌酯	不得检出
81	Haloxyfop-methyl 氟吡甲禾灵	不得检出	107	o,p′-DDD o.p′ 滴滴滴	不得检出
82	Heptanophos 庚烯磷	不得检出	108	o,p′-DDE o,p′ 滴滴伊	不得检出
83	Hexythiazox 噻螨酮	不得检出	109	o,p′-DDT o,p′- 滴滴涕	不得检出
84	Imazalil 抑霉唑 / 烯菌灵	不得检出	110	Omethoate 氧乐果	不得检出
85	Imidacloprid 吡虫啉	不得检出	111	Oxadiazone 噁草酮	不得检出
86	Indoxacarb 茚虫威	0.01	112	Oxamyl 杀线威	不得检出
87	Iprovalicarb 缬霉威	不得检出	113	oxy-Chlordane 氧化氯丹	不得检出
88	Isazofos 氯唑磷	不得检出	114	Oxydemeton-methyl 亚砜磷	不得检出
89	Isofenphos 异柳磷	不得检出	115	p,p′-DDD p.p′ 滴滴滴	不得检出
90	Isoprocarb 异丙威	不得检出	116	p,p′-DDE p,p′ 滴滴伊	不得检出
91	Isoprothiolane 稻瘟灵	不得检出	117	p,p′-DDT p,p′- 滴滴涕	不得检出
92	Isoproturon 异丙隆	不得检出	118	Paclobutrazol 多效唑	不得检出
93	Kresoxim-methyl 醚菌酯 / 苯氧菊酯	不得检出	119	Parathion 对硫磷	不得检出
94	Lenacil 环草定 / 环草啶	不得检出	120	Penconazole 戊菌唑	0.1
95	Linuron 利谷隆	不得检出	121	Pendimethalin 二甲戊乐灵	不得检出
96	Malathion 马拉硫磷	不得检出	122	Pentachloroaniline 五氯苯胺	0.01
97	Mefenacet 苯噻酰草胺	不得检出	123	Pentachloroanisole 五氯甲氧基苯	0.05
98	Methamidophos 甲胺磷	不得检出	124	Permethrin 苄氯菊酯	不得检出
99	Methidathion 杀扑磷	不得检出	125	Phenthoate 稻丰散	不得检出
100	Methiocarb 灭虫威	不得检出	126	Phorate 甲拌磷	不得检出

续表

编号	项目	最大残留限量（mg/kg）	编号	项目	最大残留限量（mg/kg）
127	Phosalone 伏杀硫磷	不得检出	151	Tau-Fluvalinate 氟胺氰菊酯	不得检出
128	Phosmet 亚胺硫磷	不得检出	152	Tebufenozide 虫酰肼	不得检出
129	Phoxim 辛硫磷	不得检出	153	Tebufenpyrad 吡螨胺	不得检出
130	Pirimicarb 抗蚜威	不得检出	154	Tecnazene 四氯硝基苯	0.01
131	Pirimiphos-ethyl 嘧啶磷	不得检出	155	Terbufos 特丁硫磷	不得检出
132	Pirimiphos-methyl 甲基嘧啶磷	不得检出	156	Tetrachlorvinphos 杀虫畏	不得检出
133	Prochloraz 咪鲜胺	0.05	157	Tetradifon 四氯杀螨砜	不得检出
134	Profenophos 丙溴磷	不得检出	158	Thiabendazole 噻菌灵	0.01
135	Promecarb 猛杀威	不得检出	159	Thiacloprid 噻虫啉	0.01
136	Prometryne 扑草净	不得检出	160	Thiamethoxam 噻虫嗪	不得检出
137	Propargite 炔螨特	不得检出	161	Thifensulfuron-methyl 噻吩磺隆 / 阔叶散	不得检出
138	Propoxur 残杀威	不得检出	162	Thiodicarb 硫双威	不得检出
139	Propyzamide 炔苯酰草胺	不得检出	163	Thiofanox sulfon 久效威砜	不得检出
140	Pymetrozin 吡蚜酮 / 吡嗪酮	0.01	164	Thiofanox-sulfoxide 久效威亚砜	不得检出
141	Pyrazophos 吡菌磷	不得检出	165	Tolclofos-methyl 甲基立枯磷	0.1
142	Pyridaben 哒螨灵	0.01	166	Tolfenpyrad 唑虫酰胺	不得检出
143	Pyridaphenthion 哒嗪硫磷	不得检出	167	Trans-Chlordane 反式氯丹	不得检出
144	Quinalphos 喹硫磷	不得检出	168	Triadimefon 三唑酮	0.1
145	Quizalofop-ethyl 喹禾灵 / 禾草克	不得检出	169	Triasulfuron 醚苯磺隆	不得检出
146	Rimsulfuron 砜嘧磺隆	不得检出	170	Triazophos 三唑磷	不得检出
147	Safrotin 巴胺磷	不得检出	171	Trichlorphon 敌百虫	不得检出
144	Quinalphos 喹硫磷	不得检出	172	Triflumizole 氟菌唑	0.01
145	Quizalofop-ethyl 喹禾灵 / 禾草克	不得检出	173	Trifluralin 氟乐灵	不得检出
146	Rimsulfuron 砜嘧磺隆	不得检出	174	Triflusulfuron-methyl 氟胺磺隆	不得检出
147	Safrotin 巴胺磷	不得检出	175	Vamidothion 蚜灭磷 / 完灭硫磷	不得检出
148	Spinosad 多杀菌素 / 艾克敌	0.01	176	α-Endosulfan α- 硫丹	不得检出
149	Spiroxamine 螺噁茂胺 / 螺环菌胺	不得检出	177	β-Endosulfan β- 硫丹	不得检出
150	Sulfotep 治螟磷	不得检出			

注："不得检出"为低于附录 A 方法中所列的检出限量

3. 重金属及有害元素限量指标

重金属及有害元素种类及限量应符合表 1-5-8 中规定。

表 1-5-8　无公害三七药材及饮片中重金属及有害元素限量指标

序号	项目	最大限量值（mg/kg）
1	铅（以 Pb 计）	1.0
2	镉（以 Cd 计）	0.5
3	汞（以 Hg 计）	0.1
4	砷（以 As 计）	2.0
5	铜（以 Cu 计）	20

附录 1（规范性附录）人参药材及饮片中农药残留量的测定—气相色谱 - 串联质谱法和液相色谱 - 串联质谱法

一、标准溶液的配制

（一）标准储备溶液的配制

精确量取 2 ml 标准品溶液于 25 ml 容量瓶中，根据标准物质的溶解性（参见附表 1，2），选用丙酮或甲醇溶解并定容至刻度。-18℃±4℃保存，有效期 12 月。

（二）混合标准品溶液的配制

精密量取丙酮溶液标准储备溶液 0.5 ml 至 2 ml 容量瓶中，用丙酮定容至刻度，即得 GC-MS/MS 测定法混合标准品溶液。-18℃±4℃保存，有效期 12 月。

精密量取甲醇溶液标准储备溶液 0.5 ml 至 20 ml 容量瓶中，用甲醇定容至刻度，即得 LC-MS/MS 测定法混合标准品溶液。-18℃±4℃保存，有效期 12 月。

1. 样品制备

将人参样品放入粉碎机中粉碎，过三号筛（50 目），即得人参样品粉末，保存于洁净样品瓶中，密封并标记。

2. 分析步骤

（1）萃取　精密称取 2.0 g（±5%）样品粉末于 50 ml 具塞离心管中，加入 20 ml 乙腈 - 水（4∶1）

振荡提取 10 分钟（速率 200 次 / 分钟），在 1000 g 条件下离心 5 分钟，萃取 2 次，合并萃取液于 50 ml 容量瓶中，乙腈 - 水（4∶1）稀释定容至刻度，得样液。

（2）净化　量取 25 ml 样液附于 Sep-Pak C18 色谱柱柱上，20 ml 乙腈进行洗脱并旋蒸浓缩至 5 ml（旋蒸温≤35℃），加入 5 ml 乙腈，5 ml 水，超声后，经 ChemElut（20 ml）柱洗脱净化，洗脱溶剂为正己烷 100 ml，收集净化后溶液并减压旋蒸浓缩至近干（旋蒸温度≤35℃），加入 1 ml 正己烷溶解，并将所有溶液附于 Florisil（1 g）柱上，采用 15 ml 正己烷 - 乙酸乙酯（9∶1）洗脱再次净化并旋蒸近干，采用丙酮溶解，转移至 1 ml 容量瓶中并定容至刻度，即得 GC-MS/MS 测定法净化液。

DSC-18Lt（500 mg）柱、PSA（500 mg）柱 5 ml 乙腈，5 ml 乙腈 - 水（4∶1）预处理，精密量取 5 ml 样液附于柱上，乙腈洗脱净化，收集流出液旋转蒸发至近干，甲醇溶解并转移至 2 ml 容量瓶中并定容至刻度，即得 LC-MS/MS 测定法净化液。

二、仪器参数

（一）GC-MS/MS 色谱条件

见附表 -1。

附表 -1　GC-MS/MS 参数

仪器	气相色谱 - 串联质谱
色谱柱	DB-XLB，30 m×0.25 mm×0.25 μm
进样体积	2 μl
进样方式	不分流
进样口温度	250℃
载气	氦气 He
升温程序	初始温度 80℃，保持 2 分钟
	每分钟上升 20℃，升温到 200℃，保持 0 分钟
	每分钟上升 10℃，升温到 300℃，保持 27 分钟
检测器	三重四级杆

（二）LC-MS/MS 色谱条件

1. 高效液相色谱参数

见附表 -2。

附表 -2 高效液相色谱参数

分析色谱柱	HSS T3, 2.1 mm×100 mm×1.8 μm			
保护柱	HSS T3, Pre-Column, 2.1 mm×5 mm×1.8 μm			
柱温	40℃			
进样量	2 μl			
流动相及洗脱梯度	时间（min）	流速（ml/min）	0.5%醋酸铵水溶液（V/V）	0.5%醋酸铵甲醇溶液（V/V）
	0.0	0.2	95	5
	5	0.2	40	60
	20	0.2	30	70
	25	0.2	10	90
	27	0.2	5	95
	37	0.2	5	95
	38	0.2	95	5

2. 质谱参数

见附表 -3。

附表 -3 质谱参数

仪器	三重四极杆液质联用系统
电离方式	正离子扫描模式，负离子扫描模式，多反应离子监测
干燥气温度	350 ℃
干燥气流速	10 ml/min
雾化气压力	344.75 kPa（50 psi）
毛细管电压	+2500 V，-2500 V
电子倍增管外加电压	200 V

三、样品检测

（一）定性分析

符合如下两条，则初步判定样品中存在该被测物：

——样品中所选择的两对离子对（母离子大于子离子）在同一保留时间都存在。

——样品中分析物的定性离子的相对丰度与浓度相当的标准溶液中的定性离子的相对丰度的

偏差不超过 ±40%。

（二）定量分析

经定性分析确认为阳性的农药，再通过外标法进行定量分析。

计算公式为：

$$C=\frac{A\times V\times DF}{1000\times m}$$

C —— 样品中所测农药的残留量（mg/kg）

A —— 样品中所测组分根据标准曲线计算出的浓度（μg/L）

V —— 定容体积（ml）

DF —— 稀释倍数

W —— 样品称样量（g）

附录 2（规范性附录）三七药材及饮片中 206 种农药及相关化学品残留量的测定——气相色谱—质谱法和液相色谱—串联质谱法

一、标准溶液的配制

（一）标准储备液（1000 mg/L）

精密称取 10 mg（±0.01 mg）标准物质于 10 ml 棕色容量瓶中，根据标准物质的溶解性，选用丙酮或甲醇溶解并定容至刻度。-18℃±4℃保存，有效期 12 个月。

（二）混合标准溶液（10 mg/L）

用移液枪精密吸取标准储备液 100 μl，于 10 ml 容量瓶中，用丙酮溶解并定容至刻度。-18℃±4℃保存，有效期 3 个月。

二、样品粉碎

将样品放入粉碎机中粉碎，过三号筛（50 目），得均质样品，装入洁净容器，密封并标记。

三、分析步骤

（一）萃取

精密称取 2.5 g（±5%）均质样品于 50 ml 离心管中，加入 10 ml 水浸泡 20 分钟，加入 25 ml 乙腈溶液，振荡提取 15 分钟。加入 QuEChERS 提取盐，涡旋混匀，8000 r/min 离心 5 分钟。

（二）净化

取上清液 20 ml 至另一离心管，加入 6.67 ml 甲苯，混匀，过 Carb-NH_2 柱净化，待全部提取液净化后，用 5 ml 乙腈 - 甲苯洗涤离心管，收集上述所有流出液于平底烧瓶中，旋至近干。GC-MS/MS 分析用丙酮定容 1 ml，LC-MSMS 分析用甲醇 - 水（4：1）稀释 10 倍上机测定。

四、仪器参数

附表 -4　GC-MS/MS 气相条件

仪器	Agilent 7890A-7000B
色谱柱	HP-5MSUI, 30 m×0.25 mm×0.25 μm
进样体积	2 μl
进样方式	不分流
进样口温度	250℃
载气	氦气 He
升温程序	Initial 70℃, Hold 2 分钟 ramp 25℃/min to 150℃, Hold 0 分钟 ramp 3℃/min to 200℃, Hold 0 分钟 ramp 8℃/min to 280℃, Hold 7 分钟
检测器	三重四极杆

（一）安捷伦 1200-6430 LC-MS/MS（配置有大气压电喷雾源）色谱条件

附表 -5　高效液相色谱参数

分析色谱柱	安捷伦 Poroshell 120 EC-C18 3.0 mmx150 mm			
保护柱	安捷伦 Poroshell 120 EC-C18 3.0 mmx5 mm			
柱温	40℃			
进样量	10 μl			
流动相及洗脱梯度	时间（min）	流速（ml/min）	含 0.05% 乙酸甲醇溶液	含 0.05% 乙酸的水溶液
	0.0	0.4	15	85

续表

流动相及洗脱梯度	1.0	0.4	60	40
	6.0	0.4	90	10
	13.0	0.4	90	10
	13.1	0.6	15	85
	15.0	0.6	15	85

附表 -6　质谱参数

电离方式	正模式，多反应监测
干燥气温度	350℃
干燥气流速	10 L/min
雾化气压力	50 psi
毛细管电压	+4000 V
电子倍增管外加电压	500 V

五、样品检测

定性分析：

符合如下两条，则可以判定样品中存在该被测物。

样品溶液中如所选择的两对离子（母离子>子离子）对在同一保留时间位置都存在。

样品中分析物的定性离子的相对丰度与浓度相当的标液中的定性离子的相对丰度的偏差不超过如下表中规定：

相对离子丰度 %	>50%	20%～50%	10%～20%	10%
允许偏差 %	±20%	±25%	±30%	±50%

定量分析：

经定性分析确认为阳性的农药，再通过外标法进行定量分析。

计算

$$C=\frac{A\times V\times DF}{1000\times m}$$

C——样品中所测农药的残留量（mg/kg）

A——样品中所测组分根据标准曲线计算出的浓度（μg/L）

V——定容体积（ml）

DF——稀释倍数

W——样品称样量（g）

下篇

药材品种栽培生产技术规范

本书以生产无公害中药材为目的，涵盖了产地环境、生产过程、产品质量等控制中药材质量的关键环节。种植产地环境应符合国家空气、土壤、灌溉水质量标准的相关规定、生产过程符合《中药材生产质量管理规范》，产品质量达到无公害中药材质量标准。

本书涵盖了从源头到生产的全过程质量控制，包括产地环境、生产过程、产品质量等控制中药材质量的每个环节。无公害中药材生产产地生态环境应依据《中国药材产地生态适宜性区划》(第二版)规定的生态因子进行产地选择，空气环境质量应达到GB/T 3095-2012一、二级标准值要求，种植地土壤必须符合GB 15618和NY/T 391的一级或二级土壤质量标准要求，灌溉水的水源质量必须符合GB 5084-2005的规定要求。中药材无公害种植环节应选择适宜当地的优质品种，加强优良抗逆种子及种苗的培育；合理施肥的原则和要求、允许使用和禁止使用肥料的种类等按DB 13/T 454执行；遵循“预防为主，综合防治”的植保方针，优先选用农业措施、生物防治和物理防治的方法，禁止使用高毒、高残留农药及其混配剂，以减少污染和残留。农药、重金属及有害元素限量应达到无公害中药材限量通用标准。

依据中药材的生物学特性结合种植基地的生产情况，本部分详述了人参、三七、丹参、青蒿、川贝母、黄连、川芎、西洋参、桔梗、红花、银杏、淫羊藿、党参、紫苏、郁金、金荞麦、罗汉果、太子参、冬虫夏草、白芷、竹节参、花椒、杜仲、茯苓、银柴胡、麻黄、重楼、山茱萸等几十种大宗中药材的无公害生产技术规范，该规范有助于无公害中药材标准化及规范化生产体系的建立，保障中药材生产发展并促进中药产业的健康发展。本部分中药材品种利用GMPGIS-Ⅱ对采样点生态因子进行提取，GMPGIS-Ⅱ对上一版本系统（GMPGIS）中的气候因子数据库进行了更新，由原有7个气候因子更新至21个，气候因子数据库来源于WorldClime和CliMond，此外采样点数据库也进行了实时更新，物种生长区域生态因子的种类与数值得到了丰富与提升。

1　人参

引言

人参为五加科植物 *Panax ginseng* C. A. Mey. 的干燥根及根茎，具有大补元气、补脾益肺、安神益智等功效，用于体虚欲脱、脾虚食少、津伤口渴等症。自古以来，人参就是滋补佳品，用量较大。自 2012 年原卫生部批准人参作为新资源食品在市场上流通后，其需求量猛增，导致人参价格快速上涨。传统人参种植主要以"伐林栽参"模式为主，由于该模式对森林资源和生态环境破坏严重，国家现已明令禁止砍伐森林生产人参，由此导致伐林参地资源急剧减少，全球范围内人参药材供需矛盾日益突出。农田栽参将成为人参种植产业发展的主要模式，但目前我国农田栽参种植技术还不成熟，病虫害日益严重、存苗率低等问题在生产过程中十分突出。为提高人参产量，生产过程中滥用农药化肥，不仅使人参药效下降，而且造成药材农残及重金属含量严重超标，使得我国人参产业在国际市场中的竞争力不断降低，现阶段开展无公害种植是解决该问题关键。

为生产优质人参，减少农残及重金属等外源物质污染，建立科学合理的人参无公害农田栽培技术规范及标准，推进农田栽参种植产业的健康发展，在前期工作基础上，本文制定了农田栽参栽培选地、土壤改良、种子种苗生产、田间管理、病虫害防治、质量控制及产地溯源等技术规范。

一、产地环境

栽培选地是无公害人参农田栽培的首要任务。种植基地选址应遵循物种分布生态相似性原理和地域性原则，应选择土壤改良成本低、便于机械化操作及运输的地区。无公害人参农田栽培种植基地环境应符合《中药材生产质量管理规范（试行）》、NY/T 2798.3-2015 无公害农产品生产质量安全控制技术规范、GB 15618-2008 土壤环境质量二级标准、GB 5084-2005 农田灌溉水质二级标准、GB 3095-2012 环境空气质量二级标准等要求。

（一）生态因子阈值范围

依据人参生长特性，利用"药用植物全球产地生态适宜性区划信息系统（GMPGIS-Ⅱ）"进行农田栽参生态适宜产地分析，经分析得到适宜人参生长的生态因子阈值如下表所示（表 2-1-1）。适宜农田栽参的土壤类型主要为白浆土、强淋溶土、暗色土、始成土、冲积土、潜育土、薄层土、淋溶土、灰化土、黑土等。种植基地土壤需要符合 GB 15618-2008 土壤环境质量二级标准要求，土壤重金属元素应该在规定范围内，其中总镉（mg/kg）≤0.30、总汞（mg/kg）≤0.25、总砷（mg/kg）≤25、总铅（mg/kg）≤50、总铜（mg/kg）≤50 等。

表 2-1-1 人参野生分布区、道地产区、主产区气候因子阈值（GMPGIS-Ⅱ）

生态因子	生态因子值范围	生态因子	生态因子值范围
年均温度（℃）	-2.1～14	年均降水量（mm）	520～1999
平均气温日较差（℃）	7.7～13.3	最湿月降水量（mm）	125～449
等温性（%）	19～32	最干月降水量（mm）	3～101
气温季节性变动（标准差）	7.8～15.7	降水量季节性变化（变异系数 %）	27～108
最热月最高温度（℃）	18.3～30.5	最湿季度降水量（mm）	322～908
最冷月最低温度（℃）	-31.8～-1.2	最干季度降水量（mm）	11～326
气温年较差（℃）	29.6～56.7	最热季度降水量（mm）	322～894
最湿季度平均温度（℃）	12.1～24.6	最冷季度降水量（mm）	11～406
最干季度平均温度（℃）	-23.2～9.4	年均日照（W/m^2）	113.2～158.5
最热季度平均温度（℃）	12.3～24.6	年均相对湿度（%）	54.4～71.5
最冷季度平均温度（℃）	-23.2～3.5		

（二）潜在生态适宜产区

依据中国、韩国、日本、朝鲜等农田栽参分布样点，通过 GMPGIS-Ⅱ得出农田栽参在世界范围内的最大生态相似度区域（生态相似度 99.9%～100% 区域），该适宜区域主要分布在亚洲东部、北美洲中东部、欧洲中南部及大洋洲东部沿海地区。其中人参最大生态相似度区域主要包括美国、加拿大、中国、俄罗斯、日本、朝鲜、法国、意大利、韩国等地区。

基于人参在国内的种植产区样点信息，利用 GMPGIS-Ⅱ得到人参在国内的最大生态相似度区域，该区域主要分布在东北地区、山东半岛、秦岭山脉及云贵高原高海拔地区，其中适宜种植省区包括黑龙江、吉林、辽宁、陕西、湖北、四川、河北等。黑龙江省铁力市、嘉荫县、海林市、富锦市、虎林市、宝清县等地，吉林省抚松县、通化市、集安市、敦化市、桦甸市、靖宇县、长白县等地，辽宁省宽甸县、桓仁县、凤城市、新宾县、开原市等地是农田栽参潜在最适种植区。

（三）种植基地环境及土质要求

种植基地应选择生态环境良好、不受工业“三废”及城镇生活、医疗废弃物等污染的地区；土壤农残及重金属含量不得超出无公害土壤种植标准。所选地块应远离居民区和主要公路 500 m 以上地区，预选地块坡度范围以 2°～15° 为宜，适宜种植在东、南、北三个坡向，离水源较近、便于机械化作业的地区。低洼积水、土壤黏重、岗顶风口等易遭受灾害的地块不宜选用。

种植基地选择土层≥30 cm、土质疏松肥沃、保水保肥性能良好、具有良好团粒结构的土壤较好。改良后的土壤有机质含量应≥3%，pH 值范围 5.5～6.5，大量及微量元素丰富。前茬作物以玉米 *Zea mays*、大豆 *Glycine max*、紫苏 *Perilla frutescens* 等较好，不宜选用种过蔬菜、水果、烟草、马铃薯 *Solanum tuberosum* 等地块。

二、优良品种

（一）农田栽参新品种选育

国内外培育的人参新品种较多，中国培育的人参新品种最多，有 13 个，但大部分适宜伐林地种植，且培育的新品种推广面积较小，仅有 3 个为农田地种植品种；韩国有 9 个，均为农田种植品种，适应性好，推广面积较大；另外日本培育的人参新品种有 2 个，朝鲜有 1 个。与国外农田栽参品种相比，我国适宜农田种植的新品种较少，且大都处于示范种植阶段，今后应加大农田栽参抗逆新品种的选育及推广研究（表 2-1-2）。

表 2-1-2　人参主要品种类型及生长特性

国别	品种	育种单位	主要特点	推广应用
中国	吉参 1 号	中国农业科学院特产研究所	丰产、单根重、优质参高、皂苷含量高	适宜伐林参地种植
	新开河 1 号	中国医学科学院药用植物研究所、集安人参研究所、康美新开河药业（吉林）有限公司	根圆柱形、茎绿色、齐度高、生长快、高产、抗黑斑病、边条参率高	适宜伐林参地种植
	新开河 2 号	集安人参研究所、康美新开河（吉林）药业有限公司、中国农业科学院特产研究所	芦短、体长、产量高，适宜加工红参，适宜在通化地区进行推广种植	适宜伐林参地种植
	中大林下参	长春中医药大学、白山老关东特产品有限公司	须根长、根茎长、参形优美、耐低温、抗红锈病	适宜无霜期 100～125 天地区
	中农皇封参	中国农业科学院特产研究所、长白山皇封参业有限公司	根茎短、产量较高	吉林省无霜期 90 天以上地区
	边条 1 号	吉林联元生物科技有限公司	茎绿色、根粗长、参型优美、对黑斑病有抗性、产量高	集安等无霜期≥120 天地区
	百泉人参 1 号	吉林农业大学、百泉参业集团公司	根圆柱形，具长芦性状、适应性强、抗根腐病，皂苷含量高	适宜林下参地种植
	宝泉山 1 号	中国农业科学院特产研究所、吉林大学物理研究所、吉林农业大学	茎秆粗壮、叶宽宽、地下根大而粗壮、产量高、抗病性一般	适宜伐林参地种植
	福星 1 号	中国农科院特产研究所、抚松人参产业发展办公室、参王植保有限责任公司	主根短粗、须根多、产量较高、抗病性能好	适宜吉林省伐林参地种植

续表

国别	品种	育种单位	主要特点	推广应用
中国	福星2号	中国农科院特产研究所、抚松人参研究所、参王植保有限责任公司	根圆柱形、主根短粗、须根多、产量高、抗病性能好	适宜吉林省伐林参地种植
	康美1号	吉林农业大学、集安人参研究所、康美新开河（吉林）药业有限公司、中国农业科学院特产研究所	根圆柱形，表面浅黄棕色、产量高、对锈腐病及黑斑病有一定抗性、长势稳定	适宜农田参地种植
	益盛汉参1号	吉林农业大学、集安益盛药业股份有限公司	稳定性好、具有较强的抗红皮病特性	适宜农田参地种植
	农田参1号申请中	中国中医科学院中药研究所，盛实百草药业有限公司	稳定性好、抗病虫害、产量较高	适宜农田地种植，示范种植
韩国	天丰（Chunpoong）	韩国人参公社	紫茎、叶柄具黑色斑点、果熟期晚、抗锈腐病、耐强光、产量适中、优质参高	适宜农田种植，已推广
	高丰（Gopoong）	韩国人参公社	茎矮浓绿色、产量中等	适宜农田，已推广
	金丰（Gumpoong）	韩国人参公社	黄果、椭圆叶、结果率高、适宜砂壤土、抗红皮病、加工参色泽偏浅、产量高	适宜农田，已推广
	仙丰（Sunpoong）	韩国人参公社	药材质量好、抗地上病害强、但产量低、参型差	适宜农田，已推广
	连丰（Yunpoong）	韩国人参公社	多茎、主根短粗、圆筒状、产量高	适宜农田，已推广
	仙云（Sunun）	韩国人参公社	种子红色、植株矮小、主根较长、产量适中、优质参少	适宜农田，已推广
	仙原（Sunone）	韩国人参公社	种子红色、茎秆紫色、植株高大、产量较大，参型差、优质参极少	适宜农田，已推广
	青仙（Cheongsun）	韩国人参公社	种子红色、植株及优质参中等、产量高、参根较长及粗	适宜农田，已推广
	仙香（Sunhyang）	韩国人参公社	种子及茎秆红色，植株矮小、产量较高、优质参少	适宜农田，已推广
日本	御牧	长野县园艺试验场	体型优美、但产量低	适宜农田，已推广
	米玛科	长野县园艺试验场北御牧特用试验场	产量高、主根细长、支根分支良好，成龄参叶片稍直立	适宜农田，已推广
朝鲜	紫茎1号	朝鲜人参研究试验场	根形美观、但产量偏低	适宜农田种植

（二）优良种子种苗生产

优良种子种苗生产应选取无病菌、健康的人参种子为材料，依据 GB 6941-86 及 ISO17217-1-2014 人参种子种苗标准进行挑选及种植。种子可通过包衣、消毒、催芽等措施提升出苗率及减少病虫害发生率。常用人参种子消毒方法为50%多菌灵500倍溶液浸泡裂口种子10分钟或者使用2.5%适乐时（2.5%咯菌腈悬浮种衣剂）进行包衣拌种。育苗地土壤应疏松通气、保水保肥，具有良好的物理特性，营养成分均衡，无病菌、虫卵及杂草种子等。

三、田间管理

（一）整地

4月末至5月初，进行第一次农田土壤翻耕，翻耕深度25～40 cm为宜；7月中旬将种植的绿肥打碎回田，每隔10～15天翻耕一次土壤，雨后或参地水分含量太高时不宜翻耕，9月起垄做畦前，共进行8～10次翻耕。平地畦向一般选南北走向，坡地可以顺坡做畦，畦长≤50 m。

（二）土壤消毒

土壤消毒以化学农药消毒为主，紫外线和生防菌剂（木霉菌、哈茨木霉菌等）消毒为辅。土壤消毒时间以绿肥回田后为宜，当气温稳定在10℃以上，土壤相对湿度为30%～80%时，可开展化学药剂消毒。常用土壤消毒剂为棉隆、威百亩、氰氨化钙、1,3-二氯丙烯等，消毒剂种类及消毒方法如表2-1-3所示。消毒完成后立即进行土壤翻耕，排空土壤中残留有毒气体，进行播种及移栽。

表2-1-3　不同土壤消毒剂使用方法比较

处理	棉隆	威百亩	氰氨化钙	1,3-二氯丙烯
消毒方法	颗粒撒入后2小时内覆盖熏蒸，30～80 g/m^2	扎桶放气后立即进行密封熏蒸，40～80 ml/m^2	粉末撒入混匀后覆盖，80～150 g/m^2	施入土壤后进行密封处理，30～80 ml/m^2
消毒时间	12～30℃，10～20天	10～30℃，10～20天	15～30℃，10～15天	7～15天
施药深度	25～40 cm	25～40 cm	25～40 cm	25～40 cm
土壤相对湿度	60%～80%	50%～80%	60%～80%	30%～60%

（三）土壤改良

土壤改良可采用绿肥种植、有机肥及菌肥添加等方式提升土壤肥力。根据种植基地土壤营养成分状况，在绿色休闲改良时期，可种植紫苏、大豆、玉米等作物，夏季高温时期将绿肥打碎施入农田，促进其快速腐烂，在后期土壤翻耕过程中可增施有机肥及微生物菌剂，调节土壤物理结构及适宜pH值。土壤改良中肥料添加以有机肥为主，少量搭配化肥和微量元素肥料，使改良后的土壤疏松肥沃、农残及重金属含量较低，达到《无公害农产品产地环境评价准则》要求。

绿肥紫苏对人参生长及增产具有显著提升作用，紫苏新品种“中研肥苏一号”可显著提升人参产量。该品种具有叶籽两用、丰产、高抗、耐贫瘠等特性，研究表明该紫苏品种的甲醇提取物可有效降低人参根腐病发病率，对根腐病致病菌具有较好的防治效果。另外，人参根腐病生防菌剂 PG50-1 对根腐病致病菌的防治效果显著，移栽或直播前，将该菌剂施入土层，人参根腐病死苗率可以下降 60% 以上，致病菌尖孢镰刀菌丰度可以下降 40% 以上。农田栽参土壤改良农家肥用量为 4～6 t/667 m^2，农家肥以鸡粪及猪粪为主，按照 2∶1（*W/W*）混匀，发酵备用。施肥可有效降低土壤 pH，增加土壤肥力，改变细菌群落组成，提高人参存苗率，最终提高人参产量和质量。

（四）种子种苗繁育

1. 播种

选择优质人参种子进行催芽处理，当人参种子裂口率≥95%，且胚长接近胚乳长度时，种子完成层积处理。秋播可在 10 月中下旬进行，春播在 4 月中下旬土壤解冻后开始，播种前用多菌灵或适乐时药剂进行包衣拌种杀菌处理。育苗地播种可采用点播、条播或散播方式。播种覆土厚度为 3～5 cm，播种后将畦面耧平，使用稻草、打碎的玉米秸秆或松针等进行覆盖，厚度 2～3 cm，参龄达到 4～6 年即可采收。

2. 移栽

大田移栽人参时，采挖参苗与参苗分等级应同时进行。依据人参种苗等级，应选择健壮、无病虫害的参苗进行移栽。春栽适宜在 4 月中旬土壤解冻后进行，秋栽适宜在 10 月中旬人参地上部枯萎时进行。人参移栽时不要伤到芽苞和参根表皮，可用 50% 多菌灵粉剂进行拌根消毒处理。

多年生人参起苗时可以将人参种苗分为一等、二等和三等，移栽时可以先移栽大苗，后栽小苗（表 2-1-4）。移栽完成后，覆土 5～8 cm，并将畦面耧平，使参苗充分接触到土壤。播种完成后用稻草、切碎的玉米秸秆或松针进行覆盖，厚度为 2～3 cm，参龄达到 4～6 年时即可采收。

表 2-1-4　多年生人参移栽株行距比较

等级	一等苗 /cm		二等苗 /cm		三等苗 /cm	
	株距	行距	株距	行距	株距	行距
一年生	8～10	15～20	7～9	15～20	6～8	15～20
二年生	10～12	15～20	9～11	15～20	8～10	15～20
三年生	12～14	15～20	11～13	15～20	10～12	15～20

（五）合理施肥

人参施肥应按照基肥为主、追肥为辅，有机肥为主、化肥为辅的施肥原则进行（表 2-1-5）。除大量元素外，根据土壤营养成分含量差异，可以施入部分微量元素肥料。另外，未经国家各级农业部门登记的化肥或生物肥料禁止使用。

表 2-1-5　无公害农田栽参肥料种类及施用方法

类型	施用时期	肥料种类及施用方法
绿肥	土壤改良期	4 月初种植玉米（4.5～7.5 g/m^2）、紫苏（1.5～3 g/m^2）或大豆（6～10 g/m^2）等绿肥作物，7 月上旬收割、切碎、回田，腐熟消解。
基肥	整地作畦期	8 月整地时补施腐熟鸡粪或猪粪等（3～6 kg/m^2），根据菌群结构特征，选择 2～4 g/m^2 芽孢杆菌、5～8 g/m^2 哈茨木霉菌等
追肥	营养生长期	追施腐熟圈肥、豆饼及草木灰混合肥料，也可追施化学肥料
叶面肥	开花结果期	缺氮施入尿素或喷施 2% 的尿素溶液，缺磷施入 2% 过磷酸钙溶液，缺钾施入硫酸钾等肥料

（六）田间管理

及时进行覆盖、防寒、摘蕾、疏花、疏果等是无公害农田栽参重要的田间管理措施。早春及秋季寒潮来临前，应做好防寒准备，可以采用覆土、覆盖塑料膜及草帘子方式进行防寒。当参畦土壤全部化透时，及时撤除防寒物，并使用 1% 硫酸铜对参地进行消毒。冬季参棚积雪厚度超过 10 cm 时，需要及时除雪，防止参棚坍塌。同时人参生长季节根据土质板结程度，全年手工松土 3～5 次，松土时进行人工除草，确保参地畦面无杂草。人参长出棚外易产生日灼病，在松土过程中注意扶苗培土。人参开花初期，当花梗长度为 3～5 cm 时，可以从花梗上 1/3 处将整个花序剪掉，留种田可以除去花序中心 1/2 花蕾及小而弱的青果，每株人参保留 20～30 粒种子。

田间管理过程中注意水、肥及光的调节。遇到干旱天气，可以采用微喷灌溉、滴灌或沟灌等方式进行，确保人参在适宜的生长环境下生长。为减少灌溉次数，可以在春秋季节采用收集自然降水的方式进行参地补水，但需要注意防止雨水带来的病虫害。多年生人参可根据人参长势进行适当追肥，追肥可采用施农家肥及叶面肥方式进行。人参幼苗露土后，根据天气情况及时覆盖参膜，当人参完全展叶，气温超过 25℃时，及时覆盖遮阳网。为促进人参生长，春秋季适宜增大光照，夏季适宜减少光照，以促进人参光合作用的高效进行。

四、病虫害综合防治

无公害农田栽参病虫害防治的原则是“预防为主，综合防治”，建立以农业、物理及生物一体的综合防治体系，尽量减少化学农药的使用量，最终达到收获优质药材的目的。

（一）农业防治

为减少农田栽参基地病虫害发生，生产过程中可以采取翻耕、晾晒、松土、除草、适时播种等措施，减少病虫害的发生率，同时合理密植，优化群体结构，促进人参健康生长，减少病虫害发生的不良环境产生。农田面积广阔，为促进人参健康生长，可根据人参植株水分临界期、最大需水期及病虫害发生情况进行合理灌溉。另外，根据人参参龄及种植密度，可采取遮阴或补光等措施进行光照强度调控，使人参健壮生长，有效抵抗病虫害的发生。

（二）物理防治

人参常见虫害主要有地老虎、金针虫等，利用害虫成虫具有趋光性特点，可采用黑光灯或频振式杀虫灯对人参虫害进行防治。如依据地老虎羽化时间，在其羽化期安放黑光灯、糖醋液进行诱杀。利用飞蛾、金龟子、蚊蝇等害虫对特殊光谱具有吸引特点，可采用黄板、蓝板等方法进行趋避和诱杀。在土壤休闲改良过程中，可以利用夏季高温天气，通过覆盖地膜及翻晒方法消除土壤中病源和虫源。

（三）生物防治

人参根腐病可采用种植紫苏绿肥及使用其提取物进行防治，该方法可有效控制人参根腐病发生，有效降低农药用量的20%～40%。另外，植物源农药具有安全、环保等特点，有利于中药材无公害生产和质量提高，是农田栽参病虫害防治的重点发展方向，今后应加大人参专用生物农药的开发力度。

（四）化学防治

化学农药是人参病虫害防治的主要方法。农药使用过程中应该做到科学用药、对症用药及适时用药原则，严格按照用药说明及安全间隔期进行农药使用。采用国家推荐使用的高效、低毒、低残留农药，以降低农药残留及重金属污染等，严禁使用国家规定的剧毒、高毒、高残留农药种类。

施药期间注意合理配施农药及轮换交替用药，以达到杀灭害虫，降低药材农药残留、保护天敌的目的，同时做好施药人员的安全防护工作，确保生产的人参符合无公害人参农残及重金属限量国家团体标准要求。人参病虫害种类较多，常见病虫害种类接近30种，根据田间病虫害防治方法总结，农田栽参常见病害种类、发病时间、危害部位及无公害防治方法如表2-1-6所示。

表2-1-6 农田栽参病害种类及无公害防治方法

种类	发病时间	危害部位	综合防治方法	化学防治方法
立枯病	6～7月	茎秆基部	及时松土除草，提高地温，避免土壤过湿	噁霉灵、多菌灵、咯菌腈、天达参宝、米达乐喷施
黑斑病	5～8月	叶、茎、果实和花柄	注意排水，做好防冻及下防寒土，田间消毒	多氧清、黑灰净、斑绝、代森锰锌及天达参宝等药剂喷施
灰霉病	6～8月	叶片及果实等	及时排水及撤下防寒土，做好田间消毒	嘧菌环胺、乙霉多菌灵、黑灰净、斑绝及天达参宝等
锈腐病	5～9月	参根	使用哈茨木霉或绿色木霉进行防治	多抗霉素蘸根移栽，发病时用99%噁霉灵或米达乐喷施
根腐病	7～8月	根部、根茎部	做好排水及加强通风，发现病株及时挖出	使用噁霉灵、代森锌、甲基托布津喷施

续表

种类	发病时间	危害部位	综合防治方法	化学防治方法
疫病	7~8月	茎、叶及根部	加强畦内通风、排涝及防雨，及时拔除病株	甲霜灵、噁霉灵、米达乐、霜脲锰锌及天达参宝喷施
菌核病	4~5月	参根、茎基及芦头	及时排水，增加透气，发现病株及时拔出	发病时用5%石灰乳消毒或噁霉灵、黑灰净喷施
白粉病	6~8月	叶片、果梗、果实	注意消毒、及时通风、防治参棚内过湿	粉锈宁、倍保、斑绝和粉星防治
红皮病	5~9月	根部	科学选地、早整地，疏松土壤、调节土壤水分	减少及交替使用代森锰锌、使用参威及沃土安药剂处理

人参虫害对人参产量及质量也会产生较大影响。人参虫害防治需在了解害虫发生规律前提下，以农业、生物等综合防治为主，尽量减少化学农药使用量。春秋季节及时检查虫情指数和种类，有针对性地使用生物除虫药剂进行诱杀；晚秋季节及时清除人参茎叶和杂草，消灭害虫寄生源。农田栽参虫害种类、危害部位及无公害防治方法如表2-1-7所示。

表2-1-7　农田栽参虫害种类及无公害防治方法

种类	发病时间	危害部位	综合防治方法	化学防治方法
金针虫	5~7月	根茎和幼茎	耕地深翻，灯光诱捕、印楝素、阿维菌素毒杀	米乐尔颗粒毒杀
蛴螬	4~9月	参根、嫩茎及叶片	深翻整地、灯光诱捕成虫，狼毒植株撒施	采用地亚农颗粒毒杀
地老虎	4~5月	参根、嫩茎	翻耕晾晒、清除杂草、采用糖、醋等诱饵诱杀	阿维菌素、多抗霉素、代森锌等毒杀
蝼蛄	5~9月	种子及嫩茎，参根	施用堆肥、诱虫灯及鲜草诱杀	采用乐斯本进行毒杀
土蝗	5~7月	叶片和茎	松土除草、清洁田园、利用土蝗喜食鲜草诱杀	使用5%氟虫脲、45%马拉硫磷乳油等毒杀

五、产地加工与质量标准

质量控制是无公害人参农田栽培的关键环节之一。无公害人参质量包括皂苷含量、农药残留和重金属及有害元素含量等指标，以上指标可以依据《中华人民共和国药典》（2015年版）中的检测方法及规定进行。实际生产过程中应依据人参产地及长势情况选择最佳采收期，人参采收、加工及原料装运、包装环节应严格按照无公害药材采收及加工方法进行，避免二次污染，加工过程中的清洗用水必须符合GB 3838-2002地表水环境质量标准限值。

(一)质量标准

1. 农药重金属及有害元素残留限量

无公害农田栽参农药残留和重金属及有害元素限量应达到国家相关标准规定。在合作单位多年人参出口药材检测结果基础上，参考《中华人民共和国药典》(2015年版)、《药用植物及制剂进出口绿色行业标准》以及美国、欧盟、日本、韩国等国家的人参质量标准，陈士林团队制定了T/CATCM 001-2018无公害人参药材及饮片农药与重金属及有害元素的最大残留限量标准。

本标准规定了无公害人参药材及饮片中艾氏剂、毒死蜱、氯丹、五氯硝基苯等168种农药残留及5种重金属及有害元素的最大残留限量。其中艾氏剂、毒死蜱、氯丹、五氯硝基苯等42种农药为必检项，其种类及最大残留限量如表2-1-8所示。重金属及有害元素限量指标铅、镉、汞、砷、铜均为必检项，其含量标准如表2-1-9所示。高灭磷、啶虫脒、甲草胺等126种农药为推荐检测项，其最大残留限量见《无公害人参药材及饮片 农药与重金属及有害元素的最大残留限量》团体标准。

表2-1-8 无公害人参药材及饮片必检农药最大残留限量

编号	项目		最大残留量 mg/kg
	英文名	中文名	
1	Aldrin	艾氏剂	不得检出
2	Azoxystrobin	嘧菌酯	0.50
3	BHC(α-BHC、β-BHC、γ-BHC、δ-BHC total)	总六六六	不得检出
4	Carbendazim	多菌灵	0.10
5	Chlordane	氯丹(顺式氯丹、反式氯丹、氧化氯丹)	不得检出
6	Chlorfenapyr	溴虫腈	不得检出
7	Chlorobenzilate	乙酯杀螨醇	0.70
8	Chlorpyrifos	毒死蜱	0.50
9	Cyazofamid	氰霜唑	0.02
10	Cyfluthrin	氟氯氰菊酯	0.05
11	Cyhalothrin	三氟氯氰菊酯	0.05
12	Cypermethrin	氯氰菊酯	0.05
13	Cyprodinil	嘧菌环胺	0.80
14	*p,p'*-DDD、*o,p'*-DDD、*p,p'*-DDE、*o,p'*-DDE、*p,p'*-DDT、*o,p'*-DDT total	总滴滴涕	不得检出
15	Difenoconazole	苯醚甲环唑	0.20
16	Dimethomorph	烯酰吗啉	0.05

续表

编号	项目		最大残留量 mg/kg
	英文名	中文名	
17	Dinotefuran	呋虫胺	0.05
18	Fludioxonil	咯菌腈	0.70
19	Flutolanil	氟酰胺	0.05
20	Fonofos	地虫硫磷	不得检出
21	Heptachlor	七氯	不得检出
22	Hexachlorobenzene	六氯苯	0.05
23	Isofenphos-methyl	甲基异柳磷	0.02
24	Kresoxim-Methyl	醚菌酯	0.10
25	Metalaxyl	甲霜灵	0.05
26	Methamidophos	甲胺磷	不得检出
27	Methoxyfenozide	甲氧虫酰肼	0.05
28	Monocrotophos	久效磷	不得检出
29	Triflumizole	氟菌唑	0.05
30	Parathion-methyl	甲基对硫磷	不得检出
31	Pencycuron	戊菌隆	0.05
32	Pentachloroaniline（PCA）	五氯苯胺	0.02
33	Pentachlorothioanisole（PCTA）	五氯硫代苯甲醚	0.01
34	Phorate	甲拌磷	不得检出
35	Phoxim	辛硫磷	不得检出
36	Procymidone	腐霉利	0.20
37	Propiconazole	丙环唑	0.50
38	Pyraclostrobin	吡唑醚菌酯	0.50
39	Quintozene（PCNB）	五氯硝基苯	0.10
40	Tebuconazole	戊唑醇	0.50
41	Thiamethoxam	噻虫嗪	0.02
42	Myclobutanil	腈菌唑	0.10

表 2-1-9 无公害人参药材及饮片中重金属及有害元素最大残留限量

编号	项目	最大残留限量（mg/kg）
1	铅（以 Pb 计）	0.50
2	镉（以 Cd 计）	0.50
3	汞（以 Hg 计）	0.10
4	砷（以 As 计）	1.00
5	铜（以 Cu 计）	20.00

2. 杂质及含量测定

杂质参照《中华人民共和国药典》2015 年版通则（2301）测定。人参药材安全含水量不得超过 12.0%，总灰分不得超过 5.0%。人参皂苷含量测试按照《中华人民共和国药典》2015 年版（通则 0512）液相色谱法进行，按干燥品计算，人参药材中人参皂苷 Rg_1（$C_{42}H_{72}O_{14}$）和人参皂苷 Re（$C_{48}H_{82}O_{18}$）总量不得少于 0.30%，人参皂苷 Rb_1（$C_{54}H_{92}O_{23}$）的含量不得少于 0.20%。

（二）无公害产地溯源

人参为多年生药材，建立产地溯源系统，可以在生产及流通环节实现人参药材种源、种植过程、加工及销售的溯源查询，实现药材统一规范的信息管理。把人参药材和饮片物种真伪、品质优劣及流通管理相结合，建立了“人参药材质量追溯管理系统”。其中人参药材真伪主要采用中草药 DNA 条形码鉴定技术鉴定，品质优劣主要依托高效液相指纹图谱转化为二维码技术进行分析，流通信息管理主要采用了物联网和云计算的现代信息技术，同时开发了基于移动智能技术集成的人参药材质量追溯技术平台，使得人参生产各环节质量检查能够实现实时共享，实现了企业质量控制、政府机构监管和消费者监督的有机结合，确保每批人参药材来源可查、去向可追、责任可究，保证了人参药材质量的稳定和可靠性。建立无公害农田栽参产地溯源系统，不仅是生产优质人参的有效措施，也是保证临床用药安全的前提。总之，无公害人参农田栽培技术规范和标准的建立，为优质人参药材的生产提供了科学依据，为人参种植产业的健康可持续发展提供了保障。

参考文献

[1] 沈亮，徐江，董林林，等. 人参栽培种植体系及研究策略 [J]. 中国中药杂志，2015，40（17）：3367-3373.

[2] 王思明，赵雨，赵大庆. 人参产业现状及发展思路 [J]. 中国现代中药，2016，18（1）：3-6.

[3] 任跃英，张益胜，李国君，等. 非林地人参种植基地建设的优势分析 [J]. 人参研究，2011，2：34-37.

[4] 牛玮浩，徐江，董林林，等. 农田栽参的研究进展及优势分析 [J]. 世界科学技术 – 中医药现代化，2016，18（11）：1981-1987.

[5] 沈亮，李西文，徐江，等. 人参无公害农田栽培技术体系及发展策略 [J]. 中国中药杂志，2017，42（17）：3267-3274.

[6] 徐江，董林林，王瑞，等. 综合改良对农田栽参土壤微生态环境的改善研究 [J]. 中国中药杂志，2017，42（5）：875-881.

[7] 崔东河，田永全，郑殿家，等. 农田地人参栽培技术要点 [J]. 人参研究，2010，22（4）：28-29.

[8] 张飞飞，任跃英，王天媛，等. 无公害人参生产关键技术 [J]. 现代农业科技，2017，1：70-73.

[9] 郭丽丽，郭帅，董林林，等. 无公害人参氮肥精细化栽培关键技术研究 [J]. 中国中药杂志，2018，43（7）：1427-1433.

[10] 王瑞，董林林，徐江，等. 基于病虫害综合防治的人参连作障碍消减策略 [J]. 中国中药杂志，2016，41（21）：3890-3896.

[11] 沈亮，吴杰，李西文，等. 人参全球产地生态适宜性分析及农田栽培选地规范 [J]. 中国中药杂志，2016，41（18）：3314-3322.

[12] 马小军，汪小全. 国产人参种质资源研究进展 [J]. 中国药学杂志，2000，35（5）：289-292.

[13] 南烟. 吉林育出非林地种植人参新品种 [J]. 北京农业，2012，12：54.

[14] 朴希璥. 中韩人参的系统比较 [D]. 北京：北京中医药大学，2002：23-25.

[15] 徐江，沈亮，陈士林，等. 无公害人参农田栽培技术规范及标准 [J]. 世界科学技术 – 中医药现代化，2018，20（7）：1-10.

[16] 王铁生，王英平. 韩国人参栽培新品种及轮作制 [J]. 人参研究，2003，15（3）：13-14.

[17] 赵亚会，赵寿经，李方元. 人参育种研究进展 [J]. 吉林农业大学学报，1996，18（增刊）：142-144.

[18] 王铁生. 中国人参 [M]. 沈阳：辽宁科学技术出版社，2001：219-232

[19] 么厉，程惠珍，杨智，等. 中药材规范化种植（养殖）技术指南 [M]. 北京：中国农业出版社，2006：293-305.

[20] 白亚静，林成日. 非林地人参主要病害安全用药技术分析 [J]. 南方农业，2018，12（2）：23-25.

[21] 刘亚南，赵东岳，刘敏，等. 人参病虫害发生及农药施用现状调查 [J]. 中国农学通报，2014，30（10）：294-298.

[22] 中国中药协会团体标准，T/CATCM 001-2018 无公害人参药材及饮片 农药与重金属及有害元素的最大残留限量 [S]. 北京：中国标准出版社，2018.

（沈亮，徐江，陈士林，李刚，李西文，董林林，近藤健儿）

2 三七

引言

三七 *Panax notoginseng*（Burk.）F. H. Chen 为五加科人参属植物，已有700多年的药用历史。云南是三七的主产地，种植面积和产量占到全国总量的90%以上，是我国最具特色的中药材大品种之一，在治疗心脑血管系统疾病方面具有显著疗效。截至2014年底，经原国家食品药品监督管理总局批准含有三七药材的中成药制剂就有356个，相关药品生产批准文号3626个、制药企业1300多家。国家新版基本药物目录中，有19个品种需要三七原料，涉及需要三七中药材原料的药品生产企业覆盖全国30个省、市、自治区，全国以三七为原料的制药工业总产值约700亿元。

三七种植过程中存在管理方式混乱，投入农药、化肥不规范使用，产地加工等问题，严重影响了三七的品质及产量，阻碍了三七产业的可持续健康发展。无公害三七种植体系是保障其品质的有效措施之一，为指导三七无公害规范化种植，结合三七的生物学特性，概述了无公害三七种植基地选址、品种选育、综合农艺措施、病虫害的综合防治等技术，为三七的无公害种植提供支撑。

一、产地环境

（一）生态环境要求

无公害三七生产要根据其生物学的特性，依据《中国药材产地生态适宜性区划》（第二版）进行产地的选择。三七为亚热带多年生高山草本，喜冬暖夏凉、四季温差变化幅度不大的气候，怕寒冷和酷热。喜荫，喜散射光，忌烈日直射的山脚斜坡或丘陵缓坡上，三七主要生长区域生态因子范围（表2-2-1）：最冷季均温6.8～13.0℃、最热季均温17.4～25.3℃、年均温12.8～19.7℃、年均相对湿度66.9%～75.6%、年均降水量896.0～1625.0 mm、年均日照134.7～144.3 W/m^2、无霜期300天以上等。

表2-2-1 三七道地产区生态因子值（GMPGIS-II）

生态因子	生态因子值范围	生态因子	生态因子值范围
年平均温（℃）	12.8～19.7	年均降水量（mm）	896.0～1625.0
平均气温日较差（℃）	7.4～10.9	最湿月降水量（mm）	186.0～355.0
等温性（%）	36.0～47.0	最干月降水量（mm）	9.0～21.0

续表

生态因子	生态因子值范围	生态因子	生态因子值范围
气温季节性变动（标准差）	4.07～5.08	降水量季节性变化（变异系数 %）	76.0～90.0
最热月最高温度（℃）	21.2～29.7	最湿季度降水量（mm）	508.0～918.0
最冷月最低温度（℃）	0.9～7.8	最干季度降水量（mm）	41.0～78.0
气温年较差（℃）	19.2～23.3	最热季度降水量（mm）	440.0～918.0
最湿季度平均温度（℃）	17.4～25.3	最冷季度降水量（mm）	41.0～78.0
最干季度平均温度（℃）	6.8～13.0	年均日照（W/m^2）	134.7～144.3
最热季度平均温度（℃）	17.4～25.3	年均相对湿度（%）	66.9～75.6
最冷季度平均温度（℃）	6.8～13.0		
主要土壤类型	人为土、淋溶土、始成土、强淋溶土、高活性强酸土等		

三七主要分布于云南、广西等省（自治区），主产于云南省文山、砚山、广南、马关、丘北及广西壮族自治区靖西、睦边、百色等县（市）（图 2-2-1）。

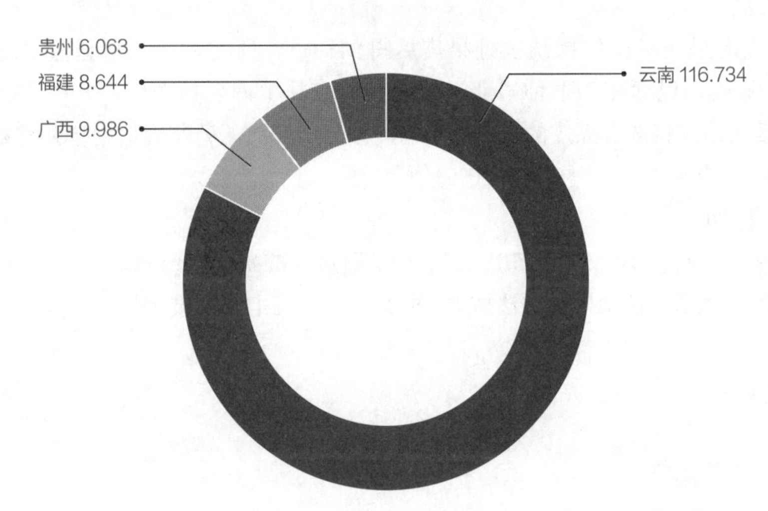

图 2-2-1　三七最大生态相似度主要区域面积（面积单位为 10^3 km^2）

（二）无公害三七产地标准

无公害三七生产的产地环境应符合国家《中药材生产质量管理规范》；NY/T 2798.3-2015 无公害农产品生产质量安全控制技术规范；大气环境无污染的地区，空气环境质量达 GB 3095 规定的二类区以上标准；水源为雨水、地下水和地表水，水质达到 GB 5084 规定的标准；土壤不能使用沉积淤泥污染的土壤，土壤农残和重金属含量按 GB 15618 规定的二级标准执行。

无公害三七生产选择生态环境条件良好的地区，产地区域和灌溉上游无或不直接受工业“三废”、城镇生活、医疗废弃物等污染，避开公路主干线、土壤重金属含量高的地区，不能选择冶炼工业（工厂）下风向 3 km 内。

二、优良品种

无公害三七种植生产的种源，应在最适宜三七种子生长的海拔 1650～1850 m 开展优良种质繁育区域，并选择田间病害发生率低的三七园作为良种繁育田，在良种繁育田内选择生长健壮的植株群体作为种子材料留种。或选用“苗乡三七 1 号”“滇七 1 号”或“苗乡抗七 1 号”作为良种繁殖材料。

1. 三七良种的选择

三七生产用良种从三七长势良好、健康无病的三年生三七园中挑选植株高大、茎秆粗壮、叶片厚实宽大的健康三年三七为留种植株，并做好标记，精心管理。

2. 制种

制种田要求在相对隔离的区域，至少与其他三七园要间隔 500 m 以上。生产管理按照 DG 5326/T 5.1-2016《文山州三七标准化种植规程》(第 1 部分：良种生产)，并于二年生时期摘除花蕾不留种。至 11 月中旬开始收集第一、二、三批果实。

3. 良种贮藏

挑选出的三七果实经过搓揉洗去外果皮后得到种子，所得种子还应通过“湿沙层积”的方法贮藏 45～60 天，以促使三七种子通过休眠期完成其生理后熟作用。方法：准备含水量为 20%～30% 的细河沙，将洗去果皮的三七种子与河沙分层置放于竹制容器中，并贮藏于洁净、通风的环境，保持河沙的含水量为 20%～30%。

4. 分级、播种

优质种苗生产用种按 DG 5326/T5.1《三七种子质量标准》，选择达到一、二级种子质量标准要求的种子播种。优质种苗田播种方法按 DG 5326/T5.2《三七育苗技术规范》操作。

三、田间管理

（一）综合田间农艺措施

1. 整地

播种前进行三犁三耙，第一次翻犁时间为 11 月初，以后每隔 15 天翻犁一次，翻梨深度为 30 cm，做到充分破碎和翻耙。栽过三七的地块，每亩土地用 50～70 kg 石灰作消毒处理。

2. 遮阴

一年生三七要求透光率 8%～12%，二年生三七要求透光率 12%～15%，三年生三七要求透光率为 15%～20%。要根据三七的不同生长时期，及时调整荫棚透光度。

3. 灌溉

三七播种后应视土壤墒情及时浇水 1 次，以后每隔 5～7 天浇 1 次，使土壤水分一直保持在

25%～30%，直至雨季来临。水分排放或供应不及时会导致三七病害、死亡等问题，排灌环节需要处理的问题包括：灌溉水的质量要满足要求；所选用的排灌方法要保证良好的水分利用率、田间湿度等，并且控制好灌溉的数量；灌水的时间应根据种植区域的具体情况而定，如：水分临界期、最大需水期、病虫草害等。因此，土壤水分过高或过低都会影响三七的安全生产，过低时会导致三七对矿质营养的吸收和转化，土壤水分过高时会影响三七根系的呼吸，加速根腐病的发生。

4. 摘蕾

6 月以后三七进入花雷期，此时应将二年生二七的花蕾及三年生三七弱、病植株的花蕾摘除。商品三七生产大田在 7 月中下旬三七花蕾生长到 3～5 cm 时用人工将其摘除。

5. 耕作措施

翻耕可促使病株残体在地下腐烂，同时也可把地下病菌、害虫翻到地表，结合晒垡进行土壤消毒。深翻还可使土层疏松，有利于根系发育。适时播种、避开病虫危害高峰期，从而减少病虫害。清洁田园应及时拔除、严格淘汰病株，摘除病叶病果并移田间销毁，可以减少再侵染源。

6. 合理配置株行距，优化群体结构

移栽时三七种植的株行距为 10 cm×12.5 cm～10 cm×15 cm，每亩种植密度达 2.6 万～3.2 万株。各产区还可根据种苗大小、气候条件、土壤质地等不同情况作适当调整。

7. 田间除草

田间杂草与三七争夺阳光、水分、养分等，有些杂草甚至是某些三七病害或虫害的中间寄主。因此，在三七生长期间，应结合田间管理清除杂草，以保证三七获得最好的生活条件及减轻各种病虫害的发生。

（二）合理施肥

三七施肥应坚持以基肥为主、追肥为辅和有机肥为主、化肥为辅的原则。有机肥为主，辅以其他肥料使用。未经国家或省级农业部门登记的化肥或生物肥料禁止使用。使用肥料的原则和要求、允许使用和禁止使用肥料的种类等按 DG 5326/T5.4《文山州三七标准化种植规程》（第 4 部分：农药使用准则）执行。无公害三七生产最后一次施肥至采挖，安全期间隔必须大于 40 天。基于三七不同生育期需肥规律及土壤供肥能力，通过长期的田间试验，建立了无公害三七种植的施肥量，无公害三七种植过程中以有机肥为主，N、P、K 肥合理配施（表 2-2-2）。

表 2-2-2　无公害三七种植分次施肥量表　　单位：千克 /（亩·年）

三七龄	施肥次数	高肥力				中肥力				低肥力			
		农家肥	氮肥	磷肥	钾肥	农家肥	氮肥	磷肥	钾肥	农家肥	氮肥	磷肥	钾肥
二年七	合计	5500	6	4	16	6000	7	6	20	6500	9	7	24
	基肥	3900	1.2	3.2	3.2	4200	1.4	4.8	4	4580	1.8	5.6	4.8
	1 次追肥	400	1.5	0.4	2.4	450	1.75	0.6	3	480	2.25	0.7	3.6

续表

三七龄	施肥次数	高肥力				中肥力				低肥力			
		农家肥	氮肥	磷肥	钾肥	农家肥	氮肥	磷肥	钾肥	农家肥	氮肥	磷肥	钾肥
	2 次追肥	400	1.5	0.4	2.4	450	1.75	0.6	3	480	2.25	0.6	3.6
二年七	3 次追肥	400	0.9		4	450	1.05		5	480	1.35		6
	4 次追肥	400	0.9		4	450	1.05		5	480	1.35		6
	合计	5000	9	9	18	5600	10	10	20	6000	12	12	24
	1 次追肥	1500	2.7	3.6	3.6	1800	3	4	4	2000	3.6	4.8	4.8
	2 次追肥	1500	2.7	3.6	3.6	1800	3	4	4	2000	3.6	4.8	4.8
三年七	3 次追肥	1000	1.8	0.9	5.4	1000	2	1	6	1000	2.4	1.2	7.2
	4 次追肥（留种地）	1000	1.8	0.9	5.4	1000	2	1	6	1000	2.4	1.2	7.2
	不留种地合计	4000	7.2	8.1	12.6	4600	8	9	14	5000	9.6	10.8	16.8

注：数据来源于种植基地试验数据

四、病虫害综合防治

无公害三七种植生产过程中禁止使用国家禁止生产和销售以及 GB 19086 地理标志产品文山三七禁止使用和限制在中草药上使用的农药种类。优先选择 NY/T 393 绿色食品农药使用准则中 AA 级和 A 级绿色食品生产允许使用植物和动物源、微生物源、生物化学源和矿物源农药品种（表 2-2-3、表 2-2-4）。相应准则参照 NY/T 393 绿色食品 农药使用准则、GB 12475 农药贮运、销售和使用的防毒规程、NY/T 1667（所有部分）农药登记管理术语。按照无公害三七生产主要病害控技术规程和无公害三七生产主要虫害防控技术规程执行，在生产管理规程中容忍部分病虫害损失，而三七药材中农药残留和重金属含量符合规程要求。

表 2-2-3　无公害三七种植中优先使用的药剂

种类	组分名称	防治对象	用量
植物和动物来源	楝素（苦楝、印楝素）	半翅目、鳞翅目、鞘翅目	9.375～11.25 g/hm^2
	苦参碱	黏虫、菜青虫、蚜虫、红蜘蛛	7.5～10.5 g/hm^2
	乙蒜素	半知菌引起植物病害	300～360 g/hm^2
	氨基寡糖素	病毒病	60～80 g/hm^2
微生物来源	球孢白僵菌	夜蛾科、蛴螬、棉铃虫	15～21 亿孢子 /m^2
	哈茨木霉、木霉菌	立枯病、灰霉病、猝倒病	喷雾 0.03～0.04 亿孢子 /m^2，灌根 12～18 亿孢子 /m^2

续表

种类	组分名称	防治对象	用量
微生物来源	淡紫拟青霉	线虫	37.5～45 g/hm^2
	苏云金杆菌（16000 IU/mg）	直翅目、鞘翅目、双翅目、膜翅目和鳞翅目	1500～2250 g/hm^2
	枯草芽孢杆菌（1000 亿芽孢 /g）	白粉病、灰霉病	300～600 g/hm^2
	蜡质芽孢杆菌（20 亿芽孢 /g）	细菌性病害	400～600 g/hm^2
	甘蓝核型多角体病毒（10 亿 PIB/g）	夜蛾科幼虫	1200～1500 g/hm^2
	斜纹夜蛾核型多角体病毒（200 亿 PIB/g）	斜纹夜蛾	45～60 g/hm^2
	小菜蛾颗粒体病毒（300 亿 OB/ml）	蛾类	375～ 450 ml/hm^2
	多杀霉素（10%）	蝶、蛾类幼虫	18.75～26.25 g/hm^2
	乙基多杀菌素（60 g/L）	蝶、蛾类幼虫、蓟马	9～18 g/hm^2
	春雷霉素（2%）	半知菌、细菌	24～30 g/hm^2
	多抗霉素（1.5%～10%）	链格孢、葡萄孢和圆斑病	80～100 g/hm^2
	多抗霉素 B（10%）	链格孢	127.5～150 g/hm^2
	宁南霉素（2%～10%）	白粉病	75～112.5 g/hm^2
	中生菌素（3%～5%）	细菌	37.5～52.5 g/hm^2
	硫酸链霉素（72%）	细菌	80～100 g/hm^2
生物化学产物	香菇多糖（0.5%～2%）	病毒病	12.45～18.75 g/hm^2
	几丁聚糖（0.5%～2%）	疫霉病	10～12.5 g/hm^2
矿物来源	石硫合剂（29%）	杀菌、杀虫、杀螨	0.5 g-1 Be/hm^2
	波尔多液（80%）	杀菌	75～100 g/hm^2

注：数据来源于种植基地试验数据

表 2-2-4　无公害三七种植中允许使用的化学农药

种类	农药名称	含量与剂型	防治对象	每公顷有效成分用量	年使用最多次数	最后一次施药距采挖间隔（天）
杀虫剂	高效氯氟氰菊酯 lambda-cyhalothrin	20% 乳油	菜青虫、地老虎等	9.37～12.5 g	2	>40
	吡虫啉 imidacloprid	70% 可湿性粉剂	蚜虫、蓟马、白粉虱等	8～15 g	2	≥30
	吡蚜酮 pymetrozine	50% 可湿性粉剂	蚜虫、蓟马、白粉虱等	60～70 g	2	≥30

续表

种类	农药名称	含量与剂型	防治对象	每公顷有效成分用量	年使用最多次数	最后一次施药距采挖间隔（天）
杀虫剂	抗蚜威 pirimicarb	50% 可湿性粉剂	蚜虫、蓟马、白粉虱等	60～90 g	2	≥20
	阿维菌素 abamectin	1.5% 水乳剂	蚜虫、线虫、菜青虫、地老虎等	8.1～10.8 g	2	>40
杀菌剂	氟硅唑 flusilazole	40% 乳油	白粉病、黑斑病、圆斑病	45～56.25 g	3	>40
	腈菌唑 myclobutanil	40% 可湿性粉剂	白粉病、黑斑病、圆斑病	45～60 g	3	≥30
	戊唑醇 tebuconazole	430 g/L 悬浮剂	白粉病、黑斑病、圆斑病	70～100 g	3	≥30
	苯醚甲环唑 difenoconazole	10% 水分散粒剂	白粉病、黑斑病	45～67.5 g	2	>40
	甲基硫菌灵 hiophanate-methyl	70% 可湿性粉剂	黑斑病、圆斑病、灰霉病	300～500 g	3	>20
	嘧菌酯 azoxystrobin	250 g/L 悬浮剂	黑斑病、圆斑病、灰霉病等	50～60 g	3	>20
	异菌脲 iprodione	50% 可湿性粉剂	灰霉病、黑斑病	250～550 g	3	>20
	嘧霉胺 pyrimethanil	400 g/L 悬浮剂	灰霉病	300～400 g	3	>20
	霜脲·锰锌 cymoxanil 8%，mancozeb 64%	72% 可湿性粉剂	疫霉病、猝倒病	500～650 g	3	20
	三乙膦酸铝 fosetyl-aluminium	80% 可湿性粉剂	疫霉病、猝倒病	1200～1410 g	2	20
	噁霜·锰锌 oxadixyl 8%，mancozeb 58%	64% 可湿性粉剂	疫霉病、猝倒病	1650～1950 g	3	20
	烯酰·锰锌 dimethomorph 9%，mancozeb 60%	69% 可湿性粉剂	疫霉病、猝倒病	1035～1552.5 g	3	20
	丙森锌 propineb	70% 可湿性粉剂	多种病原保护	1575～2205 g	3	20

注：数据来源于种植基地长期试验

五、产地加工与质量标准

（一）采收与加工

无公害三七的采收期应遵循三七药材采收期，采收过程严格按照三七 GAP 管理的采收流程执行，将病害三七与健康植株分开。运输包装材料保证无污染，并做好包装和运输记录。

无公害三七原料的加工场地必须保证无污染，原料到加工场36小时内完成修剪和清洗，清洗水的质量要求必须符合GB 3838地表水环境质量标准的Ⅰ～Ⅱ类水指标，并进入专用烘烤设备或专用太阳能干燥棚，按照DG 5326/T 4-2016《文山州三七标准化原产地初加工操作规程》中干燥条件执行。

（二）质量标准

无公害三七质量包括药材农药残留和重金属及有害元素限量等质量指标。三七质量标准可参照《中华人民共和国药典》(2015年版）及T/CATCM 003-2017《无公害三七药材及饮片农药与重金属及有害元素的最大残留限量》标准规定。

参考文献

[1] 王勇，余育启，陈士林，等. 三七药材及饮片农药残留与重金属含量限量标准研究[J]. 世界科学技术-中医药现代化，2016,（11）:1995-1963.

[2] 孟祥霞，黄林芳，董林林，等. 三七全球产地生态适宜性及品质生态学研究[J]. 药学学报，2016，51（09）: 1483-1493.

[3] 陈士林，董林林，郭巧生，等. 中药材无公害精细栽培体系研究[J]. 中国中药杂志，2018，43（08）: 1517-1528.

[4] 董林林，陈中坚，王勇，等. 药用植物DNA标记辅助育种（一）三七抗病品种选育研究[J]. 中国中药杂志，2017，42（01）: 56-62.

[5] 陈中坚，马小涵，董林林，等. 药用植物DNA标记辅助育种（三）三七新品种—“苗乡抗七1号”的抗病性评价[J]. 中国中药杂志，2017，42（11）: 2046-2051.

[6] DB 53/T 055.10-1999 三七栽培技术规范[S].

[7] DG5326/T 5.1～5.7-2016 文山州三七标准化种植规程[S].

[8] 张子龙，王文全，王勇，等. 连作对三七种子萌发及种苗生长的影响[J]. 生态学杂志，2010，29（08）: 1493-1497.

[9] 韩春艳，张蕊蕊，孙卫邦. 三七种子质量分级标准的研究[J]. 种子，2014，33（04）: 116-118+121.

[10] 匡双便，徐祥增，杨生超，等. 不同光质和透光率对三七种苗生长的影响[J]. 南方农业学报，2014, 45（11）: 1935-1942.

[11] 赵宏光. 不同土壤水肥对三七的影响[D]. 西北农林科技大学，2013.

[12] Xia P, Guo H, Zhao H, et al. Optimal fertilizer application for *Panax notoginseng* and effect of soil water on root rot disease and saponin contents[J]. Journal of Ginseng Research, 2016, 40（1）:38-46.

[13] 崔秀明，王朝梁，陈中坚，等. 三七GAP栽培的环境质量评价[J]. 中草药，2002，33（01）: 77-79.

[14] 王勇，陈昱君，冯光泉，等. 三七根腐病与施肥关系试验研究[J]. 中药材，2007，33（09）: 1063-1065.

[15] T/CATCM 003-2017 无公害三七药材及饮片农药与重金属及有害元素的最大残留限量[S].

[16] DG 5326/T 4-2016 文山州三七标准化原产地初加工操作规程[S].

[17] 么厉，程惠珍，杨智，等. 中药材规范化种植（养殖）技术指南. 北京：中国农业出版社，2006：293-305.

（魏富刚，王勇，董林林，陈士林，余育启，陈中坚）

3 山茱萸

引言

山茱萸 *Cornus officinalis* Sieb. et Zucc. 是一种落叶乔木或灌木，果肉干燥除杂后即为药材山茱萸，经炮制为酒茱萸，可补益肝肾，收涩固脱。对治疗糖尿病、冠心病、高血压等具有较好的疗效，并在经典名方六味地黄丸、金匮肾气丸、杞菊地黄丸等中均参与配伍。然而当前中药材市场的山茱萸药材质量良莠不齐，严重影响了其治疗效果，这与在栽培过程中不当使用化肥、农药等有一定关系，因此开展山茱萸的无公害栽培技术探讨尤为重要。

一、产地环境

（一）适宜种植区域

我国是山茱萸的原产国家，资源最为丰富，北纬 30°～40°、东经 100°～140° 之间的陕西、河南、湖北、安徽、浙江、四川等省海拔 250～1300 m 的山区均有分布，其中 600～900 m 的海拔高度处山茱萸长势最好。

选取山茱萸自然分布的多个样方，对产地生态环境、土壤类型等采用 GMPGIS-Ⅱ进行分析，得到山茱萸主要生长地点生态因子（表 2-3-1），土壤类型以强淋溶土、高活性强酸土、红砂土、黑钙土、铁铝土、薄层土、低活性淋溶土、聚铁网纹土、粗骨土等为主。并根据上述获得的生态因子值范围，利用加权欧式距离法计算找出山茱萸最大生态相似度区域全国分布图，其中最大生态相似度区域包括湖北、贵州、四川、湖南、安徽等省（市）（图 2-3-1）。

表 2-3-1 山茱萸道地产区、野生分布区及主产区生态因子值（GMPGIS-Ⅱ）

生态因子	生态因子值范围	生态因子	生态因子值范围
年平均温（℃）	9.9～17.6	年均降水量（mm）	605.0～1652.0
平均气温日较差（℃）	6.6～11.5	最湿月降水量（mm）	107.0～270.0

续表

生态因子	生态因子值范围	生态因子	生态因子值范围
等温性（%）	21.0～31.0	最干月降水量（mm）	3.0～47.0
气温季节性变动（标准差）	7.0～9.3	降水量季节性变化（变异系数%）	47.0～99.0
最热月最高温度（℃）	25.1～33.4	最湿季度降水量（mm）	312.0～664.0
最冷月最低温度（℃）	-7.4～2.4	最干季度降水量（mm）	13.0～179.0
气温年较差（℃）	29.4～36.7	最热季度降水量（mm）	295.0～649.0
最湿季度平均温度（℃）	17.5～27.0	最冷季度降水量（mm）	13.0～210.0
最干季度平均温度（℃）	-0.6～11.7	年均日照（W/m^2）	125.9～154.7
最热季度平均温度（℃）	19.6～27.3	年均相对湿度（%）	61.7～73.8
最冷季度平均温度（℃）	-0.6～7.4		

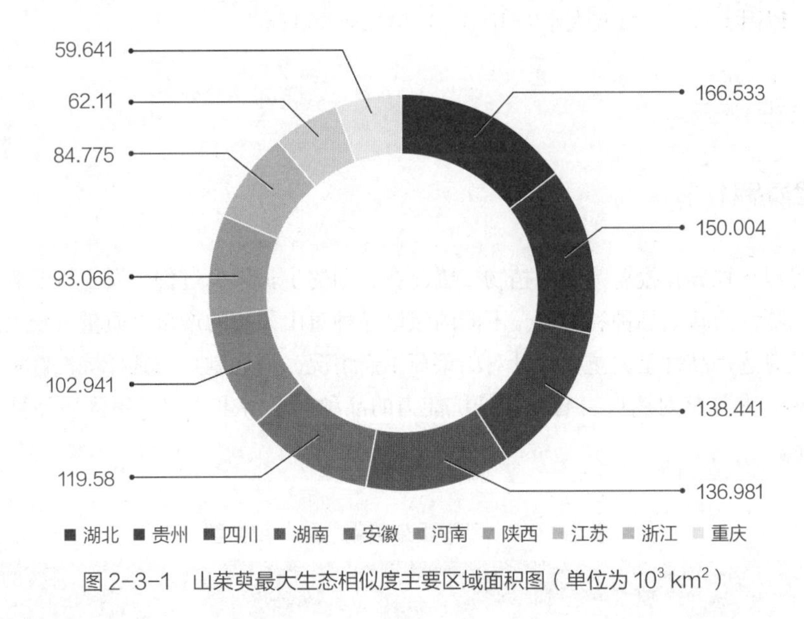

图 2-3-1　山茱萸最大生态相似度主要区域面积图（单位为 10^3 km^2）

（二）环境要求

无公害山茱萸的栽培地块应选在生态环境良好的地方，保证地块及灌溉上游不受工业、城镇、医疗等废弃物的污染，还要避开交通主干道。选地环境应符合国家《中药材生产质量管理规范（试行）》；NY/T 2798.3-2015 无公害农产品生产质量安全控制技术规范；空气环境质量应达到国家《环境空气质量标准》中二级标准；土壤环境质量符合《土壤环境质量标准》中二级标准；灌溉水质符合《农田灌溉水质标准》中的质量标准。

（三）苗圃选地整地

山茱萸喜温暖湿润气候，具有畏严寒、怕湿，可耐阴、喜光等特性。生产上一般先将山茱萸进行育苗，成苗之后再移栽，对苗圃地及园地的选择应根据山茱萸的植物学特征和实际地形。圃地选择地形平缓、土质肥沃、避风朝阳，灌溉排水方便，交通便利的地块。土质以壤土为最好，坡地最好选择背风向阳的一面。播种前将腐熟的有机肥捣碎撒施后深耕，深度约 20～30 cm，将圃地整平做床，床宽 0.8～1.2 m，长度根据地形而定，根据圃地降水及排灌情况做成平床或低床。

（四）园地选地整地

园地选择条件与圃地选择条件基本相似。选址时应充分利用和开发山区土地资源，兼顾维护和改善生态条件。园地应选择光照充足，土质肥厚疏松，排灌良好的地段，土壤最好略成酸性或中性。土壤环境质量符合《土壤环境质量标准》中二级标准。整地时可根据实际情况采取块状或带状整地。若用块状整地，应对选好的地点四周 100 cm×100 cm 范围内的碎石、杂草进行清理，深度至地下 30 cm 以上。若用带状整地，应保持带距 3～4 m，做成宽约 2 m 的条带。带间原有植被最好保留，以固定水土。每穴大小约 100 cm×100 cm×60 cm。

二、优良品种

（一）常用优质品种

山茱萸是以异株异花授粉为主的植物，因此在长期的生长繁衍过程中发生了变异，逐渐形成一些具有不同特性的栽培品种和类型。不同的栽培品种对山茱萸的产量、质量有较大的影响，因此山茱萸种植时选择品种至关重要。针对山茱萸生产情况，因地制宜，选择抗性好、产量高、品质优良的品种，尤其是对病虫害有较强抵抗能力的品种。现将生产中常用优质品种简单汇总如表 2-3-2 所示。

表 2-3-2　不同山茱萸栽培品种和类型

品种	品质特点	出药率（干）
石磙枣	果实圆柱形，病虫害少，优质丰产	29.1%
珍珠红	虫害少、药质好、果个大、产量高，属优质丰产类型	21.4%
八月红	由于早熟，能够避过蛀果蛾的危害，属于早期中产类型	20.6%
马牙枣	喜肥沃砂土，不耐贫瘠，土肥果大肉厚，反之则果小肉薄，属于中产类型	20.3%
大米枣	病虫害轻，耐瘠薄，寿命长，适应性强，属于中产类型	18.5%

（二）优良品种选育

近几年山茱萸的新品种选育工作也取得了较大的进展，先后选育出了一些在抗性产量上较好的新品种，现将其主要特点汇总如表 2-3-3 所示。

表 2-3-3　山茱萸新品种主要特点

品种	果实				出药率 %	单株产量 /kg
	外观性状	纵径 /cm	横径 /cm	鲜百粒重 /g		
石磙枣 1 号	大红色，圆柱形	1.91	1.02	156.00	22.97%	23.20
秦丰	鲜红色，圆柱形	1.91	0.96	136.02	22.1%	15.71
伏牛红宝	深红色，长圆柱形	1.70	1.10	155.24	21.77%	-

（三）优良种质筛选

山茱萸的主要繁殖方式为有性繁殖（种子繁殖）。无性繁殖技术如压条、扦插、嫁接等在生产中应用较少。无公害山茱萸的繁殖材料应选取无病原体、健康的繁殖体。针对种子繁殖的山茱萸，种子采集应选择健壮、旺盛、结果率高、果实品质好、抗逆性强的植株。在 10～11 月果实成熟时采果，采果时选择无病害虫、果大、肉厚、籽粒饱满的果实，略晒 3～4 天，果皮变软之后将果皮剥去，取出种子即可。种核颜色应呈淡黄色，种子完好，无虫蛀与机械损伤、无霉变，纯净度不低于 95%，发芽率不低于 90%，其他指标应符合《林木种子质量分级》的规定。种子若从外地采购，还应按照相关规定，持有“三证一签”。

三、田间管理

（一）种植前种子的处理

山茱萸种子有休眠的特性。种子采收后种胚虽然在形态上发育完全，但有生理后熟现象，未经后熟的种子不能萌发，种皮由蜂窝状的分泌组织细胞组成，厚而坚硬，含有抑制种胚发育的物质，致使种子很难萌发出苗。创造适宜的萌发条件，解除种子的休眠，种子才能萌发，否则需经 3 年的时间才萌发。可用浸沤法、腐蚀法、冲核法、堆沤法、硫酸腐蚀法等方法对种子进行后熟处理。

（二）播种和苗期管理

在开春 3～4 月间开始播种，苗圃地按行距 25～30 cm，沟深 3～6 cm 进行开沟，将处理好的种子播于沟内，覆盖约 1 cm 厚的经充分腐熟的细牛粪后，再覆细土 2～4 cm 即可。苗床管理以保持床面湿润为主，同时应及时清理杂草。幼苗长至 15 cm 左右时，以每株间距 10～15 cm 进行定苗，定苗后及时追肥，炎热的夏季应采取适宜方法遮阴，防止烈日暴晒。第 2 年或第 3 年即可进行移栽造林。

（三）移植造林

秋末冬初或早春，在选好的林地上按株行距 3 m×4 m 开穴，穴深 50 cm 左右，每穴内施入 30 kg 左右的经充分腐熟的农家肥（厩肥或堆肥）。每穴植入 2 年生或 3 年生的苗木 1 株，注意尽量将较粗大的根舒展，填土时应注意分层填充，每一层压实后再往上填充，同时浇足水以定根。定植后为保证苗木成活率，应根据实际情况灌溉 2～5 次。随着苗木的生长，吸收水肥的能力逐渐增强，进而抑制树下杂草长势，因此除草在后期管理中较为容易，次数可相应减少。

（四）合理灌溉

虽然山茱萸植株可耐旱，但过度干旱会影响其产量和质量。北方春天较干旱，而此时又是山茱萸开花和幼果形成的时候，故应注意水分的补充，以提高开花和坐果率。秋季采果后应结合复壮肥的施用进行浇水。地势平坦的地块，雨季应注意排水，防止涝害。一年中的三个时间点：春季发芽开花前、夏季果实灌浆期、入冬前，应结合施肥补足水分，以保证树木及田地所需水肥。

（五）整形修剪

山茱萸为喜光植物，光照对其品质、产量影响较大。合理的修剪可以使枝干分布均匀，增加果树的受光面积，使整个植株光合效率提高，进而促进植株健壮生长，保质增产。整枝修剪时间以冬季为主。一般定植后当年或第二年，山茱萸长至 80 cm 左右时定形。主枝长至 50 cm 左右时可摘心。整形修剪后应进行一次追肥，以减少对植株的机械损伤，使其长势快速恢复。山茱萸可按自然开心形、自然圆头形、主干疏层形三种类型进行整形。其中以第一种在产区多见，即无中央主干，只有 3～4 个强主枝，其着生角度多在 40°～60°，主枝上保留副主枝的数目应按实际情况，根据树的大小和各主枝之间的距离来定，各枝条应均衡分布于主枝外侧。这种树形，充分利用了山茱萸的立体空间，树冠内通风透光性良好，产量较高。

定形后，每年还应进行相应修剪，修建时要注意疏除密集的、过长的、枯萎的、患有病虫害的树枝，同时兼顾各枝干特别是结果枝、营养枝的合理布局，防止结果枝过早外移，尽可能保证光照利用率的最大化，以使山茱萸稳产增产。

（六）老树复壮

山茱萸老树复壮的目的是使老树长出新生枝条，充分利用老树原有的庞大根系，吸收大量的营养成分以促进新生枝的生长，迅速形成新的丰产型树冠。其具体方法为：在 4 月中旬左右将老树上的枯枝、病枝剪掉，在主干分支处取 1～2 条枝条，于基部距分支处 5～8 cm 的地方切至木质部，环切半圈或 1/3 周，以此刺激隐芽，进而萌发形成新枝，新发的长势较好的枝条保留 4～5 条，其他掐除。8～9 月，按已环切的痕迹环切一周。第二年春天，将上一年进行环切的老枝锯掉，而上一年未进行环切的老枝环切半圈，新生芽及时掐除，以促进上一年留取枝条的生长。第三年春天，将第二年进行环切的老枝锯掉。新生枝应进行相应整形修剪，以合理利用光照，提高产量。

（七）其他管理措施

山茱萸根系相对较浅，在水土流失严重的地方可能会使根部裸露，进而使其长势变弱，这时应相应的对植株根部进行培土，以保证根部营养的吸收。此外，在山茱萸授粉时节可收集花粉直接用毛笔点授，也可用花粉与淀粉 1∶10 或花粉与骨石粉 1∶8 的比例混匀，装在袋中抖撒授粉。花果期还要注意保持花果的密度，3 月份花期时若开花过多，应适当疏除部分花朵，以减少养分消耗；4～5 月份结果期，对于结果量大的树，应适当疏除部分果实，以控制产量，促进结果均衡，连年高产，克服大小年现象。

（八）合理施肥

1. 施肥原则

在无公害山茱萸生产过程中必须遵循以下几个原则：一是要重视有机肥和化肥的结合施用，注意各种肥料的合理搭配；二是要注意土壤的供肥能力和山茱萸的需肥特点。合理施肥对于促进幼树快速生长、缩短童木期、增加成年树的产量、克服大小年等方面有着重要作用。禁止使用未经国家相关部位登记的化学及生物肥料，其原则、要求应按 DB 13/T 454 执行。

2. 施肥方法

施肥深浅应根据肥料特性，不易挥发的宜浅施，易挥发的宜深施，施肥时间和类型可参考表 2-3-4，施入量依据山茱萸的长势结果量而定。有机肥、生物菌肥、微量元素肥料等允许使用；微量肥料可针对性施用，应重视基肥的施用，而追肥的施用宜少宜早。掌握适当的施肥时间，果实采集前一个月禁止使用氮肥。

表 2-3-4 无公害山茱萸肥料施用方法

施用类型	肥料种类及施用方法	施用时期	作用
基肥	在山茱萸树下按环状或放射状开沟，向沟内施入腐熟的农家肥或稀人粪尿，一般第一年按每株 80～100 kg 施用，之后可稍减	幼树定植后，每年早春	提供养分基础
追肥	每株施入尿素 0.3～0.5 kg 或粪水 10～40 kg，过磷酸钙 0.3～0.8 kg，硫酸钾 0.3～0.7 kg	3～4 月的花果期施入	保花保果
	每株施入尿素 0.3～0.5 kg 或粪水 10～40 kg，过磷酸钙 0.3～0.8 kg，硫酸钾 0.3～0.7 kg	6 月中旬	壮果
	每株施入磷、钾肥 0.25～0.5 kg，可结合叶面喷肥	8 月上旬盛果期	膨果增重
基肥	在树下按环状或辐射状开深约 30～40 cm 的沟，每株施入农家肥约 25 kg 或混合肥料（每株用绿肥或厩肥 10～30 kg，饼肥及磷肥 0.5～1.5 kg，混匀腐熟后施用）50～150 kg	在 10～11 月果实采收后	复壮
叶面肥	用磷酸二氢钾 0.2%～0.3%、尿素 0.2%～0.3%、氯化钾 0.3%～0.5%、过磷酸钙浸出液 13% 等，在阴天或早晚光照较弱时单独或混合喷施，每隔 15 天喷 1 次	花期	提高坐果率

四、病虫害综合防治

（一）农业综合防治措施

首先，在园地选择时，应选择土质肥沃、深厚、灌溉排水良好的砂质壤土地块，同时注意栽培密度不能太大。其次在品种选择上应结合实际情况优先选用抗病品种，冬季对山茱萸树下土层进行翻耕，以消灭越冬虫蛹。山茱萸生长阶段应注意疏除密集的、徒长的、枯萎的、患有病虫害的枝条等，使林间通风透光，以提高山茱萸的光合效率，增强长势。山茱萸主干的腐枯周皮是害虫及虫卵越冬的场所，因此应注意清除，同时在主干高50～60 cm以下涂抹石硫合剂，以防害虫。果期注意清除树下的虫蛀落果，并及时消除杂草，以减少虫源。10～11月采集山茱萸果实后，温度降低，果树进入休眠期，此时应注意清除树下的病残体及杂草，并集中烧毁或深埋，以减少越冬病源及虫害的数量。此外，保证水肥供应，以促使植株健壮成长，提高抗病能力。

（二）生物及物理防治

可通过培育和释放蓑蛾瘤姬蜂，保护食虫鸟类等天敌来防治大蓑蛾；而防治绿尾大蚕蛾，可用微生物农药苏云金杆菌乳油500倍液进行叶面喷洒。利用绿尾大蚕蛾成虫具有对黑光灯趋性强的特性，在盛发期设置黑光灯集中诱杀；绿尾大蚕蛾幼虫体型较大，行动迟缓，体无毒毛，可人工捕杀，或成虫产卵期人工摘除卵块；对于老鼠、鸟类等，可派专人看管或在树梢悬挂各种颜色的布条以驱赶；在冬季落叶后，摘除枝上的蓑囊防治大蓑蛾；此外还可利用黏虫剂对各类害虫进行防治。

（三）化学防治

对于一些其他措施不能有效防治的病虫害，可针对病虫种类科学合理应用化学防治技术，但需采用高效、低毒、低残留的农药，对症适时施药，降低用药次数，选择关键时期进行防治。具体病虫害发病规律、症状及防治方法参照表2-3-5、表2-3-6。

表2-3-5　山茱萸主要病害发病特点及化学防治方法

防治对象	发病规律	发病症状	防治方法
白粉病	枝叶密集处易被感染	叶片逐渐枯萎	50%的甲基托布津1000倍液或50%多菌灵800～1000倍液，连喷3～4次
炭疽病	该病菌常隐藏在病果中越冬	主要为害果实，其次为叶片和枝条。染病果实未熟先红，病果多不脱落。叶片发病，初为红褐色小点，严重时病叶破裂。更甚者病菌沿果柄或叶柄达到枝条，引起茎部的溃疡和枯梢	萌芽前用波美5°石硫合剂，或者75%百菌清可湿性粉剂或50%可湿性退菌特或50%多菌灵1000倍液，消灭越冬病菌；发病初期叶面喷洒50%多菌灵800倍液或50%甲基托布津可溶性粉剂800～1000倍液或1：1：100的波尔多液，连喷3～4次，间隔10天

续表

防治对象	发病规律	发病症状	防治方法
角斑病	贫瘠、干旱的地块上长势较弱，较弱的果树易被感染	初期叶正面出现小斑，中期病斑扩大，后期叶缘枯卷至脱落，甚者，树势衰弱，果实易脱落	叶面喷洒1∶1∶200波尔多液或大生M45800倍溶液或50%多菌灵或50%甲基托布津或75%百菌清可湿性粉剂500～800倍液，连续3～4次，间隔7～10天，也可用1∶2∶200波尔多液连喷3次，间隔10～15天
膏药病	该病菌寄生在树枝分叉处，以介壳虫的分泌物作为养料	主要为害枝干，在树皮上形成似膏药的厚膜；成年果树受害后树势减弱，甚至枯死	可用刀刮去植株上的菌丝膜，在发病部位上涂以波美5°石硫合剂或用石硫合剂喷雾；或用1∶1∶100的波尔多液或50%多菌灵1000倍液喷洒，每10～15天1次，连续3～4次

表2-3-6 山茱萸主要虫害发病特点及化学防治方法

防治对象	发病规律	发病症状	防治方法
蛀果蛾	该虫一年发生一代；一般9月下旬至10月上旬为危害高峰期；大果型、早熟类果型该病发生较少	主要为害果实；在山茱萸刚开始泛红时，幼虫即蛀入果实内部，在果实内取食排泄，果内遍积虫粪	可在树下地面上撒4%的D-M粉剂，撒后浅翻土壤，使药土混合，每株平均施药约200 g或在叶面喷洒20%杀灭菊酯或25%溴氰菊酯2500～5000倍液，平均每株2 ml
大蓑蛾	该虫一年发生一代；幼虫一般于10月份以后在蓑囊中越冬，蓑囊以丝悬吊在寄主枝条上，7、8月份为危害盛期	主要为害叶片；严重时能将树叶全部吃光，减弱树势，影响坐果率	幼虫为害期叶面喷洒25%溴氰菊酯5000倍液或20%杀灭菊酯2000～4000倍液，连续2～3次，间隔10天左右
绿尾大蚕蛾	该虫在多数地区一般一年发生两代；老熟幼虫在果树枝干基部结茧越冬，第一代为害盛期在4月下旬至5月中旬，第二代为害盛期为6月下旬至7月上旬	主要为害叶片；严重时能将叶片全部吃光，高龄虫甚至啃食叶柄，进而影响果树生长发育，造成低产	在傍晚进行叶面喷洒药剂，可用2.5%溴氰菊酯3000倍液或10%氯氰菊酯2000倍液
黄刺蛾	该虫一年发生一代；老熟幼虫于树枝分叉处结茧过冬，7月中旬为成虫发生盛期，7月底成虫产卵，卵期5天左右，幼虫孵化后即取食危害；成虫昼伏夜出，有趋光性	主要为害叶片；将叶片啃食成孔洞、网状	可使用20%的杀灭菊酯2500～5000倍液或25%溴氰菊酯（或氯氰菊酯）3000～5000倍液或者苏脲1号2000～4000倍液，也可用烟碱乳油800～1000倍液或1.2%苦参碱，在果树上均匀喷洒
草履蚧	该虫一年发生一代；幼虫1月底到2月初开始出土上树，晚上在树皮缝内隐蔽，午后顺树干爬至嫩枝、幼芽等处取食，4月底5月初羽化为成虫，5月中下旬至6月初于土块、石缝内产卵	主要为害枝干；害虫早春用口器吮吸枝干汁液，造成枝干干枯，树势减弱，产量降低，严重时会使整个果树死亡	可将老树皮刮掉，用草绳缠上两圈，在偏上方绑宽25 cm左右的塑料膜，并在草绳上喷上蚧死净或25%蛾蚜灵可湿性粉剂150～200倍液，喷透即可，然后将塑料膜反卷拉下，用大头针或其他别住接口，将害虫诱集于其中毒死，每隔10～15天喷1次药液，连续2～3次

参考文献

[1] 杨明明，袁晓旭，赵桂琴，等．山茱萸化学成分和药理作用的研究进展 [J]．承德医学院学报，2016，33（05）：398-400.

[2] 相聪坤．山茱萸资源及活性成分研究进展 [J]．河北医药，2016，38（12）：1886-1889.

[3] 陈延惠，冯建灿，郑先波，等．山茱萸研究现状与展望 [J]．经济林研究，2012，30（1）：143-150.

[4] 崔斌，朱晓燕．山茱萸栽培技术 [J]．农业与技术，2018，38（04）：142.

[5] 林宝珍，杨纪红，周永强，等．山茱萸育苗技术 [J]．现代农业科技，2017,（03）：135，137.

[6] 汪洋，徐书博，李玉丽，等．山茱萸育苗技术规程 [J]．现代园艺，2017,（05）：58-59.

[7] 贺文龙，陈建超．山茱萸高产栽培技术 [J]．陕西林业科技，2014,（02）：94-96.

[8] 吕国显，杜戈，周恩峰，等．山茱萸优质丰产栽培技术 [J]．现代园艺，2010,（02）：28～29.

[9] 王红星．豫西山区山茱萸丰产栽培管理技术 [J]．北方园艺，2014,（12）：201-202.

[10] 陈随清，董诚明，杨晋，等．山茱萸栽培品种调查 [J]．中药材，2002，25（05）：305-306.

[11] 张红轩，杨长群，余世聪，等．伏牛山区山茱萸优良自然类型划分 [J]．特种经济动植物，2007,（10）：38.

[12] 白成科，王喆之，郑鹏，等．高产优质山茱萸新品种“石磙枣 1 号”的选育及品种特性 [J]．中药材，2009，32（07）：1017-1020.

[13] 王耀辉，康杰芳，强毅，等．山茱萸丰产型新品种秦丰的选育 [J]．中药材，2014，37（01）：15-19.

[14] 李继东，郑先波，谭彬，等．山茱萸良种‘伏牛红硕’[J]．林业科学，2015，51（07）：165.

[15] 王锋，钱栓提，姚瑞祺．山茱萸绿色生产技术规程 [J]．陕西农业科学，2017，63（04）：99-101.

[16] 洑香香，周晓东，刘红娜．山茱萸种子休眠机理与解除方法初探 [J]．中南林业科技大学学报，2013，33（04）：7-12.

[17] 余聪慧．豫西南山区山茱萸播种育苗技术 [J]．现代园艺，2017,（11）：59-60.

[18] 路跃琴．山茱萸栽培技术 [J]．现代农业科技，2014,（19）：108-109.

[19] 周晓峰，郑金成．山茱萸山地标准化栽培 [J]．特种经济动植物，2011，14（12）：38-40.

[20] 李亚丽，黄保同，周大林，等．山茱萸配套高效栽培技术 [J]．现代农业科技，2008,（22）：33-34.

[21] 赵郑，靳青玉，郑金成．山茱萸低产林优质综合丰产培育技术 [J]．河南林业科技，2010，30(02)：67-68+70.

[22] 别定文，何银玲，李永梅，等．山茱萸高效培育配套技术 [J]．现代农业科技，2008,（02）：34-35.

[23] 王芳．山茱萸无公害栽培管理及病虫害防治技术 [J]．吉林农业，2010,（06）：106-108.

[24] 王秋霞，翟文继，丁凤刚，等．山茱萸主要病虫害及其防治措施 [J]．湖北林业科技，2010,（04）：72-73.

[25] 王建春，何银玲，谢彦涛，等．河南西峡山茱萸病虫害发生与防治技术 [J]．特种经济动植物，2015，18（03）：52-54.

[26] 陈建超．山茱萸蛀果蛾生物学特性及综合防治技术研究 [J]．中国林副特产，2015,（01）：70-72.

（梁从莲，侯典云，王蕾，王磊，沈亮，徐江）

4　山药

引言

山药为薯蓣科植物薯蓣 *Dioscorea opposita* Thunb. 的干燥根茎，是我国常用大宗药材，药食两用，别名麻山药、三角、怀山药、药蛋、土薯、山薯、玉延等。山药野生分布区域宽广，全国大部分地区均有分布。山药种植忌连作，由于许多药农对连作障碍缺乏科学认识，盲目加大农药和肥料使用，致使生产成本大幅增加、药材农残及重金属含量超标、药材品质下降。无公害山药种植体系是保障其品质的有效措施之一。本文结合山药的生物学特性，概述了无公害山药种植基地选址、品种选育、综合农艺措施、病虫害的综合防治等技术，为山药的无公害种植生产提供支撑。

一、产地环境

（一）生态环境要求

根据薯蓣的生物学特性，依据《中国药材产地生态适宜性区划（第二版）》和《药用植物全球产地生态适宜性区划信息系统Ⅱ》（GMPGIS-Ⅱ），获得薯蓣的生态适宜性因子，可为合理扩大山药的种植面积及生产规划提供科学依据。

薯蓣为多年生草本，野生多生于山坡、山谷林下、溪边、路旁灌丛或草丛中向阳面，喜阳、喜温、耐寒、耐旱，怕水涝。基于 GMPGIS-Ⅱ系统，获得薯蓣主要生长区域的生态因子值范围（表 2-4-1）：最冷季均温 −4.7～16.1℃；最热季均温 21.2～28.5℃；年均温 8.9～23.1℃；年均相对湿度 53.2%～75.7%；年均降水量 429～1794 mm；年均日照 127.4～157.1 W/m^2，土壤类型以强淋溶土、人为土、始成土、冲积土等为主。

表 2-4-1　山药野生分布区、道地产区、主产区气候因子阈值（GMPGIS-Ⅱ）

生态因子	生态因子值范围	生态因子	生态因子值范围
年均温度（℃）	8.9～23.1	年均降水量（mm）	429.0～1794.0
平均气温日较差（℃）	7.8～13.2	最湿月降水量（mm）	126.0～355.0
等温性（%）	27.0～38.0	最干月降水量（mm）	3.0～52.0
气温季节性变动（标准差）	4.9～11.0	降水量季节性变化（变异系数 %）	54.0～127.0
最热月最高温度（℃）	27.1～33.6	最湿季度降水量（mm）	302.0～922.0

续表

生态因子	生态因子值范围	生态因子	生态因子值范围
最冷月最低温度（℃）	-12.5～10.6	最干季度降水量（mm）	12.0～179.0
气温年较差（℃）	21.7～41.9	最热季度降水量（mm）	289.0～811.0
最湿季度平均温度（℃）	19.2～28.2	最冷季度降水量（mm）	12.0～196.0
最干季度平均温度（℃）	-4.7～17.6	年均日照（W/m^2）	127.4～157.1
最热季度平均温度（℃）	21.2～28.5	年均相对湿度（%）	53.2～75.7
最冷季度平均温度（℃）	-4.7～16.1		

（二）无公害山药产地标准

无公害山药生产的产地环境应符合国家《中药材生产质量管理规范》；NY/T 2798.3-2015 无公害农产品生产质量安全控制技术规范；大气环境无污染的地区，空气环境质量达 GB 3095 规定的二级以上标准；水源为雨水、地下水和地表水，水质达到 GB 5084 规定的标准；土壤不能使用沉积淤泥污染的土壤，土壤农残和重金属含量按 GB 15618 规定的二级标准执行。

无公害山药生产选择生态环境条件良好的地区，产地区域和灌溉上游无或不直接受工业“三废”、城镇生活、医疗废弃物等污染，避开公路主干线、土壤重金属含量高的地区，不能选择冶炼工业（工厂）下风向 3 km 内。

二、优良品种

（一）优良种源选择

针对山药生产情况，选择适宜当地抗病、优质、高产、商品性好的优良品种，尤其是对病虫害有较强抵抗能力的品种。当前传统选育是山药主要的选育手段之一，该选育方法利用外在表型结合经济性状通过多代纯化筛选，实现增产或高抗的目的，然而该方法选育周期长、效率低。采用现代生物分子技术选育优质高产抗病虫的山药新品种，可以有效地缩短选育时间，加快选育的效率，进而保障无公害山药生产。依据产地环境现状，选择已有新品种或开展新品种选育进行种子种苗繁育，传统栽培的山药品种有“太谷山药”和“铁棍山药”，山药新品种可选择“新铁 2 号”，其种质特点见表 2-4-2。

表 2-4-2 山药品种及种质特点

品种	种质特点
太谷山药	产量较高，质脆、黏液多，以做药材毛山药、光山药为主
铁棍山药	质硬、粉性足，药食两用，折干率高，食用性好

续表

品种	种质特点
新铁 2 号	铁棍山药系列，植株生长势强，较抗炭疽病，耐涝性强，耐寒性中等，产量比铁棍山药高，品质与铁棍山药相近

（二）山药良种繁育

1. 山药良种的选择

山药生产用良种应从品种纯正、产量较高的种植田内选取无病虫害、生长势较强的植株作为繁殖材料，并做好标记，精心管理。

2. 种苗繁育

山药主要有珠芽（零余子）育苗移栽、芦头（龙头）繁殖和根茎（山药段）繁殖三种方式。

（1）珠芽（零余子）育苗移栽　第一年选个大、饱满、芽眼较多的珠芽沙藏过冬，第二年春季于晚霜前半个月按株行距 7～10 cm 条播于露地苗床或沙培催芽后栽植。秋后挖取整个地茎，供来年作种。

（2）芦头（龙头）繁殖　秋末冬初采挖山药时，选颈短芽头饱满，粗壮无病虫害的山药，将上部芦头取 15～20 cm 长折下。折下的芦头，放室内通风处晾晒一星期或在日光下稍晒，使断面伤口愈合，然后贮藏于室内。在室内温度低于 0℃时，盖稻草等防冻，待来年 4 月份取出，经整理后即可进行种植。

（3）根茎（山药段）繁殖　将地下根茎横切成长 7～10 cm 的小段，作种直播于大田。为保证发芽率和出芽一致，应先催芽，当种段上出现白色芽点时，开 7～10 cm 深的小沟，将种段摆平顺垄摆放，芽朝上且方向一致，覆土 8～10 cm 厚。如果采用打洞栽培，先填部分细土，然后把种茎放入洞内，使其顶端距地表 8～10 cm，再用细土填实，最后做成高垄。

3. 山药种子种苗质量标准

山药优质种子种苗质量应符合山药种子种苗质量标准二级以上指标要求，山药不同繁殖材料种子种苗标准见表 2-4-3。

表 2-4-3　山药不同繁殖材料种子种苗标准

繁殖材料	一级标准	二级标准	三级标准
芦头	无病虫害，围径≥1.1 cm、重量≥20 g、长度≥26 cm、净度≥90%、饱满度≥90%	无病虫害，0.6 cm≤围径≤1.1 cm、16 g≤重量≤20 g、20 cm≤长度≤26 cm、85%≤净度≤90%、80%≤饱满度≤89%	无病虫害，0.3 cm≤围径≤0.6 cm、10 g≤重量≤16 g、15 cm≤长度≤20 cm、75%≤净度≤85%、70%≤饱满度≤80%
根茎段	无病虫害，围径≥2.5 cm、重量≥45 g、长度 7～10 cm	无病虫害，1.6 cm≤围径≤2.5 cm、35 g≤重量≤45 g、长度 7～10 cm	无病虫害，1.0 cm≤围径≤1.6 cm、25 g≤重量≤35 g、长度 7～10 cm

续表

繁殖材料	一级标准	二级标准	三级标准
零余子	发芽率≥92.7%，百粒重≥208 g，直径≥2.2 cm，芽眼数≥20.5 个	88.6%≤发芽率≤92.7%，153 g≤百粒重≤208 g，1.8 cm≤直径≤2.2 cm，16.9 个≤芽眼数≤20.5 个	72.2%≤发芽率≤88.6%，65 g≤百粒重≤153 g，1.1 cm≤直径≤1.8 cm，11.6 个≤芽眼数≤16.9 个

三、田间管理

（一）综合田间农艺措施

1. 整地

选择 3～5 年内未种植过山药、地势高燥、避风向阳、土层深厚、疏松肥沃、排水良好、富含腐殖质、酸碱度适中的砂质壤土，前茬作物以小麦、玉米等禾本科作物为宜。山药种植方法较多，有高畦种植、开沟种植、打洞种植和管道种植等，根据不同的生产目的和种植方法选择合适的整地方式。

（1）高畦种植 秋末冬初将选好的地块深翻 60 cm 以上，使土壤充分风化，翌年春季种植前均匀施入基肥，深耕 30 cm，浇水踏墒，耙平，按 180～200 cm 宽作高畦，畦沟要深，以利排水，畦面平整，畦长依地势而定。

（2）人工刨沟 冬前或前作收获后，深翻 60～80 cm，经冬熟化。第二年春，均匀施入基肥翻入土中，整平耙细。种植前按 60～100 cm 等行距挖沟，挖时采取“三翻一松”（即翻土 3 锹，第 4 锹土只松不翻）的方法进行，将上下层土分别堆放在沟的两侧，沟底 20 cm 的砂土就地挖翻耧碎，沟宽 15～30 cm，沟深要达到 80～120 cm。刨出的土晾晒几天，分层捣碎，捡净砖头瓦块等杂物后回填，回填时先将底层土耧平踩实，再分别填入下层土、上层土，每填 20～30 cm 耧平踩实 1 次，当回填土距地面 30 cm 时，结合施肥进行填土，做成低于地表 10 cm 的沟畦，只留耕层的熟化土，以备栽种时覆土用。沟畦做好后，应该先趟平后灌水，水下渗后，即可栽种。

（3）机械开沟 冬前或前作收获后，深翻 60～80 cm，经冬熟化。第二年春，均匀施入基肥翻入土中，整平耙细。种植开沟前按行距 80～100 cm 划线，然后在线上撒施肥料，使用山药种植专用开沟起垄机开沟，使钻头走在施肥的线上，沟深 80～120 cm，同时自然隆起高 30～35 cm 的高垄。

（4）机械打洞 秋末冬初将选好的地块深翻 60 cm 以上，使土壤充分风化，翌年春季种植前均匀施入基肥，深耕 30 cm 以上，浇水踏墒，耙平。按行距 70 cm、株距 25～30 cm 打洞，洞径 8 cm、深 120～140 cm。

2. 搭设支架

当苗高 7～8 cm 时选留 1 个健壮的蔓，将其余去掉。蔓高 30 cm 左右时插架引蔓，每株一根，架高 140～160 cm，在距地面 100～120 cm 处交叉捆牢，以利通风透光。

3. 中耕除草

出苗后田间若有杂草可进行拔草或锄草，封垄后随时拔掉杂草，尽量避免伤及山药茎枝。

4. 灌水与排水

山药怕涝，雨季注意排水。山药种植前浇一次底墒水，种植后墒情不足时可补浇一次小水，保证山药正常出苗，有条件的以喷灌最好。山药上满架后应结合追肥进行浇水，注意8月份以前浇水要少要小，促使块根下扎。8月中旬，可灌一次大水，有利于山药膨大。开沟种植要注意防止塌沟。

5. 剪花枝

对于不采收种子的山药田块，于山药现蕾后、开花前，选晴天上午，将所有花枝剪去，并分批进行，可减少山药地上部养分消耗，促进养分向根茎部运输，提高山药产量。

（二）合理施肥

山药施肥应坚持以基肥为主、追肥为辅和有机肥为主、化肥为辅的原则。未经国家或省级农业部门登记的化肥或生物肥料禁止使用；使用肥料的原则和要求、允许使用和禁止使用肥料的种类等按 DB 13/T 454 执行。山药采收前不能施用各种肥料，防止化肥和微生物污染。

底肥一般于早春整地时施入，每亩均匀撒施腐熟的腐熟农家肥 3000～6000 kg，磷酸二铵 20～25 kg，N、P、K 复合肥 50～75 kg，油渣粉或饼肥 80～150 kg。

追肥是实现山药高产、优质的重要物质基础，适时适量追施氮、磷、钾化肥又是农业生产中最通用且简便易行的施肥技术，常用追肥方法是每亩均匀撒施尿素 2～15 kg，磷肥 4～10 kg，硫酸钾 2～10 kg，饼肥 50～80 kg。

叶面施肥方法是配置 0.2% 磷酸二氢钾叶面喷施 2～3 次。

四、病虫害综合防治

（一）农业防治

农业防治主要通过加强栽培管理进行病虫害防治，具有安全、有效、无污染等特点。常采用的农业栽培管理措施有轮作、冻土、选地、选种、种子种苗处理、清园、休闲、搭架、合理施肥与密植等，同时加强田间管理以对病害进行绿色防治。山药种植轮作倒茬、冬季深翻冻土熟化、腐熟有机肥配合生物菌肥的施肥、及时清园、种子种苗处理、合理密植、加强田间管理等措施可防止和降低山药病害的发生，另外山药种植在7月份以后采用小水灌溉并注意防涝可避免线虫病的大面积发生。

（二）物理防治

物理防治技术可有效地防治作物病虫害，避免作物和环境污染。根据病害对物理因素的反应规律，利用物理因子达到无污染的防治病虫害。例如使用诱虫灯、杀虫灯等诱捕、诱杀害虫；使用黄板或白板诱杀害虫；利用糖醋液诱捕、诱杀夜蛾科害虫；使用防虫网防虫；铺挂银灰膜驱赶蚜虫等。

（三）生物防治

利用生物天敌、杀虫微生物、农用抗生素及其他生防制剂等方法对病虫害进行生物防治，可以减少化学农药的污染和残毒。生物防治方法主要包括：以菌控病（包括抗生素）即以枯草芽孢杆菌、农抗120、多抗霉素、四霉素、井岗霉素及新植霉素等防治病害；以虫治虫是利用瓢虫、草蛉等捕食性天敌或赤眼蜂等寄生性天敌防治害虫；以菌治虫是利用苏云金杆菌等细菌，白僵菌、绿僵菌、蚜虫霉等真菌，阿维菌素、浏阳霉素等防治害虫。另外，亦可利用植物源农药如印楝素、藜芦碱、苦参碱、苦皮藤、烟碱等防治病虫害。

（四）化学防治

当生物农药和其他植保措施不能满足有害生物防治需要时，可针对病虫害种类科学合理应用化学防治技术，采用高效、低毒、低残留的农药，对症适时施药，降低用药次数，选择关键时期进行防治。化学药剂可单用、混用，并注意交替使用，以减少病虫抗药性的产生，同时注意施药的安全间隔期。在无公害山药种植过程中禁用高毒、高残留农药及其混配剂（包括拌种及杀地下害虫等），可用于山药的农药相应准则参照NY/T 393《绿色食品－农药使用准则》、GB 12475《农药贮运、销售和使用的防毒规程》、NY/T 1667（所有部分）农药登记管理术语。

无公害中药材病虫害防治按照“预防为主，综合防治”的植保方针，以改善生态环境，加强栽培管理为基础，优先选用农业措施、生物防治和物理防治的方法，最大限度地减少化学农药的用量，以减少污染和残留（表2-4-4）。

生产过程遵循有害生物防控物质的选用原则、农药使用规范和无公害山药农药与重金属残留要求，建立以农业措施、物理防治、安全低毒化学防治、生物防治相结合的综合防治体系。发展无公害山药生产，本着经济、安全、有效、简便的原则，优化协调运用农业、生物、化学和物理的配套措施，达到高产、优质、低耗、无害的目的。

表2-4-4　山药主要病虫害种类及防治方法

病害种类	危害部位	防治方法	
		化学方法	综合方法
茎腐病	茎基部	代森锰锌、甲霜灵、噁霉灵	土壤消毒，及时排水，生物菌肥、菌剂调控
灰霉病	茎及叶片	嘧霉胺、多菌灵、腐霉利、异菌脲	注意排水，透光均匀，采收及时消毒，销毁病株，生物菌肥调控
枯萎病	先叶片后蔓延全株	代森锰锌、甲霜灵、多菌灵、碱式硫酸铜、菌毒清、福美双	土壤消毒，及时排水，生物菌肥调控，农抗120抗菌素防治
斑枯病	叶片	代森锰锌、多菌灵、波尔多液、代森锌、烯唑醇、甲基硫菌灵	清园，合理施肥，避免过湿，抗菌素多抗霉素防治
灰斑病	叶片	代森锰锌、戊唑醇	合理施肥，轮作，加强通风透光，及时拔出病株

续表

病害种类	危害部位	防治方法	
		化学方法	综合方法
叶斑病	叶片	甲霜灵、代森锰锌、多菌灵、甲基硫菌灵	清园，加强管理，控旺，雨季及时排水，初期摘除病叶
病毒病	叶片	病毒比克、菌克毒克、病毒立清、施特灵	选用良种，防治蚜虫、飞虱类
炭疽病	各部位	波尔多液、克菌丹、代森锰锌、甲基硫菌灵	种子种苗消毒，及时排水，清理杂草病株，农用抗生素、四霉素防治
白锈病	叶片	甲霜灵、代森锰锌、波尔多液、代森锌	土壤消毒，及时排水，不与十字花科作物轮作
线虫病	根及根茎	阿维菌素	土壤消毒，选良种，种苗消毒
根腐病	根、根茎	噁霉灵、福美双、代森锌、甲基硫菌灵	土壤消毒，排水及通风，病株挖出病穴消毒，酵素、枯草芽孢杆菌调控
蚜虫、蓟马、白粉虱	叶片、嫩梢、花蕾	吡虫啉、抗蚜威、噻虫嗪、吡蚜酮	清园，引入天敌，加强田间管理、生物农药防治
红蜘蛛	叶片	噻螨酮、乙螨唑、噻虫嗪、炔螨特	清园，引入天敌，加强田间管理，生物农药防治
菜叶蜂	叶片	噻虫嗪	清园，黑光灯诱杀成虫，苏云金杆菌、白僵菌生物防治
夜蛾类、蝶类幼虫	叶片	阿维菌素、高效氯氟氰菊酯	清园，土壤消毒，诱虫灯诱杀成虫，苏云金杆菌、白僵菌生物防治
金针虫、蛴螬、地老虎等地下害虫	根、根茎、嫩茎	阿维菌素、高效氯氟氰菊酯	土壤消毒，苏云金杆菌生物防治，毒饵诱杀幼虫，诱虫灯诱杀成虫
蝼蛄	种子、嫩茎、根茎	阿维菌素、高效氯氟氰菊酯	土壤消毒，毒饵诱杀，诱虫灯诱杀，人工捕杀

五、产地加工与质量标准

（一）采收与加工

无公害山药的采收期在霜降后叶片枯落时，即可收获，也可在地越冬来春收获。在山药地的一头，顺行挖深 45～65 cm 的沟，然后顺次将山药小心挖出，防止损伤，去净泥土，折下上部芦头贮藏作种栽，其余部分顺次加工成毛山药、光山药、山药片、山药粉等。传统加工方法是先将山药放水中泡 1 天，洗净泥土，用小竹刀或其他适当工具削去外皮，使成洁白。水分外出，山药发软，即可拿出日晒，待山药外皮稍硬时，就停止日晒或烘烤，堆放发汗 2～3 天，如此重复几次，即能晒干成毛条（毛山药）。

无公害山药原料的装运，包装环节避免二次污染，需要清洗的原料，清洗水的质量要求必须符合 GB 3838 地表水环境质量标准的Ⅰ～Ⅲ类水指标。若需要干燥的无公害山药原料，则需依据每种药材类型及要求，采用专用烘烤设备或专用太阳能干燥棚等进行干燥。

（二）质量标准

无公害山药是指农药、重金属及有害元素等多种对人体有毒物质的残留量均在限定的范围以内的山药。无公害山药质量包括药材材料的真伪、农药残留和重金属及有害元素限量及总灰分、浸出物、含量等质量指标。山药真伪可通过形态、显微、化学及基因层面进行判别，《中华人民共和国药典》2015 年版对药材进行了详细的描述。杂质、水分、总灰分、浸出物、含量等质量指标应遵照《中华人民共和国药典》2015 年版的检测方法及规定。

无公害山药农药残留和重金属及有害元素限量应达《中华人民共和国药典》、美国、欧盟、日本及韩国对中药材的相关标准以及 ISO 18664-2015《传统中药 传统中药中使用的中药材中重金属含量的测定》、GB 2762-2016《食品安全国家标准 食品中污染限量》、GB 2763-2016《食品安全国家标准 食品中农药最大残留限量》等现行标准规定。

参考文献

[1] 陈士林，黄林芳，陈君，等. 无公害中药材生产关键技术研究 [J]. 世界科学技术：中医药现代化，2011，3：436-444.

[2] 黄林芳，陈士林. 无公害中药材生产 HACCP 质量控制模式研究 [J]. 中草药，2011，7：1249-1254.

[3] 陈士林，李西文，孙成忠，等. 中国药材产地生态适宜性区划 [M]. 第二版. 北京：科学出版社，2017.

[4] 张乃国，崔军，姜海霞，等. 出口山药无公害标准化栽培技术 [J]. 农业科技通讯，2006，(7)：35-36.

[5] 范育明，张宝玉. 山药无公害栽培技术 [J]. 上海蔬菜，2012，(3)：47-49.

[6] 刘影，孙淑凤，刘忠巍. 山药无公害栽培技术 [J]. 黑龙江农业科学，2011，(12)：167.

[7] 胡庆华，杨占国. 山药无公害栽培与加工技术 [M]. 北京：科学技术文献出版社，2011.

[8] 吴和平. 无公害怀山药栽培技术规程 [J]. 中国农业信息，2016，(9)：88-89.

[9] 孙全峤，杨莉. 无公害山药打沟直播栽培技术 [J]. 农村科技，2007，(7)：56-56.

[10] 杨建仙，刘晋联. 山药无公害标准化栽培技术 [J]. 现代种业，2005：56-57.

[11] 李德明，高华建. 禄丰县山药无公害高产栽培管理技术 [J]. 云南农业科技，2017，(6)：37-38.

[12] 邵晓睿. 无公害山药高产栽培技术 [J]. 中国农业信息，2012，(15)：60-61.

[13] 么厉，程惠珍，杨智，等. 中药材规范化种植（养殖）技术指南 [M]. 北京：中国农业出版社，2006.

[14] 程惠珍，高微微，陈君，等. 中药材病虫害防治技术平台体系建立 [J]. 世界科学技术（中医药现代化），2005，7(6)：109-114.

[15] 王天亮，白自伟，张宝华，等. 怀山药栽培技术规程（SOP）（讨论稿）[J]. 中国现代中药，2004，

6（7）：13-17.
[16] 明鹤. 祁山药种苗分级及栽培关键技术研究 [D]. 保定：河北农业大学，2014.
[17] 李建军，任美玲，王君，等. 铁棍山药新品种选育研究 [J]. 中药材，2015，38（9）：1787-1791.

（王旭，李西文，孟祥霄，何学良，高致明）

5　山慈菇

引言

山慈菇为杜鹃兰 *Cremastra appendiculata*（D. Don）Makino，独蒜兰 *Pleione bulbocodioides*（Franch.）Rolfe，云南独蒜兰 *Pleione yunnanensis* Rolfe 的干燥假鳞茎。前者习称“毛慈菇”（图 2-5-1A），后二者习称“冰球子”（图 2-5-1B、C）。据《中华人民共和国药典》2015 年版记载：毛慈菇具有清热解毒，化痰散结之功效，可用于痈肿疔毒、瘰疬痰核、蛇虫咬伤、癥瘕痞块等的治疗。除具有极高的药用价值外，这三者的花还均具有较高的观赏价值（图 2-5-1 D～F），使其经济价值不断攀升。

图 2-5-1　山慈菇和其花

A. 杜鹃兰干燥假鳞茎；B. 独蒜兰干燥假鳞茎；C. 云南独蒜兰干燥假鳞茎；
D. 杜鹃兰的花；E. 独蒜兰的花；F. 云南独蒜兰的花

山慈菇的三种兰科植物具有极高的药用和经济价值，随着中药产业的飞速发展，每年约有100吨山慈菇入药，其中大部分来自于野外采挖，导致野生资源破坏严重，野外资源濒临灭绝。人工栽培便成为了解决资源短缺的主要方式，但由于不合理的栽植选地、不成熟的土壤消毒及改良方法、不规范的药物使用及田间管理手段等，导致山慈菇药材品质低劣，农药残留、重金属等含量超标，不符合国家对合格中药材生产的规定，同时，滥用农药与化肥致使栽培种生长适应性降低，子球逐年变小，给大规模生产造成很大的困难。随着中药材安全问题越来越受关注，传统栽培方式生产的山慈菇已经无法达到市场要求，建立一套完整的无公害栽培体系，能够在保证药材安全性的同时，提高优质山慈菇的产量及其经济效益。

一、产地环境

（一）生态环境要求

无公害山慈菇三种植物种植地应符合它们对生境的要求，在了解杜鹃兰、独蒜兰和云南独蒜兰野外分布地生态因子（表2-5-1）的基础上，尽可能满足其生长季对环境条件的要求至为重要。

杜鹃兰在中国的分布范围为纬度22.41°～44.05°N，经度79.61°～144.46°E，年平均气温适应范围在4.5～24.6℃，能够忍受的最高温度约为40℃；分布地年均降水量在834～4883 mm之间，最湿季度降水量能够达到2954 mm，最干季度降水量仅有29～457 mm；年均日照度在112.8～195.5 W/m^2，对温度、湿度、光照度适应范围很广。

独蒜兰属植物属于亚热带高山兰花，一般生长于海拔630～3000 m的山间云雾带地区，常见于有腐殖土覆盖的岩石，苔藓附着的树干，沟谷边湿润的悬崖峭壁；性喜温暖湿润半阴环境，栖息地环境春夏潮湿凉爽，冬季寒冷干燥。生长适温在13～25℃，相对湿度为独蒜兰48.4%～64.3%，云南独蒜兰54.4%～74.0%。独蒜兰属植物为喜光植物，在春、秋、冬三季阳光不强时可直接照射，夏季阳光强烈，需进行适当遮光，防止暴晒。光饱和点时光照强度约为500～610 μmol/（m^2 · s），无公害栽培在我国南方高海拔地区以50%的遮阴有利于植株生长发育，且开花品质较佳，尤其利于假鳞茎膨大。

表2-5-1　山慈菇主产区生态因子值（GMPGIS-Ⅱ）

生态因子	生态因子值范围		
	杜鹃兰	独蒜兰	云南独蒜兰
年平均温（℃）	4.5～24.6	4.8～19.7	7.8～20.9
平均气温日较差（℃）	6.1～12.9	7.9～15.8	8.6～12.1
等温性（%）	21.0～53.0	29.0～49.0	34.0～49.0
气温季节性变动（标准差）	2.6～9.7	4.1～6.6	4.1～6.2
最热月最高温度（℃）	11.9～40.7	16.7～31.4	18.4～30.6
最冷月最低温度（℃）	-13.2～14.8	-14.7～4.7	-5.4～8.4

续表

生态因子	生态因子值范围		
	杜鹃兰	独蒜兰	云南独蒜兰
气温年较差（℃）	14.4～36.0	22.4～34.7	20.8～27.6
最湿季度平均温度（℃）	-2.3～27.7	11.3～25.9	13.9～25.2
最干季度平均温度（℃）	-7.6～29.1	-3.6～12.8	2.3～15.1
最热季度平均温度（℃）	8.9～31.1	11.3～26.2	13.9～25.2
最冷季度平均温度（℃）	-7.6～19.5	-3.6～12.8	1.2～15.1
年均降水量（mm）	834.0～4883.0	646.0～1427.0	848.0～1620.0
最湿月降水量（mm）	114.0～1140.0	117.0～362.0	160.0～334.0
最干月降水量（mm）	3.0～149.0	1～14.0	3.0～18.0
降水量季节性变化（变异系数 %）	19.0～131.0	72.0～117.0	73.0～103.0
最湿季度降水量（mm）	314.0～2954.0	331.0～898.0	455.0～923.0
最干季度降水量（mm）	29.0～457.0	5.0～53.0	16.0～70.0
最热季度降水量（mm）	128.0～2954.0	318.0～824.0	455.0～923.0
最冷季度降水量（mm）	29.0～790.0	5.0～53.0	16.0～70.0
年均相对湿度（%）	49.7～76.9	48.4～64.3	54.4～74.0
年均日照（W/m^2）	112.8～195.5	126.16～150.13	133.9～150.5

（二）产地标准

在选址方面要遵循地域性原则和生态相似性原则，选择在各环境因子适宜、无污染、交通便捷的区域，做到因地制宜、合理布局，无公害栽培基地选择需要遵循物种分布生态相似性原理，无公害山慈菇种植的产地环境应符合国家《中药材生产质量管理规范（试行）》。产地区域和灌溉上游应无或不直接受工业“三废”、城镇生活、医疗废弃物等污染，应避开公路主干线、土壤重金属含量高的地区。不能选择冶炼工业（工厂）下风向 3 km 内，且空气环境质量应符合 GB 3095-2012 二级标准要求。露天栽培时土壤应符合《土壤环境质量标准》GB 15618-2008 二级标准；灌溉水质应符合《农田灌溉水质标准》GB 5084-2005 二级标准。在种植过程中，应定期对种植基地及周边环境大气、土壤及水质进行检测，确保山慈菇种植基地环境安全无污染。

此外，还要保证无公害栽培地夏季平均气温不能超过 26℃，白天可短时间最高达 32℃，昼夜温差 10～12℃，其中，杜鹃兰适应性较独蒜兰和云南独蒜兰更强，能够适应更高的温度及更大的昼夜温差。独蒜兰属植物冬季（12 月至翌年 2～3 月）种球休眠期需要在 1～5℃干燥冷藏并保证无霜，4℃最为适宜。高温不仅不利当年子球的膨大，茎内的幼芽亦会受到影响，因此独蒜兰不适合在海拔低的平原地区无设施露天栽培，低海拔的高温会使其花芽夭折，影响生育及开花品质及种球膨大。秦岭以南地区海拔高度在1000～2500 m可无设施露天栽培，海拔低的地区可利用智能温室大棚等设施，确保生长季温、湿度要求。

二、优良品种

（一）新品种选育

目前，国内只有少数种植者进行杜鹃兰、独蒜兰和云南独蒜兰优良单株的有意识选择，至目前为止尚未有针对中药山慈菇生产的优良品系、品种形成。独蒜兰属植物主要分布在我国长江流域以南地区，云南是该属的世界分布中心。独蒜兰属植物有较丰富的遗传多样性，不同种之间易于杂交形成不同的杂交后代。皇家园艺学会（Royal Horticultural Society）收录独蒜兰属植物杂交组合517个，我国育种者登录杂交组合2个，其余主要为英国、荷兰、德国等欧洲国家的育种家以观赏为目的，以从我国、印度、越南等地引种的资源进行杂交育种，同种和品种-品种间杂交亦很多。由于独蒜兰属在欧美等地仅作为观赏用，而我国作为药用人工栽培和研究起步较晚，目前尚未有针对药用筛选和培育出的新品种。优良品种的选育是药用植物的关键一步，培育抗病、抗虫、适应性好、产量高等特性是山慈菇三种植物新品种培育的主要目标。

（二）种苗繁育

现阶段，杜鹃兰的人工栽植主要利用无性繁殖种球和种子无菌播种培育的种苗，针对前者主要问题是繁殖效率低，一株种苗每年只可增殖1倍，每隔3年于2月～3月收无叶种球（图2-5-2A）3颗用于销售，种带叶种球1颗（图2-5-2B），4月～7月不间断落叶，同时也伴随花期一个月。杜鹃兰无菌播种技术虽已成熟，但周期相对较长，培育2年的组培苗生长健壮（图2-5-2C），利用泥炭土+珍珠岩基质移栽培养2～3年可出售。

图2-5-2　杜鹃兰繁殖

A. 采收后待销售的成熟种球；B. 繁殖种苗；C. 无菌播种培养种苗

独蒜兰和云南独蒜兰的球茎生活史历时约3.5年，自第一年6月时芽体发生，第二年6～8月花芽形成，第三年春天开花，夏天球茎膨大，到第四年春天晋升为母球，将营养物质传递给子球，供子球开花而后衰老。独蒜兰属植物繁殖用种苗主要通过假鳞茎分生子球无性繁殖和无菌播种繁殖（图2-5-3）为主。前者繁殖系数约为3～5，后者可获得大量种苗，但是时间周期相对较长，从播种至采收入药需要3～5年。

图2-5-3　云南独蒜兰无菌播种繁殖

A. 播种2周的种子；B. 无菌播种培养种苗

三、田间管理

（一）栽植过程

种球播种选在除夏季高温之外的季节，种植前选择饱满完整、单个体积大、抗逆性强、无病虫害的种苗（图5-2B），还应对种球进行检疫和品质的检测，并按照《中药材生产质量管理规范》进行管理。杜鹃兰种植密度以株距7 cm，行距10 cm为宜（图5-4A），杜鹃兰假鳞茎膨大速度快，植株健壮（图5-4B），可使假鳞茎大小和栽培产量达到相对统一，是较为适宜的栽培密度，花期5～6月（图5-4C），自然授粉结实率高，果实成熟开裂前采收（图5-4D）。

独蒜兰和云南独蒜兰在2月中旬到3月上旬进行栽种，无公害栽植时以种球露出土面为宜，栽植的深浅对球茎的产量和品质影响很大，栽植较深，顶芽不宜萌发，叶片老化较慢，新球产量高，浅植者顶芽可顺利萌发，但较早进入休眠，新球产量低。所以先将球茎浅植，等到顶芽长出后再覆土，使顶芽的根系可以深入土层吸收养分，促进子球的膨大充实，从而增加产量。独蒜兰属植物可适当密植，但必须考虑繁殖球大小及种植后病虫害蔓延的情况，一般42 cm×42 cm×10 cm的种植盘栽种30～40球为佳。

（二）水分管理

杜鹃兰喜阴凉潮湿的环境，生境的湿度是影响杜鹃兰生长的重要因子，栽培过程中应注意保

图 2-5-4 杜鹃兰生长过程

A. 种苗栽种初期；B. 旺盛生长期；C. 盛花期；D. 采收的果荚。

持基质的湿度，但不宜过涝，避免烂根而导致损失。杜鹃兰种球播下后，要根据土壤状况及时浇水，保持较高的土壤湿度，平均 3～5 天浇一次水，可利用地膜进行保水保肥，节约成本的同时，提高产量。

独蒜兰属植物几乎全部生长在低纬度高海拔云雾地区，暮春至夏末降水充沛，但其生境地排水良好不存在水分滞留的问题。附生在树上的相较于地上或石壁上对水分的要求更为严格，保水的能力也更强。无公害栽培中应多喷水保持较高的空气湿度，浇水一般采用喷浇。在炎热的夏季，为了降温增湿需每天浇水；秋季逐渐减少浇水，以利于种球充实和落叶进入休眠；冬季休眠期需要保持干燥。独蒜兰在春季新芽基部刚刚长出新根时，不能从植株顶部向下浇水，保持基质湿润，有利于新根的萌发和生长。花落时根系开始生长，此时浇一点点水使根系保持湿润，浇水过多会使根腐烂。当叶片开始明显生长时，根系快速生长，此时可以多加水。

无公害山慈菇三种植物栽培可采用自动喷灌、遮阴网、遮雨网进行密植自动化管理。自动喷灌及遮阴网随季节变换调整。遮雨设施要根据栽培地及不同季节而定，海拔较低的地区，夏季不宜用遮雨网设施，以免温度升高，影响种球花芽分化。

（三）合理施肥

杜鹃兰以假鳞茎入药，在施肥过程中要保证氮肥充足，种植前绿肥、菌肥、基肥合理把控，种植后叶片旺盛生长期和盛花期之后适时追肥及喷施叶面肥。其中，化肥种类以及施入时期如下。在土壤改良期，施绿肥以及菌肥，绿肥包括紫苏、大豆、玉米秸秆等，菌肥包括枯草芽孢杆菌、蜡芽菌木霉菌等；在整地阶段，施以家禽、家畜腐熟粪便为主的农家肥作为基肥；在杜鹃兰各生长时期，适时施追肥，如硫酸钾、尿素等；适当喷施如磷酸二氢钾溶液作为叶面肥来增加肥效。

独蒜兰属植物除了可以直接从空气中吸收游离养分外，也需要供给和补充其他必要的养分。无公害栽培可在独蒜兰栽培基质中拌入缓效性肥料，视栽培介质种类及肥力来调整肥料的添加。生育初期大部分的养分来自母球，但中后期养分的供给决定子球的品质，尤其是钾肥及磷肥。开花前由于根系尚未长成，不用施肥；花谢后每周施以花多多水溶速效肥（Scotts company，美国）氮磷钾比例 20：20：20 的均衡肥；叶片成熟后种球膨大期应以磷、钾肥为主（花多多 11 号氮磷钾比例 5：11：26），添加氯化钾以促使种球膨大，有助提高种球品质。施肥的原则为薄肥勤施，浓度为所用肥料产品推荐使用浓度的 50%，施肥时间为每周或每 10 天施肥一次。定期喷洒农药以预防病虫害的发生，并在防雨设施下进行栽培，对防止病害的蔓延及肥料的流失有益。

四、病虫害综合防治

（一）农业防治

无公害栽培应合理密植，分盆种植，依据山慈菇三种植物假鳞茎大小，种植时给叶子预留出一定生长间隔，防止叶子挨得太密，既可增加通风透光性，又能延缓病害发生时的传染速率。及时剪除清理落花落叶以及病株，合理浇水施肥，见干见湿，夏季气温高时，适宜在早晨浇水施肥，午时前后不浇水，避免高温、高湿滋生病害。

（二）物理防治

山慈菇三种植物常见的虫害主要有蚜虫、蚧壳虫、蛞蝓等，利用害虫成虫具有趋光性、假死性，可以有效捕杀地老虎、金针虫等；利用黑光灯可以夜间诱捕蚜虫；还可以用电磁波、超声波、核辐射等物理方法；在夏季覆地膜，利用高温来杀死土壤中的病虫害。

（三）生物防治

保护和利用天敌昆虫，例如澳氏钝绥螨、亚洲钝绥螨、长毛钝绥螨、多齿钝绥螨等，防治短须螨属小虫；引入瓢虫，防治蚧壳虫等。

（四）化学及综合防治方法

山慈菇的三种植物栽培中常见的病害主要为细菌和真菌病害，常见有炭疽病、茎腐病、叶枯病和白绢病等，针对这些病害常用化学和综合防治方法见表 5-2。

常见的虫害主要为蚜虫、蚧壳虫、短须螨属小虫等，针对这些虫害常用化学和综合防治方法见表 5-3。

表 5-2　山慈菇三种植物常见病害及其防治方法

病害种类	危害部位	防治方法	
		化学方法	综合方法
炭疽病	叶片	多菌灵，代森锰锌，百菌清，甲基托布津，代森氨，抗霉菌素，炭疽福镁	种球消毒，及时剪除病叶发病部分，避免高温高湿，加强通风，病叶清除烧毁，合理密植，定期喷药保护叶片

续表

病害种类	危害部位	防治方法	
		化学方法	综合方法
茎腐病	叶片，茎部	茎腐灵乳油，30% 多福可湿性粉剂	种球消毒，及时彻底处理病株，基质消毒，分盆种植防治传染，药物预防，避免植株有伤口
叶枯病	叶片	发病前可用 0.5%～1% 波尔多液，或 65% 代森锌可湿性粉剂 600～800 倍液，每隔 7～10 天喷洒 1 次。发病期间可用 50% 多菌灵 800 倍液或 75% 甲基托布津 1000 倍液喷洒	种球消毒，通风透光，合理密植，及时剪除病叶
白绢病	茎部，假鳞茎，叶片，根部	50% 速克灵粉剂 500 倍，或 50% 农利灵（乙烯菌核利）粉剂 500 倍液，杀毒矾 500～600 倍液，5% 井冈霉素水剂 300 倍液，高猛酸钾溶液 1000 倍液消毒，也可用 70% 甲基托布津 1500 倍液，基质掺入 1/10 草木灰	种球消毒，通风透光，合理密植，及时除去病株，基质消毒
黑斑病	叶片	可用 70% 甲基托布津 1500 倍液	保持植株通风透光，夏秋季要进行遮阴。及时剪去叶片上中部的病斑，集中烧毁

表 5-3 无公害山慈菇虫害种类及防治方法

虫害种类	危害部位	防治方法	
		化学方法	综合方法
蚜虫	嫩叶、芽、花蕾	蚜克灵或万灵 2000 倍水液、20% 好年冬乳油 800 倍液、50% 辟蚜雾 2000 倍液、40% 克蚜星 800 倍液	消灭虫源，消毒基质，合理浇水施肥
蚧壳虫	茎，叶片，花	棉隆、氰氨化钙等	选用不带虫源的新土栽种，用老土时要用甲醛液进行土壤消毒；在土中拌入 1/10 的草木灰加新高脂膜，防止土壤偏酸性
短须螨属小虫	叶片	1.5% 哒嗪酮乳油 3000～4000 倍液，或 73% 克螨特乳油 2000～2500 倍液	基质消毒，清除杂草、消除越冬卵。在越冬前夕喷施 0.5° 波美右硫合剂，可压低越冬虫口基数
蜗牛	叶片，茎，幼苗	灭蜗灵或硫酸铜 500～800 倍液，适当用盐撒到虫体上	在花盆四周撒上一条石灰带，可阻止或减少蜗牛进入，可在兰棚内用树叶或杂草，菜叶做成一个个诱集堆，白天蜗牛就会潜伏在诱集堆下，集中捕杀
蛞蝓	叶片	药剂防治，野蛞蝓未取食活动时，在苗床或温室周围喷施 98% 硫酸铜 800～1000 倍液、1% 食盐水或 800 倍液氨水溶液	毒饵诱杀用砂糖、蜗牛敌和砷酸钙按 1：3：3 比例混合均匀，拌入 6 倍药量麸皮粉，并加少量水，制成毒饵，傍晚将毒饵撒在周围；或用 6% 蜗牛净颗粒剂与适量麸皮粉拌匀做成毒饵

五、产地加工与质量标准

杜鹃兰种苗栽培后每隔 3 年采收无叶种球 3 颗用于入药，无需分级；剩余 1 颗有叶种球作为种苗继续栽培，可根据种球大小分级以便生长整齐。独蒜兰属 2 种植物 11 月叶枯黄脱落，母球萎缩，子球成熟进入休眠，此时即可采收。采收的球茎经修整、清洗后进行分级，依其直径大小进行分级，一般区分为开花球（直径 2.5 cm 以上），繁殖球（直径 2.5 cm 以下），及顶芽球（由顶芽发育而成，一般为细长形）三种。开花球低温冷藏解除休眠即可销售，而顶芽球尚需培养 2～3 年。

山慈菇以秋季采收。采收后清除根系和枯叶，将种球在清水中浸泡 1 小时，洗净表面泥土，去除腐烂种球；鲜用或放入沸水中煮至透心，取出烘干或晒至全干待用。

无公害山慈菇三种植物栽培的关键是减少植株农药、重金属及有害元素含量。针对目前杜鹃兰和独蒜兰属植物生产过程中存在的问题，可建立以农业、物理及生物防治为主的杜鹃兰和独蒜兰属植物病虫害防治体系，筛选及登记山慈菇三种植物专用、高效低残留的农药种类，减少农残及重金属污染。

制定山慈菇无公害药材质量标准，将药材品质进行等级划分，使市场需求向多元化发展，也可以促进中药材产业整体升级发展。通过以上各种措施不断完善山慈菇三种植物无公害种植技术体系，以期为山慈菇药材无公害精细化生产提供科学依据，为中药材种植产业的健康可持续发展提供借鉴。

参考文献

[1] Torelli G. The genus *Pleione* [M]. Italian Journal of Orchidology, 2000, 14: 1-147.

[2] 陈德媛，胡成刚，陈远光，等. 杜鹃兰引种栽培观察 [J]. 中国林副特产，1998，(02)：5.

[3] 何玉明，徐鹏，商玲. 山慈菇药理作用研究概况 [J]. 黑龙江中医药，2008，(04)：50-51.

[4] 华健. 台湾一叶兰生产技术 [J]. 台湾农业探索，2004，(2)：37-38.

[5] 李哖. 台湾一叶兰之生长习性与生产 [J]. 台湾农业试验所特刊，1984，14：53-64.

[6] 林维明 . 世界一叶兰 [M]. 台北：淑馨出版社，1994：20-21.

[7] 韦红边，吕享，高晓峰，等. 兰科药用植物杜鹃兰的研究进展 [J]. 贵州农业科学，2017，45(07)：88-92.

[8] 张丽霞. 杜鹃兰重要生理特性和生态适应性研究 [D]. 贵阳：贵州大学，2008.

[9] 张燕，李思锋，黎斌. 独蒜兰属植物研究现状 [J]. 北方园艺，2010，(10)：232-234.

[10] 朱毅. 杜鹃兰的化学成分研究 [D]. 武汉：湖北中医药大学，2014.

（吴沙沙，戴中武，张艺祎，翟俊文，丁长春）

6 川贝母

引言

川贝母 *Fritillaria cirrhosa* D. Don，主产于海拔 3200～4200 m 的四川、云南、西藏等省（区），在海拔 1800～3200 m 的甘肃、宁夏、山西、青海及陕西部分地区也有生长，多自然分布于青藏高原、横断山等海拔 2700～4600 m 的高山灌丛及山坡草甸地带。

川贝母经人工驯化后，可生长于海拔 2700 m 左右的高山槽坝地区或亚高山针叶林带。由于生态环境恶劣，生境破坏后恢复困难，川贝母野生资源更新缓慢，通常需要 4～5 年才能采收，已被《国家重点保护野生药材物种名录》列为Ⅲ级保护物种。早在 20 世纪 60～70 年代川贝母的人工栽培便已开始进行。但栽培周期长导致人工栽培川贝母常有严重病虫害现象出现，容易造成农残超标等问题。通过“二段式”无公害仿生态栽培方式及野生抚育技术，可以大大缩短栽培年限，既可以避免农残超标问题，也可以缓解野生资源压力，是未来川贝母生产的主要途径。

一、产地环境

无公害川贝母生产要根据其生物学特性，依据《中国药材产地生态适宜性区划（第二版）》进行产地的选择。川贝母为多年生草本，生长缓慢，喜湿润，不耐旱，忌积水；生长过程中需要光照，但忌强光直射；在凉爽湿润荫蔽条件下长势良好。主要分布在四川、云南、西藏等省（区），多生长在亚高山针阔混交林、草甸、高山灌丛、河滩、山谷湿地或岩缝中，主要土壤类型为黑钙土、淋溶土、低活性淋溶土、灰色森林土等为主。川贝母主要生长区域生态因子范围详见表 2-6-1。

表 2-6-1 川贝母野生分布区、道地产区、主产区气候因子阈值（GMPGIS-Ⅱ）

生态因子	生态因子值范围	生态因子	生态因子值范围
年均温度（℃）	-3.2～13.2	年均降水量（mm）	263.0～1510.0
平均气温日较差（℃）	10.1～15.8	最湿月降水量（mm）	80.0～387.0
等温性（%）	37.0～49.0	最干月降水量（mm）	0.0～9.0
气温季节性变动（标准差）	4.2～8.3	降水量季节性变化（变异系数 %）	75.0～130.0
最热月最高温度（℃）	12.4～23.6	最湿季度降水量（mm）	197.0～1010.0
最冷月最低温度（℃）	-24.4～0.7	最干季度降水量（mm）	2.0～41.0

续表

生态因子	生态因子值范围	生态因子	生态因子值范围
气温年较差（℃）	22.5～38.7	最热季度降水量（mm）	194.0～1010.0
最湿季度平均温度（℃）	6.5～17.9	最冷季度降水量（mm）	2.0～44.0
最干季度平均温度（℃）	-14.3～7.6	年均日照（W/m^2）	130.8～160.6
最热季度平均温度（℃）	6.5～17.9	年均相对湿度（%）	39.8～60.1
最冷季度平均温度（℃）	-14.3～6.9		

无公害川贝母生产的产地环境应符合国家《中药材生产质量管理规范》；NY/T 2798.3-2015《无公害农产品生产质量安全控制技术规范》；大气环境无污染的地区，空气环境质量达 GB 3095-2012《环境空气质量标准》规定的二级以上标准；水源为雨水、地下水和地表水，水质达到 GB 5084-2005《农田灌溉水质标准》规定的标准；土壤不能使用沉积淤泥污染的土壤，土壤农残和重金属含量按 GB 15618-2008《土壤环境质量标准》规定的二级标准执行。

无公害川贝母生产选择生态环境条件良好的地区，产地区域和灌溉上游无或不直接受工业“三废”、城镇生活、医疗废弃物等污染，避开公路主干线、土壤重金属含量高的地区，不能选择冶炼工业（工厂）下风向 3 km 内。

二、优良品种

川贝母已审定的新品种“川贝 1 号”，是康定恩威高原药材野生抚育基地有限责任公司从川贝母野生驯化栽培品种中系统选育而成，并于 2015 年通过四川省农作物品种审定委员会审定。该品系出苗稍晚，但齐苗快、长势旺，且整齐一致；倒苗晚，生长期约 130 天，全生育期 620 天左右，适宜在海拔 3000 m 以上气候冷凉地区种植。株高约 48 cm，叶片较大，叶状苞片卷曲，花黄绿色带紫色斑点，果实较大，种子多，平均千粒重达 4.11 g。须根达 12 条，生长力较为旺盛。4 年生川贝母鳞茎干品每公顷平均产量为 1827 kg。

三、田间管理

1. 种子与鳞茎繁育

川贝母有有性繁殖和无性繁殖两种繁殖方式，目前川贝母种植过程中主要以种子和鳞茎繁殖为主，鳞片繁殖和子贝繁殖方式较少。

（1）种子采收与储存　川贝母果实成熟期短。7～8 月待果皮颜色转为枇杷黄（深黄色）或黄褐色，种子干浆时采摘，筛除瘪粒、果皮等，并进行后熟处理。种子后熟处理通常采用自然层积法：将当年采收种子直接沙藏，种子与细沙比例为 1∶3，适时浇水使基质湿度保持在 50%～60%。自然层积约 200 天后，种子可以进行播种。

川贝母种皮无吸水障碍，层积种子在 24～25℃时发芽率较好。后熟的种子宜在当年使用，储存时间越长，种子失水越多，发芽率越低。储存 2 年后的种子基本不能发芽。

（2）种子质量标准　用于留种的川贝母，应选择无病、健壮植株，剔除病籽、虫籽、瘪籽。生产上多以种子净度、发芽率、千粒重及含水量为川贝母种子质量划分指标，其中净度和发芽率为主要定级指标，在生产上将种子质量分为三级。无公害培育川贝母种子质量应符合相应二级以上指标要求（表 2-6-2）。

表 2-6-2　川贝母种子质量分级表

级别	项目	川贝母 *F. cirrhosa*
Ⅰ级	净度（%）不低于	98
	发芽率（%）不低于	90
	千粒重（g）不低于	4.8
Ⅱ级	净度（%）不低于	95
	发芽率（%）不低于	85
	千粒重（g）不低于	4
Ⅲ级	净度（%）不低于	90
	发芽率（%）不低于	80
	千粒重（g）不低于	3.5
各级种子含水量（%）不高于		8

（3）鳞茎质量标准　川贝母鳞茎翻挖出来后应除去其中夹杂的石子、土块及杂物，挑出干瘪、破损及有虫口的鳞茎，优选出没有创伤和病害的鳞茎作种。川贝母无公害生态种植鳞茎选择应符合相应川贝母鳞茎二级以上指标要求（表 2-6-3）。

表 2-6-3　川贝母鳞茎分级表

年限	项目	内容	分级标准		
			Ⅰ级	Ⅱ级	Ⅲ级
一年生	鳞茎	单粒重（g）	≥0.040	≥0.025	≥0.020
		直径（cm）	≥0.50	≥0.35	≥0.25
二年生	鳞茎	单粒重（g）	≥0.40	≥0.25	≥0.20
		直径（cm）	≥1.0	≥0.65	≥0.50
三年生	鳞茎	单粒重（g）	≥1.40	≥1.00	≥0.80
		直径（cm）	≥1.35	≥1.10	≥0.90

2. 川贝母播种

（1）选地整地　选择选土壤深厚、疏松肥沃、富含腐殖质且背风的阴山或半阴山为宜，施加基肥后拣去杂草、石块，将育苗地耙细整平，作宽 1.2～1.3 m 的厢面，沟深 20 cm。

（2）种子繁殖　播种有秋季和春季两种播种时间。秋播时间为 9～10 月，在冻土前播种；春播时间一般为 4 月土壤解冻后，由于冬季户外管理难度大，一般以春播为主。

播种前先施入底肥，使之充分腐熟发酵并杀死虫卵。

播种有撒播与条播两种方式。撒播时将种子与过 10 目筛的腐殖土一起拌匀，按播种量 3000～30 000 粒 /m^2 均匀撒于畦面上，覆盖 1～2 cm 的牛粪腐殖土；条播先在畦面挖一条深 1.5～2 cm 的横沟，将拌有腐殖土的种子均匀撒在沟中。覆盖 1.5～3 cm 的细腐殖土。

（3）鳞茎繁殖　通常选择条栽法栽培，同时对不同生长年限及不同大小的鳞茎进行分级栽种。鳞茎鲜重 0.25～0.4 g，栽种深度为 3 cm 左右，株距 1～2 cm，每亩用量 100 kg 左右；鳞茎鲜重＞0.4 g，栽种深度为 4 cm 左右，株距 2～3 cm，每亩用量 120 kg 左右；鳞茎鲜重 1.0～1.4 g，栽种深度为 5 cm 左右，株距 3～4 cm，每亩用量 150 kg 左右；鳞茎鲜重＞1.4 g，栽种深度为 6 cm 左右，株距 4～5 cm，每亩用量 170 kg 左右。

鳞茎繁殖时施加基肥后将畦面做成弓形。按行距 20 cm 挖沟，将鳞茎均匀播在槽底，使顶部（心芽）垂直朝上，覆盖细腐殖土 3～5 cm，紧致压实。

3. 仿生态种植

（1）二段式育苗　首先在高原温室大棚或塑料大棚中进行集约化育苗，选择牛粪腐殖质土或泥炭与土 1∶1 混合作为川贝母生长基质。苗床宽 1.2 m，高 10～20 cm，沟宽 30 cm 左右。后熟的种子撒播于厢面后覆土约 1 cm，或者在床面覆盖黑膜至贝母幼苗出土，保持大棚内土壤含水量为 50%～60%，遮光度 50%～70%，喷雾保湿。再将大棚中种植 2～3 年的鳞茎作为种苗在大田种植或野生抚育基地进行营养和生殖生长。

（2）除草　苗期避免采用化学除草剂，采用人工拔除，对温室大棚实生苗和一匹叶多采用镊子夹住杂草拔除，尽量避免带出川贝母苗，若带出应立即将其埋入土中。“树儿子”时期和生殖生长期行间杂草多采用特制的小锄头除掉，株间的杂草采用人工拔除。川贝母倒苗后，厢面上铺上青稞秆、玉米秆等覆盖物，并少浇或不浇水，以减少杂草。

（3）水分管理　生长季中根据川贝母苗生长情况及时浇水，保证土壤湿润。夏季久雨或暴雨后应注意排水防涝。冬季在土面上覆盖树叶，以减少水分挥发，保持土壤温度。

（4）光照控制　川贝母无公害种植基地光照和地温控制可采用搭置荫棚、套种和覆盖等较传统的方法，不同生长期采用不同的光照控制措施，不同方法可以配合使用。播种后，春季出苗前，揭去畦面覆盖物，当出苗率达到 80% 或地表温度达 25℃时，搭建 60～120 cm 高的遮阴棚，第一年荫蔽度 50%～80%，第二年 50%～80%，第三年 30%～60%，天气炎热时可相应调整。天气晴好时需要遮阴，阴天则需要亮棚炼苗。在大田栽培的川贝母“树儿子”期和“灯笼花”期等 3 年以上的川贝母需要适量加大光照强度，不宜采取遮阴措施。

（5）温度控制　冬季主要有覆盖树叶或稻草等方法来保证地下鳞茎安全越冬，覆盖时间为每年冻土前，覆盖稻草垫或树叶厚度 2 cm 左右。夏季连续干旱时主要通过浇水来控制土壤温度。

（6）合理施肥　无公害川贝母仿生态栽培中所允许使用的肥料类型和种类主要包括：有机肥如农家肥（厩肥、堆肥、清肥和油枯肥）、越冬度夏覆盖树叶等；有机肥应经过高温腐熟处理，杀死其中病原菌、虫、卵、杂草种子等；无机肥主要有尿素、磷肥和钾肥等；叶面肥为磷钾肥，质量应符合 NY 525-2012《有机肥料》、NY/T 1105-2006《肥料合理使用准则氮肥》，NY/T 1869-2010《肥料合理使用准则钾肥》等质量标准。

川贝母在使用氮、磷、钾肥时需遵循“缺则施用”的原则。“树儿子”期应当适当的增加磷钾比例；在“灯笼花”期可以适当地降低氮磷比例。基肥多使用农家肥，播种前做好畦后，每亩可选用 1500 kg 堆肥、厩肥，50 kg 过磷酸钙，100 kg 油饼或每亩施加腐熟的厩肥 4000 kg，经堆沤腐熟后均匀撒于畦内。8 月份秋季倒苗后每亩可用腐殖土、农家肥、25 kg 过磷酸钙混合后覆盖畦面 3 cm 厚，然后用树枝树叶等覆盖畦面，以保护贝母越冬。在川贝母花期、果期可以喷施以磷、钾无机元素为主、生长调节剂为辅的复合叶面肥以提高川贝母的挂果率。

4. 野生抚育

野生抚育主要通过对川贝母野生抚育基地的生态环境、地表土层、群落植被和气候进行动态监测，建立川贝母野生抚育基地环境与植被监测系统。对野生抚育基地内不宜于川贝母生长的群落，按恢复为主，清理为辅的原则，对伴生群落进行补种梳理，完成野生抚育基地群落的恢复、整理与简易作业道路的整理。

种子播种通常选择在秋季冻土前或春季土壤解冻后围绕灌丛进行沟播，播种密度为 2000～3000 粒 /m^2，通常需要经过 4 年才能采挖。此外，也可采用大棚中“二段式”集约化育苗生产出的 2～3 年生鳞茎进行野生抚育播种，提高成活率。

四、病虫害综合防治

川贝母常见病害有锈病、菌核病、白腐病、根腐病、立枯病等，常见的虫害主要有地老虎、蛴螬、蝼蛄等。优先采用物理防治、生物防治、农业防治等对环境植物危害作用较小的防治方法，尽量不采用或少用高效低残药物的化学防治。具体病虫害防治措施见表 2-6-4。

表 2-6-4 无公害川贝母病虫害防治

病虫害类型	危害部位	症状	防治方法
锈病	茎叶	近地面茎叶出现褐色凸斑，后期散发出橙黄色孢子	远离麦类作物种植地，越冬覆盖严禁使用山草、麦秆等易引起锈病的材料。出现锈病时，应彻底清除植物病残组织，避免病原越冬，并控制田间湿度，提高磷肥、钾肥使用量。发病初期可以使用甲基托布津可湿性粉剂 800～1000 倍液，粉锈宁 1000 倍液，进行喷洒，7～10 天喷 1 次，连续使用 3～4 次
菌核病	鳞茎	鳞茎表面产生黑斑，内部形成大小不等的黑色菌核	通过轮作、高畦模式可有效预防菌核病；农家肥应经充分腐熟。发现病株时应立即拔除，防治可用 50% 多菌灵 1000 倍液灌根
立枯病	茎基部	茎基部呈现不规则暗褐色病斑	田间注意排水、调节郁闭度，阴雨天揭棚盖；发病前后可用 1：20 的石灰水进行灌株，发现病株拔除并及时烧毁
根腐病	根部	夏季多雨季节易发，根部腐烂进而导致全株死亡	植株发病前后可用 1：20 的石灰水灌株，发现病株拔除并及时烧毁，并加强排水

续表

病虫害类型	危害部位	症状	防治方法
白腐病	鳞茎	鳞茎局部呈乳酪样腐烂，局部表面可见菌丝呈灰白或黑色	田间注意排水，降低土壤湿度。发现病株应立即拔除，并用 50% 多菌灵 500 倍液或 5% 石灰水浇灌病区
灰霉病	叶片	幼茎及叶片腐烂进而导致幼苗枯死	清除病株并集中烧毁；50% 多菌灵 1000 倍液喷雾防治，每 7～10 天喷洒 1 次，连续 2～3 次
地老虎	茎叶	啃食幼茎、嫩叶	施用腐熟的厩肥、堆肥；可用烟叶熬水后淋灌（每亩用 2.5 kg 烟叶熬成 75 kg 原液，用时每 1 kg 原液加水 30 kg）；在冬季清除杂草并集中销毁，杀灭越冬虫卵
蛴螬	鳞茎	咬噬鳞茎，诱发病害	冬季清除育苗棚内及大田内的杂草、枯枝、落叶并集中收于园外烧毁，杀灭越冬虫卵；采用诱虫灯诱杀其成虫金龟子；在秋季川贝母倒苗或进行采挖后将大棚内土壤集中进行消毒杀菌，深耕大田，杀灭土层中虫源；可用烟叶熬水后淋灌（每亩用 2.5 kg 烟叶熬成 75 kg 原液，用时每 1 kg 原液加水 30 kg）；采用布氏白僵菌进行生物防治
蝼蛄	鳞茎	喜食幼茎幼芽，使植物枯死	黑光灯诱杀
黑蚂蚁和大黄蚁	鳞茎	喜食幼茎幼芽，使植物枯死	红糖浸纸片后置田地进行诱杀

五、产地加工及质量标准

1. 无公害川贝母采收与加工

选择果熟期或植株枯萎期采收。新鲜鳞茎采收后，经清水洗净，清洗水的质量要求必须符合 GB 3838《地表水环境质量标准》的Ⅰ～Ⅱ类水指标。经清洗后置于专用烘箱设备内 60℃下直接烘干 24 小时。避免操作过程中手或铁器等直接碰触，同时禁止使用硫黄熏蒸的方法来进行干燥储存。

2. 无公害川贝母质量标准

无公害川贝母质量标准包括药材农药残留和重金属及有害元素限量等质量指标。川贝母质量标准可参照《中华人民共和国药典》2015 年版所记载各论药材的项下规定：其干燥品的总生物碱西贝母碱（$C_{27}H_{43}NO_3$）含量不得少于0.050%；重金属残留量按照《中国药典》（2015年版）中铅、铬、砷、汞、铜测定法（通则 2321 原子吸收分光光度法或电感耦合等离子体质谱法）测定，川贝母药材参照通则 2331 项下的 SO_2 残留量酸碱滴定测定法检测饮片或水溶液下的 SO_2 残留量，川贝母药材及饮片不得超过 150 mg/kg。

参考文献

[1]　李西文．川贝母保护生物学研究 [D]．北京：中国协和医科大学，2009：18-19.

[2] 王晓蓉，王强，余强，等. 川贝母新品种川贝 1 号多点品比试验 [J]. 安徽农业科学，2016，(7): 154-157.
[3] 刘辉，陈士林，姚辉，等. 川贝母的资源学研究进展 [J]. 中国中药杂志，2008，33 (14): 1645-1648.
[4] 陈瑛，张军. 卷叶贝母种子胚后熟的温度条件 [J]. 中国中药杂志，1993，18 (5): 270-272.
[5] 于婧，魏建和，陈士林，等. 川贝母种子休眠及萌发特性的研究 [J]. 中草药，2008，39 (7): 1081-1084.
[6] 伍燕华，付绍兵，黄开荣，等. 川贝母种子质量分级标准研究 [J]. 种子，2012，31 (12): 104-108.
[7] 向丽，韩建萍，陈士林. 人工栽培川贝母种苗质量标准研究 [J]. 环球中医药，2011，04 (2): 91-94.
[8] 刘翔，代勇，向丽，等. 川贝母种子在高原产区的繁殖研究 [J]. 世界科学技术 - 中医药现代化，2013，(9): 1911-1915.
[9] 黎开强，吴卫，郑有良，等. 不同光强对川贝母生长发育和总生物碱的影响 [J]. 中草药，2009，40 (9): 1475-1478.
[10] 李西文，陈士林. 遮荫下高原濒危药用植物川贝母 (*Fritillaria cirrhosa*) 光合作用和叶绿素荧光特征 [J]. 生态学报，2008，28 (7): 3438-3446.
[11] 马靖，伍燕华，付绍兵，等. 遮阴对栽培川贝母生长和产量的影响 [J]. 安徽农业科学，2014 (18): 5755-5757.
[12] 伍燕华. 川贝母 (*Fritillaria cirrhosa*) 栽培中关键技术的初步研究 [D]. 成都: 成都中医药大学，2013: 27-28.
[13] 顾健，谭睿，罗小文. 青藏高原道地药材川贝母野生抚育规范化种植及标准化研究 [J]. 亚太传统医药，2013，9 (9): 16-17.
[14] 陈士林，贾敏如，王瑀，等. 川贝母野生抚育之群落生态研究 [J]. 中国中药杂志，2003，28 (5): 398-402.

（丁丹丹，余强，陈士林，王晓蓉，李西文，向丽）

7 川芎

引言

川芎，原名芎䓖，为伞形科植物川芎 *Ligusticum chuanxiong* Hort. 的干燥根茎，《中华人民共和国药典》2015 年版收录。始载于《神农本草经》，被列为上品，是著名的川产道地药材，具有活血祛瘀、祛风止痛的功效，为临床常用中药。据统计《中华人民共和国药典》2015 年版一部有 227 个成方制剂中含有川芎，占所收载成方制剂的 15.2%，其对中药临床用药的有效性和安全性有重要影响。川芎除销国内市场外，还大量出口日本、马来西亚、新加坡、韩国等国家和地区。

川芎在栽培过程中仍存在盲目引种、苓种繁育不规范、病虫害严重等问题，尤其农残和重金属镉超标问题一直未得到有效解决，影响川芎产业可持续发展。无公害中药材栽培技术研究是保障产业可持续发展的重要途径，同时也是现阶段中药材生产的发展方向。基于都江堰示范基地生产数据，结合国内其他基地成功经验及文献调研，构建川芎无公害栽培技术体系，可为无公害川芎药材规范化生产提供技术参考，促进川芎资源的可持续利用。

一、产地环境

（一）产地标准

无公害川芎生产的产地环境应符合国家《中药材生产质量管理规范（试行）》；NY/T 2798-2015 无公害农产品生产质量安全控制技术规范；GB 15618-1995 土壤环境质量标准；GB 15618 和 NY/T 391 的一级或二级土壤质量标准；GB 5084-1992 农田灌溉水质标准；GB 3095-1996 环境空气质量标准；GB 3838-2002 国家地面水环境质量标准等对环境的要求。

无公害川芎生产选择生态环境条件良好的地区，产地区域和灌溉上游无或不直接受工业“三废”、城镇生活、医疗废弃物等污染，避开公路主干线、土壤重金属含量高的地区，不能选择冶炼工业（工厂）下风向 3 km 内。

（二）生态环境要求

无公害川芎生产要根据其生物学的特性，依据《中国药材产地生态适宜性区划（第二版）》进行产地的选择。川芎适宜性较强，喜阳和温暖湿润气候。较耐旱，耐寒性不强，怕荫蔽水涝。选地时以土层深厚、疏松肥沃、排水良好、有机质丰富、中性或微酸性的油砂石或夹砂土等砂质土壤为宜，土质黏重或过砂、低洼积水地不宜栽种，忌连作。川芎主要生长区域生态因子范围见表 2-7-1。适宜主要土壤类型为，强淋溶土、红砂石、黑钙土、铁铝土、粗骨土、黑土、薄层土、潜育土等。

表 2-7-1　川芎道地产区、主产区气候因子阈值（GMPGIS-Ⅱ）

生态因子	生态因子值范围	生态因子	生态因子值范围
年均温度（℃）	1.1～22.8	年均降水量（mm）	522.0～2173.0
平均气温日较差（℃）	4.3～12.4	最湿月降水量（mm）	114.0～399.0
等温性（%）	21.0～49.0	最干月降水量（mm）	2.0～52.0
气温季节性变动（标准差）	4.3～10.8	降水量季节性变化（变异系数 %）	46.0～141.0

续表

生态因子	生态因子值范围	生态因子	生态因子值范围
最热月最高温度（℃）	14.2～34.5	最湿季度降水量（mm）	307.0～1024.0
最冷月最低温度（℃）	-15.3～11.7	最干季度降水量（mm）	11.0～184.0
气温年较差（℃）	19.1～40.6	最热季度降水量（mm）	284.0～1011.0
最湿季度平均温度（℃）	8.5～28.1	最冷季度降水量（mm）	11.0～266.0
最干季度平均温度（℃）	-6.9～20.1	年均日照（W/m^2）	115.5～156.3
最热季度平均温度（℃）	8.5～28.6	年均相对湿度（%）	54.0～76.3
最冷季度平均温度（℃）	-6.9～16.1		

川芎主要分布于为四川、云南和广西等省（自治区）。另外，川芎对重金属镉有富集作用，在选择种植基地时应对土壤、空气、灌溉水含镉情况进行检测，未达标的生产基地不应考虑。

二、优良品种

（一）良种选育

筛选个大、质坚实、横切面黄白、油性大、香气浓郁且对镉低富集川芎作为种源。或选用川芎 1 号、绿芎 1 号、新绿芎 1 号为种源。

（二）良种繁育

川芎繁殖采用无性繁殖，其材料为地上茎的茎节，称苓种或苓子。繁育方式有三种，分别是山区（海拔 1000～1500 m）育苓、坝区（500～800 m）育苓和本田（海拔 1000 m 左右）育苓。本田育苓直接使用川芎收获时地上茎来繁殖，品种容易产生退化现象。川芎传统的繁育方式是山区育苓，山区苓种栽种的川芎药材质量比坝区苓种栽培药材质量略好，植株生长发育和药材产量前者明显优于后者。本文基于都江堰示范基地生产数据，结合国内其他基地成功经验及文献调研，阐述山区育苓的生产技术。

1. 苓种地选择和整地

苓种繁殖选择气候阴凉的高山（海拔 1000～1500 m），生荒地或砂壤地，忌重茬。栽前翻耕除草，耙细整平。开箱埋沟，箱宽 1.6～1.8 m，沟宽 27～35 cm，沟深 18～25 cm。

2. 抚芎栽种

抚芎为提前挖起用于繁殖苓种的川芎（非江西“抚芎”），一般在 12 月至翌年 1 月中旬，不宜迟于 2 月上旬挖起，除侧茎、须根和泥土，立春前后栽种。选取外形较圆、紧实、芽多、根壮的抚芎，剔除带病抚芎，运到山区栽种。每窝放 1～2 个抚芎，芽向上，窝内施腐熟农家肥，盖土填平。3 月上旬出苗，苗高 10～15 cm 时宜疏苗，拔土至露出根茎顶端，留健康、粗细均匀地上茎 9～12 枝，剩余地上茎从基部清除。4 月川芎株高 35 cm 左右时容易倒伏，茎节和土壤接触后发芽而失去活性，需“插枝扶秆”防止倒伏，中耕除草，追肥 3 次。

3. 苓种选择

七月中旬，川芎茎结显著膨大，略带紫红色时为收获期。选择晴天或阴天，露水干后全株挖出，清除感染病虫害植株，摘除叶片，保留茎秆，割下根茎部分。将茎秆困成小束，运至阴凉山洞或室内，地上铺一层稻草，茎秆需逐层堆放，高约 2 m。5～7 天上下翻动一次，堆内温度超过 30℃时，需立即翻堆降温，防止茎秆发热腐烂。8 月上、中旬取出茎秆，剪成中部带节盘的小段，长 4～5 cm，作为坝区种植基地栽培的繁殖材料。苓种健壮与否直接影响川芎产量和质量。尽量选择节盘直径 14～19 mm，茎秆直径 4～9 mm，苓子系数 2.2～2.9 的苓种（苓子系数＝节盘直径 / 节盘下 5 mm 处茎秆直径）。同时去除有病虫害的劣质苓种。节盘直径 8 mm、茎秆直径 4 mm 以下、苓子系数 1.5 以下的“茴香杆”和基部土苓子不得使用。川芎苓种等级划分见表 2-7-2。

表 2-7-2　川芎苓种等级划标准

项目	一级	二级	三级
苓子系数	2.1～3.0	2.9～4.1	1.7～2.3
混杂率（%）	8.1	10.6	12.2
芽体数	2～3	1～2	1
芽体质量	扁圆锥形、饱满、肥大	扁圆锥形、饱满	瘦弱、细小

三、田间管理

（一）土壤综合改良

基于宏基因组学研究基础，在大量田间试验基础上，建立了川芎“土壤消毒＋绿肥回田＋菌剂调控”的综合策略，可改善根际微生态环境，改良土壤理化性状和调节营养物质平衡，从而减少土传病害和化感物质积累。此外，川芎可与适合当地生长的超富集镉植物间作，达到降低土壤中镉含量的目的。

（二）无公害川芎栽种

栽培川芎整地以“深沟高厢”为原则，机耕 2 次，深翻 25～28 cm，整细整平后，开箱埋沟，厢宽 1.5～2.0 m，沟宽 20～30 cm，沟深 25～30 cm，以确保排水良好，防止川芎根茎腐烂。

栽种前苓种进行消毒杀虫，能减少后期烂苓，提高出苗率。用农家传统方法烟骨头与麻柳叶的混合煎煮液浸泡苓种 20～30 分钟。浸种后需阴干约 2 天，下地栽种。川芎一般在 8 月上、中旬晴天栽种，不宜迟于处暑。开沟栽种，沟深 2～4 cm。采取等行距或宽窄行栽种。等行距栽种行距为30～34 cm，窝距20～24 cm。宽窄栽种规格为（40+20）×20～25 cm。栽种时苓种平放沟内，芽口朝上，用手将苓子按入土中，茎节入土1～1.5 cm，部分节盘露出土表，每亩栽6500～7500窝，每亩苓种30 kg左右。栽后覆盖1.6 cm薄土，浇少量腐熟清粪水，或用堆肥覆盖苓种，并铺盖一层稻草，减少暴雨冲刷和强光直射。

（三）合理施肥

川芎施用的肥料以有机肥为主，其他肥料为辅，限量施用化肥，有机肥料必须经过高温发酵，达到无公害化标准。川芎是喜肥作物，除了施足底肥外，还要结合各个生长期适时追肥。川芎栽培施肥主要包括良种繁育（苓种）施肥和生产施肥。苓种繁育时，一般4～5月追肥3次；苓种移植基地后，每隔二十天左右追肥1次，霜降前完成3次追肥和1次根外追肥，翌年1～3月完成2～3次追肥，对长势偏弱的川芎可适当增加施追肥次数，并适当延迟收获期。肥料以腐熟人畜粪便、饼肥、油枯有机肥为主，尿素、硫酸钾、磷酸二氢钾等化肥为辅，肥料的重金属含量应当符合相应质量标准，禁用镉超标的肥料。有机肥和钾肥对川芎产量有重要影响，应当适量多施有机肥和钾肥。无公害川芎生产肥料的施用方法见表7-3。

表7-3 无公害川芎栽培肥料施用方法

施用类型	肥料种类及施用方法	施用时间
苓种地追肥	每亩施草木灰140～160 kg+腐熟饼肥140～160 kg+人畜粪水1吨左右；或每亩施人畜粪水1吨左右+尿素15～20 kg+腐熟油枯50～75 kg+堆肥280～320 kg	4月上旬疏苗后
苓种地追肥	每亩施人畜粪水500～1000 kg+腐熟饼肥48～52 kg	4月下旬
苓种地追肥	每亩施尿素0.8～1.2 kg+磷酸二氢钾200～210 g	5月封行后
基地基肥	每亩施腐熟饼肥38～42 kg+碳铵28～32 kg；或每亩施农家肥1.5吨左右+磷肥110～130 kg	整田
基地追肥	每亩施人畜粪水1.5吨左右+腐熟饼肥25～35 kg；或每亩施人畜粪水1吨左右+碳铵2.5～3.0 kg+磷酸二铵2.5～3.0 kg	8月下旬至9月上旬
基地追肥	每亩施人畜粪水1.5吨左右+腐熟饼肥40～45 kg；或每亩施人畜粪水1吨左右+45%硫酸钾复合肥8～10 kg+磷酸二铵5～6 kg	9月中旬至下旬
基地追肥	农家肥1吨左右+油饼30～35 kg+草木灰100～110 kg+碳酸铵20～25 kg+过磷酸钙35～40 kg+硫酸钾8～10 kg；或每亩施腐熟油枯100～110 kg+堆肥300～120 kg+过磷酸钙50～55 kg混匀窝丢	10月上旬至中旬
根外追肥	饼肥、草木灰、堆肥、土肥各120～130 kg混合穴施，覆土盖肥	霜降前
基地追肥	每亩施干粪0.8～1吨	翌年1月
基地追肥	每亩施人畜粪水0.8吨左右（薄粪水），并培土	翌年2～3月

注：数据来源于种植基地试验数据

四、病虫害综合防治

川芎生长期的主要害虫有茎节蛾、斜纹夜蛾、蛴螬、红蜘蛛和种蝇等。在苓种阶段，害虫主要有茎节蛾、斜纹夜蛾、蛴螬和种蝇；在大田期间，种蝇为害最重；主要病害为根腐病、白粉病、灰霉病、斑枯病和菌核病等。需掌握川芎病虫害发生规律，确定病虫害发生机制，构建高效合理的无公害病虫害综合防治技术，对病虫害进行有效防治（表2-7-4）。无公害川芎种植生产过程中禁止使用国家禁止生产和销售农药种类。优先选择NY/T 393绿色食品农药使用准则中AA级和A级绿色食品生产允许使用植物和动物源、微生物源、生物化学源和矿物源农药品种。相应准则参照NY/T 393绿色食品农药使用准则、GB 12475农药贮运、销售和使用的防毒规程、NY/T 1667（所有部分）农药登记管理术语。注意用法用量，防止农残和重金属超标，同时注意施药的安全间隔期。

表2-7-4　无公害川芎病虫害防治方法

种类	防治方法			
	农业防治	物理防治	生物防治	化学防治
茎节蛾	清洁田园；深耕细作；合理轮作；精选苓种；清除残株病叶及杂草	—	—	阿维菌素；高效氯氟氰菊酯
地老虎	清洁田园；深耕细作；中耕除草；冬耕；清除杂草；充分腐熟农家肥；与玉米、小麦轮作或间作	糖醋酒诱杀液；灯光诱杀	—	阿维菌素；高效氯氟氰菊酯
红蜘蛛	清洁田园；深耕细作；清除残株病叶及杂草；新种植地实行冬耕	—	利用天敌中华草蛉、大草蛉、食螨瓢虫和捕食螨类	炔螨特；噻虫嗪
种蝇	清洁田园；深耕细作；清除残株病叶及杂草；充分腐熟有机肥	糖醋水诱杀液	—	—
蛴螬	清洁田园；深耕细作；清除残株病叶及杂草；冬耕；充分腐熟农家肥；与玉米、小麦轮作或间作	灯光诱杀	石蒜茎浸出液；白僵菌	高效氯氟氰菊酯
斜纹夜蛾	清洁田园；深耕细作；清除残株病叶及杂草；在点片发生阶段，进行挑治	灯光诱杀；糖醋水诱杀液	—	阿维菌素；高效氯氟氰菊酯
根腐病	排水通畅；苓种放置于通风阴暗处；扰芎清除“水冬瓜”，选留健康植株	—	哈茨木霉T23生物制剂	丙森锌、甲基硫菌灵
白粉病	清洁田园；深耕细作；清除残株病叶及杂草；合理轮作；加强水肥管理；排水通畅	—	春雷霉素水剂；多氧霉素可湿性粉剂	氟硅唑；腈菌痤；苯醚甲环唑
斑枯病	清洁田园；深耕细作；清除残株病叶及杂草；田间土壤干湿适宜；合理轮作；忌连作	—	—	波尔多液；甲基硫菌灵

注：数据来源于种植基地试验数据

五、质量标准

无公害川芎质量标准有助于川芎质量的安全控制和市场流通，同时也是检验川芎是否达到无公害水平的基本法律依据。

（一）无公害川芎真伪鉴定

川芎为伞形科植物川芎 *Ligusticum chuanxiong* Hort. 的干燥根茎，其外观性状、显微、理化鉴别遵照《中国药典》2015 年版执行。基原鉴别参照《中国药典中药材 DNA 条形码标准序列》的方法和规定。

（二）农药残留限量

无公害川芎农药残留和重金属及有害元素限量应符合川芎相关的国家标准、团体标准、地方标准以及 ISO 等相关规定。通过多年来川芎产地、市场、进出口检验等数据分析，可参考《中华人民共和国药典》、美国、欧盟、日本及韩国对川芎的相关标准以及 ISO 18664-2015《传统中药　传统中药中使用的中药材中重金属含量的测定》、GB 2762-2016《食品安全国家标准食品中污染限量》、GB 2763-2016《食品安全国家标准食品中农药最大残留限量》等现行标准规定，制定无公害川芎农药残留限量控制指标，为高品质川芎提供保障。

川芎农残、重金属超标问题已严重影响其产业可持续发展，亟待解决方法。解决川芎农残、重金属超标问题，无公害川芎产地环境质量标准难以完全参照《无公害农产品种植业产地环境条件》（NY/T 5010-2016），可借鉴现有标准，并根据川芎自身生物学特性和农残、重金属污染规律选择不同的指标与限量制定，使该标准更具有实用性和可推广性。

（三）无公害栽培技术体系

川芎在栽种过程中，重金属镉超标现象普遍，严重影响川芎临床用药的安全性和整个产业链的可持续发展。川芎中重金属镉超标是空气、土壤、肥料、灌溉水、化学农药和苓种种质等多个影响因素共同作用的结果。本文建立的无公害川芎栽培技术体系，可在多个生产关键环节介入，以降低川芎中重金属镉含量，包括①选择土壤镉含量低的地块作为川芎生产基地，并且基地的空气和灌溉水应当符合相应质量标准；②使用土壤改良剂提高土壤 pH 值或筛选对镉具有富集作用微生物，降低川芎土壤中活性态镉含量；③与适合当地生长的超富集镉植物间作；④选育对镉低富集川芎优良品种；⑤选用碱性化肥，升高土壤 pH，降低土壤中活性态镉百分含量；有机肥和化肥配合施用，维持影响 Cd^{2+}吸收的拮抗离子平衡，降低川芎镉超标风险；⑥肥料和农药的重金属含量应当符合相应质量标准，少用或禁用含镉的肥料和农药。通过以上综合措施，可有效降低川芎中镉含量，提高川芎药材质量，有利于川芎人工种植的良性发展。

参考文献

[1] 宋平顺，马潇，张伯崇，等. 芎藭（川芎）的本草考证及历史演变 [J]. 中国中药杂志，2000，23（07）：50-52.

[2] 陈林，彭成，刘友平，等. 川芎道地药材形成模式的探讨 [J]. 中国中药杂志，2011，36（16）：2303-2305.

[3] 陈士林，董林林，郭巧生，等. 中药材无公害精细栽培体系研究 [J]. 中国中药杂志，2018，43（08）：1517-1528

[4] 任敏. 影响川芎重金属镉超标因素及控制措施的初步研究 [D]. 成都：成都中医药大学，2016.

[5] 杨江，李彬，李青苗，等. 川芎镉含量与栽培土壤 pH 及镉活性态含量的相关性研究 [J]. 中国农学通报，2014，30（07）：142-147.

[6] 徐琴，李彬，李青苗，等. 川芎镉含量与栽培土壤 pH 及活性态 Cd 含量关系初探 [J]. 安徽农业科学，2013，9（3）：1044-1046.

[7] 何春杨，李彬，李青苗，等. 一种新型土壤改良剂对土壤活性态镉及川芎镉含量的影响 [J]. 中药材，2016，39（02）：250-253.

[8] 张大燕，文欢，王伟，等. 甲基磺酸乙酯化学诱变川芎的方法研究 [J]. 成都中医药大学学报，2017，40（03）：49-52.

[9] 梅兰菊，唐琳，朱玲玲，等. 农杆菌介导川芎遗传转化体系的初步研究 [J]. 四川大学学报（自然科学版），2015，52（06）：1359-1364.

[10] 蒋桂华. 川芎苓种标准化及种质保存技术的研究 [D]. 成都：成都中医药大学，2012.

[11] 韩春梅. 川芎的高产栽培技术 [J]. 科学种养，2011，5（03）：17-18.

[12] 梁琴，陈兴福，李瑶，等. 化肥与有机肥配施对川芎产量的影响 [J]. 中药材，2015，38（10）：2015-2020.

[13] 张训，李维双，魏正东，等. 什邡市隐峰镇万亩川芎基地川芎栽培技术 [J]. 南方农业，2016，10（15）：18-22.

[14] 熊丙全，阳淑，万群，等. 川产道地药材川芎优质高产栽培技术 [J]. 四川农业科技，2009，8（05）：48-49.

[15] 曾华兰，叶鹏盛，倪国成，等. 川芎主要病虫害及其发生危害规律研究 [J]. 西南农业学报，2009，22（01）：99-101.

[16] 陈莉华，张伟. 川穹栽培及病虫害防治技术 [J]. 四川农业科技，2012，6（03）：36-37.

[17] 曾华兰，叶鹏盛，何炼，等. 木霉菌制剂对川芎生长及药理成分的影响 [J]. 西南农业学报，2013，26（01）：187-190.

[18] 李琼芳，曾华兰，叶鹏盛，等. 麦冬、丹参、川芎根腐病的发生及生物防治研究 [J]. 西南农业学报，2007，8（06）：1310-1312.

[19] 李彬，李青苗，陈幸，等. 川芎栽培土壤中重金属镉的动态监测 [J]. 广东微量元素科学，2014，21（01）：21-25.

（梁乙川，刘思京，陈士林，李西文）

8 木瓜

引言

木瓜是我国常用的传统中药之一，《中华人民共和国药典》2015 年版收载的木瓜来源于蔷薇科植物贴梗海棠 *Chaenomeles speciosa*（Sweet）Nakai 的干燥近成熟果实。木瓜主要分布于长江流域及长江以北、黄河以南的丘陵和半高山。本规范依托推广单位自有基地多年来木瓜生产数据为主，兼顾其他单位生产和科研情况，适用于木瓜无公害基地生产。

一、产地环境

（一）生态环境要求

无公害木瓜生产要根据其生物学的特性，依据《中国药材产地生态适宜性区划（第二版）》进行产地的选择。木瓜树性喜阳光，适应性很强，耐旱、耐高温、怕水淹、耐瘠薄，适宜于坡地、山岗、沟谷、梯田以及屋前院后种植在土层深厚、有机质含量丰富、质地疏松、排水良好、pH 值 6.5～7.5 的壤土和砂壤土中。通过运用 GMPGIS-Ⅱ对上述样点进行分析，得到木瓜主要生长区域生态因子值范围：最冷季均温 -3.0～5.3℃；最热季均温 17.2～28.2℃；年均温 7.9～16.6℃；年均相对湿度 55.4%～74.9%；年均降水量 507～1737 mm；年均日照 131.3～156.6 W/m^2（表 2-8-1）；土壤类型以强淋溶土、人为土、始成土、冲积土、淋溶土等为主。主要分布于湖北、湖南、安徽、浙江、福建、山东、广东、四川、贵州、云南等省。

表 2-8-1 木瓜野生分布区、道地产区、主产区气候因子阈值（GMPGIS-Ⅱ）

生态因子	生态因子值范围	生态因子	生态因子值范围
年平均温（℃）	7.9～16.6	年均降水量（mm）	507.0～1737.0
平均气温日较差（℃）	7.1～12.5	最湿月降水量（mm）	107.0～296.0
等温性（%）	21.0～29.0	最干月降水量（mm）	3.0～49.0
气温季节性变动（标准差）	7.3～11.1	降水量季节性变化（变异系数 %）	46.0～136.0
最热月最高温度（℃）	21.9～34.8	最湿季度降水量（mm）	264.0～755.0
最冷月最低温度（℃）	-10.4～0.5	最干季度降水量（mm）	11.0～184.0

续表

生态因子	生态因子值范围	生态因子	生态因子值范围
气温年较差（℃）	28.2～42.6	最热季度降水量（mm）	249.0～629.0
最湿季度平均温度（℃）	16.4～26.2	最冷季度降水量（mm）	11.0～226.0
最干季度平均温度（℃）	-3.0～7.5	年均日照（W/m^2）	131.3～156.6
最热季度平均温度（℃）	17.2～28.2	年均相对湿度（%）	55.4～74.9
最冷季度平均温度（℃）	-3.0～5.3		

（二）产地标准

无公害木瓜生产的产地环境应符合国家《中药材生产质量管理规范（试行）》；NY/T 2798.3-2015 无公害农产品生产质量安全控制技术规范；GB 15618-2008 土壤环境质量标准；GB 5084-2005 农田灌溉水质标准；GB 3095-2012 环境空气质量标准；GB 3838-2002 国家地面水环境质量标准等对环境的要求。

无公害木瓜生产选择在生态环境条件良好的地区，产地区域和灌溉上游无或不直接受工业“三废”、城镇生活、医疗废弃物等污染，避开公路主干线、土壤重金属含量高的地区。不能选择冶炼工业（工厂）下风向 3 km 内。

二、优良品种

（一）优良种源选择原则

在选择优质、高产品种的同时要选择抗病、抗虫及适应性广的品种，这样既保证了木瓜良好的药性，并且可以减少农药的使用量及使用次数，使其真正达到无公害的标准。针对木瓜的生产情况，选择适宜当地抗病、优质、高产、商品性好的优良品种，尤其是对病虫害有较强抵抗能力的品种。

（二）木瓜良种繁育

1. 木瓜良种的选择

在选择优质、高产品种的同时要选择抗病、抗虫及适应性广的品种，这样既保证了木瓜良好的药性并且可以减少农药的使用量及使用次数，使其真正达到无公害的标准。针对木瓜的生产情况，选择适宜当地抗病、优质、高产、商品性好的优良品种，尤其是对病虫害有较强抵抗能力的品种。

2. 木瓜优良品种

鄂木瓜 1、2 号果实品质要明显优于普通木瓜，肉质细腻，粗纤维含量少。良种果实中的齐墩果酸、黄酮苷和皂苷等物质含量是普通木瓜的数倍，可广泛用于药用和保健食品研发。且具有丰产性好、结实率高、抗逆性强、适应性广的特点。

木瓜优良食用品种主要有罗扶、长俊、一品香、红霞、奥星、绿玉、金香、玉兰等；优良观赏品种主要有大富贵、银长寿、长寿冠、长寿乐、复色海棠、绿宝石、四季海棠、报春等。

三、田间管理

（一）整地

1. 扦插整地

如有条件可修建专门的插床，用砖和水泥砌 50 cm 左右的长方形围墙（宽度最好 1 m 左右），底部每边各留 1～2 个排水孔，然后依次均匀填充 10 cm 左右的粗石、10 cm 左右的煤灰、25 cm 左右的洗净过筛的河沙。

插床使用前应用配制好的高锰酸钾溶液（5%）或福尔马林溶液（0.5%）浇透，用农用薄膜覆盖过夜；第 2 天用水洗净。苗圃地应选择背风向阳、近水源的缓坡，土壤应为土层深厚、疏松肥沃、偏酸性的黄棕壤。

深耕后暴晒 3～5 天，按 667 m^2 的面积中施入充分腐熟的农家肥 2500 kg、过磷酸钙 30 kg、氯化钾 8 kg 作基肥。再深耕细耙 1 次。制成宽 1.5 m 的高畦，畦与畦之间沟宽距离为 0.2 m，四周开好排水沟。

2. 移栽定植整地

选择土层深厚、肥沃、排水良好的砂质黄壤土。每 667 m^2 施 1500～2500 kg 厩肥，深耕 20～25 cm；耙细整平挖直径 70 cm、深 70 cm 的定植穴，内填厩肥或绿肥 20～25 kg。

（二）无公害种植管理

在木瓜的传统种植方法中不采用种子繁殖，多采用分根繁殖、扦插繁殖等无性繁殖方法。

1. 分根繁殖

木瓜是多年生落叶灌木，分蘖力强，其根部每一个生长周期都会分蘖出 2～5 个新生植株，于 3 月下旬或 4 月上旬或在木瓜落叶后，选择株形强壮、高 50～70 cm、直径（离地面 10 cm）1.5 cm 以上的分蘖株进行移栽。

2. 扦插繁殖

将插床中扦插成活的木瓜苗按 20 cm×33 cm 的行株距移栽到苗圃地，及时浇足水分，注意遮阴。成活后按每 667 m^2 20 kg 尿素平均追肥 3 次。

扦插时间：木瓜扦插可在春、夏两季进行，2 月中旬至 3 月中旬气温回暖，木瓜枝条萌动，便于愈伤组织的形成及分化；5 月下旬至 7 月中旬是生成旺盛期，此时扦插只要管理细致其成活率不低于春季。

插条的选择与处理：宜选用 2～3 年无病虫害、生长良好的枝条作为插条，用枝剪将木瓜枝条剪成 15 cm 左右作为插穗，上端太细的不用，插穗上端应留有 2～3 个芽或叶片；将插穗每 50 枝捆在一起，用 2 号或 3 号生根粉、赤霉素、吲哚丁酸等处理都可以提高扦插成活率。

扦插及管理：将处理过的木瓜枝条插穗按自然生长的形态插入洗净的插床中，上部留 2～3 cm 在空气中。及时浇足水分，注意遮阴。平时管理注意保持空气湿度及遮阴。

3. 移栽定植

将苗圃地中健壮的木瓜幼苗定植到上述的穴中，并及时浇足水分，压实；行株距的选择主要取决于是否套种，如套种每 667 m^2 不宜大于 200 株，不套种也不要大于 400 株。

但由于木瓜自花结实率不高，还需配置适宜的授粉树，主栽品种与授粉品种比例为 4∶1。

（三）田间管理

1. 补苗

木瓜移栽定植成活后，须及时全面检查，发现死亡株应及时补上同龄苗木。

2. 中耕除草

木瓜定植后，随即在树盘喷洒封闭型化学除草剂禾耐斯或都尔，然后在树盘上覆盖 1 m^2 的地膜保温保墒。一般每年进行3次松土除草，即春、秋季各松土1次，第3次在冬季前结合培土进行，可防冻保暖，安全越冬。

3. 整枝

落叶后到发芽前进行整枝，实施重剪，每株保留健壮主干 1～3 根、枝条 5～8 枝，剪去病枝、枯枝、衰老枝及过密的枝条，使树形内空外圆，以利丰产。在木瓜生育期也应适时剪去病枝、枯枝、衰老枝及过密的枝条，保持良好的通风和光照。

4. 排灌

木瓜抗旱力强，但花期干旱会缩短花期，影响投粉与坐果。因此，在花期连续干旱时应浇 1 次透水。5 月中下旬果实迅速膨大，是需水临界期，而这时雨季尚未到来，为满足需水，应于 5 月中旬浇 1 次透水。

6 月中下旬雨季到来，降雨量大的地方应及时做好排水工作，对容易发生积水的园地，可适当起垄。9 月中下旬果实采收基本完成后，浇 1 遍水，对防止冬旱抽梢和增强树体抗旱力有积极的作用。

5. 疏花疏果

木瓜容易出现大小年，为避免大小年，使果个匀称，应该从花期开始进行疏花疏果。根据品种果的大小和各类枝条的负载力留果和疏果，各主侧枝上尽量留枝条基部和中部的果实，树冠内部的果实因不易受风害和风磨，可以多留。留果间距，大型果 20 cm 左右，小型果 15 cm 左右。为使果实充分着色，应疏除果实附近的枝叶。

（四）合理施肥

重视有机肥和化肥的结合施用，注意各种肥料的合理搭配，注意土壤的供肥能力和木瓜的需肥特点。

在无公害木瓜生产施肥过程中必须遵循以下几个原则：有机肥为主，辅以其他肥料使用的原则；以多元复合肥为主，单元素肥料为辅的原则；大中微量元素配合使用平衡施肥原则；养分最大效率原则。未经国家或省级农业部门登记的化肥或生物肥料禁止使用。使用肥料的原则和要求、允许使用和禁止使用肥料的种类等按 DB 13/T 454 执行。

允许使用的肥料类型和种类主要包括：有机肥、生物菌肥、微量元素肥料等；针对性施用微肥，提倡施用专用肥、生物肥和复合肥，重施基肥，少施、早施追肥。根据木瓜的生物学特性，木瓜的一个全生长周期需施肥 4 次（表 2-8-2）。

表 2-8-2 无公害木瓜生产肥料施用方法

施用类型	肥料种类及施用方法	施用时间
基肥	每 667 m^2 施 1500～2500 kg 厩肥	整地期
花肥	用复合肥加碳铵或木瓜专用肥加碳铵每株 0.5～1 kg，地面浅施	3 月上旬
果肥	用复合肥加尿素或木瓜专用肥加尿素每株 0.5～1 kg，根部深施	5 月中旬
果肥	用复合肥加尿素或木瓜专用肥加尿素每株 0.5～1 kg，根部深施	6 月中旬
冬肥	用尿素 0.5～1 kg，地面浅施	12 月中旬

四、病虫害综合防治

（一）生物防治

利用生物天敌、杀虫微生物、农用抗生素及其他生防制剂等方法对木瓜病虫害进行生物防治，生物防治方法主要包括：以菌控病、以虫治虫、以菌治虫、植物源农药。

利用天敌对木瓜害虫的抑制作用进行以虫治虫。可由木瓜粉蚧的天敌瓢虫和草蜻蛉控制其虫口数量。另外，利用柞蚕和蓖麻蚕的卵繁殖赤眼蜂，寄生鳞翅目多种害虫的卵。

保护天敌螳螂和招引益鸟啄食食叶幼虫。这种生物防治措施，在害虫虫口数量较低时，能有效抑制害虫。

（二）物理防治

根据病虫害对物理因素的反应规律，利用物理因子防治病虫害，不用药、不污染。如进行灯光诱杀，可有效消灭趋光性害虫，使用诱虫灯，进行木瓜蛀虫螟第 1～2 代成虫诱杀，对鳞翅目和鞘翅目的多数害虫诱杀效果也很好。

（三）化学防治

针对病虫种类科学合理应用化学防治技术，采用高效、低毒、低残留的农药，对症适时施药，降低用药次数，选择关键时期进行防治。具体病虫害名称及防治方法参照表 2-8-3。

表 2-8-3　无公害木瓜种植中的病虫害化学防治方法

种类	防治对象	防治方法
病害	花腐病	现蕾期喷洒 3～5 倍波美度石硫合剂或 600～800 倍的多效灵，花盛期以 800～1000 倍液的多效灵喷洒为主
	褐腐病	发芽前喷洒波美 5° 石硫合剂。落花后至采收前 1 个月喷洒波美 0.3°～0.4° 石硫合剂或石灰硫黄混合剂，石灰硫黄混合剂配方为：硫黄粉 4 kg、消石灰粉 2 kg、豆浆 1 kg、水 250 kg，或喷洒 50% 多菌灵可湿性粉剂 600～800 倍液等，喷洒次数视具体情况而定
	炭疽病	发病期喷 0.5% 波尔多液＋0.2% 大豆展着剂或 70% 代森锰锌干悬粉 500 倍液、75% 百菌清 500～800 倍液、70% 甲基托布津 1500 倍液等均可，每隔 10～14 天喷 1 次，连续防治 2～3 次
	花叶病	采用无公害药剂，如 15% 蓖麻油酸烟碱乳油 800～1000 倍液等。必要时可喷洒 1.5% 植病灵乳剂 1000 倍液或抗毒剂 1 号水剂 300 倍液等增抗剂
	锈病	生长期间可喷洒 15% 粉锈宁 1000 倍液，每隔 15 天左右喷洒 1 次，连续喷 2～3 次，有良好的防治效果
	轮纹病	轮纹病是木瓜的重要病害，枝干发病率在 50% 以上，同时还危害果实和叶片。在发病期喷洒 50% 多菌灵可湿性粉剂 600 倍液；70% 代森锰锌 600 倍液
虫害	桃小食心虫	可选用 30% 桃小灵 2000～2500 倍液或天王星 10%EC 6000～8000 倍液等
	蚜虫	幼虫期因虫体裸露，是喷药防治的最佳时期。对危害木瓜新梢上的蚜虫和枝干上的蚧壳虫，在入冬及早春木瓜树萌芽前，用 45% 晶体石硫合剂 50 倍液进行全园清园喷洒，可有效减少越冬害虫，避免木瓜树萌芽后病虫发生进而暴发成灾
	蚧壳虫	
	红蜘蛛	对红蜘蛛可用 2000 倍灭扫利进行防治

五、质量标准

无公害木瓜是指农药、重金属及有害元素等多种对人体有毒物质的残留量均在限定的范围以内的中药材。无公害木瓜质量包括药材材料的真伪、农药残留和重金属及有害元素限量及总灰分、浸出物、含量等质量指标。无公害木瓜农药残留和重金属及有害元素限量应达到相关药材的国家标准、团体标准、地方标准以及 ISO 等相关规定。

《中华人民共和国药典》2015 年版对药材进行了详细的描述。杂质、水分、总灰分、浸出物、含量等质量指标参照《中华人民共和国药典》2015 年版检测方法及规定。通过多年来木瓜产地、市场、进出口检验等数据分析，并参考《中华人民共和国药典》、美国、欧盟、日本及韩国对木瓜的相关标准以及 ISO18664：2015《Traditional Chinese Medicine-Determination of heavy metals in herbal medicines used in Traditional Chinese Medicine》、GB 2762-2016《食品安全国家标准 食品中污染限量》、GB 2763-2016《食品安全国家标准 食品中农药最大残留限量》等现行标准规定，制定无公害木瓜药材应达到的 42 项农药残留、5 项重金属及有害元素残留限量规定，如表 2-8-4。

表 2-8-4 无公害木瓜种植中农残、重金属、有害元素限量规定

项目	最大残留限量（mg/kg）	项目	最大残留限量（mg/kg）
农药			
艾氏剂	0.05	地虫硫磷	不得检出
五氯硝基苯	0.10	氯氰菊酯	0.10
毒死蜱	0.50	六氯苯	0.10
六六六	0.20	多菌灵	0.50
总滴滴涕	0.20	对硫磷	不得检出
五氯苯胺	0.02	七氯	0.05
敌敌畏	不得检出	氯丹	0.10
辛硫磷	不得检出	腐霉利	0.50
氧化乐果	不得检出	戊唑醇	1.00
灭线磷	不得检出	嘧菌酯	0.50
吡唑嘧菌酯	0.50	甲基对硫磷	不得检出
七氟菊酯	0.10	甲胺磷	不得检出
久效磷	不得检出	甲霜灵	0.50
氯氟氰菊酯	0.70	溴虫腈	不得检出
咯菌腈	0.70	丙环唑	1.00
醚菌酯	0.30	氟菌唑	1.00
百菌清	0.10	六氯苯	0.05
嘧菌环胺	1.00	苯醚甲环唑	0.70
克百威	不得检出	烯酰吗啉	1.00
噁霜灵	1.00	高效氯氟氰菊酯	1.00
联苯菊酯	0.50	三唑醇	1.00
重金属及有害元素			
铅	1.0	汞	0.1
镉	0.5	砷	2.0
铜	20		

参考文献

[1] 谢海伟，文冰．木瓜药理成分及产品开发研究进展 [J]．生命科学研究，2012，16（1）：79-84.

[2] 曾小威，李世刚，喻玲玲，等．木瓜中单体化合物及其药理作用的研究进展 [J]．中国药房，2016，27（1）：101-104

[3] 杨蕾磊，靳李娜，陈科力．木瓜及其同属植物化学成分和药理作用研究进展 [J]．中国药师，2015，（2）：293-295.

[4] 刘爱华，田惠群，覃晓琳，等．木瓜总黄酮抗肿瘤活性研究 [J]．中国药房，2014，25（7）：599-601.

[5] 王松涛，谢晓梅．宣木瓜有效成分及药理作用的研究进展 [J]．中医药临床杂志，2014，（3）：320-321.

[6] 张天啸，付辉政，杨毅生，等．野木瓜化学成分研究 [J]．中药材，2016，39（7）：1554-1558.

[7] 齐红，秦华，郭庆梅．皱皮木瓜组分含量测定及药理作用研究进展 [J]．中国执业药师，2016，13（8）：39-42

[8] 薛丹，黄豆豆，姚风艳，等．中药木瓜中总糖及还原糖的含量测定 [J]．中国医药导报，2015，（12）：121-124

[9] 齐红，郭庆梅，李圣波，等．HPLC 转换波长法测定木瓜中绿原酸、齐墩果酸和熊果酸含量 [J]．山东中医杂志，2014，33（3）：227-229.

[10] 熊姝颖．长阳皱皮木瓜化学成分研究 [D]．武汉：中南民族大学，2013：16.

[11] 丁小娟，丁珊珊，吕凌，等．HPLC 法同时测定宣木瓜中五种有机酸和原儿茶酸的含量 [J]．安徽医药，2013，17（9）：1496.

[12] 韩煜，杨沫，谢晓梅，等．不同产地木瓜中绿原酸、原儿茶酸和总酚的含量测定 [J]．中国药房，2015，（24）：3399-3403

[13] Huang GH, Xi ZX, Li JL, et al. Sesquiterpenoid glycosides from the fruits of Chaenomeles speciosa[J]. Chemistry of Natural Compounds, 2015, 51（2）: 266.

[14] Zhang SY, Han LY. Zhang H.et al. Chaenomeles speciosa:a review of chemistry and pharmacology[J]. Biomedical Reports, 2014, 2（1）: 12.

[15] 陈春芳，刘晓云，刘伟．木瓜优良品种选育研究初报 [J]．湖北林业科技，2010，（5）：17-19.

[16] 余文芝，常春祥，计合宪，等．“郧阳 1 号”木瓜优良品种选育 [J]．湖北林业科技，2014，43（2）：11-12.

[17] 孙元学，刘小霞．湖南引种番木瓜试验小结与丰产栽培技术 [J]．中国南方果树，2004，33（2）：45-46.

[18] 彭华胜，程铭恩，王德群，等．药用木瓜的资源与采收加工调查 [J]．中华中医药杂志，2009，24（10）：1296-1298.

[19] 唐亚军，郝树池，谭英璇，等．温室番木瓜栽培技术 [J]．北方果树，2008，（4）：27-28.

[20] 张毅，刘伟，李桂祥，等．山东木瓜属品种资源调查 [J]．中国园艺文摘，2015，（10）：1-11.

[21] 刘杨．木瓜高产栽培技术 [J]．现代园艺，2011，（3）：15-15.

[22] 潘俊强．木瓜高产栽培技术 [J]．农技服务，2012，29（5）：550-550.

[23] 陈士林，黄林芳，陈君等．无公害中药材生产关键技术研究 [J]．世界科学技术：中医药现代化，2011，3：436-444.

[24] 刘德兵，陶亮，曾晓鹏，等．无公害番木瓜标准化栽培技术 [J]．中国南方果树，2007，36（2）：30-31.

[25] 梁玉本，王波. 我国栽培的木瓜优良品种 [J]. 烟台果树，2007,（3）: 34-35.
[26] 张爱武. 无公害中药材施肥技术 [J]. 农技服务，2014,（4）: 69.
[27] 邢红飞，邢后银，马宏卫. 无公害蔬菜施肥存在的问题及合理施肥技术 [J]. 金陵科技学院学报，2015，31（4）: 67-70.
[28] 李娜，朱建光. 木瓜主要病虫害及无公害防治 [J]. 特种经济动植物，2010，13（11）: 53-54.
[29] 马小波，张爽. 木瓜病虫害的无公害防治 [J]. 特种经济动植物，2012,（3）: 52-52.

（赵小惠，刘霞，孟祥霄，王梦涵）

9 太子参

引言

太子参是石竹科植物孩儿参 *Pseudostellaria heterophylla*（Miq.）Pax ex Pax et Hoffm. 的干燥块根。太子参味甘、微苦，性平；可益气健脾、生津润肺。近年来，随着社会发展和经济增长，人们对太子参的需求逐年上升。而野生太子参资源锐减，人工种植太子参逐渐成为太子参药材的主要来源。

目前，我国太子参主产区集中在安徽宣州、贵州施秉、福建柘荣、江苏句容等地。太子参栽培易受人为原因和环境因素影响，因价格上升而盲目引种扩种，以及栽培过程中种源混乱、连作障碍、病虫害严重等问题，都严重妨碍了太子参种植产业的健康发展。因此，大力开展无公害太子参栽培势在必行。本节主要探讨了无公害太子参精细栽培技术，包括生态适宜产区选择、优良品种选育、无公害规范种植、合理的田间管理方法以及病虫害综合防治等。通过优化无公害太子参栽培技术，达到减少农残及重金属含量，生产优质药材的目的。

一、产地环境

无公害太子参栽培选址要依据地域性原则，根据其生物学特性，因地制宜、合理规划。开展太子参生态区域选址，分析太子参适宜生长区域，是实现规模生产优质太子参的首要任务。

（一）产地环境要求

无公害太子参生产的产地环境应符合国家《中药材生产质量管理规范（试行）》、NY/T 2798.3-

2015 无公害农产品生产质量安全控制技术规范中对中药材生产的规定；空气环境质量应符合 GB/T 3095-2012《环境空气质量标准》中一、二级标准值规定；种植地土壤必须符合 GB 15618-2008《土壤环境质量标准》和 NY/T 391-2013《绿色食品 产地环境质量》的一级或二级土壤质量标准要求；灌溉水的水源质量必须符合 GB 5084-2005《农田灌溉水质标准》的规定要求，同时符合 GB 3838-2002《地面水环境质量标准》的二级和三级标准。太子参喜欢腐殖质丰富的砂质土壤，以选向北、向东的丘陵缓坡或地势较高的平地，土壤疏松、排水便利、肥力优沃、无污染的微酸性砂壤田地为宜。二道荒地为最好，忌连作，不宜与甘薯、花生、烟草轮作。

（二）适宜产区

太子参适宜栽培区域主要分布在长江中下游地区，包括贵州中部、河南南部、江苏中部、重庆与湖南、湖北接壤处，安徽西部、福建东北部以及浙江北部和东南部区域。依据太子参生长特性，利用"药用植物全球产地生态适宜性区划信息系统（GMPGIS-Ⅱ）"进行太子参生态适宜产地分析，经分析得到太子参野生分布区、道地产区、主产区气候因子阈值如表 2-9-1 所示，土壤类型以强淋溶土、红砂土、黑钙土、低活性淋溶土、白浆土、聚铁网纹土、粗骨土等为主。

表 2-9-1　太子参野生分布区、道地产区、主产区气候因子阈值（GMPGIS-II）

生态因子	生态因子值范围	生态因子	生态因子值范围
年均温度（℃）	5.9～17.9	年均降水量（mm）	640.0～1808.0
平均气温日较差（℃）	7.1～11.9	最湿月降水量（mm）	145.0～283.0
等温性（%）	21.0～31.0	最干月降水量（mm）	3.0～47.0
气温季节性变动（标准差）	6.5～11.5	降水量季节性变化（变异系数%）	47.0～127.0
最热月最高温度（℃）	24～33.9	最湿季度降水量（mm）	380.0～675.0
最冷月最低温度（℃）	-17.6～2.3	最干季度降水量（mm）	11.0～176.0
气温年较差（℃）	26.5～43.3	最热季度降水量（mm）	300.0～669.0
最湿季度平均温度（℃）	17.4～27.1	最冷季度降水量（mm）	11.0～200.0
最干季度平均温度（℃）	-9.9～11.2	年均日照（W/m^2）	122.2～155.8
最热季度平均温度（℃）	18.6～28.3	年均相对湿度（%）	55.8～74.7
最冷季度平均温度（℃）	-9.9～7		

二、优良品种

据《中华本草》考证，太子参的种植历史已近百年，长期的栽培使太子参品种从野生种分化成大叶型和小叶型两种类型。大叶型无明显主根，块根少，抗病毒能力弱，产量低。小叶型叶小，紫芽或红芽，抗病毒能力强，须根多，产量高。目前经过多年栽培育种，全国各地已经选育出多种太子参新品种，主要品种及其各自的特点如表 2-9-2 所示。

表 2-9-2 目前已选育的太子参新品种

品种	地点	特点
柘参 1 号	福建柘荣	抗病性弱、块根性状好、有效成分含量高
柘参 2 号	福建柘荣	抗病性强、适应性强、高产、优质
黔太子参 1 号	贵州施秉	抗病性强、品质优良
抗毒 1 号	山东文登	高抗病毒病、产量高品质佳、商品性好
金参 1 号	安徽宣城	长势强健、抗性强、倒苗迟、产量高且质量优
沭研 1 号	山东临沭	个头大、发根多、高抗病（抗病毒病）、商品性好
施太 1 号	贵州施秉	抗病、抗倒伏性较强，田间性状稳定，产量、一级品率、多糖含量等方面表现良好

针对太子参生产情况，选择适宜当地、高产、抗病、商品性好的品种，尤其是高抗病虫害的品种。依据产地环境现状，选择已有新品种，如高抗病毒病、产量高品质佳、商品性好的“抗毒 1 号”，个头大、发根多、高抗病、商品性好的“沭研 1 号”，生长健壮、倒苗迟、抗性强、高产质优的“金参 1 号”；或开展新品种选育进行种苗繁育。

三、田间管理

（一）整地

收割秋季作物后，深翻土壤 20～30 cm，腐熟厩肥、牲畜粪便充分混合后每亩施入 5000 kg 左右，再施入硫酸钾约 20 kg 或些许草木灰。施入充足的基肥后，耙细整平，做成宽 1～1.3 m、高 17～23 cm 的弓形畦，畦沟约 30 cm。为了防止因肥烂种，基肥不能碰到种参，宜先在条沟中施肥，与土混匀，而后下种覆土。

（二）种苗处理

应定时检查种子种苗的质量，还应符合 GAP 的要求。选择当年生长健壮、参体硕大、芽头完整、没有损伤、无病虫害的块根，放在室内阴凉的地方用湿沙保存，期间保持湿润，15～20 天翻动一次，直到栽种时拿出并进行二次挑选。种子以选扁球形、褐色、表面带疣点者为佳。

（三）播种

太子参的繁殖方式有两种：种子繁殖和分根繁殖，目前大多采取分根繁殖的方式。

1. 分根繁殖

太子参要适时栽种，从10月上旬到地面结冰都可进行栽种。早些栽种，太子参年前容易扎根，而且此时种芽尚短，不会对芽头有所损伤，有益于出苗从而获得高产量；时节太晚则天气严寒，地面温度低，不利于年前生根和混合芽的萌发，更会对第二年的生长发育不利。分根繁殖有斜栽栽种法和平栽栽种法两种方式。斜栽栽种法方法如下：在整好的畦面上，横挖10～13 cm的深沟，把种参芽头朝上斜栽于沟中，保持行距15 cm左右、株距5～7 cm，并做到“上齐下不齐”，以芽头离地表5～7 cm为宜；平栽栽种法则是在畦面上开直行条沟，沟深7～10 cm，开沟之后施入基肥，稍稍覆土，按株距5～7 cm、头尾相连的方式把种参平放于条沟中，一般芽头盖上4～5 cm，每亩用种参50～75 kg。

2. 种子繁殖

5～6月种子成熟后将果柄剪下，置室内通风干燥处晾干，脱粒净选，混沙湿藏。方法如下：1份种子拌2～3份河沙，混匀置通风阴凉处贮藏。种子发芽温度下限为-5℃左右，春播或秋播，以秋播产量高。秋播于秋分播种，清水洗净种子，稍晾，用200 mg/kg赤霉素液浸泡10分钟，可提高其发芽势及发芽率，再拌3倍湿沙播种。春播于2月下旬至3月上旬，分为直播和育苗移栽。直播方法如下：按10 cm左右的行距横向开沟条播，沟深约1 cm，将种子均匀撒入沟内，覆盖柴草保湿。亦可撒播，将种子拌10份河沙，均匀撒入畦面，用齿耙楼平，上盖柴草或草木灰保湿，15天出苗。于春季4月初，参苗长至3～4对真叶时即可移栽。选择阴天时将参苗挖起，根部带小土团移植到大田，行株距10 cm×6 cm，去掉下部2对真叶，把幼苗茎节横放入沟内，仅留顶端1～2对叶片。

（四）科学施肥

太子参施肥应符合NY/T 496-2002《肥料合理使用准则》的要求；坚持基肥为主、追肥为辅；有机肥为主、化肥为辅；大中微量元素配合使用平衡施肥原则。提倡使用生物菌肥。太子参收获的是块根，其品质优劣与农民的收益紧密相关，要重视基肥的施用，不宜后面追肥，防止伤到块根或者因肥料烧根而损坏，尤其是后期更要把握好均衡施肥，过多的氮肥会使茎叶徒长，耗掉不必要的养料，质量降低。

（五）除草与排灌

杂草严重妨害太子参的品质。早春时，幼苗还没破土而出就开始长根，所以此时宜及时松土；幼苗刚出土时，经过一冬荒草蔓延，此时可拿小锄头小心疏松表层土壤，后面看见草除去即可；植株封行后，除去大草即可，以避免伤根为宜，也要避免喷洒化学试剂，叶片靠近地面，实施起来较困难。此外，太子参旱涝皆怕，气候干旱时，要当心浇灌，使土壤保持湿润；雨后要及时排出雨水，畦面不要积水，此时也要保持湿润；块根进入膨大期后，注意勤浇水，可以使用半沟深的沟灌或喷灌。

（六）留种

留种分为原地留种和沙藏留种。在植株生长良好的种参原地留种，待栽种时起挖。在留种地畦沟种玉米遮阴。沙藏留种宜选凉爽干燥之地，先用 15%～20% 石灰水对地面和墙壁消毒，而后铺上 5～10 cm 的干净沙土，沙面摊放种参 3.5 cm 左右，盖沙土 5～10 cm，连续排放 4～5 层。沙藏期间，室内保持通风透气，水分不可过高，15～20 天翻一次，以防烂种。

四、病虫害综合防治

太子参无公害生产过程农药使用相应准则参照 NY/T 393 绿色食品农药使用准则、GB 12475 农药贮运、销售和使用防毒规程、NY/T 1667（所有部分）农药登记管理术语。

（一）主要病害种类

太子参常见病害有叶斑病、霉霜病、根腐病、紫羽纹病、白绢病和花叶病等，叶斑病、根腐病、花叶病发生普遍，危害较重；霉霜病、紫羽纹病、白绢病发病主要在局部，程度也较严重。上述病害发生症状及防治方法如表 2-9-3 所示。

表 2-9-3　太子参病害症状及其防治方法

类型	发病时间	症状	防治方法
叶斑病	4～5 月	病斑褐色，圆形或不规则形	初期每亩喷洒 4% 嘧啶核苷类抗菌素 AS 100 mg；及时中耕除草
霜霉病	5～6 月	叶片背面有霜状霉层	初期适时喷洒 0.3% 苦参碱 EC 60～150 ml/667 m^2；及时摘除病叶
白绢病	5～6 月	茎基部产生白色绢丝状物，病部腐烂成乱麻状	50% 多菌灵 800 倍液泼浇防治
花叶病	3～5 月	全株矮小，叶片出现黄绿相间的斑驳，有的叶片皱缩	每亩喷洒 2.5% 鱼藤酮 400 倍液 150 ml；生长季节注意防治蚜虫
根腐病	4～9 月	根腐烂，地上茎叶枯萎	用 50% 多菌灵 WP 600 倍液浸种根 20～30 分钟；全面清除田间落叶、杂草、病残体
紫纹羽病	5～8 月	根部表面具丝绒状或网状的紫红色菌膜	用 50% 多菌灵 WP 600 倍液浸种根 20～30 分钟；全面清除田间落叶、杂草、病残体

（二）主要虫害种类

危害太子参的害虫主要有大麦叩甲、小地老虎、金龟、大青叶蝉、小麦沟金针虫和蝼蛄等，大麦叩甲、小地老虎和小麦沟金针虫危害较普遍，其中小地老虎危害程度最重。各虫害的为害症状及相应的防治方法如表 2-9-4 所示。

表 2-9-4　太子参虫害症状及其防治方法

类型	发病时间	症状	防治方法
大麦叩甲	6～8 月	后期为害块根	清除田间落叶、杂草、病残体
小地老虎	3～9 月	咬断幼苗根茎	利用频振式杀虫灯诱捕成虫
金龟	4～10 月	咬断幼苗，啃食根	利用黑光灯（20 W）诱杀成虫
大青叶蝉	4～6 月	受害嫩芽萎缩	幼虫盛发期清晨人工捕杀
小麦沟金针虫	6～8 月	后期为害块根	喷洒 0.5% 氨基寡糖素 AS 500 倍液＋10% 苯醚甲环唑 WG 5000 倍液＋2.5% 溴氰菊酯 EC 1000 倍液，药液用量 750 kg/hm^2
蝼蛄	4～8 月	咬食种子、幼芽、块根	喷洒 0.5% 氨基寡糖素 AS 500 倍液＋25% 嘧菌酯 SC 2000 倍液＋2.5% 溴氰菊酯 EC 1000 倍液，药液用量 750 kg/hm^2

五、质量标准

无公害太子参是指农药、重金属及有害元素等多种对人体有毒物质的残留量均在限定的范围以内的太子参。无公害太子参质量标准包括药材材料的真伪、农药残留和重金属及有害元素限量、总灰分、浸出物、含量等质量指标。

太子参真伪可通过形态、显微、化学及基因层面进行判别，《中华人民共和国药典》2015 年版对药材进行了详细的描述。杂质、水分、总灰分、浸出物、含量等质量指标参照《中华人民共和国药典》2015 年版检测方法及规定。

无公害太子参农药残留和重金属及有害元素限量应达到相关药材的国家标准、团体标准、地方标准以及 ISO 等相关规定。同时参考《中华人民共和国药典》、ISO 18664-2015《传统中药　传统中药中使用的中药材重金属含量的测定》、GB 2762-2016《食品安全国家标准 食品中污染限量》、GB 2763-2016《食品安全国家标准 食品中农药最大残留限量》等现行标准。

参考文献

[1]　江维克，周涛. 太子参产业发展现状及其建议 [J]. 中国中药杂志，2016，41（13）：2377-2380.

[2]　国家药典委员会. 中华人民共和国药典一部 [M]. 北京：中国医药科技出版社，2015：68.

[3]　汪剑飞. 太子参药理研究新进展 [J]. 实用药物与临床，2013，16（04）：333-334.

[4]　陈士林，黄林芳，陈君，等. 无公害中药材生产关键技术研究 [J]. 世界科学技术（中医药现代化），2011，13（03）：436-444.

[5]　陈士林，董林林，郭巧生，等. 中药材无公害精细栽培体系研究 [J]. 中国中药杂志，2018，43（08）：1517-1528.

[6] 陈士林，索风梅，韩建萍，等. 中国药材生态适宜性分析及生产区划 [J]. 中草药，2007，(04)：481-487.
[7] 康传志，周涛，郭兰萍，等. 全国栽培太子参生态适宜性区划分析 [J]. 生态学报，2016，36(10)：2934-2944.
[8] 陈士林. 中国药材产地生态适应性区划 [M]. 第二版. 北京：科学出版社，2017.
[9] 国家中医药管理局《中华本草》编委会. 中华本草 [M]. 第二册. 上海：上海科学技术出版社，1999.
[10] 肖承鸿. 太子参种质资源评价及种子质量标准研究 [D]. 贵阳：贵阳中医学院，2013.
[11] 吴朝峰，马雪梅，林彦铨. 太子参茎尖脱毒培养及增产效果 [J]. 福建农业大学学报，2006，35(02)：129-133.
[12] 么厉，程惠珍，杨智. 中药材规范化种植（养殖）技术指南 [M]. 北京：中国农业出版社，2015.
[13] 卢明忠，曾茂贵，张宽，等. 不同菌肥处理对重茬太子参产量和品质的影响 [J]. 海峡药学，2016，28(10)：42-44.
[14] 温学森，霍德兰，赵华英. 太子参常见病害及其防治 [J]. 中药材，2003，26(04)：243-245.
[15] 陈士林，肖培根. 中药资源可持续利用导论 [M]. 北京：中国医药科技出版社，2006.
[16] 章旸. 太子参连作自毒障碍机制及防治研究 [D]. 福州：福建农林大学，2013.

（王磊，赵峰，沈亮，梁从莲，徐江）

10 牛膝

引言

牛膝为苋科植物牛膝 *Achyranthes bidentata* Bl. 的干燥根。牛膝已有数千年的人工种植历史。主产河南焦作所辖的武陟县、温县、孟州市等地（古怀庆府一带），是道地药材“四大怀药”之一。目前山东菏泽，河北定州、安国，江苏邗江、常熟，安徽的太和、涡阳、亳州，陕西平利等地也有栽培。随着牛膝药用价值的发掘，其用量越来越大。无公害牛膝种植体系是保障其品质的有效措施之一，为指导牛膝无公害规范化种植，结合牛膝的生物学特性，本规范概述了无公害牛膝种植基地选址、品种选育、综合农艺措施、病虫害的综合防治等技术，为牛膝的无公害种植提供支撑。

一、产地环境

（一）生态环境要求

根据牛膝的生物学特性，依据《中国药材产地生态适宜性区划（第二版）》和《药用植物全球产地生态适宜性区划信息系统Ⅱ》（GMPGIS-Ⅱ），获得牛膝的生态适宜性因子，可为合理扩大牛膝的种植面积及生产规划提供科学依据。

牛膝为多年生草本植物，喜阳光充足、温暖干燥的气候，不耐寒，耐肥性强，喜砂质壤土，怕涝，忌地势低洼，生长中期需水较多，除东北外全国广布。基于GMPGIS-Ⅱ系统，获得牛膝主要生长区域的生态因子值范围（表2-10-1）：最冷季均温-4.4～19℃；最热季均温14.3～28.6℃；年均温5.1～24℃；年均相对湿度49.7%～75.9%；年均降水量604～1977 mm；年均日照121.8～156.5 W/m^2，土壤类型以强淋溶土、红砂土、黑钙土、冲积土等为主。

表2-10-1　牛膝野生分布区、道地产区、主产区气候因子阈值（GMPGIS-Ⅱ）

生态因子	生态因子值范围	生态因子	生态因子值范围
年均温度（℃）	5.1～24	年均降水量（mm）	604.0～1977.0
平均气温日较差（℃）	6.7～13.1	最湿月降水量（mm）	121.0～344.0
等温性（%）	23.0～51.0	最干月降水量（mm）	3.0～52.0
气温季节性变动（标准差）	3.5～9.4	降水量季节性变化（变异系数%）	40.0～96.0
最热月最高温度（℃）	18.6～34.4	最湿季度降水量（mm）	349.0～929.0
最冷月最低温度（℃）	-9.0～14.0	最干季度降水量（mm）	11.0～197.0
气温年较差（℃）	18.0～38.0	最热季度降水量（mm）	298.0～917.0
最湿季度平均温度（℃）	13.5～27.7	最冷季度降水量（mm）	11.0～252.0
最干季度平均温度（℃）	-4.4～19.0	年均日照（W/m^2）	121.8～156.5
最热季度平均温度（℃）	14.3～28.6	年均相对湿度（%）	49.7～75.9
最冷季度平均温度（℃）	-4.4～19.0		

（二）产地标准

无公害牛膝生产的产地环境应符合国家《中药材生产质量管理规范》；NY/T 2798.3-2015无公害农产品生产质量安全控制技术规范；大气环境无污染的地区，空气环境质量达GB 3095规定的二级以上标准；水源为雨水、地下水和地表水，水质达到GB 5084规定的标准；土壤不能使用沉积淤泥污染的土壤，土壤农残和重金属含量按GB 15618规定的二级标准执行。

无公害牛膝生产选择在生态环境条件良好的地区，产地区域和灌溉上游无或不直接受工业“三废”、城镇生活、医疗废弃物等污染，避开公路主干线、土壤重金属含量高的地区。不能选择冶炼工业（工厂）下风向 3 km 内。

二、优良品种

（一）优良种源选择

针对牛膝的生产情况，选择适宜当地抗病、优质、高产、商品性好的优良品种，尤其是对病虫害有较强抵抗能力的品种。在选择优质、高产品种的同时要选择抗病、抗虫及适应性广的品种，这样既保证了良好的药性且可以减少农药的使用量及使用次数，使其真正达到无公害的标准。

怀牛膝主要栽培品种有风筝棵、核桃纹、白牛膝三个类型，其中风筝棵类型包括大疙瘩、小疙瘩两个品种，而白牛膝因产量较低和品质一般，产区已弃种。生产上可选用适应性广、抗逆性强的品种，如怀牛膝 1 号（核桃纹）、怀牛膝 2 号（风筝棵）。

核桃纹特点：株型紧凑，主根匀称，芦头细小，中间粗，侧根少，外皮土黄色，肉白色；茎紫色，叶圆形，叶面多皱；头肥平均比例高达 68%。生长发育较稳，不易出现旺长的情况，产量、等级高，条形好。

风筝棵特点：株型松散，主根细长，芦头细小，中间粗，侧根较多，外皮土黄色，肉白色；茎紫色，叶椭圆形或卵状披针形，叶面较平；头肥比例 60%。易出现旺长的情况，产量、等级高，条形好。

（二）牛膝良种繁育

1. 牛膝良种的选择

牛膝采挖时，挑选根粗身长、粗细均匀、表皮细白、芦头处芽多且饱满、杀尾好的鲜牛膝，取上部 20～25 cm 长的部分即为牛膝苔，牛膝苔用细河沙封埋越冬。

2. 牛膝种子繁育

无公害牛膝种植推荐使用的种子是牛膝秋子，即 2～3 年生带芽眼的牛膝苔春季栽种，秋季收获的种子。

3. 牛膝种子种苗质量标准

从无病株留种，剔除病籽、虫籽、瘪籽，牛膝种子质量应符合相应牛膝种子质量标准二级以上指标要求。牛膝种子质量标准如下。

一级种子：发芽率≥86%，净度≥91%，千粒重≥2.58 g。

二级种子：42%≤发芽率＜86%，84%≤净度＜91%，1.96 g≤千粒重＜2.58 g。

三级种子：30%≤发芽率＜42%，70%≤净度＜84%，1.29 g≤千粒重＜1.96 g。

三、田间管理

（一）综合田间农艺措施

1. 整地

牛膝喜阳光充足、温暖的气候，喜肥怕涝，适宜种植在土层深厚、疏松肥沃、向阳、地势较高、排水良好的砂质壤土或两合土，洼地、黏地、盐碱地不宜种植。种过牛膝的地块，若土壤中病原线虫较多，不能种植怀牛膝。前茬作物以小麦、玉米等不本科作物为宜，前茬作物为豆类、花生、牛膝、甘薯的地块不能种植怀牛膝。

选好的地块，需深翻土壤 60 cm 以上，使土壤充分风化，连年种植怀牛膝地块可不再另行深翻。种植前每亩均匀施入基肥，翻耕深度 30 cm 以上，浇水踏墒，耙平，按宽 180～200 cm 作畦，畦长依地势而定。

2. 适时播种

秋子在 6 月 25 日开始适时播种，不能晚于 7 月 25 日。播种过早品质差，过迟产量低。秋子每亩播种量 2 kg 左右。牛膝种植采用撒播、条播均可，播种深度不得超 1.5 cm，播种后需镇压。

3. 苗期管理

牛膝播种后，当种子开始萌发露出白色芽点时浇水，以促进出苗。当苗高 5～10 cm 时，拔除田间杂草，结合拔草进行定苗，株行距 3～5 cm×3～5 cm。定苗时去除过小苗及过高的苗，留大小一致的幼苗。

4. 查苗补苗

当苗高 5～10 cm 时，在幼苗稠密处起出小苗，补栽到缺苗断垄处。补苗方法：用小铲子带土起出幼苗，在缺苗断垄处开深 3～5 cm 的穴，将起出的幼苗植入穴内，压实后，浇水。

5. 合理排灌

土壤含水量不足 20% 时浇水。怀牛膝怕涝，雨后田间积水应及时排除。

6. 割梢打顶

牛膝因播种时期掌握不当或施肥不当会造成旺长，影响后期根部向下伸长。出现旺长现象时，可用镰刀割去牛膝上部 20 cm 左右。植株高 40 cm 以上长势过旺时，应及时打顶。可根据植株情况连续几次适当打顶，使株高 45 cm 左右为宜，但不可留枝过短。

（二）合理施肥

1. 施肥原则

在无公害牛膝生产施肥过程中必须遵循以下几个原则：有机肥为主，辅以其他肥料；以多元复合肥为主，单元素肥料为辅的原则；大中微量元素配合使用平衡施肥原则。掌握适当的施肥时间（期），在牛膝采收前不能施用各种肥料。未经国家或省级农业部门登记的化肥或生物肥料禁止使用。使用肥料的原则和要求、允许使用和禁止使用肥料的种类等按 DB 13/T 454 执行。

2. 施肥方法

允许使用的肥料类型和种类包括：有机肥、生物菌肥、微量元素肥料等；针对性施用微肥，提倡施用专用肥、生物肥和复合肥，重施基肥，少施、早施追肥（表 2-10-2）。

表 2-10-2 无公害牛膝生产肥料施用方法

施用类型	肥料种类及施用方法	施用时期
基肥	种植前每亩均匀施入腐熟农家肥 3000～4000 kg、过磷酸钙 35～40 kg、硫酸钾 20～25 kg、饼肥 50～75 kg，有条件的可加入饼肥 200～300 kg 作为基肥	整地期
追肥	可每亩追施尿素 2～5 kg 以利幼苗生长。此次追肥不能过量，否则易造成旺长情况，影响怀牛膝的产量	苗高不足 20 cm 时
	每亩追施尿素或复合肥 30～40 kg	盘棵期
	每亩追施尿素或复合肥 25～30 kg	增重期
叶面肥	0.2% 尿素加 0.3% 磷酸二氢钾叶面喷施 2～3 次	盘棵期和增重期

四、病虫害综合防治

1. 农业防治

农业防治主要通过加强栽培管理进行病虫害防治，具有安全、有效、无污染等特点。常采用的农业栽培管理措施有轮作、冻土、选地、选种、种子种苗处理、清园、休闲、合理施肥与密植等，同时加强田间管理以对病害进行绿色防治。牛膝及时清除病残落叶可预防叶斑病的发生。

2. 物理防治

物理防治技术可有效地防治作物病虫害，避免作物和环境污染。根据病害对物理因素的反应规律，利用物理因子达到无污染的防治病虫害。例如牛膝种植冬季翻地冻土杀灭虫卵；使用诱虫灯、杀虫灯等诱捕、诱杀害虫；使用黄板或白板诱杀害虫；利用糖醋液诱捕、诱杀夜蛾科害虫；使用防虫网防虫；铺挂银灰膜驱赶蚜虫等。

3. 生物防治

利用生物天敌、杀虫微生物、农用抗生素及其他生防制剂等方法对病虫害进行生物防治，可以减少化学农药的污染和残毒。生物防治方法主要包括：以菌控病（包括抗生素）即以枯草芽孢杆菌，农抗 120、多抗霉素、四霉素、井冈霉素及新植霉素等防治病害；以虫治虫是利用瓢虫、草蛉等捕食性天敌或赤眼蜂等寄生性天敌防治害虫；以菌治虫是利用苏云金杆菌等细菌，白僵菌、绿僵菌、蚜虫霉等真菌，阿维菌素、浏阳霉素等防治害虫。另外，亦可利用植物源农药如印楝素、藜芦碱、苦参碱、苦皮藤、烟碱等防治病虫害。

4. 化学防治

当生物防治和其他植保措施不能满足有害生物防治需要时，可针对病虫害种类科学合理应用化学防治技术，采用高效、低毒、低残留的农药，对症适时施药，降低用药次数，选择关键时期进行防治。化学药剂可单用、混用，并注意交替使用，以减少病虫抗药性的产生，同时注意施药的安全间隔期。在无公害牛膝种植过程中禁用高毒、高残留农药及其混配剂（包括拌种及杀地下害虫等），可用于牛膝的农药相应准则参照 NY/T 393《绿色食品－农药使用准则》、GB 12475《农药贮运、销售和使用的防毒规程》、NY/T 1667（所有部分）农药登记管理术语。

无公害中药材病虫害防治按照“预防为主，综合防治”的植保方针，以改善生态环境，加强栽培管理为基础，优先选用农业措施、生物防治和物理防治的方法，最大限度地减少化学农药的用量，以减少污染和残留（表 2-10-3）。

表 2-10-3　牛膝主要病虫害种类及防治方法

病虫害种类	危害部位	防治方法	
		化学方法	综合方法
叶斑病	叶片	甲霜灵、代森锰锌、多菌灵、甲基硫菌灵	清园，加强管理，控旺，雨季及时排水，初期摘除病叶
白锈病	叶片	甲霜灵、代森锰锌、波尔多液、代森锌	土壤消毒，及时排水，不与十字花科作物轮作
线虫病	根、根茎	阿维菌素	土壤消毒，选良种，种苗消毒
根腐病	根、根茎	噁霉灵、福美双、代森锌、甲基硫菌灵	土壤消毒，排水及通风，病株挖出病穴消毒，酵素、枯草芽孢杆菌调控
蚜虫、蓟马、白粉虱	叶片、嫩梢、花蕾	吡虫啉、抗蚜威、噻虫嗪、吡蚜酮	清园，引入天敌，加强田间管理、生物农药防治
夜蛾类、蝶类幼虫	叶片	阿维菌素、高效氯氟氰菊酯	清园，土壤消毒，诱虫灯诱杀成虫，苏云金杆菌、白僵菌生物防治
金针虫、蛴螬、地老虎等地下害虫	根、根茎、嫩茎	阿维菌素、高效氯氟氰菊酯	土壤消毒，苏云金杆菌生物防治，毒饵诱杀幼虫，诱虫灯诱杀成虫
蝼蛄	种子、嫩茎、根茎	阿维菌素、高效氯氟氰菊酯	土壤消毒，毒饵诱杀，诱虫灯诱杀，人工捕杀

五、质量标准

无公害牛膝质量包括药材材料的真伪、农药残留和重金属及有害元素限量及总灰分、浸出物、含量等质量指标。

牛膝药材中的杂质、水分、总灰分、浸出物、含量等质量指标按照《中华人民共和国药典》2015 年版的检测方法及规定。其中二氧化硫残留量照二氧化硫残留量测定法（通则 2331）测定，不得过 400 mg/kg；醇溶性浸出物含量照醇溶性浸出物测定法（通则 2201）项下的热浸法测定，用水饱和正丁醇作溶剂，不得少于 6.5%；β- 蜕皮甾酮含量照高效液相色谱法（通则 0512）测定，按干燥牛膝药材计算，含 β- 蜕皮甾酮（$C_{27}H_{44}O_7$）不得少于 0.030%。

无公害牛膝农药残留和重金属及有害元素限量应达到《中华人民共和国药典》、美国、欧盟、日本及韩国对药材的相关标准以及 ISO18664-2015《传统中药　传统中药中使用的中药材中重金属含量的测定》、GB 2762-2016《食品安全国家标准 - 食品中污染限量》、GB 2763-2016《食品安全国家标准 - 食品中农药最大残留限量》等现行标准规定。

参考文献

[1] 陈士林，李西文，孙成忠，等. 中国药材产地生态适宜性区划 [M]. 第二版. 北京：科学出版社，2017.

[2] 陈士林，黄林芳，陈君，等. 无公害中药材生产关键技术研究 [J]. 世界科学技术：中医药现代化，2011，3：436-444.

[3] 王新民，张重义，李宇伟，等. 怀牛膝 GAP 栽培技术标准操作规程 [J]. 安徽农业科学，2006，34（5）：922-923.

[4] 王天亮，路翠红，白自伟，等. 经济药用植物怀牛膝无公害栽培技术 [J]. 农业科技通讯，2006，（7）：39-40.

[5] 樊玲玲，王天亮，路翠红. 怀牛膝规范化无公害栽培技术（下）[J]. 河南科技，2009，（6）：23-23.

[6] 尹平孙. 牛膝高产栽培技术 [J]. 农技服务，2005，（5）：17-18.

[7] 赵治军，茹德平，蒋福稳. 中药材牛膝及高产栽培技术 [J]. 农业科技通讯，2009，（6）：167-167.

[8] 张智勇. 怀牛膝的高产栽培 [J]. 特种经济动植物，2011（10）：38-39.

[9] 张艳丽，张重义，李友军，等. 不同密度下牛膝叶绿素荧光特性比较 [J]. 生态学杂志，2008，27（7）：1089-1094.

[10] 黄林芳，陈士林. 无公害中药材生产 HACCP 质量控制模式研究 [J]. 中草药，2011，7：1249-1254.

[11] 么厉，程惠珍，杨智，等. 中药材规范化种植（养殖）技术指南 [M]. 北京：中国农业出版社，2006.

[12] 程惠珍，高微微，陈君，等. 中药材病虫害防治技术平台体系建立 [J]. 世界科学技术（中医药现代化），2005，7（6）：109-114.

[13] 齐丹，张艳玲，孙寒，等. 不同播期对怀牛膝产量和品质的影响 [J]. 安徽农业科学，2008，36（28）：12306-12307.

（王旭，李西文，孟祥霄，何学良，高致明）

11 北沙参

引言

北沙参为伞形科植物珊瑚菜 *Glehnia littoralis* Fr. Schmidt ex Miq. 的干燥根。20 世纪 80 年代之前，我国野生珊瑚菜资源较为丰富，主要靠挖取野生珊瑚菜提供药用。但由于生境破坏、过度采挖、种子萌发率低、野生种群较小及分布生境狭阈等原因，珊瑚菜野生资源濒临枯竭，目前已被《国家重点保护野生植物名录（第一批）》列为二级濒危保护植物。随着野生珊瑚菜资源的减少，目前北沙参的主要商品来源于人工栽培品。以山东省莱阳地区产者质量最好，俗称“莱胡参”。然而，北沙参种植过程中存在栽培方法不规范和农药、化肥滥用等问题，严重影响了北沙参的品质及产量，阻碍了北沙参产业的可持续健康发展。为满足北沙参栽培种植的需求，减少农药残留、重金属外源物质污染等现象，结合北沙参的生物学特性，概述了北沙参无公害种植基地选址、品种选育、综合农艺措施、病虫害防治等技术，为北沙参的无公害种植提供支撑。

一、产地环境

（一）生态环境要求

合适的种植场地对植物生长非常重要。影响北沙参药材质量的环境因素主要有：光照、温度、湿度和土壤条件等。合理调节控制各因素值将利于提高北沙参药材的产量和质量。依据北沙参生长特性，利用“药用植物全球产地生态适宜性区划信息系统”（GMPGIS-Ⅱ）进行北沙参产地生态适宜性分析，得出北沙参的最大生态适宜区域、适宜气候条件和土壤类型（表 2-11-1）。

经分析，北沙参的生态适宜区域主要包括：河南、山东、湖北、江苏、安徽等省。最冷季均温 -3.9～14.6℃；最热季均温 22.7～28.7℃；年均温 10.2～21.7℃；年均相对湿度 59.9%～76.3%；年均降水量 575～1366 mm；年均日照 140.1～155.3 W/m^2；主要土壤类型为强淋溶土、高活性强酸土、红砂土、黑钙土、铁铝土、薄层土、淋溶土等。

表 2-11-1　北沙参野生分布区、道地产区、主产区气候因子阈值（GMPGIS-II）

生态因子	生态因子值范围	生态因子	生态因子值范围
年均温度（℃）	10.2～21.7	年均降水量（mm）	575.0～1366.0
平均气温日较差（℃）	5.4～9.3	最湿月降水量（mm）	160.0～252.0
等温性（%）	20.0～27.0	最干月降水量（mm）	7.0～51.0
气温季节性变动（标准差）	5.3～10.4	降水量季节性变化（变异系数 %）	36.0～102.0
最热月最高温度（℃）	27.2～32.2	最湿季度降水量（mm）	358.0～624.0
最冷月最低温度（℃）	-9.3～11.2	最干季度降水量（mm）	25.0～178.0
气温年较差（℃）	19.9～36.6	最热季度降水量（mm）	351.0～499.0
最湿季度平均温度（℃）	18.4～26.5	最冷季度降水量（mm）	25.0～203.0
最干季度平均温度（℃）	-2.3～20.1	年均日照（W/m^2）	140.1～155.3
最热季度平均温度（℃）	22.7～28.7	年均相对湿度（%）	59.9～76.3
最冷季度平均温度（℃）	-3.9～14.6		

（二）种植基地环境与土质要求

无公害北沙参生产地应选择大气、水质、土壤均无污染的地区。无公害北沙参生产的产地环境应符合国家《中药材生产质量管理规范（试行）》；NY/T 2798.3-2015 无公害农产品生产质量安全控制技术规范；GB 15618-2008《土壤环境质量标准》；GB 5084-2005《农田灌溉水质标准》；GB 3095-2012《环境空气质量标准》；GB 3838-2002《国家地面水环境质量标准》等对环境的要求。

无公害北沙参生产应选择在生态环境条件良好的地区，产地区域和灌溉上游无或不直接受工业“三废”、城镇生活、医疗废弃物等污染，避开公路主干线、土壤重金属含量高的地区。此外，北沙参是深根药用植物，喜向阳、温暖、湿润的环境。耐寒、耐旱、耐盐碱，怕高温，忌水涝，忌连作。应选择土层深厚、土质疏松、肥沃、富含有机质、浇灌便利和排水良好的砂质壤土地或细砂地（如棕壤、褐土和草甸土等），四周无高秆作物和大树的空旷土地定植，前茬作物以禾本科的玉米、茄科的马铃薯等作物为好，忌豆科作物，黏土、土层薄、质地黏重、板结、低洼积水地不宜种植。地块选好后需深翻 50 cm 以上，并要做到匀、细。整地粗糙，参根易于出叉。若地片较大，要在中间开挖数条排水沟，使参地呈台田状，以免受涝。

二、优良品种

（一）种质资源

选择适宜的抗病、优质、高产、成熟度高、发芽力强、商品性好的优良品种，尤其是对病虫害有较强抵抗能力的北沙参品种进行种植生产。选育优质高产抗病虫的新品种是无公害北沙参生产的一个首要措施。当前传统选育是北沙参主要的选育手段之一，该选育方法是利用外在表型，结合经济性状通过多代纯化筛选，实现增产或高抗的目的，然而该方法选育周期长、效率低。采用现代生物分子技术选育优质高产抗病虫的优良品种，可以有效地缩短选育时间，加快选育的效率，进而保障无公害中药材生产，这将成为未来北沙参品种选育的主流发展方向。

按照人工栽培与否将北沙参分为野生和栽培两大类。野生者称为“野沙参”，栽培种植的农家品种有“白条参”（又称“白银条”）、“大红袍”以及“红条参”三个品种。其中，白条参中糖类化合物含量较高，适合用药以增强机体免疫力；大红袍中欧前胡素含量较高，在临床上治疗慢性阻塞性肺疾病、支气管哮喘、支气管扩张等症时多选用大红袍。各品种的主要特点见表 2-11-2。此外，可根据北沙参的开花习性，将其划分为一年生开花类型（在种子发芽后的当年就开花结实，习称花参）和两年生开花类型（在种子发芽后当年进行营养生长，第二年才开花结实）两种。

表 2-11-2　北沙参主要品种

品种名称	种质特点
野沙参	野沙参的外部形态表现为叶柄长，叶片小，叶面带有白色粉状物，芦头较短，日光晒后易死亡，根部粗细不匀，剥皮比较困难，条色黄，粉性差
白条参	叶柄为绿色，叶片革质，叶面光亮，根部细长，白色，粉性足，产量高，适于加工出口产品

续表

品种名称	种质特点
大红袍	植株粗壮，叶柄为红色，叶色绿，叶片革质，光亮，叶面无粉状物，根部较粗大，白色，粉性足，药材的产量最高，较白条参耐干旱，但用于出口不及白条参
红条参	叶柄淡红色，其他性状介于白条参和大红袍间

（二）种子种苗繁育

北沙参有两种繁育方式：种子繁殖和育苗移栽。种子繁殖应选择产量高、品质好的栽培品种，如紫红梗小叶参进行。应从生长两年的健壮无病株留种，剔除病籽、虫籽、瘪籽，种子质量：净度＞ 90%、千粒重＞22.5 g，符合相应北沙参种子二级以上指标要求。

北沙参种子属于胚后熟型，存在严重的休眠现象，适当低温对北沙参种子的活力和萌发有明显的促进作用。为提高北沙参种子萌发率，新采收的种子需要进行处理：①春播种子，按 1∶3 的比例拌沙，木箱储藏或窖藏（深 15～30 cm），保持 10℃以下低温 3 个月以上，期间要保持沙子湿润；②秋播种子先用 40℃温水浸泡 8～12 小时，稍晾后进行播种。播种后种子可经过 4 个月左右 5℃以下土温的低温阶段，此方法为参农常用方法，但种子萌发率受当年最冷季气温的影响较大；③除了冷冻处理方法外，在变温层积条件下，6-BA（6- 苄氨基腺嘌呤）溶液可显著促进北沙参种子萌发，且第 90 天时发芽率可达最高 63.3%。种子消毒方法主要包括温汤浸种、干热消毒、杀菌剂拌种、菌液浸种等。

秋季收获时，选择当年未开花、根条粗壮、无病虫害、健康的优良植株作为母株进行处理。针对有育苗需要的北沙参，应提高育苗水平，培育壮苗，可通过营养土块、营养基、营养钵或穴盘等方式进行育苗。此外，当参苗长出 2～3 片真叶时，应进行疏苗（即间苗）。间苗匀苗的原则为去小留大，去歪留正，去杂留纯，去劣留优，去弱留强。育苗期内要控制好温、湿度，精心管理，使秧苗达到壮苗标准。定植前再对秧苗进行严格的筛选，可以大大减轻或推迟病害发生。

三、田间管理

（一）适宜播期与播种

播种前一个月，土壤深翻 40～50 cm 以上。翻地时拣净草根、石块，耙细整平，以免参根生长受阻分叉。此外，深耕细耙可以消灭越冬虫卵、病菌。丘陵地、排水良好的地块或砂地可以做平畦。

采用种子繁殖时，可选择秋播或者春播两种方式。春播应在清明至谷雨期间完成；秋播应在立冬至小雪期间完成。春播用量每亩 3～4 kg 为宜，秋播每亩 4～5 kg 为宜。春季播种品质和产量往往低于秋播。秋播在封冻前宜浇灌封冻水；第二年春天，出苗前轻耧地表，以打破板结层，帮助出苗；

播种方法以条播为主，有窄幅条播（行距保持 15～20 cm）、宽幅条播（行距保持 25 cm 左右）两种方式。播种深度保持在 4～5 cm，播后立即覆土镇压。播种时如墒情不足，可行种沟浇水造墒，亦可播后浇水，但要注意及时划锄地面。播种后常需有所覆盖。春播一般用麦草或茅草等覆盖，覆盖至不露土为止，然后上压树枝即可。秋播多用地膜覆盖，以保温，便于出苗。

（二）合理施肥

合理适当施肥可利于北沙参的生长。施肥时应坚持以基肥为主、追肥为辅，有机肥为主、化肥为辅，多元复合肥为主、单元素肥料为辅，大中微量元素配合使用平衡施肥的原则。耕翻时每亩撒施捣细的土杂肥 4000～5000 kg，加施豆饼 25～50 kg，亦可加施一定量的磷肥、磷酸二铵或复合肥做基肥，有利于植株生长发育，提高参根产量。先将肥料捣细，然后随翻地随将肥料与土壤混匀。

无公害北沙参的肥料类型包括有机肥、生物菌肥和微量元素肥料等。其中，有机肥包括堆肥、厩肥、沼肥、绿肥、作物秸秆、泥肥、饼肥等。有机肥应经过高温腐熟处理，杀死其中病原菌、虫、卵等。生物菌肥包括腐殖酸类肥料、根瘤菌肥料、磷细菌肥料、复合微生物肥料等。微量元素肥料是以铜、铁、硼、锌、锰、钼等微量元素及有益元素为主配制的肥料。针对性施用微肥，提倡施用专用肥、生物肥和复合肥，重施基肥，少施、早施追肥，追肥不宜过多，一般 2～3 次，以免枝叶徒长。

北沙参根系深，肥料宜适当深施（约 10～20 cm）。土壤改良后基肥充足，在这种情况下，一般不进行追肥。当幼苗发育不良时，可适量施加催苗肥，以氮肥为主，配合施用磷、钾肥。生长期追肥以酵素菌高效生物肥效果最好，其次为硫酸钾复合肥、硫酸钾，可明显促进北沙参药材产量的提高。不偏施速效性氮肥，会导致植物徒长，地下根部生长不良，且不利于多糖等活性成分的积累。

（三）浇水保墒

播种及施肥后均应及时浇水，播种后保持土壤湿润即可。早春解冻后土壤常板结，应松土保墒。北沙参抗旱力强，轻度春旱有利于其根向下长，故一般不需灌溉。若过于干旱，可适当浇水。若浇水过多，易引起烂根及根部粗短，外形不佳。若遇雨季也应注意排涝。

（四）除草与摘蕾

当小苗展现 2～3 片真叶时，应按株距 3 cm 成三角形定苗。手工松土除草，苗床禁用除草剂。抽薹孕蕾及时摘除，后期出现的花蕾也全部摘除，以保证根部的充分生长。

四、病虫害综合防治

北沙参的病虫害主要有根瘤线虫病、花叶病、根腐病、沙参病毒、锈病、大灰象甲、钻心虫、蚜虫、蛴螬（金龟子）、红蜘蛛等。目前，北沙参的病虫害防治方法主要有农业措施、生物防治、物理防治和化学防治（表 2-11-3）。北沙参农业防治可最大限度地减少甚至预防病虫害的发生。包括合理轮作和间作、冬耕晒垡和清洁杂草和废物等。选择适合的品种轮作可实现减轻病虫的目的，但一般不能选择同科属的中药材植物品种；冬耕晒垡可以直接破坏害虫的巢穴，减少越冬病虫源；此外田间杂草往往是病虫隐蔽及越冬的场所，应适时清洁杂草和废物。物理防治病虫害种类较少，但不使用药物，安全无污染。生物防治是指利用生物天敌、植物杀虫剂、农用抗生素及其他生防制剂等方法对北沙参病虫害进行生物防治，是目前无公害北沙参病虫害防治最有潜力的发展方向。尽管北沙参病虫害化学防治具有农残重金属超标的风险，仍然是当前重要的手段之一。

表 2-11-3　北沙参的病虫害防治

种类	农业防治	物理防治	生物防治	化学防治
根腐病	与禾本科作物轮作三年以上；合理施肥，适施氮肥，增施磷、钾肥，提高植株抗病力；秋季收获后及时清洁田园，并挖深坑集中烧毁残枝败草；多雨季节及时排出田间积水	—	苦参碱植物杀虫剂	甲基硫菌灵；三唑酮可湿性粉剂或 75% 百菌清可湿性粉剂（当田间发病植株达到 5% 时）
锈病	及时清洁田园，将病残体集中烧毁或深埋；适当增施磷钾肥，提高植株抗病力；雨季及时排水降低田间湿度	—	—	戊唑醇、三唑酮、甲基硫菌灵、波尔多液
病毒病	清除鸭跖草、反枝苋、刺儿草等蚜虫的越冬寄主	—	氨基寡糖素、香菇多糖	—
大灰象甲	—	在参地边种植白芥子，引诱大灰象甲，减轻对参苗危害	—	阿维菌素
菌核病	—	—	木霉制剂	—
根结线虫病	轮作，不以花生等作物为前茬；翻晒土地	—	印楝素、淡紫拟青霉	阿维菌素
钻心虫	收获时，铲下的北沙参秧立即翻入 20 cm 深的土壤，使蛹或幼虫同时带入土内，以压低该虫的越冬基数；人工摘除一年生北沙参蕾及花，消灭大量幼虫	选择无大风的晚上，用小煤油灯或其他灯光诱杀成虫	钻心虫的蛹可以被日本黑瘤姬蜂寄生致死	氯氰菊酯
蚜虫	清除鸭跖草、反枝苋、刺儿草等蚜虫的越冬寄主	—	苦参碱水剂	吡虫啉、吡蚜酮、抗蚜威、阿维菌素
蛴螬（金龟子）	—	利用成虫假死性人工捕杀；	球孢白僵菌	—
红蜘蛛	—	—	苦参碱水剂	阿维菌素、噻螨酮、乙螨唑、炔螨特

参考文献

[1] 徐祝封，张钦德，李庆典，等. 北沙参道地产区种子生产、种苗培育现状调查与分析 [J]. 山东中医药大学学报，2006，30（6）：493-496.

[2] 李和平，姚拂，陈艳，等. 浙江省舟山群岛野生珊瑚菜资源调查与致濒原因分析 [J]. 江苏农业科学，2014，42（12）：394-397.

[3] 于得才，王晓琴，李彩峰. 北沙参种植技术与药材品质研究现状 [J]. 中国民族医药杂志，2014，10：58-60.

[4] 陈士林. 中国药材产地生态适应性区划 [M]. 2 版. 北京：科学出版社，2017.

[5] DB13/T 975-2008 无公害北沙参田间生产技术规程 [S].

[6] 张永清. 山东省北沙参生产情况调查 [J]. 山东中医杂志，2001，20（3）：169-171.

[7] 石俊英，张永清，李宝国. 北沙参栽培品种与药材质量的相关性研究 [J]. 中药材，2002，25（11）:776-777.

[8] 赵玉玲，李颖，张钦德，等. 北沙参种子品质检验及质量标准研究 [J]. 安徽农业科学，2008，36（23）：10016-10018.

[9] 倪大鹏，单成钢，朱彦威，等. 北沙参无公害生产技术规程 [J]. 山东农业科学，2011，6：103-105.

[10] 田伟. 无公害北沙参田间生产技术规程 [N]. 河北科技报，2010-11-30（B04）.

[11] 汪玉红. 北沙参无公害标准化栽培技术 [J]. 农业开发与装备，2018，4：168-169.

（崔宁，高婷，孟祥霄，吴杰，李西文）

12 白芷

引言

药用白芷产地来源较多，品种较为混杂，《中国药典》仅收载白芷 *Angelica dahurica*（Fisch. ex Hoffm.）Benth. et Hook. f. 及其栽培变种杭白芷 *Angelica dahurica*（Fisch. ex Hoffm.）Benth. et Hook. f. var. *formosana*（Boiss.）Shah et Yuan 的干燥根为白芷药材。市场上按白芷产地另将白芷分为川、杭、祁、禹白芷：四川产则称其为川白芷，杭州产则称其为杭白芷，河北产则称其为祁白芷，河南产则称其为禹白芷。川白芷的原植物为杭白芷，引种杭白芷于四川栽种而成，与杭白芷统称杭白芷（*Angelica dahurica* var. *formosana*）；祁白芷、禹白芷皆为古本草传统药用白芷（*Angelica dahurica*）。但据现有研究表明，川、杭、祁、禹白芷在遗传水平上无明显差异，遗传多样性水平低，种质间亲缘关系近，属于同一类群，主要活性成分均为香豆素类物质，除产区环境影响外，其在品种选育、栽培管理、病虫害防治上大致相同。

受产区生态环境影响，白芷和杭白芷在外观形态及成分上具有一定的差异，如表2-12-1所示，主产区以川白芷为代表，包括栽培于四川、浙江、湖南等南方一些省区的白芷，该区域栽培的白芷多引种于四川或杭州，植株及药材主要性状相似，为常用中药材，市场销往全国并出口；其他产区白芷包括栽培于河北安国的祁白芷、河南长葛及禹县的禹白芷、山西等北方省区的白芷，该区域栽培的白芷虽然植株形态与川白芷一致，但药材根断面不如川白芷白，呈灰白色，质地呈油性，粉性略差，多自产自销，少数调往省外。

表2-12-1　不同产区白芷主要性状

类别	根性状	根表皮颜色	皮孔性状	根断面色泽	根断面质地	产地
白芷	圆锥形	灰黄色至黄棕色	散生，横向突起	灰白色	油性	河北、山西、河南等
川白芷	长圆锥形，上部近方形	灰棕色	有多数较大的皮孔样横向突起，略排列成数纵行	白色	粉性	四川、浙江、湖南等

一、产地环境

（一）生态环境要求

依据《中国药材产地生态适宜性区划（第二版）》，结合白芷、川白芷生物学特性，对白芷和川白芷种植进行产地选择。

白芷主要生长区域生态因子范围见表2-12-2。适宜生存环境温度较川白芷普遍偏低，降水量偏少，年均相对湿度低，但阳光更为充足。白芷能适应环境的温度、相对湿度范围也更广，且能适应极端寒冷干燥季度。主要土壤类型为黑钙土、铁铝土、粗骨土、薄层土、低活性淋溶土、聚铁网纹土。

表2-12-2　白芷野生分布区、道地产区、主产区气候因子阈值（GMPGIS-Ⅱ）

生态因子	生态因子值范围	生态因子	生态因子值范围
年均温度（℃）	-0.4～14.6	年均降水量（mm）	386.0～794.0
平均气温日较差（℃）	10.8～14.0	最湿月降水量（mm）	109.0～203.0
等温性（%）	26.0～32.0	最干月降水量（mm）	2.0～12.0
气温季节性变动（标准差）	9.1～12.1	降水量季节性变化（变异系数%）	73.0～126.0
最热月最高温度（℃）	18.5～32.4	最湿季度降水量（mm）	245.0～450.0
最冷月最低温度（℃）	-21.3～-4.4	最干季度降水量（mm）	11.0～44.0
气温年较差（℃）	35.7～46.4	最热季度降水量（mm）	245.0～450.0

续表

生态因子	生态因子值范围	生态因子	生态因子值范围
最湿季度平均温度（℃）	12.0～26.3	最冷季度降水量（mm）	11.0～44.0
最干季度平均温度（℃）	-14.0～2.2	年均日照（W/m^2）	146.0～160.5
最热季度平均温度（℃）	12.0～26.5	年均相对湿度（%）	49.8～63.4
最冷季度平均温度（℃）	-14.0～2.2		

川白芷主要生长区域生态因子范围见表2-12-3。生态环境温度相对偏高，雨量充沛，光照相对较弱，年均相对湿度较大，且能适应高湿热季度。主要土壤类型为黑钙土、铁铝土、粗骨土、高淋溶土、高活性强酸土、红砂土。

表2-12-3 川白芷野生分布区、道地产区、主产区气候因子阈值（GMPGIS-Ⅱ）

生态因子	生态因子值范围	生态因子	生态因子值范围
年均温度（℃）	14.9～18.3	年均降水量（mm）	958.0～1683.0
平均气温日较差（℃）	6.5～8.4	最湿月降水量（mm）	168.0～259.0
等温性（%）	23.0～26.0	最干月降水量（mm）	11.0～50.0
气温季节性变动（标准差）	7.1～8.2	降水量季节性变化（变异系数%）	42.0～83.0
最热月最高温度（℃）	30.2～34.3	最湿季度降水量（mm）	454.0～649.0
最冷月最低温度（℃）	-0.5～5.1	最干季度降水量（mm）	36.0～198.0
气温年较差（℃）	27.1～32.1	最热季度降水量（mm）	454.0～619.0
最湿季度平均温度（℃）	19.5～27.4	最冷季度降水量（mm）	36.0～221.0
最干季度平均温度（℃）	5.4～9.4	年均日照（W/m^2）	119.6～137.8
最热季度平均温度（℃）	24.5～28.4	年均相对湿度（%）	72.7～75.5
最冷季度平均温度（℃）	4.5～8.6		

（二）产地标准

白芷和川白芷产地环境应符合NY/T 5295-2015《无公害农产品产地环境评价准则》，空气应符合GB 3095-2012《环境空气质量标准》二级标准，土壤应符合GB 15618-2008《土壤环境质量标准》二级标准，种植要求应符合《中药材生产质量管理规范》（试行），灌溉水质应符合GB 5084-2005《农田灌溉水质标准》二级标准。生产基地应选择远离城区、工矿区、交通主干线、工业污染源、生活垃圾场等的地方。

（三）生态适宜产区

根据白芷和川白芷主要生长区域生态因子阈值，白芷生态适宜产区以黑龙江、河北、内蒙古、山西、河南一带为宜；川白芷生态适宜产区以湖南、江西、四川、浙江、贵州一带为宜。

二、优良品种

（一）新品种选育

白芷为异花授粉植物，白芷药材均来源于栽培种，野生白芷不用作白芷药材，生产上多采用种子繁育种苗。目前，我国白芷选育的优良品种有2个（表2-12-4），均为四川产区系统选育而成，尚未见其他产区白芷品种，今后还需加快适宜不同产区的白芷新品种培育。

表2-12-4　药用白芷主要品种类型及特性

授权名称	育种单位	主要特点	抗性
川芷1号	遂宁市银发白芷产业有限公司、成都中医药大学	早薹率低、分枝多、株型紧凑矮健、杆硬、叶柄紫色	适宜性好，抗倒
川芷2号	四川农业大学	叶色浓绿、褪绿迟、叶柄基部紫色、早薹率低、高产、优质	适宜性好，抗病虫性好，抗倒

（二）种苗繁育

白芷根收获后，选择植株健壮无病虫害、根部肥大、根顶端较小、无分叉、无损伤、根形好的白芷根作种根。将其置于室内干燥处晾1～2天少量失水后移植于土层深厚、肥沃疏松、光照充足且排水良好的土地中。株行距按80 cm×100 cm开穴种植，一穴一株，倾斜放置，覆土5 cm。繁种土地周边设置500 m以上隔离区，防止白芷异花授粉产生杂交。白芷开花后摘除顶花及细弱侧生二、三级分枝花序，保留一级分枝花序制种。待种子变成黄绿色时采收（7月左右），种子一般陆续成熟，建议分批采收。采收时，剪下种子饱满成熟后的种穗，置室内通风干燥处阴干，轻轻搓下种子，去除杂质后，用麻袋或布袋盛装储存，种子含水量应≤12%。

三、田间管理

（一）选地整地

选择地势平坦、阳光充足、耕层30 cm以上、疏松肥沃、排灌方便，pH在6.3～8.5间的砂质壤土地块。土质不宜过黏或过砂，以防止主根分叉，影响根产量品质。白芷不宜与伞形科作物连作，对前茬作物要求不严，在前茬收获后，需深翻土壤30 cm以上，曝晒数日，再耕翻一次方可种植。

（二）适时播种

不同地区因气候不同应适时播种，白芷喜温暖湿润、光照充足的环境，适宜生长温度为15～28℃，在24～28℃条件下生长最快，不耐30℃及以上高温。播种过早，会促使当年幼苗生长过旺，来年植株提前抽薹开花，导致药材根部腐烂空心，影响药材产量品质；播种过迟，容易导致幼苗长势弱，易受冻害，来年植株生长缓慢，产量降低，因此宜适时播种。四川地区范围内白芷一般9月下旬至10月上旬播种；重庆地区9月上中旬播种；气候较寒冷的北方地区宜在霜降之前播种。

播种时，选择当年繁育的大粒饱满的种子，1级种子最佳（表2-12-5），适时直播，可采用条播或穴播。条播时，播种时按行距30 cm开浅沟，深度3～5 cm，亩用种量0.7 kg，将种子均匀撒播在沟里，人工压实，使种子紧贴泥土或覆盖细土；穴播时，按宽120 cm作畦，四周开25～30 cm深排水沟，畦上按株行距20 cm×30 cm挖穴，亩用种量0.8～1.0 kg，播种时将种子与腐殖质细土或火土灰拌匀播于穴内，播种后浇清粪水，再覆土1～2 cm。

表2-12-5 白芷种子标准

级别	发芽率（%）	水分（%）	净度（%）	纯度（%）	千粒重（g）
1级	≥85	8～10	≥95	≥99	≥3.5
2级	≥80	8～10	≥95	≥97	≥3.2
3级	≥70	8～10	≥90	≥95	≥3.0

（三）间苗、定苗

合理间苗、定苗能保证白芷幼苗通风透光、长势均匀且健壮，方便统一管理，期间主要进行2次间苗、1次定苗，见表2-12-6。

表2-12-6 白芷间苗及定苗方法

处理时间	操作类型	操作方法	备注
苗高5 cm时	间苗	每隔5 cm留1株	主要针对生长过密、弱小或长势过旺的苗，结合中耕除草进行
苗高10 cm时	间苗	每隔10 cm留1株	主要针对生长过密、弱小或长势过旺的苗，结合中耕除草进行
苗高15 cm时	定苗	株距10～15 cm	除草

（四）合理施肥

无公害白芷种植施肥过程中，为兼顾其正常生长需求及环境友好，应以有机肥为主，适量搭配部分化肥。白芷为根类药材，在施肥过程中要注意多施钾肥，适量施氮肥。如果施肥过量，会造成植株生长过旺，抽薹开花；如果施肥不足，则易造成植株生长不良，严重减产。除了施足底肥外，还需结合其各个生长期需肥特点，适时追肥，具体施肥方法参见表 2-12-7。

表 2-12-7　无公害白芷种植肥料种类及施用方法

肥料类型	肥料种类及施用方法	施用时间
基肥	每亩施腐熟有机肥 1500～2000 kg、过磷酸钙 64 kg、硫酸钾 8 kg	整地期
苗肥	每亩施尿素 4.4 kg	苗期
冬肥	每亩施尿素 11 kg	2 月越冬期
春肥	每亩施尿素 6.6 kg、过磷酸钙 64 kg、硫酸钾 8 kg	3 月生长期

（五）无公害种植管理

根据白芷生长特点，因地制宜，采用相应管理措施，确保其正常健壮生长，降低药剂使用残留，达到无公害优质规范化种植。播种后，为确保幼苗安全越冬，北方干旱地区可在冬季时覆盖稻草或麦秆为其保温。每次间苗、定苗时应结合中耕除草，在首次间苗前，根据土地杂草情况，选择性除草；首次间苗除草时，此时植株幼小，应用手拔除草，浅松表土，不宜过深，以防伤根；第 2 次间苗除草时，中耕可稍深一些；次年定苗时，松土除草，且应彻底除尽杂草。白芷喜水怕涝，播种后如久不下雨土壤干燥，应及时浇水，保持出苗前及苗期土壤湿润，促进出苗，防止黄叶出现，产生侧根，影响根部药材质量。幼苗越冬前需一次浇透水，次年春季追施浇灌清粪水。如遇雨季地里积水，应及时开沟排水，防止涝害烂根及病害发生。4 月上旬、中旬，应及时拔除早期抽薹植株。

四、病虫害综合防治

病虫害防治应以预防为主，综合防治相结合为原则，按照白芷常见病虫害发生规律，优先选用农业防治、生物防治和物理防治方法，最大限度地减少化学农药的使用量，严禁使用国家规定禁用农药，确保达到无公害药材生产目的。白芷常见病害（表 2-12-8）主要为斑枯病、灰斑病、黑斑病、根腐病、紫纹羽病、立枯病，一般不施用农药，以预防为主，若需药物防治，应选用高效低毒农药，农药使用应参照 NY/T 393《绿色食品 农药使用准则》，GB 12475《农药贮运、销售和使用防毒规程》；白芷常见虫害（表 2-12-9）主要为蚜虫、赤条蝽、黄凤蝶幼虫及红蜘蛛，对于虫害，原则上采用人工捕杀为主。

表 2-12-8　无公害白芷病害种类及防治方法

病害种类	危害部位	防治方法	
		化学方法	综合方法
斑枯病	叶片	1：1：100 波尔多液或 65% 代森锌可湿性粉 400～500 倍液喷施	远离发病地块种植，忌轮作，选用无病害白芷作种根，及时彻底清除销毁病株、残桩及其落叶，合理密植，及时排水降湿

续表

病害种类	危害部位	防治方法	
		化学方法	综合方法
灰斑病	叶片、叶柄、茎、花序	雨季喷施 1：1：100 波尔多液预防，发病初期用 70% 甲基托布津 800 倍液、50% 代森锰锌 600 倍液、50% 多菌灵 500 倍液交替喷施 2～3 次，间隔 10～15 天喷施	及时彻底清除销毁病株、残桩及其落叶
黑斑病	茎叶	1：1：120 波尔多液喷施	调节遮阴度及通风，透光均匀，及时排水降低湿度
根腐病	根部、根茎	一般栽培生长过程中白芷不易发生根腐病，主要是采收后的加工、干燥过程容易侵染，不采用化学方法，采用综合防治即可	采挖、运输、加工过程中注意防止白芷表皮破坏进而发生伤口感染，采挖后的白芷及时干燥，防止受潮，带病白芷应及时挑出，集中销毁
紫纹羽病	根部	发现病株后应立即挖除，并在病穴及周围植株撒施石灰粉	及时彻底清除销毁病株、残桩及其落叶，及时排水降低湿度
立枯病	茎基	发病初期用 5% 石灰水灌根 3～4 次，间隔 7～10 天灌根	及时松土，开沟排水，避免过湿

表 2-12-9　无公害白芷虫害种类及防治方法

虫害种类	危害部位	防治方法	
		化学方法	综合方法
蚜虫	嫩茎、叶片、花	10% 吡虫啉 1500 倍液或 50% 抗蚜威 1500 倍液喷施 2～3 次	加强田间管理及肥水管理，采用瓢虫生物防治
赤条蝽	嫩叶、花蕾、种子	2.5% 溴氰菊酯 300 倍液喷施 1～2 次	加强田间管理，冬季清除白芷田间枯枝落叶及杂草，沤肥或集中烧毁
黄凤蝶幼虫	叶片	青虫菌 500 倍液喷施 2～3 次，每次间隔 5～7 天	加强田间管理，人工捕杀
红蜘蛛	叶片	10% 吡虫啉 1500 倍液喷施 2～3 次，每次喷施间隔 7～10 天	白芷收获期彻底清除田间枯枝落叶及周边杂草，集中烧毁或深理

在综合防治过程中，应建立无病良种田，选用无病健壮的种根；合理轮作、深翻炕土；选择地势高、通风好、土壤疏松的地块种植；培育适龄壮苗；加强肥水管理，防止涝害，雨后及时疏沟排水；及时松土除草；及时除去白芷植株发病叶片、拔除病株、清理病株掉落叶片及残桩，集中烧毁；收获后，及时清理田间杂草集中烧毁或沤肥。

五、产地加工与质量标准

（一）采收

白芷播种后次年 7 月中下旬，叶片枯黄时，选择晴天采挖。采挖时应尽量避免损伤根部，进而造成因根部有伤口感染病菌发生根腐病，影响药材质量。采挖后抖去泥土，运至干净无污染的晒场晒干。

（二）质量标准

无公害白芷是指农药、重金属及有害元素等多种对人体有毒物质的残留量均在限定范围以内的白芷。无公害白芷质量标准包括药材材料的真伪、农药残留和重金属及有害元素限量、水分、总灰分、浸出物、含量等质量指标。

白芷真伪鉴别、水分、总灰分、浸出物、含量、二氧化硫等质量指标参照《中华人民共和国药典》2015 年版检测方法及规定。其中水分不得过 14.0%（通则 0832 第四法）；总灰分不得过 6.0%（通则 2302）；浸出物照醇溶性浸出物测定法（通则 2201）项下的热浸法，不得少于 15.0%；含量照高效液相色谱法（通则 0512）测定，按干燥样品计算，含欧前胡素（$C_{16}H_{14}O_4$）不得少于 0.080%；亚硫酸盐残留量（以二氧化硫计）不得过 150 mg/kg 的限量（通则 2331）。

无公害白芷农药残留和重金属及有害元素限量应该符合《中华人民共和国药典》要求，同时应该达到相应的国家标准、团体标准、地方标准以及 ISO 等相关规定。包括 ISO 1864-2015《Traditional Chinese Medicine-Determination of havy metals in herbal medicines used in Traditional Chinese Medicine》、GB 2762-2016《食品安全国家标准 食品中污染限量》、GB 2763-2016《食品安全国家标准 食品中农药最大残留限量》等现行标准。

白芷众多产地严重缺乏相适宜的白芷优良品种，多数产区白芷仍品种混杂，生产管理粗放无序，白芷药材质量不稳定、差异大，严重影响用药安全。在接下来的工作中，应因地制宜，根据产区不同环境，选育适宜各产区的优良品种。选育方法上应将传统选育和现代分子生物技术选育相结合，加快选育进程，提高选育质量。生产管理上，应建立相应无公害白芷栽培管理技术规范，不断完善白芷无公害种植技术体系，以期推动白芷无公害精细化生产。

参考文献

[1] 陈士林，董林林，郭巧生，等. 中药材无公害精细栽培体系研究 [J]. 中国中药杂志，2018，43（8）：1517-1528.

[2] 刘大卫. 白芷无公害高产种植方法：CN 105265150 A[P]. 2016.

[3] 殷晨景. 一种白芷的无公害高产栽培方法：CN 105230301 A[P]. 2016.

[4] 郭丁丁. 白芷种质资源调查及其评价的研究 [D]. 成都：成都中医药大学，2008.

[5] 侯凯. 川白芷资源评价与植物激素对其生长发育和产量品质的影响 [D]. 雅安：四川农业大学，2013.

[6] 陈士林，黄林芳，陈君，等. 无公害中药材生产关键技术研究 [J]. 世界科学技术 - 中医药现代化，2011，13（3）：436-444.
[7] 陈郡雯. 川白芷氮磷钾配施、苗期抗旱性与传粉生物学研究 [D]. 雅安：四川农业大学，2011.
[8] 韦中强. 川白芷良种繁育技术 [J]. 种子科技，2007，25（4）：49-50.
[9] 马炳英. 白芷新品种通过审定 [J]. 农村百事通，2008，（12）：8-8.
[10] 杨凡. 白芷高产新品种“川芷 2 号” [J]. 农村百事通，2014，（19）：33-33.
[11] 尉广飞，董林林，陈士林，等. 本草基因学在中药材新品种选育中的应用 [J]. 中国实验方剂学杂志，2018，doi：10.13422/j.cnki.syfjx.20182391.
[12] 易思荣，黄娅，韩凤，等. 渝产川白芷规范化生产技术操作规程（SOP）[J]. 现代中药研究与实践，2012，（6）：6-10.
[13] 董林林，苏丽丽，尉广飞，等. 无公害中药材生产技术规程研究 [J]. 中国中药杂志，2018，doi：10.19650/j.cnki.cjcmm.20180702.001.
[14] 孟祥霄，沈亮，黄林芳，等. 无公害中药材产地环境质量标准探讨 [J]. 中国实验方剂学杂志，2018，doi:10.13422/22/j.cnki.syfjx.201.20182392.
[15] 沈亮，徐江，陈士林，等. 无公害中药材病虫害防治技术探讨 [J]. 中国现代中药，2018，20（9）. doi:10.13313/j.issn.1673-4890.201808002.

（李钰，孟祥霄，杨晓，代沙，叶霄，黄位年，张超，曾静）

13 冬虫夏草

引言

冬虫夏草为麦角菌科真菌冬虫夏草菌 *Cordyceps sinensis*（BerK.）Sacc. 寄生在鳞翅目蝙蝠蛾科 Hepialidae 昆虫幼虫上的子座和幼虫尸体的干燥复合体，是我国传统名贵中药，与人参、鹿茸并列为我国“中药三宝”。冬虫夏草主要生长于海拔 3500～5000 m 的高山灌丛和草甸，国内主要分布于西藏、青海、四川、云南、甘肃，国外在尼泊尔、不丹有少量分布。冬虫夏草具有免疫调节、抗菌、抗肿瘤、抗氧化、抗衰老、降血糖血脂等多种作用。

近年来全球气候变化导致冬虫夏草适宜生境面积不断减少，加之人们过度采收，导致冬虫夏草野生资源锐减，同时对产区植被和生态环境造成严重破坏，直接或间接导致冬虫夏草野生资源日渐枯竭。野生冬虫夏草列为国家二级保护植物。20 世纪 70 年代以来，国内外已有繁育冬虫夏草的研究报道，近年来，冬虫夏草的仿生态繁育技术获得产业化成功。但野生冬虫夏草总砷含量普遍超标，与产地土壤砷含量较高、冬虫夏草菌自身吸附特性及砷氧化细菌共生等均有密切关系。

无公害室内仿生态繁育通过选择砷含量低的土壤，同时加强饲料及土壤的理化性质的检测，及环境的洁净管理，能保障繁育出的冬虫夏草重金属及砷含量不超标，是有效解决冬虫夏草砷含量超标问题的主要措施，繁育的冬虫夏草安全有效、质量可控，既有利于解决资源短缺、生产难以为继的问题，也利于提高冬虫夏草的质量、规范冬虫夏草市场、保护高原生态环境和资源，为冬虫夏草野生资源可持续发展提供途径。

一、产地环境

无公害冬虫夏草生产的产地土壤必须符合 GB 15618-2018 农用地土壤污染风险筛选值和管制值的使用相关要求，空气环境质量应符合 GB 35749-2012 二级标准，生产用水质量必须符合 GB 5749-2006 标准的规定。产地应选生态环境条件良好的地区，产地区域和生产用水上游无或不直接受工业“三废”、城镇生活、医疗废弃物等污染，避开公路主干线、土壤重金属含量高的地区。冬虫夏草普遍存在重金属砷含量超标的问题，由于菌类特殊的细胞结构，对土壤中砷具有较强的富集作用，而冬虫夏草产地土壤中的砷含量普遍较高，达不到无公害农产品土壤质量要求。因此在产地选择上尤其要注意土壤砷含量，要求达到无公害农产品土壤环境质量标准中土壤质量要求。

冬虫夏草对环境选择性极强，青藏高原特定的气候条件和地理因素对其药效和品质的形成有关键作用。按产地不同冬虫夏草可分为藏草（主要产于青海、西藏）、川草（主要产于四川）和滇草（主要产于云南）。产地的温度、光照、水分、土壤、地形等对虫体和菌生长发育有极大的影响，冬虫夏草适宜生态因子见表 2-13-1。土壤环境显著影响蝙蝠蛾幼虫的生长发育、活动、种群数量以及冬虫夏草菌核及子座的形成。冬虫夏草适宜土壤类型有高寒的高原草甸土、山地草甸土和高山草甸土，以高原草甸土较多，土壤要求腐殖质丰富、有机质含量高、土层深厚，以石头或粉状小块及碎屑结构为宜，孔隙性好，如质地疏松的砂壤土或轻壤土。土壤表面应有较密集的草根盘结层，能保护土层不受侵害。土层 15～25 cm 深处，含水量应达 40%～50%，有机质含量应在 15% 左右，土壤 pH 应在 5～6.5 之间。这类土壤对寄主幼虫入土觅食、保温保湿、栖身防敌、老熟幼虫化蛹、成虫羽化等生长发育过程有重要作用。地形以海拔 3000～5000 m 的向阳背风的山坡或隆起的小山脊较好，有茂密草地或间有稀疏灌丛的草地，含高山草甸植被和亚高山草甸植被，群落植物种类应以蓼科、禾本科、莎草科、毛茛科为建群种，蓼科中的珠芽蓼、圆穗蓼的盖度最好达 50% 以上，此外蔷薇科、龙胆科、百合科等植物也可占一定的比例，这些草本植物可满足寄主幼虫不同生长发育阶段所需多种营养成分的需要。

表 2-13-1　冬虫夏草野生分布区、道地产区、主产区气候因子阈值（GMPGIS-Ⅱ）

生态因子	生态因子值范围	生态因子	生态因子值范围
年平均温（℃）	-5.5～4.2	年均降水量（mm）	409.0～756.0
平均气温日较差（℃）	13.4～15.0	最湿月降水量（mm）	88.0～179.0
等温性（%）	37.0～46.0	最干月降水量（mm）	1.0～4.0

续表

生态因子	生态因子值范围	生态因子	生态因子值范围
气温季节性变动（标准差）	6.1～8.4	降水量季节性变化（变异系数 %）	91.0～104.0
最热月最高温度（℃）	10.8～18.6	最湿季度降水量（mm）	239.0～484.0
最冷月最低温度（℃）	-26.1～14.1	最干季度降水量（mm）	6.0～14.0
气温年较差（℃）	30.9～38.8	最热季度降水量（mm）	239.0～484.0
最湿季度平均温度（℃）	4.2～114.0	最冷季度降水量（mm）	7.0～14.0
最干季度平均温度（℃）	-15.8～-3.2	年均日照（W/m^2）	141.9～157.1
最热季度平均温度（℃）	4.2～11.4	年均相对湿度（%）	39.7～46.9
最冷季度平均温度（℃）	-16.2～-4.1		

二、优良品种

（一）优质菌种选育

在新的分类系统中冬虫夏草菌属于子囊菌门粪壳菌纲肉座菌目线性虫草科 Ophiocordycipitaceae 线性虫草属 *Ophiocordyceps*，*Ophiocordyceps sinensis*。仿生态繁育中首要的是筛选出侵染寄主昆虫后能长出虫草的菌株。几十年以来，研究人员从各个产地采集的冬虫夏草中分离出的真菌涉及 10 个属 30 多种，如蝙蝠蛾拟青霉、中国拟青霉、蝙蝠蛾被孢霉、虫草头孢霉、中国被毛孢、中国弯颈霉、中国金孢霉等，现代研究证明冬虫夏草的无性型为中国被毛孢，是仿生态繁育实际生产用菌种的主要来源，其菌丝白色，菌苔灰白色，菌落呈茸状、圆形，气生菌丝发达，菌丝体有鲜香菇气味（表 2-13-2）。宜选择健康、健壮、具备产生子座能力的中国被毛孢作侵染菌株。

表 2-13-2　冬虫夏草无性型研究

冬虫夏草相关菌种	来源	备注
中国被毛孢 *Hirsutella sinensis*	四川康定、甘肃	确认为冬虫夏草无性型
冬虫夏草头孢 *Cephalosporium sinensis*	青海	
中国拟青霉 *Paecilomyces sinensis*	四川康定	
蝙蝠蛾被孢霉 *Mortierella hepialid*	四川汶川	
中国弯颈霉 *Tolypocladium sinensis*	云南	
蝙蝠蛾拟青霉 *Paecilomyces hepialid*	云南迪庆	
中华束丝孢 *Synnematium sinensis*	青海化隆、玉树	冬虫夏草头孢同物异名
中国金孢霉 *Chrysosporium sinensis*	四川米亚洛	

续表

冬虫夏草相关菌种	来源	备注
蝙蝠蛾被毛孢 *Hirsutella hepialid*	青海	中国被毛孢同物异名
虫花棒束孢 *Isaria farinose*	青海	归为粉拟青霉

（二）优质虫种选育

冬虫夏草寄主昆虫具有丰富的种质资源，其寄主昆虫主要为鳞翅目 lepidoptera 有喙亚目 gilossata 外孔次亚目 exoporia 蝙蝠蛾总科 hepialoidae 昆虫。到目前为止，研究发现了 60 余种冬虫夏草寄主昆虫，仅限于蝙蝠蛾科，包括蝠蛾属、拟蝠蛾属、无钩蝠蛾属、钩蝠蛾属，以钩蝠蛾属、无钩蝠蛾属居多。寄主昆虫有区域分布和垂直分布的规律，不同地区、不同海拔，甚至同一山脉不同的坡向都可以形成不同种类。除虫草钩蝠蛾为广域分布种，在西藏、青海、四川、云南、甘肃均有分布，其余种类分布狭窄，各产区寄主昆虫种类见表 2-13-3。寄主昆虫的品种不同，其饲养难度、冬虫夏草形成率和品质差异较大，仿生态繁育另一首要任务便是要选出适宜冬虫夏草产业化繁育的寄主种质资源，然后对表现优异的虫种通过遗传育种学的理论和技术，筛选出优良的寄主昆虫。适宜进行产业化繁育的冬虫夏草寄主昆虫应该具有不退化、繁殖快、易被中国被毛孢侵染、冬虫夏草产出率高且品质好的特征。目前发现冬虫夏草优势寄主有：西藏产地钩蝠蛾；青海产地玉树无钩蝠蛾；四川产地贡嘎钩蝠蛾、小金蝠蛾、斜脉蝠蛾；云南产地白马钩蝠蛾、人支钩蝠蛾、德钦钩蝠蛾和玉龙无钩蝠蛾；甘肃产地门源无钩蝠蛾、玉树无钩蝠蛾。

表 2-13-3　冬虫夏草寄主昆虫种类

属	种
钩蝠蛾属 *Thitarodes*	虫草钩蝠蛾 *T. armoricanus**；理塘钩蝠蛾 *T. litangensis*；康定钩蝠蛾 *T. kangdingensis*；康姬钩蝠蛾 *T. kangdingroides*；贡嘎钩蝠蛾 *T. gonggaensis**；曲线钩蝠蛾 *T. fusconebulosa*；赭褐钩蝠蛾 *T. gallicus*；白线钩蝠蛾 *T. nubifer*；德氏钩蝠蛾 *T. davidi*；小金钩蝠蛾 *T. xiaojincusis**；德钦钩蝠蛾 *T. deqingensis**；白马钩蝠蛾 *T. baimaensis**；梅里钩蝠蛾 *T. esmeiliensis*；美丽钩蝠蛾 *T. callinivalis*；锈色钩蝠蛾 *T. ferrugineus*；永胜钩蝠蛾 *T. yongshengensis*；宽兜钩蝠蛾 *T. latitegumenus*；叶日钩蝠蛾 *T. yeriensis*；中支钩蝠蛾 *T. zhongzhiensis*；草地钩蝠蛾 *T. pratensis*；双带钩蝠蛾 *T. bibelteus*；白纹钩蝠蛾 *T. albipictus*；金沙钩蝠蛾 *T. jinshaensis*；人支钩蝠蛾 *T. renzhiensis**；斜脉钩蝠蛾 *T. oblifurcus**；循化钩蝠蛾 *T. xunhuaensis*；中郎钩蝠蛾 *T. jialangensis*；芒康钩蝠蛾 *T. markamensis*；察里钩蝠蛾 *T. zaliensis*；南木林钩蝠蛾 *T. nanmlinensis*；亚东钩蝠蛾 *T. Yadongensis*；比如钩蝠蛾 *T. biruensis*；定结钩蝠蛾 *T. dinggyensis*；纳木钩蝠蛾 *T. namensis*；当雄钩蝠蛾 *T. damxungensis*；巴青钩蝠蛾 *T. baqingensis*；蒲氏钩蝠蛾 *T. Pui*；色吉拉钩蝠蛾 *T. sejilaensis*；加查钩蝠蛾 *T. jiachaensis*；白带钩蝠蛾 *T. cingulatus*
无钩蝠蛾属 *Ahamus*	四川无钩蝠蛾 *A. sichuanensis*；德格无钩蝠蛾 *A. alticola*；石纹无钩蝠蛾 *A. carna*；玉龙无钩蝠蛾 *A. yulongensis*；丽江无钩蝠蛾 *A. lijiangensis*；剑川无钩蝠蛾 *A. jianchuanensis*；异翅无钩蝠蛾 *A. anomopterus*；云南无钩蝠蛾 *A. yunnanensis*；云龙无钩蝠蛾 *A. yunlongensis**；玉树无钩蝠蛾 *A. yushuensis**；杂多无钩蝠蛾 *A. zadoiensis*；刚察无钩蝠蛾 *A. gangcaensis*；门源无钩蝠蛾 *A. menyuanensis**；察隅无钩蝠蛾 *A. zhayuensis*；玛曲无钩蝠蛾 *A. maquensis*；碌曲无钩蝠蛾 *A. luquensis*

续表

属	种
拟蝠蛾属 *Parahepialus*	暗色拟蝠蛾 *P.nebulosus*
蝠蛾属 *Hepialus*	异色蝠蛾 *H. varians*；东隅蝠蛾 *H. dongyuensis*；条纹蝠蛾 *H. gannaensis*；贵德蝠蛾 *H. guidera*；拉脊蝠蛾 *H. lagii*

注：* 冬虫夏草优势寄主昆虫

（三）无公害冬虫夏草繁育方法

1. 冬虫夏草菌种扩繁

（1）菌种分离纯化　冬虫夏草菌可用组织分离方法从冬虫夏草子座和虫体内分离得到，也可用子囊孢子分离法获得子囊孢子。组织分离法要选取新鲜、完整及子座饱满的冬虫夏草，将冬虫夏草虫体外的菌膜与土粒剥去，用毛刷洗净表面泥土，以流水冲洗干净，在无菌条件下用75% 酒精进行表面消毒后，以无菌手术刀削去虫体和子座的表皮，将其切成小块，在切虫体时注意不能碰到昆虫肠道。然后将获得组织小块接种于培养基上。组织分离法比较简单，成功率也比较高，一般 80% 以上。子囊孢子分离法一般选择新鲜、子座可孕膨大、子囊壳清晰的冬虫夏草，可以在箱内套袋采集或自制玻璃采集器，将采集的子囊孢子浸泡在 1：10 的土壤浸出液中，在 1000 r/min 离心机上离心 10 分钟，依次用 10%、20% 的蔗糖溶液分别洗涤后离心 2 次，再用 50% 蔗糖溶液离心 3 分钟，弃上清液后，采集浮于液面的子囊孢子，在无菌条件下接种于培养基上，在适宜温度下培养，直至长出单个菌落。子囊孢子分离法比较复杂，分离的子囊孢子要注意保持活性。

（2）冬虫夏草菌培养　采用固体试管斜面，或三角瓶装固体培养基或培养料消毒灭菌后，将分离纯化的冬虫夏草菌接种在培养基上，在 12～20℃温度下培养。在摇瓶内装入营养液，将培养的母种接入瓶内，通过振荡使液中的氧气含量增加，液态培养基便于菌体充分接触和吸收营养，生长和繁殖加快。液体菌种产孢后可直接用于培植冬虫夏草，也可用发酵罐进一步扩大繁殖。冬虫夏草菌生长的温度控制在 12～20℃，20℃菌丝生长快，当温度高于 25℃时，菌丝不再生长。冬虫夏草培养基成分可以有多种，主要以葡萄糖为碳源、以蛋白胨为氮源。同时需要添加适量的酵母提取物、磷酸二氢钾、硫酸镁、微量元素，可以促进菌丝生长。液体培养最适的 pH 范围为 5～6，摇床适宜转速为 100～200 r/min。

2. 寄主昆虫繁殖

（1）饲料选择及饲养条件　光照、温度、湿度、土壤等环境因子以及饲料的种类和投放量对寄主昆虫的生长发育有极大的影响。不同的寄主昆虫对温度与湿度的需求不同，饲养蝙蝠蛾幼虫过程中模拟高山草甸环境很重要。寄主昆虫的饲养温度一般在 8～20℃，温度过高过低都不利于生长。饲养的土壤以有机质含量多的腐殖土为宜，研究建议幼虫饲养的前期和中期土壤可用腐殖土和砂土混合作基质，后期用纯砂土，土壤含水量控制在 40%～60%。饲料是饲养寄主昆虫过程中的重要因素，饲料的营养和品质决定幼虫的体质和抗病能力。天然饲料主要来自 19 个科共 35 个属的植物根茎部分，如莎草科 Cyperaceae、蓼科 Polygonaceae、禾本科 Gramineae、龙胆科 Gentianaceae

等，其中圆穗蓼、珠芽蓼、小大黄、苹果、胡萝卜、马铃薯等植物较为适宜，初孵幼龄虫要投喂幼嫩新鲜的食物。人工饲料应具有丰富的营养，能提供生长发育各阶段所需要的营养元素，幼虫饲料应具有高糖、高灰分、高钾、多种氨基酸。目前，寄主幼虫仿生态饲养的饲料主要有蓼科植物根块、胡萝卜、苹果、马铃薯，其中胡萝卜含水含糖量高，易于咀嚼，最受幼虫喜爱，应用比较广泛。

（2）蝠蛾幼虫的世代循环养殖　冬虫夏草寄主蝠蛾为完全变态昆虫，众多寄主蝠蛾虽然种类不同，但生物学特性差异不大，经历一个世代的虫态和时间差不多。在原产地的自然条件下，寄主蝠蛾一个完整的生活周期包括卵、幼虫、蛹和成虫，幼虫期为最长，且世代重叠。养虫室应在干净、安静、无污染地方建立，由缓冲间、消毒室、操作间、幼虫室、成虫室、蛹室组成。成虫羽化后雌雄成虫按 1∶2.5 的比例捕捉置容器中交配、产卵，成虫不需要补充营养，不必投喂食物，只要保持环境中的水分和温度适宜，雌雄蛾即能正常存活和交尾产卵。卵产出后应及时收集，用灭菌水洗净表面的杂质，平铺放置在湿润的滤纸、土壤等保湿基质上孵化，在无菌黑暗条件下，控制温度在 15～18℃，空气相对湿度 70%～80%。卵的孵化期约一个月，可在孵化的 25 天加入消毒处理的饲料。幼虫习性是在土中建筑巢穴生活，取食植物根茎。幼虫期长达 6 龄，是病虫害致死最严重的时期，要注意保持无菌环境。幼虫体壁柔软娇嫩，饲养时除了必要的观察、换土和饲料外，应尽量减少翻动，避免人为造成损伤，土壤必须经过筛检除去粗硬杂质石砾，以免擦伤虫体引致病害。蛹在土穴中生活，先将土壤压实，然后用比蛹体稍粗的工具人工造土穴，土穴略斜，深约 2～3 cm，每穴放一蛹，蛹头向上，穴口用细土掩盖。蛹期控制湿度 80%～85%，土壤含水量 40%～50%，温度 12～22℃之间。

3. 菌种侵染寄主昆虫

冬虫夏草菌与寄主昆虫之间存在着协同进化关系，不同产地的菌种对应不同的蝙蝠蛾幼虫有不同的侵染率，一般同一或相近产地的菌种和虫种之间的侵染率比较高。在野生自然环境下，蝙蝠蛾幼虫的侵染率极低，仿生态繁育冬虫夏草中，所采用侵染的方式不一。主要的侵染途径有通过昆虫体壁或表皮、口器或气孔等自然孔口或肠道等消化道侵染，但具体到每一种虫生真菌，各自都有自己主要的侵入特征。根据主要的侵染途径分别发明了针刺、拌入饲料喂食、表皮涂抹、浸泡及喷雾等接种方法，都有较好的效果。接种宜选择寄主昆虫抗菌力薄弱的蜕皮期和幼虫取食活动旺盛摩擦损伤较大的时期，结合理想的侵染工艺进行。

（四）无公害冬虫夏草仿生态繁育管理技术

1. 冬虫夏草室内仿生态繁育

室内仿生态繁育是将从高原草甸收集到的蝙蝠蛾卵及冬虫夏草菌在完全模拟高原地带气候环境的仿生态繁育气候室内进行选育及繁殖，历经幼虫生长、菌种扩繁、侵染、菌核形成及子座生长等过程进而繁育出冬虫夏草。在室内放置繁育容器，在容器中装入土壤基质和饲料，饲养幼虫。土壤基质与饲料混装，或土壤饲料分层装。为满足幼虫上下活动的需要，容器内装物的总深度不得低于 15 cm。土壤要求疏松、保湿、透气性良好的高山草甸土和亚高山草甸土，饲料最好采用蓼科植物珠芽蓼、圆穗蓼根茎，也可以用禾本科、莎草科的嫩根饲养，在低海拔地区还可以用胡萝卜、红薯、苹果等人工饲料饲养。饲养容器装好土壤饲料后，将蝙蝠蛾卵或孵化的幼虫放入容器中，任其爬行入土取食生活。温度宜控制在12～20℃，空气湿度70%～85%，土壤含水量40%～50%，加水应采取喷雾或少量滴加的方法。饲养一段时间后应当及时添加新的饲料，将新鲜饲料直接放置在原有土壤饲料的上面。若幼虫排泄的粪便多，杂菌滋生，环境恶化，就应当及时整体更换。轻轻翻倒养虫容器，倒出其中的土壤、幼虫及饲料，然后用镊子将幼虫轻轻从中取出，放入装好新的土壤饲料的养虫容器之中。喷雾接种或撒播接种后，待幼虫僵化，取出幼虫集中在专用容器中培植。僵虫头部朝上种植在土壤内，距离土表面深度不超过2～3 cm。此时子实体的发育极为关键，应控制好温度、土壤pH值以及光照。气温控制在10～20℃；空气相对湿度70%～85%，当空气湿度低于70%，子座生长缓慢甚至干枯；土壤含水量40%～50%，pH 5～5.5；每天给予适当的散射光照。

2. 冬虫夏草半野生培植

半野生繁育冬虫夏草主要是在高海拔地区进行繁育冬虫夏草，充分利用高原生态环境的温度、湿度、气压等条件，降低培育的成本。卵、成虫阶段在室内控制条件下完成，蛹、幼虫、冬虫夏草生长形成阶段在野外培植地内完成。寄主昆虫放养入土是半野生培植的关键之一，放养数量视草场食料植物多少而定，饲料充足可适当增加，反之也可适当减少。虫口密度适度，数量过多幼虫相互争夺生存空间易导致死亡，过少又会造成土地的浪费，在同一地块内每年投放幼虫，一个生活周期后，可持续产出冬虫夏草。放养卵可采用疏松湿润的腐殖质或疏松湿润的高山草甸土将卵均匀分散，按70～80粒/m^2撒播在草地上，幼虫孵出后自行爬行入土觅食生活。放养幼虫宜选初孵幼虫或饲养至1～2龄的小幼虫时放养入土，如虫龄过长虫体过大会增加入土困难，在入土过程中容易被草根、土块、石砾擦伤造成死亡，一般情况幼虫50～60头/m^2为宜。以撒播法接种。培植地应根据山势坡向开沟排水，防止积水或灌淹。投放卵或幼虫时及投入后的1周内，要洒水或人工遮阴，以保持土壤呈湿润状态且避免阳光直射，以防造成卵或幼虫脱水死亡。为避免造成伤亡，对投放寄主昆虫的地块应采取保护措施，应禁止放牧，禁止人畜践踏，防止鸟类啄食。

由于受到自然条件的不确定性的影响，传统的半野生的繁育方式不稳定，生产的冬虫夏草品质参差不齐，且产量也不稳定，而通过模拟高原生态参环境进行冬虫夏草的室内繁育过程可控，产品质量、产量均能达到要求，具有较大的优势。

三、病虫害综合防治

冬虫夏草仿生态繁育过程病虫害较多，现已知的多达20余种。病虫害主要集中在寄主昆虫上，包括真菌、细菌、线虫、寄生昆虫、天敌捕食以及机械损伤，其中以感染病菌致死率最高，寄生昆虫和线虫等发生较少，室内养殖一般无天敌（表2-13-4）。机械损伤较为常见，虽然不会造成直接死亡，但伤口易感染病菌，造成寄主昆虫死亡。

病害分真菌病害和细菌病害。常见的病原真菌有拟青霉、绿僵菌、白僵菌、红僵菌等。病害目前仍无有效安全的防治药剂，以预防为主，综合防治，提倡无公害饲养，主要应控制人工饲养蝙蝠环境中的微生物。对室内环境全面消毒，虫室应进行熏蒸消毒，卵、水、饲料等物质进入虫室时应先消毒灭菌，养虫用的器材、容器也要定期消毒，减少病原菌及寄生虫进入饲养环境。保证饲料供给、增强虫体抗病性，随时检查，及时发现和剔除病、死虫体以防止病害传播；积极筛选抗病性高的种群，提倡杂交防止种群退化。除此以外，养殖人员也应注意个人卫生，做好消毒工作，防止交叉污染。

虫害有螨虫、线虫、蚊虫、寄生蝇、寄生蜂等，线虫所占比例少，寄生性虫害极少发生。冬虫夏草采收后彻底清除表面杂质泥沙，以去除寄居在表面的螨（卵）；加工使药材含水量降低到15%以下，使所带螨（卵）死亡；储藏过程中保持环境的干燥清洁，避免螨虫的进入和生长繁殖。药材用包装袋密封包装，有条件最好采用充气包装，可避免螨虫为害。

表 2-13-4　冬虫夏草主要病虫害及特征

类型	病虫害	发病特征
真菌病害	拟青霉	幼虫尸体略有伸长，逐渐被满白色菌丝，产生白粉状的分生孢子孢梗束和白粉状分生孢子。爆发速度快，致死率高
	绿僵菌	初期无明显病变，2～3 天发病。幼虫尸体僵化，表面长满白色气生菌丝，菌丝上长出卵圆形分生孢子，颜色变绿，最后形成鲜绿色粉被。血淋巴里含有绿僵菌虫菌体。致死率高
	白僵菌	幼虫僵化后头部向前伸直，虫体大小不变，虫体节间长出白色菌丝，后变成白色僵虫，菌丝上产生卵圆形的分生孢子。致死虫较少
	红僵菌	虫体略有缩小，体表淡红色并有棕色菌丝缠绕。发病较少
细菌病害	细菌	虫体不僵化，虫体内部组织腐烂、发臭，解剖虫体发现细菌菌体。致死虫较少
虫害	线虫	死虫不僵化，体表有大量线虫，解剖虫体发现大量活的线虫
	寄生蜂	寄生于幼虫体内，致使幼虫不能化蛹
	寄生蝇	寄生于幼虫体内以幼虫身体为营养基质，导致幼虫死亡

四、质量标准

无公害冬虫夏草是指农药、重金属及有害元素等多种对人体有毒物质的残留量均在限定的范围以内的冬虫夏草。无公害质量指标包括农药残留和重金属及有害元素限量等。无公害冬虫夏草中重金属含量应该符合《中国药典》2015 年版（一部）各论药材项下规定，重金属残留量铅≤1.0 mg/kg，镉≤0.3 mg/kg，铜≤20 mg/kg，汞≤0.1 mg/kg，砷≤2.0 mg/kg。野生冬虫夏草铅、镉、铜等含量一般符合标准，部分产地汞含量有超标，而总砷大部分高于药典标准，但多数研究结果表明，冬虫夏草虽然总砷含量高，但主要以无毒的有机砷形式存在，无机砷含量不超标。其总砷含量高主要是由于产地土壤砷含量较高，冬虫夏草菌自身对砷有一定的富集作用，同时共生的砷氧化细菌有一定的促进作用，因此要尤其注意仿生态繁育的土壤砷含量，必须符合无公害农产品土壤环境质量标准，同时还要加强生长和生产过程中的各项管控，限制砷的其他来源。对于市场上的混伪品，通过性状状、显微、理化与 DNA 分子鉴定等方法可鉴别。

冬虫夏草的繁育取得了重大突破，产业化生产已经实现，且冬虫夏草繁育品不存在重金属超标的问题，也能满足药效要求，可极大缓解野生冬虫夏草资源短缺及砷超标的问题。本文从产地环境要求、优良种质资源选育、室内仿生态繁育技术、病虫害综合防治方面论述了冬虫夏草的无公害仿生态繁育的方法，以期指导实际生产，促进冬虫夏草的仿生态繁育，推动冬虫夏草产业现代化。

参考文献

[1] 杨俐，李全平，陈士林，等. 冬虫夏草无公害仿生态繁育技术 [J]. 世界科学技术 - 中医药现代化，2018，20（9）：1049-1063.

[2] 李文庆，李文佳，董彩虹，等. 冬虫夏草繁育品和野生品虫草酸含量比较 [J]. 菌物研究，2018，16（02）：102-105.

[3] 刘杰，李耀磊，昝珂，等. 冬虫夏草人工繁育品和野生冬虫夏草中 5 种重金属及有害元素含量的比较 [J]. 中国药事，2016，30（09）：912-918.

[4] 王昊，单宇，孙志蓉 . 冬虫夏草应用及市场现状分析 [J]. 现代中药研究与实践，2016，30（6）：83-86.

[5] 卢恒，徐宁，孟繁蕴. 冬虫夏草重金属的含量测定和健康风险评价 [J]. 环境化学，2017，（5）：1003-1008.

[6] 王钢力，金红宇，韩小萍，等. 冬虫夏草药材的质量研究及存在问题 [J]. 中草药，2008，39（1）：115-118.

[7] 丘雪红，曹莉，韩日畴. 冬虫夏草的研究进展、现存问题与研究展望 [J]. 环境昆虫学报，2016，（1）：1-23.

[8] 冯繻亿，吴丽娟. 全人工培育冬虫夏草产业化技术研究 [J]. 四川农业科技，2016，（1）：27-29.

[9] 陈炜，杜光，郭霞. 冬虫夏草重金属化学形态的研究 [J]. 中国医院药学杂志，2015，（22）：2062-2064.

[10] 李文佳，张宗耀，李全平，等. 冬虫夏草寄主昆虫及其饲养技术研究进展 [J]. 世界中医药，2017，（12）：3142-3150.

[11] 向丽，陈士林，代勇，等. 冬虫夏草菌寄主小金蝠蛾人工饲养成虫生物学特性[J]. 世界科学技术（中医药现代化），2012，（1）：1172-1176.

[12] 刘飞，伍晓丽，尹定华，等. 冬虫夏草寄主昆虫的种类和分布研究概况 [J]. 重庆中草药研究，2006，（1）：47-50.

[13] 贺宗毅，刘飞，陈仕江，等. 青藏高原特色资源冬虫夏草培育过程中的病虫害研究进展 [J]. 重庆中草药研究，2012，（1）：57-58.

[14] Xiang L, Song J, Xin T, et al. DNA barcoding the commercial Chinese caterpillar fungus [J]. FEMS Microbiol Lett, 2013, 347(2): 156-162.

[15] Zhou XW,Li LJ,Tian EW. Advances in research of the artificial cultivation of Ophiocordyceps sinensis in China[J]. Critical Reviews in Biotechnology, 2014, 34 (3): 233- 243.

[16] 鲁增辉，陈仕江. 冬虫夏草产业化实践和思考 [J]. 环境昆虫学报，2016，（01）：24-30.

（杨俐，李全平，陈士林，邱健健，李文佳，向丽）

14　半夏

引言

半夏药材为天南星科植物半夏 *Pinellia ternata*（Thunb.）Breit. 的干燥块茎，半夏分布广泛且使用频率高，资料显示半夏使用频率在 558 种中药材处方中居第 22 位，是我国传统的中药材，市场需求量巨大。市场上根据半夏的炮制方法不同主要分为生半夏、清半夏、姜半夏和法半夏四种，炮制规格和形状特性不同导致药效不同。

半夏是我国传统的中药材，市场需求量巨大，致使半夏野生资源不断破坏、濒临枯竭，人工种植是解决市场需求量不断增大的有效途径。由于人们缺乏对半夏科学化种植的知识和技术，导致在生产过程中存在产量低、品质差等情况，危害公众身体健康，也极大地损害了种植户的利益和积极性。无公害种植是解决该问题的有效途径，获得安全、无污染、品质高的半夏也是现阶段中药材种植发展的方向。应从半夏栽培选地、优良品种选育、田间管理、病虫害综合防治等方面入手，进行系统性的整理和规范，建立系统科学的半夏无公害栽培体系，生产优质安全的半夏药材，促进半夏药材的健康可持续发展。

一、产地环境

（一）生态环境要求

无公害中药生产种植地区的空气、土壤、水质应满足无公害生产标准，无公害半夏应依据《中国药材产地生态适宜性区分（第二版）》规定的生态因子进行产地的选择。

根据半夏野生资源采样点的生态因子值和全国各产区样点数据，半夏生态因子主要包括年平均温度、昼夜温差均值、等温性、年均温变化范围、年降水量、年均相对湿度、年均日照等，生态因子范围见表 2-14-1。适合半夏生长的主要土壤类型为强淋溶土、高活性强酸土、红砂土、黑钙土、铁铝土、薄层土、低活性淋溶土、聚铁网纹土、粗骨土。

表 2-14-1　半夏野生分布区、道地产区、主产区气候因子阈值（GMPGIS-Ⅱ）

生态因子	生态因子值范围	生态因子	生态因子值范围
年均温度（℃）	8.1～18.7	年均降水量（mm）	515.0～1600.0
平均气温日较差（℃）	6.6～11.9	最湿月降水量（mm）	119.0～289.0
等温性（%）	23.0～47.0	最干月降水量（mm）	5.0～52.0

续表

生态因子	生态因子值范围	生态因子	生态因子值范围
气温季节性变动（标准差）	4.7～10.0	降水量季节性变化（变异系数 %）	50.0～96.0
最热月最高温度（℃）	21.6～33.4	最湿季度降水量（mm）	291.0～740.0
最冷月最低温度（℃）	-8.6～4.8	最干季度降水量（mm）	16.0～191.0
气温年较差（℃）	23.7～39.5	最热季度降水量（mm）	272.0～710.0
最湿季度平均温度（℃）	17.1～27.5	最冷季度降水量（mm）	16.0～194.0
最干季度平均温度（℃）	-2.6～10.8	年均日照（W/m^2）	57.0～75.5
最热季度平均温度（℃）	17.1～27.8	年均相对湿度（%）	120.4～154.0
最冷季度平均温度（℃）	-2.6～9.9		

（二）产地标准

半夏产地环境应符合 NY/T 5295-2015《无公害农产品产地环境评价准则》，空气环境质量应达到 GB/T 3095-2012 一、二级标准值，土壤符合土壤质量 GB 15618 和 NY/T 391 一级或二级标准，灌溉水达到 GB 5084-2005 规定的灌溉水标准。在生产过程中，要定期对种植区周边进行空气、土壤、水质监测，发现问题及时解决，确保半夏种植区无污染，保障半夏正常安全生产。应选择土地肥沃、种植地周围无污染企业、交通运输方便的地区种植。

（三）生态适宜产区

根据半夏主要生长区域生态因子阈值及半夏的生物学特性，并考虑到自然条件、半夏品质、产量以及种植规模，建议四川、湖南、贵州、湖北、云南一带为半夏适宜种植产地。

二、优良品种

（一）半夏新品种选育

选择高产、优质、抗病性强的半夏品种是满足无公害生产的前提。传统的选育方法是半夏主要的选育手段，该选育方法主要从品系筛选、品系鉴定、品系比较、区域试验和生产试验几个方面进行，该选育方法耗时长，通过代代筛选获得高产优质的半夏。现代生物技术与传统选育方法相结合，将大大降低品种选育的时间，这也是未来开展半夏品种选育的方向。

目前，结合有关半夏品种选育的资料和研究，确定了半夏选育的最佳优良品种有 1 个（狭三叶半夏），新品种有 3 个（川半夏 1 号、半夏新品系 BY-1、鄂半夏 2 号）。川半夏 1 号是由成都中医药大学联合成都格瑞恩勤恳农业科技开发有限公司选育的半夏新品种，具有长势稳定、产量高、品质好的特点，一般适合在四川盆中山丘陵亚区种植。半夏新品系 BY-1 由甘肃省农业科学院研制，具有生长健壮、抗病性强、遗传稳定性高的特点。鄂半夏2号由湖北省农业科学院中药研究所通过系统方法从野生种中筛选出来的一个新品种，具有产量高、品质好等特点，适合在湖北省半夏产区海拔1200～1700 m的地区种植。

在新品种选育中，应依靠各种植区优质种质资源，结合实际生产情况，选育出适合本地区生产的新品种。积极推广种植半夏现有优良品种，加强对抗病虫半夏新品种和优良新品种的选育工作，减少农药的使用量，促进半夏的无公害生产。

（二）半夏合理选种

半夏以株芽和块茎繁殖为主，选择无病害、无损伤、质量0.5～2.0 g，直径0.9～1.5 cm的块茎繁殖，可以有较高的成苗率，能够获得较高的收益。半夏株芽无休眠特性，采取直径0.8～1 cm成熟的株芽进行栽植，具有较高的成活率。虽然半夏的繁殖可以沿用块茎和珠芽等无性繁殖方式，但也面临半夏病毒感染率高、产量低、品质下降等问题。近年来，在半夏脱毒以及半夏人工种子方面的研究均取得了重要进展，薛建平等发现以半夏试管小块茎为材料，海藻酸钠、壳聚糖等为种皮基质，添加适量的激素、抗生素、防腐剂、农药和金属离子等制成人工种子，可获得较高的萌发率和成苗率。以半夏茎尖、叶柄和叶片为材料建立的半夏组织快繁技术更为半夏的大规模无公害种植提供了新的繁殖方式。

（三）半夏播种和移栽

半夏播种一般分为春播和秋播，长江以北多数为春播。半夏有多种繁殖方式，包括种子繁殖、块茎繁殖、珠芽繁殖、组织培养繁殖，具体方法见表2-14-2。播种前需对种源进行筛选，选择无残损、无病害、颗粒饱满的种源，播种前还需对块茎进行灭菌处理，提高出苗率。

表2-14-2　半夏常用播种方式

繁殖方式	块茎	种子	株芽	半夏组织培养
播种方法	土地开沟，行距15～20 cm，沟宽10 cm、深4 cm左右，沟底平整，块茎摆放保持间距3～5 cm，芽头向上，覆盖一层复合肥土，土厚5～10 cm，耧平压实	株距保持在10 cm左右，沟深2 cm，覆土盖膜，齐苗后揭膜，苗高6～10 cm时即可移栽	行距10～15 cm，株距5～9 cm，栽后覆以细土及混合肥，稍加压实，厚度为覆盖株芽为宜	培养的无菌苗先打开在室外炼苗2～3天，洗净根部的培养基后移栽到室外

三、田间管理

（一）选地整地

土壤是植物赖以生存的场所，优质的土壤能够为植物提供健康的生存环境。半夏喜温暖、湿润和荫蔽的环境，怕高温、干旱和强光，根据半夏生物学特性和生产需要，选择土地肥沃、排水良好、地势较高、pH 值为 5.6～7 的偏酸性砂壤土为宜，盐碱地、黏土、低洼积水地则不适合种植半夏。选好地后要先除去砾石和杂草，一般在 10 月对土地进行全面翻土，15～20 cm 为宜，主要是为了打破土壤结构板结，使土壤疏松、加快雨水渗入土壤的速度和数量、增加透气性和储水性、减少水分流失，修建排水沟来防止雨季排水不畅。耕种前，要施适量的底肥，这样不仅可以培肥地力，为作物生长提供优质的土壤环境，更能为植物提供生长所需的养分，一般每 666.7 m^2 施农家肥 4000 kg，深耕细耙，作 1.0～1.2 m 东西走向畦。

（二）土壤消毒

为降低半夏连作地病虫害发生率，减少农药的使用，提高半夏的品质，一般在播种前对土壤进行熏蒸。考虑到对生态环境的影响，一般选择安全高效无污染的化学药剂对土壤进行熏蒸，威百亩、棉隆、1,3- 二氯丙烯、氰氨化钙等是目前世界范围内常用的化学熏蒸剂。在消毒前，应先清园保证无杂物，土壤含水量 50%～60%，温度 12～18℃，施药后用薄膜覆盖，密封 12～15 天揭膜透气，透气时间为 4～6 天为宜，毒气排净后方可进行种植。半夏常用消毒剂应符合国家相关安全标准，半夏常用药剂消毒方法见表 2-14-3。

表 2-14-3　半夏常用土壤消毒剂

消毒剂名称	棉隆	威百亩	1,3- 二氯丙烯	氰氨化钙
使用方法	固体颗粒，用量为 40～50 g/m^2，施药后旋耕机混匀土壤，深度为 20 cm，覆盖地膜，12～20℃下密封消毒 12～20 天，土壤湿度位 60%～70%	液体药剂，按制剂用药量加水稀释 50～75 倍，施药后立即覆盖地膜，密封 10 天后除去地膜，土壤湿度在 65%～75%	液体药剂，施入土壤，用量为 80～120 ml/m^2	固体颗粒，用量为 30～40 g/m^2，施入深度为 20 cm 左右，覆盖地膜，20℃左右密封 7～10 天

（三）土壤改良

土壤板结、盐渍化加重、土壤元素缺乏、酸碱化等是目前土壤退化所面临的问题，优质的土壤环境是植物正常生长的前提。结合半夏的实际种植情况，应合理安排轮作种植，减少土壤的退化程度。在土壤改良初期，可选择种植绿肥植物，如大豆、紫云英、蚕豆等，安全环保且成本低。在土壤改良后期，可以增施有机肥增加土壤中的有机质，选择适宜的肥料来防止土壤盐渍化，有针对性的施用微肥来调节土壤的酸碱度，使用的肥料应符合无公害中药材生产的规定。

（四）合理施肥

无公害半夏施肥应以有机肥为主，化肥为辅，保证半夏正常生长的同时更确保半夏的品质。无公害半夏所使用的肥料类型及施肥原则应符合 DB 13/T 454 标准，科学合理的施肥对半夏的生长、质量和产量有重要影响，降低生产成本的同时提高了生产效率，符合中药材可持续发展的理念。半夏在播种前要施足底肥，一般为厩肥或堆肥，也可在表面施一层草木灰。在生长期要进行追肥，常用以人畜粪水为主的农家肥混合适量的腐熟饼肥、过磷酸钙、尿素使用，一般每 667 m^2 施用农家肥 5000 kg、尿素 25 kg、普钙 50 kg。而目前相关研究表明，不同施肥条件和不同施肥组合都会影响半夏的生产情况，这也为半夏无公害栽培提供了新的科学施肥方案。

（五）倒苗调控

半夏对温度、湿度、光照都比较敏感，温度高、光照强、地表缺水都会使半夏发生倒苗现象，半夏倒苗虽然是对外界不良环境的一种适应，但倒苗缩短了半夏的生长期，严重影响了半夏的产量，因此预防半夏倒苗对半夏的无公害生产具有重要意义。薛建平等研究发现半夏植株喷施适宜浓度的水杨酸有利于植株生长，延缓半夏倒苗，提高块茎产量和总生物碱含量；王兴等研究发现遮阴能促进半夏块茎的生长，显著提高产量。因此在半夏的无公害生产中，应根据实际情况，在半夏易发生倒苗期及时采取措施减少倒苗的发生。

（六）无公害种植管理

半夏无公害种植管理主要包括中耕除草、及时排水、合理灌溉、科学施肥和后期采收等方面，涵盖了从半夏播种到收获的整个过程。管理手段是否得当，直接关乎无公害半夏的品质和产量，各生产区应结合各自的实际情况，因地制宜采取有效管理措施。根据植株生长情况，及时进行灌溉和排水，气温过低时要对植株进行覆盖以防温度过低冻伤半夏。在半夏生长期要及时松土除草，一般在 6、7 月份对半夏叶柄进行培土和追肥，满足株芽的生长需要，生长期长出的花蕾要及时摘除以提高产量。一般在 8 月对半夏进行采收，小心采挖，避免损伤，采挖回来后要除去外皮，室外晾晒除去水分。

四、无公害半夏病虫害综合防治

病虫害是严重危害中药材生产的自然灾害之一，严重影响了中药材的品质和产量。目前采取农业防治、生物防治、物理防治、化学防治等有效手段对病虫害进行综合防治，无公害半夏的病虫害防治应遵循“预防为主，综合防治”的原则。根据半夏的病虫害发生规律，结合病虫害预报技术，做到早预防、早发现、早应对，尽可能地减少损失。本着无公害的生产要求，优先选用生物防治、农业防治和物理防治手段，尽量减少化学农药的使用量，农药使用的标准应符合 NY/T 393-2013 绿色食品农药使用准则。在实际生产中，应根据实际情况，科学合理的采用不同的防治手段对半夏进行病虫害防治工作，确保无公害半夏的优质生产。

（一）农业防治

农业防治主要通过优良品种的选育、种子质量检疫、合理施肥、中耕除草、科学灌水、清洁田园、实行轮作、土壤改良消毒等措施来减轻病虫害的发生，具有安全环保、污染少和成效显著等特点。优良品种的选育不仅可以有效降低病虫害的危害程度，更能确保半夏优质稳定的生产。选择优良半夏块茎在播种前用5%的草木灰溶液浸种2小时，能有效降低半夏的发病率。同时根据半夏的生长习性，合理的套种不仅可以充分利用空间，降低半夏的倒苗率，还能增加田间物种多样性，提高对自然病害的抵抗力。土壤改良及消毒在农业防治中具有重要作用，提高农业防治效果的同时，更能减少土传病害的发生率。加强田间管理，及时除草，清理病害植物，合理施肥，创造适合半夏生长的环境，减少病虫害的发生率。

（二）物理防治

物理防治是利用虫害对温度、湿度、颜色、声波等反应规律，通过调控这些因素来控制虫害的发生率，使用物理防治不仅可以降低虫害发生率，还能有效减少农药的使用量，是一种绿色、环保、无毒无害的防治方法。半夏害虫常有蚜虫、红天蛾等，可利用害虫的特性，使用诱剂和诱器来对害虫进行防治，例如根据红天蛾具有趋光性，可使用黑光灯进行诱杀。在夏季利用气温高的特性，对休种的土地进行地膜覆盖，通过提高地温的方法将土壤中的病原和虫源杀死。

（三）生物防治

生物防治方法主要是利用有益生物或者植物代谢产物等物质对中药材病虫害进行防治的技术，主要有微生物防治、寄生性天敌防治、捕食性天敌防治、生物农药、抗生素、昆虫生长调节剂等。宁南霉素对半夏的病毒病和立枯病有较好的防效，苦参碱对地老虎、菜青虫、蚜虫有明显的防治效果。中药材的健康可持续发展符合当代世界中药材的发展趋势，生产绿色、安全、无污染的无公害半夏还应在未来加大对半夏生物农药的研发投入，减少化学农药的使用量。

（四）化学防治

化学防治是解决植物病虫害最有效的方法，尽管化学防治面临很多问题，但农药的使用为病虫害的防治做出了巨大的贡献。化学防治是无公害半夏最主要的防治方法，为符合药用植物GAP生产，禁止使用剧毒、对环境污染大、高残留的化学农药，农药的使用应符合《中华人民共和国农药管理条例》，选择高效、低毒、污染小和低残留的农药，对症施药，达到杀灭虫害的效果。喷洒农药时，应带好口罩，做好防护工作，确保人员的安全。半夏的病虫害种类较多，本研究总结了半夏常见病虫害种类及防治措施，见表2-14-4，表2-14-5。

表2-14-4 无公害半夏虫害种类及防治方法

虫害种类	危害部位	防治方法	
		化学方法	综合方法
蓟马	叶片	吡虫啉、啶虫脒、氟丙菊酯	清洁田园、蓝色板诱杀
跳甲	茎端叶柄及嫩茎	啶虫脒、呋虫胺、哒螨灵	轮作、清除杂草、黄板和白板诱杀

续表

虫害种类	危害部位	防治方法	
		化学方法	综合方法
蚜虫	嫩叶、嫩芽	吡虫啉、啶虫脒、异丙威	黑光灯和糖醋液诱杀、黄板诱杀
菜青虫	叶片、嫩茎	溴氰菊酯、虫酰肼、抑食肼	清洁田园
红天蛾	叶片	虫酰肼、杀虫双	松土除草、清洁田园、翻耕土壤、黑光灯诱杀
细胸金针虫	根部、种子、幼芽	噻螨酮	翻耕土壤

表 2-14-5　无公害半夏病害种类及防治方法

病害种类	危害部位	防治方法	
		化学方法	综合方法
球茎腐烂病	块茎	多菌灵、甲基托布津	草木灰浸种、输沟排水、石灰乳淋穴
叶斑病	叶片	波尔多液、甲基托布津、咪鲜胺	轮作、拔除病株、病穴消毒
病毒病	叶片、块茎	多菌灵、氨基寡糖素	轮作、施足底肥、合理浇水、及时排水
立枯病	茎、根	噁霉灵、多菌灵	轮作、合理追肥浇水、及时排水、松土透气
猝倒病	叶、根、茎	噁霉灵、多菌灵、霜霉威	及时排水、拔除病株、合理施肥
炭疽病	花蕾、叶	代森锰锌、噻菌灵	轮作、及时排水、中耕除草
根腐病	根	甲基硫菌灵	合理施肥、清除病根、病穴消毒

中药材是中医药发展的基石，保障中药材健康可持续发展是当前发展的方向。我国是中药资源大国，国内外对中药的需求量有增无减，随着野生资源的匮乏，导致中药价格逐年上涨。近年来，中药材人工种植规模不断增大，由于缺乏规范化的种植技术，导致产品初加工技术落后、规范化水平不高和品质降低等情况。

目前中药材无公害栽培技术体系在很多物种上已有报道，但目前半夏在实际生产过程中缺乏相关标准，导致药农滥用化肥农药，半夏农残和重金属超标，在国际上缺乏竞争力。根据《中药材产地适宜性区划》，确定半夏适宜性产区，本节根据课题组多年来对半夏的研究以及查阅大量资料，制定了半夏无公害栽培技术。为半夏栽培地的选择、新品种选育、田间管理、病虫害防治方面提供了借鉴，促进了半夏产业的健康发展。

无公害半夏的栽培关键在于如何有效减少农药的使用量，未来可培育抗病虫性强的半夏新品种，采用现代分子选育技术减少育种时间。目前半夏生产各环节大都依靠手工方式，还应大力推进机械化进程，包含土地整理、种子处理、播种移栽、灌溉、施肥、农药使用、中耕除草、采收采挖等环节，提高生产效率。推进全国性中药材生产技术服务体系建设，为药农提供必要的技术支持。制定半夏无公害药材质量标准，推进半夏无公害栽培，符合多元化的市场需求，对推动中药材积极健康发展具有重要的借鉴作用。

参考文献

[1] 黄和平，聂久胜，黄鹏，等. 中国半夏属药用资源研究概况 [J]. 中国现代中药，2014，16（03）：258-261.

[2] 国家药典委员会. 中华人民共和国药典一部 [M]. 北京：中国医药科技出版社，2015：105-106.

[3] 陈士林，黄林芳，陈君，等. 无公害中药材生产关键技术研究 [J]. 世界科学技术（中医药现代化），2011，13（03）：436-444.

[4] 杨燕，费改顺，贾正平，等. 半夏人工栽培技术及分子标记技术研究新进展 [J]. 中药材，2010，33（02）：312-317.

[5] 蒋庆民，林伟，蒋学杰. 半夏标准化种植技术 [J]. 特种经济动植物，2017，20（11）：35-36

[6] 薛建平，张爱民，葛红林，等. 半夏的人工种子技术 [J]. 中国中药杂志，2004，29（05）：22-25.

[7] 陈士林，索风梅，韩建萍，等. 中国药材生态适宜性分析及生产区划 [J]. 中草药，2007，38（4）：481-487.

[8] 李西文，马小军，宋经元，等. 半夏规范化种植、采收研究 [J]. 现代中药研究与实践，2005，19（02）：29-34.

[9] 王兴，薛建平，张爱民. 遮荫对半夏块茎鲜重及其内源激素含量的影响 [J]. 核农学报，2008，22（04）：514-518.

[10] 张明，钟国跃，马开森，等. 半夏倒苗原因的实验观察研究 [J]. 中国中药杂志，2004，（03）：85-86.

[11] 孟祥霄，沈亮，黄林芳，等. 无公害中药材产地环境质量标准探讨 [J]. 中国实验方剂学杂志，2018，doi:10.13422/22/j.cnki.syfjx.201.20182392.

[12] 沈亮，徐江，陈士林，等 . 无公害中药材病虫害防治技术研究 [J]. 中国现代中药，2018，20（9）. doi:10.13313/j.issn.1673-4890.201808002.

[13] 姚入宇，陈兴福，孟杰，等. 药用植物 GAP 生产的病害绿色防控发展策略 [J]. 中国中药杂志，2012，37（15）：2242-2246.

[14] 董林林，苏丽丽，尉广飞，等. 无公害中药材生产技术规程研究 [J]. 中国中药杂志，2018，doi: 10.19650/j.cnki.cjcmm.20180702.001.

[15] 虞秀兰，吴长松，熊咏. 中药材半夏的栽培管理及病虫害防治 [J]. 植物医生，2002，（05）：15-16.

（钱广涛，孙伟，李西文，薛建平）

15　地黄

引言

地黄为玄参科植物地黄 *Rehmannia glutinosa* Libosch. 的新鲜或干燥块根，前者称“鲜地黄”，后者称“生地黄”。另有炮制品“熟地黄”，包括“酒熟地黄”和“蒸熟地黄”。怀地黄是著名的“四大怀药”之一，主产于焦作市所辖的武陟、温县、沁阳、博爱、修武、孟州等县（市），以上地区古称“殷国”“河内郡”“怀州”“南怀洲”“孟路”“怀庆路”，明朝之后改名为“怀庆府”。因产于古怀庆府的地黄产量大、质量优故而得冠名以“怀”字。

地黄忌重茬种植，有明显的连作障碍，由于许多药农对连作障碍缺乏科学认识，盲目加大农药和肥料使用，致使生产成本大幅增加、药材农残及重金属含量超标、药材品质下降。无公害地黄种植体系是保障其品质的有效措施之一，为指导地黄无公害规范化种植，结合地黄的生物学特性，概述了无公害地黄种植基地选址、品种选育、综合农艺措施、病虫害的综合防治等技术，为地黄的无公害种植提供支撑。

一、产地环境

（一）生态环境要求

根据地黄的生物学特性，依据《中国药材产地生态适宜性区划（第二版）》和《药用植物全球产地生态适宜性区划信息系统Ⅱ》（GMPGIS-Ⅱ），获得地黄的生态适宜性因子，可为合理扩大地黄的种植面积及生产规划提供科学依据。

地黄为多年生草本，喜阳、喜温、耐寒、耐旱，怕水涝、耐高温，多生于干旱荒山坡、河谷渠旁、土岗以及草原型石砾质山地阳坡，林下阴湿地不多见。地黄分布北至辽宁、内蒙古，西至山西、陕西、甘肃、四川一带，东至山东、上海、浙江一带，南至广东、广西、福建。基于GMPGIS-Ⅱ系统，获得地黄主要生长区域的生态因子值范围（表2-15-1）：最冷季均温 -10.6～15℃；最热季均温 20.9～28.9℃；年均温 7.2～22.5℃；年均相对湿度 55.9%～75.6%；年均降水量 418～1969 mm；年均日照 130.3～157.1 W/m^2，土壤类型以黑钙土、铁铝土、潜育土等为主。

表 15-1 地黄野生分布区、道地产区、主产区气候因子阈值（GMPGIS-II）

生态因子	生态因子值范围	生态因子	生态因子值范围
年均温度（℃）	7.2～22.5	年均降水量（mm）	418.0～1969.0
平均气温日较差（℃）	7.0～12.1	最湿月降水量（mm）	98.0～349.0
等温性（%）	24.0～35.0	最干月降水量（mm）	3.0～47.0
气温季节性变动（标准差）	5.3～13.0	降水量季节性变化（变异系数 %）	60.0～127.0
最热月最高温度（℃）	25.9～34.1	最湿季度降水量（mm）	267.0～927.0
最冷月最低温度（℃）	-19.1～10.5	最干季度降水量（mm）	12.0～151.0
气温年较差（℃）	21.5～48.3	最热季度降水量（mm）	247.0～855.0
最湿季度平均温度（℃）	19.4～28.4	最冷季度降水量（mm）	12.0～196.0
最干季度平均温度（℃）	-10.6～16.6	年均日照（W/m^2）	130.3～157.1
最热季度平均温度（℃）	20.9～28.9	年均相对湿度（%）	55.9～75.6
最冷季度平均温度（℃）	-10.6～15.0		

（二）无公害地黄产地标准

无公害地黄生产的产地环境应符合国家《中药材生产质量管理规范》；NY/T 2798.3-2015 无公害农产品生产质量安全控制技术规范；大气环境无污染的地区，空气环境质量达 GB 3095 规定的二类区以上标准；水源为雨水、地下水和地表水，水质达到 GB 5084 规定的标准；土壤不能使用沉积淤泥污染的土壤，土壤农残和重金属含量按 GB 15618 规定的二级标准执行。

无公害地黄生产选择在生态环境条件良好的地区，产地区域和灌溉上游无或不直接受工业“三废”、城镇生活、医疗废弃物等污染，避开公路主干线、土壤重金属含量高的地区，不能选择冶炼工业（工厂）下风向 3 km 内。

二、优良品种

（一）优良种源选择

针对地黄生产情况，选择适宜当地的抗病、优质、高产、商品性好的优良品种，尤其是对病虫害有较强抵抗能力的品种。选育优质高产抗病虫的新品种是无公害地黄生产的一个首要措施，当前地黄品种的选育方法以传统选育为主，该选育方法利用外在表型结合经济性状通过多代纯化筛选，实现增产或高抗的目的，然而该方法选育周期长，效率低。采用现代生物分子技术选育优质高产抗病虫的地黄新品种，可以有效地缩短选育时间，加快选育的效率，进而保障无公害地黄生产。

优良品种是地黄高产、抗逆，减少病虫害从而达到无公害标准的有力保障。目前已经通过系统选育、杂交育种、组织培养技术和航天育种等方法选育出了一些优良品种，如温 85-5，北京 3 号、沁怀、金九等品种（表 2-15-2）。依据产地环境现状，选择已有新品种或开展新品种选育进行种苗繁育。

表 2-15-2　地黄产区的主要栽培品种及种质特点

品种	种质特点
金九（03-2、小黑叶、小黑缨）	抗寒性好，中抗轮纹病，高抗斑枯病，耐水渍，产量高。具有出苗早、苗齐、品质优、产量高且综合抗性突出等优点，适宜在焦作市及生态环境相似地区推广种植。该品种叶片较其他品种小而黑，芽眼较稀，掰开种栽从中间可以看到明显的红点，即中心红线。块根外形近纺锤形，两头较尖。地下部根块一般为 3～5 个，芦头嘴短，块根整体均匀、集中。由温县农科所 2003 年以“金状元”为母本，“温 9302”为父本，通过人工杂交选育而成
金状元	商品性好。单株块根少而大，二等以上货比例较高
北京 1 号	抗病性强、耐渍害、产量稳定、种栽出苗率高、块根数多、块根膨大早、适应性强、容易管理。地下芦头短而细，一般长 15 cm 左右。株结块根 4～5 个，块根多而小。适用于果脯生产
北京 3 号	“北京 3 号”是从“北京 1 号”中提纯出的品种，较“北京 1 号”块根数少、块根大、株型大、叶片数多
温 9302	高产、抗病、适应性广。单株结块 2～3 个，块大
温 85-5	抗病性强，产量高，不耐渍。单株结块 2～3 个，块大
沁怀 1 号（青研 1 号）	其植株较大，叶片较少，排列松散，叶表面茸毛较多，叶色浓绿，抗性较强（抗虫、抗病、抗涝），地下块根 1～2 个，呈链子球状，有时断面髓中空。其缺点为产量较“北京”系列，“温 85-5”低，块根少

（二）地黄良种繁育

1. 良种的选择

选择品种特征典型、无病害、块根大的单株，倒栽，作为第二年的种栽。采用二级育苗方法，建立留种田。

2. 种苗繁育

种苗的繁育是选用无病健壮的地黄块根，去头斩尾，取其中段，然后，截成 3～6 cm 长的小段作种栽，每段要有 2～3 个芽眼。栽种前用 50% 多菌灵 800 倍液或 70% 甲基托布津 1000 倍液浸种 15～20 分钟，捞出晾干或用生石灰粉处理断面晾干后即可栽种。切忌阳光暴晒，否则影响种栽的质量。有条件的可以选择通过组织培养获得无毒种苗。

3. 种子种苗质量标准

地黄优质种苗质量应符合地黄种苗质量标准二级以上指标要求。

一级种栽：品种优良，直径大于 1.5 cm，粗细均匀，重量大于 5 g，芽眼致密但不超 10 个，外皮完整，无破损，无病斑、黑头。

二级种栽：品种优良，直径 1.0～1.5 cm，粗细均匀，重量 3～5 g，芽眼致密但不超 10 个，外皮完整，无破损，无病斑、黑头。

三级种栽：品种优良，直径 0.5～1.0 cm，粗细不均匀，重量 1～3 g，芽眼较稀疏不超 10 个，外皮完整，无破损，无病斑、黑头。

三、田间管理

（一）综合田间管理措施

1. 整地

地黄适宜种植在疏松肥沃的砂质壤土和两合土中，地黄的生长对土壤的要求比较高，黏性大的黄壤土、红壤土等不适合种植。选择地势高燥，排水良好，土壤肥沃，10 年内未种植过地黄的砂质壤土的地块，前茬作物以小麦、玉米等禾本科作物为宜，忌前茬为棉花、油菜、豆类、花生等农作物，这些作物容易引发红蜘蛛、线虫等病虫害。种栽田不宜与高粱、玉米、瓜类田相邻。

选好的地块在作物收获之后施入基肥，深耕 25～30 cm，让土壤越冬风化，以提高肥效，进而减少病害和虫害。第二年春天天气转暖之后，要精细耙磨，做成高垄或高畦栽种。高畦一般宽为 130～180 cm，不宜太宽和太长，否则不利于浇灌和排水，容易积水，进而会造成块根的腐烂，导致病虫害严重。起垄种植一般两垄相隔 40～60 cm，垄沟深 30 cm 左右，四周开挖排水沟，以利雨季排水。

2. 适时播种

（1）母种准备　每年 8 月初在地黄种植大田中，选择生长健壮、品种纯正的植株，刨取尚未完全膨大的块根，挑选无病斑、虫眼的块根，折成 3～6 cm 左右长的小段，保证每段具有 2～3 个芽眼。

（2）倒栽　一般在立秋时进行，在做好的垄面上按行距 15 cm，株距 15 cm 开 5 cm 深的穴，将准备好的母种植入穴内，覆土，镇压，耧平即可。

（3）育苗促芽　3 月初建苗床，对苗床土进行消毒；将地黄种栽用 ABT 生根粉 50～100 mg/kg 浸泡 30 分钟，捞出晾干，按间距 1～2 cm 摆放，覆上 2 cm 厚的消毒细土，覆盖塑料薄膜；苗高 7～8 cm，具 8～12 片叶，即可作栽子栽培。苗床保留 15 天，作补苗用。

（4）早春种植　一般在 3 月 20 日至 4 月 20 日之间地温稳定在 10℃以上时种植。在育苗田选择健壮、无病虫害的地黄种栽，在做好的垄面或畦面按行距 30～33 cm、株距 30～33 cm 开穴，穴深 3～5 cm，将处理好的种栽平铺于穴内，覆土，踏实，用耙子将垄面耧平即可。

（5）薄膜覆盖　种栽种植后采用薄膜覆盖，有利于地黄的生长，可提高产量。覆膜后应经常查看出苗情况，及时开口放苗。5 月份以后气温升高，可以将薄膜揭去，按正常情况进行管理。

3. 查苗补苗

地黄出苗不全是地黄生产中经常遇到的情况，结合中耕除草或摘除分蘖等农田活动将密栽区的幼苗带根栽入缺苗处，并浇适量水。补苗宜早不宜晚，最好在阴雨天进行，以提高补苗的成活率，补苗也是地黄丰产的有力措施之一。

4. 中耕除草

地黄播种后 20～30 天即可出苗，出苗后田间若有杂草可进行拔草或锄草；当齐苗后进行一次中耕除草，注意锄草应浅锄以免伤及幼根，造成死苗的现象。地黄进入丛叶繁茂期封垄前，再行一次中耕锄草。

5. 灌水与排水

出苗前一般不浇水。地黄怕涝，应注意排水。干旱是否浇水，需观察地黄在土壤干旱情况下的生长状态。其原则为地黄在白天太阳强烈的照射下，叶片会萎蔫，第二天早晨叶片仍能直立起来，可以坚持不浇水；早晨叶片仍不能直立起来，可考虑适当浇水。

6. 摘除分蘖与花蕾

地黄出苗后1个月左右，地下块根其余的芽眼也会长出2～3个芽，这些芽发育较晚，必须摘去，每株只留1个壮苗。地黄出苗不久，部分植株会出现抽茎开花的情况，应及时摘除花茎、花蕾，以防结籽消耗养分，而利于块根生长。

（二）合理施肥

地黄施肥应坚持以基肥为主、追肥为辅和有机肥为主、化肥为辅的原则。未经国家或省级农业部门登记的化肥或生物肥料禁止使用；使用肥料的原则和要求、允许使用和禁止使用肥料的种类等按 DB 13/T 454 执行。采收前不能施用各种肥料，防止化肥和微生物污染。

底肥：一般于翌年春季每亩均匀施入腐熟农家肥 2000～5000 kg、饼肥 100～150 kg、复合肥 40～50 kg 或过磷酸钙 25～100 kg、尿素 40～60 kg、硫酸钾 30～60 kg 作基肥。

追肥：在地黄丛叶直径 15 cm 时可进行第一次根际追肥，以追施氮肥为主，每亩追施 30～50 kg。此次追肥不宜过早，过早由于根系发育不全，没有吸肥能力，效果不佳。同时可进行叶面追肥，即叶面喷施 0.05%～0.1% 的尿素水溶液，每周 1 次，可连续喷施 3～5 次。若叶面缺绿时，可喷施硫酸亚铁水溶液。第二次根际追肥在丛叶直径 30 cm 左右时，每亩可施过磷酸钙 25～40 kg，尿素 5～10 kg，硫酸钾 10～20 kg，以促进地黄块根生长的伸展膨大，同时增加地黄的抗病性。

四、病虫害综合防治

（一）农业防治

农业防治主要通过加强栽培管理进行病虫害防治，具有安全、有效、无污染等特点。常采用的农业栽培管理措施有轮作、冻土、选地、选种、种子种苗处理、清园、休闲、合理施肥与密植等，同时加强田间管理以对病害进行绿色防治。通过选地、选种、清园、增施磷钾肥、加强田间管理、降低田间湿度可预防地黄斑枯病和轮纹病等病害的发生。

（二）物理防治

物理防治技术可有效地防治作物病虫害，避免作物和环境污染。根据病害对物理因素的反应规律，利用物理因子达到无污染的防治病虫害。例如冬季翻地冻土杀灭虫卵；使用诱虫灯、杀虫灯等诱捕、诱杀害虫；使用黄板或白板诱杀害虫；利用糖醋液诱捕、诱杀夜蛾科害虫；使用防虫网防虫；铺挂银灰膜驱赶蚜虫等。

（三）生物防治

利用生物天敌、杀虫微生物、农用抗生素及其他生防制剂等方法对病虫害进行生物防治，可以减少化学农药的污染和残毒。生物防治方法主要包括：以菌控病（包括抗生素）即以枯草芽孢杆菌、农抗 120、多抗霉素、四霉素、井冈霉素及新植霉素等防治病害；以虫治虫是利用瓢虫、草蛉等捕食性天敌或赤眼蜂等寄生性天敌防治害虫；以菌治虫是利用苏云金杆菌等细菌，白僵菌、绿僵菌、蚜虫霉等真菌，阿维菌素、浏阳霉素等防治害虫。另外，亦可利用植物源农药如印楝素、藜芦碱、苦参碱、苦皮藤、烟碱等防治病虫害。

（四）化学防治

当生物农药和其他植保措施不能满足有害生物防治需要时，可针对病虫害种类科学合理应用化学防治技术，采用高效、低毒、低残留的农药，对症适时施药，降低用药次数，选择关键时期进行防治。化学药剂可单用、混用，并注意交替使用，以减少病虫抗药性的产生，同时注意施药的安全间隔期。在无公害地黄种植过程中禁用高毒、高残留农药及其混配剂（包括拌种及杀地下害虫等），可用于地黄的农药相应准则参照 NY/T 393《绿色食品 农药使用准则》、GB 12475《农药贮运、销售和使用的防毒规程》、NY/T 1667（所有部分）农药登记管理术语。

无公害中药材病虫害防治按照“预防为主，综合防治”的植保方针，以改善生态环境，加强栽培管理为基础，优先选用农业措施、生物防治和物理防治的方法，最大限度地减少化学农药的用量，以减少污染和残留（表 2-15-3）。

表 2-15-3 无公害地黄种植中病虫害综合防治方法

病害种类	危害部位	防治方法	
		化学药剂	综合方法
灰霉病	茎及叶片	嘧霉胺、多菌灵、腐霉利、异菌脲	注意排水，透光均匀，采收及时消毒，销毁病株，生物菌肥调控
枯萎病	先叶片后蔓延全株	代森锰锌、甲霜灵、多菌灵、碱式硫酸铜、菌毒清、福美双	土壤消毒，及时排水，生物菌肥调控，农抗 120 抗菌素防治
斑枯病	叶片	代森锰锌、多菌灵、波尔多液、代森锌、烯唑醇、甲基硫菌灵	清园，合理施肥，避免过湿，抗菌素多抗霉素防治
轮纹病	叶片	多菌灵、甲基硫菌灵、三唑醇	选用良种，轮作，合理施肥，雨季及时排水
叶斑病	叶片	代森锰锌、多菌灵、甲基硫菌灵	清园，加强管理，控旺，雨季及时排水，初期摘除病叶

续表

病害种类	危害部位	防治方法	
		化学药剂	综合方法
病毒病	叶片	病毒比克、菌克毒克、病毒立清、施特灵	选用良种，防治蚜虫、飞虱类
炭疽病	各部位	波尔多液、代森锰锌、甲基硫菌灵	种子种苗消毒，及时排水，清理杂草病株，农用抗生素、四霉素防治
线虫病	根及块根	阿维菌素	土壤消毒，选良种，种苗消毒
霜霉病	叶片、茎	甲霜灵、代森锰锌、甲基硫菌灵、多菌灵	选抗病品种，种苗消毒，土壤消毒，轮作，加强通风，合理施肥，清园
根腐病	根、块根	恶霉灵、福美双、代森锌、甲基硫菌灵	土壤消毒，排水及通风，病株挖出病穴消毒，酵素、枯草芽孢杆菌调控
蚜虫、蓟马、白粉虱	叶片、嫩梢、花蕾	吡虫啉、抗蚜威、噻虫嗪、吡蚜酮	清园，引入天敌，加强田间管理、生物农药防治
红蜘蛛	叶片	噻螨酮、乙螨唑、噻虫嗪、炔螨特	清园，引入天敌，加强田间管理，生物农药防治
夜蛾类、蝶类幼虫	叶片	阿维菌素、高效氯氟氰菊酯	清园，土壤消毒，诱虫灯诱杀成虫，苏云金杆菌、白僵菌生物防治
豆芫菁	叶片	高效氯氟氰菊酯	土壤消毒，翻地冻土，人工捕杀
金针虫、蛴螬、地老虎等地下害虫	根、块根、嫩茎	阿维菌素、高效氯氟氰菊酯	土壤消毒，苏云金杆菌生物防治，毒饵诱杀幼虫，诱虫灯诱杀成虫
蝼蛄	种子、嫩茎、块根	阿维菌素、高效氯氟氰菊酯	土壤消毒，毒饵诱杀，诱虫灯诱杀，人工捕杀

五、质量标准

无公害地黄是指农药、重金属及有害元素等多种对人体有毒物质的残留量均在限定的范围以内的地黄。无公害地黄质量包括药材材料的真伪、农药残留、重金属及有害元素限量、总灰分、浸出物和含量等质量指标。

地黄药材中的杂质、水分、总灰分、浸出物、含量等质量指标参照《中华人民共和国药典》2015年版的检测方法及规定。其中生地黄水溶性浸出物含量照水溶性浸出物测定法（通则2201）项下的冷浸法测定，水溶性浸出物不得少于65.0%；梓醇含量照高效液相色谱法（通则0512）测定，生地黄按干燥品计算，含梓醇（$C_{15}H_{22}O_{10}$）不得少于0.20%；毛蕊花糖苷含量照高效液相色谱法（通则0512）测定，生地黄按干燥品计算，含毛蕊花糖苷（$C_{29}H_{36}O_{15}$）不得少于0.020%。

无公害地黄农药残留和重金属及有害元素限量应达到《中华人民共和国药典》、美国、欧盟、日本及韩国对地黄的相关标准以及ISO18664-2015《Traditional Chinese Medicine-Determination of heavy metals in herbal medicines used in Traditional Chinese Medicine》、GB 2762-2016《食品安全国家标准 食品中污染限量》、GB 2763-2016《食品安全国家标准 食品中农药最大残留限量》等现行标准规定。

参考文献

[1] 陈士林，黄林芳，陈君，等. 无公害中药材生产关键技术研究 [J]. 世界科学技术：中医药现代化，2011，13（3）：436-444.

[2] 黄林芳，陈士林. 无公害中药材生产 HACCP 质量控制模式研究 [J]. 中草药，2011，42（7）：1249-1254.

[3] 刘曼玉，张义珠，杨静，等. 怀地黄种质资源保护现状与可持续发展对策 [J]. 河南农业，2017，28：14-15.

[4] 张广明，胡丽杰，刘向雨. 地黄栽培管理及加工方法 [J]. 现代农村科技，2017，11：14-15.

[5] 聂铭. 不同连作年限地黄生长生理特性及其根区土壤化感物质研究 [D]. 郑州：河南农业大学，2017.

[6] 杜真辉，董诚明，朱畇昊，等. 土壤含水量对地黄产量及质量的影响 [J]. 世界科学技术 - 中医药现代化，2016，7：1195-1198.

[7] 李明杰，冯法节，张宝，等. 多元组学背景下地黄连作障碍形成的分子机制研究进展 [J]. 中国中药杂志，2017，3：413-419.

[8] 高普珠，张小娟，晋小军，等. 甘肃种植地黄品种筛选及施肥对产量品质的影响 [J]. 中国现代中药，2015，12：1302-1304.

[9] 温学森，杨世林，魏建和，等. 地黄栽培历史及其品种考证 [J]. 中草药，2002，33（10）：946-949.

[10] 沈玉聪，张红瑞，孟肖，等. 栽培技术对地黄药材质量及显微结构的影响研究概况 [J]. 现代中药研究与实践. 2015，5：84-86.

[11] 解晓红，解红，李江辉，等. 地黄脱毒试管苗大田直接移栽技术研究 [J]. 中药材，2014，2：231-233.

[12] 李洋. 水分对地黄产量及品质的影响 [D]. 郑州：河南中医学院，2015.

[13] 刘世海，张雷，李胜克. 地黄覆膜垄作高产栽培技术 [J]. 甘肃农业科技，2015，4：87-89. .

[14] 姚锋，董诚明，柴茂，等. 怀地黄种栽质量分级标准研究 [J]. 河南农业科学，2014，6：120-122+12.

[15] 刘金花，张春凤，张永清. 地黄栽培研究 [J]. 现代中药研究与实践，2006，6：3-7.

[16] 张重义，李明杰，陈新建，等. 地黄连作障碍机制的研究进展与消减策略 [J]. 中国现代中药，2013，15（1）：38-44.

[17] 孟滕，孙文鹏，张术丽，等. 栽培基质对地黄农艺性状的影响 [J]. 贵州农业科学，2014，8：83-85.

[18] 陈士林，李西文，孙成忠，等. 中国药材产地生态适宜性区划 [M]. 第二版. 北京：科学出版社，2017.

[19] 么厉，程惠珍，杨智，等. 中药材规范化种植（养殖）技术指南 [M]. 北京：中国农业出版社，2006.

[20] 程惠珍，高微微，陈君，等. 中药材病虫害防治技术平台体系建立 [J]. 世界科学技术（中医药现代化），2005，7（6）：109-114.

[21] 孟林，夏伟. 不同品种怀地黄质量比较 [J]. 中医学报，2015，30（10）：1464-1466.

[22] 李建军，任美玲，王君，等. 怀地黄新品种选育研究 [J]. 中药材，2016，39（7）：1452-1456.

（王旭，李西文，孟祥霄，何学良，高致明）

16　西洋参

引言

西洋参是一种名贵中药材，简称洋参，别名花旗参、美国西洋参。《中华人民共和国药典》2015 年版一部收载的西洋参来源于五加科植物 *Panax quinquefolium* L. 的干燥根。西洋参性凉、微苦，味甘，归心肺、肾经，具有补气养阴，清热生津等功效；用于气虚阴亏，内热，咳喘痰血，虚热烦倦，消渴，口燥咽干等症。西洋参原产于北美洲加拿大的蒙特利尔、魁北克、多伦多和美国的芝加哥、密苏里州、纽约州和威斯康星州等地，适宜生长在针阔混交林下，荫蔽潮湿的环境中，土壤以森林灰棕壤为主。由于药用价值极高，国际范围内的西洋参需求量逐年增加，野生西洋参资源迅速枯竭，导致人工栽培成为西洋参的主要生产方式。中国是西洋参消费大国，自 1975 年我国引种西洋参获得成功后，西洋参在我国的种植产区逐渐推广到吉林、辽宁、山东、黑龙江、北京、陕西等地，而且产量较大。

目前，西洋参生产仍大多沿用传统技术与经验，种植方式粗放，种植技术混乱、还存在滥用化肥农药等现象，不仅造成了药材农残及重金属含量超标严重等问题，还导致西洋参药效下降，开展无公害种植是解决上述问题的关键。为生产优质西洋参药材，建立科学合理的西洋参无公害栽培技术规范，本文在前期工作基础上，通过 GMPGIS-Ⅱ对西洋参种植基地进行了科学选址，并进行了优良品种选育、土壤复合改良、田间精细栽培管理、合理施肥及病虫害综合防治等技术研究，建立了西洋参无公害栽培技术规范，本文可为高品质西洋参药材生产提供参考。

一、产地环境

无公害西洋参产地环境应符合国家《中药材生产质量管理规范（试行）》2002、NY/T 2798.3-2015 无公害农产品生产质量安全控制技术规范、GB 15618-2008 土壤环境质量标准、GB 5084-2005 农田灌溉水质标准、GB 3095-2012 环境空气质量标准、GB 3838-2002 国家地面水环境质量标准等对栽培用地环境的要求。

（一）生态因子阈值范围

根据西洋参生物学特性，利用“药用植物全球产地生态适宜性区划信息系统”（GMPGIS-Ⅱ）进行栽培选地。经分析得到适宜西洋参生长的生态因子阈值范围（表 2-16-1）。其中适宜西洋参种植的土壤类型主要为黑钙土、灰化土、强淋溶土、低活性淋溶土、钙积土、白浆土等。

表 2-16-1 西洋参主产区气候因子阈值（GMPGIS-Ⅱ）

生态因子	生态因子值范围	生态因子	生态因子值范围
年均温度（℃）	-0.35～19.44	年均降水量（mm）	529.00～1991.00
平均气温日较差（℃）	6.23～14.66	最湿月降水量（mm）	18.67～63.74
等温性（%）	0.21～0.46	最干月降水量（mm）	0.69～34.32
气温季节性变动（标准差）	0.02～0.05	降水量季节性变化（变异系数%）	0.06～1.29
最热月最高温度（℃）	22.96～35.20	最湿季度降水量（mm）	225.16～655.81
最冷月最低温度（℃）	-30.54～3.83	最干季度降水量（mm）	10.09～465.99
气温年较差（℃）	29.08～55.20	最热季度降水量（mm）	210.62～646.72
最湿季度平均温度（℃）	-1.12～26.73	最冷季度降水量（mm）	10.09～509.57
最干季度平均温度（℃）	-19.90～26.00	年均日照（W/m^2）	54.31～73.81
最暖季度平均温度（℃）	14.99～26.77	年均相对湿度（%）	121.11～163.17
最冷季度平均温度（℃）	-20.37～11.51		

（二）潜在生态适宜产区

依据美国、加拿大、中国等西洋参种植产区分布样点，通过 GMPGIS-Ⅱ得到西洋参在世界范围内的最大生态相似度区域（生态相似度 99.9%～100% 区域），该适宜区域包括北美洲中东部地区及亚洲东部地区。其中西洋参最大生态相似度区域包括美国、加拿大、中国、俄罗斯、朝鲜、韩国等国。

西洋参在国内的生态适宜产区主要包括黑龙江、云南、山东、吉林、北京、四川、安徽等地。其中西洋参最适宜产区为吉林、黑龙江及山东省。黑龙江省包括密山、林口、穆棱、宁安、东宁等县（市），吉林省包括抚松、靖宇、集安、辉南、蛟河、桦甸、汪清、永吉等县（市），山东省主要包括文登、乳山、荣成、龙口、长岛、栖霞、蓬莱、招远等地区。

（三）种植基地环境及土质要求

西洋参为典型喜阴植物，怕强光，喜湿、耐湿、怕旱、怕寒。整个生长期养分需求量较大。无公害西洋参种植基地应选择在生态环境条件良好的地区，产地区域上游无或不直接受工业“三废”、城镇生活、医疗废弃物等污染，避开公路主干线、土壤重金属含量高的地区。不能选择冶炼工业（工厂）下风向 3 km 内的区域。山区种植适宜选择在腐殖质含量高、排水良好、气候凉爽的产区；农田栽培多选择在湿润，土质疏松、富含有机质、排水良好的砂质壤土或壤土地区。

二、优良品种

（一）优良品种选育

针对西洋参生产过程中病虫害日益严重等问题，适宜选择抗病、优质、商品性好的种质进行选育，尤其是对病虫害有较强抵抗能力的品种。优良抗逆新品种是减少化学农药施用量，降低病虫害发生率的有利保障。目前，国内外已经开展西洋参抗逆新品种的选育研究，新培育的抗逆新品种有“中农洋参一号”“三抗1号”等（表2-16-2）。但相关品种还是较少，今后应加大西洋参抗逆新品种的选育力度。

表2-16-2　西洋参主要栽培品种类型及特性

授权名称	育种单位	主要特点	抗性	用途
中农洋参一号	吉林农业大学	我国第一个选育品种，产量高、适应性好	适宜性好，种植性能稳定	适宜农田种植，药用、食用
三抗1号	文登市西洋参协会	抗光性好、产量高	抗光性比原栽培品种提高30%	光照较强地区种植，药用、食用

（二）优良种子种苗生产

西洋参主要以种子进行繁殖，包括直播和移栽两种种植模式。直播应选取粒大饱满的种子，剔除病籽、虫籽、瘪籽等劣质种子，种子质量应符合西洋参种子一级及二级指标要求。选出的种子可通过包衣、消毒、催芽等措施处理，种子消毒方法包括干热消毒、杀菌剂拌种，菌液浸种等。

育苗土壤应疏松、通气、保水、透水、保温，具有良好的物理特性；营养成分均衡，酸碱度适宜，具有良好的化学特性；生态性良好，无病菌、虫卵及杂草种子等。同时应加强苗期管理，通过促根和炼苗等技术，促使苗壮，防止徒长，增强对低温、弱光的适应性，提高抗逆能力。育苗期内要控制好温湿度，精心管理，使秧苗达到壮苗标准。定植前对秧苗进行严格筛选，可减轻或推迟病害发生。

三、田间管理

（一）整地

春季进行机械耕翻，深度30～40 cm，旋耕时清理出田地中的石头等杂物，确保地块内无杂物，雨季过后需要进行土壤晾晒，防止土壤出现板结等问题出现，通常每隔10天翻耕一次土壤。9月份可以进行机械起垄，起垄时可根据地势确定床面走向。

（二）土壤消毒

西洋参种植基地土壤消毒主要以化学农药消毒为主，紫外线和生防菌剂消毒为辅。土壤消毒适宜在绿肥回田后进行，当气温稳定在10℃以上，土壤相对湿度为30%～60%时开展化学药剂消毒。生产过程中常用的土壤消毒剂主要有棉隆、威百亩、氰氨化钙、1,3-二氯丙烯、多菌灵等。土壤消毒完成后需要立即进行透气，放置数日，排空土壤中残留的有毒有害气体后进行播种及移栽。

（三）土壤改良

西洋参土壤改良可采用绿肥种植、有机肥及菌肥施入的方式进行。根据种植基地土壤营养成分状况，在绿肥改良时期，可种植紫苏、大豆、玉米等作物，夏季高温时期将生长中的绿肥打碎施入农田，促进其快速腐烂，在后期土壤翻耕过程中可根据土壤理化状况增施一定量有机肥及微生物菌剂，调节土壤物理结构及营养成分。土壤改良中肥料添加以有机肥为主，少量搭配化肥和微量元素肥料，使改良后的土壤疏松肥沃、农残及重金属含量较低，达到《无公害农产品产地环境评价准则》要求。

（四）种子种苗繁育

1. 播种

当年采收的种子，需要立即进行催芽处理，于翌年1月下旬完成形态后熟，4℃恒温环境内完成生理后熟后即可播种。隔年种子于5月初进行催芽，9月中旬种子裂口，10月中旬种子完成形态后熟后即可在当年秋天播种。

播种分为春播和秋播两种。东北西洋参产区春播可在4月中下旬进行，秋播在10月中下旬进行，其他产区需根据当地气候条件，在西洋参出苗前15～30天内选择适宜的播种期。播种可采用撒播或播种机进行播种，四年直播参采用6 cm×6 cm的播种方式，育苗移栽可采用3 cm×3 cm播种的方式。播后覆土，厚度以5 cm为宜。

2. 移栽

选择芽孢发育健全，须根数目多，无破损、无病疤的1年生西洋参进行移栽。参苗可分为一等和二等两个等级。东北地区春季可在4月中旬前后进行移栽，秋季可在10月中旬进行移栽，其他产区根据当地气候选择合理移栽时期。移栽可采用参栽与畦面成30°～45°的斜栽种植模式。一等参株，行距10 cm×20 cm；二等参株，行距7 cm×20 cm。土壤覆盖厚度为5 cm，用木耙耧平畦面后覆盖稻草防旱保墒。

（五）合理施肥

追肥是实现西洋参高产的重要物质基础，适时适量追施氮、磷、钾化肥又是农业生产中最通用且简便易行的施肥技术。氮、磷、钾配合施用，综合效果最好，但追施化肥不宜过大。在西洋参实际生产过程中，可以适当补充一部分有机肥，同时增施一部分化肥，不易挥发的肥料宜适当浅施，易挥发的肥料宜适当深施。

（六）田间管理

1. 调节光照

西洋参整个生育期可以采取4次调光。春季根据物候期变化可以及时进行薄膜和尼龙网覆盖，若气候干旱，可接一场春雨后再上膜；进入6月份，一到二年生西洋参进行适当遮阴，三至四年生西洋参进行半遮阴；夏季如遇到高温及强光照气候，可以在各年生西洋参参膜上涂抹调光液（黏合剂：黄泥水=1：10），如遇雨天需补涂；立秋后逐渐撤除，确保透光率控制在20%～25%。

2. 水分管理

缓坡偏旱地块可以做低畦，畦土下凹5～10 cm；易干旱的地块，在春季积雪融化前将作业道上的积雪覆盖在畦面上；春季结合撤除防寒物，加宽畦帮，包畦头，疏松作业道土；生育期间在畦面覆盖2 cm左右厚的稻草或落叶。

春季直播地出苗前，可以接春雨后再上膜。其他年生的干旱地块，春季可揭膜放雨，放雨量以接近湿土为准。四年生作货地，立秋后应适时、适量揭膜放雨。土壤干旱，其他方法不能满足西洋参生长需要的水分时，需进行人工或机械灌水。

3. 出苗前及枯萎后管理

4月初将排水沟和杂物清除，并将堵塞处疏通好；检查田间，把倒塌和不结实的参棚以及折断和松动的拱条加固修好；4月上旬撤除防寒膜，4月中旬撤除防寒叶或稻草；4月下旬用木耙将防寒土层去掉。10月中旬清理田间残株落叶和杂草；10月下旬参地外围要挖宽50 cm，深40～50 cm的排水沟。作业道内的水沟要结合上防寒土（10月中下旬）同时进行；冬季不撤棚的参畦，雪后及时撤雪；坡地春季准备播种的土垄，在10月末将土垄摊开。

4. 生育期管理

松土结合除草进行，一年松土3～4次。第一次深松，以后逐次浅松。除草做到全年畦面、畦帮、作业道无杂草。6月上旬结合松土除草进行扶苗培土，将伸向参畦外侧的参株从茎基内侧扒开土层，形成内空外松土坑，将参株轻轻推向立柱以内进行培土，内斜30°左右。

5. 越冬防寒

10月中旬将一到二年生的参膜揭下来，用其作为防寒膜，三年生参膜撤到参棚脊梁上。一年生上防寒土10 cm，然后铺叶5 cm，在迎风口、边畦、畦头等地适当加厚，最后覆膜；2年生人参上防寒土10 cm，在迎风口、边畦、畦头等地再覆叶3 cm，其余地方不用铺叶，只上防寒膜即可；3年生上防寒土10 cm，在迎风口、边畦、畦头等地加上防寒膜。

6. 摘除花蕾

3年生以上的非留种植株，当花薹抽出1～2 cm时，应及时进行摘蕾。

7. 追肥

一至二年生西洋参不需要追肥，三到四年生西洋参进行追肥，追肥以有机肥为主，采取控制氮肥，增施磷、钾肥的施肥措施，应叶面喷施和根部追施相结合。出苗前追施复合肥50～100 g/m^2、充分腐熟的饼肥50 g/m^2。开花前以施用氮、磷肥为主，开花后以施用磷、钾肥为主。

四、病虫害综合防治

发展无公害西洋参生产，本着经济、安全、有效、简便的原则，优化协调运用农业、生物、化学和物理的配套措施，达到优质、低耗、无害的目的。无公害西洋参生产应参照 NY/T 393 绿色食品 农药使用准则、GB 12475 农药贮运、销售和使用的防毒规程、NY/T 1667（所有部分）农药登记管理术语。

（一）农业防治

为降低无公害西洋参种植过程中的病虫害发生率，生产过程中可采取多次翻耕、晾晒、中耕、松土、除草等措施，有效防止田间病、虫、草害，消灭病、虫寄主，有助于降低虫害发生。另外，合理配置株行距，优化群体结构，让西洋参植株之间能够维持良好的透光状态，特别是植株下部的光照条件，可有效提高植株抗性，消除西洋参发病的局部小气候条件。

（二）物理防治

利用物理方法防治西洋参病虫害，可以极大限度的减少化学农药的使用量。生产过程中可通过太阳照射覆膜技术，有效提高土层温度，通过高温杀死土壤中的病原和虫源，进而抑制西洋参病虫害发生。通过黑光灯、高压汞灯、双波灯、频震式杀虫灯等也可以有效诱杀西洋参常见害虫，如金针虫、地老虎等。利用害虫的趋避性，通过悬挂黄板、蓝板等设施也可以有效防治病虫害。另外，使用防虫网防虫、黄板或白板诱杀害虫等均可有效防治西洋参虫害等（表 2-16-3）。

表 2-16-3　西洋参病害种类及无公害物理防治方法

种类	防治对象	使用方法
立枯病	幼苗茎基部	及时检查并拔除中心病株；加强田间管理，提高整地做畦质量，出苗后勤松土
疫病	叶片、叶柄	雨季前做好田间排水，严禁参棚漏雨、保持畦内通风良好；加强田间管理，及时处理病残株
黑斑病	叶、茎	消灭和封锁发病中心，发现病株立即拔除；加强栽培管理，及时处理病叶残株，搞好田间卫生
菌核病	3 年生以上的参根	经常疏通作业道，挖排水沟，松土降温；加强田间检疫，及时发现并拔除病株
锈腐病	地下根茎、芽孢和参根	使用隔年土，减少病原菌含量，降低锈腐病的危害程度；消除病株，发现病株要及时拔除深埋或烧毁
白粉病	果实、果柄、叶	加强田间管理
蝼蛄	植株	使用隔年土，当年用土必须在伏前耕翻或刨起；使用有机肥必须充分腐熟，倒细过筛，消灭虫卵、蛹和幼虫
蛴螬	参根、嫩茎、叶片	深翻整地、灯光诱捕成虫，狼毒植株撒施

续表

种类	防治对象	使用方法
地老虎	参根、嫩茎	翻耕晾晒、清除杂草、采用糖、醋等诱饵诱杀
金针虫	根茎和幼茎	耕地深翻，灯光诱捕、印楝素、阿维菌素毒杀

（三）生物防治

利用生物天敌、杀虫微生物、农用抗生素及其他生防制剂等方法对西洋参病虫害进行防治，可以减少化学农药污染和残留。生物防治方法包括以菌控病，以西洋参抗病诱导剂、多抗霉素、农用链霉素及新植霉素等抗生素防治西洋参病害；以虫治虫：利用瓢虫、草蛉等捕食性天敌或赤眼蜂等寄生性天敌防治害虫；以菌治虫：利用苏云金杆菌（Bt）等细菌，白僵菌、绿僵菌、蚜虫霉等真菌，阿维菌素、浏阳霉素等抗生素防治西洋参病虫害；植物源农药：利用印楝油、苦楝、苦皮藤、烟碱等植物源农药防治多种西洋参病虫害。此外，活性菌有机肥（EM 菌剂、酵素菌等）作基肥或叶面肥也可增加土壤肥力，防治西洋参病虫害。

（四）化学防治

无公害西洋参种植过程中允许使用安全、低残留的化学农药进行病虫害防治。生产过程中，西洋参常见病虫害种类及防治方法如表 2-16-4 所示。

表 2-16-4 西洋参病害种类及无公害化学防治方法

种类	防治对象	使用方法
立枯病	幼苗的茎基部	用多菌灵以种子重量的 0.3% 进行拌种；在播种前用多菌灵 500 倍液喷施土壤；及时检查并拔除中心病株，然后用多菌灵 400 倍液喷施
疫病	叶片、叶柄	雨季开始前，每 10～15 天喷洒代森锰锌 500～800 倍液、多抗霉素 150 倍液。
黑斑病	叶、茎	发病期，喷施多抗霉素 150 倍液，代森锰锌 500～800 倍液。
菌核病	三年生以上参根	多菌灵 400～600 倍液、多抗霉素 150 倍液喷施
锈腐病	地下根茎、芽孢和参根	播种前用多菌灵 500 倍液进行喷施；发病期，用多菌灵 400～600 倍液、甲基托布津 500～600 倍液、多抗霉素 150 倍液喷施
白粉病	果实、果柄、叶	发病初期，用粉锈宁 500 倍液、2% 农抗菌 120 的 200 倍液，每隔 7～10 天喷 1 次

五、产地加工与质量标准

质量控制是无公害西洋参生产的关键环节之一。无公害西洋参质量考察指标包括皂苷含量、农药残留和重金属及有害元素限量等。其中药材有效成分含量、农药残留和重金属及有害元素限量等指标应达到国家无公害中药材相关标准规定。西洋参药材采收、加工及原料包装运输环节应严格按照无公害药材采收及加工方法进行，而且应避免二次污染。

药材杂质可以参照《中华人民共和国药典》2015 年版通则（2301）测定。西洋参药材安全含水量不得超过 13.0%，总灰分不得超过 5.0%。皂苷含量测试以《中华人民共和国药典》2015 年版（通则 0521）测试方法进行，按干燥品计算，本品含人参皂苷 Rg_1（$C_{42}H_{72}O_{14}$）、人参皂苷 Re（$C_{48}H_{82}O_{18}$）和人参皂苷 Rb_1（$C_{54}H_{92}O_{23}$）的总量不得少于 2.0%。

参考文献

[1] 崔贤. 西洋参新品种 - 文登西洋参 [J]. 农技服务，2004，(4)：27.

[2] 么厉，程惠珍，杨智，等. 中药材规范化种植（养殖）技术指南 [M]. 北京：中国农业出版社，2006：293-305.

[3] 郑爽，于明坤，石文静，等. 山东省威海文登地区西洋参种植产业概况及发展对策 [J]. 安徽农业科学，2016，44（17）：247-248，254.

[4] 于明坤，郑爽，李黎明，等. 山东威海西洋参产业发展现状与对策 [J]. 山东农业科学，2017，49（6）:148-150.

[5] 郑殿家，崔东河，田永全，等. 复式大棚栽培西洋参的研究 [J]. 人参研究，2007，(4)：29-34.

[6] 郑殿家，田永全，崔东河，等. 农田复式棚西洋参综合栽培技术研究 [J]. 人参研究，2008，(4)：22-29.

[7] 张雪松，侯顺利，高微微，等. 土壤处理对连作西洋参生长及根病发生的影响 [J]. 中国农学通报，2008，24（11）：406-409.

[8] 王文娜. 西洋参栽培管理七要点 [J]. 河北农业，2014，(6)：12-13.

[9] 王志良. 平原农区西洋参栽培技术 [J]. 安徽农学通报（下半月刊），2011，17（16）：174-183.

[10] 黄顺之，于志霞，鞠在华，等. 西洋参标准化栽培技术 [J]. 中国农技推广，2009，25（6）：26-28.

[11] 王刚，钟均超，刘俊玲，等. 生物农药 - 木霉对西洋参立枯病的防治研究 [J]. 人参研究，2003，(1)：41-42.

[12] 魏晓明，林秀渠，李英科，等. 无公害西洋参规范化栽培技术 [J]. 中国农技推广，2011，27（11）：29-31.

[13] 沈亮，徐江，孟祥霄，等. 人参属药用植物无公害种植技术探讨 [J]. 中国实验方剂学杂志，2018，24（23）：8-17.

[14] 孙春华，高景恩，黄瑞贤，等. 靖宇县西洋参病、虫、鼠害发生情况及防治现状 [J]. 人参研究，2002，14（4）：28-31.

[15] 马友德，宋明海，苏德悦，等. 测土配方施肥在西洋参种植中的应用研究 [J]. 人参研究，2018，(4)：39-41.

[16] 黎明，李方杰，刘静，等. 文登西洋参应用以及种植技术方面的研究 [J]. 特种经济动植物，2015，(9)：38-39.

（沈亮，徐江，钟均超，陈士林）

17　竹节参

引言

竹节参来源于五加科人参属植物竹节参 *Panax japonicus* C. A. Meyer. 的干燥根茎。别名竹节三七、竹节人参、白三七等。由于其兼具人参和三七的部分功效，被土家族、苗族等少数民族地区誉为“草药之王”，是我国珍稀的中药材资源。

野生竹节参主要分布于我国西南地区的云南、贵州、四川、湖北恩施等地区，20 世纪 90 年代，竹节参野生转家种的人工驯化工作，在湖北恩施栽培成功。目前，竹节参生产仍大多沿用传统的技术与经验，存在盲目引种、无序生产、农残超标、采收加工方式粗放等问题，严重影响了竹节参药材产量、质量的提升。建立及推进无公害竹节参精细栽培技术体系势在必行。本规范根据竹节参的生物学特性，概述了无公害竹节参种植基地选址、品种选育、土壤复合改良、田间精细管理、合理施肥及病虫害综合防治等措施，为竹节参无公害种植提供依据。

一、产区环境

（一）生态环境要求

无公害竹节参生产根据其生物学的特性，依据《中国药材产地生态适宜性区划（第二版）》进行产地选择。竹节参喜肥趋湿，忌强光直射，耐寒而惧高温，适宜生长于亚热带季风气候的丘陵山地。竹节参主要生长区域生态因子范围（表 2-17-1）：年平均气温 -3.46～22.30℃；最冷季均温 -10.57～15.06℃；最热季均 3.16～28.55℃；年均相对湿度 49.53%～75.49%；年均降水量 445.00～2233 mm；年均日照 118.83～157.45 W/m^2；无霜期 220 天，中性或偏酸性（pH 5.5～6.5）的土壤为适宜竹节参生长的土壤环境，以黄棕壤、黄壤和红壤为主，以潮土和腐殖土为宜。

表 2-17-1　竹节参生产区生态因子值（GMPGIS-II）

生态因子	因子范围	生态因子	因子范围
年平均温	-3.46~22.30	年均降水量（mm）	445.00~2233.0
平均气温日较差（℃）	6.57~15.82	最湿月降水量（mm）	104.0~437.0
等温性（%）	0.24~0.50	最干月降水量（mm）	2.0~114.0
气温季节性变动（标准差）	0.01~0.03	降水量季节性变化（变异系数 %）	0.17~1.04
最热月最高温度（℃）	16.4~34.3	最湿季度降水（mm）	288.40~1013.07

续表

生态因子	因子范围	生态因子	因子范围
最冷月最低温度（℃）	-18.8~9.6	最干季度降水量（mm）	4.77~417.56
气温年较差（℃）	19.66~38.64	最热季度降水量（mm）	286.44~975.68
最湿季度平均温度（℃）	3.16~28.39	最冷季度降水量（mm）	4.81~558.78
最干季度平均温度（℃）	-10.41~16.41	年均日照（W/m^2）	118.83~157.45
最热季度平均温度（℃）	3.16~28.55	年均相对湿度（%）	49.53~75.49
最冷季节平均温度（℃）	-10.57~15.06		

（二）产地标准

无公害竹节参生产基地应远离城市、公路、工业区，周围无潜在的工业污染源。其产地环境应符合国家《中药材生产质量管理规范》，NY/T 2798.3-2015 无公害农产品生产的规定；空气环境质量应符合 GB/T 3095-2012《环境空气质量标准》中一、二级标准值要求；种植地土壤必须符合 GB 15618-2008《土地环境质量标准》和 NY/T 391-2013 的一级或二级土壤质量标准要求；灌溉水的水源质量必须符合 GB 5084《农田灌水质量标准》的规定要求，同时依据国家地面水环境质量标准 GB 3838-2002 的二级和三级标准实施。

并定期对竹节参种植基地及周边环境水质、大气、土壤进行检测和安全性评价。此外，还应把握水源、肥源及肥料处理，生产、加工、贮藏地及周围场地均应保持清洁卫生。

二、优良品种

（一）优良种源选择原则

竹节参一般采用就地采籽播种方式，于 8 月中下旬在田间选择生长健壮、无病虫害、粒大、成熟早的 4 年生以上植株果实采籽，除去果皮，消毒 1～2 次。或选用“鄂竹节参 1 号”作为良种繁殖材料。

（二）竹节参良种繁育

1. 竹节参良种的选择

竹节参留种多选择 4 年生以上的健壮植株，留种植株应在 6～7 月间结合中耕除草。一般通过摘除侧花序，保留主花薹的方式，促进种子成熟和提高种子质量。

2. 制种

竹节参制种多选择 4 年生以上的健壮植株，制种田要求在相对隔离的区域，至少与其他竹节参园要间隔 500 m 以上。

3. 良种贮藏

挑选出的竹节参果实经过搓揉，洗去外果皮后得到种子，用0.3%高锰酸钾溶液或10%福尔马林溶液浸种10分钟，捞出后用清水冲洗，再用湿沙进行保存，（种子：河沙=1：4），保存期内，要经常注意防止湿沙干燥，一般以湿沙捏之成团，扔之即散为度，置放于竹制容器中，并贮藏于洁净、通风的环境。

三、田间管理

（一）综合田间农艺措施

1. 整地

选择排水良好，坡度5°～20°，地势背风的向阳地势。荒地于6～7月耕翻；熟地栽培前茬以玉米、花生、黄豆等作物为宜，于前茬收获后耕翻。犁耙多次，耙细整平作畦，畦面呈瓦背形，畦宽120 cm，高20 cm，畦间距30 cm，使土地细碎，充分风化，并通过日晒杀死土中部分病菌和虫卵，也可于耕地时在地上铺一层山草进行烧地处理。最后一次犁耙时，每亩用生石灰40～50 kg均匀的撒于地面为消毒处理。

2. 遮阴

竹节参育苗地覆盖遮阳布，要求荫蔽度65%左右，移栽地要求荫蔽度55%左右，遮阳布用扎丝与“井”字形铁丝网固定。搭设整体阴棚，但要根据地势分段搭设，并留好作业道，四周亦用遮阳布围棚。

3. 除草灌溉

竹节参早春齐苗后，应勤除杂草已保证田园清洁。全年除草4～5次，经常保持参园清洁，做到除早、除了。雨季过后，结合除草松土2～3次。

竹节参不耐高温和干旱，故高温和干旱季节需勤浇水，始终保持畦面湿润，土壤含水量应保持25%～40%，园内相对湿度达到60%～70%。雨季来临时，要疏通好排水沟，严防田间积水，并要注意降低田间的空气湿度。

4. 疏花留种

竹节参4年生植株多数抽薹开花，但极少结实，故应在出土展叶而未抽薹时摘除整个花序，以减少养分消耗。5年生以上植株的主花薹多生侧花序，而侧花序果实很难成熟，为了保证主花序种子的有效性，应当及时摘除多余的侧花序。

5. 耕作措施

选用高产抗病优质品种。翻耕土壤多次，使其细碎，充分风化，并通过日晒杀死土中部分病菌和虫卵，结合山草进行烧地处理，增加土壤肥力、杀死虫卵。适时播种，耙细整平作畦，畦面呈瓦背形，畦宽120 cm，高20 cm，畦间距30 cm，畦长视地形及栽培管理需要而定。

出苗后发现有缺苗现象时，应选择健壮的同龄竹节参苗带土移栽，移苗、补苗宜在5月中、下旬的阴天或傍晚时，栽后浇定根水，加强田间管理；并及时拔除、淘汰病株、勤除杂草，以减少侵染源并保证田园清洁。

6. 合理配置竹节参种植密度

竹节参的产量与单位面积上配置的苗数直接相关，从单株均重方面，8千株/667 m^2、12千株/667 m^2的密度适宜；从小区产量增重方面，12千株/667 m^2、16千株/667 m^2的密度适宜；从综合效益方面，8千株/667 m^2、12千株/667 m^2的密度适宜。

7. 防寒越冬

竹节参喜肥趋湿的特性造成其地下根茎横走向上生长，每年增生一节，且芽孢生于根茎顶端，因而易于露出表土。为了保证地下根茎及芽孢的正常生长和发育，每年越冬前，结合追施盖头肥，加盖一层厚5 cm的防寒土，并于来年春季出苗前10天撤除。

（二）合理施肥

栽培竹节参每年都要追肥1～2次，尽量施用无害化处理有机肥料（如堆肥、沤肥、厩肥、沼气肥、绿肥、饼肥等）及经国家有关部门审批合格的化肥、微生物肥、腐殖质类肥料、叶面肥等。竹节参追肥多用稀释的人畜粪水及磷肥、复合肥等。追施人畜粪水一般在开花期进行，每亩2000～3000 kg，花期结合松土，施过磷酸钙每亩50 kg，或复合肥每亩20 kg，以促进果实成熟或根茎生长。通过长期田间实验，已建立了无公害三七、人参种植的施肥量，竹节参无公害种植过程中的施肥量可参考三七、人参施肥标准，无公害竹节参种植过程中以有机肥为主，N、P、K肥合理配施（表2-17-2）。

表2-17-2　无公害竹节参生产肥料施用方法

施用类型	肥料种类及施用方法	施用时期	作用
基肥	施入腐熟的农家肥或稀人粪尿，一般每亩2000~3000 kg，之后可稍减	幼树定植后，每年早春	提供养分基础
追肥	稀释的人畜粪水及磷肥、复合肥等	成苗期	壮苗
追肥	人畜粪水，每亩2000~3000 kg	5~6月	壮苗保花
追肥	结合松土，施过磷酸钙每亩50 kg，或复合肥每亩20 kg	6~7月	保果壮苗
基肥	每亩施入农家肥约1000 kg或混合肥料（每株用绿肥或厩肥1~3 kg，饼肥及磷肥0.1~0.3 kg，混匀腐熟后施用	在8~11月果实采收后	复壮

注：数据来源于种植基地试验数据

四、病虫害综合防治

无公害竹节参种植生产过程中禁止使用国家禁止生产和销售的农药种类。优先选择NY/T 393绿色食品农药使用准则中AA级和A级绿色食品生产允许使用的植物和动物源、微生物源、生物化学源和矿物源农药品种。相应准则参照NY/T 393《绿色食品 农药使用准则》、GB 12475《农药贮运、销售和使用的防毒规程》、NY/T 1667（所有部分）农药登记管理术语。参照无公害三七生产主要病害防控技术规程和无公害三七生产主要虫害防控技术规程，并结合竹节参种植基地长期试验数据执行，竹节参药材中农药残留和重金属含量应符合规程要求（表2-17-3～表2-17-5）。

表 2-17-3　无公害竹节参病虫害化学防治方法

防治对象（主要病原种）	发病症状	防治方法
疫病 *Phytophthora* spp.	病叶变成暗绿色水渍状病斑，严重时叶片枯萎，根部受害，造成倒状	以发病前施药为主，施以 0.5%~2% 几丁聚糖，或 8% 霜脲、64% 锰锌配置 72% 可湿性粉剂等进行防治；发病时使用 80% 三乙膦酸铝可湿性粉剂进行防治，严重时拔除病株，并用生石灰消毒病穴
根腐病 *Fusarium* spp.	根部腐烂，苗木直立枯死	发病时及时拔掉已经死亡或濒死的苗木，并用托布津液喷雾处理病株
灰霉病 *Botrytis cinerea*	叶背病部可见灰色霉层，病叶易从叶柄处脱落，还可通过叶柄或直接侵入茎秆造成茎枯，果实受害后病部呈黑褐色湿腐状	发病时施以 70% 甲基硫菌灵可湿性粉剂，或 250 g/L 嘧菌酯悬浮剂，或 50% 异菌脲可湿性粉剂等进行防治
蛴螬 *Holotrichia oblita, Holotrichia parallela, Anomala corpulenta* 等	幼虫危害竹节参根部，把参根咬成缺刻和丝网状，幼虫也危害接近地面的嫩茎，严重时，参苗枯萎死亡。成虫危害参叶，咬成缺刻状，影响竹节参的光合作用和植株的正常生长	发病时施以 20% 高效氯氟氰菊酯乳油，或使用 29% 石硫合剂等进行防治
地老虎 *Agrotis ypsilon, Agrotis segetum, Agrotis tokionis*	幼虫取食子叶、嫩叶，造成孔洞或缺刻。成虫食植物近土面的嫩茎，使植株枯死，造成缺苗断垄	发病时施以 20% 高效氯氟氰菊酯乳油，或 1.5% 阿维菌素水乳剂，或使用 29% 石硫合剂等进行防治

注：数据来源于种植基地试验数据

表 2-17-4　无公害竹节参虫害物理防治方法

防治对象（主要病原种）	发病症状	防治方法
蛴螬 （*Holotrichia oblita; Holotrichia parallela Motschulsk; Anomala corpulenta Motschulsky* 等）	幼虫危害竹节参根部，把参根咬成缺刻和丝网状，幼虫也危害接近地面的嫩茎，严重时，参苗枯萎死亡。成虫危害参叶，咬成缺刻状，影响竹节参的光合作用和植株的正常生长	在害虫产卵期增加松土除草次数，将卵、蛹暴露在土壤表面，使卵、蛹不能孵化、羽化而死亡。人工捕杀成虫，用黑光灯诱杀成虫
地老虎 （*Agrotis ypsilon Rottemberg; Agrotis segetum Schiffemuller; Agrotis tokionis Butler*）	幼虫取食子叶、嫩叶，造成孔洞或缺刻。成虫食植物近土面的嫩茎，使植株枯死，造成缺苗断垄	在幼虫为害盛期，剪除树体虫茧，人力摘除虫叶，用黑光灯进行诱杀。将糖醋酒按 1∶2∶1 的比例混合，加水稀释后放入塑料盆中，用竹竿做成支架，放置田间诱杀害虫
蝼蛄（*Gryllotalpa orientalis Golm; Gryllotalpa unispina Saussure*）	侵咬植株成乱麻状，或在地表活动，钻成隧道，使种子、幼苗根系与土壤脱离不能萌发、生长	用鲜马粪进行诱捕，然后人工消灭；蝼蛄有趋光性，有条件的地方可设黑光灯诱杀成虫

注：数据来源于种植基地试验数据

表 2-17-5　无公害竹节参病害生物防治方法

防治对象（主要病原种）	发病症状	防治方法
疫病 *Phytophthora* spp.	病叶变成暗绿色水渍状病斑，严重时叶片枯萎，根部受害，造成倒伏	发病时采用木霉、曲霉、粘帚霉、漆斑菌、青霉等生物真菌进行防治
根腐病 *Fusarium* spp.	根部腐烂，苗木直立枯死	在发病期，用木霉菌处理土壤及种子，并施以哈茨木霉 T23（浓度 7.5 kg/hm^2）、桔绿木霉 T56 等生防菌等进行防治

续表

防治对象（主要病原种）	发病症状	防治方法
灰霉病 *Botrytis cinerea*	叶背病部可见灰色霉层，病叶易从叶柄处脱落，还可通过叶柄或直接侵入茎秆造成茎枯，果实受害后病部呈黑褐色湿腐状	发病时施以重寄生菌木霉、粘帚酶等进行防治，或利用生防菌代谢产物的抗菌作用，如芽孢杆菌、荧光假单胞杆菌等进行防治，或喷洒抑菌植物的提取物，如利用丁香的提取物等进行防治

注：数据来源于种植基地试验数据

五、采收与加工

（一）质量标准

无公害竹节参质量包括农药残留和重金属及有害元素限量等质量指标。竹节参质量标准可参照《中华人民共和国药典》2015年版及T/CATCM003-2017《无公害三七药材及饮片农药与重金属及有害元素的最大残留限量》标准规定。

（二）采收

无公害竹节参移栽定植4年（即六年生），在9月下旬至10月上旬地上部茎叶枯萎时采收，收获选晴天进行，将全株挖出土，除去泥沙，剪去茎秆，留根茎，除去须根及芽孢。采收过程严格按照竹节参GAP管理的采收流程执行，去除病株。运输包装流程全程无污染，包装及运输记录应完整可追溯。

（三）产地加工

无公害竹节参原料的加工场地必须保证无污染，原料到加工场尽快完成修剪和清洗，清洗水的质量必须符合GB 3838《地表水环境质量标准》的Ⅰ～Ⅱ类水指标，并进入专用烘烤设备或专用太阳能干燥棚，烤烘应避免直火，先用文火，逐渐升温，温度应控制在60℃以内，并经常翻炕。整个烘干过程约需48小时。

竹节参生产易受自然因素和人为因素的影响。一方面，竹节参种植面临种源混乱、成苗率低、连作障碍、病虫害威胁等问题；另一方面，其栽培缺乏规范化管理措施，存在盲目引种扩种、无序生产、滥用农药、粗放加工等问题，严重阻碍了竹节参种植产业的健康可持续发展。本研究吸收传统农业、种植加工业精华，结合现代科学技术，建立竹节参种植过程、产地加工过程的关键技术及管理系统，形成竹节参无公害生产技术体系。该体系的建立，提升了竹节参精细化种植程度，推动了中药种植跨入无公害生产时代，为中药材产业健康、可持续、国际化发展等奠定了坚实基础。

参考文献

[1] 罗正伟，张来，吕翠萍，等. 竹节参离体培养及植株再生 [J]. 中药材，2011，34（12）：1818-1823.

[2] 向极钎，杨永康，覃大吉，等. 竹节参人工栽培技术研究 [J]. 中药研究与信息，2005，7（5）：26-28.

[3] 袁丁. 竹节参药效物质及药材质量分析研究 [D]. 武汉：湖北中医药大学，2009.

[4] 林先明. 珍贵竹节参规范化栽培技术研究 [D]. 武汉：华中农业大学，2002.

[5] 陈士林，董林林，郭巧生，等. 中药材无公害精细栽培体系研究 [J]. 2018，43（8）：1517-1528.

[6] 杨永康，甘国菊. 竹节参规范化生产标准操作规程 [J]. 中药研究与信息. 2004，6（5）：25-27.

[7] 陈士林，黄林芳，陈君. 无公害中药材生产关键技术研究 [J]. 世界科学技术 – 中医药现代化，2011，13（3）：436-444.

[8] 么厉，程惠珍，杨智，等. 中药材规范化种植（养殖）技术指南 [M]. 北京：中国农业出版社，2006：293-305.

[9] 张鹏，李西，董林林，等. 植物源农药研发及中药材生产中的应用现状 [J]. 中国中药杂志，2016，41（19）：3579-3586.

[10] Shilin Chen, Xiaohui Pang, Jingyuan Song. A renaissance in herbal medicine identification：From morphology to DNA.　Biotechnology Advances，2014. 32(7): p. 1237-1244.

[11] 陈士林，索风梅，韩建萍，等. 中国药材生态适宜性分析及生产区划 [J]. 中草药，2007，8（4）：481-487.

[12] 黄林芳，陈士林. 无公害中药材生产 HACCP 质量控制模式研究 [J]. 中草药，2011，42（7）：1249-1254.

[13] 董林林，苏丽丽，尉广飞，等. 无公害中药材生产技术规程研究 [J]. 中国中药杂志，2018，15（43）：3070-3089.

（徐燃，沈亮，张绍鹏，游景茂，徐江）

18　红花

引言

红花 *Carthamus tinctorius* 为菊科草本植物，《中华人民共和国药典》2015 年版收录，药用部位为干燥花，种子也可以入药，是我国重要的传统大宗中药材，又名红蓝花、草红花、魏红花、刺红花等。红花为长日照植物，具有抗病虫、耐瘠、耐旱、耐盐碱的特点，适应性强、分布广，很多国家均有栽培，较大产区如瑞典、印度、澳大利亚、德国等。红花在我国已有上千年的栽培历史，早在汉代已引入我国，主产区有新疆、四川、云南、河南等省，目前全国各地均有栽培。

红花主要是药用，部分油药兼用，红花秆也可作为饲料。红花富含铬、锰、锌、钼等元素，可以增强心血管功能，防治心脑血管、妇科等疾病。随着红花药理作用及临床应用研究的进展，导致市场需求逐渐增强，种植面积不断加大，然而红花种植过程中病虫害严重，化肥、农药等不规范使用现象，使其品质下降，制约红花产业的可持续发展。本文结合红花的生物学特性，提出无公害红花对产地环境，优良品种选择、综合农艺措施、合理施肥及病虫害综合防治等生产环节的要求，为无公害红花生产提供依据，保障其优良品质。

一、产地环境

红花喜温和干燥气候，耐盐碱、耐旱、耐寒，怕高温、高湿，特别是花期怕涝、怕雷雨。根据红花的主要生物学特性和生产需要，种植红花应选择向阳、无树木遮阳、地势干燥、平坦、土层深厚、肥力中等、灌排条件便利的砂壤土及轻黏土。按照国家《中药材生产质量管理规范（试行）》的要求，红花产地环境应符合 GAP 的规范标准，及 NY/T 2798.3-2015 无公害农产品生产质量安全控制技术规范；无公害红花种植地的空气环境质量应符合 GB/T 3095-2012 中一、二级标准值要求，农田灌溉水应符合 GB 5084-2005 的相关规定要求，种植地土壤应符合 GB 15618 和 NY/T 391 的一级或二级土壤质量标准要求。无公害红花生产根据其自身生物学的特性，依据《中国药材产地生态适宜性区划（第二版）》进行产地的选择，产地区域生态因子值范围包括：年平均温为 -2.5～19.7℃、最冷季均温为 -18.6～12.5℃、最热季均温为 4.6～28.9℃、年均相对湿度为 46.7%～74.0%、年均降水量为 33～1524.0 mm、年均日照为 121.4～165.7 W/m^2（表 2-18-1）；主要土壤类型为强淋溶土、高活性强酸土、红砂土、人为土、黑钙土、始成土、冲积土、潜育土等。无公害红花生产产地应避开公路主干线、土壤重金属含量高的地区，远离城市，附近无工矿企业，不能选择冶炼工业（工厂）下风向 3 km 内。

表 2-18-1　红花主产区生态因子值（GMPGIS-Ⅱ）

生态因子	生态因子值范围	生态因子	生态因子值范围
年平均温（℃）	-2.5～19.7	年均降水量（mm）	33.0～1524.0
平均气温日较差（℃）	6.0～14.9	最湿月降水量（mm）	6.0～243.0
等温性（%）	21.0～42.0	最干月降水量（mm）	0.0～45.0
气温季节性变动（标准差）	5.0～15.0	降水量季节性变化（变异系数 %）	43.0～133.0
最热月最高温度（℃）	10.1～38.1	最湿季度降水量（mm）	15.0～680.0
最冷月最低温度（℃）	-26.6～6.9	最干季度降水量（mm）	2.0～157.0
气温年较差（℃）	23.1～53.8	最热季度降水量（mm）	15.0～680.0
最湿季度平均温度（℃）	4.6～28.9	最冷季度降水量（mm）	2.0～194.0
最干季度平均温度（℃）	-18.6～12.7	年均日照（W/m^2）	121.4～165.7
最热季度平均温度（℃）	4.6～28.9	年均相对湿度（%）	46.7～74.0
最冷季度平均温度（℃）	-18.6～12.5		
主要土壤类型	人为土、冲积土、强淋溶土、黑钙土、高活性强酸土等		

二、优良品种

高产、抗逆的红花优良品种是无公害生产的有力保障。选择抗病、抗虫的优质品种有利于减少农药的使用量，增强红花自身抗病虫能力，提高产量。红花在长期的栽培中形成了丰富的品种资源，我国的红花品种类型独特，有油用、油花兼用、花用等不同类型（表2-18-2）。药用红花以花为生产目标，而油用红花的生产目标主要以种子为主。不同产地的栽培红花已形成特色的红花品种，如新红花4号、吉红1号、裕民红花、川红花2号、河南红花、云红三号等。红花的生产过程中，应根据用途需求，结合当地自然环境及生产水平，因地制宜，选择相应的品种类型。一般海拔在1100 m以下的地区适合选择中熟品种，而海拔在1100 m以上的地区适合选择早中熟的品种。

花用品种主要有河南大红袍、吉木萨尔红花、川红2号、简阳红花、云南红花、白沙1号等，川红花为四川省的道地药材，由于长期种植，抗病能力逐年下降，为解决其迫切需求培育出了新品种川红2号；油用品种国内种植面积较大、综合性状较好、较为有名的主要有AC 1、油酸李德等，通过对红花含油率品种进行研究发现，油酸李德是综合性状优良的最佳油用型品种；油花兼用品种主要有云红花五号、云红花六号、吉选3号、吉红1号、新红4号、张掖红花、新红花2号等。云南省选育的云红花五号和云红花六号为花油两用红花新品种，主要特点表现为花色红、高产、抗病、抗旱和适应性广等。新疆地区选育的油花兼用新品种吉选3号，具有花红色、无刺、丰产性好及适应性好等特点。通过对新疆地区不同品种红花的经济性状及生育特性进行比较后发现，红花新品种（系）13B001在产量、经济效益等方面表现为优。通过对红花品种的抗锈病进行鉴定，新红花2号及塔原1号抗锈病较强。研究观察红花新品种的引种情况，结果表明“花油4号”具有抗蚜虫能力。生产实践过程中，注意选择适宜当地种植的主导品种，选育与纯化生育正常、果球大、分枝多、抗病类型的品种。

表2-18-2　红花主要品种类型及特性

品种类型	主要品种	主要特点	抗性	用途
花用品种	河南大红袍、吉木萨尔红花、川红2号、简阳红花、云南红花、白沙1号、太空一号等	高度适中、单株结果数多、高产	抗病性强、太空一号耐盐性强	主要用于药用、药用保健品、红花丝生产
油用品种	AC 1、油酸李德等	含油率高、综合性状优良、品质好	抗病性、耐盐碱、耐旱	高级食用油及工业原料等
油花兼用品种	云红花五号、云红花六号、吉选3号、吉红1号、新红4号、张掖红花、新红花2号等	无刺、高产、高含油率、高亚油酸、适应性强	抗病性强、耐旱、新红花2号抗锈病强	药用、食用、保健油等

三、田间管理

无公害红花在生长期间，适当的农艺措施必不可少。在种植前进行土壤翻耕修复，可减少病原传播。红花以种子繁殖为主，播种前要筛选优质的种子，正确选择适宜的播种期及播种量。种植后期要加强田间管理，及时中耕除草，间苗要遵循间小留大、间弱留强、间密留稀等，并结合红花的实际生长需求进行排水或灌水。

（一）土壤改良

土壤理化性质和肥力状况对红花干花产量、籽实产量、油分积累及脂肪酸成分与含量影响极大。红花切忌连作，南方种植前作物一般为玉米、棉花、高粱、水稻等，在前作物收获后整地；北方种植前作物一般为花生、大豆、小麦等，春季播种前整地，轮作周期一般为3～4年为宜。土壤含盐量应在0.4%以下，土壤pH在6.5～8.5之间。由于红花根系较深，深耕时需达25 cm以上。深耕可以改良土壤的结构，提高地温和透气性，增加有效磷和氮的含量，并能使土壤有益微生物增加，减轻病虫害及杂草的滋生，达到增产的目的。到春季，当土壤墒度适宜，即可进行整地作业。播前整地要求达到地表平整，表土疏松细碎，土块直径不超过2 cm大小。整地时，每亩施堆肥或圈肥1500～3000 kg作为基肥，还可以加过磷酸钙15～20 kg等，耕翻耙平整畦，畦宽100～160 cm，做畦时要视地势、土质及当地降雨情况确定做高畦、平畦，或不做畦。

（二）优良种子繁育

红花以种子繁殖为主，应从优良植株中留种、调种，剔除病籽、虫籽、瘪籽，选出饱满、大粒、优质的种子，精选种子及药剂拌种，使种子净度、纯度、发芽率均在90%以上，以保证种子的质量。播前晒种1～2天可有效地减少种皮上的有害微生物。红花种皮坚硬，吸水较为缓慢，为了保证出苗整齐，出苗率高，播前可先用常温水浸种10～12小时，待种子吸足水分后再用40～45℃的温水浸种1～2小时，取出后摊开直到表面上无水珠即可播种。

适宜的播种期可提高红花的产量。红花种子无生理休眠特性，容易萌发，平均气温达到3～5℃和5 cm处的地温达5℃以上时即可直接播种。发芽适温为15～25℃，种子寿命为2～3年。播种期早晚对红花的株高、生育期的长短和单位面积产量等影响极大，产量随播期推迟而降低。适期早播可延长幼苗的营养生长时期，培育壮苗，为中后期的生长发育打下良好基础。播种期还影响种子的含油率、壳的百分率、蛋白质含量和碘质等。红花全生育期为180～190天，播种期主要有春播、秋播、冬播等，由于红花产地分布范围较广且受各地地理、气候等条件的影响，播种期的变化幅度较大，各地可通过试验找出当地的最适播种期。根据各地的生产情况选择红花播种的最适期，是达到增产的途径之一，不宜过早，也不宜过晚。过早幼苗长势旺，翌年抽薹早，植株高，影响产量；过晚出苗不齐，难越冬。红花在河南、山西等省常采用秋播，陕西、甘肃两省的某些地区采用晚秋播，广东、广西等省（自治区）则为冬播。

红花以条播、穴播为宜，必要时也可等距离地点播，通常以方便间苗和定苗为准。条播行距30～60 cm，或宽一行、窄一行相间种植，宽者距60 cm，窄者距30 cm，将种子均匀撒在沟内，然后覆土厚度2～3 cm压实。穴播按行距30～50 cm、株距15～30 cm开穴，每穴种子4～10粒，播种后覆土5～6 cm压实。条播、穴播每亩用种量均在2～5 kg。机播量一般为30.0～37.5 kg/hm^2，行距可采用25～50 cm，或60 cm×30 cm宽窄行播种，株距5～7 cm。为了便于调整播量，一般情况下，土壤肥沃、供水质量好、植株生长较旺盛的地块，红花种植密度应稀些，每亩 1.4 万～1.6 万株；土壤较贫瘠、保水能力差、植株生长不良的地块，应适当增加种植密度，一般每亩 1.8 万～3.0 万株；土壤肥力中等，植株生长条件良好，以第一级、第二级果球数为主，一般种植密度为每亩 1.6 万～1.8 万株。红花的播种深度一般以种子直径的 2～3 倍为宜，但必须让种子埋于湿土中。红花籽的播种深度以干土 5～8 cm、湿土 3～5 cm 为好，在大多数情况下 3～8 cm 即可。对于土壤疏松、气候干旱、墒情不足的地区，播种要适当深些；土壤黏重，湿润地区，播种可稍浅些。

（三）田间综合农艺管理

适当的田间管理促进红花的生长，提高丰产率。不同种植密度对红花的产量及农艺性状会产生影响，随着种植密度的增加，株高、单株有效果球数呈降低的趋势。中耕除草的目的在于使土壤疏松，调节土壤的水、肥、热、气状况，促进根系的发育及消灭杂草。中耕除草一般 3 次，前两次结合间苗、定苗进行，第三次于封行前结合追肥、培土进行。春播在苗高 7～10 cm 左右，长出 2～3 片真叶时进行第一次间苗，拔除病弱及过大过小的幼苗，留中等壮苗，苗高 15～20 cm 进行第二次间苗，间苗期间同时进行锄草；秋播当年出苗后，要锄草松土越冬，在翌年春天苗高 12～15 cm 时定苗；条播按株距 20 cm 左右定苗；穴播每穴留苗 1～4 株，缺苗时应及时补苗。红花茎长 1 m 左右，分枝达 20 枝时，应进行打顶，可促进分枝，增加产量。打顶后，还必须加强肥、水管理。

红花根系发达，能从土壤深处吸收水分，在栽培中可以少浇水。红花在苗期、现蕾期和开花期如遇大旱，要适当浇水，保持土壤湿润，提高产量。如雨量过大，气温升高，则应及时清沟排水，以减少病害发生，防止倒伏与烂根。红花耐旱怕涝，掌握好灌溉技术是获得红花高产的关键因素，可防止倒伏，避免病害。灌溉次数和灌水量因气候、土壤和品种而异。红花种子发芽期间需要较高的土壤湿度，可用秋、冬灌来保证早春的地墒。红花一般需浇水 3 次，分别在分枝期、始花期、终花期，其中分枝期是红花生长发育过程中的需水关键期，分枝期灌水量一般为 900 m^3/hm^2，初花期 1200 m^3/hm^2，终花期 900 m^3/hm^2。如果遇到雨水多的年份，浇水量和浇水次数可适当减少。红花的浇水方式一般采用细流沟灌或隔行沟灌。用漫灌易于引起根腐病，喷灌会导致锈病和枯萎病蔓延。

（四）合理施肥

无公害红花的施肥过程中，要重视有机肥和化肥的结合施用，注意各种肥料的合理搭配，以及注意土壤的供肥能力和红花的需肥特点。无公害红花所使用的肥料类型及原则应按 DB 13/T 454 严格执行。合理施肥是红花增加产量、降低成本、提高化肥利用率的重要措施。据塔城地区试验，合理施用肥料红花籽亩产量可达 260 kg 以上。红花根系较深，肥料宜适当深施。红花是喜肥作物，除了施足底肥外，还要结合各个生长期适时追肥，可采取重施基肥，适时追肥，酌情施叶面肥 3 种形式。适量增施肥料有利于提高干花产量，在采收前一个月不能施用各种肥料。无公害红花生产肥料的施用方法如表 2-18-3。

表 2-18-3 无公害红花生产肥料施用方法

施用类型	肥料种类及施用方法	施用时期
基肥	每亩施经无害化处理的农家肥 1500～3000 kg、三元复合肥 40～50 kg	整地作畦期
追肥	苗期对氮素需求量大，施用氮肥，有利茎叶生长	苗期
	幼苗露出土后，施入少量稀人粪尿，氮肥为主	幼苗出土后期
	药用红花对氮、磷、钾养分吸收的高峰时期，生育后期对氮和磷还有较大的吸收	分枝孕蕾期
根外追肥	所用肥料可以是 0.2% 磷酸二氢钾溶液也可以用 0.5 kg 尿素、1 kg 过磷酸钙加水 100 kg 溶解过滤后喷施，1～2 次	现蕾初期
追肥	每亩施草木灰 200 kg，加过磷酸钙 15 kg	现蕾后期
	应重施抽枝肥，每亩追施人畜粪 2000～2500 kg，混合过磷酸钙 20～30 kg，或尿素 10 kg，施后培土于根际	抽茎分枝期
根外追肥	每亩用 0.5 kg 尿素，1 kg 过磷酸钙，加水 50 kg 搅匀后喷施。3～4 天一次，共 2 次	开花前
叶面喷施	一般每亩用量为磷酸二氢钾 150 g＋硼酸 100 g＋钼酸铵 10 g＋尿素 150 g，兑水 50 kg，喷施 2～3 次	生长期及现蕾期

四、病虫害综合防治

无公害红花病虫害防治按照“预防为主，综合防治”的植保方针，优先选用农业防治、生物防治和物理防治的方法。红花无公害生产过程农药使用相应准则参照 NY/T 393《绿色食品 农药使用准则》、GB 12475《农药贮运、销售和使用的防毒规程》、NY/T 1667（所有部分）《农药登记管理术语》。针对红花病虫害类型，建立综合防治方法。在防治上，要做到早发现、早防治。掌握红花病虫害的发病规律及症状，确定主要防治对象，寻找有效防治途径，确保红花达到优质、高产。红花的病害主要有锈病、根腐病、叶斑病等；红花的地面害虫最普遍的是蚜虫及潜叶蝇，地下害虫则主要是地老虎、金针虫、蟋蟀、蝼蛄和蛴螬等，为害根及根茎。通过构建红花病虫害的无公害防治体系，为中药材红花的规范化种植及基地建设提供技术支撑。

（一）农业防治

无公害红花实行轮作制度，前茬作物以禾本科作物、豆科作物、马铃薯为好，红花忌连作。红花适期早播可以避过炭疽病和红花实蝇的危害。及时松土，保持田间通气透光，排除积水以降低土壤湿度。清洁田园，清除杂草，减少越冬虫。选地势高燥、排水良好的地块种植，发现病株，摘除病叶病果，集中烧毁，防止传染给周围植株，可以减少再侵染源。

（二）物理防治

地老虎、金针虫的成虫均有趋光性，所以在城郊、居民点周围危害较重。而远离光源 1.5 km 外的地方危害则轻，可使用黑光灯诱杀。在棉铃虫成虫羽化盛期采用杨枝把和频振式杀虫灯诱杀，杨枝把诱蛾每公顷地摆放 90～120 把，也可用频振式杀虫灯诱蛾。地老虎春季越冬蛹羽化前，可在 4 月中旬至 5 月上旬设置黑光灯、糖醋液诱杀成虫。

（三）生物防治

生物防治方法主要包括：以菌控病、以虫治虫、以菌治虫、植物源农药等，防治红花病虫害可利用天敌、杀虫微生物、农用抗生素及其他生防制剂等方法。胡长效等研究红花田中红花指管蚜及其天敌的生态区位，发现七星瓢虫、大草蛉等可作为红花害虫的天敌。

（四）化学防治

针对红花病虫害种类，科学合理选用化学防治技术，采用高效、低毒、低残留的农药，以降低农药残留及重金属污染等。对症适时施药，降低用药次数，选择关键时期进行防治。红花种子可同时携带多种病菌，锈病、根腐病均已证实是由种子带菌传播，种子的药剂处理可以减少田间病害。红花病害较多，可采用化学防治方法。锈病是红花最易发生的主要病害之一，可使用粉锈宁拌种或喷洒二硝散等方法；根腐病、茎腐病可用波尔多液、多菌灵等进行防治；枯萎病、叶斑病、炭疽病可喷洒或灌根波尔多液等（表 2-18-4）。

表 2-18-4　无公害红花种植中病害化学防治方法

防治对象	发病症状	防治方法
锈病	锈病病原是在生育期内，有 3 种孢子：黑色冬孢子出现在夏季，栗褐色夏孢子在春末夏初，黄色锈孢子则只侵染叶片	种子用 0.4% 种子量的 15% 粉锈宁拌种；发病初期，可用 0.3 波美度石硫合剂；也可用 50% 粉锈宁 400～600 倍液喷施；或 50% 二硝散 500 倍液喷洒
根腐病	能够看见的病症在开花期尤为明显，侵染植株的根部及茎的基部；植株萎蔫，呈浅黄色	于病株根际撒施石灰；用 1∶1∶120 的波尔多液或 50% 多菌灵或 70% 甲基托布津灌根；发病初期及时用三唑酮等药剂防治
茎腐病	初期症状为茎的基部有水渍斑，叶上有白色菌丝体，或为黄绿相间花叶。在靠近地面茎髓部变成黑色而硬化的菌核，它存在于土壤及植株的枯枝败叶中	用生石灰消毒病区；适当增施磷钾肥而控制氮肥，防止机械损伤；喷洒波尔多液或多菌灵进行预防
枯萎病	受害植株下部的叶片，开始时变为黄色，以后逐渐枯萎，能使整株死亡，如植株的一侧被侵染则这一侧枯死。幼苗受害尤甚，受害幼苗根部呈黑褐色，并且变细	病穴用石灰粉消毒；可用 1∶1200 倍波尔多液或 65% 可湿性代森锌 500 倍液喷洒或灌根 3～4 次；也可用 50% 多菌灵可湿性剂 500～600 倍液喷雾或 50% 甲基托布津可湿性粉剂 800 倍液灌根
叶斑病	侵染后，在叶片上和苞片上有大的不规则褐色斑点，种子失色、枯萎和腐烂，并使全株倒伏	目前还没有完全抗病的品种；定期喷洒波尔多液或代森锌
炭疽病	叶片病斑褐色、近圆形，有时病斑龟裂；茎上病斑褐色或暗褐色、梭形，互相汇合或扩大环绕基部。天气潮湿时，病斑上生橙红色的点状黏稠物质，严重时造成植株烂梢、烂茎、折倒、死亡	在分枝前后喷药防治，用 50% 可湿性甲基托布津粉剂 500～600 倍液，1∶1∶100 波尔多液；或 70% 代森锰锌 600～800 倍液喷洒；或 50% 二硝散 200 倍液，每隔 7～10 天喷一次，连续 2～3 次

红花生长期间的主要虫害为蚜虫。针对蚜虫危害，使用抗蚜威是一种有效的防治方法；红花潜叶蝇发生时，可喷施吡虫啉等；可用药剂拌种或药剂喷洒来防治红花地下害虫；发生钻心虫虫害时，可采用阿维菌素叶面喷施。具体虫害名称及防治方法参照表 2-18-5。

表 2-18-5　无公害红花种植中虫害化学防治方法

防治对象	发病症状	防治方法
红花蚜虫	主要以无翅胎生蚜群集于红花嫩梢上吸取汁液，造成叶片卷缩起疱等，6～7 月红花开花时为最重	一般在苗期及开花前喷药，禁止在花蕾期前后使用药。在 3～4 月间用 0.3% 苦参碱乳剂 800～1000 倍液或 50% 抗蚜威 1000 倍液喷雾；或 2.5% 鱼藤精 800～1000 倍液喷洒；或 5% 吡虫啉乳油 2000～3000 倍液喷雾，间隔 10～15 天
红花潜叶蝇（豌豆潜叶蝇）	主要是幼虫潜入红花叶片，吃食叶肉，形成弯曲的不规则的由小到大的虫道。为害严重时，虫道相通，叶肉大部分被破坏，以致叶片枯黄早落	预防为主，加强田间管理，摘除植株茎部有虫的老叶，集中烧毁，以杀死部分蛹；或用 10% 吡虫啉 800～1000 倍液喷施
棉铃虫	以幼虫危害幼苗为主，蛀食幼蕾，造成蕾空壳	以人工捕杀各龄幼虫为主，有在生长点，幼蕾躲藏的习性
钻心虫	钻进花序，花朵死亡	在现蕾期叶面喷施阿维菌素，2～3 次

参考文献

[1] 苏丽丽，尉广飞，李孟芝，等. 红花无公害生产技术探讨 [J]. 世界科学技术（中医药现代化），2018，6：1032-1039.

[2] 王敏，薛力荔，罗正超，等. 浅谈南涧县红花高产栽培技术 [J]. 家庭医药. 就医选药，2017，（11）：149-150.

[3] 张孝礼. 中草药红花种植技术研究 [J]. 花卉，2016，（5X）：1-2.

[4] 李洪兵，刘显翠. 中药材红花高产种植技术 [J]. 中国民族民间医药，2012，21（11）：31-33.

[5] 杨红旗，许兰杰，董薇，等. 河南红花高产高效栽培技术 [J]. 园艺与种苗，2016，（10）：37-38.

[6] 巫双全. 第六师红旗农场红花高产栽培技术 [J]. 新疆农垦科技，2014，（4）：20-21.

[7] 倪细炉，于卫平，田英，等. 宁夏红花高产栽培管理技术 [J]. 天津农业科学，2010，16（6）：138-140.

[8] 赵玲英. 药用红花栽培技术 [J]. 农药市场信息，2014，（1）：48.

[9] 李强. 红花高产优质种植技术 [J]. 农家科技，2011，（7）：33-34.

[10] 李静，刘富春. 红花的高产栽培技术 [J]. 现代园艺，2011，（18）：25-25.

[11] 杨承乾. 红花的高产优质栽培技术 [J]. 农技服务，2016，33（16）：29-31.

[12] 李国栋. 红花高产栽培技术 [J]. 现代农村科技，2015，（9）：17-17.

[13] 方蕊. 河西地区红花高产栽培技术 [J]. 甘肃农业科技，2012，（2）：58-59.

[14] 高建略，赵连弟，李文林，等. 红花丰产栽培技术初探 [J]. 种子世界，2011，（03）：32-33.

[15] 陈庆亮，张教洪，王志芬，等. 红花无公害生产技术规程 [J]. 山东农业科学，2012，44（10）：117-118.

（苏丽丽，尉广飞，李孟芝，孟祥霄，徐亚茹，王欢欢，李刚，董林林）

19　花椒

引言

花椒为传统中药材，药用部位为花椒 *Zanthoxylum bungeanum* Maxim. 和竹叶花椒 *Zanthoxylum armatum* DC. 的干燥果皮，其产地北起东北南部，南至五岭北坡，东南至江苏、浙江沿海地带，西南至西藏东南部；台湾、海南及广东不产。常见于平原至海拔较高的山地，在青海，海拔 2500 m 的坡地也有栽种。耐旱，喜阳光，各地多栽种。

一、产地环境

红花椒（花椒）和青花椒（竹叶花椒）均属于阳性树种，耐干旱瘠薄，在年降雨量 800 mm 左右的地区均能正常生长；喜水肥但不耐涝，积水极易导致花椒树死亡。红花椒耐寒，能忍受 -21℃低温，但气温低于 -21℃时，花椒新梢易被冻死；青花椒不耐寒，连续一周气温低于 -2℃会发生冻害，严重者地上部分死亡，但青花椒具有随树龄增加抗冻力增加的特性，这一特性决定了青花椒的分布仅限于秦岭以南，因此，制约青花椒南种北移的首要因子是温度。花椒的适宜生态因子见表 2-19-1，根据花椒产地的生态因子借助基于地理信息系统建立的中药材生态适宜性分析系统对规划新建花椒园具有良好的指导作用。

花椒产地的大气环境、土壤环境、灌溉水中的重金属含量会显著影响花椒产品中重金属的含量。在选择产地后应对环境质量进行检测，种植地土壤必须符合 GB 15618-2008《土壤环境质量标准》的一级或二级土壤质量要求，空气环境质量应符 GB/T 3095-2012《环境空气质量标准》的一、二级标准值要求，田间灌溉用水质量必须符合 GB 5084-2005《农田灌溉水质标准》的规定。同时，容易发生泥石流、滑坡的地段，污染较重的工厂、矿山附近，大型砖瓦窑、水泥厂、排放大量粉尘的工厂附近不能作为无公害花椒产地。

表 2-19-1　花椒野生分布区、道地产区、主产区气候因子阈值（GMPGIS-II）

生态因子	生态因子值范围		生态因子	生态因子值范围	
	红花椒	青花椒		红花椒	青花椒
年平均温（℃）	0.7～20.7	11.7～23.9	年均降水量（mm）	204.0～1092.0	510.0～2000.0
平均气温日较差（℃）	7～15.8	5.9～12.6	最湿月降水量（mm）	56.0～435.0	99.0～380.0
等温性（%）	20.0～49.0	21.0～55.0	最干月降水量（mm）	0.0～47.0	2.0～55.0

续表

生态因子	生态因子值范围		生态因子	生态因子值范围	
	红花椒	青花椒		红花椒	青花椒
气温季节性变动（标准差）	4.0～11.0	3.2～9.2	降水量季节性变化（变异系数%）	49.0～139.0	37.0～103.0
最热月最高温度（℃）	10.5～33.7	22.5～34.8	最湿季度降水量（mm）	102.0～1054.0	270.0～972.0
最冷月最低温度（℃）	-19.7～6.7	-3.0～13.4	最干季度降水量（mm）	2.0～176.0	9.0～200.0
气温年较差（℃）	21.4～44.2	19.1～34.9	最热季度降水量（mm）	118.0～1007.0	257.0～972.0
最湿季度平均温度（℃）	6.4～27.4	17.2～29.4	最冷季度降水量（mm）	3.0～198.0	9.0～254.0
最干季度平均温度（℃）	-8.1～14.8	2.2～19.9	年均日照（W/m^2）	122.2～159.2	117.8～154.8
最热季度平均温度（℃）	6.4～28.5	18.5～29.4	年均相对湿度（%）	41.2～73.8	52.9～71.1
最冷季度平均温度（℃）	-8.1～13.9	2.2～18.5			

二、优良品种

不同产地的花椒在主要成分含量上存在巨大差异，同一产地不同花椒品种主要成分含量也存在差异。为保证花椒产品质量、获得稳定优质的效益，发展花椒无公害种植必须选择最适宜当地生长的花椒品种。

截至目前，全国各省份已选育花椒优良品种21个，其中红花椒品种14个，青花椒品种7个。红花椒品种适宜种植范围主要集中在北方和四川“三州”地区，这些地区一般以山地为主，冬季严寒；青花椒品种适宜种植范围在我国西南地区，主要集中在四川、重庆等省市，青花椒不耐寒，北方不适宜发展青花椒种植。各花椒品种选育单位及适宜种植范围见表2-19-2。

表2-19-2 花椒已选育品种

物种	品种	选育单位	审（认）定编号	适宜种植范围
花椒	灵山正路椒	冕宁县林业局等	川R-SV-ZB-018-2011	凉山冕宁县及相似气候区，海拔1000～2600 m，土壤疏松，排水良好，阳坡、半阳坡种植
	越西贡椒	四川农业大学等	川R-SV-ZB-019-2011	凉山越西县及相似气候区，海拔1000～2600 m，土壤疏松，排水良好，阳坡、半阳坡种植
	汉源花椒	四川农业大学等	川S-SV-ZB-003-2012	适宜年均温16℃左右，年日照时数1400小时左右，年降雨700～1000 mm，土壤pH值在4.5～8.0之间的砂壤、黄壤或紫色土的花椒适生区种植

续表

物种	品种	选育单位	审（认）定编号	适宜种植范围
花椒	汉源无刺花椒	四川农业大学等	川 R-SV-ZB-024-2013	在年均温 16℃以下，年日照 1400 小时左右，年降雨量 700～1000 mm，土壤 pH 值 4.5～8.0，排水良好的丘陵、山地砂壤、黄壤和紫色土花椒适生区种植
	茂县花椒	茂县综合林场等	川 R-SV-ZB-008-2014	适宜在阿坝州海拔 2700 m 以下，年均温 11.2℃左右，气候干爽，土壤 pH 值为 6～8 的花椒适生区种植
	小红冠	西北农林科技大学	QLS089-J063-2010	适宜陕西省秦岭南坡及关中地区栽植
	美凤椒	杨凌职业技术学院	QLS088-J062-2010	选择海拔 500～1350 m，排水良好的砂质壤土
	南强 1 号	陕西省林业技术推广总站等	QLS056 - J041 - 2004	适宜在陕西省渭北、关中、陕南地区栽植
	无刺椒	陕西省林业技术推广总站等	QLS055 - J040 - 2004	适宜在陕西省渭北、关中、陕南地区种植
	狮子头	陕西省林业技术推广总站等	QLS054 - J039 - 2004	适宜在陕西省渭北、关中、陕南栽植
	无刺椒 1 号	河北林业科学研究院	冀 S-SV-ZB-017-2009	河北石家庄市区、满城县、涉县、峰矿区及生态条件类似地区推广栽培
	永善金江花椒 1 号	永善县林业局	云 R-SF-ZB-039-2012	适宜于永善县及相似地区，海拔 400～1500 m，年均温 17.5℃左右，年降雨量 600～1000 mm，≥10℃活动积温 3200～4500℃，疏松肥沃的中性、微酸性、石灰质壤土
	永善青椒 1 号	高海森、谢树银	滇 R-SC-ZB-033-2009	适宜于永善县及周边生态气候相似，海拔 800～1600 m 的花椒适生区种植
	大红袍	平顺县林业局	晋 S - SV - ZB - 009 - 2012	山西省忻州以南海拔 850～1300 m，年均温 8～14℃，最低气温高于 -20℃地区种植及生态相似区
竹叶花椒	金阳青花椒	四川农业大学等	川 S-SV-ZA-002-2013	在四川海拔 800～1500 m、土层厚度在 50 cm 以上，排水良好、土层深厚、土壤肥沃的高钙壤土、紫色页岩风化土区域均可栽培
	汉源葡萄青椒	四川农业大学等	川 R-SV-ZA-025-2013	在海拔 1700 m以下，年均温 16℃左右，年日照 1100～1400 小时，年降雨量 700～1200 mm，土壤pH值5.5～8.0，排水良好的丘陵、山地砂壤、黄壤和紫色土花椒适生区种植
	藤椒	四川农业大学等	川 S-SV-ZA-001-2014	宜在四川盆地、盆周海拔 1200 m以下，土壤 pH 值为 5.5～7.5，土壤为砂壤、紫色土、黄壤的竹叶花椒适生区种植

续表

物种	品种	选育单位	审（认）定编号	适宜种植范围
竹叶花椒	广安青花椒	四川广安和诚林业公司等	川 R-SV-ZA-009-2014	适宜在广安市海拔 800 m 以下，年均温 16℃左右，土壤 pH 值为 5.5～8.0，排水良好的山地和丘陵及周边气候相似竹叶花椒适生区种植
	蓬溪青花椒	四川蓬溪建兴青花椒开发有限公司	川 S-SV-ZA-001-2015	适宜于川中丘陵区海拔 300～600 m，土壤 pH 值 7.0～8.5 之间的花椒适生区种植
	荣昌昌州无刺花椒	荣昌县林业局	渝 R-SV-ZA-001-2006	适宜重庆市海拔 1000 m 以下的低山、丘陵地区种植
	九叶青花椒	江津区林业局	渝 S-SV-ZA-001-2004	重庆市内海拔 800 m 以下、短期极端最低气温 0℃以上的地区

三、田间管理

（一）无公害种苗培育

1. 种子处理及播种

采种母树宜选择林业部门确定的采种母树林，选择树势健壮、无病虫害的优良植株，树龄 8～15 年。种子成熟时采种，红花椒果实采收期种子已经成熟，可以直接使用；青花椒采种要待果皮由绿色转为紫红色、有少量果实沿腹缝线裂开漏出黑色种子时方可采收。采收后及时摊在阴凉处，待果皮自然开裂后脱出种子备用。花椒种子采后不立即播种，要进行沙藏，将种子与湿沙按照 1∶3 的比例充分混合，湿沙的湿度以手握成团，松后即散为度，置于坑内或桶内保存。

红花椒和青花椒种子空胚率高，一般红花椒空胚率可达 50%～80%，青花椒空胚率可达 60%～70%，因此播种前应当进行水选，即将花椒种子放于水缸或水桶中，选择沉水种子播种。花椒种子具休眠特性，其种子表面均有一层蜡质和油脂，阻碍种胚吸胀，播种前要进行脱脂处理，常用 1% 洗衣粉溶液或 0.5% 餐具洗洁精揉洗，脱脂后清水浸泡 48～54 小时。种子可以采取秋播或春播，秋播在种子采收处理完后直接播种。青花椒多用秋播，一般在 9 月底至 10 月中旬，多采用塑料小拱棚增加地温。红花椒秋播全国各地具体时间略有差异，一般在 10 月～11 月；春播一般在 2～3 月，播种过早，土温低，种子田间损失大，出苗率低，播种过晚，气温逐渐增加，也不利于出苗，因此各地区应根据当地气候选择合适的播种时间。

播种前深翻苗圃地，清除杂物，土壤杀菌、杀虫，增施有机肥。花椒苗不耐涝，要在苗圃地四周深挖宽 50 cm、深 40～50 cm 排水沟。苗床宽 1～1.2 m，高 15～20 cm，设置步道宽 40 cm 方便田间管理，苗床长度视地块形状而定。播种方式有撒播和条播法。青花椒常采用撒播法，将种子与湿沙混合撒播能够提高种子分布均匀度。红花椒条播和撒播均有采用，条播时沿厢面按行距 20～25 cm 横向开沟，沟宽 10～15 cm，深 5 cm 左右，将种子沿沟播于沟底，播后覆细土镇压，然后平整厢面，床面覆盖浇透水；红花椒撒播方式与青花椒类似。青花椒亩播种量 30～40 kg；红花椒条播亩播种量 20～30 kg，撒播亩播种量 30～40 kg。

2. 苗床田间管理

青花椒秋播一般 20～30 天出苗，期间随时观察，记录出苗时间和数量，检查苗床水分情况，干旱时及时浇水，棚内温度过高时及时揭开薄膜降温，避免烧苗，当幼苗长出 2 片真叶后，及时追肥，以勤施薄施为原则，速效性高氮复合肥为主，追肥结合除草进行。红花椒多露天春播育苗，播种后 30～40 天出苗，播种后的主要管理工作也是干旱时及时浇水、追肥、除草，主要目的是促进幼苗的快速生长。

3. 营养杯苗的生产

营养杯苗也叫容器苗，在柑橘、葡萄等水果植物上早已大规模推广使用。近年来，花椒的营养杯育苗技术也得到大规模发展，其核心技术就是二段式育苗。当幼苗长出 2～4 片真叶（4～5 cm 高）时将播种床上的幼苗移栽到装有营养土的营养杯内，浇足定根水后用遮阳网盖住。营养杯苗根系是在容器内形成的，在出圃、运输、栽植的过程中，根系得到容器保护，栽植后几乎没有缓苗期，成活率高，可以实现周年造林。

4. 苗木质量要求

苗木质量综合评判的指标主要有品种纯度、苗木整齐度、根系及苗干完整、苗木规格。花椒苗木质量分级标准从地径、苗高、根系三方面进行综合判断，一年生实生裸根苗具体规格见表 2-19-3，一级苗和二级苗均需顶芽饱满，充分木质化，无机械损伤，无病虫害。

表 2-19-3　花椒苗木质量分级标准

<table>
<tr><th colspan="2">等级</th><th>类别</th><th>红花椒</th><th>青花椒</th></tr>
<tr><td rowspan="6">裸根苗</td><td rowspan="3">一级</td><td>苗高 /cm</td><td>>40</td><td>>60</td></tr>
<tr><td>地径 /cm</td><td>>0.5</td><td>>0.6</td></tr>
<tr><td>根系</td><td>主根长度>13 cm，≥5 cm 一级侧根数 5 条以上</td><td>主根长度>25 cm，≥5 cm 一级侧根数 10 条以上</td></tr>
<tr><td rowspan="3">二级</td><td>苗高 /cm</td><td>23～40</td><td>30～60</td></tr>
<tr><td>地径 /cm</td><td>0.25～0.50</td><td>0.40～0.60</td></tr>
<tr><td>根系</td><td>主根长度>7 cm，≥5 cm 一级侧根数 3 条以上</td><td>主根长度>20 cm，≥5 cm 一级侧根数 5 条以上</td></tr>
<tr><td colspan="2" rowspan="3">营养杯苗</td><td>苗高 /cm</td><td>—</td><td>≥20</td></tr>
<tr><td>地径 /cm</td><td>—</td><td>≥0.2</td></tr>
<tr><td>根系</td><td>—</td><td>主根长度>10 cm，大于 5 cm 一级侧根数 5 条以上。</td></tr>
</table>

（二）椒园建立

花椒园应规划在无污染、交通方便、水源充足、劳动力丰富的地区，椒园内的道路、水渠、蓄水池、电力、工具房、临时仓储房等配套设施的布局是规划的重要考虑。土地整理及改良过程包括除灌除草、土壤深翻和平整、增施有机肥。

花椒苗的定植首先是选择合适的花椒苗木。青花椒苗木类型有裸根苗、营养杯苗、嫁接苗，常用营养杯苗；红花椒苗木类型有裸根苗、营养杯苗，常用裸根苗。青花椒和红花椒标准化造林一般采用 3 m×2 m、3 m×2.5 m、4 m×3 m 等株行距，一般控制在每亩 56～112 株。青花椒栽植方式常用垒土或深沟高厢栽植，红花椒栽植方式与常见林木栽植方式类似，但要注意做好排灌。

（三）整形修剪

花椒定植后需要进行整形修剪，主要目的是培养树形，养成健壮树势，为花椒优质、丰产、稳产打下良好基础。

花椒采用的树形有自然开心形、自然圆头形、丛状型。一般采用自然开心形，具有骨干健全、层次分明、光照充足等优点。培养自然开心形树形的主要步骤有定干、选留一级枝、培养二级枝等步骤。

花椒修剪时间主要分为春季、秋季、冬季，剪除影响花椒正常生长的病枝、细弱枝、交叉枝、重叠枝、徒长枝，修剪方法主要有短剪、疏剪。近年来，青花椒大枝采收修剪技术在生产上得到大规模使用，即采收结合修剪同步进行，将所有结果母枝在采收季节留基部 3～5 cm 短剪，然后再用剪刀进行采摘。

（四）合理施肥

花椒无公害施肥宜以腐熟的有机肥为主，无机肥为辅，重施采果肥，做到平衡与协调施肥。生产无公害花椒选用的有机肥必须要符合农业行业标准 NY 525-2012《有机肥料》中对重金属限量指标的规定，无公害花椒并不是完全不使用无机肥，而是要合理使用无机肥，使适量的无机肥在花椒对肥料需求最为旺盛的时候发挥出最大的效益。我国土壤连续多年偏施无机肥，导致土壤板结严重，不利于花椒根系的生长，因此在施用花椒需要的无机肥时需提高花椒对无机肥的吸收效率。

花椒专用复合肥料是在测土配方的基础之上，把肥料三要素中的两种或三种按最适宜花椒生长的比例混合而成，且在氮、磷、钾的基础之上添加一定量的中微量元素，其混合的比例适宜花椒对各养分的需求。目前，四川的各大青花椒产区已经大量使用花椒专用复合肥，取得了良好的经济和社会效益。

花椒栽培施肥主要有施基肥和追肥，重施基肥，施好追肥，追肥要结合中耕除草进行。花椒目前施肥的方法主要还是撒施、沟施，沟施肥料利用率高，但用工量大；撒施用工量小，但肥料利用率较低。水肥一体化是提高花椒对无机肥料吸收效率的农业高新技术，根据花椒的需肥特点、土壤环境和养分含量状况，通过水肥一体化的管道，将花椒所需的水分和养分定时、定量、按比例直接提供给花椒，这样不仅能降低无机肥料的使用量、提高吸收效率，还能大大降低传统施肥所需的用工量，达到节水节肥、增产增收的目的。

花椒的无公害施肥量针对不同树龄的树有差别，要按照幼树期、结果初期、结果盛期来分阶段施肥（表 2-19-4）。

表 2-19-4　花椒各阶段施肥方法

	青花椒	红花椒
幼树期	每年施花椒专用高氮复合肥 3～4 次，年施肥总量 100～200 g/ 株	每年施花椒专用高氮复合肥 2～3 次，年施肥总量 100～150 g/ 株
结果初期	萌芽期、采果期施花椒专用高氮复合肥 100 g/ 株；花期、果期施高磷钾复合肥 100 g/ 株，适当追施叶面肥和中微量元素；冬季深施有机肥，3～5 kg/ 株	萌芽期施花椒专用高氮复合肥 100 g/ 株；花期施高磷钾复合肥 100 g/ 株，适当追施叶面肥和中微量元素；冬季深施有机肥，3～5 kg/ 株
结果盛期	在结果初期施肥量的基础之上增加 1/3 施肥量，结果盛期土壤板结严重，施肥要结合松土、除草进行	在结果初期施肥量的基础之上增加 1/4 施肥量，结果盛期土壤板结严重，施肥要结合松土、除草进行

四、病虫害综合防治

1. 农业综合防治

农业综合防治技术通过调整栽培技术措施来防治或减少病虫害。主要措施有选育抗病虫害的品种、调整密度、合理施肥、及时排灌、科学修剪、清园清杂等，比如“藤椒”直立性弱于“九叶青花椒”，在造林时“藤椒”密度就应大于“九叶青花椒”，以利于通风透光，减少病虫滋生；冬季修剪和清园，可以降低来年病虫害的发生强度。

2. 物理防治

花椒的物理防治针对不同的病虫具有不同的防治方法。花椒蚜虫具有趋黄性，可在椒园内安装黄板；天牛具有假死性，可在清晨露水未干前振动枝干，落地后捕杀，对于进入枝干内危害的天牛幼虫，可用铁丝掏出再进行捕杀；对于啃食鲜嫩叶片的凤蝶，数量少时也可进行人工捕杀；冬季树干喷涂石灰对主干害虫同样具有很好的防治作用。

3. 生物防治

生物防治指利用生物或其代谢物控制有害生物种群危害的方法，具有无公害、无污染的绝对优势，花椒的生物防治一般采取以虫吃虫的方法。比如瓢虫食蚜虫、捕食螨食花椒害螨。

4. 化学防治

化学防治目前依旧是花椒病虫害防治的最主要手段，但滥用、误用农药的问题也十分突出。花椒常见病虫害的防治方法见表 2-19-5。花椒无公害防治技术要合理使用，坚决摒弃高毒、高残留农药，选用低度、低残留农药，并配以科学使用方法，严格控制用药次数和总量，尽量减少化学农药的使用。对于不能避免用于防治蚜虫、蚧壳虫螨类的啶虫脒、吡虫啉、阿维菌素等化学农药，应尽量减少用量和使用次数，并且在采摘前 30 天禁止使用。

表 2-19-5　花椒常见病虫害的防治措施

病虫害种类	防治方法
锈病	（1）秋冬季及时剪除枯枝，清除园内带病落叶及杂草，集中烧毁，减少越冬菌源。秋季注意观察叶片背面，观察发病情况 （2）冬季封园、春季开园时全园喷施 0.1～0.2 波美度石硫合剂，杀灭越冬菌源

续表

病虫害种类	防治方法
锈病	（3）药剂防治。对已发病树可喷15%的粉锈宁可湿性粉剂1000倍液。间隔10～15天再次喷施
流胶病	（1）加强栽培管理。增施有机肥，增强树势、及时修剪、清除带病枝条，以治虫促防病 （2）药剂防治。发病初期及时刮除病斑，然后在病斑处涂50%甲基托布津500倍液，或用3～5波美度石硫合剂喷枝干
蚜虫	（1）保护好瓢虫等天敌 （2）发生期用3%啶虫脒1000～2000倍液，10%吡虫啉2000～3000倍液喷施
蚧壳虫	（1）抹杀树干周围的成虫、初孵若虫，结合修剪，剪除虫枝并烧毁 （2）早春萌芽前，用3～5波美度石硫合剂喷杀越冬蚧 （3）第一代若虫孵化盛期喷1500倍5%啶虫脒乳油水溶液杀虫 （4）注意保护和利用天敌，如黑缘红瓢虫、大红瓢虫、灰唇瓢虫属类、桑蚧寡节小蜂、梨园蚧寡节小蜂等，抑制蚧壳虫发生
螨类	（1）冬春季喷0.1～0.2波美度石硫合剂，把成虫杀灭在产卵前 （2）生长季节控制虫口密度，喷洒1.8%阿维菌素1000～2000倍液
天牛	（1）成虫羽化期，利用其假死性，在清晨露水未干前振动枝干，落地后捕杀 （2）人工用铁丝掏出幼虫
凤蝶	（1）数量少时人工捕捉 （2）数量较大时则用溴氰菊酯2.5%乳油或2.5%可湿性粉剂1500～2000倍喷施

五、采收方法及质量标准

（一）花椒采收方法

红花椒的采收主要依靠人工树上采摘，待晴天露水干后进行。用手或剪刀采下果穗，避免手与花椒果皮油胞直接接触，采后进行加工或烘干。青花椒近年来大枝采收技术得到大规模推广应用，大枝采收技术也叫以采代剪，即青花椒采收时，将大枝（结果母枝）距离基部3～5 cm剪下，再通过人工剪下结果母枝上的青花椒果穗，并对保留的枝段进行疏除或短剪。青花椒的大枝采收技术能够降低采摘强度，提高劳动效率，已经在四川、重庆等地广泛应用。

（二）无公害花椒质量标准

无公害花椒是指花椒所含的农药、重金属等多种对人体有害物质的残留量均在限定的范围以内，质量指标包括主要成分含量、农药残留、水分、灰分等。《中华人民共和国药典》2015年版规定花椒的挥发油含量不得少于1.5%（ml/g），大部分地区产出的花椒均能达到此标准。

生产上已经建立了一套花椒质量标准，规定了花椒不能有霉粒、黑粒，固有杂质含量≤4.5%，水分含量≤10%，挥发油含量≥4.0 ml/100 g，总灰分≤5.5%，特别是从重金属含量上对花椒质量进行了规定，总砷含量≤0.3 mg/kg，总汞含量≤0.03 mg/kg，铅含量≤1.86 mg/kg，镉含量≤0.5 mg/kg；马拉硫磷含量≤8 mg/kg，大肠埃希菌群数量≤30 MPN/100 g，霉菌数量≤10 000 CFU/g（表2-19-6）。

表 2-19-6　花椒质量标准

项目	红花椒	青花椒
色泽	大红或鲜红，均匀有光泽	黄绿、均匀有光泽
滋味	麻味浓烈、持久纯正	麻味浓烈、持久纯正
果形	睁眼、粒大、油腺突出	睁眼、粒大、油腺突出
霉粒、黑粒	无	无
杂质	极少	极少
固有杂质含量 /（%）	≤4.5	≤4.5
水分含量 /（%）	≤10.0	≤10.0
挥发油含量 /（ml/100 g）	≥4.0	≥4.0
不挥发性乙醚抽提物 /（%）	≥8.0	≥8.0
总灰分 /（%）	≤5.5	≤5.5
总砷 /（mg/kg）	≤0.3	≤0.3
铅 /（mg/kg）	≤1.86	≤1.86
镉 /（mg/kg）	≤0.5	≤0.5
总汞 /（mg/kg）	≤0.03	≤0.03
马拉硫磷 /（mg/kg）	≤8.00	≤8.00
大肠菌群 /（MPN/100 g）	≤30	≤30
霉菌 /（CFU/g）	≤10 000	≤10 000

无公害花椒生产体系的首要条件是选择无公害的产地环境，其次应该选择经过认定或者审定的良种，并且应该持续加大良种推广力度和新品种选育力度。栽培管理过程中应注重培育符合质量标准的苗木，既要重视苗木栽植，也要注重苗木后期管护，做好整形修剪、合理施肥与病虫害综合防治。采收按照技术标准，采收后按照相关方法检测质量，确保达到无公害标准。

参考文献

[1] 郑雅楠，樊明涛，郭松年，等. 陕西花椒中有毒和必需金属元素含量分析 [J]. 中国调味品，2012，（12）：88-91.

[2] LY/T 2914-2017. 花椒栽培技术规程 [S]. 国家林业局，2017-10-27.

[3] DB51/T 2031-2015. 花椒丰产栽培技术规程 [S]. 四川省质量技术监督局，2015.09.25.

[4] DB51/T 1802-2014. 无公害花椒生产经营技术 [S]. 四川省质量技术监督局，2014.07.25.

[5] DB51/T 1805-2014. 青花椒栽培管理技术规程 [S]. 四川省质量技术监督局，2014.07.25.

[6] DB51/T 707-2007. 无公害林产品生产技术规程青花椒 [S]. 四川省质量技术监督局，2007.11.01.
[7] LY/T 2042-2012. 九叶青花椒丰产栽培技术规程 [S]. 行业标准 - 林业（CN-LY），2012.02.23.
[8] 李念洋. 提高花椒育苗出苗率和壮苗率的技术研究 [J]. 吉林蔬菜，2015，(7)：31-32.
[9] 马秀梅. 花椒的育苗及栽培管理技术 [J]. 陕西农业科学，2008，54（4）：218-219.
[10] 李幸禄. 花椒采摘晾晒与育苗技术 [J]. 农业科技与信息，2008，(15)：16-17.
[11] 腾云武，丁伟. 花椒育苗技术 [J]. 落叶果树，1995，(4)：33-33.
[12] 马金贵. 花椒育苗种子处理技术 [J]. 山西果树，1995，(1)：54.
[13] 姜成英. 花椒种子的贮藏与处理技术 [J]. 林业科技通讯，2000，(1)：40-41.
[14] 杨建雷，吕瑞娥，郭立新，等. 2 种专用肥对花椒产量的影响研究 [J]. 现代园艺，2014，(20)：5.
[15] 张利军，李宾瑶，李丫丫，等. 黄色黏虫板在 3 种果园对蚜虫及其天敌的诱集作用 [J]. 植物保护学报，2014，41（6）：747-753.
[16] 李钦存，田群芳. 花椒天牛的发生及防治 [J]. 特种经济动植物，2010，13（5）：50-51.
[17] 王永军，王善民. 花椒凤蝶不同处理防治效果试验 [J]. 现代农村科技，2015，(21)：54-55.
[18] 蔡普默，李萍，谢冬生，等. 生物防治研究进展 [J]. 应用昆虫学报，2017，54（5）：705-715.
[19] 彭建波，李泽森. 释放捕食螨防治柑橘红蜘蛛的效益初探 [J]. 湖南农业科学，2015，(4)：30-31，34.
[20] SB/T 10040-1992. 花椒 [S].
[21] GB/T 30391-2013. 花椒 [S].

（叶萌，李洪运，杨俐，向丽）

20 杜仲

引言

杜仲 *Eucommia ulmoides* Oliver 为传统中药材，药用部位为干燥树皮。杜仲是第四纪冰川侵袭后残留下来的孑遗古老树种，单科目、单种属植物。其近缘种类都已绝灭，有“活化石植物”的美称，被列为国家二级保护植物。我国是现存杜仲资源的唯一保存地。杜仲除药用外，也是生产天然营养保健食品的原料，还可生产饲料和农药等，特别是杜仲胶具有较大的工业利用价值，其综合利用价值极高。杜仲的市场需求较大，现有来源都是栽培种。由于选址不当、种植技术不规范、滥用肥料和农药，导致各产区杜仲质量参差不齐，一些产区达不到药典标准。对此提出无公害杜仲生产技术，以规范杜仲的栽培，指导实际生产。

一、产地环境

杜仲为阳性树种，喜温暖湿润气候和阳光充足的环境，适应性很强，对土壤没有严格要求，在贫瘠的红壤或石峭壁均能生长，但以土层深厚、疏松肥沃、湿润、排水良好的壤土最宜。对地形条件要求不高，在海拔400～2500 m之间的侵蚀、剥蚀山地地貌、喀斯特地貌以及盆地、丘陵、山地、平原地貌，均可栽植，年降水量低于400 mm，有灌溉条件的地区也可以生长良好。杜仲适宜的主要生态因子如表2-20-1。杜仲适生区域很广，野生分布中心位于我国西部地区，现各地广泛栽种。北纬24.5°～41.5°、东经76°～126°之间，我国27个省（市．区）均有栽培，东自上海，西抵新疆喀什，南至广西，北达吉林，可栽培区域达以 1×10^5 km^2。贵州、四川、湖南、陕西、河南、湖北等省为中心产区，以四川、贵州产量大，质量佳。根据杜仲的生物学特性和生产需要，栽培宜选交通便利、水源充足、地势平坦、排灌条件良好的地方，土壤深厚、疏松、湿润、肥沃、pH在5.5～7.5的砂质壤土（或轻黏壤土）。杜仲产地的土壤环境必须符合GB 15618-2008的一级或二级土壤质量要求，空气环境质量应符合GB/T 3095-2012中一、二级标准值要求，田间灌溉用水质量必须符合GB 5084-2005的规定。同时产地区域和灌溉上游无或不直接接受工业“三废”、城镇生活、医疗废弃物等污染，避开公路主干线、土壤重金属含量高的地区，不能选择冶炼工业（工厂）下风向3 km内。

表2-20-1　杜仲野生分布区、道地产区、主产区气候因子阈值（GMPGIS-Ⅱ）

生态因子	生态因子值范围	生态因子	生态因子值范围
年平均温（℃）	7.2～18.6	年均降水量（mm）	684.0～1603.0
平均气温日较差（℃）	7.2～11.4	最湿月降水量（mm）	143.0～337.0
等温性（%）	23.0～31.0	最干月降水量（mm）	6.0～46.0
气温季节性变动（标准差）	5.9～10.1	降水量季节性变化（变异系数%）	46.0～108.0
最热月最高温度（℃）	19～34.5	最湿季度降水量(mm）	347.0～832.0
最冷月最低温度（℃）	-7.1～3.8	最干季度降水量（mm）	24.0～183.0
气温年较差（℃）	25～28.3	最热季度降水量（mm）	326.0～832.0
最湿季度平均温度（℃）	14.6～26.6	最冷季度降水量（mm）	24.0～196.0
最干季度平均温度（℃）	-0.8～11.8	年均日照（W/m^2）	125.3～155.4
最热季度平均温度（℃）	14.6～28.4	年均相对湿度（%）	56.2～73.5
最冷季度平均温度（℃）	-0.8～8.1		

二、优良品种

宜选择经国家林业局林木品种审定委员会或省级林木品种审定委员会审定或认定适合本地栽培的抗病、优质、高产、商品性好的优良品种或优良无性系。杜仲已选育品种20余个，“华仲

1～11 号”“秦仲 1～4 号”“密叶杜仲”“红叶杜仲”“小叶杜仲”等，各品种特性及适宜种植范围见表 2-20-2。

表 2-20-2 杜仲已选育品种特性及种植范围

品种	品种特性	适宜种植范围
华仲 1 号	抗干旱、寒冷能力强，速生、皮产量高、雄花量大。适于营建杜仲速生丰产林和雄花采茶园	长江中下游、黄河中下游杜仲适生区
华仲 2 号	抗干旱、寒冷的能力强，病虫害少，速生、丰产。适于营建速生丰产林和杜仲果园，生产中药材和果实	在山区、丘陵和沙区均生长良好，杜仲适生区均可栽培推广
华仲 3 号	抗干旱、寒冷的能力强，速生、高产、稳产，尤耐盐碱胁迫，适于干旱、盐碱地。适宜营建果园和速生丰产园，生产果实和杜仲皮	适于杜仲各产区，尤其是干旱和盐碱地区
华仲 4 号	抗干旱、寒冷的能力强，速生、丰产、活性成分含量高。适于营建速生丰产林和杜仲果园，生产杜仲果实和杜仲皮	长江中下游和黄河中下游杜仲适生区
华仲 5 号	能适应多种类型的土壤条件，对土壤的酸碱度要求不严，抗干旱、寒冷的能力强，雄花量大、速生、丰产、有效成分含量高、高产、稳产。适于营建杜仲雄花茶园，生产杜仲雄花茶	长江中下游和黄河中下游杜仲适生区
华仲 6 号 华仲 7 号 华仲 8 号 华仲 9 号 华仲 10 号	抗干旱、耐水湿，结果早，果皮杜仲胶和种仁亚麻酸含量高，高产、稳产，适应性强。适于营建杜仲良种果园，生产杜仲亚麻酸油和杜仲胶	豫东平原沙区，豫西黄土丘陵区，豫南大别山区等，长江中下游和黄河中下游杜仲适生区
秦仲 1 号	药、胶两用型优良品种，抗旱性强，抗寒性较强，速生。适宜营造优质丰产园和水土保持林	适宜在陕西省秦巴山区和关中地区浅山区、丘陵和平原地区栽植
秦仲 2 号	药、胶两用型优良品种，抗寒性强，抗旱性较强，速生。适于雨量充沛或有灌溉条件的地区营造优质丰产园	
秦仲 3 号	药用型优良品种，抗旱性较强，抗寒性较弱，较速生。适于雨量充沛的地区营造优质丰产园	
秦仲 4 号	药用型优良品种。抗旱性中等，抗寒性较强，速生，能抗天牛危害。适宜于雨量充沛或有灌溉条件的地区营造优质丰产园。也可用于道路、城市的园林绿化	

三、田间管理

（一）无公害种苗培育

1. 种子采收及贮藏

采种母树宜选择 20 年以上、生长健壮、无病虫害感染、未被剥皮利用的优良植株，杜仲翅果由黄色向黄褐色、浅栗褐色转变时采收。采集后的种子放在通风阴凉处阴干后贮藏。种子可干藏和沙藏，干藏将种子置于密封容器中，并在容器中放入适量的干燥剂，或在种子净选后，置于布袋内，存放在阴凉、通风、干燥的室内；沙藏将种子与湿沙按 1∶3 的比例充分混合后，沙子湿度以手握沙子后能成形为适，置于室外地势较高的坑内，覆湿沙 10 cm，再覆土 10 cm，并掺秸秆捆或稻草通气，也可以堆放在室内低温通风处，贮藏中应注意保持沙子湿润。

2. 种子处理及播种

杜仲种子播种前都要进行消毒和催芽处理。消毒一般用 0.3%～0.5% 高锰酸钾溶液或 80% 代森锌 800 倍液喷洒种子，处理完后用清水冲洗种子。种子可秋播和春播，因各地地理位置、气候不同，播种期也不同。秦岭、黄河以北及高山地适宜春播；长江以南，适宜秋播，秋播一般随采随播，在 11～12 月完成，春播则在 2～3 月。由于杜仲幼苗不耐高温，所以春播宜早不宜迟。春播的种子需要催芽处理，一般采用温水浸种和低温层积。温水浸种用干藏的种子，将其浸入 40～45℃温水中 24 小时，捞出后再用 30℃温水浸种 3 天，每天换水一次。低温层积基本方法同沙藏，早春后当种子露白达 60% 以上时即可播种。

播种前要求全面深翻圃地，深度 30 cm 以上，清除草根、石块等杂物，耙细整平，进行土壤消毒杀菌、杀虫，圃地四周开设一条宽 40 cm、深 30～40 cm 的环通排水沟。苗床一般宽 1～1.2 m，畦高 15～20 cm，步道宽 40 cm，长度随地形、作业方式（人工作业和机械化作业）而定。用浓度 1%～3% 硫酸亚铁水溶液，按 2 kg/m^2 用量于播种前 7 日均匀地浇在土壤中。播种以条播为主，按沟宽 10～15 cm、行距 20～25 cm 划线开沟，沟深 3～5 cm，将种子均匀播于播种沟底，播种量为每亩 5～10 kg，播后覆土约 2 cm，轻轻镇压，然后覆草或盖草帘，并浇透水。播种后应适时补水，保持床面湿润，当幼苗出土达到 50% 以上时揭除覆盖物。

3. 苗木出圃及质量要求

苗木出圃时间受气候、海拔等情况的影响，应根据实际情况判定。起苗前三天应浇透水，起苗时要保持主根完整，不伤顶芽，苗木质量分级见表 2-20-3。运到外地的苗木要浆根，50 株 / 扎，以稻草包裹根部，并用草绳捆绑，立即运输。不能及时运走的苗木，选择排灌良好、阴凉潮湿、土壤疏松的地方及时假植，假植一般不超过 15 天。

表 2-20-3　杜仲苗木质量标准

等级	苗高（cm）	地径（cm）	根系
一级	＞100	＞0.9	有发达和完整根系，根系保持 20～30 cm
二级	80～100	0.7～0.9	有发达和完整根系，根系保持 20～30 cm

（二）栽培模式的选择

杜仲的栽培模式分平原地区栽培、山区和浅山丘陵区栽培，前者又分为平原区栽培模式、农田经济型杜仲防护林栽培模式、杜仲庭院式果园（种子园）栽培模式，后者分为药用杜仲丰产园栽培模式、杜仲叶用栽培模式、杜仲雄花茶园栽培模式、杜仲果园化栽培模式。这些栽培模式能显著提高经济效益，实现栽培的生态效益、社会效益和经济效益的完美统一，可根据目的选择适宜的栽培模式。种植株行距一般为 1.5 m×2 m、2 m×2 m 或 2 m×3 m，每亩 110～220 株为宜。

栽植前进行整地，秋季栽植在当年的雨季前整地，春季栽植在前一年的秋季整地。山地可采用全垦、穴（块）状和带状整地，25° 以上坡度的山地禁止全垦整地。山地、丘陵保留山顶、山脊天然植被，或沿某一等高线保留一定（3 m 宽）的天然植被。荒芜、半荒芜的宜林缓坡地要进行全面翻土。整地前对造林地的采伐剩余物或杂草、灌木等天然植被进行清理，宜保留阔叶树，陡坡地建议开成梯形以利水土保持。栽植时间南方一般在春秋两季，在生产中以春季栽植为主。栽植时选用一年生二级以上苗木，按苗木大小分区栽植，以便生长整齐。定植穴一般长宽深 60 cm×60 cm×50 cm，种植时苗木放正，培土 1/3 后向上提一下苗木，理顺根系，然后扶正踩实，浇水，再填土高出地面约 10 cm，以防积水。栽植深度一般应超过苗木根颈 2～3 cm，栽后宜用地膜（黑地膜为佳）或杂草灌枝覆盖穴盘。

（三）田间综合管理

1. 苗期管理

杜仲喜湿而忌积水，因此要保障土壤水分的充足，在遇到干旱情况时及时进行灌溉，但在雨季汛期时要及时排除园内的积水。间苗的原则是留优去劣，留疏去密，幼苗过于稀疏的地段要进行补苗，合理保留密度。杜仲幼苗长出 3～4 片真叶时，按株距 6～8 cm 间苗，苗高 17 cm 左右时，株距按 7～13 cm 定苗，苗量为 15～40 株 /m^2。出苗后及时清除杂草，坚持“除早、除小、除了”的原则，保证苗圃无杂草，除草结合松土，早期宜浅耕，后期宜深耕。注意不要伤害苗木根系，以人工除草为主。

2. 林期管理

（1）松土除草　待第二年春季土壤解冻后，苗木进入生长期，及时松土除草，第一次松土于 4 月中旬进行，第二次松土于 5 月下旬至 6 月中旬进行，连续 2～3 年，做到里浅外深，不伤根系，深度 10～15 cm。

（2）灌溉与排水　多雨季节时，低洼地要防积水，挖排水沟，干旱季节进行抗旱。

（3）补植　造林后第二年，对缺株进行补植，补植用二年生一级苗。

（4）定干整形　定植造林后，在前 3～5 年的幼林期，应及时根据经营培育目的进行反复修剪整形，直到形成所需理想树形。乔林：进行修枝打杈，留直去弯，绑缚扶正，使树体挺直和匀称饱满。头林：矮化截干，选留均匀健壮主枝。矮林及丛林：截干或矮化平茬，促进分枝，尽早郁闭，大量产叶。

（5）整枝修剪　每年冬季剪除下垂枝、病虫枝及枯枝，使树冠通风透光。以收获杜仲树皮为目的的乔林，应适当修剪侧枝，剪除当年生萌蘖苗，以促进树干及主枝健壮生长。以采叶为目的的矮林及丛林，剪除过密的细弱枝，保留和培育萌蘖苗，形成自然的圆头形树冠，以增加杜仲叶产量。

（6）间种　杜仲幼林期应以耕代抚，间作豆科作物、草本药材等矮秆作物，间种的植物要与杜仲保持 50 cm 以上的距离。

（7）抚育间伐　林分郁闭度＞0.8 时，应及时抚育间伐。伐掉衰弱树、被压树和病虫树，或按比例隔行间伐。

（四）无公害合理施肥

施用的肥料以有机肥为主，其他肥料为辅，限量施用化肥，且有机肥料必须经过高温发酵，达到无害化标准。施肥主要包括施基肥和追肥，苗圃地和定植穴要施足基肥，一般用腐熟的有机肥，追肥一般结合中耕除草，苗期在生长旺盛期可多施肥，以促进生长，生长后期不再施肥，促进木质化。苗期追施尿素，一般兑入清粪水。幼林期结合中耕除草每年追肥 1～2 次，后期可减少追肥次数。每年入冬前再施一次农家肥，3～6 年生幼树每株可施基肥 5～10 kg，7 年生以上每株施 10～15 kg，施肥时每株宜加入过磷酸钙 0.5～1.0 kg。具体的施肥方法见表 2-20-4。

表 2-20-4　杜仲无公害施肥方法

类型	施肥方法
苗圃基肥	每亩有机肥 800～1500 kg、饼肥 50～100 kg
苗期追肥	5 月中旬至 7 月上旬追肥，前期喷施 0.3% 尿素水溶液，后期喷施 0.5% 尿素水溶液，9 月中旬喷施 0.3%～0.5% 磷酸二氢钾，每隔 20 天一次，连续喷施两次
种植地基肥	每穴施有机肥 5 kg、磷肥 0.5 kg、饼肥 0.5 kg，回表土至穴 1/2 处，土肥拌匀，再回少量表土
定植后追肥	每年追肥 1～2 次。春季追施人粪尿或与尿素混合追施，以氮肥为主，通常 5 年生以下幼树每株施尿素 0.05～0.15 kg，5 年生以上中幼树渐增至 0.15～0.3 kg，宜加入少量磷肥。秋季主要追施磷钾肥，每株施复合肥（N：P：K=15：15：15）0.1 kg

四、病虫害综合防治

（一）综合农艺措施

选择土质疏松、肥沃、灌排水条件好的地块，尽量避开重茬地及长期种植蔬菜、豆类、瓜类、棉花、马铃薯的地块。冬季土壤封冻前施足充分腐熟的有机肥，同时每公顷加施 1.5～2.3 t 硫酸亚铁，将土壤充分消毒，酸性土壤每公顷撒 0.3 t 石灰。搞好园地卫生，已经死亡的幼苗或幼树要立即挖除，将植株烧掉，并在发病处充分杀菌消毒。及时清除杂草，减少、消灭幼虫的吃食条件和成虫产卵场所。合理施肥、灌溉，提高植株抗病能力。林内做到通风透光，经常检查病虫害情况，若发现有病虫害发生，做到治早、治了、治好。

（二）物理防治

可人工捕杀；放养家禽啄食；利用黑光灯诱捕。成虫羽化初期，产卵前用白涂剂涂刷树干；在树干上涂刷毒环或绑毒绳，阻杀上、下树幼虫。

（三）化学防治

针对病虫种类科学合理应用化学防治技术，禁止使用高毒、高残留农药及其混配剂（包括拌种及杀地下害虫等），可适量用高效、低毒、低残留的农药，对症适时施药，降低用药次数，选择关键时期进行防治。化学药剂可单用、混用，并注意交替使用，以减少病虫抗药性的产生，同时注意施药的安全间隔期。具体病虫害的化学防治方法见表 2-20-5。

表 2-20-5 杜仲部分病虫害的化学防治方法

病虫害	防治方法
根腐病	1∶1∶100 的波尔多液喷射树干、树枝，50% 多菌灵或 50% 甲基托布津 400～800 倍液浇灌病穴，7～10 天一次，连用 2～3 次
立枯病	1∶1∶100 的波尔多液，用药液 112 g/m^2，在苗木出土后，每隔 10 天左右喷洒 1 次，连续 4～5 次；用 50% 甲基托布津 1000～1500 倍液或 50% 多菌灵 1000～1500 倍液浇灌病株根部
枝枯病	发病后及时剪除感病枯枝，伤口用波尔多液涂抹；也可喷施 65% 代森锌可湿性粉剂 400～500 倍液，每隔 10 天左右 1 次，共喷 2～3 次
杜仲夜蛾	2.5% 溴氰菊酯乳油喷杀，连续 2～3 次，间隔 10 天左右

五、采收方法及质量标准

（一）杜仲剥皮再生方法

杜仲生长周期长，一般要 10 年以上才能利用。传统砍树剥皮采收方式对资源造成极大破坏，与林业、生态环境保护产生了矛盾，因此提倡剥皮再生技术。剥皮再生对植株的质量要求较高，对操作技术也有一定要求，再生新皮也受到外界环境条件如温度、湿度、光照等因子的影响，剥皮后若处理不好，易影响再生皮的产量和质量。剥皮一般选择夏季 5～7 月高温高湿季节，阴天或晴天下午 4 时后进行。若遇下雨，在下雨后 1 周左右剥皮最佳；若遇干旱，在剥皮前 1 周宜浇水。选择长势旺盛、枝叶繁茂、叶色深绿、皮孔多、皮厚 3～5 mm、无病虫害的植株剥皮，在主干距地面 15～20 cm 处环切一刀，以此为起点向上取定高度，割第 2 道切口，在两切口间纵割一切口，使割口呈“工”字形（深度以不伤形成层为宜）。用洁净的竹片沿切口将整张树皮剥下，再依次向上剥第 2 筒、第 3 筒，每筒长度 85 cm 左右，全树剥皮长度不得超过 4 m。剥皮后避免灰尘或手触及伤口，可用 10 μg/L 2，4～D 或 10 μg/L 赤霉素（GA）或 10 μg/L 萘乙酸（NAA）加 10 μg/L 赤霉素（GA）水溶液处理剥皮部位，用透明地膜包扎，包裹绳扎在未采剥树皮上，捆扎上紧下松，防止阳光直射和雨淋。视新皮生长情况，一般 20 天左右解膜。一般剥皮 3 年后再生皮可达到原生皮厚度，正常生长 4～5 年后又可剥皮 1 次。

（二）无公害杜仲质量标准

无公害杜仲质量包括药材农药残留和重金属及有害元素限量等指标。《中华人民共和国药典》（2015 年版）规定杜仲松脂醇二葡萄糖苷≥0.10%，同时要求重金属含量铅≤5.0 mg/kg，镉≤0.3 mg/kg，铜≤20 mg/kg，汞≤0.2 mg/kg，砷≤2.0 mg/kg，农药残留量氯丹≤0.10 mg/kg，七氯≤0.05 mg/kg，六氯苯≤0.20 mg/kg，五氯硝基苯≤0.10 mg/kg，艾氏剂≤0.05 mg/kg，滴滴涕、六六六不得检出。现各产区药材的总灰分、浸出物、有效成分含量基本上可以达到《中国药典》（2015年版）规定，具体测定可按《中国药典》（2015年版）规定的方法进行。一些产地存在重金属超标的问题，因此应尤其注意严格选地，确保产地环境中的重金属含量符合相关规定。关于农药残留的问题未曾发现有相关的记述，不能确定是否存在超标问题，但也应该按要求进行检测，保证用药安全。

杜仲综合利用价值高，全国大部分地区皆有引种，但所产药用杜仲质量参差不齐，甚至存在重金属超标等安全性问题，本文对杜仲无公害生产的各个关键环节，包括适宜产地的选择、良种的选择、栽培及田间管理、无公害合理施肥及病虫害综合防治、剥皮再生等进行了总结，提出无公害生产的技术方法和质量标准，以指导和规范栽培技术，实现生产的科学化、规范化、现代化，解决生产中的安全隐患问题，提高药材品质。

参考文献

[1] 张志勇，唐云安，方向京，等．矿区废弃地土壤与杜仲重金属污染状况相关性研究[J]．安徽农业科学，2010，38（15）：8097-8098.

[2] 杜红岩，胡文臻，王璐，等．河南省杜仲橡胶资源产业发展现状及对策[J]．经济林研究，2015，（04）：157-162.

[3] 孙志强，杜红岩，李芳东．杜仲集约化栽培潜在的病虫灾害及其应对策略[J]．经济林研究，2011，29（04）：70-76.

[4] 朱景乐，杜红岩，李芳东，等．3个杜仲品种叶片性状及活性成分质量分数[J]．东北林业大学学报，2014，（03）：42-44.

[5] 王效宇，陈毅烽，伍江波，等．湖南省杜仲资源现状调查[J]．林业资源管理，2015，（03）：146-150.

[6] 王高鹏，程超民，孟淑霞．杜仲良种无性系嫩枝扦插繁育技术研究[J]．河南农业，2018，（02）：20-21.

[7] 王高鹏，程超民，孟淑霞．杜仲良种果园化高效栽培技术[J]．绿色科技，2018，（03）：78-80.

[8] 董林林，苏丽丽，尉广飞，等．无公害中药材生产技术规程研究[J]．中国中药杂志，2018，43（15）：36-45.

[9] 陈士林，董林林，郭巧生，等．中药材无公害精细栽培体系研究[J]．中国中药杂志，2018，43（08）：1517-1528.

[10] 姚万有，韩少印．无公害中药材病虫害防治技术[J]．农村实用技术，2009，（12）：39-40.

[11] 王承南，熊微微．杜仲生态栽培技术[J]．经济林研究，2003，（04）：82-84.

[12] DB51/T 1154-2010，无公害中药材 杜仲生产技术规程[S].

[13] DB62/T 2254-2012，临夏州杜仲栽培技术规程[S].

[14] DB34/T 2942-2017，杜仲播种育苗技术规程[S].

[15] LY/T 1561-2015，杜仲栽培技术规程[S].

（杨俐，李洪运，丁丹丹，叶萌，向丽）

21 辛夷

引言

辛夷又称木笔花、望春花、木兰花、辛夷桃、姜朴花等，有两千多年的使用历史和大量文献记载。《中华人民共和国药典》（2015 年版一部）收载的辛夷为木兰科植物望春花 *Magnolia biondii* Pamp.、玉兰 *Magnolia denudata* Desr. 或武当玉兰 *Magnolia sprengeri* Pamp. 的干燥花蕾。冬末春初花未开放时采收，除去枝梗，阴干。辛夷是我国传统中药材之一，主要分布于我国东中部及西南地区，长江流域及其以南各省均可人工栽培。据调查，目前商品辛夷的主流品种是河南望春花，河南南召是辛夷的原产地和最佳适生区。从分布的生态区域来看，辛夷多分布于山坡、路旁、林边等处，喜温暖湿润的气候，适应性较强，山谷、丘陵、平原均可栽培，较耐寒，耐旱，忌积水。望春花为辛夷药材的主流品种，约占 80%，原产湖北，今分布于河南、湖北、陕西及四川等省，多为栽培，少有野生；玉兰主产于我国四川、河南、湖南等省，作为观赏植物用于庭院、公园及行道绿化等；武当玉兰分布于鄂西北尤其是十堰地区，广泛用于治疗风寒头痛、鼻渊、鼻塞。

一、产地环境

（一）生态环境要求

无公害辛夷生产的产地环境应符合国家《中药材生产质量管理规范（试行）》的要求，辛夷产地环境应符合 GAP 的规范标准，及 NY/T 2798.3-2015 无公害农产品 生产质量安全控制技术规范；无公害辛夷种植地的空气环境质量应符合 GB/T 3095-2012 中一、二级标准值要求，农田灌溉水的水源质量应符合 GB 5084-2005 的相关规定要求，以及种植地土壤应符合 GB 15618 和 NY/T 391 的一级或二级土壤质量标准要求。无公害辛夷生产要根据其生物学的特性，依据《中国药材产地生态适宜性区划（第二版）》进行产地的选择。辛夷属木兰科高大乔木，既是紧俏的药用资源，又是很好的观赏性花木，野生资源主要分布于我国东中部及西南地区，长江流域以南各省均可人工栽培。辛夷喜阳光充足的环境，较耐寒，在土质肥沃、疏松、排水良好的砂质壤土和酸性至微酸性壤土上生长良好，适应性强，山区、丘陵、平地以及房前屋后零星地块都可栽培，但土质黏重、低洼积水的地方不宜种植。无公害辛夷生产选择在生态环境条件良好的地区，产地区域和灌溉上游无或不直接受工业“三废”、城镇生活、医疗废弃物等污染，避开公路主干线、土壤重金属含量高的地区。不能选择冶炼工业（工厂）下风向 3 km 内。辛夷主要生长区域生态因子范围见表 2-21-1。

表 2-21-1　辛夷野生分布区、道地产区、主产区气候因子阈值（GMPGIS-II）

生态因子	玉兰	望春花	武当玉兰
年均温度（℃）	7.3～22.8	4.9～14.6	6.6～17.4
平均气温日较差（℃）	6.5～13.9	7.7～11.3	6.8～10.6
等温性（%）	21.0～51.0	25.0～30.0	24.0～37.0
气温季节性变动（标准差）	2.9～11.7	7.3～9.4	5.5～5.8
最热月最高温度（℃）	18.5～34.6	19.1～32.3	20.3～33.3
最冷月最低温（℃）	-18.2～12.7	-9.7～-2.9	-8.3～3.2
气温年较差（℃）	16.2～46.6	28.8～37.3	25.4～35.4
最湿季度平均温度（℃）	3.5～28.4	13.5～26.2	15.2～27.6
最干季度平均温度（℃）	-8.9～21	-50～29	-3.1～6.7
最热季度平均温度（℃）	14.5～28.6	14.5～26.3	15.4～27.6
最冷季度平均温度（℃）	-8.9～17.1	-5.0～2.9	-3.1～6.7
年均降水量（mm）	421.0～381.0	630.0～1137.0	598.0～1520.0
最湿月降水（mm）	70.0～724.0	118.0～193.0	126.0～231.0
最干月降水（mm）	2.0～86.0	3.0～19.0	2.0～33.0
降水量季节性变化（变异系数 %）	7.0～132.0	60.0～81.0	54.0～87.0
最湿季度降水量（mm）	185.0～1980.0	336.0～529.0	331.0～650.0
最干季度降水量（mm）	9.0～341.0	12.0～67.0	9.0～109.0
最热季度降水量（mm）	153～1980	305～491	316～646
最冷季度降水量（mm）	9.0～711.0	12.0～67.0	9.0～109.0
年均日照（W/m^2）	99.0～157	61.0～66.0	57.0～74.0
年均相对湿度（%）	60.0～80.2	61.8～66.7	57.1～74.0

（二）土壤条件

辛夷植物具有适应多种外界环境气候条件和土壤的能力，在流域治理与水土保持中具有重要作用。辛夷喜温暖气候，平地或丘陵地区均可栽培。应选择排水良好、土层深厚、坡度较缓的中性或微酸性砂壤土。

二、优良品种

（一）优良品种选育

针对辛夷生产情况，选择适宜当地生长环境的抗病、优质、高产、商品性好的优良品种，尤其是对病虫害有较强抵抗能力的品种。病虫害一方面造成产量和品质的降低；另一方面使用化学农药来防治病虫害，不仅增加成本且污染环境，还会通过食物链使产品中残留的农药进入人体而产生毒害，危及人类健康。选育优质高产抗病虫的新品种是无公害辛夷生产的一个首要措施。针对育苗移栽或无性繁殖，选取无病原体、健康的繁殖体为材料进行处理。目前辛夷种类繁多，经过观察对比，适合大面积栽培推广的优良品种类型有：桃实望春玉兰、腋花望春玉兰（一串鱼）、宛丰望春玉兰。

（二）种子处理

当果轴呈紫红色，果实开裂、露出珠红色种子时，适时采摘（一般在9月上旬）。摘后晾干，但要保持20～26℃，防止种皮变黑，影响种子萌发。因外种皮为肉质，富含油脂，需用水500 ml，加白碱1 g，放入0.5 kg种子，浸泡20～24小时，搓去外种皮，然后捞出，用清水冲洗，摊在席上，置室内通风处凉1～2天。凉时勤翻动，防止发霉，但也要保持一定温度。

（三）育苗

直播育苗：苗圃选择的适当与否，直接影响苗木的产量和质量，要选在地势平坦、土层深厚、土质疏松肥沃、排水方便、通气良好的微酸性（pH 6～6.5）砂质壤土或轻黏壤土地。冬季深翻18～20 cm，早春解冻后浅耕。耕前施足腐熟过的有机肥。翻后随时耙平作床，床高15～20 cm，宽30～35 cm，床面成龟背形，以防积水。在垄顶开沟，沟深2.5～3.5 cm。将种子按3.5～6.5 cm株距播入沟内，覆土寸许，轻轻压实，经常保持土壤湿润，一月左右子叶方可出土。

（四）圃地管理

苗木成活后，及时中耕松土、除草，增温保墒，促使苗木根系发育，提高吸水能力，中耕要先浅后深。结合灌水要适时追肥，追肥要前重后轻，即前期促，后期控，因望春花苗木髓心大，若秋梢生长过旺，冬季易受冻害，故自8月上旬以后开始减少水肥，增加苗木的木化度，提高移栽成活率。

（五）间苗匀苗

原则为去小留大，去歪留正，去杂留纯，去劣留优，去弱留强。育苗期内要控制好温、湿度，精心管理，使秧苗达到壮苗标准。定植前再对秧苗进行严格的筛选，可以大大减轻或推迟病害发生。

（六）栽培管理

栽培辛夷是以采摘花蕾作药用为目的，为此，辛夷的栽培管理应重点保证有足够的肥料供植株的生长和孕蕾。一般每年要施 3 次肥，第一次在春天抽叶时，以饼肥、猪粪等农家肥为主，使开花母树能生长旺盛，有足够的营养积累满足孕蕾之需要；第二次在 5～6 月间，此时适逢花芽分化，可追施一次速效磷肥，种类如磷酸二氢钾或其他复合肥，用以满足大树花苞生长的需要；第三次在采摘花蕾后，年年采摘花蕾，对母树伤害不小，必须补充营养，若为早春采蕾，则可与春季第一次施肥并作一起进行，以减少管理成本。

（七）造林密度

一般情况下，造林株行距应选择为 4 m×5 m 或 4 m×4 m，每亩栽植 33～42 株。

（八）栽培技术

辛夷的栽培方法有种子繁育、嫁接繁殖、扦插繁殖、分株繁殖、高空压条法、压条法，生产上以扦插繁殖和嫁接繁殖为主。

1. 种子繁殖

春分、秋分均可播种：先翻土、施厩肥或堆肥，造畦，作好苗床，种子与草木灰混合置温水中浸泡 3～5 天，搓去种皮，再用温水浸泡 36 小时捞出后，盖上草毡子，经常洒水，并保持一定温度，待种皮裂开后，条播于苗床，播后盖土 3 cm 左右，轻压。用种子育苗，一般 1 年到 2 年后即可移栽。

2. 嫁接繁殖

嫁接最佳时间为 5 月份。砧木通常选择发育良好、生长壮实、无病虫害、根系和茎发育旺盛的一年生（或二年生）白玉兰苗。接穗选取健壮、发育良好、芽呈休眠状、无病虫害的一年生枝条，采用芽接法嫁接，有较高的成活率。嫁接方式及嫁接时间需根据各地气候而定，在江淮地区，夏季 7～8 月，以剥芽嫁接成活率为高，且可一砧接多芽，惟树形不太理想；秋季 9～10 月，用腹接法成活率最高，且树形端庄，适于生产中推广运用。嫁接苗如果管理得当，2～3 年后即可供采摘花蕾，可比播种苗提前受益，具有较大的生产价值。

3. 扦插繁殖

初春树叶未萌发时进行。选两年以上健壮枝条，剪取近基部生长较为壮实枝条；长 20～25 cm，插入已备好的插床上，插后浇水，搭棚遮阴，1 个月左右便可生根，培育 1 年后，便可移栽。分株繁殖利用紫花玉兰在根茎周围常萌生许多萌芽条的特点。于前一年冬天，用肥沃、轻松泥土埋根，使其具良好的萌生环境。次年春天便会有许多萌芽苗，至落叶后便可将萌芽苗掘起分栽。选用幼龄植株上的春季营养枝作插条，用自配的生根粉（NIBP）800 mg/L 溶液速蘸后，插于塑料棚内细沙基质上，其插条生根率大于93%，且根系发达。用紫玉兰嫩枝进行扦插，最高生根率达78%，对紫玉兰绿枝扦插生根率与采条时期的关系进行了研究，结果表明采条时间对紫玉兰绿枝扦插生根影响极显著。就辛夷植物的扦插繁殖来看，该类树种的扦插成活率与扦插时间和插穗的选择有密切关系，一般嫩枝扦插以生长旺季进行为好，硬枝扦插应在植物生长停滞后埋藏进行，方能取得较高的成活率。另外，成活率还与扦插基质、相对湿度、温度以及激素的处理等有一定的关系。

4. 压条繁殖

在春季或梅雨季节进行。将辛夷植物枝条弯曲压入土中，使其生根，半年左右便可切离移栽。也可采用高压法，选生长健壮的枝干，用小刀环剥1 cm的切口，用塑料包扎干湿适度的培养土，待其生根后，即可剪断定植。当前，对辛夷植物进行的无性繁殖研究中，主要包括扦插、嫁接和组织培养，在生产实践中，由于该类植物扦插生根困难，抑或是其组织培养技术尚未完善。人们常常采用高空压条或压条等技术来进行无性繁殖，成株率高，但繁殖系数小。

5. 移植造林

（1）林地选择及准备　选择背风向阳、排水良好、土壤肥沃的中性或微酸性砂壤土。土壤肥沃，杂草较少的造林地应于秋、冬整地，翌年春栽植；土质较硬，石砾较多，肥力较差的造林地应于伏天整地，蓄水淤土，提高肥力。15° 以下缓坡可做成水平梯田，宽度依行距而定，土层厚度要求80 cm；15°～25° 斜坡应在行间抽槽深翻，深宽各80 cm；25° 以上陡坡整修成大鱼鳞坑，其直径不小于2 m；平地和路旁则采用大穴整地，穴规格为1 m×1 m×1 m。

（2）造林技术　秋季落叶后或春季萌芽前，在选好的林地上按行株距5～6 m开穴，穴深50 cm左右，每穴施入充分腐熟的农家肥25～50 kg，尿素0.25 kg，钙镁磷肥1 kg。选择一、二年生实生苗或一年生嫁接苗，苗高80 cm以上，直径1 cm以上健壮、无病虫害的苗木，每穴植入1株，使苗木主根及较粗大的侧根舒展，分层填土，层层压实，并淋足定根水。定植后可根据土壤含水量情况浇水2～5次，以保证苗木的成活率。栽后萌芽前将距地面1 m以上的部分剪去；栽后当年或翌年侧芽萌发后尚未木质化前，选留中上部5～7个芽，培养主枝和辅养枝，多余侧芽全部抹去。

三、田间管理

（一）选地整地

辛夷喜温暖气候，平地或丘陵地区均可栽培。无公害辛夷种植的土壤环境，应选择排水良好、土层深厚、坡度较缓的中性或微酸性砂壤土（表2-21-2）。整地季节依据造林地土壤状况而定。土壤肥沃、杂草较少的造林地，最好秋、冬季整地，次年春季栽培；土质较硬、石子较多、肥力较差的造林地，应在伏天整地，蓄水淤土，提高肥力。整地方式多以穴状为主。按照设计的株行距，以定植点为中心挖穴，规格1 m×1 m×1 m。坡度在16° 以上的山坡地，应修筑鱼鳞坑，以达到保水保土保肥的目的。

表 2-21-2　无公害辛夷种植土壤类型及重金属和有害元素限量

土壤类型	重金属和有害元素	
	项目	限值（范围）
主要土壤类型为高活性强酸土、人为土、始成土、淋溶土、白浆土、粗骨土等	总镉（mg/kg）	≤0.30
	总汞（mg/kg）	≤0.25
	总砷（mg/kg）	≤25
	总铅（mg/kg）	≤50
	总铬（mg/kg）	≤120
	总铜（mg/kg）	≤50

（二）中耕除草

紫花玉兰在未成林前，每年除草 3～4 次，成林后视苗木情况酌情除草中耕，并于基部培土，除去基部萌蘖苗。成片种植可间作其他矮秆作物如蔬菜、豆类及耐阴的中草药等。

（三）整形修剪

辛夷幼树生长旺盛，必须及时修剪，否则易造成郁闭，内部通风透光不良，影响花芽形成，当定植苗高 1～1.5 m 时打顶，主干基部保留 3～5 个主枝，避免重叠，以充分利用阳光。

（四）合理施肥

1. 施肥原则

紫花玉兰喜肥，每年冬季中耕后，每亩施入2000 kg的农家肥与100 kg过磷酸钙堆沤的复合肥，开环状沟施，施后覆土，以促进来年多结壮实的花蕾。早春采摘花蕾后，每株增施速效氮肥 2～3 次，以促进萌芽抽枝。当天旱时，结合松土进行灌溉，以促使枝叶生长茂盛，翌春花蕾多，产量高。夏季摘心和越冬前也应适当增施农家肥。辛夷施肥应坚持以基肥为主、追肥为辅和有机肥为主、化肥为辅的原则；以多元复合肥为主，单元素肥料为辅的原则；大中微量元素配合使用平衡施肥原则；养分最大效率原则。有机肥和无机肥搭配使用，有机肥除了能补充辛夷生长所需要的微量元素、增加土壤有机质和改良土壤外，在持续增加辛夷产量，改善其品质方面更具有特殊作用。

未经国家或省级农业部门登记的化肥或生物肥料禁止使用；使用肥料的原则和要求、允许使用和禁止使用肥料的种类等按 DB13/T454 执行。

2. 肥料类型

有机肥如堆肥、厩肥、沼肥、绿肥、作物秸秆、泥肥、饼肥等。应经过高温腐熟处理，杀死其中病原菌、虫、卵等。

生物菌肥包括腐殖酸类肥料、根瘤菌肥料、磷细菌肥料、复合微生物肥料等。

微量元素肥料即以铜、铁、硼、锌、锰、钼等微量元素及有益元素为主配制的肥料。针对性施用微肥，提倡施用专用肥、生物肥和复合肥，重施基肥，少施、早施追肥。

3. 施肥方法

根系浅的地块和不易挥发的肥料宜适当浅施；根系深和易挥发的肥料宜适当深施。化肥深施，既可减少肥料与空气接触，防止氮素的挥发，又可减少氨离子被氧化成硝酸根离子。采收前不能施用各种肥料，防止化肥和微生物污染。

每年秋季（9 月下旬至 10 月上旬）施足基肥，以农家肥为主，也可加入落叶杂草。10 年以下幼树每株 50 kg，10 年以上初药树每株 100 kg，50 年以上盛蕾期大树每株 150 kg。施肥方法：幼树沿树冠外围环沟或条沟施入。沟深、宽 40 cm 大树可全园撒施，施后翻耕 25 cm 左右。2 月上中旬植株萌芽前，20 年以下植株每株施尿素 1～1.5 kg，20 年生以上植株每株施入尿素 2～2.5 kg。小树沟施，大树撒施，深度 25～30 cm。4 月下旬至 5 月上旬花芽分化前每株施入磷酸二铵 1～2 kg。

四、病虫害综合防治

随着中药材生产管理质量规范（GAP）的实施，为保证中药材质量，必须按照 GAP 要求进行生产操作，对病、虫、草害采取“预防为主，综合防治”的原则，禁止使用剧毒、高毒、高残留或具有致癌、致畸、致突变的农药，以加强栽培管理为基础，优先选用农业措施、生物防治和物理防治的方法，最大限度地减少化学农药的用量，以减少污染和残留。辛夷无公害生产过程农药使用相应准则参照 NY/T 393 绿色食品 农药使用准则、GB 12475 农药贮运、销售和使用的防毒规程、NY/T 1667（所有部分）农药登记管理术语。按照无公害辛夷生产主要病害防控技术规程和无公害辛夷生产主要虫害防控技术规程执行，在生产管理过程中容忍部分病虫害损失，使辛夷药材中农药残留和重金属含量符合规程要求。

1. 病害防治

主要病害类型为根腐病、立枯病、紫纹羽病、干腐病等，其无公害防治方法如表 2-21-3。

表 2-21-3 无公害辛夷栽培的病害防治方法

防治对象	发病症状及危害	防治方法
立枯病	感病幼芽或幼苗多从地表或地表下发病，逐渐使幼苗干枯死亡，幼苗出土前，由病菌侵入细嫩组织，当高温高湿时，发病严重，常引起幼苗大量死亡	①育苗时要轮作；②苗木密度要适中，不能过密；③要高床测灌，及时排水；④发病前或发病期，每 10～15 日 喷一次 1：1：140 倍波尔多液或 25% 的多菌灵、代森锌 500 倍液或 0.5% 的硫酸亚铁溶液
根腐病	病况表现为病部紫褐色，有时流出褐色汁液。皮层内充满白色菌丝，病组织具有蘑菇气味，夜间具有荧光现象。病害发生于春季或秋季，夏秋之交雨量多时产生蘑菇，多在病树基部，菌盖与菌柄浅黄色，菌环白色	①选择优质品种：②树体根部喷药保护：移栽前，对重病区辛夷根部喷一次铲除剂“农抗 120”150 倍液或 25% 培福朗 500 倍液或 3～5 度石硫合剂

续表

防治对象	发病症状及危害	防治方法
紫纹羽病	除寄生性病菌引起烂根外，不良的环境条件还引起生理性烂根	①封锁隔离；②刮治病根；③土壤消毒：a、甲基托布津 1000 倍液，每株大树 15～25 kg；b、波美 1 度石硫合剂，每株 50～75 kg；④扒土晾根：每株掺入 5～10 kg 草木灰封好；⑤桥接、根接；⑥掘除病株
干腐病	枝干受病后，皮呈褐色腐烂，逐渐向里使木株腐朽。初期无明显病症，感病严重的，使大树上枝干逐渐枯死，春秋两季为发病高峰	①彻底清园；②树体喷药保护："农抗 120"150 倍液；③及时刮治病疤

2. 虫害防治

主要虫害类型为大蛾、辛夷卷叶象甲、栗带角胸叶蝉、天牛、蚜虫、辛夷茎蜂等，无公害防治方法如表 2-21-4。

表 2-21-4　主要虫害类型及无公害防治方法

类型	危害部位	症状	发病规律	防治方法
大蛾	叶片	叶片呈不规则的孔洞	1 年发生 2 代，以若虫越冬，翌年 5～6 月间发生第 1 代，8～9 月间发生第 2 代	在孵化盛期和幼龄阶段，于傍晚喷射 50% 马拉松乳剂 100 倍液，有较好的防治效果
辛夷卷叶象甲	叶片	被卷叶片在 1～4 天内萎蔫脱落，影响树体生长	成虫于 5 月下旬～7 月下旬咬食新梢嫩叶及成形叶片，然后产卵于叶片先端，并将叶片对折卷起后，再另寻新叶危害产卵	6～8 月份及时拾捡产卵的卷叶烧掉或深埋；冬季深翻树盘清扫落叶烧掉或深埋
蚜虫	嫩枝和幼叶	常在叶背刺吸汁液，体黄绿色	每年发生多代	黄板诱杀
天牛	幼枝、叶	幼虫在枝干内越冬，幼虫为害后排出木屑	每 2～3 年完成 1 代，以幼虫或成虫在枝干内越冬；6 月上中旬成虫羽化时，为害幼枝、叶	成虫羽化后，多于早晨在树干基部交尾，可人工捕杀
辛夷茎蜂	枝条髓部	老熟幼虫于辛夷 1 年生枝条内越冬，翌年 3 月化蛹，成虫于 3 月中旬至 4 月中旬自枝内向外咬成圆形缺口后外出	1 年生枝条虫害率较高，5～11 月的为害率达 37%	由于此虫为新发现，其防治方法有待进一步深入研究

3. 耕作措施

因地制宜地选用抗病品种，实行间作、套作、翻耕。无公害辛夷植株的行间可套作藤本植物。翻耕可促使病株残体在地下腐烂，同时也可把地下病菌、害虫翻到地表，需结合晒垡进行土壤消毒。深翻还可使土层疏松，有利于根系发育。

适时播种、避开病虫危害高峰期，从而减少病虫害。清洁田园时应及时拔除、严格淘汰病株，摘除病叶病果并移出田间销毁，可以减少再侵染源。

辛夷生长期间还要采取中耕、松土、除草等措施，可以有效防止田间病、虫、草害，消灭病、虫寄主，有助于降低虫害的发生率。

4. 合理配置株行距，优化群体结构

建议栽植密度为每公顷400株，株行距为5 m×5 m。种植密度的规划是为了让辛夷有足够的生长空间，同时生长期间有足够的营养吸收，确保农作物稳定健康地生长。

一般情况下，需要参照辛夷的种类、品种、株型、最适叶面积系数、种植季节、水肥状况等因素，对种植密度、种植规格等进行详细分析，然后构建一个由苗期到成熟期的合理群体结构，让辛夷植株之间能够维持良好的透光状态，特别是植株下部的光照条件，提高植株抗性，消除发病的局部小气候条件，为植物营造更优越的生长环境，有效地预防病害的发生。

五、质量标准

无公害辛夷的采收期依据每种的类型选择适宜的采收期。无公害辛夷原料的装运、包装环节要避免二次污染，需要清洗的原料、清洗水的质量要求必须符合GB 3838地表水环境质量标准的Ⅰ～Ⅲ类水指标。需要干燥的无公害辛夷原料，需依据每种药材类型及要求，采用专用烘烤设备或专用太阳能干燥棚等进行干燥。

1. 农药重金属及有害元素残留限量

无公害辛夷农药残留和重金属及有害元素限量应达到相关药材的国家标准、团体标准、地方标准以及ISO等相关规定。通过多年来对辛夷产地、市场、进出口检验等数据进行分析，并参考《中华人民共和国药典》（2015年版）、美国、欧盟、日本及韩国对辛夷的相关标准以及ISO18664：2015《Traditional Chinese Medicine—Determination of heavy metals in herbal medicines used in Traditional Chinese Medicine》、GB 2762-2016《食品安全国家标准 食品中污染限量》、GB 2763-2016《食品安全国家标准 食品中农药最大残留限量》等现行标准，规定无公害辛夷农药残留和重金属及有害元素限量，包含艾氏剂、毒死蜱、氯丹、五氯硝基苯等42项高毒性、高检出率的农药残留限量，及铅、镉、汞、砷、铜重金属及有害元素限量（表2-21-5）。

表2-21-5 无公害辛夷农药残留和重金属及有害元素限量通用标准

项目	最大残留限量（mg/kg）	项目	最大残留限量（mg/kg）
农药			
艾氏剂	0.02	地虫硫磷	不得检出
五氯硝基苯	0.10	氯氰菊酯	0.10
毒死蜱	0.50	六氯苯	0.10
总滴滴涕	不得检出	多菌灵	0.50
五氯苯胺	0.02	对硫磷	不得检出

续表

项目	最大残留限量（mg/kg）	项目	最大残留限量（mg/kg）
敌敌畏	不得检出	氯丹	0.10
辛硫磷	不得检出	腐霉利	0.50
氧化乐果	不得检出	戊唑醇	1.00
灭线磷	不得检出	嘧菌酯	0.50
吡唑嘧菌酯	0.50	甲基对硫磷	不得检出
七氟菊酯	0.10	甲胺磷	不得检出
久效磷	不得检出	甲霜灵	0.50
氯氟氰菊酯	0.70	溴虫腈	不得检出
咯菌腈	0.70	丙环唑	1.00
醚菌酯	0.30	氟菌唑	1.00
百菌清	0.10	六氯苯	0.05
嘧菌环胺	1.00	苯醚甲环唑	0.70
克百威	不得检出	烯酰吗啉	1.00
噁霜灵	1.00	高效氯氟氰菊酯	1.00
联苯菊酯	0.50	三唑醇	1.00
七氯	0.05		
重金属及有害元素			
铅	1.0	汞	0.1
镉	0.3	砷	2.0
铜	20		

2. 杂质及含量测定

参照高效液相色谱法（通则0521）《中华人民共和国药典》2015年版一部进行测定。本品含挥发油不得少于1.0%（ml/g）。本品按干燥品计算，含木兰脂素（$C_{23}H_{28}O_7$）不得少于0.40%。

随着中医药事业发展和人民生活水平的提高，人们对中药材的需求量越来越大，野生辛夷资源已经远远不能满足需求，由于农村荒山荒地的开垦利用，辛夷自然资源逐渐减少，野生品上市量逐年下降；人工种植因生长周期较长，生产发展较慢，货源偏少。农户栽植辛夷将成为主要种植产业发展模式。目前，多数文献及质量追溯系统研究多集中在商品流通领域的管理，忽视了中药的药品属性。建立辛夷无公害种植正是解决辛夷野生资源匮乏的重要途径，本规程明确要求辛夷的种植环境，针对种植过程中的土地改良、优质品种育种、移栽、施肥、病虫害防治等方面做出了规范性的合理建议，对于推进中药材产业标准化、规范化、市场化、国际化具有重要的现实意义。

参考文献

[1] 陈士林，李西文，孙成忠等. 中国药材产地生态适宜性区划（第二版）[M]. 科学出版社，2017.

[2] 王志远. 辛夷高效栽培技术 [J]. 现代园艺，2015，(23)：60.

[3] 高增义，吴元正，刘长海. 望春花的引种栽培 [J]. 中草药，1983，14（02）：42-44.

[4] 季根田，王鸣凤. 望春花育苗与栽培 [J]. 安徽林业，2000，(05)：18-19.

[5] 沈作奎. 辛夷植物繁殖技术研究概况 [J]. 湖北民族学院学报（自然科学版），2006，24（04）：359-362.

[6] 赵杰，赵广杰，张万钦，等. 望春玉兰扦插育苗试验初报 [J]. 河南林业科技，2004，24（1）：17-18.

[7] 张应团. 几种生根促进剂对紫玉兰嫩枝扦插生根的作用 [J]. 林业科技，2000，25（5）：9-11.

[8] 张应团. 紫玉兰绿枝扦插生根率与采条时期的关系 [J]. 江苏林业科技，2000，27（2）：16-19.

[9] 向名贵. 玉兰家族的高压繁殖技术 [J]. 林业实用技术，2002，(6)：19.

[10] 陈金法. 辛夷及栽培技术 [J]. 中国林副特产，2007，(5)：53-54.

[11] 任德权，周荣汉. 中药材生产质量管理规范（GAP）实施指南 [M]. 中国农业出版社，2003.

[12] 程惠珍，高微微，陈君，等. 中药材病虫害防治技术平台体系建立 [J]. 世界科学技术：中医药现代化，2005，7（6）：109-114.

[13] 江芒，温龙友，方益柱，等. 辛夷栽培技术 [J]. 现代农业科技，2008，(20)：51.

[14] 计光辅. 辛夷花栽培与加工技术 [J]. 农村新技术，2009，(17)：6-7.

[15] 董林林，苏丽丽，尉广飞，等. 无公害中药材生产技术规程研究 [J]. 中国中药杂志，2018，43（15）：3070-3079.

[16] 陈士林，董林林，郭巧生，等. 中药材无公害精细栽培体系研究 [J]. 中国中药杂志，2018，43（8）:1517-1528.

（胡娅婷，刘霞，孟祥霄）

22　灵芝

引言

灵芝（*Ganoderma lucidum*）是我国著名的药用真菌，补气安神，止咳平喘，用于心神不宁，失眠心悸，肺虚咳喘，虚劳短气，不思饮食等。原卫生部发布可用于保健食品的真菌菌种名录中，公布了灵芝3个种，即赤芝（*G. lucidum*）、紫芝（*G. sinense*）和松杉灵芝（*G. tsugae*）。野生灵芝遍布于世界各大洲，有250多种，其中绝大部分生长在热带和亚热带。我国地跨热带至寒温带，所以灵芝科种类多、分布广。至今，中国已发现灵芝科4个属103种。主要分布于河北、山西、山东、江苏、安徽、浙江、江西、福建、台湾、湖南、海南、广西、贵州、四川、吉林及云南等地。近年来由于过分采挖，野生灵芝越来越少，人工栽培由于菌种退化，导致灵芝产量不稳，质量下降，故亟待进行菌株的选育和优化。同时由于病害、虫害的不断出现，加上部分药农对农药与肥料的盲目使用，导致药材品质下降、农残及重金属含量超标，严重影响了灵芝临床使用的安全性。

一、产地环境

（一）无公害产地环境

要求选择位于海拔400～1000 m，远离乡村、工业区、禽畜区、交通主干线、医院、居民区、土壤重金属含量高的地区，2 km内无工业“三废”污染源、无“三废”排放，远离生活垃圾场。水源必须无污染、水质清洁，灌溉用山泉水或水质达到GB 5084-2005标准。空气质量要求达到GB 3095-2012二级标准和GB 9137规定。无任何污染源农田或新开荒的、长期撂荒的土地，土壤环境质量符合GB 15618-2008中的二级标准。

（二）温度要求

灵芝属高温型菌类，温度适应范围较宽。灵芝菌丝体生长的温度3～40℃，菌丝正常生长温度范围8～35℃，适宜温度24～30℃，最适温度26～28℃。灵芝发菌初期温度应控制在30℃以内，最高温度不超过33℃，避免烧菌，若外界气温过高，屋面应加覆盖物；最低温度不低于20℃，当温度低于20℃时，应采取措施升温。后期当菌丝长满料面时，室温要控制在22～25℃。灵芝子实体分化的适宜温度为20～35℃，最佳温度为25～28℃。若外界温度超过38℃，菌丝将死亡；若长期低于20℃，菌丝发黄僵化，子实体生长受限，以后提高温度，子实体也难以长好。变温不利于子实体分化发育，容易产生薄厚不均匀的分化圈，菌盖呈畸形。

（三）湿度要求

灵芝各个阶段生长发育对湿度要求较高，培养料湿度以55%～60%为宜，发菌期间空气相对湿度控制在60%～70%，湿度过大会造成菌丝不良生长。菇蕾形成和开伞期空间湿度保持在90%左右，但在开伞阶段后期，应降到85%～90%左右，这样可使芝片增厚。若过高，要进行通风，以降低湿度。若低于80%子实体将生长不良，菌盖边缘生长点会变为暗灰色或暗褐色。过低则要喷水。喷水的原则是：勤喷，少喷，喷匀；晴天多喷，阴天少喷，雨天不喷。如喷水不当或次数频繁，会造成芝盖再分化，因此灵芝盖充分展开并形成孢子粉时，只能保持畦内或室内适宜的湿度，不可直接往菌盖上喷水，以免冲掉孢子粉，影响灵芝的商品质量。栽培室最好是能灌水保湿的水泥地面，墙壁需用石灰粉刷，即可喷水又可防灰尘污染。

（四）空气要求

灵芝为好氧型真菌，这也决定了高浓度的二氧化碳对灵芝的呼吸作用、原基分化、菌伞分化以及孢子释放具有抑制作用，所以菌丝生长期间室内应微通风，降低CO_2含量。空气中二氧化碳的含量对菌盖和菌柄的分化和伸长具有很大影响，如通气不良，二氧化碳多则菌盖不分化或发育不正常，但有利于菌柄的伸长。降低二氧化碳的含量，菌盖就能重新发育。出芝期，室内CO_2含量更是起决定性作用，需将CO_2含量降低到1%以下，促进菌管的形成，防止子实体畸形发育，长成鹿角状或不能开伞，增大出芝成功的概率。一般担子菌的产孢量和其产孢器官子实体面积大小（更确切地说是其子实层面积的大小）在一定范围内成正比。由于高浓度的二氧化碳致使灵芝子实体菌盖畸形，其子实层面积也就相应的缩小，因此我们认为高浓度的二氧化碳会对灵芝子实体产孢产生抑制作用。

（五）光照要求

灵芝生长期分为发菌期与出芝期。发菌期，菌丝生长不需要光照，黑暗下菌丝生长最快，光照对菌丝生长产生抑制作用；子实体发育中不可缺光，出芝期，光线是伞蕾形成和开伞的必要条件，菌盖和菌柄生长对光十分敏感，光照不足，子实体瘦小，生长慢，发育不正常，因此需要充足的漫射光才行。由于菌盖外缘的生长点具有趋光性，为了保证灵芝子实体的正常发育，应使室内有正常自然的散射光，避免阳光直射。且在发生室内不要轻易移动料袋的位置和改变光源，否则将影响子实体的正常发生发育。若是塑料大棚，要用草帘覆盖防止阳光过强，温度升高。

二、优良品种

我国灵芝的药用已经有3000多年的历史，20世纪50年代中国科学院微生物研究所首次成功栽培灵芝，逐渐实现了灵芝规模化生产。灵芝的种类较多，根据形态和颜色，可分为赤芝、黑芝、青芝、白芝、黄芝及紫芝6种，其中赤芝和紫芝为药用品种，一般栽培的品种为赤芝。我国栽培的灵芝品种较多，获得审定的品种数量达十几种。我国通过野生菌株驯化、原生质体融合、组织分离纯化和原生质体单核化等育种方式，培育出了具有抗逆能力强、抗病能力强、生物转化率高、产量高及品质好等主要特性的品种。我国获得审定的灵芝品种及特性见表2-22-1。

表2-22-1 通过审定的灵芝品种及特性

主要品种	育种方式	形态特征	菌株特性
沪农灵芝1号	引进外来省市品种	子实体质地坚硬，菌盖扇形近圆形、黄红色至红褐色，有漆样光泽，有环沟，边缘圆钝，菌柄红色至红褐色	抗逆能力强，孢子粉易采集，产量高、质量好
药灵芝1号	野生灵芝筛选优良菌种	子实体扇形，菌盖厚度1.0~2.0 cm，半径5.1~9.3 cm，菌柄直径1.0~1.9 cm，长度5.7~9.5 cm	产量高
药灵芝2号	野生灵芝系统选育	子实体朵形大，菌盖、菌柄颜色深	产量高
荣保1号	分离纯化野生灵芝	菌盖表面褐红色、有棱纹，背面浅米黄色	产量高，生物转化率较高
川芝6号	野生灵芝人工驯化	子实体扇形，菌盖褐色，菌柄褐色、质地坚硬	生物转化率高
G26	韩芝与红芝，原生质体融合	菌盖红褐色、肾形，表面有环状棱纹，菌柄红褐色	生物转化率较高
金地灵芝	野生灵芝组织分离纯化，原生质体再生	菌盖黄色至红褐色，肾形或半圆形，有环状棱纹，菌柄红褐色	可连续出菇1~2年，段木栽培，产量高
仙芝1号	以野生赤灵芝组织分离为材料，采用紫外线诱变技术	半圆形或肾形，木栓质，红褐色，有光泽，有环状棱纹和辐射状皱纹	产量高、抗逆性好、品质优，抗木霉、青霉、根霉和绿霉能力强，成品率高
仙芝2号	采用ERIC-PCR扩增技术，结合系统育种方法，从“仙芝1号”中筛选优质新品种	菌盖半圆形或肾形，红褐色有光泽，有环状棱文，菌柄褐色，有光泽	抗逆性强、孢子产量高、饱满度高、优质
芝102	“南韩灵芝”和“G8-2”为亲本，原生质体单核化杂交	子实体表面有同心环纹，菌盖半圆或近肾形，赤红色，腹面黄色，菌柄表面呈紫红至紫褐色，有油漆状光泽	抗杂菌能力较强，朵形好，出芝整齐，产量高
芝120	“南韩灵芝”与“韩国灵芝”杂交	朵形美观，赤红色，菌盖心形、有同心环纹	抗杂菌感染能力强，产量较高，多糖含量高，总三萜含量高，品质优
泰赤-1	泰山野生种驯化	子实体菌盖半圆形或近肾形，红褐色至土褐色，具有光泽	产量高，出芝整齐
泰山-4	人工驯化培育	子实体鹿角状分支，幼时淡黄色，成熟时棕褐色，有光泽	菌丝长势好，抗性强，生物学效率较高，芝形整齐
湘赤芝1号	野生灵芝驯化	菌盖赤黄色或赤褐色，扇形，边缘光滑，菌柄木质化程度高	产量稳定，生物转化率高，孢子产量多

三、田间管理

（一）菌种选择

目前国内灵芝生产菌株繁多，各地要根据气候、当地生产条件来确定品种。优先选择遗传性状优良、适应性强、稳定性好、芝形好、抗病性强、灵芝及孢子粉有效药用成分含量高、产量也高的菌株。比如，在高温季节，选用耐高温、生物转化率高的泰山-4品种，可以达到菌株长势良好、产量高的效果；遇到自然环境条件差的情况，可以选用杂菌感染率低、品质优、产量高的芝120和芝102品种或者是抗逆性强、品质优的仙芝1号和仙芝2号；采用段木栽培灵芝，可以使用金地灵芝品种，其产量可高达段木总质量的15%，可连续出菇。

（二）栽培种常用培养基

灵芝段木栽培多选用阔叶树种，多数阔叶树种均可用于灵芝栽培，如柞、栎、栗、榆、桦等材质坚硬、树皮较厚的硬杂木。其中，尤以壳斗科柞木最佳。大豆秸、豌豆秸、蚕豆秸、花生秸等豆科作物秸秆及玉米芯、玉米秸等粮食作物秸秆均可用作灵芝栽培的主要原料，其生物转化率由高到低的顺序依次为棉籽壳＞大豆秸＞玉米芯＞豌豆秸＞蚕豆秸＞花生秸和玉米秸。

灵芝袋料栽培主要以阔叶树杂木屑或棉籽壳为基本主料，辅以麦麸、米糠和玉米粉等，常用的化学添加剂有石膏粉、碳酸钙和磷酸二氢钾等。栽培基质要求洁净、无虫、无毒、无异味。灵芝袋料栽培常用配方见表2-22-2。

表2-22-2 灵芝袋料栽培常用配方表

配方	优点	缺点
木屑80%；麸皮17%；石灰1%；草木灰1%；蔗糖1%	原料成本低、来源广、菌丝生长密、草木灰丰富氮的含量增加培养料的肥力	发菌速度慢、生物转化率和产量低、菌丝细、生长势弱
棉籽壳70%；玉米粉23%；麸皮5%；石膏1%；石灰0.5%；磷酸二氢钾0.3%；硫酸镁0.2%	菌丝生长速度快、菌丝较粗、生长势强、生长较密、产量高、菇体质量好、含镁、钾离子可增加灵芝中多糖含量	配料复杂、成本高
棉籽壳55%；木屑40%；麸皮3.5%；石膏1%；蔗糖0.5%	原料来源广泛、成本低、菌丝生长快、菌丝粗壮	配料简单、营养物质相对较少
麦草50%；牛粪42%；麦麸5%；石灰2%；石膏1%	添加肥料营养丰富、发菌快、有利于菌丝生长、子实体的形成	肥力过高会引起营养过剩，导致C、N、P失调，菌丝徒长，污染率过高，菌皮过厚从而减少产量

培养料配好后要拌均匀，含水量一般控制在60%～65%，以用手抓紧时指缝有水溢出但不滴下为宜。灵芝袋料栽培已在灵芝产业中得到广泛应用，不同地区可根据当地具体条件来调整配方，以获得最佳经济效益。

（三）栽培方法

灵芝常见栽培方法有段木栽培、袋料栽培和瓶料栽培三种方式。袋栽又分为农法袋料栽培和工厂化袋料栽培，瓶料栽培为工厂化栽培模式。用于段木栽培的灵芝品种主要是赤灵芝和紫芝，但以南韩灵芝1号、2号，泰山灵芝1号、2号，圆芝6号较为理想，表现为盖大、肉厚、色泽光亮、产量较高。段木栽培又分为长段木生料栽培、短段木生料栽培、短段木熟料栽培、树桩栽培以及枝束栽培等。随着灵芝产业的发展和生产工艺的不断完善，各地栽培方法不尽相同，区别主要在于袋的大小、段木长短、接种方法、埋土方式等，应选择适合自己的栽培方法进行栽培。段木栽培的流程如图2-22-1所示：

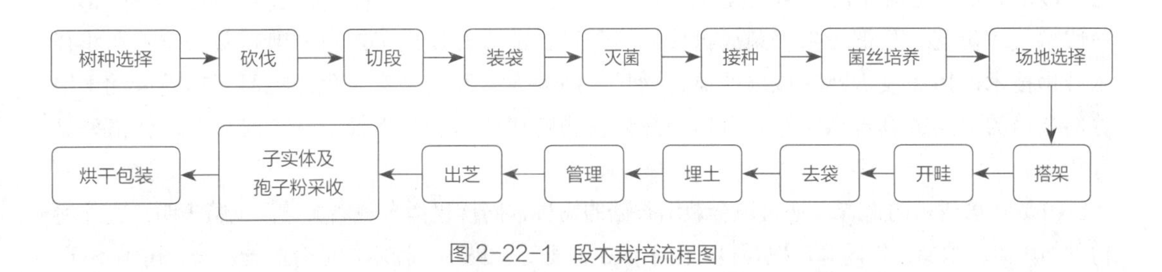

图2-22-1　段木栽培流程图

段木栽培子实体品质佳，干燥后子实体质地厚实、坚硬、营养及药效成分齐全，栽培技术简单、取材方便、质量好，是最接近野生灵芝的栽培方法，但成本高，生长周期长，生物转化率低，劳动强度大，易受季节、环境、区域、原料等因素的制约，产品品质难以控制，对林业也有一定的破坏。另外，土壤存在着连作障碍现象，不能在同一块土地上连续种植。

袋料栽培以适宜的木屑和农副产物为栽培原料制作菌包，各地可以根据不同的气候选择不同的菌包规格。其栽培流程如图2-22-2：

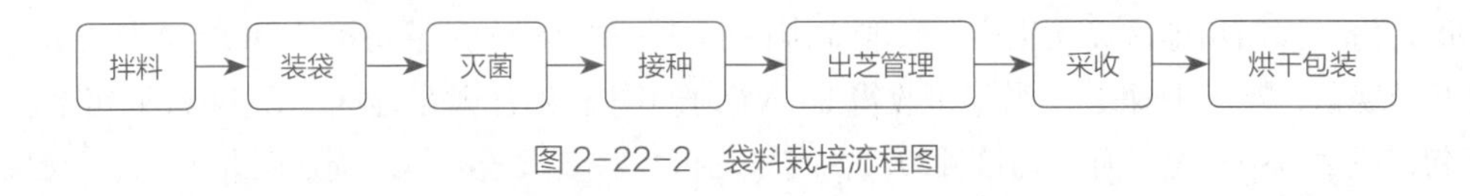

图2-22-2　袋料栽培流程图

该方式通常采用塑料大棚墙式栽培，因成本较低、操作简单、原料来源广从而适合农户生产。但是由于各地的制作生产水平差异较大，操作粗放，无组织，设备简单，手工作业，规模较小，效益低下，产品质量难以保证，常常出现重金属及农残超标的现象。

工厂化袋料栽培的制作流程和农法栽培一样，主要采用袋料栽培方式，只是在灵芝生产各阶段采用数字化智能系统进行在线监测和人工调控，便于标准化生产和管理。工厂化栽培可以根据灵芝的适宜生长条件，进行全过程人工控制和调节，使其生长阶段不受季节和环境的影响，实现全年可控、稳定高效的生产目标。工厂化栽培具有以下优点：①生物转化率高。人工控制条件满足灵芝生产的最适环境，使菌丝能充分的吸收营养，提高原料利用率。②质量安全性高。生产阶段进行机械化、自动化控制，标准化生产，杜绝农药残留和重金属等污染，生产全过程实现流水线工艺，产品质量可靠。③效益高。工厂化栽培一般以农副产品为原料，进行集约化培养，不与农业争资源。瓶料栽培方式与工厂化袋料栽培模式相似，只是栽培容器由软质栽培袋更换成硬质的栽培瓶后，生产线更易于实现自动化操作。

袋料栽培的缺点：由于培养基质疏松、菌丝生长阶段营养大量消耗，子实体成熟时间较短，无法形成丰富的活性物质及营养成分充足的子实体，子实体干燥后质地疏松，药效成分低。各地应根据不同气候、生产条件及不同方法的生产成本自行选择栽培方法。

1. 灵芝段木栽培

段木栽培是我国灵芝生产的一种重要方式，是指将适合灵芝生长的树木截成一定长度的段木，对段木进行高温蒸煮灭菌后接上菌种，菌丝长透段木成为菇木，菇木埋入土中，通过一定的管理措施，使菇木长出灵芝子实体的过程。在有阔叶树杂木资源的地区常采用段木生产灵芝。段木栽培灵芝有生段木和熟段木两种：生段木栽培灵芝，用未灭菌的段木直接接种培养；熟段木栽培灵芝，是把段木灭菌后再接种培养。目前又开发出了短段木熟料栽培技术和小径木栽培技术。用短段木熟料栽培的灵芝柄长，菌盖大、厚、坚实，色泽艳丽，其质量优于培养料栽培的灵芝，具备品质好、合格率高、生物转化率高、经济效益好、成品率、合格率高等优点。

（1）栽培树种的选择　通常适合栽培香菇的树种，同样也适合栽培灵芝。试验表明，壳斗科树种如栲树、米槠、青冈等，枫香科的阿丁枫、枫香等，桦木、柞木均适合灵芝栽培。树种不同，灵芝的产量和品质有差异。实践表明，松、杉、柏、樟、桉等树木不能作为栽培用段木（漆树也不适用），因其含有芳香类物质，抑制灵芝菌丝生长。

小径短段木栽培，树种可以选用柞树、桦树、榆树、大叶朴、柳树、黄檗木、杨树等阔叶树。采伐段木期通常为树木储存营养较丰富的冬季，砍伐原木的直径一般为 6～13 cm，以 8～12 cm 最佳。接种应选择在采伐期 15 天之后，超出 15 天后影响树种质量，导致子实体产量下降。

（2）生产季节安排　灵芝属高温结实型菌类。灵芝菌丝体适宜生长温度 24～30℃，最适宜温度为 26～28℃，灵芝的子实体分化和发育温度为 18～32℃，最适温度为 26～28℃。因此，生产季节应根据当地实际气温情况，原则上首先将出芝期安排在最适出芝温度的月份，然后反推出菌袋生产的月份。如四川地区灵芝生产，一般安排在 11 月下旬至 12 月下旬接种段木，4 月上旬埋土，5 月开始现蕾，7～9 月采芝，当年可收得 2～3 批子实体。浙江龙泉地区，在 11 月下旬至次年 1 月下旬，或 2 月中旬至 3 月上旬接种栽培，当年均可收获 2 批子实体。福建闽北地区，一般在 10 月下旬至翌年 2 月下旬均可接种段木，但以 11 月中旬至 12 月下旬为最佳接种时间，出芝时间在 5 月中旬至 10 月下旬。东北地区，一般可在 3 月中旬接种段木，5 月中旬埋段木，7 月高温季节利于灵芝子实体的生长发育。

（3）装袋灭菌　将原木锯成长度为 15～30 cm 的段木，段木两头段面要齐平，段木从中心部位锯成四瓣。短段用铁丝捆扎，装入低压聚乙烯塑料袋中。装袋时应在袋底放置少量段木木屑防止段木尖端刺破塑料袋。装袋完成后，将袋口扎紧，进行灭菌。将装有段木的料袋放入土蒸灶内整齐堆码，加热排出冷气后在 98～100℃下维持 14～24 小时，因灶体大小和装量而异，一般装量多灭菌时间长。采用高压蒸汽灭菌在 1.47×10^5 Pa 压力下，维持 1.5～2 小时。灭菌结束，待温度适当降低后，将灭好菌的段木移入接种场所冷却至 30℃以下，方可进行接种。

（4）无菌接种操作　接种作业要求在接种箱或接种室内进行。当料袋口温度降至 30℃，趁凌晨杂菌不活跃的时候，进行“抢时抢温”接种。按照“无菌操作”技术接种，动作要熟练，稳、准、快，减少接种块和灭菌后料袋口裸露在空气中的时间，以降低外界杂菌感染菌种块或进入料袋的概率，以提高菌袋成品率。

接种室按照无菌操作室标准建设，洁净度达到10 000级。室内温度保持在18～26℃，湿度保持在45%～65%，采光良好、避免潮湿、远离厕所及污染区。无菌室内应六面光滑平整，能耐受清洗消毒。墙壁与地面、天花板连接处应呈凹弧形，无缝隙，不留死角；墙壁安装空调及紫外线杀菌灯（2～2.5 W/m^3），并定期检查。无菌室每周和每次操作前用0.5%的新洁尔灭或0.5%的苯酚喷雾或其他适宜的消毒液擦拭操作台及可能污染的死角。每次操作完毕时，同样用上述消毒溶液擦拭工作台面，除去室内湿气，用紫外灯杀菌30分钟。

接种人员进入无菌室需穿戴工作服、工作帽、隔离拖鞋、无菌口罩；手臂使用75%乙醇擦拭消毒，接种工具使用75%乙醇消毒。每750 ml栽培种约用10～12个料袋，每立方米段木接种量80～100瓶，菌种的菌龄应在30～35天之内。

（5）发菌管理　发菌室（棚）准备：发菌常在发菌室（棚）中进行。发菌室（棚）在使用前1个月，要清除室（棚）内外垃圾、杂物，开门窗或敞篷通风和晾晒。使用前1～2周，用消毒灭菌及杀虫类药物对场地、草毡、薄膜等进行彻底的消毒灭菌及杀虫。菌袋（接有灵芝菌种的栽培料袋）进室（棚）前2～3天，用硫黄20 g/m^3 充分燃烧熏蒸36小时，或甲醛15 ml/m^3＋高锰酸钾5 g/m^3 熏蒸；地面应铺撒石灰粉约1 kg/m^3（既吸潮又杀菌），以有效降低杂菌害虫基数，减少病虫害造成的损失。

合理堆码菌袋：接种有灵芝菌种的栽培袋称为菌袋。菌袋交叉摆放在室内，3行并1列，堆高约1.5 m，不可压住袋口。15天后结合翻堆改3行1列为2行1列。

遮光条件培养：灵芝菌丝体需在无光照的黑暗环境下才能良好生长。因此，对发菌薄膜大棚应覆盖遮阳网，发菌室或发菌棚的门窗设置遮光门帘和窗帘，在菌袋料堆上加盖黑色塑料膜，避免阳光照射菌袋，以满足灵芝菌丝体生长应无光照的需求。

调节环境温度：灵芝菌丝体生长最适环境温度为24～27℃。因此，料袋刚接入种块的前一周时间内，重点是采取盖膜、闭门窗等措施，保持和提高菌袋堆内温度。料袋接种后15天左右，袋壁附有大量水珠，结合翻堆改3行1列为2行1列。这期间的管理主要是采取“低温时盖膜并闭门窗，高温时揭膜开门窗”的措施，并结合通风降温，控制环境温度在25～28℃之间。

调节环境湿度：灵芝菌丝体生长适宜的相对湿度为60%～65%。因此，空气湿度太大时，可采取掀膜、开门窗、通风降湿、置放生石灰吸潮降湿等措施，降低发菌环境的空气湿度。在北方空气湿度太低时，采取向发菌室内空间喷洒少量雾状水增湿的措施，增加发菌环境的空气湿度。总之，应将环境空气相对湿度调节至60%～65%。

调节环境氧气：灵芝属于好氧菌。因此，料袋接种后7～10天，要将发菌室（棚）的门窗每天中午通风1次，每次1小时，利于新鲜氧气进入，以后随发菌时间延长而逐渐加大通风量。当菌丝在断面长满并形成菌膜时，可微开袋口适当通气增氧，连续3～4次，必要时可将袋口一端解开，以加大通气量，菌丝即可在段木内长透，满足灵芝菌丝对氧气的需求。

对发菌室或发菌棚的环境采取综合调控，以促进菌丝体健壮、快速繁殖。菌袋培养60～70天时，菌丝进入生理成熟期。长满了灵芝菌丝体的段木称为菌木，菌木的特征是表层菌丝洁白粗壮，菌丝体紧密连接不易掰开，表皮用手指压有弹性感，菌木断面有白色草酸钙结晶物兼有部分红褐色菌膜，少数菌木断面有豆粒大小原基发生。此时即可转入脱袋埋土环节。

（6）覆土　开厢作畦：畦高 10～15 cm，宽 1.5～1.8 m，畦间留 30～45 cm 走道，畦长因地形而定，畦面四周挖排水沟，沟深 30 cm。

搭建荫棚：在畦床上用竹竿或钢管、遮阳网、塑料膜等搭建荫棚，高度 1.9～2.1 m。荫棚要求能遮强烈阳光，通气保湿无雨淋，“三分阳七分阴”。

配套设施：给出芝棚配备微喷灌设施，该设施由微喷头、输水管、过滤器和水泵等组成。在出芝棚内的门窗上安设防虫网，以防止害虫飞入棚；棚内悬挂杀虫灯、黄板纸，以诱杀害虫成虫。

菌木覆土：菌袋培养至成熟时，选择在晴天进行脱袋。用刀划破料袋膜，去除菌木的外袋。将脱袋的菌木平放横埋于畦床内，断面相对排放、间距 3～5 cm，其间用干净细沙土填塞，行距间隔 10～15 cm，排列要整齐，避免高低不平。也可将菌木竖直埋土，菌木上铺厚约 1～2 cm 细土，以菌木不露出为宜。菌木被埋土后，向菌床上淋重水 1 次，保持土壤湿润，以减少出芝前的浇水次数。若有覆土层凹陷则补土覆盖平整。对菌木覆土后通常还应在覆土层上铺一层地膜，以保持土壤湿度。

（7）出芝管理　芝蕾分化期：菌木覆土后至灵芝子实体原基分化成菌蕾（芝蕾）期间，使用微喷灌设施，将棚内环境空气相对湿度提高到 80%～90%。采取遮盖或掀开薄膜、开启或关闭出芝棚门窗等措施，将棚内环境温度调节控制到 25～28℃。开闭门窗通风换气，每隔 2 天或 3 天 1 次，晴天午后通风 1 小时。通常菌木埋土后经过 8～20 天，可见畦床上开始分化出瘤状的芝蕾。

芝柄伸长期：当芝蕾纵向伸长分化菌柄，即进入芝柄生长期。进行微喷灌水保湿，将棚内环境空气相对湿度提高到 85%～90%。减少通风次数，让芝柄伸长至一定长度。适当调整光照至 300～1000 lx，棚内光源均匀，以免芝柄弯曲生长。适度疏蕾处理，去掉特别瘦小、细长的芝蕾，保持 2 朵 / 段（$\Phi \leq 15$ cm），3 朵 / 段（$\Phi > 15$ cm），让每朵灵芝较大且具较好品相。

芝盖形成期：当菌柄伸长到一定程度时，为避免菌柄过长且促进子实体分化菌盖，应采取如下措施，使子实体发育进入芝盖形成期。微喷灌水保湿：加大喷水次数和喷水量，空气相对湿度 85%～95%。加大通风次数：菌柄长 5 cm 时，及时加大通风量。适当调控温度至 28～32℃，促使柄顶白黄生长点由原来的纵向伸长向横向扩大生长，以形成菌盖。

芝体成熟期：芝盖形成不会无限长大，发育到一定时期菌盖上表面就会产生孢子，芝盖边缘鲜黄色或乳白色生长点会慢慢消失，芝体进入成熟期。

（8）采收　当芝盖充分展开，黄色生长圈消失，芝盖表面布满红棕色孢子，下方色泽仙黄一致时，表明芝体成熟可以采收。用剪刀在菌柄距地面 1 cm 处剪下即可。

灵芝孢子粉的采集方法：用薄膜状材料、观察装置、通气装置紧密包围培养架以构建封闭空间，在所述封闭空间中水平设置包括一层或多层的床板，把灵芝放在床板上，观察灵芝孢子弹射情况，当孢子不再弹射时，即可收集。

灵芝子实体采后应及时烘干。在 35～55℃（先低后高）下一次性烘干，中途不停机烘烤。干品含水量要求≤13%。按照《LY/T 1826－2009 木灵芝干品质量》要求对灵芝子实体进行分级后再进行包装。包装、标签执行《GB/T 191 包装储运图示标志》和《GB 7718 食品安全国家标准 预包装食品标签通则》的规定。贮藏期一般不超过 1 年。贮存、运输过程中要防虫蛀、防霉变、防雨、防潮和防暴晒。

2. 灵芝袋料栽培

无控温设施下栽培的生产季节安排与段木栽培法相同。有控温设施的室内栽培则生产安排不受季节影响。

（1）培养基的选择　研究表明木屑与棉籽壳配合使用并加入适当辅料的袋料生物效应最高。

（2）拌料与装袋　拌料时，首先，将选择好的原材料按配方要求称重并掺拌均匀，磷肥用水化开均匀洒在配料上，重新掺拌2～3次，再加清水，边翻边用扫把扫匀。一般料和水比为1：（1.2～1.3），春季可不加石灰，秋季制袋要加0.4%石灰。培养料拌好后，要及时装袋，特别是在高温季节，时间长培养料会变质，尽量在4～8小时内全部把料装入袋子，并及时灭菌。填料的松紧度要适宜，填料过松，菌丝生长快，易老化，后期营养不足；反之，透气性差，菌丝生长缓慢，出芝晚。

（3）灭菌与接种　袋装好后，及时灭菌，一般在当天进行。常压灭菌时，菌袋达到100℃后维持10～12小时。采用高压灭菌时，温度为121℃，压力维持在0.15 MPa，并保持2小时。菌袋要整齐堆放，有利于透气，使细菌彻底消灭。灭菌结束后，维持3～5小时，利用余温使消毒更加彻底。出锅后，菌袋冷却至30℃时，按常规无菌操作规程进行接种。接种在无菌室或接种箱内进行，接种前应先挑出菌种瓶内纤维化的灵芝菌丝。

接种前对接种场所、器具等进行全面消毒灭菌，消毒灭菌可参照NY/T 5333附录A中列举的方法进行，或使用符合无公害要求的气雾消毒剂熏蒸消毒或使用电子臭氧发生器进行消毒，也可用保菌王消毒气雾剂熏蒸，另外用紫外灯照射1小时。菌种可在接种室消毒灭菌前放入（瓶口或袋口要扎紧），或于接种前表面消毒再带入。有条件可使用洁净层流罩，在层流罩前接种，不仅接种效果更好，而且还改善了工人的工作环境。接种过程要严格无菌操作。1瓶（袋）菌种通常接种40～50袋，接种量为2%～3%。

（4）发菌管理　菌袋放入发菌室前，与段木栽培法一样要进行消毒液清洁与杀虫处理。将接种后的栽培袋排放在栽培室地面或床架上，摆放密度要适中，以利于空气流通和菌丝的生长。发菌室内初期温度应控制在15～30℃以内，避免烧菌；当温度低于15℃时，应采取措施升温。后期当菌丝长满料面时，室温要控制在22～25℃，发菌期间定期上下翻动栽培包以平衡温度、增加袋内氧气并加快发菌速度。发菌室内空气湿度控制在60%～70%，气温过高时，早晚通风各一次，防止湿度过大造成菌丝生长不良。若湿度过大，应在室内放入熟石灰吸潮。若湿度过低，定期在室内地面洒水以增大湿度。菌丝生长阶段进行遮阴处理，保持发菌室的黑暗条件。定期检查菌丝生长情况及污染情况，及时处理被污染的菌袋。

（5）出芝管理　覆土栽培方式出芝：脱袋覆土、出芝管理操作与短段木栽培基本相同。覆土材料通常在地表30 cm下挖取，挖后经阳光暴晒，并杀虫灭菌。墙式码堆出芝方式：开袋方法是在袋口的旁边用消毒好的小刀开一个“十”字形状、宽1 cm的小口，开口的位置尽可能保持一致，以保证芝与芝之间的距离一致，防止粘连。在开口处会有原基萌出，但最好每菌袋只保留1个原基，其余的剪掉，使养分集中保证出芝的品质（盖大和厚实）。出芝室要保持气温稳定在20℃以上，最适温度为25～28℃，空气湿度在90%～95%，即可开袋出芝。可在地面上加水或用喷雾加湿机来保持空气湿度。在芝蕾未展开之前不要把水直接喷洒到芝蕾上，以免引起芝蕾发霉或枯死。要避免阳光直射但最好具有散射光，要保持适度通风换气，防止强风直吹，特别是芝蕾期，若受较强风直吹，很容易造成大面积芝蕾枯缩致死的现象。

育芝的管理：要严格对育芝室内温度、湿度和光照进行管理，还要预防出现杂菌如细菌、酵母菌、放线菌和霉菌等，以及菌蚊、菇蝇、造桥虫和谷蛾等昆虫对灵芝生长的影响。病虫害防治坚持“预防为主，综合防治”的原则。出芝场地应安装纱门、纱窗或防虫网，防止成虫飞人。场地内可吊挂粘虫板或电子杀虫灯。发现灵芝病菌与害虫时，坚持以人工处理为主，发现霉变或污染，要及时清除，防止扩大或交叉感染。

（6）子实体与孢子采收　当灵芝子实体菌盖边缘白色消失、变赤时，表明生长已停止，可在灵芝上方盖一层膜，利于孢子粉的采收。菌袋交错多层放齐，菌盖之间不能相互接触或碰到别的东西，因此菌袋体积以不超过架内体积的 1/3 为宜。为保证架内氧气浓度不会过低，可用 20 g 白纸或土棉布将弹粉架封实，但纸质和布过厚不利于通风透气，灵芝易长成鹿角形，也严重影响孢子粉的产量；纸或布质过薄均易被风雨吹烂，引起孢子粉乱飞。

孢子粉弹射室要求干净、阴凉，适当通风，保温保湿。通常情况下，上架 15～25 天为弹粉高峰期，此时灵芝边缘如长畸形突起（如鹿角状突起），则说明架内缺氧，要加强通风；如发现个别菌袋或灵芝子实体发生霉变，应及时清除以防止感染，保证灵芝和孢子粉的质量。当菌盖表面还存有孢子粉，菌盖边缘白色生长圈消失并转为红褐色时要及时采收子实体。采集时，用毛刷将菌盖上的灵芝孢子粉轻轻扫下收集起来，再用快刀或枝剪从芝柄下部切下或剪下子实体。采收到的子实体和孢子粉应及时烘干或晒干，密封保存。产品质量等应符合 NY 5095 的要求。在收完第 1 次粉后，若发现灵芝菌袋还比较重、子实体比较湿润的，仍可整齐放进弹粉架继续弹粉，20～25 天后进行第 2 次收粉，约有 2～3 g/ 袋。

3. 瓶料栽培

瓶栽灵芝相较于段木栽培的成本高、生产周期长、工序复杂来说较为简便好操作，若以收集孢子粉为主要目的，多使用瓶栽法。

（1）培养基的选择　以收集孢子粉为主要目的，应选择能使孢子粉的产量增加的培养基。培养基配方：棉籽壳 78%，麦麸 20%，蔗糖 1%，石膏 1%。研究发现，用木屑和棉籽壳混合配方，以含氮量高的麸皮为配料的培养基，孢子粉的产量比其他品种更高。最佳麦麸添加量为 15%。

（2）拌料与装瓶　依据配方，新鲜棉籽壳，暴晒两天，按 50 kg 棉籽壳，1 kg 过磷酸钙，1～1.5 kg 石膏粉，用 1 kg 生石灰调整 pH 5～6。先把木屑与棉籽壳等拌匀，把石膏、蔗糖溶于水后再拌入料中，料、水比例大约为 1∶1.5 左右，料的含水量在 65%，用手握起指缝见水而不下滴为宜。装瓶时，要松紧适度，一般 750 ml 的菌种瓶，可装湿料 0.5 kg 左右，料装瓶口齐肩处。装瓶后，与灵芝袋栽法一样，按照灭菌、接种的顺序处理后，在常压条件下灭菌 10～12 个小时，高压条件下灭菌 2 小时，接种要注意无菌操作，然后置于 25℃下培养。20 天后菌丝可布满料面，并向料内深入发展。30 天左右，子实体原基即可形成。

（3）出芝管理　子实体形成及子实体生长发育的管理与袋栽灵芝基本相同。温度控制在 25～28℃，低于 21℃或高于 30℃下灵芝生长较慢，且不易开伞，生长受到抑制；土壤水分保持在 18%～20%，喷水不宜过多，注意通风；空气湿度要保持在 70%～90% 范围内，但切忌不可使空气温、湿度骤然发生变化，不然会造成菌盖畸形生长；灵芝生长发育时需要一定量的散射光线，不需要直射光，散射光能刺激其生长，而强光则抑制其生长。

4. 采收与保存

（1）芝体采收　不同灵芝生长周期不同，普遍成熟标志为菌盖充分展开不再增大，菌盖边缘由白色变为褐色且变硬，柄盖色泽一致，表面有一层薄薄的粉状物。不可采收没有弹射孢子的灵芝。采收时以手抓住菌柄轻轻将其旋出，不要触碰菌盖及盖底，也可用利刀沿菌柄底部一刀切断，并及时清理余下的菌根，不要伤及菌丝体，可以覆盖潮湿的报纸，使菌丝体进入复原阶段，以便第二次出菇。收获后，菌盖朝上菌柄朝下。采收后，停止喷水2～3天，提高湿度至90%，保持温度22～28℃，7～10天后，原菌柄上又生新子实体，可收获第二批灵芝。

（2）孢子采收　孢子采收可通过套袋技术，将纸袋套在开始弹射孢子的菌盖上，收集孢子；同时可以通过扫刷等方法收集菌面上的孢子。套袋时间应根据子实体的生长发育而定，成熟一瓶套袋一只，分期分批陆续套袋。灵芝的产孢量与子实体菌盖厚度及菌管的长度有关，菌盖厚度大，孢子散发量多；菌管长，储存的孢子多，因此，在生产中要不断筛选优质菌种。

（3）烘干与贮藏　采收后，要及时放于烘房内，以50℃连续烘干16小时，使含水量降低至12%～13%以下，分级用塑料袋抽真空密封保存，置于阴凉干燥的地方，防止出现虫蛀或受潮。灵芝应全年密封储存于4℃以下环境中，可放置5年，其药用价值随存放时间而减弱；灵芝饮片存放时间不得超过3年。

四、病虫害综合防治

无公害中药材病虫害防治按照“预防为主，综合防治”的植保方针，以改善生态环境，加强栽培管理为基础，优先选用农业措施、生物防治和物理防治的方法，最大限度地减少化学农药的用量，以减少污染和残留。相应准则参照NY/T 393 绿色食品 农药使用准则、GB 12475 农药贮运、销售和使用的防毒规程、NY/T 1667（所有部分）农药登记管理术语。

（一）农业防治

要避开有害生物的发源地，保持生产场所内外的清洁，使用前可用40%的甲醛加上高锰酸钾熏蒸一次。培养料要消毒处理，以杀灭其间的病菌和虫卵，还要注意培养料的组成和配比。接种后地面可以撒一层石灰，对于栽培过程中产生的烂菌包、虫菌包及时扔掉处理干净。还要做好温、湿、气的调节，使棚内空气湿度始终保持在85%～95%，尽量避免直接往灵芝子实体上洒水。菌丝在27℃生长迅速，低于6℃或高于36℃则生长缓慢。多通风，使灵芝长势壮，本身的抵抗力强。栽培场所远离仓库和家畜、家禽的笼舍等螨虫的聚集地。

（二）物理防治

根据病害对物理因素的反应规律，利用物理因子防治病虫害，不用药、不污染。灵芝常见病害中绿色木霉病可采用曝晒、火烧或使用紫光灯进行紫外线消毒的方法清除霉菌；常见虫害中如线虫、螨类、跳虫、蚊蝇等可使用灯光诱杀、粘虫板诱杀或物理纱网阻隔。也可以使用食用菌虫害物理防治菇房，真正做到不用任何农药，可有效、彻底防虫、杀虫，降低虫害99%以上。用黄色粘虫板诱杀跳虫成虫，频振式杀虫灯也可以有效诱杀害虫成虫。菇蝇具有明显的趋光性和趋色性，可利用其生物学特性将其杀死。

（三）生物防治

在我国灵芝害虫种类中，为害严重且发生区域广泛的主要是双翅目的眼蕈蚊类，其次是蚤蝇类。这两类害虫伴随着灵芝生产全过程，幼虫（蛆）取食培养料、菌丝和子实体，除造成产量损失外，同时使产品品质降低。菌袋上蚊蝇蛆取食过程中的移动也成为病原菌的传播媒介，导致菌袋被多种病原菌污染，从而带来更大的经济损失。若采用化学农药控制，农药污染的控制显得尤为重要，加之真菌对大多农药都很敏感，易发生药害。生物防治方法可采用苏云金芽孢杆菌（Bt）制剂、植物杀虫剂、害虫的天敌等方法。苏云金杆菌以色列亚种对厉眼蕈蚊幼虫的毒力随着温度的升高而提升，25℃时幼虫死亡率最高。另外在菇床上撒一层烟草粉末可防止跳虫。

（四）化学防治方法

化学防治病虫害，具有作用快、效果明显的特点，是病虫害综合防治中的一个重要组成部分。化学防治应采用高效、低毒、低残留的农药，对症适时施药，降低用药次数，选择关键时期进行防治。在无公害灵芝种植过程中禁止使用高毒、高残留农药及其混配剂。无公害灵芝种植中允许使用的安全、低残留的化学农药进行病虫害防治。绿色木霉病可用鱼藤精和苦参碱进行防治；青霉病、褐腐病可选用甲基托布津可湿性粉剂和多菌灵进行防治；白粉病可采用吗菌灵、丙环唑等农药进行防治（表 2-22-3）。

表 2-22-3 灵芝中的主要病害及防治方法

防治对象	发病症状	防治方法
绿色木霉病	段木树皮脱落，菌丝变黄后消亡；幼蕾停止生长，表皮发干；子实体受害，菌褶变为乳白色或淡黄色后干死	用 2.5% 鱼藤酮 EC 150～200 ml（300～500 倍液）或 0.3% 苦参碱 AS 50～75 ml（1000～1500 倍液）
青霉病	从健康灵芝的菌柄基部侵入，初期菌丝白色，产生大量的蓝绿色分生孢子渐变成灰绿色，呈不均匀浓厚一层，严重时芝盖边缘及菌柄上存满孢子堆后发生黄褐色腐烂	可在菇床上喷洒 1∶500 倍的 25% 多菌灵或 1∶800 倍的 70% 甲基托布津
褐腐病	幼菇不能正常分化，变成不规则的小菌块组织，表面有白色绒状菌丝，后期变为暗褐色，渗出溶液并腐烂，散发臭味；子实体出现褐色病斑	使用施宝功、多菌灵，发病严重的地区，覆土可先用漂白粉处理
白僵病	因温、湿度不适，造成菌蕾分化不良，生长缓慢，后渐变纯白色，僵硬，以至干死	三唑酮，吗菌灵，丙环唑，氟菌唑等化学农药尽量交替使用

灵芝中主要的害虫有螨虫、蚊蝇类、蛞蝓、灵芝谷蛾、跳虫等。它们的存在会危害到灵芝的产量，严重的可导致绝产。对灵芝生长期子实体上发生的病虫害，应贯彻“预防为主，综合防治”的治理方针。严禁使用剧毒、高残留农药及对食用菌敏感的农药。具体防治方法见表 2-22-4。

表 2-22-4　灵芝中的主要虫害及防治方法

防治对象	发病症状	防治方法
螨类	初期发病常不见菌丝萌发，引起菇蕾萎缩死亡	喷洒苦楝制剂
蚊蝇类	是生产上主要害虫之一，一般造成产量损失为 15%～30%，严重时甚至绝产	可选用 0.1% 鱼藤酮或 5% 天然除虫菊素或 Bti（苏云金芽孢杆菌以色列变种）粉剂
蛞蝓	属软体动物，常在阴暗潮湿环境中活动，咬食子实体，失去菇类的商品价值	麸皮等撒于菇场周围诱杀
谷蛾	灵芝主要害虫之一，幼虫期钻蛀子实体，灵芝被害率达 10%～20%，严重影响其产量	采用磷化铝熏蒸和 50～60℃烘干杀虫
跳虫	咬食子实体和菌丝，群居为害，使子实体表面布满麻坑	喷洒苦楝制剂
线虫	咬食菇体，被取食部位菌丝稀疏变黄，结菇少、小或不结菇	栽培前可用石灰水喷洒栽培场地，小面积感染用 0.001% 或 0.05% 碘溶液浇滴，大面积感染可用 0.5% 碘化钾喷杀

五、质量标准

无公害灵芝农药残留和重金属及有害元素限量应达到相关的国家标准、团体标准、地方标准以及 ISO 等相关规定。通过多年来对灵芝产地、市场、进出口检验等数据分析，并参考《中华人民共和国药典》(2015 年版)、美国、欧盟、日本及韩国对灵芝的相关标准以及 ISO18664：2015《Traditional Chinese Medicine—Determination of heavy metals in herbal medicines used in Traditional Chinese Medicine》、GB 2762-2016《食品安全国家标准 食品中污染物限量》、GB 2763-2016《食品安全国家标准 食品中农药最大残留限量》等现行标准规定。重金属总量＜20 mg/kg；铅＜0.5 mg/kg；镉＜0.28 mg/kg；铜＜6.3 mg/kg；砷＜0.5 mg/kg；汞＜0.1 mg/kg。

参考文献

[1]　班新河，魏银初，李九英．无公害短段木熟料灵芝高效栽培技术 [J]．中国农村小康科技，2010，(10)：65-67.

[2]　曹美桃．灵芝的无公害病虫害防治技术探讨 [J]．农家科技旬刊．2016，(10)：161.

[3]　陈文杰，张瑞青，张晓芳．灵芝的无公害病虫害防治技术探讨 [J]．食用菌，2007，29(6)：59-61.

[4]　池小妹．我国灵芝人工栽培技术研究现状 [J]．时珍国医国药，2005，16(8)：791-792.

[5]　宫克．灵芝段木高产栽培新技术 [J]．吉林农业，2012，(07)：123.

[6] 胡昭庚. 袋栽灵芝高产技术探讨 [J]. 中国食用菌，1993，(01)：33-34.
[7] 黄聪灵，陈继敏，潘丽晶，等. 珠海灵芝周年无害化设施栽培技术 [J]. 广东农业科学. 2013，40 (3)：18-20.
[8] 金鑫，刘宗敏，黄羽佳，等. 我国灵芝栽培现状及发展趋势 [J]，食药用菌，2016，24 (1)：33-37.
[9] 林树钱，刘亚凯，钱友安，等. 灵芝 GAP 有机栽培及其环境质量的研究 [J]. 浙江中医杂志，2006，41 (11)：670-671.
[10] 刘国辉，谢宝贵，李哗，等. 有机灵芝栽培技术 [J]. 海峡药学，2010，22 (1)：71-73.
[11] 柳林，王鑫，周丽洁，等. 灵芝优质栽培技术研究初报 [J]. 食用菌，2010，32 (04)：58.
[12] 王曰英，姚苗青. 灵芝栽培技术及孢子粉收集 [J]. 食用菌，1990，(02)：40.
[13] 吴晓明，方树平. 仿野生灵芝栽培技术 [J]. 浙江食用菌，2008，(03)：42-43.
[14] 夏志兰，江巨鳌，何长征，等. 灵芝高产栽培方法的初步研究 [J]. 湖南农业科学，2003，(06)：56-58.
[15] 叶向花，杨勇岐. 灵芝栽培新技术 [J]. 现代农业科技，2007，(16)：46.
[16] 郁建强，王益坤. 灵芝高产栽培技术 [J]. 现代化农业，1999，(12)：18-19.
[17] 张飞翔，钟起宁. 灵芝栽培技术 [J]. 吉林蔬菜，2000，(01)：36-37.
[18] 张桂兴，严学东，杨佛新，等. 灵芝的功效及其高产栽培技术研究 [J]. 安徽农业科学，2013，41 (27)：10958-10959.
[19] 张维规，王清玉，江秀玉. 灵芝栽培技术研究 [J]. 中国食用菌，1997，(05)：29-30.
[20] 周善森. 灵芝的栽培与管理技术 [J]. 浙江林业科技，1997，(03)：53-59.
[21] 邹兼金，户才彪，赵叶翠，等. 灵芝瓶栽技术 [J]. 江西林业科技，1991，(04)：34-35.
[22] 万鲁长，曹德强，解思泌，等. 灵芝常见病虫害及其防治研究 [J]. 食用菌，1994，(S1)：37-38.

（程显好，郭敏，陈士林，郭聪，穆春风，董林林）

23 青蒿

引言

青蒿药材为菊科蒿属植物黄花蒿 *Artemisia annua* Linn. 的干燥地上部分，为全草类药材。黄花蒿遍及全国：东半部省区分布在海拔 1500 m 以下地区，西北及西南省区分布在 2000～3000 m 地区，西藏分布在 3650 m 地区；生境适应性强，东部、南部省区生长在路旁、荒地、山坡、林缘等处；其他省区还生长在草原、森林草原、干河谷、半荒漠及砾质坡地等，也见于盐渍化的土壤上，局部地区可成为植物群落的优势种或主要伴生种。广布于欧洲、亚洲的温带、寒温带及亚热带地区，在欧洲的中部、东部、南部及亚洲北部、中部、东部最多，向南延伸分布到地中海及非洲北部，亚洲南部、西南部各国；另外在北美洲也广泛分布。

一、产地环境

（一）生态环境要求

依据《中国药材产地生态适宜性区划（第二版）》，结合青蒿的生物学特性，对青蒿生产地进行选择。青蒿为短日照阳性植物，对光照要求较高，不耐荫蔽，荫蔽条件下不宜栽培；另一方面青蒿喜湿润，但不耐涝，忌干旱，因此不适宜种植在地势低洼区域，青蒿主要生长区域生态因子范围见表2-23-1。主要栽培土壤类型为强淋溶土、高活性强酸土、潜育土、红砂土、黑钙土等。

表2-23-1　青蒿道地产区、主产区生态因子值（GMPGIS-Ⅱ）

生态因子	生态因子值范围	生态因子	生态因子值范围
年平均温（℃）	12.1～24.8	年均降水量（mm）	829.0～1825.0
平均气温日较差（℃）	6.6～10.0	最湿月降水量（mm）	124.0～375.0
等温性（%）	23.0～46.0	最干月降水量（mm）	5.0～50.0
气温季节性变动（标准差）	2.9～8.9	降水量季节性变化（变异系数%）	47.0～99.0
最热月最高温度（℃）	25.3～34.6	最湿季度降水量（mm）	365.0～914.0
最冷月最低温度（℃）	-4.3～16.0	最干季度降水量（mm）	22.0～187.0
气温年较差（℃）	15.5～33.4	最热季度降水量（mm）	355.0～881.0
最湿季度平均温度（℃）	19.6～28.6	最冷季度降水量（mm）	22.0～220.0
最干季度平均温度（℃）	1.7～20.6	年均日照（W/m^2）	118.2～147.4
最热季度平均温度（℃）	19.9～28.8	年均相对湿度（%）	63.4～77.4
最冷季度平均温度（℃）	1.7～20.6		

（二）产地标准

青蒿产地环境应符合《无公害农产品 产地环境评价准则》NY/T 5295-2015标准，种植要求应符合《中药材生产质量管理规范（试行）》，以及NY/T 2798.3-2015《无公害农产品 生产质量安全控制技术规范》，空气应符合《环境空气质量标准》GB 3095-2012二级标准，种植业产地土壤环境质量应符合《土壤环境质量标准》GB 15618-2008二级标准，农田灌溉水质标准应符合《农田灌溉水质标准》GB 5084-2005二级标准及《地表水环境质量标准》GB 3838的要求。无公害青蒿生产应选择生态环境良好的地区，产地区域和灌溉上游无或不直接受工业“三废”、城镇生活、医疗废弃物等污染，避开公路主干线、土壤重金属含量高的地区。

（三）生态适宜产区

根据青蒿主要生长区域生态因子阈值，青蒿生态适宜产区主要以秦岭－淮河以南为主，以湖南、广西、贵州、重庆、四川、陕西、湖北、云南、海南、广东、江西、福建一带为宜。

二、优良品种

（一）青蒿新品种选育

青蒿为异花授粉植物，青蒿药材主要来源于栽培种，2005 年以前，由于青蒿素原料价格处于高位，因此许多人盲目使用野生种子和低含量品种栽培，出现了种植品种混杂、原料青蒿素含量较低等问题，导致厂家拒绝收购，农户损失惨重。近几年，随着青蒿素价格持续低迷，对黄花蒿高产高含量新品种的需求越来越高。目前，我国已选育的青蒿优良品种有 11 个（表 2-23-2），包括桂蒿 1 号、桂蒿 2 号、桂蒿 3 号、药客佳蒿 1 号、鄂青蒿 1 号、渝青 1 号、渝青 2 号、湘蒿 1 号、湘蒿 2 号、湘蒿 3 号、湘蒿 4 号，青蒿素含量均在 1% 左右；通过转基因技术获得了耐盐碱、耐旱的新品系 ANF176、GFH1 和 SQS159，但还未能在生产上大面积推广。随着分子育种、辐射育种等新技术的使用，将会获得更多优良品系。无公害青蒿的生产需采用高有效成分含量、高产量、抗性强的青蒿品种作为人工栽培的良种种源。

表 2-23-2　青蒿优良品种类型及特征

品种类型	主要品种	主要特征
高含量品种	桂蒿 1 号、桂蒿 3 号、渝青 1 号、湘蒿 1 号、湘蒿 2 号、湘蒿 3 号、湘蒿 4 号	以高青蒿素含量为选育目标，桂蒿 1 号、桂蒿 3 号、渝青 1 号青蒿素含量大于 1%；湘蒿 1 号、湘蒿 2 号、湘蒿 3 号、湘蒿 4 号青蒿素含量在 0.85%～1.0% 之间
高产品种	桂蒿 1 号、桂蒿 3 号、渝青 1 号、药客佳蒿 1 号、鄂青蒿 1 号、湘蒿 1 号、湘蒿 2 号、湘蒿 3 号、湘蒿 4 号等	以高产量为选育目标，青蒿每亩产量 2500～2700 kg；桂蒿 3 号、渝青 1 号每亩地产量达 3000 kg 以上；鄂青蒿 1 号每亩地产量达 4300 kg
早熟品种	桂蒿 1 号、湘蒿 1 号、湘蒿 2 号、湘蒿 3 号、湘蒿 4 号等	以青蒿物候期早熟为选育目标
耐盐碱品系	ANF176、GFH13、SQS159 等	以青蒿耐盐碱为选育目标
耐旱品系	ANF176、GFH13、SQS159	以青蒿耐旱为选育目标

（二）青蒿优良种源选择原则

青蒿的优良种源选择应在最适宜青蒿种子生长的产地进行，选择海拔 800 m 以下的林缘、荒地，气候潮湿向阳，排水良好，疏松肥沃的砂壤土，用未连作的地块来进行种植较好，在良种繁育田内选择生长健壮的植株群体作为种子材料留种。或选用“桂蒿 1 号”“桂蒿 3 号”“鄂青蒿 1 号”“渝青 1 号”等青蒿素含量≥1% 的品种作为良种繁殖材料。

青蒿生产用良种从青蒿长势良好、未连作地块中挑选植株高大、株型紧凑、气味浓郁的健康青蒿为留种植株，并做好标记，精心管理。制种田要求在相对隔离的区域，生产管理按照 DB45/T 1639-2017《青蒿生产技术规程》，至 10 月成熟期收集种子。青蒿种子十分细小，千粒重 0.0213～0.0713 g，表面圆润，有浅棕色沟纹，基部渐尖，无休眠期，不需要后熟处理。青蒿种子的寿命长短受遗传因素和贮藏条件影响，随着种子贮藏时间的增长，贮藏过程中发生各种生理生化变化，种子逐渐老化且发芽率降低，用布袋冷藏贮藏的种子活力下降最缓慢。因此，青蒿种子贮藏应置于低温 4～5℃冰箱中，用布袋包装。青蒿种子贮藏寿命与种子的含水量密切相关，适宜的含水量也有助于种子长期保存和保持种子萌发活力，一般青蒿种子含水量在 9%～13% 之间，含水量过高易霉变，因此不同等级的青蒿种子含水量均不应超过 11%。

三、田间管理

（一）选地整地

择地势平坦、土层深厚、土质肥沃疏松、透水性好、避风向阳、排水良好的旱地种植青蒿为宜；地势低洼、土质黏重的田地不适宜选作育苗地。选择晴天，播种前清理育苗地植物残体，精耕细作，将育苗地犁翻耙碎，清除农作物秸秆、杂草和石块以提高出芽率。对土壤进行消毒处理并将地下害虫杀死，播种前一天洒水湿润苗床土。每亩育苗地宜施腐熟肥 500 kg。再次犁翻耙地，使土肥均匀混合。平地起畦，畦宽 1.1～1.2 m，畦高 0.3 m，沟宽 0.4～0.5 m，畦沟应平直。在播种前松土一次，平整细碎畦面土。

（二）适时播种

北方播种时间以早春播种为主，2 月中下旬至 3 月上旬播种为佳。南方以秋播或早春播种为宜，秋播在采收种子后即可播种。优质种苗生产用种按 DB50/T 655-2015《青蒿种子质量分级》，选择达到一、二级种子质量标准要求的种子播种（表 2-23-3）。优质种苗田间播种方法按 DB45/T 1639-2017《青蒿生产技术规程》操作。青蒿属短日照植物，其开花对日照长短相当敏感，过迟播种会因营养生长时间过短而引起产量下降。平均气温＞8℃以上时，可播种。因青蒿种子细小，播种前用网孔尺寸 0.28～0.45 mm 的筛过滤干泥沙粉，喷水浸润后，与种子按（4000～5000）：1 比例混匀播种。注意撒种沙时应采取少量多次播种，以利播种均匀。播种完后薄薄铺盖一层草木灰，以遮住种子为度。然后先覆盖地膜，再覆盖拱膜，使苗床温度提高，促进种子萌发。根据种子品种、净度和发芽率不同，1 g 种子播种面积约 15 m^2。

表 2-23-3 青蒿种子质量分级标准

等级	净度（%）	含水量（%）	发芽率（%）	干粒重（%）
一级	≥60.0	9.0～11.0	≥90.0	≥0.0600
二级	≥50.0	9.0～11.0	70.0～90.0	≥0.0350
三级	≥40.0	9.0～11.0	≥50.0	≥0.0300

（三）拱棚

播种后建设小拱棚，每隔 1 m，用竹片（或钢架等）横跨畦面，两端靠畦边插入土中，弯成 40～50 cm 高的拱架，在顶部和两侧各用一个直条将拱架连接起来，构成拱棚。在拱棚上覆盖白色的薄膜，四周用泥土压紧密封。当温度>25℃时，应打开拱棚两端降温。播种后 7～10 天应揭膜观测苗床情况，如果土壤干燥，应及时洒水保持苗床温度。温、湿度适宜，10～15 天即可出苗。青蒿是阳性植物，对光照要求较高，不耐荫蔽，荫蔽条件下不宜栽培。出苗后要注意及时洒水，防旱保苗。

当青蒿幼苗长出 2 对真叶时，及时进行间苗并除去杂草。当苗长出 3～4 对真叶时，逐步打开拱棚两端炼苗，2 天后把薄膜全部打开。

（四）移栽

出圃时带土起苗，用小铁铲沿植株四周铲断，将带土幼苗运至青蒿栽植地。裸根起苗时用清水淋湿后再起苗，并用生根剂兑水拌黄泥浆裹根，当天应种完。移栽时，宜在春季气温稳定在 18℃以上时进行，选择阴天、雨后或晴天的下午移栽，移栽原则为移大留小。宜选长出 4～5 对真叶，苗高 7～10 cm 小苗进行移栽。移栽后，如遇干旱天气，应每隔 3～4 天淋水 1 次进行保苗。移栽 5～7 天后要及时检查蒿苗的成活情况，如有缺苗情况需及时补栽。

（五）灌溉

青蒿不耐涝，忌干旱，幼苗期（6 片真叶前）的水分管理十分重要，土壤干旱或水分过多都影响正常生长。土壤过干，植株生长量小，应及时灌溉。如遇长期干旱，可结合追肥进行浇水。黄花蒿耐涝能力较弱，田间积水容易引起烂根，特别在连绵雨季要注意及时排水。

（六）合理配置株行距

移栽时以平地株行距 1 m×1 m 开穴；坡地株行距（0.8～1）m×（0.8～1）m 开穴（土壤较好、肥力足以 0.8 m×1 m 为宜，土壤较差、肥力较差以 0.8 m×0.8 m 为宜）。穴深 3～5 cm，穴内土团耙细、润湿疏松，每穴种 1 株。种植时保持幼苗的根系伸展，细土覆盖根部，用手轻压，淋足定根水。

（七）田间除草

田间杂草与青蒿争夺阳光、水分、养分等，大面积移栽时如果地里杂草较少或较矮小，可在移栽成活后 20～30 天进行除草，铲除株间草，排除株边杂草，除草后结合施肥与根部码土。移栽定根后至蒿苗长至 1 m 之前，应及时除草，并对根部培土。

（八）无公害青蒿合理施肥

应采取不同施肥措施，适当适时施肥，氮磷钾合理使用，有机无机肥料配合，喷施微量元素等，不断提高青蒿中有效成分含量的累积。不注重施肥管理，青蒿生长状态极差，且产量很低，因此需进行合理的水肥管理。未经国家或省级农业部门登记的化肥或生物肥料禁止使用。播种后保持土壤湿润，对土壤贫瘠、物理性状差、新开垦的酸性土壤必需施用农家肥。在苗期和移栽成活后各追施 1 次水肥，肥料种类有人畜粪水、沼气水、麸水、尿素（浓度 0.2%～0.5%），加入 1% 过磷酸钙和 1% 复合肥等。前期追肥为移栽后 40 天左右施肥 1 次，每亩地施用复合肥 20 kg。中期追肥为移栽后 70 天左右施肥 1 次，每亩地施肥 40～50 kg，肥料选用 45% 高效复合肥或 40%～45% 缓释控释肥，以含钾高的复合肥为主。5、6 月各追施 1 次复合肥，每亩施复合肥 300～450 kg。施肥后氮、钾主要转移至青蒿根、茎和枝叶中，磷主要转移至根和枝叶中，高施氮、钾、磷肥和中施氮、钾、磷肥有助于青蒿素含量的积累。因此，无公害青蒿施肥需注重含氮、钾、磷的复合肥施用。

四、病虫害综合防治

无公害青蒿种植生产过程中禁止使用国家禁止生产和限制使用在中草药上的农药种类。优先选择 NY/T 393 绿色食品农药使用准则中 AA 级和 A 级绿色食品生产允许使用的植物和动物源、微生物源、生物化学源和矿物源农药品种。相应准则参照 NY/T 393 绿色食品 农药使用准则、GB 12475 农药贮运、销售和使用的防毒规程、NY/T 1667（所有部分）农药登记管理术语。

青蒿病虫害较少，偶有根腐病、菌核病、蚜虫为害。根腐病多发生于排水不良地段，可预先挖好排水沟，预防积水，发现病株及时拔除烧毁，也可用生石灰或 5% 福尔马林消毒地面。无公害青蒿实行合理轮作制度，前茬作物以禾本科作物、豆科作物、马铃薯为好。青蒿在北方宜 2 月早播，及时松土，保持田间通气透光，排除积水以降低土壤湿度。清洁田园，清除杂草，减少越冬虫，发现病株应摘除病叶病果，集中烧毁，防止传染给周围植株，也可以减少再侵染源。在同一品种内注意筛选能抗病害的单株，并不断进行提纯复壮和新品种选育。一般新地第 1 年种植青蒿，很少有病虫害发生，但连作后，会有根腐病、茎腐病及地老虎、蚜虫等病虫害发生，病害危害率为 3%～5%。青蒿的大面积栽培会引起生态压力问题，合理轮作可有效防除病虫害，减少农药污染；轮作可均衡利用土壤中的营养元素，把用地和养地结合起来，保持地力，提高产量，降低成本。出苗后一个月左右，当棚内温度达到 18～20℃时，应注意防治白粉病；在移栽前 1 天用吡虫啉喷洒以防止虫害转移扩散，增强植株抗虫害能力。在无法避免使用农药的情况下，应尽量减少使用次数和使用量，且在采收前30天内不得施用化学农药（表2-23-4）。

表2-23-4 青蒿主要病虫害防治方法

防治对象	化学防治方法及施用时间	其他防治方法
蚜虫	70%吡虫啉水分散粒剂20 000倍液。植株有虫率5%以上时，喷雾	采用黄板诱杀蚜虫；田间释放和保护草蛉、七星瓢虫等天敌
象甲虫	高效氯氰菊酯4.5%按规定稀释，在地面喷施	在植株下方铺地膜，轻轻晃动植株，并集中消灭掉到地膜上的象甲虫
菊瘿蚊	70%吡虫啉水分散粉剂20 000倍液。4～6月，植株虫瘿率5%以上，喷雾	生长季节发现虫瘿及时摘除，集中销毁
蛴螬	用60%吡虫啉悬浮种衣剂，加水按所需的比例拌种，效果颇佳	移栽前中耕土壤，利用成虫的假死习性捕杀成虫；避免施用未腐熟的厩肥；利用黑光灯大量诱杀成虫
小地老虎	1～3龄幼虫用4.5%高效氯氰菊酯20%乳油，菊酯类杀虫剂按规定稀释。3～4月，喷雾1～2次	用黑光灯、频振式杀虫灯诱杀成虫
白粉病	70%代森锰锌可湿性粉剂800倍液；15%三唑酮可湿性粉剂800倍液。5～6月，发病率5%时，喷雾	合理密植，注意通风透光；适量施加氮肥，增施磷钾肥和有机肥；选用抗性品种
根腐病	50%多菌灵可湿性粉剂800倍液。有根腐病发生病史的园区，4～6月喷雾或灌根	及时排水，降低土填湿度；发病初期销毁植株
茎腐病	40%氟硅唑乳油8000倍液。发病初期用药；严重时，每隔7天施药1次，连续3次	选择其他作物3年以上轮作，防止病原菌的积累；栽培前采用石灰或杀菌剂进行土壤消毒；增施磷钾肥，避免氮肥施用过多

在综合防治过程中，应建立无病良种田，选用无病健壮、株型紧凑的植株，合理轮作，选择地势高、通风好、土壤疏松的地块种植；培育适龄壮苗；加强肥水管理，防止涝害，雨后及时疏沟排水；及时松土除草；及时除去青蒿植株发病叶片、拔除病株、清理病株掉落叶片及残桩，集中烧毁；收获后，及时清理田间杂草集中烧毁或沤肥。

五、产地加工与质量标准

（一）采收与加工

无公害青蒿的采收时间为现蕾前，即每年的7月～8月，一般在移栽后130～150天，由于各地的气温高低不一样，青蒿的生长期也会不一样，收获的时间有早有晚。一般应在青蒿盛叶期（8月）采收，即下层叶片有转黄现象或开始现花蕾时。采收时选择晴天，整株砍伐，就地晾晒1天，次日上午9点钟之前打捆。

（二）质量标准

无公害青蒿质量指标包括药材材料的真伪、农药残留和重金属及有害元素限量、总灰分、浸出物、有效成分含量等，农药、重金属及有害元素等多种对人体有毒物质的残留量均应在限定的范围以内（表 2-23-5）。青蒿药材农药残留和重金属及有害元素限量可参考 GB 5009《食品安全国家标准》、GB 2763-2016《食品安全国家标准 食品中农药最大残留限量》等现行规定及《中华人民共和国药典》（2015 年版）规定。水分按《中国药典》2015 年版通则（四部）0832 第二法规定测定，总灰分按通则（四部）2302 规定测定，浸出物按通则（四部）2201 规定测定。农药的使用除应符合 GB/T 8321.9-2009《农药合理使用准则》的规定外，还应符合国家相关主管部门关于农药使用公告的要求。

表 2-23-5 青蒿质量要求及有害元素限量标准

物种	质量要求	有害元素	含量（mg/kg）
青蒿	水分≤14.0% 总灰分≤8.0% 浸出物≥1.9% 青蒿素含量测定：采用柱前衍生-RP-HPLC 法测定青蒿素的含量	铅 镉 铜 汞 砷 六氯苯 总滴滴涕（DDT） 五氯硝基苯（PCNB） 艾氏剂（Aldrin）	≤5.0 ≤0.3 ≤20.0 ≤0.2 ≤2.0 ≤0.10 不得检出 ≤0.10 ≤0.05

参考文献

[1] World Health Organization. World Malaria Report 2012[J]. Working Papers，2012，30: 189-206.

[2] 陈士林，向丽，李琳，等. 青蒿素原料生产与资源再生全球战略研究 [J]. 科学通报，2017，(18)：1982～1996.

[3] 蒋运生，漆小雪，陈宗游，等. 黄花蒿人工栽培中存在的主要问题及其对策 [J]. 时珍国医国药，2007，18（9）：2184-2185.

[4] 张小波，郭兰萍，黄璐琦. 我国黄花蒿中青蒿素含量的气候适宜性等级划分 [J]. 药学学报，2011，(4)：472～478.

[5] 岑丽华，徐良，黄荣岗，等. 不同纬区及不同栽培立地条件对黄花蒿青蒿素含量的影响 [J]. 安徽农学通报，2007，13（13）：46～47.

[6] 韦树根，马小军，冯世鑫，等. 黄花蒿新品种桂蒿 1 号 [J]. 中国种业，2011，(S2)：47-48.

[7] 李隆云，吴叶宽，马鹏，等. 青蒿新品种“渝青 1 号”的选育及其示范推广 [J]. 重庆中草药研究，2011，35（1）：2516-2522.

[8] 向极钎，覃大吉，杨永康，等. 高产优质黄花蒿品种选育及种子生产基地建设 [J]. 湖北民族学院学报（自然科学版），2010，28（4）：387-390.

[9] 李红莉，李隆云，徐有明. 不同贮藏方式对青蒿种子发芽的影响 [J]. 中国中药杂志，2009，34

（12）：1585.

[10] 李红莉，徐有明，李隆云，等. 青蒿种子品质检验及质量标准的研究 [J]. 种子，2008，27（11）：1-4.

[11] 王满莲，韦 霄，蒋运生，等. 不同土壤环境对黄花蒿生长和青蒿素含量的影响研究 [J]. 植物研究，2010，30（4）：424～427.

[12] 韦中强，李成东，肖杰易，等. 施肥水平对青蒿产量和质量影响的研究 [J]. 时珍国医国药，2008，19（5）：1286-1287.

[13] 吴文芳. 氮、磷、钾对青蒿叶片营养生理特性影响的研究 [D]. 西南大学，2012.

[14] 梁惠凌，韦霄，唐辉，等. 黄花蒿主要病虫害调查及防治措施 [J]. 中药材，2007，30（11）：1349～1352.

[15] 刘金磊，李典鹏，韦霄，等. 黄花蒿中青蒿素含量的 RP-HPLC 法测定 [J]. 广西植物，2007，27（5）：808-810.

（马婷玉，黄盛群，丁丹丹，谢刚，向丽）

24 郁金

引言

郁金，别名玉金，为常用中药，始载于唐代。《中华人民共和国药典》2015 年版一部记载郁金为姜科植物温郁金 *Curcuma wenyujin* Y. H. Chen et C. Ling、姜黄 *C. longa* L.、广西莪术 *C. kwangsiensis* S. G. Lee et C. F. Liang 或蓬莪术 *C. phaeocaulis* Val. 的干燥块根。前两者分别习称“温郁金”和“黄丝郁金”，其余按性状不同习称“桂郁金”或“绿丝郁金”。主要分布在我国的南部和西南部。主产于浙江、四川、广西、云南等地。药典收载的黄丝郁金及绿丝郁金主产于四川、重庆；温郁金、桂郁金分别主产于浙江瑞安、广西及云南。

20 世纪 50 年代以前，广郁金以野生为主。60 年代以来，以家种为主。广西常年种植的广郁金面积达 600 hm^2，常年总产量 1800 t，占全国总产量的 60% 以上。广西郁金的生产对全国来说有着举足轻重的地位。但目前郁金种植过程中存在管理方式混乱，滥用农药、化肥，产地加工不规范等问题，严重影响了郁金的品质及产量，阻碍了郁金产业的健康可持续发展。无公害郁金种植体系是保障其品质的有效措施之一，为指导郁金无公害规范化种植，本文结合郁金的生物学特性，概述了无公害郁金种植基地选址、品种选育、综合农艺措施、病虫害综合防治等技术，以期为郁金的无公害种植提供理论支撑。

一、产地环境

（一）生态环境要求

无公害郁金生产需要根据其生物学特性及《中国药材产地生态适宜性区划》（第二版）进行产地选择。郁金喜温暖湿润气候，阳光充足、雨量充沛的环境，怕严寒霜冻、干旱积水。种植区域集中在21.5°～23.5°N，108°～109.8°E之间，最适宜区域的地质背景为砂岩和页岩混合型红壤区，地貌为低山缓斜坡及中丘陵，喜酸性土，对盐基饱和度低的土壤较适应，可作为其道地性的特征之一。郁金主要生长区域生态因子范围见表2-24-1。主要栽培土壤类型为强淋溶土、人为土、始成土等。

表2-24-1　郁金野生分布区、道地产区、主产区气候因子阈值（GMPGIS-Ⅱ）

生态因子	生态因子值范围	生态因子	生态因子值范围
年均温度（℃）	13.2～21.0	年均降水量（mm）	1459.0～1960.0
平均气温日较差（℃）	6.6～9.6	最湿月降水量（mm）	224.0～351.0
等温性（%）	24.0～33.0	最干月降水量（mm）	35.0～47.0
气温季节性变动（标准差）	5.7～7.5	降水量季节性变化（变异系数%）	48.0～65.0
最热月最高温度（℃）	25.2～34.0	最湿季度降水量（mm）	593.0～919.0
最冷月最低温度（℃）	-0.5～7.0	最干季度降水量（mm）	129.0～180.0
气温年较差（℃）	24.7～28.7	最热季度降水量（mm）	529.0～772.0
最湿季度平均温度（℃）	19.4～27.8	最冷季度降水量（mm）	132.0～211.0
最干季度平均温度（℃）	6.2～17.4	年均日照（W/m^2）	125.9～137.8
最热季度平均温度（℃）	20.9～28.8	年均相对湿度（%）	71.0～76.5
最冷季度平均温度（℃）	4.3～12.6		

（二）产地标准

无公害郁金生产的产地环境应符合国家《中药材生产质量管理规范》；NY/T 2798.3-2015无公害农产品 生产质量安全控制技术规范；大气环境无污染的地区，空气环境质量达GB 3095规定的二类区以上标准；水源为雨水、地下水和地表水，水质达到GB 5084规定的标准；土壤不能使用沉积淤泥污染的土壤，土壤中农残和重金属含量按GB 15618规定的二级标准执行。

无公害郁金生产应选择生态环境条件良好的地区，产地区域和灌溉上游无或不直接受工业“三废”、城镇生活、医疗废弃物等污染，避开公路主干线、土壤重金属含量高的地区，不能选择冶炼工业（工厂）下风向3 km内的地区。

二、优良品种

1. 优良种源选择原则

无公害郁金种植生产的种源，应在最适宜郁金种子生长的海拔范围开展优良种质繁育；选择田间病虫害发生率低的郁金园作为良种繁育田，在良种繁育田内选择生长健壮的植株群体作为种子材料留种。“成均种”“六万山种”和“青塘种”是广西玉林、钦州地区长期栽培所形成的品种和类型，对本地区的自然条件有较强的适应性，品种性状遗传性稳定，可以在未来大面积推广种植。

2. 郁金良种繁育

（1）郁金良种选择　依据产地环境现状，选择已有新品种，如产量、挥发油含量及有效成分含量上均优于普通常用种的“广成种”和“广吉种”；或开展新品种种苗繁育。生产上主要用无性繁殖，而有性繁殖则多用于良种选育和良种复壮工作。选用芽眼齐全、健壮，无病虫、伤口的莪头作种，以莪头顶上干枯后形成凹洞的“凹种”较好。去劣存优，选择优良的植株留作种质。

（2）制种　制种田要求在相对隔离的区域，广郁金为穗状花序，每个花序有小花 11～21 朵，平均 14.8 朵。小花自下而上开放，由于开花时受气候条件影响，花朵结籽率不一，平均每朵结籽 3.7 粒，平均种子千粒重 10.5 g。

（3）良种贮藏　郁金一般不以种子繁殖幼苗，生产上以块茎繁殖为主。收获时选择肥大、体实无病的根茎作种，堆放于干燥通风处，避免阳光直射，储藏过程中翻地几次，防止发芽，也可在室内进行沙藏。播种前取出块茎，把母姜与子姜分开，较大的姜块可切成几个小块，每块带芽 1～2 个。

（4）播种　选择中等肥壮、长块根多、个体完整无病虫害的郁金作种用。种植前将个大的郁金种纵切成两块，不要伤芽，待切面晾干后再种，或在切口蘸上草木灰后即可种植。发芽出土后，及时搭盖防晒网，防止阳光灼伤幼苗。待长 4～5 片真叶后便可逐渐揭除防晒网锻炼幼苗。

（5）间苗匀苗　原则为去小留大、去歪留正、去杂留纯、去劣留优、去弱留强。育苗期内要控制好温、湿度，精心管理，使秧苗达到壮苗标准。定植前再对秧苗进行严格的筛选。

三、田间管理

（一）整地

入冬前把种植地上的杂草清除，然后深翻 2 次越冬，将圃地整平做床，长度根据地形而定，根据圃地降水及排灌情况做成平床或低床。春节后再进行翻耕，晒土一个月。

3 月份气温达 20℃以上，于播种前 7 天，每亩土壤用拌有过磷酸钙（每亩施用 50 kg）的腐熟厩肥 1000 kg 撒施于育苗地；经多次犁耙，土壤细碎和平整后，按宽 1.00 m、高 0.25～0.30 m 的规格起畦，畦间距离 0.40 m 左右，具体视情况而定；平地起细畦，坡地起大畦，以利于排水防渍，且能适当保湿。

（二）遮阴

广西莪术的最适光照为85%的自然光照强度，圃地宜阳光充足。此外，要根据郁金的不同生长时期及时调整荫棚透光度。

（三）灌溉

郁金生长期内保持土壤湿润。天气干旱时，早晨和傍晚灌水抗旱，土壤保持一定湿度。10月份以后，田间保持干燥，以利于收获。

（四）补苗

大部分种姜出苗并长高至10 cm左右时进行普查，如有不出苗需及时检查种姜，如腐烂，则要挖去后再补种。

（五）耕作措施

因地制宜地选用抗病优质品种，多选用抗病力较强的栽培品种。翻耕可促使病株残体在地下腐烂，同时也可把地下病菌、害虫翻到地表，应结合晒垡进行土壤消毒。深翻还可使土层疏松，有利于根系发育。注意适时播种，避开病虫危害高峰期，从而减少病虫害。应及时拔除、严格淘汰病株，摘除病叶病果并移出田间销毁，可以减少再侵染源。

（六）合理配置株行距，优化群体结构

4月上旬种植，株行距30 cm×35 cm；穴内施厩肥、草皮灰混合肥，每亩施用3000 kg；施后在肥上盖一层土，每穴放种茎1个，芽向上，覆土，再盖一层稻草，浇透水。每亩用种125 kg左右。各产区还可根据种苗大小、气候条件、土壤质地等不同情况作适当调整。

（七）中耕除草

田间杂草与郁金争夺阳光、水分、养分等，有些杂草甚至是某些郁金病害或虫害的中间寄主。因此，育苗田杂草应及时拔除，以防草荒，定植后，在苗高10～15 cm时进行第1次中耕除草，以后每隔半个月进行1次，一般进行2～3次中耕除草后，植株封行。中耕宜浅，并且1次比1次浅，以免伤根，影响块根的形成和生长。

（八）合理施肥

郁金施肥应坚持以基肥为主、追肥为辅和有机肥为主、化肥为辅的原则。未经国家或省级农

业部门登记的化肥或生物肥料禁止使用。使用肥料的原则和要求、允许使用和禁止使用肥料的种类等按 DB13/T 454 执行。

允许使用的肥料类型和种类主要包括：有机肥、生物菌肥、微量元素肥料等；针对性施用微生物肥，提倡施用专用肥、生物肥和复合肥，重施基肥，少施、早施追肥。采用先进的施肥方法，不易挥发的肥料宜适当浅施；易挥发的肥料宜适当深施，施肥量要根据郁金的长势而定。掌握适当的施肥时间，追肥宜使用经检测重金属含量不超标的复合肥，每亩施用复合肥 50 kg（表 2-24-2）。

表 2-24-2 无公害郁金生产肥料施用方法

施用类型	肥料种类及施用方法	施用时期	作用
基肥	以农家肥为主，加适量的过磷酸钙（10：1）拌匀后进行堆沤发酵。每亩施腐熟的基肥 400 kg，穴施	3 月份气温达 20℃以上	提供养分基础
第 1 次追肥	主要施用人粪尿 25 000～30 000 kg/hm^2	郁金出苗后 1 个月	促进植物的营养生长
第 2 次追肥	施用人粪尿和复合肥，撒施复合肥 450～600 kg/hm^2，人粪尿可酌情施用	夏季	保证块茎膨大

四、病虫害综合防治

无公害郁金种植生产过程中禁止使用国家明令禁止生产和销售的农药种类。优先选择 NY/T 393 绿色食品 农药使用准则中 AA 级和 A 级绿色食品生产允许使用的植物和动物源、微生物源、生物化学源和矿物源农药品种。相应准则参照 NY/T 393 绿色食品 农药使用准则、GB 12475 农药贮运、销售和使用的防毒规程、NY/T 1667（所有部分）农药登记管理术语。按照无公害郁金生产主要病害防控技术规程和无公害郁金生产主要虫害防控技术规程执行，在生产管理中容忍部分病虫害损失，使郁金药材中农药残留和重金属含量符合规程要求。各农药的使用时间、剂量，均应依据郁金病虫害发生的类型、时间、严重程度等来确定或调整（表 2-24-3）。

表 2-24-3 无公害郁金种植中化学防治方法

病害名称	化学农药	防治方法
叶斑病	波尔多液、多菌灵、代森锰锌、甲基托布津	发病前用 1：1：100 倍波尔多液喷洒，7 天 / 次，连喷 2 次；发病后可用多菌灵 600～800 倍液或用 65% 的代森锰锌 500 倍液、50% 甲基托布津 500 倍液喷洒
根腐病	多菌灵、代森锰锌、甲基托布津	发病后可用多菌灵 600～800 倍液或用 65% 的代森锰锌 500 倍液、50% 甲基托布津 500 倍液喷洒，7 天 / 次，连喷 2 次

五、产地加工与质量标准

（一）采收与加工

应遵循郁金药材采收期，冬季茎叶枯萎后采挖（冬末初春），除去泥沙和细根。采收过程严格按照郁金 GAP 管理的采收流程执行，将病害郁金与健康植株分开。运输包装材料保证无污染，并做好包装和运输记录。

无公害郁金原料的加工场地必须保证无污染，原料到加工场 36 小时内完成修剪和清洗，清洗水的质量要求必须符合 GB 3838 地表水环境质量标准的Ⅰ～Ⅱ类水指标，并进入专用烘烤设备或专用太阳能干燥棚中干燥。

（二）质量标准

无公害郁金质量包括药材农药残留和重金属及有害元素限量等指标。郁金质量标准可参照《中华人民共和国药典》2015 年版标准规定。

参考文献

[1] 国家药典委员会．中华人民共和国药典 [M]．二部．北京：中国医药科技出版社，2015：66-67.

[2] 尹国平，张清哲，安月伟，等．温郁金化学成分及药理活性研究进展 [J]．中国中药杂志，2012，37（22）：3354-3360.

[3] 兰凤英．郁金的药理作用及临床应用 [J]．长春中医药大学学报，2009，25（01）：27-28.

[4] 薛建，杨世林，陈建民，等．我国中药材农药残留污染现状与对策 [J]．中国中药杂志，2001，26（9）：637.

[5] 何金晓．郁金本草考证及商品流通现状 [A]．中国商品学会第五届全国中药商品学术大会论文集 [C]．中国商品学会，2017.

[6] 陈士林．中国药材产地生态适应性区划（第二版）[M]. 北京：科学出版社，2017.

[7] 陈旭，曾建红，谢文娟．广西莪术道地产区地质背景及土壤理化状况分析 [J]．四川中医，2008，26（4）：46-48.

[8] 陈旭，曾建红．光照强度对广西莪术挥发油及莪术醇含量的影响 [J]．广西植物，2008，28（05）：694 -697.

[9] 叶永浩，郝虹，蔡宇忆，等．广西莪术的栽培繁殖及分子鉴定研究进展 [J]．中药材，2015，38（10）：2220-2222.

[10] 王建，陆善旦，赵应学．广西莪术两个新品种的特征特性简介 [J]．中药材，2009，32（08）：1191-1192.

[11] 吴庆华，林伟，宁全强，等．莪术无公害生产技术规程 [J]．现代中药研究与实践，2012，26（02）：3-4.

[12] 张炜，刘雯，覃洁萍．中药莪术的研究概况 [J]．广西科学院报，2006，22（S1）：481-486.

[13] 刘逊忠，黄光耀，黄光贤. 不同栽培方法对中药莪术产量及效益的影响 [J]. 农业科技通讯，2013，(07)：98-101.
[14] 梁菊秀. 莪术栽培技术 [J]. 广西热带农业，2006，(03)：39.
[15] 曾欣，练美林，毛碧增. 温郁金化学成分、药理作用及病害研究进展 [J]. 药物生物技术，2017，24(06)：554-560.
[16] 徐杰，洪高炉，吴志刚. 温郁金连作中主要病虫害及防治技术 [J]. 现代农业科学，2008，(12)：77-78.
[17] 吴志刚，陶正明，徐杰. 温郁金 GAP 栽培技术标准操作规程 [J]. 浙江农业科学，2008，(02)：165-167.
[18] 李隆云，秦松云，廖光平，等. 犍为县郁金优化栽培技术研究 [J]. 中国中药杂志，1997，(03)：145-147.
[19] 黄峰伟，郑衍琪. 无公害农作物生产的病虫害防治技术 [J]. 现代农业科技，2005，(08)：21-22.
[20] 陈士林，黄林芳，陈君，等. 无公害中药材生产关键技术研究 [J]. 世界科学技术（中医药现代化），2011，13(03)：436-444.
[21] 程惠珍，高微微，陈君，等. 中药材病虫害防治技术平台体系建立 [J]. 世界科学技术，2005，7(06)：109-114.
[22] 么厉，程惠珍，杨智，等. 中药材规范化种植（养殖）技术指南 [M]. 北京：中国农业出版社，2006：293-305.

（王蕾，梁从莲，徐江，沈亮）

25 罗汉果

引言

本品为葫芦科植物罗汉果（*Siraitia grosvenorii*）的干燥果实。罗汉果具有数百年的人工栽培历史，且栽培规模不断扩大，主要栽植在我国的广西、广东、湖南、江西和贵州等地区，其中广西永福、临桂为我国罗汉果种植的中心，占全世界罗汉果产业产量的 98%。罗汉果的生长正值高温多雨的季节，易发生病虫害，长期使用高效、快速的化学农药，易使病虫害产生抗药性，不科学地使用农药还会导致罗汉果农药残留量超标。因此改进栽培措施，推广无公害栽培体系，成为确保生产无污染、高品质、安全药材的主要途径。下面介绍了罗汉果无公害种植过程中产地环境的选择、优质抗逆新品种的选育、田间综合农艺管理措施及安全、低毒的病虫害综合防治技术，为罗汉果的无公害生产提供依据，确保罗汉果产业的可持续发展。

一、产地环境

无公害罗汉果生产的产地环境应符合国家《中药材生产质量管理规范（试行）》、NY/T 2798.3-2015 无公害农产品 生产质量安全控制技术规范、GB 15618-2008 土壤环境质量标准、GB 5084-2005 农田灌溉水质标准、GB/T 3095-2012 环境空气质量标准及 GB 3838-2002 国家地表水环境质量标准等要求。无公害罗汉果生产地区应选择生态环境条件较好的区域，且产地区域和灌溉上游无或不直接受工业“三废”、医疗废弃物、城镇生活等污染，避开公路的主干线、土壤重金属含量高的地区。不能选择冶炼工业（工厂）下风向 3 km 区域，且空气环境质量应达到 GB 3095-2012 环境空气质量标准中一、二级标准值要求。

生态环境与中药资源可持续发展的关系密切，作为道地药材形成的重要因素之一，直接影响药材的生长、发育及有效成分的产生和积累。根据地域性原则及其生物学特征选择无公害中药材的生产基地，进行中药材适宜生态区域选址，确定中药材生产基地，是无公害中药材规模生产的重要途径。依据《中国药材产地宜性区划（第二版）》，运用 GMPGIS 对当前主产区样点进行分析，得到罗汉果主要生长区域生态因子值范围（表 2-25-1）。主要的栽培土壤类型为人为土、始成土、淋溶土、强淋溶土、粗骨土、高活性强酸土等。

表 2-25-1　罗汉果主产区生态因子值（GMPGIS- Ⅱ）

生态因子	生态因子值范围	生态因子	生态因子值范围
年平均温（℃）	10.9～22.1	年均降水量（mm）	1316.0～1891.0
平均气温日较差（℃）	7.3～9.1	最湿月降水量（mm）	224.0～382.0
等温性（%）	27～34	最干月降水量（mm）	32.0～50.0
气温季节性变动（标准差）	5.3～7.5	降水量季节性变化（变异系数 %）	53.0～71.0
最热月最高温度（℃）	23.8～33.7	最湿季度降水量（mm）	586.0～956.0
最冷月最低温度（℃）	-3.0～-9.3	最干季度降水量（mm）	111.0～181.0
气温年较差（℃）	22.7～28.9	最热季度降水量（mm）	471.0～774.0
最湿季度平均温度（℃）	14.6～27.7	最冷季度降水量（mm）	129.0～220.0
最干季度平均温度（℃）	3.6～19.0	年均日照（W/m^2）	125.2～136.9
最热季度平均温度（℃）	19.3～28.7	年均相对湿度（%）	71.0～74.2
最冷季度平均温度（℃）	1.7～14.1		

二、优质品种

罗汉果栽培品种的品质、产量以及抗病性等都存在差异，选育性状优良、抗逆性强的优良群体可减少农药的使用量，保障无公害罗汉果的生产。随种植面积扩大，罗汉果品种选育成为种植产业发展的关键，目前已选育出几种具有不同特性的优质罗汉果品种（表 2-25-2）。罗汉果品种的选育以早熟及抗性强的品种为主。罗汉果栽培品种主要包括长滩果、青皮果、红毛果、拉江果、冬瓜果、白毛果、山茶果等。青皮果早熟、果大、抗性强、果性好、产量高、适应性广，是目前的主要栽培品种，白毛果具有早熟优质的特性，也是栽培的首选品种之一。

罗汉果品种主要用常规杂交技术、染色体工程技术、基因工程技术进行选育。罗汉果是雌雄异株的植物，现有品种均不是纯合体。常规杂交技术是将性状优良的父母本杂交，得到杂种 F_1，筛选得到优良植株，获得优良植株后用茎段组织培养便可得到罗汉果优良品种。龙江青皮果母本与冬瓜果父本进行杂交，在 F_1 群体中筛选得到果大、结果率高的植株，将此植株的种子以组织培养的方法得到实生苗，将具有坐果率高、大果率高、果型好以及耐干旱特性的实生苗取茎尖，组织培养培育得到罗汉果无性系新品种，定名为永青 1 号。青皮 3 号母本与冬瓜果父本进行杂交，从 F_1 选择大中果数量多、坐果率高、开花结果稳定、丰产、稳产的优良植株，以该植株现蕾开花茎段作外植体以组织培养的方式繁殖为无性系，得到普丰青皮品种。罗汉果新品系“伯林三号”是从青皮果中单株优选，以定向培养方法选育的品种，该品种具有成熟一致、适应性强及性状稳定的优良特性。染色体工程技术通过不同倍体之间杂交可获得多倍体品种，母本“农院 B6 号”与父本“药园败雄 1 号”进行杂交，F_1 植株组织培养选择繁育出罗汉果新品种“药园无籽 1 号”，该品种无籽，果实率达到 90%，果实果肉重达到 62.3%，坐果近 15 个 /m^2（表 25-2）。

表 2-25-2 罗汉果主要优良品种

品种	育种方式	特性
普丰青皮	青皮果、冬瓜果杂交	抗逆性强、稳产、丰产
福汉 2 号	植株组织快繁，多代选育	苗期生长快，适应性强，耐肥，抗病毒能力强
永青 1 号	龙江青皮果、冬瓜果杂交	长势较强、不裂果、丰产
农青 2 号	优良青皮果茎尖离体培养	品种优良、高产、稳产、适应性广、抗逆性强、具有抗病性
柏林 2 号、柏林 3 号	优良品种青皮果茎尖脱毒快繁	长势旺、丰产、品质优良、耐旱耐肥性强
药园无籽 1 号	农院 B6 与药园败雄 1 号杂交	无籽、抗逆性增强、有效成分含量增加、植株健壮、果实大

三、田间管理

无公害罗汉果综合农艺管理措施包括种植前的土壤改良措施，水、光、温度及施肥的管理。土壤改良可从根本上减少病虫害的发生，水、光、温度及施肥的管理对罗汉果的产量和品质尤为重要。

（一）土壤改良

罗汉果种植过的土地中微生物形成竞争关系，导致大量有益微生物死亡，有机质无法分解形成腐殖质，土壤肥力下降，且残留农药过多，导致罗汉果药材的污染，因此土壤改良成为增加土壤肥力及控制罗汉果药材农药污染的主要途径。土壤改良措施包括合理轮作和土壤消毒。

1．合理轮作

罗汉果连作容易造成土壤中大量的致病微生物、害虫的积累。综合考虑，种植无公害中药材应当采用合理轮作来改良土壤，减少对中药材生长不利的致病微生物。针对不同种植情况，采用合理的轮作制度，可以提高复种指数及土壤利用率，丰富土壤有机质及养分含量，消除土壤有害物质，防治病虫害，提高中药材的品质和数量及额外增加种植户的收入。合理轮作既对罗汉果生长有利，又提高了生态环境效应，罗汉果与水稻、葱、蒜、韭菜、林木轮作对根结线虫病害有显著防治效果。

2．土壤消毒

土壤中存在一定数量的病虫害，土壤消毒成为杀死致病微生物、害虫的有效措施，主要分为物理消毒、化学消毒和生物熏蒸。日光消毒、蒸汽消毒等方式对生态环境友好，不造成环境污染，但存在消毒不彻底、受环境等因素影响的缺点。化学消毒是利用化学药剂将土壤中的病原菌和虫卵进行杀灭的消毒方式；生物熏蒸抑制或杀死土壤中有害生物的方式是利用植物的有机质分解过程中释放的挥发性物质。化学消毒和生物熏蒸均可利用熏蒸剂对土壤进行消毒，具有消毒彻底、时间短、不受环境影响等优点。生防制剂的活性高且用量少，一般使用剂量为化学农药用量的 10%～20% 左右，可通过生防制剂拌苗集合土壤熏蒸技术配套使用。土壤消毒影响有益菌，可通过及时补施生物菌肥的方法调控微生物群落，生物菌肥不但解决土壤中农药残留问题，而且能培肥地力、活化土壤、为作物提供营养物质。

种植罗汉果前，经翻耕晒田后，用生石灰粉撒入穴内进行消毒，预防枯萎病、根结线虫病和病毒等病菌。整地时每亩撒施 25～50 kg 熟石灰，通过穴施沤制腐熟的农家肥 3～5 kg 并施加适量比例钙镁磷肥，拌匀后作基肥，禁止使用内吸型、毒性大、药效长、残留时间长的化学农药。

（二）水、光、温度的管理

罗汉果喜潮湿，忌渍水，根系及块茎渍水易腐烂，需栽培土壤排水系统良好。罗汉果枝叶繁茂，生长期间植株所需营养多，植株体内的水分蒸腾较快，花期和果实的生长期较长，整个生育期需水量较多，需要足够的水分进行生长，因此要求空气相对湿度为 70%～85%，土壤相对湿度要求 70% 左右。罗汉果不同生育期对水的需求量不同，根据生长情况合理控制水分，利于植株生长，也可减少病虫害发生。罗汉果种植前浇足定根水；苗期避免多淋水，以免引起病虫害的发生；藤蔓生长期旺盛，需水量多，以开花为主的时期需水量不大，果实生长快且不易裂果；果实膨大期田间应保持 60%～80% 持水量以满足生长，当高温干旱时，可进行透水保湿，维持适宜的土壤湿度和空气湿度，透水时水深至畦高 1/3 便要进行排水，否则易引起烂根感病。

罗汉果是短日照植物，喜光忌强光，每天的日照时间以 6～8 小时为宜，光以散射光照射最好。罗汉果幼苗期喜弱光，在半荫条件下适宜生长，可通过遮棚网遮挡阳光。罗汉果开花结果盛期有机物质的积累可通过增大光合作用及提高昼夜温差来实现。在罗汉果生长期间温度是其生长好坏的主要因素，对种植地区的温度要做到合理调控。温度影响罗汉果生长，低温新梢会受到寒害而变枯发黑；高温也会阻碍罗汉果的生长发育，气温达到 35℃以上时，萌发的花粉数量减少，不利于授粉受精，幼果数量明显减少，导致果实发育延迟或停止。罗汉果基本生育期

（3～10 月），月均温的变化以前期低、中期高、后期略低为宜。罗汉果生长的最佳温度是：冬季温度低于 5.0℃时需要进行防寒；当月均温达到 15.0℃时植物开始生长；出苗与藤蔓抽生期平均温度为 18.0～25.0℃为宜；罗汉果的开花与果实膨大充实期，温度 25.0～28.0℃为宜，日较差温度在 7.0～9.0℃为宜。

（三）施肥管理

种植优质高产的罗汉果需在生长期间进行科学、高效、安全、合理的施肥。无公害罗汉果种植施肥多以农家肥为主并减少化肥使用。根据罗汉果不同生长期对养分需要量进行适时、适量及适度施用。种植罗汉果前施基肥，过磷酸钙 100 kg 左右、麸肥 80～100 kg、有机肥 1500～4000 kg 充分混匀并堆沤，发酵腐熟后与土拌匀，每穴施 3～5 kg。苗长至 30 cm 时，施少量的速效磷钾肥，用来促进幼苗早生及快发；当主蔓为 50 cm 左右可以施适量氮肥，确保植株摄入足够养分；当主蔓距顶棚为 30 cm 时，施促花肥，通过控制氮肥、增施磷钾肥来促进各级侧蔓形成以及花芽的分化；当主蔓爬上棚，追施适量有机肥及磷钾肥，可以促进侧蔓生长并提高结果率。罗汉果的现蕾盛期要强壮花蕾避免落花，可用沤制腐熟的有机肥。盛花期，通过淋施稀粪水加少量硫酸钾，并采用活性钙兑水来淋施根部及叶面，用来加速果实的膨大，进而提高坐果率、防止生理性裂果。

四、病虫害综合防治

罗汉果生长期间易受病虫害的影响，进行病虫害防治，应采取综合的防治方法，充分发挥各种因素的自然控制、应用耕作、田间管理等农业措施、生物防治、物理防治及化学防治技术。罗汉果主要病害有根结线虫病、炭疽病、病毒病（花叶病毒病和疱叶丛枝病）、青枯病、白粉病、芽枯病、根腐病（表 2-25-3）。无公害罗汉果病害防治以农业防治、物理防治、生物防治为主，化学防治为适当的辅助。农业防治可以提高罗汉果的抗病性；生物防治安全高效；物理防治对罗汉果和环境本身均无不良影响；农药使用不合理将会对环境及人体健康造成危害，合理使用会促进罗汉果生长。安全、低毒防治病害的方法对罗汉果无公害栽培具有重要意义。

表 2-25-3　无公害罗汉果主要病害类型及防治方法

类型	危害部位	症状	发病规律	防治方法
花叶病毒病	叶子	绿色褪去、花叶，斑驳状，皱缩畸形，全株矮化、早衰，枯萎，不结果、少结果或结小果	温度高和雨水少的环境条件下	选用无病毒种苗；防虫网覆盖；发病初期，用 5% 菌毒清 200～300 倍液或病毒必克 400～500 倍液，连喷 3～4 次
疱叶丛枝病	嫩叶	脉间褪绿，叶肉呈疱状畸形，黄化；老龄叶黄化叶脉仍呈绿色；腋芽感病后早发成丛枝	初次侵染来源主要是田间的病株，刚种植的地区主要为带病种苗	建立无病种苗地；用茎尖脱毒的组织培养苗或实生苗作种苗；在发病初期用 800 倍的病毒 A 或病毒必克 500 倍兑水进行喷雾

续表

类型	危害部位	症状	发病规律	防治方法
根结线虫病	块根和须根	块根长瘤、腐烂，须根膨大呈球状、棒状或念珠状等，叶片变黄枯萎脱落、藤蔓细弱，严重者植株死亡	种薯萌发新根时，以2龄幼虫侵染危害植株	种植无病苗；种植前用45～48℃热水浸渍种20～30分钟消毒；选择适宜种植园田；水田种植与水稻轮作；与葱、蒜、韭菜等轮作，轮作年限最好两年以上。多效菌60～75 kg/hm^2，加入与菌种等体积腐熟有机肥拌匀覆膜沤制
芽枯病	嫩芽、嫩梢	顶芽枯死、嫩叶黄化。顶芽枯死后呈褐色至黑褐色。重病株不能开花结果，轻病株结果的果柄易枯死，果实过早黄化	多发于夏季	种植前用0.05%～0.1%硼砂或硼酸溶液浸泡5～6小时；苗期叶面肥加硼砂，硼砂浓度为0.2%～0.3%；生长期，每隔半个月用0.1%～0.2%硼砂或硼酸溶液喷雾叶面一次
青枯病	叶片	发病初期，病株主茎顶梢失水萎蔫早晚可恢复正常，随病情发展，不再恢复，病株叶片自上而下逐渐萎蔫，叶色暗淡，后期整株枯死	8～10月发病严重	加强田间管理及时清除病株、选育抗病品种；发病初期，用72%农用硫酸链霉素可溶性粉剂4000倍液，每8～10天每株药液用量0.3～0.5 L，连续2～3次
根腐病	根部和根茎部	前期植株细根先发生褐色病变，后期根部腐烂，地上部萎蔫枯死	土壤水分过多时	50%多菌灵可湿粉剂500倍液或70%甲基托布津可湿粉剂800倍液
白粉病	叶片、叶柄或嫩茎	危害部位有白色小霉点，后扩大为1～2 cm霉斑，霉斑扩大为白粉状物，布满叶片和藤蔓，发病严重叶子凋零、藤蔓干枯	9～10月天气干旱时发病严重	藤蔓上棚初期喷一次石硫合剂，相隔25天后至开花初期再喷一次波尔多液，每次雨后喷一次杀菌药
炭疽病	叶片、果实	叶片上病斑圆形或近圆形，早期为暗绿色小斑点，后逐渐变大，病斑边缘为绿色或褐色明显，中央为灰白色或淡褐色；严重时造成穿孔，叶片枯萎落叶	7～8月为发病高峰期	发病初期喷2%武夷菌素（Bo-10）水剂150倍+50%多菌灵可湿性粉剂600倍液或50%多菌灵可湿粉剂800倍液+70%代森锰锌可湿性粉剂800倍液

无公害罗汉果虫害防治中应以“预防为主，综合防治”为原则，加强土壤、水肥的管理，可减少虫害发生率。罗汉果主要虫害有家白蚁、黄守瓜、果实蝇、愈斑天牛、瓜藤天牛、南瓜石蝇、红蜘蛛。无公害防治主要从罗汉果种植的土壤条件、环境条件、良种挑选等方面入手，通过选育罗汉果抗性品种，培育其壮苗，增强栽培管理及合理施肥，改善并优化田间生态系统，在病害防治方面优先采用农业防治、生物防治、物理防治，多采用高效低残的化学防治方法。虫害的农业防治主要采用清洁田园、间作、轮作等；物理防治主要有诱集法、灯光诱杀等（表2-25-4）。

表2-25-4　无公害罗汉果主要虫害类型及防治方法

类型	危害部位	症状	发病规律	防治方法
果实蝇	果实	被害果停止发育，未老先黄、腐烂而脱落	4月左右成虫开始出现，成虫产卵于果内	摘除被害果集中烧毁；结合清园

续表

类型	危害部位	症状	发病规律	防治方法
愈斑天牛	果蔓茎	蔓茎上有米头大小蛀孔，幼虫蛀食藤蔓使中空腐烂，后全株枯死	第二年3～4月幼虫蛀食为害，5月上旬开始化蛹，6月上旬成虫开始出现	修剪藤蔓除去带虫枝；人工捕杀成虫，刮卵涂药
红蜘蛛	叶背或嫩芽处茎	初期叶片散布白色小褪绿斑，后叶片变黄脱落	高温干旱的季节利于该虫为害	冬季清洁果园；3～5波美度的石硫合剂可防治成虫、若虫、卵
黄守瓜	叶、嫩芽、花、幼果	幼虫直接危害根部；成虫将叶咬成圆弧状斑，严重时植株枯死	3～5月成虫危害最盛期，6～8月幼虫危害盛期	清除园内杂草，集中烧毁；烟叶500 g加15 kg水泡制烟草水灌根
南瓜实蝇	果实	初期果实外表针有孔状圆孔，常伴黄胶状物渗出；后期未熟先黄，略带红褐色，果柄处离层，提前脱落	4月中下旬、8月、9月均为危害高峰期	加强植物检疫；虫果出现期，及时摘拾虫果；落果盛期，拾毁落果，采用深埋、水浸、焚烧等方法；冬季全面翻耕园土
家白蚁	薯块及根	可将薯块蛀空，造成断株，易并发其他病虫而腐烂	全年均可发生	诱集法或灯光诱杀（采用黑光灯）
瓜藤天牛	藤蔓	可致使藤蔓枯死	6～7月幼虫危害盛峰	清洁田园，彻底清除田园残藤

参考文献

[1] 韦荣昌，唐其，马小军，等. 罗汉果种质资源及培育技术研究进展[J]. 广东农业科学，2013，40（22）：38-41.

[2] 陈丹，冯春娇，刘云，等. 广西永福县种植罗汉果小气候评价与调控建议[J]. 农业灾害研究，2015，5（01）：42-43.

[3] 陈士林，黄林芳，陈君，等. 无公害中药材生产关键技术研究[J]. 世界科学技术（中医药现代化），2011，13（03）：436-444.

[4] 董林林，苏丽丽，尉广飞，等. 无公害中药材生产技术规程研究[J]. 中国中药杂志，2018，43（15）：1-11.

[5] 么厉，程惠珍，杨智，等. 中药材规范化种植（养殖）技术指南[M]. 北京：中国农业出版社，2006：293-305.

[6] 何金旺，韦芝霖，李柏林. 罗汉果优良株系柏林二号特征特性及高产栽培技术[J]. 中国农技推广，2006，（03）：32-33.

[7] 袁辉. 罗汉果根结线虫病无公害防治技术[J]. 广西农业科学，2007，38（04）：427-428.

[8] 谭焱芝. 罗汉果间作生姜的效应研究[D]. 广西大学，2013.

[9] 陆飞，唐燕梅，杨其保. 罗汉果组培苗主要病虫害及无公害综合防治技术[J]. 广西园艺，2007，18（03）：38-40.

[10] 黎起秦，林纬，冯家勋，等. 茄青枯病菌引起的新病害－罗汉果青枯病[J]. 植物病理学报，2004，

34(06): 561-562.
[11] 黄思良，陈作胜，宴卫红，等. 罗汉果芽枯病病因及防治技术研究[J]. 中国农业科学，2001，34(04): 385-390.

（许亚茹，李孟芝，尉广飞，李刚，董林林）

26　金线莲

引言

金线莲为兰科植物花叶开唇兰 *Anoectochilus roxburghii*（Wall.）Lindl. 的新鲜或干燥全草。金线莲种植过程中存在管理方式混乱，农药、化肥不规范使用，产地加工流程不规范等问题，严重影响了金线莲的品质及产量，阻碍了金线莲产业的可持续健康发展。无公害金线莲种植体系是保障其品质的有效措施之一，可指导金线莲无公害规范化种植。本文结合金线莲的生物学特性，概述了无公害金线莲种植基地选址、品种选育、综合农艺措施、病虫害的综合防治等技术，为金线莲的无公害种植提供理论依据。

一、产地环境

无公害中药材生产要根据每种中药材的生物学特性，依据“药用植物全球产地生态适宜性区划信息系统”（geographic information system for globe medicinal plants, GMPGIS-Ⅱ）进行产地的选择。金线莲产地区域生态因子值范围见表2-26-1。主要土壤类型为强淋溶土、红砂土、黑钙土、潜育土、薄层土、低活性淋溶土、变性土等。

表2-26-1　金线莲野生分布区、道地产区、主产区气候因子阈值（GMPGIS-Ⅱ）

生态因子	生态因子值范围	生态因子	生态因子值范围
年均温度（℃）	14.7～26.2	年均降水量（mm）	1024.0～2485.0
平均气温日较差（℃）	7.3～12.9	最湿月降水量（mm）	199.0～827.0
等温性（%）	25.0～63.0	最干月降水量（mm）	3.0～42.0
气温季节性变动（标准差）	1.5～8.2	降水量季节性变化（变异系数%）	47.0～131.0

续表

生态因子	生态因子值范围	生态因子	生态因子值范围
最热月最高温度（℃）	22.5～40.7	最湿季度降水量（mm）	542.0～2249.0
最冷月最低温度（℃）	1.2～16.7	最干季度降水量（mm）	25.0～158.0
气温年较差（℃）	14.1～32.4	最热季度降水量（mm）	128.0～2086.0
最湿季度平均温度（℃）	19.1～28.0	最冷季度降水量（mm）	25.0～191.0
最干季度平均温度（℃）	8.9～29.1	年均日照（W/m^2）	136.3～195.5
最热季度平均温度（℃）	19.1～31.1	年均相对湿度（%）	49.8～77.8
最冷季度平均温度（℃）	6.6～22.9		

金线莲对生长环境要求很高，我国只有福建、广东、广西、四川、贵州、云南、海南等部分地区具备适宜生长条件。

无公害金线莲生产的产地环境应符合国家《中药材生产质量管理规范（试行）》；NY/T 2798.3-2015 无公害农产品 生产质量安全控制技术规范；GB 15618-2008 年土壤环境质量标准；GB 5084-2005 农田灌溉水质标准；GB 3095-2012 环境空气质量标准；GB 3838-2002 国家地面水环境质量标准等要求。

无公害金线莲生产选择生态环境条件良好的地区，产地区域和灌溉上游无或不直接受工业“三废”、城镇生活、医疗废弃物等污染，避开公路主干线、土壤重金属含量高的地区。不能选择冶炼工业（工厂）下风向 3 km 内，且空气环境质量应符合环境空气质量标准中一、二级标准值要求。

二、无公害金线莲优良种源的生产

1. 优良种源选择原则

金线莲的人工栽培地块应选择在海拔高度 200～1000 m，针对金线莲生产情况，选择适宜当地的抗病、优质、高产、商品性好的优良品种，尤其是对病虫害有较强抵抗能力的品种。开唇兰属 2 个主要药用栽培品种是台湾开唇兰和花叶开唇兰，规范化种植为花叶开唇兰。

2. 金线莲良种繁育

（1）金线莲良种的选择　金线莲良种应选择植物形态特征典型，植物之间形态差异小，长势均匀，生长健壮的植株为留种植株，并做好标记，精心管理。

（2） 制种　盛花期进行人工授粉，采用异株异花授粉，母本在授粉后立即套袋，挂牌标记。人工授粉只能在同一种内进行。子房开始膨大时进行疏果，每株留果 2～3 个。蒴果成熟时，选择饱满的果实采收备用。

（3）良种贮藏　留种蒴果置于冰箱 4℃保存备用。

（4）分级、播种　金线莲 Ⅰ 级苗的株高、长势、地径、全株鲜重以及药材产量都显著优于 Ⅱ 级、Ⅲ 级苗，即通过 Ⅰ 级苗培育出来的金线莲植株更为高大、粗壮，产量更高。金线莲 Ⅰ 级苗的地径≥2.96 mm，株高≥8.72 cm；Ⅱ级苗为 2.96 mm>地径≥2.67 mm，8.72 cm>株高≥7.64 cm；Ⅲ级苗为地径<2.67 mm，株高<7.64 cm。

未开裂的成熟蒴果用自来水冲洗干净后，用 75% 乙醇棉擦拭果皮，再置 10% 次氯酸钠溶液中浸泡 10～12 分钟，用无菌水冲洗 5～6 次，然后用解剖针将消毒后的蒴果纵向剖成两半，镊子夹取少量种子，洒入培养基中。种子萌发形成原球茎后，原球茎可以直接发育成幼苗，也可以由原球茎产生愈伤组织，再由愈伤组织发育成类原球茎而分化成幼苗。

金线莲种子发芽率很低，而以传统的分根或扦插方式繁殖，所需时间较长且繁殖系数不高，很难形成规模。因此主要采用离体培养获得再生植株。选取抗病性强及梗茎粗大、叶片宽大且厚的金线莲梗茎作为外植体，首先在流水下用软刷仔细清洗灰尘，用自来水冲洗 10～15 分钟，再用蒸馏水冲洗 1～2 次，移入无菌操作台晾干，把叶片切除至柄底，然后置 75% 乙醇中 12 秒，取出后放入 5% 次氯酸钠（商品次氯酸钠 5 ml＋15 ml 水）灭菌 15～18 分钟（最初手摇动 2～3 分钟，再静置 13～15 分钟），接着投入无菌水中清洗 6 次，最后取出在无菌条件下将茎每一节眼切成一段置入启动培养基中进行诱导。

（5）炼苗　试管苗移栽前将培养瓶放置于与栽培环境相近的条件中进行炼苗，利用遮光率为 80% 的遮阳网双层遮阴，温度 20～28℃，炼苗 1～2 周。

三、田间管理

（一）选地整地

捡除树枝杂物，清除杂草，选用泥炭、蛭石和珍珠岩（体积比 2∶1∶1）的栽培基质。配好后需经高温灭菌或化学试剂灭菌消毒处理。种植前对栽培基质进行日晒消毒，消毒后每 100 kg 栽培基质加入熟石灰 5.0～7.5 kg，pH 值控制在 5.4～5.6。

（二）遮阴

金线莲怕阳光直射，小苗需遮阴 80%～90%，成苗遮阴 70%～80%。采取大棚人工栽植是目前金线莲最有效的栽培方式。荫棚高度以方便人工管理为度。大棚长度根据地势现场确定，一般不要超过 25 m，大棚宽度为 6 m（地面宽），拱高 3 m，棚面铺上一层塑料薄膜后再盖上一层 75% 遮阳网。大棚上空还应架设 50% 的遮阳网，遮阳网应能够收放自如，便于调节光照强度。

（三）灌溉

金线莲根系很浅，在栽植金线莲后，要注意随时浇水。浇水时间一般选在上午 9∶00～11∶00 为宜。第 1 次定根水要浇透。随后 2 周，每隔 2 天就要喷雾 1 次。之后每 2 天就需要浇水 1 次，如果是夏季高温天气，浇水频率还要密集一些，保持生长环境相对湿度 70%～80%。大棚内可开浅沟蓄水以增加空气相对湿度。空气湿度较高有助于金线莲生长并提高植株鲜重。金线莲整个生长周期基质保持湿润，控制土壤含水量 20%～40%。

（四）耕作措施

因地制宜地选用抗病品种，实行间作、套作、翻耕。翻耕结合晒垡进行土壤消毒，无公害金线莲植株的行间可套作藤本植物。翻耕可促使病株残体在地下腐烂，同时也可把地下病菌、害虫翻到地表，应结合晒垡进行土壤消毒。深翻还可使土层疏松，有利于根系发育。

适时播种、避开病虫危害高峰期，从而减少病虫害。清洁田园应及时拔除、严格淘汰病株，摘除病叶并移出田间销毁，可以减少再侵染源。

金线莲生长期间要采取中耕、松土、除草等措施，可以有效防止田间病、虫、草害，消灭病、虫寄主，有助于降低虫害的发生率。

（五）合理配置株行距，优化群体结构

金线莲的种植密度应适当，以长 × 宽为 0.55 m×0.27 m 的穴盘大约种 80 株较为适宜，即每平方米约为 500 株。栽培密度太小，虽品质有所提高，但成本高、效益低；栽培密度太大，则植株细弱徒长，且易产生病害，品质下降。

（六）田间除草

金线莲生长环境湿度较大，雨水较多，杂草生长速度快，封行前根据情况勤除草。由于金线莲种植密度大，宜用手拔以免伤苗。同时结合除草进行松土，增加基质透气性。

（七）合理施肥

金线莲施肥应坚持基肥为主、追肥为辅的施肥原则。以有机肥为主，辅以其他肥料。针对性施用微肥，提倡施用专用肥、生物肥和复合肥，重施基肥，少施、早施追肥。有机肥和无机肥搭配使用，有机肥除了能补充金线莲生长所需要的微量元素、增加土壤有机质和改良土壤外，在持续增加金线莲产量，改善其品质方面更具有特殊作用（表 2-26-2）。对于根系浅的地块和不易挥发的肥料宜适当浅施；根系深和易挥发的肥料宜适当深施。化肥深施，既可减少肥料与空气接触，防止氮素的挥发，又可减少氨离子被氧化成硝酸根离子，降低对金线莲的污染。

表 2-26-2　无公害金线莲生产肥料施用方法

施用类型	肥料种类及施用方法	施用时期
基肥	基质以河沙：菜园土：椰糠＝1：1：1， 或河沙：菜园土：粪堆肥＝1：1：1 较佳，基质厚度 20～30 cm	整地作畦期
追肥	N：P：K 配比为 30：10：10	小苗期
	N：P：K 配比为 20：20：20	中苗期
	N：P：K 配比为 10：30：20	成苗期

未经国家或省级农业部门登记的化肥或生物肥料禁止使用；使用肥料的原则和要求、允许使用和禁止使用肥料的种类等按 DB13/T 454 执行。采收前不能施用各种肥料，防止化肥和微生物污染。

四、病虫害综合防治

优先选择 NY/T 393 绿色食品 农药使用准则中 AA 级和 A 级绿色食品生产允许使用的植物和动物源、微生物源、生物化学源和矿物源农药品种。相应准则参照 NY/T 393 绿色食品 农药使用准则、GB 12475 农药贮运、销售和使用的防毒规程、NY/T 1667（所有部分）农药登记管理术语。按照无公害金线莲生产主要病害防控技术规程和无公害金线莲生产主要虫害防控技术规程执行，在生产管理规程中容忍部分病虫害损失，使金线莲药材中农药残留和重金属含量符合规程要求。

金线莲主要病害类型为黑腐病、细菌性软腐病、黑斑病，主要虫害类型为蛞蝓和蜗牛。其无公害防治方法如表 2-26-3。

表 2-26-3　主要病虫害类型及无公害防治方法

类型	名称	危害部位	症状	发病规律	防治方法
病害	黑腐病	主要发生在基部	刚开始受害部位呈透明水渍状斑点，后斑点转变为褐色，再变为黑色，整株落叶而死亡	多发生在高温、高湿的雨季或幼苗出瓶时损伤根系或叶片未经消毒	①加强田间管理，提高植株抗病能力；②组培瓶苗出瓶清洗后用 70% 的甲基托布津 800～1000 倍液或 25% 多菌灵 800 倍液浸泡 20～30 分钟，取出晾干后再进行种植；③发病后，把病株连根拔起并集中处理，减少传染源。每隔 7～10 天用 70% 甲基托布津 700～800 倍液，或 50% 可湿性多菌灵粉剂 800～900 倍液喷洒可达到防治的效果
	细菌性软腐病	叶片	初期表现为暗绿色斑点，犹如水渍状，继而扩大，危及整张叶片，叶片迅速软腐，有明显汁液流，最后植株死亡	高温及潮湿容易发病。由灌溉、喷水、雨水、栽培介质、农具及动物传播	①园地通风控制空气湿度，防止该病传染蔓延；②对已发生病害的植株应集中隔离，切除病叶部分并销毁，切口涂多菌灵或喷洒抗细菌的抗菌药。可用 400 mg/L 的链霉素 7～10 日喷洒一次，连喷 3 次
	黑斑病	叶片	最初在叶片上产生水渍状的病斑，逐渐导致植株组织凹陷，最后形成干枯的黑斑	在潮湿的环境中容易得此病	加强通风，降低湿度和温度；或用抗生素 200～1000 倍液防治
虫害	蛞蝓和蜗牛	叶片	食金线莲的叶子，往往一个晚上把整个叶片食光或残缺不全	夏季高温多雨时活动频繁，一般在夜晚或雨天出来觅食	①采用农药制剂的诱杀法，如聚乙醛类药剂，将其制成颗粒状；或用 2000 倍的“万灵”喷洒；②可用诱捕法，在夜间放香蕉皮或小白菜的叶子来诱捕

五、产地加工与质量标准

（一）采收与加工

种植5～6个月后，植株长到15～20 cm即可采收，时间一般在10～11月。采收时将病害金线莲与健康植株分开。运输包装材料保证无污染，并做好包装和运输记录。

无公害金线莲原料的加工场地必须保证无污染，原料到加工场36小时内完成修剪和清洗，清洗水的质量要求必须符合GB 3838地表水环境质量标准的Ⅰ～Ⅱ类水指标，并使用专用烘烤设备或专用太阳能干燥棚。

（二）质量标准

无公害金线莲质量包括药材农药残留和重金属及有害元素限量等质量指标。包含艾氏剂、毒死蜱、氯丹、五氯硝基苯等42项高毒性、高检出率的农药残留限量及铅、镉、汞、砷、铜重金属及有害元素限量（表2-26-4）。

表2-26-4　金线莲农药残留和重金属及有害元素限量

项目	最大残留限量（mg/kg）	项目	最大残留限量（mg/kg）
农药			
艾氏剂	0.02	氯氰菊酯	0.10
五氯硝基苯	0.10	六氯苯	0.10
毒死蜱	0.50	多菌灵	0.50
总滴滴涕	不得检出	对硫磷	不得检出
五氯苯胺	0.02	七氯	0.05
敌敌畏	不得检出	氯丹	0.10
辛硫磷	不得检出	腐霉利	0.50
氧化乐果	不得检出	戊唑醇	1.00
灭线磷	不得检出	嘧菌酯	0.50
吡唑嘧菌酯	0.50	甲基对硫磷	不得检出
七氟菊酯	0.10	甲胺磷	不得检出
久效磷	不得检出	甲霜灵	0.50
氯氟氰菊酯	0.70	溴虫腈	不得检出
咯菌腈	0.70	丙环唑	1.00
醚菌酯	0.30	氟菌唑	1.00

续表

项目	最大残留限量（mg/kg）	项目	最大残留限量（mg/kg）
百菌清	0.10	六氯苯	0.05
嘧菌环胺	1.00	苯醚甲环唑	0.70
克百威	不得检出	烯酰吗啉	1.00
噁霜灵	1.00	高效氯氟氰菊酯	1.00
联苯菊酯	0.50	三唑醇	1.00
地虫硫磷	不得检出		
重金属及有害元素			
铅	1.0	汞	0.1
镉	0.3	砷	2.0
铜	20		

参考文献

[1] 梅瑜，邱道寿．金线莲活性成分和分子鉴定的研究进展[J]．安徽农业科学，2018，46（09）：29-33.

[2] 沈廷明，黄春情，刘知远，等．林下仿生态种植金线莲的质量标准研究[J]．中草药，2018，49（02）：450-454.

[3] 黄冬梅．福建金线莲大棚无公害栽培技术[J]．福建农业科技，2015，46（05）：51-52.

[4] 符策，陆祖正，赵静，等．金线莲平地栽培技术初探[J]．农业与技术，2014，34（03）：124-125.

[5] 曹桦．金线莲标准化栽培[J]．农村实用技术，2015，（02）：21.

[6] 游振城．金线莲组培苗栽培技术[J]．林业勘察设计，2012，（01）：186-188.

[7] 邵清松，周爱存，胡润淮，等．种苗级别对金线莲生长发育及产量和品质的影响[J]．中国中药杂志，2014，39（05）：785-789.

[8] 郝玉玲．种子消毒与包衣技术[J]．现代农业，2014,（9）：45.

[9] 谭晓菁，苏成雄，俞信光，等．金线莲药用价值与种苗快繁技术研究进展[J]．药物生物技术，2017，24（01）：88-91.

[10] 邵清松，叶申怡，周爱存，等．金线莲种苗繁育及栽培模式研究现状与展望[J]．中国中药杂志，2016，41（02）：160-166.

[11] 张君诚，张超，陈强，等．金线莲产业化现状及发展对策[J]．福建林业科技，2014，41（04）：220-224.

[12] 王禹，于非，谭巍，等．金线莲快繁体系的建立[J]．中国林副特产，2017，（06）：45-46.

[13] 邵清松，周爱存，黄瑜秋，等．不同移栽条件对金线莲组培苗成活率及生长的影响[J]．中国中药杂志，2014，39（06）：955-958.

[14] 何碧珠，邹双全，刘江枫，等．光照强度与栽培模式对金线莲生长及品质影响[J]．中国现代中药，

2015，17（12）：1292-1295.

[15] 沈丽英，李维昆，尤东光，等. 有机无机型专用肥料对金线莲品质的影响[J]. 磷肥与复肥，2015，30（03）：49-51.

[16] 魏翠华，谢宇，秦建彬，等. 金线莲高产优质栽培技术[J]. 福建农业科技，2012，（06）：31-33.

[17] DB13/T 454，无公害蔬菜生产 肥料施用准则[S].

[18] 邵玲，梁廉，梁广坚，等. 广东金线莲大棚优质种植综合技术研究[J]. 广东农业科学，2016，43（10）：34-40.

[19] 林江波，王伟英，邹晖，等. 大棚金线莲栽培主要病害及防治技术[J]. 福建农业科技，2017，（09）：34-35.

[20] 罗辉. 金线莲大棚栽培技术[J]. 福建农业科技，2015，46（08）：24-26.

[21] ISO 18664-2015, Traditional Chinese medicine-determination of heavy metals in herbal medicines used in traditional Chinese Medicine[S]. 2015.

[22] Cui S C, Yu J, Zhang X H, et al. Antihyperglycemic and antioxidant activity of water extract from *Anoectochilus roxburghii* in experimental diabetes[J]. Exp Toxicol Pathol, 2013, 65(5): 485.

（胡帅军，孟祥霄，高翰，刘霞，陈士林）

27 金荞麦

引言

金荞麦药材为廖科荞麦属植物 *Fagopyrum dibotrys*（D. Don）Hara 的干燥根，为根类药材，主要活性成分为表儿茶素，是我国的常用药材。野生金荞麦曾是药材主要来源，近年云南、贵州、四川等地栽培驯化金荞麦成为药材的主要来源。金荞麦栽培品种匮乏，实际生产过程中存在种子混乱、种植制度各异、栽培管理粗放、加工方式不统一、产品生产体系不规范等问题，导致金荞麦药材性状、含量不符合药典规定的现象时有发生。应通过对金荞麦种植技术进行系统化、规范化的研究整理，建立无公害金荞麦种植技术体系，保证药材品质。

一、产地环境

（一）生态环境要求

依据《中国药材产地生态适宜性区划（第二版）》，结合金荞麦生物学特性，对金荞麦种植地进行选择。

金荞麦主要生长区域生态因子范围见表2-27-1。主要土壤类型有强淋溶土、钙积土、红砂土、潜育土、粗骨土、始成土、黑钙土、铁铝土、白浆土、冲积土、薄层土、黑土聚铁网纹土、低活性淋溶土、高活性强酸土、淋溶土等。

表2-27-1　金荞麦野生分布区、道地产区、主产区气候因子阈值（GMPGIS-Ⅱ）

生态因子	生态因子值范围	生态因子	生态因子值范围
年均温度（℃）	-5.4～23.5℃	年均降水量（mm）	224.0～2897.0
平均气温日较差（℃）	5.7～15.2	最湿月降水量（mm）	79.0～547.0
等温性（%）	20.0～51.0	最干月降水量（mm）	0.0～53.0
气温季节性变动（标准差）	3.6～8.6	降水量季节性变化（变异系数%）	35.0～138.0
最热月最高温度（℃）	7.4～34.4	最湿季度降水量（mm）	171.0～1549.0
最冷月最低温度（℃）	-21.9～9.9	最干季度降水量（mm）	3.0～208.0
气温年较差（℃）	19.7～33.1	最热季度降水量（mm）	163.0～1549.0
最湿季度平均温度（℃）	1.2～28.4	最冷季度降水量（mm）	3.0～236.0
最干季度平均温度（℃）	-11.4～17.7	年均日照（W/m^2）	118.1～162.5
最热季度平均温度（℃）	1.7～28.7	年均相对湿度（%）	46.3～75.4
最冷季度平均温度（℃）	-12.4～17.3		

（二）产地标准

无公害金荞麦生产基地的选择须在遵循金荞麦分布的生态性和地域性的基础上，选择交通方便、环境安全无污染、土壤肥沃疏松、水源充足的区域，产地区域和灌溉上游无或不直接受工业“三废”、城镇生活、医疗废弃物等污染，避开公路主干线、土壤重金属含量高的地区，不能选择冶炼工业（工厂）下风向3 km内。

金荞麦产地环境应符合《中国药材产地生态适宜性区划（第二版）》、《中药材生产质量管理规范》和NY/T 2798.3-2015《无公害农产品 生产质量安全控制技术规范》等规定。生产区域为无大气环境污染的地区，种植土壤应达到《土壤环境质量标准》GB 15618-2008二级标准以上，土壤农残和重金属含量按GB 15618规定的二级标准执行；空气质量应达到《环境空气质量标准》GB 3095-2012二级标准以上，灌溉水质应达到《农田灌溉水质标准》GB 5084-2005二级标准以上。

根据金荞麦主要生长区域生态因子阈值，生态适宜产区以云南、贵州、四川、重庆、广西一带为宜。

二、优良品种

金荞麦为异花授粉植物，药材大部分来源于栽培驯化种，另有部分来源于野生金荞麦。目前，我国金荞麦选育审定的品种有2个。“金荞1号”是由中国医学科学院药用植物研究所利用辐射诱变选育而成，于2012年由北京市种子管理站鉴定。“金荞1号”是以药材生产为目标，但其种源来自于江苏，选育地点在北京，适宜种植区域并不在金荞麦的核心分布区。“黔金荞麦1号”是由贵州省畜牧兽医研究所利用贵州野生金荞麦为种源育成，于2012年由贵州省种子管理站审定。但是，“黔金荞麦1号”是以生产牧草为目标，并不专用于块根生产。因此，未来应加强金荞麦原产区优良野生种质资源驯化与新品种选育研究，充分发挥优良野生种质的内在优势，利用传统育种与分子辅助育种的方法培育适宜主产区生产需要的新品种。

三、田间管理

（一）土壤消毒

金荞麦种植前可采用化学熏蒸法和非化学熏蒸法对土壤进行病虫害防治，以降低植株病虫害发生概率，达到提高与稳定药材产量的目的。中药材无公害栽培中常使用的土壤熏蒸剂有辣根素、棉隆、威百亩、碘甲烷、1，3-二氯丙烯等。土壤熏蒸应在适宜的环境条件下进行，土壤温度以12～18℃，相对湿度以50%～60%为宜。不同土壤熏蒸剂的使用方法须根据国家相关标准规定进行。将熏蒸剂均匀撒在地表后，使用旋耕机进行犁地，深度以25～30 cm为宜，使药物与耕土层充分接触，达到消毒的效果。

（二）土壤改良

金荞麦种植存在连作障碍，农业生产上可用大豆、玉米、苜蓿等进行轮作，或以绿肥回田的方式改良土壤（表2-27-2）。金荞麦种植应以施用有机（菌）肥为主，以调节土壤物理结构和pH值，实现改良土壤的目的。

表2-27-2 无公害金荞麦肥料种类及施用方法

肥料类型	肥料种类与施用方法	施用时间
绿肥	大豆（10～15 g/m^2）、玉米（4.5～7.5 g/m^2）、苜蓿（1.5～2.5 g/m^2）	土壤改良期
有机菌肥	生物肥、枯草芽孢杆菌0.17 mg/L、绿陇多菌宝、32%蜡芽菌木霉菌、哈茨木霉菌喷雾0.03～0.04亿/m^2，100 g/m^{2}地恩地（DND）	土壤改良期
基肥	以猪粪、牛粪或鸡粪为主的农家肥等，用量18～22.5 t/hm^2，过磷酸钙750 kg/hm^2	整地作畦期
追肥	追肥2次，苗高20～30 cm追农家肥12～15 t/hm^{2}或尿素225～300 kg/hm^2，苗高40～60 cm追农家肥5～7.5 t/hm^{2}或尿素75～150 kg/hm^2，氯化钾270～345 kg/hm^2	营养生长期
叶面肥	800～1000倍磷酸二氢钾溶液、2%的过磷酸钙溶液等	开花前期

（三）选地整地

选择地势较缓、阳光充足、疏松肥沃、排灌方便、pH 6.0～8.0、耕层 30 cm 以上的砂壤土地块。土质不宜过黏或过砂，以防止主根分叉，影响根产量品质。金荞麦不宜与荞麦属作物连作，对前茬作物要求不严，在前茬收获后，需深翻土壤 30 cm 以上，曝晒数日，再耕翻一次方可种植。

（四）播种方式

生产上金荞麦可采用有性繁殖（播种）和无性繁殖（扦插或根茎）两种方式进行种植。播种覆土厚度为 3～4 cm。春播一般于 3～4 月进行，播后 20 天左右可出苗；秋播一般于 10～11 月进行，次年 4 月出苗。播种时，选择当年繁育的大粒饱满的种子，1 级种子最佳（表 2-27-3）。扦插繁殖选取成熟枝条，剪取长度为 10～30 cm 含 2～3 个节以上的枝条插入苗床，插入深度为 6～10 cm，株行距 10 cm×15 cm。根茎繁殖选择春季植株萌发前的健康根茎，以根茎幼嫩部分及芽苞为繁材，将其切成小段后进行种植，并盖土压实。

表 2-27-3　金荞麦种子标准

级别	发芽率（%）	水分（%）	净度（%）	纯度（%）	千粒重（g）
1 级	≥85	9～12	≥95	≥99	≥30
2 级	≥80	9～12	≥95	≥97	≥27
3 级	≥70	9～12	≥90	≥95	≥25

（五）合理施肥

无公害金荞麦种植施肥过程中，为兼顾其正常生长需求及对环境的影响，应以有机（菌）肥为主，适量搭配部分无机肥。种植所使用的肥料类型及施肥原则都须按《中华人民共和国农业行业标准（NY/T 394-2000）肥料使用准则》严格执行。金荞麦为根类药材，在施肥过程中要注意多施钾肥，适量施氮肥。除了施足底肥外，还需结合其各个生长期需肥特点，适时追肥，具体施肥方法参见表 2-27-2。

（六）无公害种植管理

无公害金荞麦种植时，应结合其生长特性，因地制宜地采用各种管理措施，以达到生产高品质块根药材的目的。幼苗期，进行 2～3 次中耕除草，增加土壤通透性；结合中耕，同时进行间苗，提高植株整齐度，保证田间密度合理。封垄后不宜进行常规除草，可选择性除去生长优势明显的较大杂草。由于金荞麦为根类药材，因此，可在苗期第 2 次追肥时，按行将垄筑高（5 cm 以上），覆盖地上 1～2 个茎节，达到促进根茎膨大的目的。生育期间为防止根茎腐烂，必须要做好水分管理，尤其是雨季，必须要做好清沟排水工作，防止积水烂根。

四、病虫害综合防治

金荞麦的人工种植历史较短，生产上所使用的品种（品系）多为近年来才驯化的野生金荞麦，它们保留了抗病虫能力强等众多优良性状。因此，金荞麦生育期内病虫害发生率较低。生产中，在天气晴朗的情况下，轻微病虫害可不用进行防治。生产上金荞麦主要病害为病毒病，主要虫害为蚜虫。无公害金荞麦种植须按照“预防为主，综合防治”的原则进行病虫害防治，而防治时应优选农业防治、生物防治和物理防治方法，不使用或最大限度减少使用化学农药，达到生产安全、优质药材的目的（表 2-27-4）。若需药物防治，应选用高效低毒农药，农药使用应参照 NY/T 393 绿色食品 农药使用准则，GB 12475 农药贮运、销售和使用防毒规程。

在综合防治过程中，应建立无病良种田，选用无病健壮的种根；生产上常采用轮作、绿肥回田、翻耕晒土、施用有机（菌）肥、合理密植、杂草清理、清沟沥水的方式进行土壤改良，达到防止病虫害发生的目的。如遇病害发生，则须及时拔除病株，并移出田间销毁，防治病害扩散。收获后，及时清理田间杂草，集中烧毁或沤肥。

表 2-27-4 无公害金荞麦病虫害种类及防治方法

病虫害种类	危害部位	防治方法	
		化学方法	综合方法
病毒病	叶片	病毒一号	轮作、翻耕晒土、杂草控制、介体防治等
蚜虫	根茎、嫩茎	AMTS7、AMTS20、氟啶虫酰胺等	轮作、翻耕晒土、杂草控制、合理密植等
地老虎	根、茎端叶柄及嫩茎	溴氰菊酯、多抗霉素、代森锌等	轮作、翻耕晒土、杂草控制、合理密植等
金针虫	根茎和幼茎	米乐尔颗粒	合理施肥、印楝素、阿维菌素、捕杀等

五、采收方法与质量标准

金荞麦是以块根入药的多年生植物，在生长的第二年地下块根干物质累积速率最快，随后逐年减慢。因此，金荞麦块根最佳采收期为栽培第二年的 10 月中旬至植株枯萎期。《中华人民共和国药典》2010 年版和 2015 年版加入了表儿茶素作为金荞麦质量控制指标。金荞麦开花结实期根状茎中表儿茶素累积达到峰值，当金荞麦地上部分枯萎时，其根茎产量最高，醇溶性浸出物与表儿茶素含量也较高，因此认为此时是最佳采收期。金荞麦采收过程严格按照金荞麦 GAP 管理的采收流程执行，将病害金荞麦与健康植株分开。运输包装材料保证无污染，并做好包装和运输记录。

参考文献

[1] 彭勇，孙载明，肖培根. 金荞麦的研究与开发 [J]. 中草药，1996，(10)：629-631.

[2] 张京，况燚，刘力，等. 金荞麦块根化学成分的研究 [J]. 中草药，2016，47（5）：722-725.

[3] Liu W, Li S Y, Huang X E, et al. Inhibition of tumor growth in vitro by a combination of extracts

from *Rosa roxburghii* Tratt and *Fagopyrum cymosum*[J]. Asian Pacific Journal of Cancer Prevention Apjcp, 2012, 13（5）:2409-14.

[4] Shen L, Wang P, Guo J, et al. Anti-arthritic activity of ethanol extract of *Fagopyrum cymosum* with adjuvant-induced arthritis in rats[J]. Pharmaceutical Biology, 2013, 51（6）: 783-789.

[5] 黄小燕，王建勇，陈庆富. 金荞麦叶茶抗 2 型糖尿病的作用及机制研究 [J]. 时珍国医国药，2014，（6）: 1334-1337.

[6] 徐桂芬，崔茂盛，匡崇义，等. 金荞麦的特征特性及栽培利用 [J]. 牧草与饲料，2011，（3）: 53-54.

[7] 邓蓉，袁仕改，孙小富，等. 金荞麦和玉米混合青贮对其营养成分和发酵品质的影响 [J]. 草地学报，2017，25（4）: 880-884.

[8] 郭杰，张琴，张东方，等. 金荞麦的潜在分布区及生态特征 [J]. 植物保护学报，2018，45（3）: 489-496.

[9] 任长忠，赵钢. 中国荞麦学 [M]. 北京: 中国农业出版社: 2015.

[10] 陈庆富. 荞麦属植物科学 [M]. 北京: 科学出版社: 2012.

[11] 焦连魁，曾燕，赵润怀，等. 金荞麦资源研究进展 [J]. 中国现代中药，2016，18（4）:519-525.

[12] 药用植物研究所科研处. 金荞麦新品种“金荞 1 号”通过北京市农作物新品种鉴定 [EB/OL].（2012-12-10）. http://www.implad.ac.cn/cn/zxzx/yzxw_1230.asp.html.

[13] 向清华，陈莹，陈燕萍，等. 黔金荞麦 1 号种子生产技术规程 [J]. 种子，2014，33（3）: 108-110.

[14] 秦银. 金荞麦高产栽培技术 [J]. 现代农业科技，2015，（14）: 72-73.

[15] 王消冰. 金荞麦的栽培和采收 [J]. 国医论坛，2010，25（5）:42.

[16] 唐宇，孙俊秀，刘建林，等. 金荞麦的综合利用途径及其人工栽培技术 [J]. 北京农业，2011，（15）: 44-46.

[17] 杨明宏，卢进，张玉方，等. 金荞麦采收 SOP 探讨与研究 [J]. 世界科学技术，2002，4（1）: 56-58.

[18] 潘金火，严国俊，卢欢. 反相 HPLC 测定金荞麦药材和饮片中表儿茶素的含量 [J]. 中国药学杂志，2010，45（14）: 1093-1096.

[19] 陈维洁，阮培均，梅艳，等. 不同采收期对金荞麦根茎产量及品质的影响 [J]. 现代农业科技，2017，（10）: 78-79.

（梁成刚，喻武鹏，汪燕，廖凯，陈庆富，孙伟）

28 茯苓

引言

茯苓 *Poria cocos*（Schw.）Wolf 为多孔菌科茯苓属真菌，以干燥菌核入药。茯苓野生资源分布较广泛，主要分布于中国、日本、印度等地，美洲及大洋洲等国家和地区亦有零星分布。世界茯苓资源主要集中在中国，我国是茯苓主产国，产量约占世界总量的70%。茯苓在我国除东北、西北北部、内蒙古、西藏地区外均有分布。目前茯苓药材以人工栽培为主，我国茯苓人工栽培已有1500余年历史，经过长期的栽培实践与临床应用的选择，形成了3个茯苓道地产区。一是以云南丽江为主的野生茯苓产区，所产茯苓称为“云苓”，以质优闻名，但商品较少；另两个是以鄂豫皖交界的大别山为中心的栽培茯苓产区，其中大别山北部的安徽岳西、霍山、金寨，以及河南商城所产，称之为“安苓”，大别山南部的湖北罗田、英山、麻城所产茯苓常称为“九资河茯苓”，产品丰硕统领市场。近年来，湖南的靖州县茯苓栽培面积不断扩大，成为较大的新兴茯苓产地，并有全国最大的茯苓交易专业市场。此外，广西、贵州、四川、福建等地亦有零星的茯苓栽培。

近年来，由于生态环境被破坏、种植技术不规范、菌种退化、病虫害频发、农药残留、重金属污染等问题，导致茯苓质量下降，药效降低，甚至威胁用药安全，严重制约茯苓产业的可持续发展。为指导茯苓无公害化生产，结合茯苓的生物学特性，概述了无公害茯苓生产产地环境、优良菌种生产、综合田间农艺措施、病虫害的综合防治等技术，为茯苓的无公害种植提供支撑，以保障满足市场需求的优质茯苓药材的生产，促进茯苓产业的持续健康发展。

一、产地环境

（一）生态环境要求

茯苓为好氧型木腐真菌，喜温暖、干燥、向阳、雨量充沛环境。无公害茯苓生产根据其生物学特性，依据《中国药材产地生态适宜性区划（第二版）》进行产地生态适宜性分析，得到适宜茯苓生长的生态因子阈值范围如表2-28-1所示。适宜土壤为强淋溶土、红砂土、钙积土、黑钙土、冲积土等。生态适宜性产地主要包括湖北、安徽、云南、贵州、四川、重庆、浙江、福建、广东、广 西、陕西、辽宁、河南等省（市、区）。

表2-28-1 茯苓野生分布区、道地产区、主产区气候因子阈值（GMPGIS-Ⅱ）

生态因子	生态因子值范围	生态因子	生态因子值范围
年均温度（℃）	12.3～21.5	年均降水量（mm）	853.0～1935.0
平均气温日较差（℃）	7.9～11.6	最湿月降水量（mm）	164.0～332.0
等温性（%）	25.9～49.0	最干月降水量（mm）	11.0～47.0
气温季节性变动（标准差）	4.0～8.8	降水量季节性变化（变异系数%）	52.0～88.0
最热月最高温度（℃）	25.0～33.5	最湿季度降水量（mm）	472.0～899.0
最冷月最低温度（℃）	-3.5～7.9	最干季度降水量（mm）	38.0～175.0
气温年较差（℃）	22.6～33.4	最热季度降水量（mm）	381.0～695.0
最湿季度平均温度（℃）	18.7～26.5	最冷季度降水量（mm）	38.0～232.0
最干季度平均温度（℃）	2.2～17.4	年均日照（W/m^2）	125.6～150.1
最热季度平均温度（℃）	20.2～17.4	年均相对湿度（%）	65.2～73.0
最冷季度平均温度（℃）	1.5～15.6		

（二）无公害茯苓产地标准

无公害茯苓生产的产地环境应符合国家《中药材生产质量管理规范》；NY/T 2798.3-2015 无公害农产品 生产质量安全控制技术规范；空气环境质量达 GB 3095 规定的二类区以上标准；水源为雨水、地下水和地表水，水质达到 GB 5084 规定的标准；土壤不能使用沉积淤泥污染的土壤，土壤农残和重金属含量按 GB 15618 规定的二级标准执行。以向阳背风、土质疏松、土壤肥沃、排灌良好、地势平缓的砂质土壤为好。土壤类型以强淋溶土、高活性强酸土、红砂土、黑钙土、潜育土、粗骨土等为主。

无公害茯苓生产应选择生态环境条件良好的地区，产地区域和灌溉上游无或不直接受工业“三废”、城镇生活、医疗废弃物等污染，避开公路主干线、土壤重金属含量高的地区，不能选择冶炼工业（工厂）下风向 3 km 内。

二、优良菌种

（一）菌种选育

基于茯苓遗传特性的交配系统研究结论，目前存在较大的分歧，包括异宗结合真菌、二极性异宗结合真菌、同宗结合真菌、次级同宗结合真菌等类型，并且至今尚无定论，所以以此为基础的育种工作严重滞后，生产中的茯苓菌种多是通过种质资源调查利用、不同地域间的引种、驯化以及从现有栽培群体中人工选择培育、人工诱变等途径获得。选育时，应在传统产区培育出的新鲜菌核中，认真挑选结苓率高，体重 2.5 kg 以上；个体较大，近球形；外皮较薄，颜色黄棕色或淡棕色，有明显的白色或淡棕色裂纹，外皮完整，无虫咬损伤或腐烂，质地坚实；生长旺盛，内部苓肉色白，气味浓郁，有较多乳白色或淡青色浆汁渗出的优质鲜菌核，进行分离纯化培养获得优质茯苓菌种。

现今茯苓的栽培品种大约有 40 多个，其中应用较多的品种有：中国科学院微生物研究所选育的“5.78”，湖北省中医药研究院选育的“Z1”、北京同仁堂湖北中药材公司选育的“T1”，湖南靖州苗族侗族自治县茯苓专业协会选育的“湘靖 28”，福建省食用菌菌种站选育的“川杰 1 号”，广西药用植物园选育的“茯苓 7 号”，江西宁都县茯苓开发研究所选育的“蔸苓 1 号”等。

（二）菌种分级

茯苓菌种的分级，遵照我国现行食用菌菌种按照母种、原种、栽培种三级繁育的制度。由茯苓种苓直接分离或其他方法选育得到的茯苓菌种为一级菌种，称茯苓母种；母种经扩大培育成的菌种为二级菌种，称茯苓原种；由原种扩大培育成的菌种为三级菌种，直接用于栽培种植，称栽培种。栽培种只能用于栽培，不可再次扩大繁殖菌种。茯苓菌种应按照茯苓菌种生产标准操作规程培育、生产。

三、田间管理

1. 选场

茯苓种植场地应选择海拔高度为300～1000 m的山区，土壤为偏酸性（pH 4～6）的砂质土壤，如麻骨砂、油砂土、黄砂土等。栽培场应选择朝南，阳光充足，坡度为10°～25°的坡地。选用未种植农作物或三年内未种植茯苓的荒地。

2. 挖场晒场

一般在冬季挖场，春季晒场，土壤经过冰冻之后土质更疏松。要求翻挖深度不低于50 cm，翻挖同时需清除土壤中的杂质，茯苓接种前10天需要再深挖一次。

3. 备料

人工栽培茯苓的材料主要是马尾松（*Pinus massoniana* Lamb.）、黄山松（*Pinus taiwanensis* Hay.）、湿地松（*Pinus elliottii* Engelm.）、黑松（*Pinus thunbergii* Parl.）等松属植物，其中以马尾松的产量最好，备料于前一年秋冬进行，选用无病虫和杂菌感染的松材原料，先将树蔸挖出与树干一起放倒，砍伐时应遵循砍密留稀，砍弯留直，砍大留小的原则。备料方法分为两种：段木备料法和树蔸备料法。

段木备料法：选择直径12 cm以上的松树，砍倒后剔去大部分枝条，留少数枝叶，置于空旷场地晾晒。略微干燥后，按树的大小削去4～5面树皮（削去形成层以外的周皮及韧皮部），削皮的间隔区域要留下3～5 cm的树皮，俗称“削皮留筋”。经过10天左右晾晒至出现裂痕后，将其锯成40～50 cm的小段，在向阳处按“井”字形堆垛。在垛上方盖上草料，周围挖好排水沟，有白蚁的，在四周撒放驱虫药。

树蔸备料法：选择砍伐松树后留下的树蔸，清除树蔸1 m内的杂草，削去大部分的树皮，只留下间距相等的4条3～5 cm的树皮。支根直径大于3 cm的也要削去大部分树皮，只留一条与树蔸留皮相连，以便传播菌种。

4. 合理配置窖的密度，优化群体结构

在选好的茯苓场内顺坡挖窖，窖长约50 cm，宽30～45 cm，深30 cm左右，并注意窖底与坡面平行，窖间距离10～15 cm。苓场四周开好排水沟。

5. 接种种植

段木栽培法接种分为春栽（4月下旬至5月中旬）和秋栽（8月末至9月初）两种。选择无杂菌污染，菌丝洁白致密，香味浓郁，菌年龄30～35天的菌种用于接种种植。一般每6 kg段木接种栽培菌种400 g左右。将段木顺坡向分两层摆入已准备好的窑内，将菌种袋打开，使其暴露在外的部位与段木顶端面或侧面贴紧，然后用砂土填实，封窖。接菌后20天左右，茯苓菌丝体一般已经延伸至段木的末端，此时，选取新鲜菌核50～100 g，做“诱引”，植入末端，使苓肉与段木贴紧，然后用砂土填充，覆土，封窖。

树蔸栽培法接种时间为5～9月的晴天或阴天皆可，可采用蔸顶、蔸侧及侧根接种法，然后覆土5～10 cm，15～20 cm的树蔸接一袋菌种，对超过25 cm的大树蔸可接2袋菌种。

6. 查窑补种

接种后7天左右便能长出白色菌丝，此时需要轻微扒开接菌处的土壤，观察菌丝是否向外蔓延至段木上，若没有可将杂菌去除，补上新的菌种。若土壤湿度过大可以将土壤翻开晾晒1～2天；

若土壤太过干燥，可以适当洒水以促进菌丝生长。

7. 清沟排渍

接菌后应立即在厢场间及苓场周围修挖排水沟，并保持沟道通畅，降雨季节要及时清沟排渍，防止苓场砂土流失和积水。

8. 覆土掩裂

窖顶前期盖土宜浅，厚 7 cm 左右，结苓后，盖土可加厚，约 10 cm 左右。雨后或随菌核迅速膨大，常使窖面龟裂，应及时培土，防止露出的部分因天气原因炸裂或腐烂。

四、病虫害综合防治

无公害茯苓生产过程中禁止使用国家禁止生产和销售的农药种类。相应准则参照 NY/T 393-2000 绿色食品 农药使用准则、GB 12475 农药贮运、销售和使用的防毒规程、NY/T 1667（所有部分）农药登记管理术语。在生产管理规程中容忍部分病虫害损失，使茯苓药材中农药残留和重金属含量符合规程要求。

（一）病害

菌核软腐病病原主要为木霉属、根霉属、曲霉属、毛霉属、青霉属真菌。主要为害正在生长的菌核。霉菌污染培养料后，吸收其营养，使茯苓菌核皮色变黑，菌肉疏松软腐，严重者渗出黄棕色黏液，失去药用和食用价值。产生病害的主要原因是接种前培养料或栽培场已有较多杂菌污染；接种后窖内湿度过大；菌种不健壮，抗病能力差；采收过迟等。

菌核软腐病综合防治技术：挑选优质茯苓菌种，保证质优健壮，无杂菌污染；接种前 10 天再次挖场晒场，彻底清除土壤中的杂物，减少污染源；应该选择晴天进行接种定植；保持苓场通风、干燥，经常清沟排渍，防止窖内积水；接种后若发现霉菌污染培养料，则予以淘汰；发现菌核发生软腐现象，应提前采收或剔除；苓窖用生石灰消毒。

（二）虫害

1. 白蚁及其综合防治技术

危害茯苓的白蚁主要是黑翅土白蚁（*Odontotermes formosanus* Shiraki）及黄翅大白蚁（*Macrotermes barneyi* Light），蛀食段木，干扰茯苓正常生长发育，造成减产，严重时有种无收。

白蚁综合防治技术：苓场要选南或西南向；段木和树蔸要干燥，最好冬季备料，春季下种；在 5～6 月，悬黑光灯诱杀；下窖接种后，苓场附近挖几个诱蚁坑，每隔一个月检查一次，坑内放置松木、松毛，发现白蚁时，用 4.5% 高效氯氰菊酯乳油、40.7% 毒死蜱乳油等进行毒杀，灭除蚁源，允许使用的化学农药见表 2-28-2。

2. 茯苓喙扁蝽及其综合防治技术

目前发现，茯苓喙扁蝽仅危害茯苓，主要以成虫和若虫为害茯苓段木上的茯苓菌丝层及菌核，刺吸其内汁液，受害部位出现变色斑块。受害后的茯苓菌核个体变小，畸形苓比例增加；为害严重时，不能接苓，导致空窖，茯苓产量和品质严重受损。

茯苓喙扁蝽综合防治技术：茯苓喙扁蝽多潜匿于栽种过茯苓的栽培场中，因此茯苓栽培切忌连作，尽量远离、回避茯苓喙扁蝽越冬繁衍的场地；接种后，立即用尼龙网纱片（网眼大小为1.5 mm×1.5 mm）将栽培窖面掩罩，然后覆土，将害虫和茯苓进行物理隔离；害虫多群聚于培养料菌丝层附近，可在采收菌核的同时，收集虫群，然后用水溺杀，减少虫源；菌核成熟后要全部挖起，采收干净，并将栽培后的培养料全部搬离栽培场，切忌将腐朽的培养料堆弃在原栽培场内，使茯苓喙扁蝽继续滋生、蔓延。

表 2-28-2　无公害茯苓生产中允许使用的化学农药

种类	农药名称	含量与剂型	防治对象	每公顷有效成分用量	年使用最多次数	最后一次施药距采挖间隔（天）
杀虫剂	毒死蜱	40.7% 乳油	白蚁	432～576 g	2	≥35
	高效氯氰菊酯	4.5% 乳油	白蚁	11.25～15 g	2	≥35
	吡虫啉	10% 可湿性粉剂	白蚁	15～30 g	2	≥35

五、产地加工与质量标准

（一）无公害茯苓采收与加工

培养料营养基本耗尽，颜色由淡黄色变为黄褐色，材质呈腐朽状；苓皮颜色开始变深，由淡棕色变为褐色；不再出现新的白色裂痕，裂纹渐趋弥合；茯苓场已不再出现新的土缝龟裂，松木已呈黄褐色或棕褐色，为适宜采收期。

段木栽培茯苓接种后，经过 6～8 个月生长，菌核便可成熟。春栽茯苓，10 月下旬至 12 月初陆续采收；秋栽茯苓，翌年 4 月末至 5 月中下旬采收。

树蔸栽培茯苓一般接种 8～12 个月后，可采收。第一次采收，小树蔸先采收，大树蔸后采收。由于大松树蔸营养丰富，一般可多次采收，第一次采收后再覆土，3～4 个月后又可再次采收，特大树蔸甚至可采收 5 次，历时 3 年，直到整个树蔸全部腐朽为止。

新挖出的茯苓水分较高，称之为潮苓，需经过发汗，使菌核内部水分均匀缓慢散出。具体操作为，选择可保温保湿、不通风的房间，在泥土或砖铺的地面上铺上一层稻草，将新采收的茯苓铺于上方，在茯苓上方再铺一层稻草，放上一层新鲜茯苓，最后用稻草盖好使其发汗。第一周每日转动翻身一次，取出晾干表皮，再堆置发汗。第二周后，每隔 2～3 天翻动一次。半个月后，当茯苓菌核表面长出白色绒毛状菌丝时，取出刷试干净，至表皮皱缩呈褐色时，置凉爽干燥处阴干即成“茯苓个”。然后将“茯苓个”按商品规格要求进行加工，削下的外皮为“茯苓皮”；切取近表皮处呈淡棕红色的部分，加工成块状或片状，则为“赤茯苓”；内部白色部分切成块状或片状，则为“白茯苓”，其中切片者称“茯苓片”，切块者称“茯苓块”；若白茯苓中心夹有松木的，则称“茯神”。然后将各部分分别摊于晒席上晒（阴）干，即成商品。亦可茯苓采收后，不经发汗，直接剥皮—切制—晒干，更省工，但缺点是易切碎，需用特别锋利的平口切刀进行切制。

茯苓药材富含多糖，易受潮、发生霉变、虫蛀、变色，应贮藏在专用仓库内。库房要求干燥、通风、墙壁表面平整、光滑、无裂缝、不起尘。门窗要求坚固，关闭严密，并有防虫、防鼠、防火措施。药材堆码要合理、整齐，纸箱码堆的货剁下面用 30 cm 高的木制脚架作剁垫，货剁与库房内墙距约 60 cm，与屋顶距应大于 50 cm。

在药材贮藏期间要保持仓库内的清洁卫生，加强仓库内温度与湿度管理，温度控制在 30℃以下，相对湿度控制在 70% 以下，并经常检查有无霉变、虫蛀、鼠害、变色等现象发生，一经发现，应及时处理。

（二）无公害茯苓质量标准

无公害茯苓质量包括药材农药残留和重金属及有害元素限量等质量指标。茯苓质量标准可参照《中华人民共和国药典》（2015 年版）、GB 2762-2016《食品安全国家标准 食品中污染限量》、GB 2763-2016《食品安全国家标准 食品中农药最大残留限量》等现行标准规定。

参考文献

[1] 国家药典委员会．中华人民共和国药典 [M]．一部．北京：中国医药科技出版社，2015：240-241.

[2] 王克勤，方红，苏玮，等．茯苓规范化种植及产业化发展对策 [J]．世界科学技术，2002，4（3）：69-73.

[3] 付立忠，吴学谦．我国食用菌种质资源现状及其发展趋势 [J]．浙江林业科技，2005，25（5）：43-48.

[4] 单毅生，王鸣崎．中药茯苓菌的研究 [J]．中国食用菌，1987，6（5）：5-7.

[5] 宁平，陈水明．茯苓菌菌丝的核相及染色技术研究 [J]．安徽农业科学，2006，34（19）：4887-4888.

[6] 富永保人（王波译）．茯苓生活史研究 [J]．国外食用菌，1991，（29）：40-42.

[7] 李霜，刘志斌，陈国广，等．茯苓交配型的初步研究 [J]．南京工业大学学报，2002，24（6）：81-83.

[8] 熊杰．茯苓性模式的研究 [D]．武汉：华中农业大学，2006.

[9] 王昭，潘宏林，黄雅芳．茯苓菌丝的显微特征研究 [J]．湖北中医药大学学报，2012，14（6）：45-46.

[10] 徐雷．茯苓交配系统的研究 [D]．武汉：华中农业大学，2007.

[11] 熊欢．原生质体技术在茯苓菌种复壮、育种和生活史研究中的应用 [D]．武汉：华中农业大学，2009.

[12] 王晓霞．茯苓单孢菌株主要生物学特征的初步研究 [D]．武汉：华中农业大学，2012.

[13] 余元广，胡廷松，梁小苏，等．茯苓单个担孢子培养和配对试验 [J]．微生物学通报，1980，7（3）：97-99.

[14] 付杰，王克勤，苏玮，等．茯苓菌种质量标准及检验规程 [J]．时珍国医国药，2009，20（3）：533-534.

[15] 魏新雨．南方松树蔸茯苓品种与丰产优质栽培技术 [J]．食用菌，2011，（5）：49-50.

[16] 程水明，陶海波．罗田茯苓种质资源的保护与利用 [J]．安徽农业科学，2007，35（18）：5542-

5543.
[17] 李苓，王克勤，边银丙，等. 湖北茯苓菌种生产技术规程[J]. 中国现代中药，2011，13（11）：28-31.
[18] 王伟平，周新伟，李根岳. 茯苓优质高产栽培技术[J]. 食药用菌，2014，（2）：102-103.
[19] 汪琦，付杰，冯汉鸽，等. 茯苓代料栽培操作技术初探[J]. 中国现代中药，2017，19（12）：1739-1742.
[20] 徐雷，陈科力，苏玮. 九资河茯苓栽培关键技术及发展演变[J]. 中国中医药信息杂志，2011，18（6）：106-108.
[21] 王克勤，黄鹤，付杰. 湖北茯苓规范化种植技术要点[J]. 中药材，2013，36（3）：346-349.
[22] 李苓，王克勤，白建，等. 茯苓诱引栽培技术研究[J]. 中国现代中药，2008，10（12）：16-17.
[23] 蔡丹凤，王雪英，林佩瑛，等. 松树蔸栽培茯苓新技术[J]. 中国食用菌，2007，26（5）：29-31.
[24] 蔡丹凤，陈丹红. 松蔸栽培茯苓主要营养成分的累积特性[J]. 中华中医药杂志，2018，33（1）：373-375.
[25] 陈北. 茯苓喙扁蝽和白蚁无害化防控技术研究[D]. 华中农业大学，2014.
[26] 陈立国，杨长举，王克勤，等. 茯苓喙扁蝽的田间防治试验[J]. 华中农业大学学报，2002，21（3）：221-223.
[27] 罗光明，刘合刚. 药用植物栽培学[M]. 上海：上海科技出版社，2008：261-264.

（徐雷，姚泽雨，杜鸿志，胡引娣，王梓灵，胡志刚，陈士林）

29 厚朴

引言

厚朴为我国传统中药材，《中华人民共和国药典》2015年版收载的厚朴来源为木兰科木兰属植物厚朴 *Magnolia officinalis* Rehd. et Wils. 或凹叶厚朴 *M. officinalis* Rehd. et Wils. var. *biloba* Rehd. et Wils. 的干燥干皮、枝皮及根皮。长期以来，药用厚朴主要取自野生资源，由于市场需求大，过度砍树剥皮，使野生资源日益减少，已被列为国家二级保护物种。20世纪50年代开始大规模人工栽培，现厚朴药材主要来源于人工栽培。人工栽培的厚朴由于选址不当、种源较差、栽培管理过程不规范、滥用肥料和农药、采收方式不当等问题导致药材有效成分含量低，甚至部分产区存在重金属含量超标等问题，制约了厚朴产业的安全、可持续发展。无公害生产是保证其品质的有效措施，本文从无公害种植基地选址、品种选育、综合农艺措施、病虫害的综合防治、采收方式等方面详述了其无公害生产的方法、措施，以期指导实际生产，在保证无公害的前提下，提高药材品质。

一、产地环境

厚朴为落叶乔木，是亚热带特征树种，适应性强，喜凉爽温暖气候，适宜相对湿度大、阳光充足的环境。厚朴主要分布在四川、贵州、湖北、湖南、江西、广西、陕西、甘肃、云南等省区，凹叶厚朴分布于浙江、安徽、福建、江西、湖南、广西等省区。主产于四川、湖北、陕西、重庆等地的称为“川朴”，又称“紫油厚朴”，品质优，为传统道地药材。主产于浙江、福建、江西等省的称为“温朴”，产量大，厚朴的整体质量优于凹叶厚朴。厚朴适宜区的主要生态因子如表2-29 1。根据厚朴的生物学特性和牛产需要，宜选交通便利、水源充足、排灌方便、背风向阳、光照充足的地段，地势平坦，山地坡度不宜超过30°的中下部坡位，土层深厚（50 cm以上）、腐殖质较多、疏松肥沃、保水性强、排水性好的微酸性至中性壤土、黄棕壤或棕壤，海拔2000 m以下地区。产地的土壤环境必须符合GB 15618-2008的一级或二级土壤质量要求，空气环境质量应符合GB/T 3095-2012中一、二级标准值要求，田间灌溉用水质量必须符合GB 5084-2005的规定。同时产地区域和灌溉上游无或不直接受工业“三废”、城镇生活、医疗废弃物等污染，避开公路主干线、土壤重金属含量高的地区，不能选择冶炼工业（工厂）下风向3 km内。

表2-29-1　厚朴野生分布区、道地产区、主产区气候因子阈值（GMPGIS-Ⅱ）

生态因子	生态因子值范围	生态因子	生态因子值范围
年平均温（℃）	1.8～22.4	年均降水量（mm）	738.0～2208.0
平均气温日较差（℃）	6.5～11.4	最湿月降水量（mm）	145.0～355.0
等温性（%）	23.0～39.0	最干月降水量（mm）	4.0～52.0
气温季节性变动（标准差）	5.3～9.4	降水量季节性变化（变异系数%）	48.0～93.0
最热月最高温度（℃）	14.4～34.1	最湿季度降水量（mm）	357.0～962.0
最冷月最低温度（℃）	-14.4～10.0	最干季度降水量（mm）	14.0～197.0
气温年较差（℃）	22.5～36.1	最热季度降水量（mm）	357.0～781.0
最湿季度平均温度（℃）	9.0～28.3	最冷季度降水量（mm）	14.0～262.0
最干季度平均温度（℃）	-6.2～16.4	年均日照（W/m^2）	120.6～149.5
最热季度平均温度（℃）	9.0～28.3	年均相对湿度（%）	53.8～75.3
最冷季度平均温度（℃）	-6.2～14.9		

二、优良品种

不同产地厚朴有效成分含量差异显著的主要原因是栽培厚朴的品种类型，原产地质量上乘的厚朴引种其他地区其质量同样上乘，针对厚朴生产情况，宜选择适宜当地的抗病、优质、高产、商品性好的优良品种，尤其是对病虫害有较强抵抗能力的品种。厚朴已选育5个良种，分别为宝兴厚朴、大圆叶厚朴、凹叶厚朴、洪塘营10号凹叶厚朴、洪塘营7号凹叶厚朴（表2-29-2）。

表 2-29-2 厚朴优良品种特性

品种	审定编号	品种特性	适宜种植范围
宝兴厚朴	川 R-SV-MO-023-2013	厚朴酚与和厚朴酚总量 2.58%～4.51%，平均 3.52%	四川省雅安市海拔 800～1800 m 的地区
大圆叶厚朴；凹叶厚朴	川 R-SV-MO-013-2008；川 R-SV-MO-014-2008	厚朴酚与和厚朴酚含量高达 8.4%	适宜海拔 800～1600 m 范围内，气候温和，雨量充沛的亚热带区域内种植
洪塘营 10 号凹叶厚朴	湘 S-SC-MO-002-2012	厚朴酚含量 3.44%、和厚朴酚含量为 4.48%，总酚含量为 7.92%	湖南海拔 500～1500 m 凹叶厚朴适生区
洪塘营 7 号凹叶厚朴	湘 S-SC-MO-001-2012	厚朴酚含量 2.40%、和厚朴酚含量为 4.38%，总酚含量为 6.78%	湖南海拔 500～1500 m 凹叶厚朴适生区

三、田间管理

（一）无公害种苗培育

1. 种子采收及贮藏

选择树龄 15 年以上、生长健壮、无病虫害感染、未被剥皮利用的优良植株作采种母树，当果皮由青绿变红转至棕褐色最后为紫黑色，果实开裂露出红色种子时采收。采下的果实装入麻袋，阴凉通风处放置 2～3 天，待果裂开后，取出种子立即贮藏。种子宜混沙湿藏，选择清洁、通风良好的房子或地下室，沙的湿度以手捏成团而不出水，触之能散为度，沙与种子的体积比为 3∶1，将沙子与种子充分拌匀堆藏，厚度不超过 50 cm，表层加盖 3～5 cm 厚的沙。贮藏中应注意观察，及时补充水分。

2. 种子处理及播种

厚朴种子播种前要进行消毒和催芽处理。种子消毒可预防多数病虫害，消毒一般用 0.3%～0.5% 高锰酸钾溶液或 5% 石灰水浸种 1～2 小时，或用 80% 代森锌 800 倍液喷洒种子，处理完后用清水冲洗种子。种子可秋播和春播，秋播在种子采收后处理完直接播种，一般在 10～11 月，全国各地具体时间有差异，宜在土壤封冻前。播种过早，种子在田间损失较大，不利出苗；播种过晚，气温逐渐增加，打破休眠不完全，出苗率下降。因此根据地区气候条件选择合适的播种时期。春播的种子需要催芽处理，一般采用温水浸种和低温层积，厚朴播种前必须脱蜡处理去掉红色种皮，以利种子萌发。合格种子应饱满、有光泽、横断面乳白色，千粒重≥140 g，净度≥95%，纯度≥98%，含水量 20%～30%。

播种前要求全面深翻圃地，深度 30 cm 以上，清除草根、石块等杂物，耙细整平，进行土壤消毒杀菌、杀虫，圃地四周开设一条宽 40 cm、深 30～40 cm 的环通排水沟。苗床一般宽 1～1.2 m，畦高 15～20 cm，步道宽 30～40 cm，长度按地形而定。播种时，厢面按行距 10 cm 横向开沟，沟宽 10 cm，沟深 5 cm，将种子单粒点播于播种行中，播于沟底，种子间距 6～15 cm，播种量每亩 10～15 kg，播后覆盖细土 3～5 cm，覆土厚度以见不到种子为宜，轻轻填压，然后整平厢面，床面覆草或盖草帘，并浇透水，以保持湿度，防止雨水冲刷。

3. 苗木出圃及质量要求

苗木出圃时间受气候、海拔等情况的影响，应根据实际情况判定，一般在 11 月至翌年 4 月，起苗时避免损伤侧根、树皮及顶芽，苗木起苗后应放在库棚内或背阴避风处，防止日晒、雨淋，贮存日期不宜超过2天。厚朴1年生实生苗要求顶芽饱满，无机械损伤，无病虫害，苗木质量分级见表2-29-3。运到外地的苗木要浆根，50株/扎，以稻草包裹根部，并用草绳捆绑，立即运输。不能及时运走的苗木，选择排灌良好、阴凉潮湿、土壤疏松的地方及时假植，假植一般不超过15天。

表2-29-3　厚朴苗木质量标准

等级	苗高（cm）	地径（cm）	根系
一级	>50	>0.9	主根23 cm，长度>5 cm的Ⅰ级侧根数>12条
二级	35～50	0.6～0.9	主根18 cm，长度>5 cm的Ⅰ级侧根数>8条

（二）厚朴栽培模式选择

厚朴的栽培模式比较单一，主要是传统的药用林模式，纯林、混交林或林草（菜、药）模式。栽培面积较小，可采用纯林，面积较大，宜用混交。混交可带状或块状混交，树种比例一般为1∶1，可根据市场需求调整。混交树种可选黄柏、杜仲、毛竹、杉木、枫香、松木、油茶、马尾松等。种植株行距可选3.00 m×3.00 m、3.00 m×2.00 m、2.00 m×2.00 m、2.00 m×1.50 m、1.50 m×1.50 m等，土层深厚肥沃，立地条件好的宜稀植，土壤瘠薄的山地，可适当密植。

栽植前进行整地，秋季栽植在当年的雨季前整地，春季栽植在前一年的秋季整地。山地可采用全垦、穴（块）状和带状整地，25°以上坡度的山地禁止全垦整地。山地、丘陵保留山顶、山脊天然植被，或沿某一等高线保留一定（3 m宽）的天然植被。荒芜、半荒芜的宜林缓坡地要进行全面翻土。整地前对造林地的采伐剩余物或杂草、灌木等天然植被进行清理，宜保留阔叶树，陡坡地建议开成梯形以利水土保持。栽植时间南方一般在春秋两季。栽植时选用一年生二级以上苗木，按苗木大小分区栽植，以便生长整齐。定植穴一般长宽深60 cm×60 cm×50 cm，栽植时做到“穴大、根舒、深栽、打实”，栽植时应保证根系舒展，修剪伤根和过长的根，分层填土压紧，浇透定根水，栽植深度视土壤条件而定，砂土宜稍深栽，黏土宜稍浅栽，一般应超过苗木根颈，栽后宜用地膜（黑地膜为佳）或杂草灌枝覆盖穴盘。

（三）厚朴田间综合管理

1. 苗期管理

种子出苗期适当控制水量，及时灌溉，保持表土层湿润，下雨时清沟排渍，防止因土壤积水造成烂根。幼苗期浇水采取少量多次的方法，幼苗速生期采取大水量少次给水的方法，苗木的生长后期，应控制给水，除特别干旱外，可不予浇水。间苗的原则是留优去劣，留疏去密，幼苗过于稀疏的地段要进行补苗，合理保留密度。厚朴幼苗长到2～3片叶、苗高5～7 cm时，按5～6 cm定苗，苗量30～50株/m^2。出苗后及时清除杂草，坚持“除早、除小、除了”的原则，保证苗圃无杂草，除草结合松土，第1次除草可结合间苗进行，第2次在定苗后进行。注意不要伤害苗木根系，以人工除草为主。

2. 幼林管理

幼林抚育2～3年，全年除草2次，第一次为5月前后，第二次为8～9月，除草结合松土，做到里浅外深，不伤根系，深度10～15 cm，梅雨季和雨季不宜进行松土。多雨季节时，低洼地要防积水，挖排水沟，干旱季节进行抗旱。造林后第二年，对缺株进行补植，补植用二年生一级苗。根据生长情况每年进行修枝，去除主干1.3 m以下的分枝及茎基萌蘖，保证主干通直圆满，萌蘖保留不宜超过3株。幼林期间可间作豆科作物、草本药材等矮秆作物，间种的植物应距离幼树50 cm以上。

3. 成林管理

随着林分郁闭，树林营养空间竞争逐渐强烈，部分树林生长衰弱、被压或整体过密，通风透光差，林分生产力下降，且易引发病虫害，必须抚育间伐，砍除被压树、衰弱树及病虫树，或按比例隔株隔行间伐，均匀调整，改善林分结构。间伐后的萌发枝条留强去弱，主干上的萌发枝条要及时修剪。每年应于冬季或早春进行1次松土和林地清理。为了加快厚朴径生长，增厚皮层，在定植10年后，当树高长到8～10 m左右时，就可将主干顶梢截除，并修剪密生枝、纤弱枝、垂死枝，使养分集中供应主干和主枝。采收的前4～5年，可对10年以上的树木刻伤，于春季用刀将树皮倾斜割2～3刀，长度50～80 cm，以割至木质部为宜，可以使有机养分更多地聚集在树皮上，并逐渐增厚树皮，最终达到增产目的。

（四）厚朴无公害合理施肥

施肥直接影响厚朴的质量和产量，合理施肥既能提高产量，又能改善品质。施肥主要包括施基肥和追肥，苗圃地和定植穴要施足基肥，一般用腐熟有机肥，追肥一般结合中耕除草，生长旺盛期可多施肥，以促进生长，生长后期不再施肥，促进木质化。苗期追施尿素，一般兑入清粪水或在下雨前撒入行间，一般不提倡干施，干施易烧苗，肥料撒施要均匀，且不能直接接触到幼苗的叶片或根茎。幼林期结合中耕除草每年追肥1～2次，后期可减少追肥次数，提倡沟施，在离树干底部25～30 cm的地方，挖开1个小沟，将肥料放在沟内。每年入冬前再施一次农家肥，3～6年生幼树每株可施基肥5～10 kg，7年生以上每株施10～15 kg，施肥时每株宜加入过磷酸钙0.5～1.0 kg。具体的施肥方法见表2-29-4。

表2-29-4 厚朴无公害栽培施肥方法

类型	施肥方法
苗圃基肥	每亩施农家肥2000～3000 kg，油菜粕（茶粕、油桐粕）25 kg，过磷酸钙25 kg
苗期追肥	长出真叶后开始追肥1～2次，用尿素或复合肥，用量每亩3 kg，叶面喷施浓度不大于0.3%，5月直至7月中旬追施速效肥料（N：P：K比为3：1：1），每亩16 kg
种植地基肥	每穴施腐熟厩肥或土杂肥5 kg，磷钾肥各1.0 kg，瘠薄纯林地，每穴施厩肥10 kg，磷、钾各1.0 kg，回填一定表土，拌匀
定植后追肥	每年追肥1～2次，每株施复合肥（N：P：K＝15：15：15）0.2 kg或氮肥0.1 kg；3龄后无施化肥的必要

四、病虫害综合防治

（一）综合农艺措施

优选抗病虫害的品种，在同一品种内注意筛选能抗病害的单株，并不断进行提纯复壮和新品种选育。淘汰有病虫害的种子，选择优良种子种苗，并在栽植之前对种子种苗进行消毒。不用阴湿地作苗圃地，圃地设置良好的排水体系，防止积水，精耕细作，并做好土壤消毒工作，可用1%～3%硫酸亚铁液2 kg/m^2喷洒灭菌，每亩用75 kg波尔多液、25%多菌灵可湿性粉剂500倍液喷洒杀虫，还可撒少量生石灰，可有效预防多种病虫害。合理配置株行距，与多种植物混交，优化群体结构。做好合理的灌溉，防止旱涝发生，雨季及时排水，肥料用腐熟有机肥。发现病株，应立即将其整株清除，病枝集中烧毁，拔除的坑穴用石灰消毒，防止疾病蔓延。生长期间要采取中耕、松土、除草等措施，消灭病、虫寄主，可以有效防止病、虫、草害。

（二）物理防治

对于活动性不强、危害集中或有假死性的害虫可以实行人工捕杀。褐天牛幼虫可用钢丝伸入蛀孔钩杀。对有趋光性的鳞翅目及某些地下害虫利用诱蛾灯或黑光灯诱杀。树干上刷涂白剂，防止害虫在树干上越冬产卵及病菌侵染树干。

（三）生物防治

保护和利用各种捕食性和寄生性天敌昆虫，采用人工繁殖、释放、助迁、引进天敌等方法防治害虫。如在园林中种植蜜源植物，保护和繁殖益鸟，可有效防治蚧壳虫。

（四）化学防治

化学药剂尽可能少用或不用，禁止使用剧毒、高毒、高残留或具有三致（致癌、致畸、致突变）的农药，严格按照农药使用间隔期安全使用，改进施药技术，控制施药面积、次数和浓度。根据当地病虫害发生规律制定化学防治综合方案，多种病虫害最好选用能综合治理的方式，施药一次有效的不要多次用药，尽量减少化学农药的施用（表2-29-5）。药材采收当年禁止施用化学农药。

表2-29-5　厚朴部分病虫害的化学防治方法

病虫害	防治方法
根腐病	1：1：100的波尔多液喷射树干、树枝，50%多菌灵或50%甲基托布津400～800倍液浇灌病穴
煤污病	50%多菌灵可湿性粉剂800～1000倍液或波美0.3度石硫合剂喷雾

续表

病虫害	防治方法
立枯病	1：1：100 的波尔多液，用药液 112 g/m^2，在苗木出土后，每隔 10 天左右喷洒 1 次，连续 4～5 次；用 50% 甲基托布津 1000～1500 倍液或 50% 多菌灵 1000～1500 倍液浇灌病株根部；浓度为 2%～3% 的硫酸亚铁（青矾）药液进行喷洒，过 10～30 分钟后再喷 1 次清水，洗掉叶面上的药液；75% 百菌清可湿性粉剂 600 倍液，或 5% 井冈霉素水剂 1500 倍液，发病初期施药，间隔 7～10 天，视病情连施 2～3 次
叶枯病	1：1：100 波尔多液，每隔 7～10 天喷 1 次，连续喷洒 2～3 次，发病处用石灰消毒或 50% 多菌灵可湿性粉剂 500 倍液浇病穴，防止蔓延
大背天蛾	20% 杀灭菊酯乳油 2000 倍液喷雾
日本壶链蚧	喷 40% 速扑杀乳油 1000 倍液或 10% 吡虫啉乳油 1000 倍液
厚朴横沟象	喷 1.8% 的阿维菌素 100 倍液 1 次

五、采收加工及质量标准

（一）厚朴剥皮再生方法

厚朴生长缓慢，周期长，一般 12 年以上才可采收树皮。传统的采收方式主要靠砍树剥皮，使资源受到极大破坏，砍树剥皮与林业、生态环境保护产生了矛盾，因此提倡剥皮再生技术。剥皮再生对植株的质量要求较高，对操作技术也有一定要求，再生新皮也受到外界环境条件如温度、湿度、光照等因子的影响，剥皮后若处理不好，易影响再生皮的产量和质量。剥皮一般选择夏季 5～6 月高温高湿季节，以雨后阴天为佳。选择生长旺盛、枝叶繁茂、无病虫害的植株剥皮，在主干距地面 15～20 cm 处环割一刀，以此为起点向上 40 cm 或 80 cm 处割第 2 道切口，在两切口间纵割一切口，深度以不伤形成层为宜，用小刀挑开皮口，用洁净的竹片沿切口将整张树皮剥下，再依次向上剥第 2 筒、第 3 筒。剥皮后避免灰尘或手触及伤口，剥面可喷 10 g/L 的吲哚乙酸，用透明地膜包扎，包裹绳扎在未采剥的树皮上，捆扎上紧下松，防止阳光直射和雨淋。视新皮生长情况，一般 30 天左右解膜。

（二）无公害厚朴质量标准

无公害厚朴质量包括药材农药残留和重金属及有害元素限量等指标，厚朴质量标准可参照《中华人民共和国药典》2015 年版规定，厚朴中厚朴酚与和厚朴酚的总量≥2.0%，同时要求重金属含量铅≤1.0 mg/kg，镉≤0.3 mg/kg，铜≤20 mg/kg，汞≤0.1 mg/kg，砷≤2.0 mg/kg，农药残留量氯丹≤0.10 mg/kg，七氯≤0.05 mg/kg，六氯苯≤0.10 mg/kg，五氯硝基苯≤0.10 mg/kg，艾氏剂≤0.05 mg/kg，滴滴涕、六六六不得检出。研究表明重金属铅、砷含量超标的问题在一些产区较常见，很大程度上与产区的环境质量相关，应该严格按照前文所述的要求选择产地。关于农药残留的问题未曾发现有相关的记述，不能确定是否存在超标问题，但也应该按要求进行检测，保证用药安全。

参考文献

[1] 张大燕，文欢，王伟，等. 四川规模化栽培区产厚朴有效成分含量的影响因素研究 [J]. 中药材，2017，40（06）：1280-1283.

[2] 郑志雷，郑郁善. 药用植物厚朴开发利用现状、问题及对策 [J]. 福建林业科技，2010，37（01）：103-109.

[3] 闫婕，卫莹芳，胡慧玲，等. 全国不同产地厚朴药材品质评价 [J]. 时珍国医国药，2016，（02）：472-474.

[4] 方怀防，黄庆竹，张林碧，等. ICP-MS 法测定不同产地厚朴中金属元素 [J]. 中南民族大学学报（自然科学版），2018，37（01）：11-14.

[5] 卫莹芳，胡慧玲，闫婕，等. 不同产地厚朴中重金属及有害元素检测 [J]. 中药与临床，2014，5（05）：1-12.

[6] 茅向军，许乾丽，周兰，等. 黔产天麻、杜仲、黄柏、厚朴重金属含量的研究 [J]. 贵州科学，1998，（02）：136-139.

[7] 刘石峰. 厚朴造林速生丰产栽培技术 [J]. 绿色科技，2015，（02）：48-49.

[8] 甘国菊，杨永康，廖朝林，等. 厚朴主要病虫害的发生与防治 [J]. 现代农业科技，2011，（07）：175.

[9] 张强. 厚朴标准化栽培技术 [J]. 现代农业科技，2013，（23）：128-131.

[10] 涂育合，叶功富，林照授，等. 凹叶厚朴材药两用林栽培试验及经营管理技术 [J]. 福建林学院学报，2003，23（02）：145-149.

[11] 陈信云. 闽北凹叶厚朴丰产栽培技术的研究 [J]. 海峡药学，2010，22（05）：44-46.

[12] 张春霞，杨立新，余星，等. 种源、产地及采收树龄对厚朴药材质量的影响 [J]. 中国中药杂志，2009，34（19）：2431-2437.

[13] 王生荣. 绿化良种厚朴实生播种育苗技术 [J]. 特种经济动植物，2014，17（01）：29-30.

[14] DB51/T 964-2009，无公害中药材造林技术规程 厚朴 [S].

[15] LY/T 2122-2013，厚朴栽培技术规程 [S].

[16] DB51/T 1801-2014，厚朴育苗技术规程 [S].

[17] DB21/T 2455-2015，厚朴育苗技术规程 [S].

（杨俐，李洪运，丁丹丹，叶萌，向丽）

30　滇重楼

引言

滇重楼 *Paris polyphylla* Smith var. *yunnanensis*（Franch.）Hand.-Mazz. 为百合科多年生草本植物，主要分布于云南、贵州、广西以及四川等地。为《中华人民共和国药典》2015 年版收载的重楼基原植物之一，药用部位为根茎。随着医药产业对重楼的进一步开发利用，重楼药材的需求量逐年增长，由于长期过度的掠夺式采挖，野生重楼资源遭到了毁灭性的破坏，濒临枯竭；而其药用部位生长缓慢，短时间内难以满足市场需求，资源稀缺已成为制约相关制药企业可持续发展的瓶颈问题，大规模规范化人工栽培是解决重楼药材资源短缺的必然选择。

近年来，滇重楼人工栽培取得了一定成效，已成为农民增收的种植项目之一；但由于农药、化肥等的不合理使用以及不规范的生产和加工，导致药材品质不稳定，农残、重金属、硝酸盐等有害物质增加，严重危害消费者的生命安全和健康。当前众多学者对滇重楼栽培技术、种苗繁育、病虫害防治、水肥管理、林下规范化种植等开展了相关研究，但尚未见有关滇重楼无公害栽培技术的系统研究。鉴于此，本文结合文献查阅和产区调研，建立了滇重楼无公害栽培技术体系，包括基地选择、育苗、田间管理、病虫害综合防治、采收加工等技术，以期为滇重楼资源的可持续利用和安全生产提供参考。

一、产地环境

（一）生产基地选址要求

滇重楼种植基地宜避开工业和城市污染源。滇重楼有“宜荫畏晒，喜湿忌燥”的习性，喜湿润、荫蔽的环境，在地势平坦、灌溉方便、排水良好、含腐殖质多、有机质含量较高的疏松肥沃的砂质壤土中生长良好。黏重、易积水和板结的土壤不宜种植。生长过程中，要求较高的空气湿度和遮蔽度。按《中药材生产质量管理规范（试行）》、《无公害农产品 生产质量安全控制技术规范（NY/T 2798.3-2015）》要求，大气环境需符合 GB/T 3095-2012《大气环境质量标准》中一、二级标准值要求；土壤符合 GB 15618-2018《土壤环境质量标准》一、二级标准值要求；灌溉水的水源质量符合 GB 5084-2005《农田灌溉水质标准》。

（二）产地生态环境

基于《药用植物全球产地生态适宜性区划信息系统》（GMPGIS- Ⅱ），对滇重楼道地产区云南省古城区七河乡、玉龙县鲁甸乡、大理市凤仪镇、云龙县关坪乡、永平县龙门乡等 32 个乡镇的 391 个样点进行分析。滇重楼生态适宜区主要集中在西南地区的云南省、四川省和贵州省的部分地区，产区生态因子值见表 2-30-1。

表 2-30-1 滇重楼野生分布区、道地产区、主产区气候因子阈值（GMPGIS- Ⅱ）

生态因子	生态因子值范围	生态因子	生态因子值范围
年均温度（℃）	0.1～23.0	年均降水量（mm）	638.0～1992.0
平均气温日较差（℃）	6.7～15.6	最湿月降水量（mm）	135.0～390.0
等温性（%）	24.0～55.0	最干月降水量（mm）	3.0～52.0
气温季节性变动（标准差）	3.1～7.8	降水量季节性变化（变异系数 %）	51.0～102.0

续表

生态因子	生态因子值范围	生态因子	生态因子值范围
最热月最高温度（℃）	12.5～33.7	最湿季度降水量（mm）	376.0～957.0
最冷月最低温度（℃）	-20.6～11.5	最干季度降水量（mm）	11.0～184.0
气温年较差（℃）	18.9～35.9	最热季度降水量（mm）	376.0～939.0
最湿季度平均温度（℃）	8.0～26.8	最冷季度降水量（mm）	11.0～260.0
最干季度平均温度（℃）	-8.1～19.2	年均日照（W/m^2）	119.3～156.0
最热季度平均温度（℃）	8.0～28.4	年均相对湿度（%）	43.5～76.9
最冷季度平均温度（℃）	-9.1～18.2		

在基地海拔选择方面，根据滇重楼自然种群的海拔数据做分析，结果表明滇重楼的自然分布海拔呈正态分布规律，以1100～2700 m为较佳海拔。虽然在更低海拔如650 m或更高海拔3400 m亦有滇重楼的自然分布，但频次较低。从标本查询和实地考察中也发现，90%以上的标本集中分布在1100～2700 m之间，700～1100 m和2700 m以上虽有滇重楼的野生分布或种植基地，但海拔过低则气温较高，容易发生病害，海拔过高则气温较低，影响了滇重楼的生长速度，导致产量低。因此滇重楼种植基地海拔建议在1100～2700 m附近，尤其是在1900 m附近为佳。但是，在实际生产中，针对不同品种的滇重楼，其适应性不一致。据笔者调查研究，目前云南文山、曲靖、楚雄、德宏等地自然分布的“高秆滇重楼”品种，其适应性较好，适宜种植区域广，可在上述海拔全域种植；而云南丽江、大理等地自然分布的“矮秆滇重楼”品种，当前实践已表明在降雨量超过1200 mm，或海拔低于1500 m的区域种植，病害和死苗情况普遍。因此，在基地选择时，还需考虑品种的问题。

二、田间管理

（一）整地

整地在深秋季节进行，选好种植地块后，按约每亩3000 kg将腐熟的农家肥均匀撒在地面上，加过磷酸钙50 kg、生石灰5 kg，将地块深翻20～25 cm，暴晒30天以上，充分自然消毒。在播种或移栽前搭建好遮阴棚，种植地遮阴度在60%～70%之间，育苗地75%～80%，遮阴棚离地面高度约2 m，散射光或斜射光能有效促进滇重楼的生长。栽种前浅耕细耙整平地块，根据地块的坡向地势作畦，以利于排水，畦面宽约120 cm，畦沟宽约30 cm，沟深约30 cm。

（二）种苗繁育

滇重楼的种苗繁育可采用种子或根茎进行繁殖。生产上多以种子繁殖为主。

1. 种子繁殖

滇重楼的种子一般在9～11月份陆续成熟，其种子具有明显的后熟作用，胚需要完成后熟打破休眠才能萌发。研究表明种子的成熟度是影响种子出苗率的重要因素。因此，为获取质量一致的优质种子，确保出苗率，滇重楼种子的采收需待植株开始枯萎，蒴果开裂后，露出鲜红色浆果时进行采收。将采收的果实除去果肉，稍晾水分。将种子与种子重量 1% 的多菌灵可湿性粉剂拌匀，按一层河沙、一层种子放入泡沫催芽箱内，置于室内催芽，保持河沙的湿度在 30%～40% 之间（手紧握成团，松开即散），室内温度 18～22℃。每 10 天翻动一次，处理 90 天左右，种子胚根位置有凸起时即可播种。将处理好的种子按 5 cm×5 cm 的株行距播于做好的苗床上。种子播后覆盖 1∶1 的腐殖土和草木灰，覆土厚约 2 cm，再在墒面上盖一层松针或碎草，厚度以不露土为宜，浇透水，保持湿润。种子出苗后要适时遮阴，浇水，除草。苗床管理期间要注意补充苗床覆盖物，播种第 3 年后移栽。

2. 根茎切块繁殖

根茎切块繁殖分为带顶芽切块和不带顶芽切块两种方法。在生产实践中，带顶芽部分成活率较不带顶芽部分成活率高，因此在生产上主要以带顶芽切块繁殖为主。

带顶芽切块繁殖的方法为：滇重楼倒苗后，取滇重楼根茎，按垂直于根茎主轴方向，以带顶芽部分节长 3～4 cm 处切割，伤口蘸草木灰或 1‰高锰酸钾溶液处理 30 分钟，在苗床中集中培育 2 个月，使切段伤口充分愈合、稳定即可移栽，移栽当年开花、结实。

不带顶芽切块繁殖的方法为：在切去顶芽的根茎中选取无损、无病虫害的根茎，以节为基础切割，切口在相临两节的中部。切块用 0.0002% 的 6-BA 或 50%ABT 生根粉浸泡 24 小时，用草木灰处理，以沾满伤口为宜，稍晾干后，在育苗苗床按株行距 4 cm×4 cm 放置，覆土约 5 cm，上覆 1 层松针保湿。

（三）移栽定植

移栽宜在 11～12 月幼苗休眠时进行，或翌年的 4～6 月移栽。按株行距 20 cm×20 cm，沟深 5～8 cm 开沟栽苗，每亩种植 1 万～1.2 万株；将小苗排放，顶芽朝上放置，覆土与畦面平，压实根部土壤。移栽过程中要保护好顶芽和须根，定植后，用山草或松叶覆盖畦面，厚度以不露土为宜，用以保湿、保温和抑制杂草。栽后浇透一次定根水，以后根据土壤墒情浇水，保持土壤湿润。

（四）中耕除草

滇重楼喜疏松土壤，一般中耕除草和松土结合进行。见草就除，先拔除植株周围的杂草，再用小锄轻轻除去其他杂草，防止杂草与重楼争光争肥。中耕时尽量浅耕，以免伤及根部及幼苗。

（五）施肥

滇重楼为浅根性喜肥植物，根系一般分布在表土以下 10 cm 左右的地方，不能吸收深层土壤内的营养物质。因此除施足底肥外，还需在生长期内增施追肥。追肥以有机肥为主，如家畜粪便、油枯及草木灰、作物秸秆等。辅以复合肥和各种微量元素肥料，不用或少用化肥，禁用化学氮肥，有机肥在施用前应堆沤 6 个月以上以充分腐熟。滇重楼的施肥主要包括根肥和根外施肥。根肥在 11 月地上部分倒苗后，每亩撒施有机肥 2000～3000 kg。已有研究表明，叶面营养能显著改善滇重楼光合特性。在生长旺盛期（7～8 月），可进行叶面施肥促进植株生长，用 0.2% 磷酸二氢钾或微量元素肥料喷施，每间隔 15 天喷施 1 次，共 3 次，喷施应在晴天傍晚进行。

（六）摘蕾

根据生产需要，4～7 月非采种田在花萼展开后，及时摘除子房，保留萼片，使养分集中供应地下根茎的营养生长。

（七）水分管理

在干旱季节，视土壤情况，每 10 ～ 15 天浇水 1 次，使土壤水分保持在 30% ～ 40% 之间。多雨季节要注意排水，忌积水。遭水涝的滇重楼根茎易腐烂，导致植株死亡，产量减少。

三、病虫害综合防治

采取“预防为主、综合防治”方法，力求少用化学农药，在必须施用时，应符合无公害农产品 生产质量安全控制技术规范（NY/T 2798.3-2015）之要求，严格掌握用药量、用药时期，最后一次施药距采收间隔天数不得少于 20 天。禁止使用国家明令禁止在食用农产品上使用的农药。

（一）病害防治

滇重楼病害主要有灰霉病、茎秆软腐病、真菌性叶斑病、根腐病、猝倒病、细菌性穿孔病。多发生在 5～9 月高温阴湿季节，一般 5 月开始发病，6～7 月较为严重。主要病害及防治方法见表 2-30-2。

表 2-30-2　滇重楼常见病害种类及防治方法

病害名称	易发病时期	危害对象	易发病条件	症状	防治方法
灰霉病	5～9 月	花器、果实、叶片、茎秆	多雨，气温降低	花和果实发病，花萼、花瓣、花丝萎蔫下垂，表面产生灰色的霉层和黑色的菌核。叶发病多始于叶柄基部与茎连接的地方，受害部位变软呈水渍状，叶下垂，病害向叶片、茎逐渐蔓延，造成叶片腐烂、植株倒伏，茎部发病多由花或叶部病害蔓延所致，也可独立发病，菌核多形成于茎、叶柄和果实	合理密植、雨季增强田间排水、通风，发病时，交替使用嘧霉胺、腐霉利、扑海因等内吸性杀菌剂，并与代森锰锌复配喷施

续表

病害名称	易发病时期	危害对象	易发病条件	症状	防治方法
茎秆软腐病	4～7月	地上茎	出苗期遇到高温高湿条件	茎秆基部形成水浸状病斑，后软化，茎内部开始腐烂，产生刺激性臭味，发病部位沿着维管束向上蔓延造成整个茎秆稀软腐烂，叶片萎蔫、植株倒伏	以预防为主，植株一旦发病极难治疗。出苗期忌中午气温较高时灌溉、忌施氮肥，发病后应及时清除田间病株，并在病穴中撒施生石灰或用可杀得叁仟等药剂灌根，避免病原细菌扩散传播。未发病植株可喷施农用链霉素和春雷霉素预防
真菌性叶斑病	6～9月	叶片	高温多雨	由多种真菌引起，叶片上出现病斑，叶片正面或反面多可见霉层，无明显异味，发病后如果降雨较多会造成叶片腐烂，如果天气干燥则叶片干枯	雨季应加强田园通风、排水，发病后交替使用多菌灵、三唑酮、嘧菌酯等内吸性杀菌剂，并与代森锰锌等保护性杀菌剂复配喷雾
根腐病	5～8月	根茎	高温，土壤湿度过大	受害根茎一般从尾部开始腐烂。染病根茎表皮颜色黑褐色，腐烂部位呈湿状软腐，或绵状软腐。解剖根茎，腐烂部位为黄白色或黑色的腐烂物，有恶臭	注意土地轮作和种苗更新，加强田间管理，注意降低土壤湿度，发病园区及时防治地下害虫危害；出苗后，用农用链霉素 200 mg/L 加 25% 多菌灵可湿性粉剂 250 倍液混合后喷雾防治；发病初期用 1% 硫酸亚铁液或生石灰施在病穴内进行消毒
猝倒病	6～8月	茎基部或中部	苗期多发，高湿，积水易发病	发病的症状为从茎基部感病（亦有从茎中部感病者），初为水渍状，并很快扩展，病部不变色或呈黄褐色并溢缩变软，病势发展迅速，有时子叶仍为绿色时即突然伏倒	发病初期用 25% 甲霜灵可湿性粉剂 300 倍液喷淋防治，或用 50% 多菌灵 500 倍液喷施，每 7 天喷 1 次，连喷 2～3 次；发病后，及时拔除病株，用石灰水浇灌病区
细菌性穿孔病	6～8月	叶片	通风不良，空气湿度过大	初在叶上近叶脉处产生淡褐色水渍状小斑点，病斑周围有水渍状黄色晕环。交界处产生裂纹，而形成穿孔，孔的边缘不整齐	加强管理，注意排水，增施有机肥，通风透光，提高植株抗病力。清除菌源，清除落叶，集中烧毁。发病期适时选用 14% 络氨铜水剂 300 倍液、1：1：200 波尔多液、72% 农用硫酸链霉素可溶性粉剂或硫酸链霉素 4000 倍液等药剂喷施防治

（二）虫害防治

由于滇重楼具有轻度毒性，因此，虫害较少。虫害主要为地老虎、食心虫、金龟子及其幼虫蛴螬和蝼蛄等。主要虫害及防治方法见表 2-30-3。

表 2-30-3　滇重楼常见虫害种类及防治方法

虫害名称	易发病时期	危害对象	症状	防治方法
地老虎（夜蛾类）	4～11 月	地上部位	主要以幼虫危害，常沿贴近地面的地方将幼苗咬断取食，一个老龄幼虫，一夜可危害数株幼苗，造成缺苗	利用其成虫趋光性强和对糖醋液特殊嗜好的习性，在田间设置黑光灯和糖醋盆诱杀成虫
食心虫	5～11 月	茎秆、果实	致使地面上部植株发黄、枯萎	食心虫一旦蛀进果内，就无法防治，故掌握准确的防治时期是控制此类害虫的关键。每亩使用 2000 IU/μl 苏云金杆菌悬乳剂 600 ml 或每克含 100 亿活芽孢的可湿性粉剂 350 g，兑水 40～60 L 喷雾
金龟子（蛴螬）	4～11 月	地下部位	主要咬食地下根、块茎，致使地面上部植株营养水分供应不上，造成植株枯死或缺苗。块茎受害后，品质变劣或引起腐烂	设置黑光灯诱杀，减少成虫产卵繁殖危害
蝼蛄	4～11 月	地下部位	地上部植株生长不良、萎蔫、枯死	将麦麸或油籽饼用微火炒香，在闷热无风傍晚施撒于田块中诱杀

四、采收加工

适时合理采收是保证滇重楼产量和品质的重要环节。种子繁育种苗于移栽后第 6～8 年采收为佳；带顶芽根茎的种苗在移栽后第 5～6 年采收为佳。选择晴天采挖。先割除茎叶，在畦旁开挖约 40 cm 深的沟，然后顺序向前刨挖。采挖时剔除破损腐烂部分，尽量避免损伤根茎，保证根茎完好。将根茎去净泥土，带顶芽部分切下用作种苗，其余部分除去须根，用清水洗净，晒干或 30℃烘干。

参考文献

[1] 陈士林，黄林芳，陈君，等. 无公害中药材生产关键技术研究 [J]. 世界科学技术 - 中医药现代化，2011，13（3）：436-444.

[2] 程睿旸，吴明丽，沈亮，等. 中药重楼全球产地生态适宜性分析 [J]. 中国实验方剂学杂志，2017，23（14）：19-24.

[3] 段宝忠，黄林芳，谢彩香，等. 基于 TCM-GIS 技术的云南重楼生产区划初探 [J]. 价值工程，2010，29（2）：140-142.

[4] 杨斌，李绍平，王馨，等. 滇重楼的栽培与合理利用 [J]. 中国野生植物资源，2008，27（6）：70-73.

[5] 黄林芳，陈士林. 中药品质生态学：一个新兴交叉学科 [J]. 中国实验方剂学杂志，2017，23（1）：1-11.

[6] 沈亮，孟祥霄，黄林芳，等. 药用植物全球产地生态适宜性研究策略 [J]. 世界中医药，2017，12（5）：961-968.

[7] 李恒. 重楼属植物 [M]. 科学出版社，1998.

[8] 杨斌，严世武，李绍平，等. 栽培滇重楼种子采收期研究 [J]. 云南中医学院学报，2013，36（3）：

25-27.
[9] 陈翠，康平德，杨丽云，等. 云南重楼栽培技术 [J]. 中国园艺文摘，2010，26（12）：182-183.
[10] 李绍平，杨丽英，杨斌，等. 滇重楼高效繁育和高产栽培研究 [J]. 西南农业学报，2008，21（4）：956-959.
[11] 陈翠，杨丽云，吕丽芬，等. 云南重楼根状茎切段苗繁育技术研究 [J]. 西南农业学报，2007，20（4）：706-710.
[12] 刘涛，谢世清，赵银河，等. 滇重楼林下规范化种植生产标准操作规程（SOP）[J]. 现代中药研究与实践，2014，28（2）：3-6.
[13] 陈翠，康平德，杨丽云，等. 云南重楼高产栽培施肥研究 [J]. 中国农学通报，2010，26（5）：97-100.
[14] 马维思，陈君，严世武，等. 滇重楼灰霉病及其病原鉴定 [J]. 中国中药杂志，2018，43（14）：2918-2927.
[15] 马维思，杨斌，严世武，等. 滇重楼茎秆软腐病病原鉴定 [J]. 西南农业学报，2017，30（07）：1582-1587.
[16] 李佳，严世武，马维思. 滇重楼叶斑病发生与防治技术 [J]. 云南农业科技，2015，（05）：44-45.
[17] 杨永红，严君，刘君英，等. 滇重楼根茎腐烂的调查及其主要害虫研究 [J]. 中药材，2009，32（09）：1342-1346.
[18] 马青. 滇重楼的病害及其防治 [J]. 湖北林业科技，2009，（1）：69.
[19] 李绍平，王馨. 云南药用植物病虫害防治 [M]. 云南科技出版社，2012.
[20] 么厉，程惠珍，杨智 等. 中药材规范化种植（养殖）技术指南 [M]. 中国农业出版社，2006：1331.
[21] 杨丽英，杨斌，王馨，等. 滇重楼新品种选育研究进展 [J]. 农学学报，2012，2（7）：22-24.

（段宝忠，马维思，李西文，刘玉雨，杨丽武）

31 独活

引言

独活为伞形科当归属植物重齿毛当归 *Angelica biserrata* Shan et Yuan 的干燥根，主产于湖北、四川、安徽等地，按照产地不同形成不同的商品，著名的有川独活、资丘独活、恩施独活、巴东独活、浙独活等。独活是传统出口商品，早在 20 世纪 30 年代就销往中国香港、澳门地区及东南亚各国，之后每年都有大量出口。为了满足人们对于独活的需求，自 20 世纪 60 年代开始，各地相继开展了独活的野生转家种工作并获成功，同时进行了大面积推广种植，目前药材主要来源于人工栽培。主要种植省份为湖北、浙江、四川、陕西、江西等，其中以川独活、资丘独活种植面积及产量最大，尤以鄂西北山区的独活药材个大、根条肥壮、油润、香气浓郁、质地优良而享誉国内外，为本地区家种药材的优势品种之一。为了使独活增产增收，种植户在栽培中往往使用大量农药、化肥及菌肥等，且在独活的生产加工环节中存在大量不规范操作，导致生产的药材农残及重金属含量超标，不仅药效下降，还增加其他的有害物质威胁人类健康。因此开展独活无公害栽培技术的研究对独活的产量和质量具有重要意义。

为了顺应国内外的要求，减少化肥等化学物质的使用，生产出质量上乘和数量满足需求的独活药材，建立合理的无公害独活栽培技术体系将成为独活药材生产的重要发展方向。

一、独活的产地环境

选择适宜的种植地区是生产优质无公害中药材的前提条件。中药材种植基地的选择需要遵循物种分布相似性原理和地域性原理，根据物种生物学特征，选择适合其生长、安全无污染、便于运输的种植产区为宜。

（一）生态环境要求

依据“药用植物全球产地生态适宜性区划信息系统”（geographic information system for globe medicinal plants, GMPGIS-Ⅱ）进行独活产地生态适应性分析，得出重齿毛当归最大生态相似度区域包括贵州、湖北、湖南、四川、陕西等省，其中面积前两位的区域是贵州省和湖北省，面积分别为 134 008.3 km^2 和 114 088.8 km^2。贵州省包括威宁、大方、赫章、神泉、织金等县（市），湖北省包括神农架、利川、房县、竹山、竹溪等县（市）。建议选择的引种栽培研究区域主要以贵州、湖北、湖南、四川、陕西等省为宜。生态因子值见表 2-31-1。

表 2-31-1 独活产区生态因子阈值（GMPGIS-Ⅱ）

生态因子	生态因子值范围	生态因子	生态因子值范围
平均气温（℃）	7.2～16.9	年降水量（mm）	798.0～1735.0
平均气温日较差（℃）	6.9～9.2	最湿月降水量（mm）	147.0～268.0
等温性（%）	24.0～34.0	最干月降水量（mm）	4.0～50.0
气温季节性变动（标准差）%	5.9～8.3	降水量季节性变化（变异系数）	47.0～96.0
最热月最高温度（℃）	19.4～33.4	最湿季度降水量（mm）	426.0～746.0
最冷月最低温度（℃）	-6.6～2.2	最干季度降水量（mm）	14.0～182.0
气温年较差（℃）	24.7～32.9	最热季度降水量（mm）	361.0～637.0
最湿季度平均温度（℃）	14.3～24.3	最冷季度降水量（mm）	14.0～219.0

续表

生态因子	生态因子值范围	生态因子	生态因子值范围
最干季度平均温度（℃）	-2.0～8.1	年均相对湿度（%）	56.9～73.5
最热季度平均温度（℃）	14.3～27.2	年均日照（W/m^2）	123.1～142.7
最冷季度平均温度（℃）	-2.0～7.3		

（二）无公害独活产地标准

无公害独活生产应选择在生态环境条件良好的地区，产地区域和灌溉上游无或不直接接受工业“三废”、城镇生活、医疗废弃物等污染，避开公路主干线、土壤重金属含量高的地区。不能选择冶炼工业（工厂）下风向 3 km 内。参照《中药材生产质量管理规范（试行）》以及《无公害农产品 生产质量安全控制技术规范》NY/T 2798.3-2015，独活种植基地环境应符合《无公害农产品产地环境评价准则》NYT 5295-2015，土壤环境指标应达到《土壤环境质量标准》GB 15618-2008中一级或二级土壤环境标准，空气指标应达到《环境空气质量标准》GB 3095-2012 中一、二级标准，灌溉水质应达到《农田灌溉水质标准》GB 5084-2005。种植基地应定期对周围环境的水质、大气、土壤进行检测和安全评价。

二、优良种子、种苗繁育

（一）种子选择及处理

针对种子繁殖的独活，从无病株留种、调种，剔除病籽、虫籽、瘪籽，种子质量应符合独活种子二级以上指标要求。针对育苗移栽，选取无病原体、健康的繁殖体作为材料进行处理。种子可通过包衣、消毒、催芽等措施进行处理，用于后续种植。种子消毒方法主要包括温汤浸种、干热消毒、杀菌剂拌种、菌液浸种等。对于有育苗需要的独活，应提高育苗水平，培育壮苗，可通过营养土块、营养基、营养钵或穴盘等方式进行育苗。

（二）育苗床

育苗床应疏松、通气、保水、透水、保温，具有良好的物理性质；营养成分均衡，富含可供态养分且不过剩，酸碱度适宜，具有良好的化学性质；生态性良好，无病菌、虫卵及杂草种子。

（三）播种

首先确定适宜播期，独活种子久贮或低海拔播种时，易丧失萌发能力。对于种子繁殖可分两季播种，一种是随采随播，以秋季为宜；另一种为翌年春季，以春播为主。春播在每年 3 月中旬至4月上旬，秋播在每年10月下旬至11月下旬。对于留种株的选择，应该选择生长3年以上，无病虫害侵染的健康母本植株为留种株。种子播种前选择无病虫害的健壮植株，在10～11月种子由黄白变成黄褐色成熟时，及时采割果穗，剪下果序并及时置阴凉处，备用。切忌将种子放在阳光下暴晒或堆集过厚，否则30天后种子将丧失萌发能力。播种方式分条播或撒播。条播时先在畦面上按10～15 cm行距开沟，沟宽10 cm，深3～5 cm，再将种子均匀撒于沟内耙平。撒播时将种子均匀撒于畦面，再覆盖1～2 cm细土，轻拍压实。

对于育苗移栽，春播或秋播都应选择颗粒饱满、大小均匀的种子，在已整好的畦面上，按行距30 cm开浅沟条播，沟深3 cm，播种方式以穴播为主，覆土15 cm厚，每亩用种量5 kg。

（四）育苗

播种后覆盖农用薄膜或在畦面均匀覆盖5 cm的麦草，保持土壤湿润，覆草期灌水应少量多次。苗高3～5 cm时于阴天逐层揭去覆草，视情况适量灌水，进入雨季注意排水。苗齐后第一次中耕除草，苗高5～10 cm及时间苗，并进行第二次中耕除草，保苗密度为150万株/hm^2。间苗匀苗原则为去小留大，去歪留正，去杂留纯，去劣留优，去弱留强。结合中耕灌水撒施尿素22.5～30.0 kg/hm^2，也可施腐熟农家肥7.5～11.2 t/hm^2。移栽前1～2天在苗床用70%甲基硫菌灵100 g兑水100 kg喷洒一次，以防止独活生长期内根腐病、褐斑病的发生。育苗期禁止放牧，防止人畜践踏。

（五）移栽定植

栽植时间选择每年的春季4～5月，雨水充足，定植植株容易恢复生长发育。栽植密度按行距0.3 m，株距0.25 m，穴深0.3 m定植。每亩定植4000～45 000株。选择苗高0.15 m以上，根系发育良好，无腐烂、无病虫害的种苗，垂直定植于0.3 m深的穴中。

三、无公害独活种植生产技术和管理系统

（一）综合田间农艺措施

1. 整地

独活耐寒、喜凉爽湿润气候，适宜生长在海拔1500～2500 m的川地、川台地、塬地、坡地和半阴山地。独活怕涝，要求有适当的灌溉和排水防洪条件；喜肥，以土层深厚、土质疏松、排水良好、富含腐殖质的碱性砂质壤土为佳，在土层浅、易低洼积水的黏重土或贫瘠土壤中不宜种植。无公害独活种植土壤环境的选择，依据《中国药材产地生态适宜性区划（第二版）》对土壤类型的规定，种植地土壤必须符合GB 15618和NY/T 391的一级或二级土壤质量标准要求。土壤类型以强淋溶土、高活性强酸土、红砂土、黑钙土、薄层土、低活性淋溶土、聚铁网纹土、粗骨土等为主。土壤中镉、汞、砷、铅、铬、铜等重金属含量应符合规范（表2-31-2）。

前茬作物以马铃薯、豆类、小麦、玉米为好，忌连作。前茬作物收获后，深翻 30 cm 以上，捡去杂草、石块，耙细整平，做成高畦，四周开好排水沟。结合整地施入充分腐熟的农家肥 45～60 t/hm^2、尿素 225～300 kg/hm^2、普通过磷酸钙 450～600 kg/hm^2。根腐病是独活种植中常见的病害类型，可结合整地对土壤进行消毒，使用 75 kg/hm^2 多菌灵或 750 kg/hm^2 生石灰撒施。病穴用 5% 石灰水处理，防治蔓延。

表 2-31-2　独活无公害种植重金属和有害元素限量

重金属和有害元素	
项目	限值（范围）
总镉（mg/kg）	≤0.30
总汞（mg/kg）	≤0.25
总砷（mg/kg）	≤25
总铅（mg/kg）	≤50
总铬（mg/kg）	≤120
总铜（mg/kg）	≤50

2. 间苗定苗

直播地苗高 7～10 cm 时间苗，每穴留壮苗 3～4 株。若发现缺苗，选择在阴雨天带土移栽补苗。苗高 15～20 cm 时定苗。每穴留壮苗 1～2 株。春栽 2～4 月，秋栽 9～10 月，以春栽为好。

3. 中耕除草

春季苗高 15～30 cm 时进行第一次中耕除草，头年在 5～8 月每月进行一次，除草后结合施清水粪肥以提苗壮苗。直播苗第一年苗小，应特别注意除草，冬季苗枯后要培土。

4. 排灌水

种苗移栽后要及时灌水湿润畦土以确保成活率。生长期要经常保持田间土壤湿润，干旱时要及时灌溉。每次灌水或大雨后要及时松土，并注意疏沟排水，防止低洼处积水引起烂根。

5. 除抽薹苗

抽薹开花的独活根部干瘪，不能药用，因此一旦发现提早抽薹开花的独活苗，要及时拔除，避免其与正常生长的独活苗争夺阳光、水分和养分。

（二）合理施肥

独活施肥应坚持以基肥为主、追肥为辅和有机肥为主、化肥为辅的原则。有机肥为主，辅以其他肥料使用，以多元复合肥为主，单元素肥料为辅的原则，大中微量元素配合使用，平衡施肥原则，养分最大效率原则。使用肥料的原则和要求、允许使用和禁止使用肥料的种类等按 DB13/T 454 执行。有机肥应经过高温腐熟处理，杀死其中病原菌、虫、卵等。生物菌肥包括腐殖酸类肥料、根瘤菌肥料、磷细菌肥料、复合微生物肥料等。微量元素肥料即以铜、铁、硼、锌、锰、钼等微量元素及有益元素为主配制的肥料。针对性施用微肥，提倡施用专用肥、生物肥和复合肥，重施基肥，少施、早施追肥。

根系浅的地块和不易挥发的肥料宜适当浅施，根系深和易挥发的肥料宜适当深施。化肥深施，既可减少肥料与空气接触，防止氮素的挥发，又可减少氨离子被氧化成硝酸根离子，降低对独活的污染。采收前不能施用各种肥料，防止化肥和微生物污染。独活施肥方法见表 2-31-3。

表 2-31-3　独活无公害种植施肥方法

施用类型	肥料种类	施肥时期
基肥	农家肥 22 500～60 000 kg/hm^2，钙镁磷肥 450 kg/hm^2，氯化钾 120 kg/hm^2，尿素 225～300 kg/hm^2	整地时施入，采用沟施或撒施耕翻入土
追肥	尿素 22.5～30.0 kg/hm^2 或腐熟农家肥 7.5～11.2 t/hm^2	育苗期，结合中耕灌水施加
追肥	氮肥 75～120 kg/hm^2	移栽苗成活后，采用穴施
追肥	尿素 150 kg/hm^2	苗高 20～30 cm 时
追肥	氮肥 120 kg/hm^2	6 月中旬，采用穴施
堆肥	每亩施饼肥 50 kg 或过磷酸钙 30～50 kg，堆肥、草木灰 1000～1500 kg	冬季倒苗后

(三) 病虫害综合防治

无公害独活病虫害防治技术原则：①预防为主，综合防治；②常规防治以产量为前提，无公害种植以质量为前提，严禁施用农业部规定的禁用农药；③农药施用前根据每种药材的吸收特点开展基础研究，控制施药量，药材检测达到无公害要求；④基于农业防治、物理防治、化学防治和生物学防治，建立综合防治方法。相应准则参照 NY/T 393 绿色食品 农药使用准则、GB 12475 农药贮运、销售和使用的防毒规程、NY/T 1667（所有部分）农药登记管理术语。

重齿毛当归在栽培过程中常见的病害有根腐病、根结线虫病、叶斑病，虫害有蚜虫、金线虫、蛴螬等。无公害独活中药材的生产采用无公害中药材病虫害综合防治技术，从农业综合防治、物理防治、生物学防治、化学防治四个方面进行。

针对病虫种类科学合理应用化学防治技术，采用高效、低毒、低残留的农药，对症适时施药，降低用药次数，选择关键时期进行防治。化学药剂可单用、混用，并注意交替使用，以减少病虫抗药性的产生，同时注意施药的安全间隔期。在无公害独活种植过程中禁止使用高毒、高残留农药及其混配剂（包括拌种及杀灭地下害虫等），如：杀虫脒、氰化物、磷化铅、六六六、滴滴涕、氯丹、甲胺磷、甲拌磷、对硫磷、甲基对硫磷、内吸磷、杀螟硫磷、磷胺、异丙磷、三硫磷、氧化乐果、磷化锌、克百威、水胺硫磷、久效磷、三氯杀螨醇、涕灭威等。独活无公害种植中病虫害化学防治方法见表 2-31-4。

表 2-31-4 独活无公害种植病虫害化学防治方法

病虫害名称	药剂及方法
枯斑病	发病初期，用 50% 多菌灵可湿性粉剂稀释 1000 倍液喷雾防治，但在药材采收期前 30 天禁止使用
根腐病	栽种前用 50% 多菌灵或 70% 甲基托布津 1000 倍液或 75% 百菌灵 600 倍液，每隔 10 天喷 1 次，连续喷 2～3 次，注意喷洒茎基部
褐斑病	发病初期用 1：1：150 波尔多液、50% 多菌灵可湿性粉剂 1000 倍液或 25% 三唑酮可湿性粉剂 1500 倍液喷雾
银纹夜蛾	1.8% 阿维菌素乳油 3000 倍液均匀喷雾
胡萝卜微管蚜	喷洒 10% 吡虫啉可湿性粉剂 1500 倍液
红蜘蛛	喷洒 18% 阿维菌素 2000 倍液或 20% 哒螨灵可湿性粉剂 2000～3000 倍液
食心虫	10% 吡虫啉可湿性粉剂 1000 倍液喷雾防治
黄凤蝶	青虫菌（每克含孢子 100 亿）300 倍液喷雾

四、无公害独活的采收加工与质量标准

（一）无公害独活的采收

当年 10～11 月即独活地上部分停止生长枯萎时及时采挖，防止冻害。采收过程严格按照独活 GAP 管理的采收流程执行，将病害独活与健康植株分开。运输包装材料保证无污染，并做好包装和运输记录。

（二）无公害独活药材原料加工

采挖后的独活，除去须根泥沙，切去芦头细根，分摊于干净场地晾晒，同时除去病根残根。充分晒干后装袋或搭架晾干存放，一般向阳搭架，架高距地面 30 cm，宽 50～60 cm，将独活头向阳平铺摆放 5～6 层，每层摆放 2 排，注意防雨、防水、防冻害。采用麻袋、编织袋或纸箱包装后，放入环境洁净、通风良好的库房保存，不得与有毒、有害物品混存，不得使用有损独活质量的保鲜试剂，严防烈日暴晒、雨淋，做好防毒、防蛀、防鼠工作。

（三）无公害独活质量标准

独活真伪可通过形态、显微、化学及基因层面进行判别，《中华人民共和国药典》2015 年版对药材进行了详细的描述。杂质、水分、总灰分、浸出物、含量等质量指标参照《中华人民共和国药典》2015 年版检测方法及规定。

五、小结

随着独活需求量的不断增加，野生资源不断减少，独活的人工栽培成为了解决独活资源短缺的主要方式。目前独活的人工种植中存在许多不合理现象，包括种植环境不合理、缺乏规范的种植技术、农残超标、伪品较多等。发展独活无公害栽培技术可为高品质独活种植提供方向。产地环境质量是中药材质量控制中重要的一环，应当严格执行无公害独活种植环境质量标准。利用基于 GMPGIS 的无公害中药材精准选址技术确定独活主要生长区域生态因子范围以及最适宜的引种栽培地点。在此基础上建立无公害独活栽培技术，规范种植过程，保障独活中药材质量。

参考文献

[1] 周刚，马宝花．中药独活的研究进展 [J]．中国当代医药，2012，19（16）：15-16.

[2] 范莉，李林，何慧凤．独活挥发油抗炎、镇痛药理作用的研究 [J]．安徽医药，2009，13（2）：133-134.

[3] 陈士林，黄林芳，陈君，等．无公害中药材生产关键技术研究 [J]．世界科学技术 - 中医药现代化，2011，13（3）：436-444.

[4] 陈士林，李西文，孙成忠，等．中国药材产地生态适宜性区划（第二版）[M]．科学出版社，2017.

[5] 李虎林．独活高产栽培技术 [J]．甘肃农业科技，2014，（3）：65-66.

[6] 熊飞．独活育苗移栽高产栽培技术 [J]．科学种养，2014，（4）：17-18.

[7] 何文娟．甘南高寒冷凉区藏药独活标准化栽培技术规程 [J]．农民致富之友，2017，（2）：158-159.

[8] 马正军．华亭县大黄、独活等根用类中药材病虫害防治技术 [J]．农业科技与信息，2014，（20）：17-20.

[9] 邹宗成，谭慧芳，郑刚，等．巴东独活规范化生产标准操作规程 [J]．中国现代中药，2016，18（10）：1309-1311.

[10] 陈霞．独活地膜覆盖丰产栽培技术 [J]．农业科技与信息，2015，（4）：65.

[11] 焦建斌．不同种植密度和氮肥施肥水平对独活产量的影响 [J]．农业科技与信息，2016，（23）：72.

[12] 严宜昌，艾大祥．独活种植密度试验研究 [J]．亚太传统医药，2009，5（8）：23-24.

[13] 陈士林，董林林，郭巧生，等．中药材无公害精细栽培体系研究 [J]．中国中药杂志，2018，43（8）:1517-1528.

[14] 甘国菊，杨永康，林先明，等．贯叶连翘与独活病虫害的发生与防治 [J]．现代农业科技，2009，（14）：163.

[15] 喻大昭，王少南，杨小军，等．独活枯斑病的鉴定及其防治研究 [J]．湖北农业科学，2003，（4）：74-75.

[16] 康传志，郭兰萍，周涛，等．中药材农残研究现状的探讨 [J]．中国中药杂志，2016，41（2）：155-159.

[17] 孟祥霄，沈亮，陈士林，等．无公害中药材产地环境质量标准探讨 [J]．中国实验方剂学杂志，2018，24（23）：22-28.

（高翰，刘霞，孟祥霄，胡心怡）

32 穿心莲

引言

穿心莲为爵床科植物穿心莲 *Andrographis paniculata*（Burm. f.）Nees. 的地上干燥部分，生于海拔 200～1500 m 的林下、林缘、溪旁、灌丛和山谷草地。分布于中国的黑龙江、吉林、辽宁、台湾等地，以及俄罗斯的远东地区、朝鲜半岛和日本。四川、重庆、浙江、河南、河北、安徽、山东及甘肃大量栽培。主要活性成分为穿心莲内酯、新穿心莲内酯、脱水穿心莲内酯，是我国大宗常用药材。市场上存在两种穿心莲药材，分别是大叶穿心莲和小叶穿心莲。穿心莲药材在生产过程中存在种植技术及管理混乱，农药、化肥施用过量等问题，导致穿心莲抗逆性减弱，体内农残及重金属超标，引发各种病害，品质下降，特别是偏施大量氮肥造成穿心莲主要药效成分穿心莲内酯含量急剧下降，商品品质变差，给农民带来重大经济损失，也制约了穿心莲相关产业的发展。所以开展无公害种植是降低农残及重金属超标，保障穿心莲药材产量和质量的有效措施，大力开展无公害种植是穿心莲未来产业发展方向。

一、无公害穿心莲产地环境

（一）生态环境要求

基于穿心莲的样点数据，依据“药用植物全球产地生态适宜性区划信息系统”（GMPGIS），提取生态因子值（表 2-32-1）。由表可知该植物最冷季均温变化较大，相对湿度偏高。适宜穿心莲生长的土壤类型及重金属和有害元素限量标准如表 2-32-2 所示。

表 2-32-1 穿心莲主产区气候因子阈值（GMPGIS-Ⅱ）

生态因子	生态因子值范围	生态因子	生态因子值范围
年均温度（℃）	14.4～25.2	年均降水量（mm）	800.0～1956.0
平均气温日较差（℃）	4.8～11.9	最湿月降水量（mm）	128.0～340.0
等温性（%）	24.0～55.0	最干月降水量（mm）	8.0～40.0
气温季节性变动（标准差）	3.0～8.1	降水量季节性变化（变异系数 %）	58.0～87.0
最热月最高温度（℃）	26.5～34.0	最湿季度降水量(mm)	374.0～932.0

续表

生态因子	生态因子值范围	生态因子	生态因子值范围
最冷月最低温度（℃）	-1.8～16.1	最干季度降水量（mm）	29.0～131.0
气温年较差（℃）	16.1～32.7	最热季度降水量（mm）	349.0～932.0
最湿季度平均温度（℃）	20.9～28.7	最冷季度降水量（mm）	29.0～184.0
最干季度平均温度（℃）	3.7～21.8	年均日照（W/m^2）	124.2～152.6
最热季度平均温度（℃）	21.5～28.8	年均相对湿度（%）	67.9～77.8
最冷季度平均温度（℃）	3.7～20.6		

表 2-32-2　适宜无公害穿心莲生长的土壤类型及重金属和有害元素限量标准（土壤 pH 6.5～7.5）

物种	重金属和有害元素限值（mg/kg）					主要土壤类型
	总镉	总汞	总砷	总铅	总铜	
穿心莲	0.3	0.5	30	300	100	强淋溶土，暗色土，人为土，红砂土，黑钙土，铁铝土，冲积土，潜育土，低活性淋溶土，黏绨土，聚铁网纹土，粗骨土

（二）无公害穿心莲产地标准

按照《中药材生产质量管理规范》（试行）和无公害中药材种植要求，穿心莲种植产地环境应符合良好农业规范（good agricultural practices, GAP）和《无公害农产品产地环境评价准则》NYT 5295-2015 标准，空气应达到《环境空气质量标准》GB 3095-2012 二级标准，土壤应符合《土壤环境质量标准》GB 15618-2008 二级标准，灌溉水质应符合《农田灌溉水质标准》GB 5084-2005 二级标准。在种植过程中，应定期对种植基地及周边环境大气、土壤及水质进行检测，确保穿心莲种植基地环境安全无污染。无公害穿心莲生产基地应避开公路主干道、重金属含量高的地区。

（三）生态适宜产区

穿心莲最大的生态相似度区域包括广西、广东、湖南、江西、云南等省（区），其中面积最大的区域是广西壮族自治区和广东省。广西壮族自治区包括灵山、凌云、柳城等县（市），广东省包括阳山、英德、四会等县（市）。根据 GMPGIS 分析结果，结合穿心莲生物学特性，并考虑自然条件、社会经济条件、药材主产地栽培和采收加工技术，建议选择引种栽培研究区域主要以广西、广东、云南一带为宜。

二、无公害穿心莲优良品种选育

选育出药用成分含量高和抗病虫害的穿心莲优良品种十分重要，也是无公害穿心莲种植的前提。各地的穿心莲在生物学特性上差异明显，品种混杂。目前穿心莲生产中有大叶型和小叶型两种生态类型。说明穿心莲有可能存在遗传多样性，经过长期的人工栽培、自然变异，导致穿心莲品种变异、突变，并造成生物学产量及药用成分的不稳定，给农业生产、规范化种植及工业用药带来极大的不利。选育时不但要注意植物外形和产量，更要注重穿心莲的药用成分含量，穿心莲的药用成分主要是穿心莲内酯、新穿心莲内酯和脱水穿心莲内酯，不同种质的茎叶干重和药用含量差异显著，小叶型的茎叶干重及药用成分含量均明显低于大叶型，说明大叶型穿心莲的产量和产值具有明显的优势。

在实际生产过程中，各地区应依据多年积累的优良种质资源经验进一步开展新品种选育研究，充分发挥各优良种质的内在优势，争取培育出药用成分含量高和抗病虫害的穿心莲品种，以减少农药的使用，提高中药材的质量。

三、无公害穿心莲栽培技术

（一）选地整地

在当前生产条件下，选择土层深厚、疏松肥沃、排水良好的地块种植，耕地深度以 30 cm 左右为宜。在冬、春雨量较多或有灌溉条件的地区，秋、冬耕后可以不耙，以利晒垡和接纳雨水。整地须达到墒、平、松、碎、净、齐。“墒”即土壤有足够的表墒和底墒；“平”指地面平整无沟坎；“松”指土壤上松下实，无中层板结；“碎”指表土细碎，无大土块；“净”指表土无残茬、草根及残膜，全田清洁；“齐”指整地到头到边达到角成方，边成线。

（二）适时播种

在播种前深翻土地，每亩施生物有机肥或腐熟的农家肥 500～1000 kg 作基肥，然后深翻、耙细、平整，使土壤和肥料充分混合，以加速土壤熟化和提高土壤肥力，使耕作层疏松透气。土地四周开深 30 cm 的沟，以利灌溉和排水。因穿心莲的种子细小，整地时尤其要将土地整平耙细，施足基肥，作高畦种植。4 月初，在整好的种植地上，先浇透水，然后把种子均匀撒入畦面，随即覆盖一层细土，厚度以不见种子为宜，然后盖草保温保湿，以利出苗。

（三）田间管理

出苗前要保持地表湿润，不让表土干燥，根据土壤含水量来喷灌（手抓握松开不成团，即表示不需要淋水），但不宜过湿。出苗期经常浇水保湿，以保持畦面水分。播种 1 周后种子开始发芽，随着气温升高，要适当遮阴，增加淋水量。苗期杂草较多，需勤除草，防止杂草影响穿心莲幼苗生长。出苗后揭去盖草。当幼苗长出 2 对真叶时，追施一次稀薄的农家肥，当幼苗长出 5 对真叶时，即可定植。6月下旬到7月上旬为移栽适期。移栽前一天灌水湿润苗床，于次日傍晚将幼苗根部带土挖起栽种，移栽时按行距25～30 cm、株距20 cm的规格挖穴，每穴栽入1株，栽后覆土，将根部压实，并浇足定根水。

（四）合理施肥

作商品用的穿心莲在施肥过程中主要多施氮肥，除了施足底肥外，还要结合其各个生长期植株生长需求，适时追肥。植株封行前，每月追肥1～2次，每亩施尿素5～10 kg/次（建议水肥为主，以利于吸收），可结合喷灌或滴灌开展，适当追施氮磷钾复合肥，复合肥用量每亩5～10 kg/次；植株封行后，每月追肥1～2次，每亩施尿素2～5 kg/次（建议水肥为主，以利于吸收），适当追施氮磷钾复合肥，复合肥每亩5～8 kg/次，采收前16～20天内不得再追肥，避免穿心莲药材中肥料吸收转化不完全，残留偏多。

（五）无公害种植管理

依据穿心莲的生长特点，因地制宜采用各种管理措施，满足其生长发育所需要的环境条件，从而达到降低农药残留，生产优质中药材的目的。适当提早育苗，早定植，合理密植，加强管理，延长生长期。田间需保持湿润，地块要经常早晚浇水，须浅锄切忌伤根。植株旁边的草用手拔，雨季注意排水，避免伤根、乱根。

四、无公害穿心莲病虫害综合防治

中药材病虫害的无公害防治技术具有“以防为主，防治结合”；以质量为前提，严禁施用农业部规定的禁用农药；基于农业防治、物理防治、化学防治及生物学防治，建立综合防治方法。在实际生产中农药使用应参照NY/T 393《绿色食品农药使用准则》，GB 12475《农药贮运、销售和使用的防毒规程》，减少农药残留，提高药材品质。作为全草类药材，穿心莲的病虫害种类较多，常见病虫害种类近9种，穿心莲常见病虫害种类及防治措施见表2-32-3、表2-32-4。

表2-32-3　无公害穿心莲病害种类及防治方法

病害种类	危害部位	防治方法	
		化学方法	综合方法
立枯病	茎基	甲基硫菌灵可湿性粉剂、甲基托布津、百菌清	及时松土，及时清沟排水，降低土壤湿度，增强光照，提高地温
猝倒病	茎基	波尔多液、甲基托布津	少浇水，浇早水，苗床四周通风，降低土壤温度，加强光照
枯萎病	根和茎基	多菌灵、甲霜·百菌清	禁用低洼地，灌溉不浇大水，苗床不积水，不重茬，不给植株造成伤口

续表

病害种类	危害部位	防治方法	
		化学方法	综合方法
黑茎病	茎基	百菌清、甲基布托津	加强田间管理，及时排除积水增施磷钾肥
疫病	茎和叶	百菌清、甲基硫菌灵可湿性粉剂、中生菌素、霜脲锰锌等	加强畦内通风排湿，保证荫棚透光均匀

表 2-32-4　无公害穿心莲虫害种类及防治方法

虫害种类	危害部位	防治方法	
		化学方法	综合方法
棉铃虫	花和叶片	联苯菊酯、氯氰菊酯	合理布局作物，耕地灭蛹，灯光诱杀，人工除虫
蝼蛄	根部	苦楝素、阿维菌素	高温堆肥，灯光诱杀
小地老虎	幼苗	苦楝素、氯氰菊酯	高温堆肥，灯光诱杀
灯蛾	叶片	苦楝素、苏云金杆菌、核型多角体棉铃虫病毒	灯光诱杀

在穿心莲的种植生产过程中，没有一套相对标准的无公害生产管理规程，导致生产管理混乱，农药使用不规范，加上施肥不合理，栽培技术落后，加重了农残重金属的含量，致使穿心莲抗逆性减弱，引发各种病害，品质下降，产量降低，特别是偏施大量氮肥导致穿心莲中的有效药用成分穿心莲内酯、脱水穿心莲内酯和新穿心莲内酯含量下降，严重影响药材的质量。通过产区调研及文献查阅，制定了无公害穿心莲精细栽培技术体系。通过 GMPGIS 系统开展穿心莲生态适宜性区划，得到了较为精细的生态适宜产区；分析了穿心莲种质资源的差异及现有优良品种培育现状，为不同产地穿心莲种植品种筛选及培育提供指导。另外，科学规范的种植模式及病虫害防治方法也为穿心莲规范化生产提供指导，研究结果可有效促进穿心莲种植产业的健康可持续发展。

实现穿心莲的无公害种植的关键是减少农药、重金属及有害元素含量，提高穿心莲中药用成分的含量和穿心莲的产量。未来可加强土壤修复技术研究，加强穿心莲栽培管理，减少农药的使用，建立以农业、物理及生物防治为主的穿心莲病虫害防治体系，筛选专用、高效低残留的农药种类，减少农残及重金属污染。实现穿心莲药材的道地化、产业规模化、合理种植和科学开发。

参考文献

[1] 李清海，李录久，柳希玉，等. 穿心莲无公害高效栽培技术 [J]. 现代农业科技，2006，(7)：46-47.

[2] 陈士林，董林林，郭巧生，等. 中药材无公害精细栽培体系研究 [J]. 中国中药杂志，2018，43（8）：1517-1528.

[3]　邓乔华，徐友阳，李淑如，等. 影响穿心莲药材质量因素的调查和研究 [J]. 现代中药研究与实践，2009，23（5）：5-7.

[4]　朱玉宝. 药用植物穿心莲栽培技术 [J]. 中国林副特产，2012，（3）：60-61.

[5]　邵艳华，吴向维，王建刚，等. 不同产地土壤的理化性质对穿心莲质量的影响 [J]. 华西药学杂志，2014，29（2）：167-170.

[6]　陈元生，罗战勇，郭尚志，等. 穿心莲种质资源的评价与利用初报 [J]. 广东农业科学，2005，（1）：5-7.

[7]　邵艳华，王建刚，吴向维，等. 穿心莲种质资源调查研究 [J]. 中国现代中药，2013，15（2）：112-117.

[8]　韦坤华，李林轩，林伟，等. 不同产区穿心莲药材的质量评价 [J]. 湖北农业科学，2013，52（19）：4717-4719.

[9]　陈元生，王振华，罗战勇，等. 穿心莲优良种质筛选研究 [J]. 现代中药研究与实践，2006，20（4）：3-7.

[10]　黄海波，徐鸿华 . 穿心莲规范化栽培技术 [M] . 广州：广东科 技出版社，2003：23-39.

[11]　李景华，赵炎葱，焦文温，等. 穿心莲二萜内酯有效部位的化学成分研究 [J]. 河南大学学报（医学版），2014，33（3）：167-169，184.

[12]　李俊. 穿心莲无公害栽培技术 [J]. 中国园艺文摘，2012，28（1）：189-190.

[13]　蒋庆民，蒋学杰. 穿心莲标准化种植技术 [J]. 特种经济动植物，2017，20（12）：26.

[14]　刘辉 . 穿心莲病虫害防治技术 [J]. 新农业，2013，（7）：41.

[15]　陈士林. 中国药材产地生态适应性区划 [M]. 2 版. 北京：科学出版社，2017.

（黄辰昊，李志勇，王振，何瑞，孙伟）

33　桔梗

引言

桔梗是桔梗科植物桔梗 *Platycodon grandiflorum*（Jacq.）A．DC. 的干燥根，在春秋两季采挖，洗净并除去须根，趁鲜将剥离外皮或不剥离外皮，干燥，是兼具药、食、观赏价值的经济作物。随着桔梗药用及经济价值的挖掘，药用及食用桔梗需求量增加，而生产过程中病虫害影响桔梗品质及产量。2006 年陕西商洛地区超过 40% 的成品桔梗由于根结线虫的危害而失去了药用价值及商品价值，到 2015 年桔梗根结线虫病发病率高达 80%，严重度达 70% 以上；同样是陕西商洛地区，2015 年桔梗根腐病病田率高达 63%，严重田块病株率高达 80% 以上，给当地药农造成了巨大的经济损失。此外，桔梗立枯病发病率高达 30%～70%，影响桔梗的商品价值。传统病虫害防治过程中主要以化学防治为主，部分高毒类农药的使用对环境以及人类健康造成不利影响，且部分药农不了解桔梗常见病虫害的发病规律和防治方法，盲目用药现象导致减产，因此桔梗的无公害化生产要向着规模化和标准化的方向发展。为有效、安全的防治桔梗病虫害，本文对桔梗易发生的病虫害类型及防治方法进行综述，为桔梗病虫害提供无公害化处理方式提出参考，进而保障桔梗药材安全有效。

一、桔梗主要病虫害类型及发生规律

病虫害是造成桔梗减产、品质下降的一个主要原因，初步统计桔梗病害种类有 10 种左右，常见病害种类主要有斑枯病、根腐病、炭疽病、轮纹病、枯萎病、立枯病、紫纹羽病等；常见虫害类型有蚜虫、大青叶蝉、小地老虎、蛴螬、红蜘蛛、根结线虫等。

（一）主要病害种类

根据为害桔梗的部位不同，将病害类型分为叶部病害和根部病害两类。桔梗常见的叶部病害主要有斑枯病、炭疽病、轮纹病等，常见根部病害有枯萎病、根腐病、紫纹羽病等。对桔梗各种病害的病原、发病规律及其危害症状的深入研究，为病害准确、高效的防治提供依据，从而有利于提高桔梗的品质与产量。

危害叶部的三种病害均为半知菌亚门真菌侵染所致，轮纹病为壳二孢属真菌，斑枯病为壳针孢属真菌，炭疽病为炭疽属真菌（表 2-33-1）。轮纹病和斑枯病都是主要为害叶片的病害，二者的发病规律及为害症状均较相似，一般都为 6 月开始发病，7～8 月时发病严重，与密度大、高温多湿环境有关；受害叶片出现病斑及小黑点，严重时导致叶片干枯；具体区别为轮纹病的病斑较大，直径 5～10 mm，斑枯病病斑直径较小为 2～5 mm，呈灰白色。炭疽病的病原菌在植株病部内越冬，成为第二年初次侵染源，一般 5～6 月发生，7～8 月严重，可为害叶片，严重时也可为害茎秆基部，最终导致植株的倒伏、死亡。

表 2-33-1 桔梗叶部病害主要类型及病害特征

病害种类	病原	发病规律	发病症状
轮纹病	半知菌亚门壳二孢属真菌（*Ascochyta* sp.）	一般 6 月开始发病，7～8 月时发病严重，与密度大、高温多湿的环境有关	主要为害叶部，病叶病斑近圆形，直径 5～10 mm，褐色，同心轮纹，上生小黑点，严重时不断扩大成片，导致叶片干枯
斑枯病	半知菌亚门壳针孢属桔梗多隔壳针孢（*Septoria platycodonis* Sdy.）	一般 6 月开始发病，7～8 月时发病严重，与密度大、高温多湿的环境有关	主要为害叶片，病叶两面有病斑，圆形或近圆形，直径 2～5 mm，白色或不规则形状，有小黑点。严重时，病斑汇合，且导致叶片干枯
炭疽病	半知菌亚门刺盘孢菌属真菌（*Colletotricchum* sp.）	病原菌在病部内越冬，成为第二年初次侵染源，一般 5～6 月发生，7～8 月严重。病害发生后蔓延极快，容易导致叶片成批枯死	发病初期叶面出现褐色斑点，逐渐蔓延到茎、枝，表皮粗糙，呈黑褐色，后期病斑收缩凹陷，多雨高湿环境下病斑呈水渍状，发病后期植株茎叶枯萎

桔梗常见的根部病害中，根腐病与紫纹羽病为害症状较为相似（表 2-33-2）。前者病原为半

知菌类镰刀菌，多在夏季高温多雨季节发生；后者为担子菌引起的病害，7～10月为发病期，多雨年份发病较早、较严重。二者发病时根部都有不同程度发黄、腐烂的现象，严重时导致地上部分枯败而死亡；而根腐病发病初期根部呈黄褐色，紫纹羽病初期病部呈黄白色，后变紫褐色；根腐病黄褐色病斑由病部逐步扩展，而紫纹羽病的病斑由下而上逐步发黄。枯萎病为害全株，湿度大时根部和茎部会产生大量粉红色霉层，导致全株枯萎。立枯病是一种典型的土传病害，其病原为半知菌亚门丝核菌属立枯丝核菌，其菌丝体和菌核在土壤中越冬，能在土壤中腐生2～3年，并通过雨水、带菌有机肥、喷淋水及农具等传播。易发生在桔梗的出苗展叶期，主要危害当年生幼苗，发病时在病株茎基部出现黄褐色的水渍状条斑，逐渐变为暗褐色，病斑逐渐凹陷，最终使病部缢缩导致幼苗折断死亡，严重时会大量死苗以致减产，幼苗及大苗易受此病害。

表2-33-2　桔梗根部病害主要类型及病害特征

病害种类	病原	发病规律	危害症状
根腐病	半知菌类镰刀菌（*Eusarium* sp.）	多在夏季高温高湿季节发生，在田间积水时发病较重	初期根部局部呈黄褐色随后根部大部分腐烂，地上部枯萎，最终全株枯死
枯萎病	半知菌亚门镰孢属真菌（*Fusarium* sp.）	一般多在6月开始发生，7～8月严重。在高温多湿条件下，茎基部表面出现粉白色霉层，为病菌分生孢子，最后导致全株枯萎死亡	发病初期，茎基部变褐色，成干腐状态，逐渐向茎上部扩展蔓延，最后全株感病枯萎
紫纹羽病	担子菌亚门卷担子属真菌（*Helicobasidium mompa* Tanaka）	一般发生在7月下旬，至8月上旬出现红筋，9月中旬病情加重，10月末全部腐烂致死。土层浅薄、保水保肥性差的地块较易发病；多雨年份发病早且严重	须根部先发病，后延至主根；病部开始呈黄白色，可见白色菌索，后期变紫褐色，病部从外向内腐烂，破裂流出糜渣；地上病株从下往上逐渐发黄枯萎，最终死亡
立枯病	半知菌亚门丝核菌属立枯丝核菌（*Rhizoctonia solani* Kuhn）	菌丝体和菌核在土壤中越冬，可在土中腐生2～3年。通过雨水、喷淋水、农具、带菌有机肥等传播。病菌发育适宜温度20～24℃	易发生在桔梗的出苗展叶期，主要危害当年生幼苗，发病时病株茎基部出现黄褐色的水渍状条斑，逐渐变为暗褐色，病斑逐渐凹陷，最终使病部缢缩导致幼苗折断死亡

（二）主要虫害种类

蚜虫、红蜘蛛、大青叶蝉主要为害桔梗的叶部，取食叶片或吸取叶部汁液，导致桔梗叶片发黄、生长不良，严重时造成植株死亡。红蜘蛛发生时由点片阶段向四周扩散，危害从下部叶片开始然后向上蔓延扩散，一般雌成螨在植物组织内越冬，次年温度上升时开始繁殖。蛴螬为金龟子的幼虫，通常在土下越冬，春季和秋季危害较严重，主要啃食桔梗的根部和幼苗，以致根部空洞或断苗。而小地老虎常从近地面咬断幼苗或未出土幼芽，造成缺株断苗，当植株基部硬化或天气潮湿情况下也能咬食分枝的幼嫩枝叶，一般苗期受害较重。根结线虫病是由根结线虫属线虫侵染所致，其病根或卵囊团在土壤中越冬，病土的转运以及病苗移栽是其传播的主要途径，9月发病严重，发病较轻时地上部无明显症状，严重时地上部植株出现矮化、黄化、萎蔫，重病植株拔起来会有瘤状根结（表2-33-3）。

表 2-33-3 桔梗虫害主要类型及病害特征

虫害种类	发病规律	危害症状
蚜虫	4～6 月为害最严重，6 月后气温升高，雨水增多，蚜虫数量减少，至 8 月虫口增加	蚜虫在桔梗新梢和嫩叶上吸取汁液，使叶片生长不良，植株萎缩，严重时死亡
小地老虎	幼虫 3 龄后，白天潜伏在表土下，夜间为害。从 4 月下旬到 5 月上旬为害严重，幼苗受害较重	常从近地面处咬断幼苗，或咬食未出土幼芽，造成缺苗断垄
红蜘蛛	以雌成螨在树缝、土缝、杂草及枯枝落叶根际吐丝结网越冬，平均气温达 10℃开始繁殖，夏季平均气温达 25～28℃时，相对湿度 70% 以下繁殖快	成虫和若虫聚集于叶背吸取汁液，并拉丝结网，为害叶片和嫩梢，使叶片发黄并脱落；花果受害后萎缩、干瘪，蔓延迅速，以秋季为甚
大青叶蝉	成虫、若虫均可为害叶片，常栖息在叶背和嫩茎上为害，7～9 月为害最重	成虫、若虫主要为害叶片，每年可发生 3～5 代，以卵在其宿主枝条或杂草茎组织中越冬。越冬卵孵化为若虫后取食为害，但通常数量较少、危害较小
蛴螬	为金龟子幼虫，多为一年 1 代或一年 2 代，幼虫或成虫在土下越冬，一般 5 月初出现成虫，5 月中旬至 7 月上旬和 9 月分别为两个成虫取食期，春季和秋季危害较严重	蛴螬幼虫主要咬食桔梗的幼苗和根部，导致根部空洞或断苗
根结线虫	根结线虫病根或卵囊团在土壤中越冬，病土是其传播的主要途径，9 月发病严重	因线虫寄生，导致受害根部细胞分裂加快，形成大小不一、不规则的瘤状物。初期呈白色，后变为褐色，最后瘤状物破裂并腐烂。线虫寄生导致植株生长衰弱，最终枯死

二、无公害桔梗病虫害的综合防治技术

无公害中药材的病虫害防治必须贯彻“预防为主，综合防治”的植保方针，优先考虑生物防治、农业防治、物理防治方法，建立多种防治措施相结合的综合防治体系，加强栽培管理，减少化肥农药的使用量。本着安全、经济、有效、简便的原则，科学地协调运用农业、物理、生物、化学各方面措施以创造一个有利于桔梗生长且不利于病虫害发生的生态环境，最大限度减少病虫害的发生，从而达到高产优质、无公害的目的。相应准则可参照 GB 12475《农药贮运、销售和使用的防毒规程》、NY/T 393《绿色食品农药使用准则》、NY/T 1667（所有部分）《农药登记管理术语》。

（一）农业综合防治措施

桔梗的农业综合防治措施应进行严格的植物检疫、合理的耕作措施、科学的田间管理，适时进行中耕除草、清洁田园等，创造有利于桔梗生长而不利于病虫害发生的环境。培育选用优良的抗病品种，实行轮作、间套作、翻耕深耕等耕作措施。轮作、倒茬作为综合防治的前提，可以减少菌源，利用作物的选择吸收性，使植株均衡吸收各种营养物质。

1. 植物检疫

随着桔梗的生产规模日益加大，进出口种子、种苗等繁殖材料在流通及运输过程中极有可

能导致桔梗的病害、虫害扩大蔓延。为减少病害虫害的长距离传播及扩散，应对进出口的种子、种苗等繁殖材料以及包装用品进行严格的检查、检疫或消毒；为避免近距离病虫害的传播，应对使用农具、交通工具也相应进行消毒以防止通过病土或其他人为因素传播病原。

2. 耕作措施

翻耕能促使桔梗残体病株在地下腐烂分解，同时可将地下的害虫和病原菌翻到地表上，经天敌啄食、太阳曝晒后达到土壤消毒并降低病情基数的目的。选地后，应及时翻耕、碎土，播种前一般土地深翻 25～50 cm，秋季深耕越深越好，以有效消灭越冬虫卵、病菌；为减少地老虎的幼虫，消灭来年的虫源，可以运用人力或机械来进行翻耕。适时深翻可使土层疏松也有利于桔梗根系的发育，增强植株的抗逆性。因桔梗主根较深，故需深翻土地 35 cm 以上，来改善土壤理化性状，促使主根生长光滑、顺直、不分杈。可选择与禾本科植物轮作，减少桔梗枯萎病的发生，与水稻、小麦等作物轮作倒茬，减少病原线虫。同时，地下害虫和病原体可以转向表面，天然食物可以用于食物消毒，减少食用和暴露后的疾病基础。 选择土地后，应及时耕种耕作土壤。及时深度转向松散土层也有利于桔梗的根系发育，增强植物对胁迫的抵抗力。

3. 田间管理

应在桔梗播种和定植前清洁田园，结合整地严格淘汰清除病株残体，去除田间及周围地区杂草，铲除病虫中间寄主，防止其繁殖传播。生长过程中及时摘除病叶，或整株拔除，带出田园集中进行销毁。桔梗生长期间采取中耕、松土、除草等措施，可以有效防止田间病、虫、草害，消灭病、虫寄主，有助于降低病虫害的发生率。桔梗幼苗期间，苗高 7～10 cm 时进行第一次除草，后两次每隔一个月除草一次。由于根浅芽嫩，除草时只能用手拔草，以后可及时锄草。

4. 水、肥、光调控

水、肥、光调控等栽培技术可促进桔梗的健壮生长，可最大限度减少桔梗病虫害的发生与蔓延，减少化学农药用量。桔梗忌积水，若土壤积水容易引起根部腐烂并可通过流水传播病害，生产上应注意排水灌水，水分排放或供应不及时则会导致桔梗病害、死亡等问题。腐熟有机肥可有效改善土壤结构，避免植株沤根，加强根际有益微生物的活动，减少病害发生。使用肥料要满足桔梗生长需求，如整地时每亩施 1000～4000 kg 农家肥，20～50 kg 过磷酸钙。6～9 月是桔梗生长旺季，在 6 月下旬和 7 月视其生长情况适时追肥，肥料以人畜粪为主，配合施用少量磷肥和尿素。控制好每次施肥的比例大小，维持其良好的生长质量，培育壮苗，增强桔梗的抗性。光对桔梗生长发育起到重要作用，桔梗喜光，可适量补光使其光合作用达到最佳状态，从而达到优质、高产、高效的栽培目标。同时要合理配置株行距，优化桔梗的群体结构。种植密度规划可让桔梗有足够的生长空间，同时生长期间有足够的营养吸收，确保桔梗稳定健康地生长，减少病害的发生。一般情况下，桔梗在整好的畦面上按 15～25 cm 行距开沟较适宜，沟深 1.5～5 cm，植株之间可够维持良好透光状态，增强植株的抗性，也有利于降低虫害的发生率。

（二）物理防治

为杀死种子表面的病原微生物，在播种前将桔梗的种子放在 50℃温水中搅拌，来筛选优质干净的种子，待水凉后再浸泡 8 小时。也可利用病虫害对某些物理因素的反应规律进行防治，安全又环保。可通过安装电灯和黑光灯来诱杀桔梗中地老虎、蛴螬、大青叶蝉等害虫；利用蚜虫的避银灰色和趋黄的特性，用黄板诱蚜，铺挂银灰膜驱蚜防病。除此以外可利用糖酒醋液诱杀小地老虎等害虫、使用防虫网防虫等。

（三）生物防治

利用天敌、农用抗生素、杀虫微生物以及其他生防制剂等生物方法对桔梗病虫害进行防治，可减少化学农药的污染及残毒。桔梗的无公害生物防治方法主要有以虫治虫、以菌治虫、以菌控病、植物源农药等。如可用农抗 120 灌根防治桔梗炭疽病、枯萎病；用不杀伤天敌的抗蚜威来防治蚜虫，可保护和利用其天敌；利用毛茛科植物乌头诱杀地老虎、蛴螬等地下害虫；利用捕食性天敌瓢虫控制蚜虫；也可利用菊科植物的提取物来抑制桔梗的根结线虫病。在桔梗的无公害病虫害防治体系中，阿维菌素、克球孢白僵菌 DP 等生物药剂广泛使用，如防治根结线虫时播种前用 0.2% 阿维菌素可湿性粉 20 kg/hm^2，病害发生时再采用克球孢白僵菌 DP3.5 kg/hm^2，拌土沟施，可减少化学农药用量。

（四）化学防治

根据桔梗病害危害的种类及方式，科学合理地施用农药，做到适期用药并对症下药，在正确了解农药性能和使用方法的基础上，选择合适的农药类型或种类，减少农药用量。用药时要注意病害的发生规律及天气变化适期用药，在发病初期及时用药，可以阻断病害发病中心进一步侵染，防治病情蔓延。桔梗枯萎病、根腐病等土传病害发生较重的地块，应进行土壤消毒，用 70% 的甲基托布津或 50% 的多菌灵可湿性粉剂以 0.5 g 药兑 50 kg 细土，每亩用药 3 kg。在根结线虫的防治上土壤熏蒸起着积极的作用，在土壤温度回升后，高温熏蒸杀死土壤中的病原菌、线虫和杂草，效果更好。同时应避免高温时或雨天用药，以免导致药害和药剂浪费。

桔梗虫害的防治过程中要注意根据药剂特性科学合理用药，不同作用机制的农药要交替轮换使用，防止害虫和病菌产生抗药性，有利于保持药剂的防治效果及使用年限。施药时要选择正确喷药位置或部位，根据病虫害不同时期的发生特点确定植株特定部位为靶标，进行针对性施药。如防治枯萎病喷药时除上部茎叶外，茎的基部也要喷到；蚜虫一般栖息在嫩叶的背面，因此喷药时要均匀，喷头朝上，重点喷施叶背面。必须严格按照期限执行农药安全间隔，以保障用药安全。

（五）病虫害的综合防治

无公害桔梗的病虫害综合防治采取农业防治为基础，优先选用生物农药，协调利用物理防治，科学合理使用化学防治的方法，合理使用农药以减少污染程度。桔梗病害的传统防治方法一般以化学防治方法为主，主要通过施用农药来防治病害，对人的健康以及环境产生不良的影响，而无公害防治方法与传统防治方法相比，减少了用药量，增加生物药剂的使用，并结合相应的农业措施、物理措施来对病害进行综合的防治。如炭疽病的无公害综合防治过程中减少了退菌特的用药量；枯萎病的防治通过增加农业措施，增施有机肥改善土壤结构，从而提高桔梗的抗病力（表 2-33-4）。

表 2-33-4 无公害桔梗病害防治方法与传统防治方法比较

病害种类	危害时期	传统防治方法	无公害防治方法	优势
轮纹病	6~8 月	发病初可用 1∶1∶100 波尔多液或 70% 甲基托布津 1000~1500 倍液或 72.2% 普力克 600~800 倍液等喷雾，每 10 天 1 次，连喷 2~3 次	冬季清园，集中烧毁枯枝病叶；夏季排水降低湿度；发病初期用 1∶1∶100 波尔多液或 50% 甲基托布津 1000 倍液喷洒，每 10~15 天 1 次，连续 2~3 次	用药量减少，结合农业防治
炭疽病	5~8 月	出苗前喷洒 70% 退菌特 500 倍液；发病期喷施 1∶1∶100 波尔多液或可杀得 2000 的 600 倍液防病；严重时可用 25% 施保克 800 倍液进行喷雾，连喷 2~3 次	出苗前喷洒 50% 退菌特 500 倍液；发病期，喷施 1∶1∶100 波尔多液，每 10~15 天喷 1 次，连续 3~4 次	用药种类、用药量减少
斑枯病	6~8 月	发病初可用 70% 甲基托布津 1000~1500 倍液或 1∶1∶100 波尔多液或 72.2% 普力克 600~800 倍液等喷雾，每 10 天 1 次，连喷 2~3 次	烧毁枯枝病叶；夏季加强排水，降低湿度；发病初期用 50% 甲基托布津 1000 倍液或 1∶1∶100 波尔多液喷洒，每 10~15 天 1 次，连续 2~3 次	用药量减少，结合农业防治
根腐病	6~8 月，夏季高温多雨季节	每亩用 50% 多菌灵 5 kg 撒施，进行土壤消毒；发病初期在地里撒草木灰预防病害发生蔓延	低洼、多雨地区注意排水；每亩用 40% 多菌灵 5 kg 进行土壤消毒；发病初期在地里撒草木灰预防病害；及时拔除病株，并用石灰处理病穴	用药量减少，结合农业防治
枯萎病	6~8 月，高温多湿季节	发病初期可用 50% 甲基托布津 1000 倍液喷雾防治，或用 50% 多菌灵可湿性粉剂 800~1000 倍液，每 7~10 天喷 1 次，连喷 2~3 次	选高地、旱地种植；增施有机肥；与禾本科作物轮作；发病前可用农抗 120 灌根进行防治；发病初期喷 50% 甲基托布津 1000 倍液，每 10 天喷 1 次，连续 2~3 次	结合农业防治、生物防治
紫纹羽病	7~10 月，多雨季节	每亩施石灰粉 50~100 kg；注意轮作，及时排除积水；拔除病株烧毁，病穴 10% 石灰水浇灌	实行轮作倒茬，切忌连作；将病株拔除烧毁，病穴用 5% 石灰水浇灌消毒	用药种类、用药浓度减少
立枯病	出苗展叶期	播种前，每亩施用 1 kg 75% 五氯硝基苯进行土壤消毒；发病初期用 75% 五氯硝基苯 200 倍稀释液灌浇病区，深度 5 cm 左右	降低土壤湿度，出现病株及时拔除；发病初期用 75% 百菌清可湿性粉剂 600 倍液进行喷雾，每 7~10 天 1 次，连喷 2~3 次	高毒类农药禁止使用

无公害桔梗的虫害防治过程中禁用高毒类杀虫剂和农药，提倡使用生物药剂，也可根据害虫对某些物理规律的反应选用适宜的物理防治措施。如在蚜虫的无公害防治措施中禁用乐果、敌敌畏等高毒类农药，改用苦参碱植物杀虫剂，并根据蚜虫的趋黄性安装黄色可粘蚜虫的板子来诱杀害虫；根结线虫的无公害防治过程中禁用了克线磷、二溴氯丙烷等高毒类农药，采用阿维菌素、克球孢白僵菌 DP 等生物试剂。并结合农业防治措施清洁田园，翻耕土地进行曝晒来减少红蜘蛛、小地老虎等害虫；结合生物防治利用毛茛科植物乌头诱杀蛴螬。无公害桔梗虫害防治方法与传统防治方法相比减少化学药剂的使用量和使用频率（表 2-33-5）。

表 2-33-5 无公害桔梗虫害防治方法与传统防治方法比较

虫害种类	危害时期	传统防治方法	无公害防治方法	优势
蚜虫	4～6 月	发生初期喷洒 40% 乐果 1500～2000 倍液或 50% 敌敌畏 1000～1500 倍液；病害发生时喷洒 5% 杀螟松 1000～2000 倍液，每 7～10 天 1 次，连喷数次	清除杂草，减少越冬虫口密度；发生初期可选用 0.3% 苦参碱植物杀虫剂 500 倍液，每 5～7 天 1 次，连续 2 次；安放黄色可粘蚜虫的板子诱杀大部分蚜虫	减少用药种类和用药量，禁用高毒类杀虫剂，使用生物药剂结合物理防治
小地老虎	4 月下旬到 5 月上旬，苗期易受害	4～5 月时，每亩用 90% 晶体敌百虫 250 g 加适量水拌炒香的棉籽饼 5 kg 做成毒饵撒在幼苗根际，或每亩用 50% 辛硫磷 250～300 ml，拌湿润细土 15 kg 做成毒土，也可用 90% 敌百虫 1000 倍液浇穴	3～4 月时，清除田间杂草以消灭越冬幼虫和蛹；利用糖酒醋液诱杀；发现新被害苗附近土面有小孔，立即挖土进行人工捕杀幼虫	减少用药量，高毒类农药禁止使用，结合农业防治
红蜘蛛	秋季天旱	冬季清园，集中烧毁落叶；用 40% 乐果乳油 800～1500 倍液防治；4 月开始喷 50% 杀螟松 1000～2000 倍液，每周 1 次，连续数次	冬季清园并烧毁落叶；清园后喷洒 2～3 次 0.3%～0.6% 苦参碱 1000 倍液，4 月开始喷 0.2～0.3 波美度石硫合剂，每周 1 次，连续数次	禁用高毒类杀虫剂，使用生物药剂
大青叶蝉	7～9 月为害盛期	用 40% 乐果乳油 1000 倍液或 50% 敌敌畏 1000 倍液或 50% 杀螟松 1000～1500 倍液进行叶面喷雾	冬季清园并集中烧毁落叶杂草，减少越冬虫源基数；利用黑光灯诱杀成虫	高毒类杀虫剂禁止使用，结合农业防治、物理防治
蛴螬	春秋两季为重	发病期用 75% 辛硫磷 700 倍液或 90% 晶体敌百虫 1000 倍液浇灌	利用毛茛科植物乌头诱杀蛴螬；利用蛴螬趋光性，安装黑光灯诱杀	高毒类农药禁止使用，结合生物防治、物理防治
根结线虫	育苗种植期	播种前每亩施用 80% 二溴氯丙烷乳油 1～1.5 kg，稀释 15～20 倍灌穴、覆土；每亩用 15% 涕灭威 1 kg，或 10% 克线磷 2 kg 或 3% 米洛尔 6 kg	与水稻或其他水生作物轮作或土地冬灌；深翻土地，将虫瘿埋在深层，减少病原线虫；播种前用 0.2% 阿维菌素可湿性粉 20 kg/hm^2；病害发生时，施用克球孢白僵菌 DP3.5 kg/hm^2，拌土沟施	用药种类减少，结合农业防治、生物防治方法，高毒类农药禁止使用

近年来随着桔梗的综合开发和利用，用途也日益广泛，桔梗作为药用植物及食用蔬菜的需求量逐年增加，野生资源无法满足需求，各地已开展人工栽培，桔梗的病虫害是影响产量和品质的一个主要因素。病虫害造成桔梗产量和品质的降低，然而通过化学农药防治病虫害，不仅增加了成本，而且对环境及人类健康也能造成不利影响。因此，加强抗性品种的选育、强化规范的栽培模式、减少高毒。

依据桔梗病虫害发生的种类、规律及防治措施，将农业综合防治、物理防治、生物防治以及化学防治方法相结合，减少高残留农药的使用，建立无公害桔梗病虫害综合防治体系：以农业防治措施为基础，优先使用生物药剂，辅以物理防治手段，并合理科学的利用化学防治方法。

桔梗病虫害的种类及发生特点各异，且发生情况易受天气和气候等外界环境因素影响，与栽培制度也密切相关。无公害栽培管理过程中要按照桔梗不同生长发育时期的生长规律，因地、因时制宜，按照其生长需求适时进行中耕除草减少病、虫源，按时间苗、补苗为桔梗提供适宜的生长空间；合理施肥、追肥增强植株长势，提高其抵抗外界逆境的能力；按时灌水、排水以防病害发生等。应制定相关栽培管理的操作规程，发现病虫害及时运用相应的无公害防治措施，做到高效、准确，为桔梗的生长创造良好的生态环境，提高抗性、增强植株的长势，从而提高桔梗的产量和品质。因此，以 GIS 信息技术的精准选址、现代组学辅助药用植物育种、田间精细管理等技术为主体的中药材无公害精细栽培体系，应用到桔梗生产，将保障其药材的安全和有效。

参考文献

[1] 么厉，程惠珍，杨智，等. 中药材规范化种植（养殖）技术指南 [M]. 北京：中国农业出版社，2006：293-305.

[2] 唐养璇，张慧. 陕西商洛地区桔梗根结线虫发生规律与防治试验 [J]. 西北农林科技大学学报（自然科学版），2006，34（11）：199-202，206.

[3] 唐志刚，赵娜. 商洛市商州区中药材病虫害发生现状与防控对策 [J]. 陕西农业科学，2015，61（2）：72-74.

[4] 张争，杨成民，李勇，等. 桔梗立枯病病原菌的分离及鉴定 [J]. 中国中药杂志，2013，38（10）：1500-1503.

[5] 陈士林，黄林芳，陈君，等. 无公害中药材生产关键技术研究 [J]. 世界科学技术（中医药现代化），2011，13（3）：436-444.

[6] 郭巧生，王建华. 中药材安全与监控 [M]. 北京：中国林业出版社，2012：253-255.

[7] 陈士林，董林林，郭巧生，等. 中药材无公害精细栽培体系研究 [J]. 中国中药杂志，2018，43（8）：1517-1528.

[8] Van der Putten W, Cook R, Costa S, et al. Nematode interactions in nature: Models for sustainable control of nematode pests of crop plants? [J]. Advances in Agronomy, 2006, 89（5）: 227.

[9] 陈君，徐常青，乔海莉，等. 我国中药材生产中农药使用现状与建议 [J]. 中国现代中药，2016，18（3）：263-270.

（王欢欢，王瑀，李孟芝，李刚，董林林）

34 党参

引言

党参为桔梗科党参属植物党参 *Codonopsis pilosula*（Franch.）Nannf.、素花党参 *Codonopsis pilosula* Nannf. var. *modesta*（Nannf.）L. T. Shen 或川党参 *Codonopsis tangshen* Oliv. 的干燥根，常作为人参的替代品，俗称“小人参”。党参是目前全国种植面积最大的中药品种，总面积达 80 多万亩，其中甘肃种植面积 76 万亩，产量约 7 万吨，党参综合产值达 100 亿以上。然而在党参种植过程中存在管理方式混乱，农药、化肥不规范施入，病虫害等问题，严重影响了党参的品质及产量，阻碍了党参产业的可持续健康发展。对党参施行无公害种植是保障其品质的有效措施，为指导党参无公害规范化种植，结合党参的生物学特性，概述了党参产地环境、品种选育、综合农艺措施、病虫害综合防治等技术，为党参的无公害种植提供支撑。

一、无公害党参产地环境

（一）生态环境

无公害党参依据生物学特性和《中国药材产地生态适宜性区划》（第二版）进行产地的选择。党参为多年生草本，幼苗期喜阴，成长期喜阳，耐寒，在 -30℃低温下仍能安全越冬。党参忌高温，持续高温会造成地上部分枯萎，忌涝，水分过多会烂根，党参主要生长区域生态因子范围（表 2-34-1）：年均温度 -0.8～13.4℃、平均气温日较差 8.1～14.3℃、年均降水量 314.0～989.0 mm、年均日照 124.8～157.9 W/m^2、年均相对湿度 50.0%～66.0% 等，主要土壤类型人为土、始成土、冲积土、黄绵土等。

表 2-34-1 党参主产区生态因子值（GMPGIS-Ⅱ）

生态因子	生态因子值范围	生态因子	生态因子值范围
年均温度（℃）	-0.8～13.4	年均降水量（mm）	314.0～989.0
平均气温日较差（℃）	8.1～14.3	最湿月降水量（mm）	82.0～258.0
等温性（%）	22.0～43.0	最干月降水量（mm）	2.0～11.0
气温季节性变动（标准差）	6.0～14.9	降水量季节性变化（变异系数 %）	69.0～117.0

续表

生态因子	生态因子值范围	生态因子	生态因子值范围
最热月最高温度（℃）	17.6～30.9	最湿季度降水量（mm）	186.0～628.0
最冷月最低温度（℃）	-28.1～-4.1	最干季度降水量（mm）	7.0～37.0
气温年较差（℃）	30.7～54.3	最热季度降水量（mm）	175.0～628.0
最湿季度平均温度（℃）	10.7～23.3	最冷季度降水量（mm）	7.0～37.0
最干季度平均温度（℃）	-19.4～1.5	年均日照（W/m^2）	124.8～157.9
最热季度平均温度（℃）	10.7～25.0	年均相对湿度（%）	50.0～66.0
最冷季度平均温度（℃）	-19.4～1.5		
主要土壤类型	人为土、冲积土、强淋溶土、黑土、黄绵土等		

党参主要分布于黑龙江、吉林、内蒙古、辽宁、甘肃、陕西等省（区），其中居于前三的为黑龙江、吉林和内蒙古（图 2-34-1）。

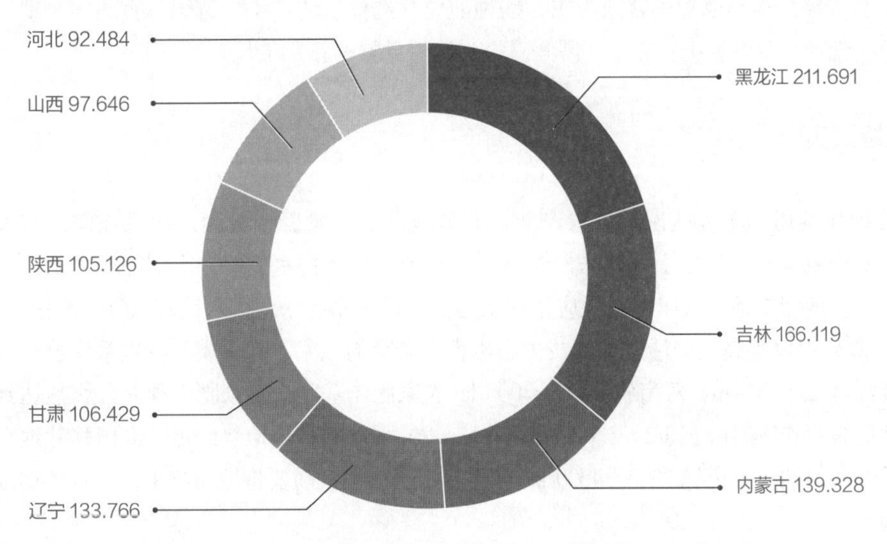

图 2-34-1　党参最大生态相似度主要区域面积（面积单位为 10^3 km^2）

（二）无公害党参产地标准

无公害党参的产地环境应符合《中药材生产质量管理规范（试行）》和 NY/T 2798.3-2015《无公害农产品生产质量安全控制技术规范》，空气环境质量应符合国家《环境空气质量标准》二类区要求，农田灌溉水的水源质量应符合国家《农田灌溉水质标准》，以及种植地土壤应符合国家《土壤环境质量标准》的二级标准。无公害党参生产基地应选择传统道地产区，避开公路主干线、土壤重金属含量高的地区，远离城市，周围无污染源，附近无工矿企业，不能选择冶炼工业（工厂）下风向 3 km 区域。

二、党参优良品种选育

选育高产、优质、抗逆的良种，是实现党参无公害种植的有利保障。针对党参产地生态环境的差异，采用有目的、有侧重的育种方法，将有效提高党参的产量和质量。在实际生产中各地应选择适合当地生态环境的优良品种，已形成不同产地特色的党参品种。甘肃省定西市旱农研究中心通过杂交选育的我国第一个党参新品种 8917-2，具有丰产稳产、抗旱抗寒和适应性强等优点。甘肃党参新品系 98-01 对根腐病具有较强的抗性，适宜在半干旱及二阴生态区推广种植。党参新品种 DSZJ 2004-01、DS98-01、DSZJ 2003-01 具有抗病性强和内在质量优等特点。甘肃省定西市农科院培育的高产、抗病、抗杂草的"渭党 1 号""渭党 2 号"和"渭党 3 号"，主产区域为定西市岷县、渭源、漳县、陇西、安定区等地。

三、无公害党参种植综合农艺措施

为确保无公害党参生产，需要采取适当的农艺措施。在种植前进行土壤的翻耕修复，可以减少病原菌的传播。党参以种子繁殖为主，播种前要筛选优质的种子，选用适宜的播种期。种植后期加强田间管理，及时施肥、除草、灌溉、打尖确保党参的正常生长。

（一）土壤改良

土壤理化性质和肥力状况对党参产量、有效成分的含量影响极大，切忌连作，与大豆、小麦、玉米等作物实行 3 年以上的轮作。党参的育苗地应选择排水良好、土层深厚、疏松肥沃的砂壤或腐殖质多的背阴地。大田移栽地应选择土层深厚、土质疏松、排水良好的砂质土壤。pH 值在 5.0～7.0。深耕可以提高土壤透气性，减少病虫害和杂草的滋生。党参属于深根系作物，育苗地征地时需要深翻 25～30 cm，每亩施 3000～4000 kg 农家肥作基肥，农家肥必须充分腐熟达到无害化标准，然后整平作畦，畦宽 1.2～1.5 m，沟深 15～20 cm，畦长因地势而定。大田移栽地在秋季收获作物后随即整地，每亩施 3000～4000 kg 优质农家肥，移栽前要将地面整平，并且依据地势，修好排水沟。

（二）优良种子、种苗培育

党参以种子繁殖为主，第一年播种育苗，第二年移栽，党参的品质与种子、种苗质量有密切的关系，培育优质种子、种苗是无公害党参种植的关键技术之一。党参育苗种子应选用当年新种子，清除霉烂和秕粒，挑选饱满、粒大种子。为提高出苗率，播种前进行温水浸种，置于 40～45℃水中，不断搅动，至水温与手温差不多时，移入纱布袋中，清水冲洗 4～5 次，再整袋放于温度 15～20℃的室内沙堆上，每隔 3～4 小时用清水淋洗 1 次，5～6 天种子裂口即可播种。

适宜的播种期是党参出苗率的关键因素之一。党参种子无休眠特性，播种后只要温度及水分适宜均可出苗，适宜的萌芽温度为 15～20℃。党参在春季和秋季均可播种，秋播比春播效果好。春播的时间为 3 月底到 4 月初，海拔在 2000 m 以上地区土壤解冻晚，4 月初土壤墒情较好，为最佳播种期；海拔在 2000 m 以下的地区，土壤解冻较早，土壤解冻后适当提早播种。秋播于 10 月下旬土壤封冻前进行。党参有直播和育苗移栽两种播种方法，直播法可培育优质边条参且省时，但产量低；育苗移栽法可以提高参苗产量，但费时，培育的参苗质量差。直播多采用条播，行距为 30 cm，沟深 5 cm，播后覆土 2～3 cm。育苗移栽一般采用条播或撒播，条播行距 10 cm，沟深 3 cm，宽 5～6 cm，撒播用细砂拌匀撒在地表，轻轻用耙耱 1 次。播种后用麦草或麦衣遮阴保湿，根据墒情及时浇水，保持地面湿润，以利出苗。当党参苗高约 5 cm 时间苗，保持株距 1～3 cm，同时将覆盖物逐渐揭掉，不可一次揭完，以防止烈日晒死幼苗。当苗高约 15 cm 对光的适应能力增强时，全部揭掉覆盖物。直播出苗后第二年定苗，株距约 10 cm。

（三）田间综合农艺管理

适当的田间管理促进党参的生长，提高产量和品质。中耕除草可以使土壤疏松，调节土壤的水、肥、热、气状况，促进根系的发育及消灭杂草。在党参苗出齐后及时除草，一般 1 年除草 3～4 次，保持田间清洁。党参定植后，在有灌溉条件的地区，需要严格控制好灌水量，同时需要根据天气、苗的生长等因素的影响对灌水量进行调整，苗活后少灌水或不灌水，雨季及时排水，防止烂根。当苗高约 30 cm 时搭架，以便茎蔓生长，利于通风透光，增加光合作用面积，提高抗病能力。在 7 月中上旬，苗子长到 30～35 cm 时，按地上留 5～7 cm 的长度进行打尖，一般打 1～2 次，能有效地控制地上部分的生长，促进地下根系生长，从而达到提高党参产量的目的。党参苗生长 1 年后，可在春季 4 月或秋季 10 月进行移栽。移栽时选择健壮、无病虫害、无机械损伤、表面光滑、苗质柔软的优质种苗。移栽时行距 20～30 cm，沟深 15～20 cm，山坡地应顺坡横向开沟，株距 6～10 cm 将参苗斜摆沟内，然后覆土约 5 cm，栽后及时浇水，用种苗量 450～600 kg/hm^2。

（四）无公害党参合理施肥

施肥是增加党参产值的主要途径之一，而合理施肥配比和施肥量能显著提高党参的产量和品质。无公害党参所使用的肥料类型及原则应按 DB13/T 454 执行。研究表明，Mn 和 Mo 微肥对党参具有明显增产效应；氮肥和磷肥对党参的增产效果随着氮和磷的配施比例存在明显的差异；党参全生育期对 N、P_2O_5、K_2O 的平均吸收比例为 1∶0.51∶0.27（质量比）。在适当的施肥期进行施肥有利于无公害党参生产，在采收前 1 个月不适用任何肥料和农药。党参在种植过程中，除了施足底肥外，还要结合各个生长期适时追肥，才能获得高产，适量增施肥料有利于提高产量。

无公害党参种植过程中的施肥分为育苗地施肥、移栽地施肥以及追肥。育苗地施肥：有撒施和条施两种施肥方法。撒施是把肥料均匀地撒在地表，浅耙 1～2 次使肥料与表层土壤混合；条施就是开沟施肥，施充分腐熟的农家肥 30 000～45 000 kg/hm^2 ，尿素和磷酸二铵各 225 kg/hm^2。移栽地施肥：耕翻前施优质农家肥 2000～3000 kg/hm^2、磷酸二铵 30 kg/hm^2、尿素 5 kg/hm^2。移栽成活后，当苗高 20～30 cm 时，追施有机肥 1 次，每亩可施不含硝态类的磷钾肥 25～30 kg，施肥方法进行撒施。追肥：定植成活后，待苗高 15 cm 左右，每亩追施尿素 5 kg。显蕾期追施普通过磷酸钙 300～450 kg/hm^2；扬花期和灌浆期各喷磷酸二氢钾与尿素混合液 1 次，磷酸二氢钾用量为 2250 g/hm^2，尿素用量为 1500 g/hm^2，兑水量为 450 kg。

四、无公害党参病虫害综合防治

无公害党参的病虫害防治要做到“预防为主，综合防治”优先采用农业防治、物理防治、生物防治的方法。科学合理地使用化学药剂，禁止使用剧毒、高毒、高残留、高三致（致畸、致癌、致突变）农药。农药施用参照 GB 4285 和 GB/T 8321 规定执行。掌握党参病虫害的发病规律及症状，确定主要防治对象，寻找有效防治途径，为无公害党参的种植提供有力保障。党参的病害主要有锈病、根腐病、立枯病、灰霜病等，虫害主要有地老虎、蛴螬、蝼蛄、蚜虫、红蜘蛛等，主要的危害部位为根、茎及嫩叶。

（一）农业防治

党参种植可施行“党参－马铃薯或油菜－麦或豆类－党参”轮作的栽培模式，切忌连作，前茬以禾本科或豆科作物为佳，特别是水旱轮作，明显减少地老虎、蛴螬的虫源。建立无病留种地，实施种子、土壤、种苗药剂处理可以预防根腐病。党参的种植地应选择地势较高、土壤干燥、土质疏松、排水良好的地块，雨季及时排除田间积水，降低土壤湿度，提供一个利于党参生长，而不利真菌蔓延繁殖的环境。加强田间管理，及时搭设支架，改变通风条件，降低田间湿度。党参种植中发现病株及时拔除，冬季地上部分枯萎后清园，烧毁病残株，以减少越冬病原菌。对党参的种植地进行翻耕，可以减少地老虎类幼虫体，消灭来年虫源；适度中耕除草，以破坏地老虎类的孵化和羽化条件，使其不能繁殖。

（二）物理防治

利用地老虎的趋光性，在种植地安装黑光灯、频振式杀虫灯、电灯诱杀成虫。利用地老虎嗜好糖醋气味的生活特性，配制糖醋液放置在植株旁进行诱杀。蚜虫有趋色性，可在田间设置黄板引诱蚜虫。蛴螬和地老虎羽化后夜间活动频繁，趋光性强，可将黑光灯安装在田间，夜间开灯诱杀。

（三）生物防治

利用生物天敌、杀虫微生物、农用抗生素及其他生防制剂等方法对党参病虫害进行生物防治，可以减少化学农药的污染和残留。党参的无公害生物防治方法主要包括以菌控病、以虫治虫、以菌治虫、植物源农药等。用抗蚜威防治蚜虫，充分保护和利用天敌；利用乌头诱杀蛴螬、地老虎等地下害虫；利用捕食性天敌瓢虫控制蚜虫；紫苏提取物抑制根腐病致病菌。

（四）化学防治

党参病虫害的化学防治应采用高效、低毒、低残留的农药，对症适时施药，降低用药次数，选择关键时期进行防治。在无公害党参种植过程中禁止使用高毒、高残留农药及其混配剂。根据病虫害的发生特点以及发生规律，在害虫低龄幼虫期和病害发病初期喷药，注意轮换和交替使用农药，以免产生抗药性。表2-34-2为无公害党参病虫害的化学防治方法。

表2-34-2　无公害党参种植中病虫害化学防治方法

病虫害种类	发病症状	防治方法
锈病	7~8月发生，主要危害叶、茎。病叶背部隆起，黄色斑点，后期破裂散出橙黄色粉末，发病后叶片干枯	发病初期，喷洒50%托布津2000倍液或淋根，每7~10天喷施1次，连续2~3次；发病面积较大时，用50%多菌灵浇灌病区
根腐病	7~8月高温高湿期间多发。发病初期，近地面处的侧根和须根变黑褐色，严重时，根系腐烂，植株枯死	选用无病种苗，种苗栽种前用50%甲基托布津1000倍液浸泡5分钟，沥干后再栽种；发病初期喷洒50%二硝散200倍液或97%敌锈钠400倍液，每7~10天1次，连续2~3次
立枯病	幼苗期多发，茎部萎缩、腐烂、切断输导组织，致使幼苗出现倒伏	发病初期用75%百菌清可湿性粉剂600倍液进行喷雾，每7~10天1次，连续2~3次
灰霉病	发病时叶面生有不规则褐色病斑，叶背有灰色霉状物	发病初期及时喷70%百菌清可湿性粉剂1000倍液
蚜虫	多发生在夏季，天旱时严重，吸取嫩芽嫩叶汁液，使其干枯致死	0.3%苦参碱乳剂800~1000倍液喷雾防治，每隔5~7天喷1次，连喷多次
地老虎、蛴螬、蝼蛄	多发生在苗期，危害幼苗嫩茎及根	叶面喷施低倍阿维菌素，2~3次。用50%阿维菌素700~1000倍液灌根际周围，杀虫保根
红蜘蛛	危害幼苗及成株叶片，吸食叶液，造成植株萎黄以致干枯	用质量分数为50%噻虫嗪1000倍液喷杀

党参为药食两用的中药材，近年来随着需求量的不断增加，不合理地采挖致使野生资源减少，各地已开展人工栽培来满足市场需求，但由于在种植过程中农药、化肥等不合理使用及不规范操作，导致药材品质低劣，严重危害人体的健康安全。无公害党参的种植要按照党参生长规律，因地、因时制宜。筛选优质的种子，正确选用适宜的播种期，种植后期加强田间管理，及时施肥、除草、灌溉、打尖确保党参的正常生长。制定操作规程，发现病虫害及时运用相应的无公害防治措施，为无公害党参的种植营造良好的生长环境，从而提高党参的品质。因此，

无公害党参的种植应运用 GIS 信息技术的精准选址、现代组学辅助育种、田间精细管理等技术的栽培体系。

参考文献

[1] 尹荣秀，张邦喜，周瑞荣，等. 不同施肥模式对素花党参养分吸收、积累与分配的影响 [J]. 现代化农业，2017,（8）：25-27.

[2] 董林林，苏丽丽，尉广飞，等. 无公害中药材生产技术规程研究 [J]. 中国中药杂志，2018，43（15）：1-11.

[3] 孙年喜，彭锐，李隆云，等. 川党参种子发芽检验规程的研究 [J]. 中国中药杂志，2008，33（11）：1246-1248.

[4] 赵国锋，张丽萍，武滨，等. 山西党参规范化种植技术及 SOP 的制定 [J]. 现代中药研究与实践，2006，20（6）：13-16.

[5] 王长林，彦森，郭巧生，等. 种苗与施肥对明党参产量和质量的影响 [J]. 中国中药杂志，2007，32（4）：293-295.

[6] 赵亚兰，陈垣，郭凤霞，等. 冬播和春播育苗对党参苗栽产量和质量的影响 [J]. 草业学报，2015，24（10）：139-148.

[7] 张廷红，张东佳. 甘肃无公害中药材生产现状及发展建议 [J]. 甘肃农业科技，2017,（12）：92-95.

[8] 郭凤霞，武志江，陈垣，等. 蒙古黄芪种子水浸液对不同种党参种子萌发及幼苗生长的影响 [J]. 中国中药杂志，2012，37（22）：3375-3380.

[9] 武志江，郭凤霞，李瑞杰，等. 不同温度对素花党参种子萌发及幼苗生长的影响 [J]. 甘肃农业大学学报，2013，48（1）：87-90，96.

[10] 刘合刚. 药用植物优质高效栽培技术 [M]. 北京：中国医药科技出版社，2001：39-41.

[11] 么厉，程惠珍，杨智，等. 中药材规范化种植（养殖）技术指南 [M]. 北京：中国农业出版社，2006：293-305.

[12] 孙永健，杨志远，孙园园，等. 成都平原两熟区水氮管理模式与磷钾肥配施对杂交稻冈优 725 产量及品质的影响 [J]. 植物营养与肥料学报，2014，20（1）：17-28.

[13] 龚成文，赵欣楠，冯守疆，等. 配方施肥对党参生产特性的影响 [J]. 西北农业学报，2013，22（11）：130-136.

[14] 颜继红. 党参常见病虫害的危害症状及防治方法 [J]. 现代农业科技，2013,（18）：136，140.

[15] 董林林，苏丽丽，尉广飞，等. 无公害中药材生产技术规程研究 [J]. 中国中药杂志，2018，43（15）：1-11.

[16] 陈士林，董林林，郭巧生，等. 中药材无公害精细栽培体系研究 [J]. 中国中药杂志，2018，43，（8）：1517-1528.

[17] 张鹏，李西文，董林林，等. 植物源农药研发及中药材生产应用现状 [J]. 中国中药杂志，2016，41（19）：3579.

（李梦芝，胡芳弟，陈士林，孙裕，董林林）

35　娑罗子

引言

娑罗子为七叶树科植物七叶树 *Aesculus chinensis* Bge.、浙江七叶树 *Aesculus chinensis* Bge. var. *chekiangensis*（Hu et Fang）Fang 或天师栗 *Aesculus wilsonii* Rehd. 的干燥成熟种子，为种子类药材。在天师栗的苗木生产过程中，常以追求娑罗子产量为导向的人工栽培方式，盲目地引种栽培和扩大生产规模，滥用农药与化肥，致使品质良莠不齐，农残和重金属污染等问题时常发生。本文从产地环境、品种选育、栽培技术、病虫害综合防治、采收与初加工等多方面建立无公害天师栗种植规程，以提高中药材品质，保障中药材安全，促进产业升级。

一、无公害娑罗子产地环境

（一）生态环境要求

依据《中国药材产地生态适宜性区划》（第二版），结合天师栗生物学特性，对天师栗种植进行产地选择。

天师栗主要生长区域生态因子范围见表 2-35-1：年均温度 7.3～20.7℃；年均降水量 649～1691 mm；年均日照 123.5～155.5 W/m^2；年均相对湿度 49.4%～74.4%。适宜生存环境温度高，降水量偏多，年均相对湿度较高，阳光较为充足。主要土壤类型为强淋溶土、低活性淋溶土、红砂土、黑钙土、铁铝土、潜育土、始成土、粗骨土。

表 2-35-1　天师栗主产区和野生分布区生态因子值（GMPGIS-Ⅱ）

生态因子	生态因子值范围	生态因子	生态因子值范围
年均温度（℃）	7.3～20.7	年均降水量（mm）	649.0～1691.0
平均气温日较差（℃）	7.1～12.9	最湿月降水量（mm）	126.0～362.0
等温性（%）	24.0～44.0	最干月降水量（mm）	1.0～43.0
气温季节性变动（标准差）	5.0～8.9	降水量季节性变化（变异系数 %）	49.0～98.0
最热月最高温度（℃）	21.3～34.4	最湿季度降水量（mm）	356.0～898.0
最冷月最低温度（℃）	-14.2～6.7	最干季度降水量（mm）	6.0～169.0
气温年较差（℃）	21.7～41.0	最热季度降水量（mm）	332.0～864.0

续表

生态因子	生态因子值范围	生态因子	生态因子值范围
最湿季度平均温度（℃）	16.0～27.4	最冷季度降水量（mm）	6.0～194.0
最干季度平均温度（℃）	-5.6～12.9	年均日照（W/m^2）	123.5～155.5
最热季度平均温度（℃）	16.7～29.1	年均相对湿度（%）	49.4～74.4
最冷季度平均温度（℃）	-5.6～15.6		

（二）无公害娑罗子产地标准

无公害娑罗子生产的产地环境应符合国家《中药材生产质量管理规范》、NY/T 2798.3-2015《无公害农产品生产质量安全控制技术规范》；大气环境无污染的地区，空气环境质量达 GB 3095 规定的二类区以上标准；水源为雨水、地下水和地表水，水质达到 GB 5084 规定的标准；土壤不能使用沉积淤泥污染的土壤，土壤农残和重金属含量按 GB 15618 规定的二级标准执行。

无公害娑罗子生产选择生态环境条件良好的地区，产地区域和灌溉上游无或不直接受工业“三废”、城镇生活、医疗废弃物等污染，避开公路主干线、土壤重金属含量高的地区，不能选择冶炼工业（工厂）下风向 3 km 内。

（三）生态适宜产区

根据天师栗主要生长区域生态因子阈值，其生态适宜产区以湖北西部、河南西南部、湖南西北部、江西北部、广东北部、四川云南贵州东北部一带为宜。

二、无公害娑罗子优良品种选育

1. 优良种源选择原则

无公害娑罗子种植生产的种源，应在最适宜天师栗种子生长的海拔 1000～1800 m 范围开展优良种质繁育区域，并选择田间病害发生率低的山区或园林作为良种繁育田，在良种繁育田内选择生长健壮的植株群体作为种子材料留种。

2. 娑罗子良种繁育

（1）娑罗子良种的选择　娑罗子生产应从长势良好、健康无病的三至五年生山地或园林中挑选植株高大、茎秆粗壮、叶片厚实宽大、种子沉实的健康天师栗为留种植株，并做好标记，精心管理。

（2）良种选择　良种应挑选成熟天师栗种子，单粒重为 20～55 g。苗木种子选自 30 g 左右，种皮坚硬、色泽栗红、光泽明亮、胚芽饱满、胚乳丰裕、无机械损伤、无病虫害的种粒。

（3）良种储藏　天师栗种子属顽拗性种子，不耐贮藏，如干燥很容易失去活力，种子成熟后宜及时采下；若种子含水量高，易霉变不宜贮藏，故需随采随播，若未及时播种，可带果皮拌沙低温储藏至次年春播。

三、无公害娑罗子栽培技术

（一）选地整地

种植天师栗以选择背风向阳，土层厚度在 50 cm 以上，pH 中性或微酸性，排水性能好，地下水位高或接近水源，交通方便的肥沃壤土或砂质壤土作为种植场所。采用水平阶整地：选择适于土层较厚、6°～25° 的山坡地。带间距依山而定，一般 3～4 m。梯田宽度 1.0～1.5 m，梯田要求外部地势高内部地势低洼，另外内部需修排水沟，外部需筑土埂，长度不限，水平围绕山转。在梯田或园林里需全面翻土 30 cm 深，另外并根据天师栗的株行距挖定植穴，长宽深各 60～80 cm，表土与土杂粪混合后填入穴底，土用于填穴，表层用作修筑土埂。

（二）适时播种

天师栗的种子较大，每千克约 40 粒，播种出苗后长势迅速，点播的株行距宜为 30 cm×40 cm，点播穴的深度为 8～10 cm。播种时种脐应朝下，覆土层厚度不得超过 3 cm，然后覆草并喷水保湿。从播种后到种子出苗期间，均保持床面湿润。当幼苗出土后，须及时清除覆草。另外，为防止烈日灼伤幼苗，还需搭棚遮阴，并经常喷水保持湿润，可使幼苗茁壮生长。一般一年生苗高可达 0.8～1.0 m，后可移栽培育，三至四年生苗高 2.5～3.0 m，即可用于园林绿化。

（三）合理施肥

1. 肥料和施肥期的选择

天师栗施肥应坚持以基肥为主、追肥为辅以及有机肥为主、化肥为辅的原则。在种植幼苗时，多施有机肥，如秸秆、厩肥、绿肥等；在幼苗生长期，一年内施肥不能少于 2 次，即在速生期、封顶期施用。

（1）速生期　主要以氮肥为主，磷钾肥为辅，结合绿肥和有机肥搭配施用。速生期氮肥需量比磷钾肥大，而且所需肥水也较多，可增加氮肥用量和次数，并按比例施磷钾肥，以促进氮的吸收和苗木生长。

（2）封顶期　主要以磷钾肥为主，并施有机肥、绿肥、人粪尿等有机肥，可使树木正常生长量增加 23%～28%。封顶期磷钾肥需量多，可使树封顶后木质化程度增加。树嫩梢越冬易受冻害，施加氮肥可使封顶期后延迟 9～15 天，可使树梢安全越冬。

2. 施肥方式

施肥方式以环状沟施肥为宜，基肥以迟效肥为主（如草木灰、绿肥等），并应在晚秋 10 月以后至树停止生长前施加，小树可一次性施足基肥，大树应在开花前后追施 1 次速效肥（如化肥、人粪尿等），并在春梢生长接近停止前再施 1 次人粪尿，可促进花芽分化和果实膨大。

施肥还应注意天师栗的长势，强壮树可施肥量少，主要施以磷钾肥，弱树特别是开花结果多的天师栗应多施肥。在苗木速生期或根据苗木生长状况、土壤肥力适当进行根外追肥，采用开沟埋施，每亩施以尿素 40 kg，根外追肥的浓度不宜超过 0.5%；在苗木生长停止前 1 个月应追施钾肥，可撒施草木灰，也可喷施0.3%的磷酸二氢钾溶液，可促进苗木健康生长和安全越冬。

（四）无公害种植管理

1. 灌水

应在一年内需浇灌多次，并在萌芽期、速生期、封顶期各浇灌1次，如遇天旱可增加灌水次数。灌水的方法有沟灌、喷灌和滴灌。在天师栗生长期中，关键的浇水时期主要有4次，即开花前浇水、开花后浇水、果实膨大前浇水和封冻前浇水，这4次浇灌需浇足。

2. 排水

天师栗喜水，在水分充足时生长速度快，如果过多会使根部呼吸受阻生长不良。四年生天师栗根部全浸水中不能超过30天，长期浸泡整株植物会窒息死亡。林地有积水时应及时排出，林内应修筑排水沟，雨季应注意防涝。

3. 整形修剪

天师栗通常在生长期间不需要整形修剪；必须进行整形修剪时，应使枝条分布均匀，生长健壮。修剪主要针对枝条，还需将枯枝、内膛枝、纤细枝、病虫枝及生长不良枝剪除，以促进养分集中供应，形成良好树冠。

4. 除草

天师栗栽种后2年内应经常松土除草，一般在生长期每月进行一次，以减少病虫害对植物的危害，提高植物对土壤水肥的利用率。

四、无公害娑罗子病虫害综合防治

无公害娑罗子种植生产过程中禁止使用国家禁止和限制在中草药上使用的农药种类。优先选择NY/T 393《绿色食品农药使用准则》中AA级和A级绿色食品生产允许使用植物和动物源、微生物源、生物化学源和矿物源农药品种。相应准则参照NY/T 393《绿色食品农药使用准则》、GB 12475《农药贮运、销售和使用的防毒规程》、NY/T 1667（所有部分）《农药登记管理术语》。按照无公害娑罗子生产主要病虫害防治技术规程，在生产管理规程中容忍部分病虫害损失，而娑罗子药材中农药残留和重金属含量应符合规程要求，天师栗常见病虫害及其防治措施见表2-35-2。

表2-35-2 天师栗常见病虫害及其防治措施

病害种类	防治措施	虫害种类	防治措施
早期落叶病	加强水肥管理，壮树防病；及时清扫患病落叶并集中烧掉，消除病原；在发病前10天左右喷洒1次倍量式波尔多液200～240倍液	天牛	在虫害发生初期及时喷洒2.5%溴氰菊酯、2.5%三氟氯氰菊酯、5%高氰戊菊酯、20%甲氰菊酯（以上乳油）1000～4000倍液
根腐病	开沟排水；雨季扒土晾根，进行土壤消毒；用石灰拌土撒在根周围，然后用土覆盖	金毛虫	在虫害发生初期及时喷洒20%溴氰菊酯乳油1000～2000倍液，25%灭幼脲悬浮剂2000～2500倍液

续表

病害种类	防治措施	虫害种类	防治措施
炭疽病	喷洒 70% 甲基托布津可湿性粉剂 1000 倍液	刺蛾	灯光诱杀；喷洒 20% 抑食肼可湿性粉剂 1000 倍液，50% 马拉硫磷乳油 1000 倍液，25% 爱卡士乳油 1500 倍液，5% 来福灵乳油 3000 倍液
日灼病	深秋或初夏在树干上刷白以防日灼；用枯草或稻草覆盖于树干基部	金龟子	灯光诱杀；糖醋酒液（糖：醋：酒：水 =1：3：0.5：10）诱杀；栽培向日葵诱杀；菊酯类乳油 1000 倍液

五、采收与初加工

天师栗种子播种后至 3～5 年 9 月中下旬至 10 月初采收，选择晴天采收。采收后将果实堆在墙角，盖上麻袋、草帘或院内阴干，每天翻动数次，待果实开裂后，剥去外皮，选取个大、饱满、色泽光亮、无病虫害的种粒以作药用；将收集的种子随即播种，或将其带果皮拌沙低温储藏至次年春播。

随着娑罗子的药用研究逐步加深，市场需求量的增加，加之天师栗生长缓慢，野生资源不断遭到破坏，现有的资源蕴藏量已无法满足生产需求，为追求高产量，盲目的使用肥料，喷施化学农药，导致农残和重金属超标等问题频频出现，严重破坏了生态环境的平衡，影响了无公害娑罗子的质量。依托推广单位自有基地多年来天师栗生产数据为主，兼顾其他单位生产和科研情况，根据天师栗生长特性，围绕产地环境、品种选育、栽培技术、病虫害综合防治、采收与初加工等方面进行研究，制定无公害娑罗子精细栽培体系，树立种植规范，以推动娑罗子优质、高产、无公害高效产出。

参考文献

[1] 石召华．七叶树属植物资源及品质研究 [D]．武汉：湖北中医药大学，2013.

[2] 熊超，李西文，胡志刚，等．天师栗无公害规范化种植的探讨 [J]．世界科学技术-中医药现代化，2018.

[3] 董林林，苏丽丽，尉广飞，等．无公害中药材生产技术规程研究 [J]．中国中药杂志，2018，43（15）：3070-3079.

[4] 孟祥霄，沈亮，黄林芳，等．无公害中药材产地环境质量标准探讨 [J]．中国实验方剂学杂志，2018，24（23）：1-7.

[5] 尉广飞，董林林，陈士林，等．本草基因学在中药材新品种选育中的应用 [J]．中国实验方剂学杂志，2018，24（23）：18-28.

[6] 程惠珍，高微微，陈君，等．中药材病虫害防治技术平台体系建立 [J]．世界科学技术 - 中医药现代化，2005，7（6）：109-114.

[7] 明孟碟．天师栗规范化种植技术研究 [D]．武汉：湖北中医药大学，2017.

[8] 陈士林，黄林芳，陈君，等．无公害中药材生产关键技术研究 [J]．世界科学技术 - 中医药现代化，2011，13（3）：436-444.

[9] 黄林芳，陈士林. 无公害中药材生产 HACCP 质量控制模式研究 [J]. 中草药，2011，42（7）：1249-1254.
[10] 石召华，谢彩香，关小羽，等. 娑罗子原植物产地生态适宜性研究 [J]. 中国现代中药，2013，15（4）：303-307.
[11] 陈士林，董林林，郭巧生，等. 中药材无公害精细栽培体系研究 [J]. 中国中药杂志，2018，43（8）1517-1528.

（熊超，李西文，关小羽，胡志刚，张景景，石召华）

36 黄连

引言

黄连来源于毛茛科植物黄连 *Coptis chinensis* Franch.、三角叶黄连 *Coptis deltoidea* C. Y. Cheng et Hsiao 或云连 *Coptis teeta* Wall. 的干燥根茎，分别习称“味连”“雅连”“云连”。秋季采挖，除去须根和泥沙，干燥，撞去残留须根。黄连主要分布于四川、贵州、湖北、山西、重庆等省（市），四川、湖北、陕西等省有大量栽培。多生于山地林中阴湿处或山谷阴处。适宜的生长条件为：年平均气温10℃左右，年降水量 1300～1700 mm，土质疏松，较为肥沃，土层深厚富含腐殖质的壤土为佳。现今市场销售的黄连商品主要来源于栽培品，而味连是黄连的主要栽培品种，又分为“鸡爪连”“单枝连”两种，“鸡爪连”是药农采收加工的味连商品，“单枝连”是药商对“鸡爪连”进行二次加工的味连商品。历史上重庆石柱、巫溪、城口，湖北利川等地为“味连”道地产区，其中尤以石柱黄连最为著名。雅连、云连生长条件要求高、栽种难度大，产量不高，种植经济效益低，在 1980 年后雅连、云连的栽种面积急剧减少。味连因为栽培技术成熟、产量高，迅速成为市场主流。

黄连种植过程中存在管理方式混乱、农药与化肥不规范使用、产地加工等问题，严重影响了黄连的品质及产量，阻碍了黄连产业的可持续健康发展。无公害黄连种植体系是保障其品质的有效措施之一，为指导黄连无公害规范化种植，结合黄连的生物学特性，本文概述了无公害黄连产地环境、品种选育、栽培技术、采收与加工等技术，为黄连的无公害种植生产提供支撑。

一、无公害黄连产地环境

（一）生态环境要求

无公害黄连生产要根据其生物学的特性，依据《中国药材产地生态适宜性区划》（第二版）进行产地的选择。黄连为多年生草本，喜高寒气候，低海拔山区；喜阴，怕强光照射，苗期最怕强光，忌高温和干燥；喜水，喜肥；忌连作。黄连主要生长区域生态因子范围（表2-36-1）：年降水量792～1803 mm，喜生长于湿润地带；年平均气温7.1～17.7℃，表明黄连喜低温凉爽，不耐高温；平均光照122～136 W/m^2，黄连喜阴暗环境。综合数据分析，表明黄连喜阴湿阴暗的环境下生长。

三角叶黄连主要分布于四川省西南部，主产于峨眉山、洪雅、马边、宝兴、雷波等县（市），多生长于山地林下、常绿阔叶林和针阔混交林中。以表2-36-1三角叶黄连为例，对其生长区域气候因子数据进行分析，年降水量处于800 mm以上是湿润气候，其生长区域的降水量都在951～1711 mm，可见三角叶黄连喜生长于湿润地带；年平均气温8.5～17.6℃，可见三角叶黄连喜低温；平均光照128～132 W/m^2，可见三角叶黄连喜阴暗环境。综合数据分析，表明三角叶黄连喜阴湿、阴暗的环境下生长。

云连主要分布于云南省西北部，主产于云南省德钦、福贡、碧江、贡山、泸水、腾冲、维西、剑川和西藏自治区察隅等县（市），多生长于常绿阔叶林和针阔叶混交林下的陡峭山坡等阴湿环境中。以表2-36-1产云连为例，对其生长区域气候因子数据进行分析，年降水量处于800 mm以上是湿润气候；其生长区域的降水量都在1095～2001 mm，可见喜生长于湿润地带；年平均气温9.5～18.4℃，可见云连喜低温；平均光照147～150 W/m^2，虽然比黄连的光照强度大一点，但还是可见云连很喜阴暗环境。综合数据分析，表明云连喜阴湿、阴暗的环境下生长。

表2-36-1　黄连主产区生态因子值（GMPGIS-Ⅱ）

生态因子	生态因子值范围		
	黄连	三角叶黄连	云连
年均温度（℃）	7.1～17.7	8.5～17.6	9.5～18.4
平均气温日较差（℃）	6.7～9.0	7.3～8.8	10.3～11.4
等温性（%）	24.0～29.0	27.0～33.0	43.0～49.0
气温季节性变动（标准差）	6.2～8.5	5.9～6.7	4.2～4.9
最热月最高温度（℃）	21.0～31.4	20.5～30.9	18.5～27.4
最冷月最低温度（℃）	-7.1～-4.7	-4.6～4.5	-4.3～4.3
气温年较差（℃）	25.8～32.6	25.1～26.8	22.7～24
最湿季度平均温度（℃）	15.6～25.1	15.9～25.2	14.7～23.3
最干季度平均温度（℃）	-2.5～8.7	0.4～8.6	3.4～12.9
最热季度平均温度（℃）	16.4～25.8	15.9～25.8	14.7～23.3
最冷季度平均温度（℃）	-2.5～8.7	0.4～8.6	3.1～11.9

续表

生态因子	生态因子值范围		
	黄连	三角叶黄连	云连
年均降水量（mm）	792.0～1803.0	951.0～1711.0	1095.0～2001.0
最湿月降水量（mm）	144.0～453.0	191.0～442.0	221.0～423.0
最干月降水量（mm）	5.0～29.0	10.0～17.0	9.0～19.0
降水量季节性变化（变异系数 %）	56.0～98.0	80～99.0	70.0～88.0
最湿季度降水量（mm）	407.0～1112.0	520.0～1023.0	613.0～1176.0
最干季度降水量（mm）	27.0～98.0	36.0～63.0	42.0～78.0
最热季度降水量（mm）	362.0～882.0	520.0～1023.0	613.0～1176.0
最冷季度降水量（mm）	22.0～91.0	36.0～63.0	48.0～103.0
年均日照（W/m^2）	122.2～135.7	128.0～132.7	147.2～150.2
年均相对湿度（%）	63.6～73.1	62.3～67.2	56.1～66.1

（二）无公害黄连产地标准

无公害黄连生产的产地环境应符合国家《中药材生产质量管理规范（试行）》，NY/T 2798.3-2015《无公害农产品生产质量安全控制技术规范》；GB 15618-2008《土壤环境质量标准》；GB 5084-2005《农田灌溉水质标准》；GB 3095-2012《环境空气质量标准》；GB 3838-2002《地表水环境质量标准》等对环境的要求。

无公害黄连生产选择在生态环境条件良好的地区，产地区域和灌溉上游无或不直接受工业“三废”、城镇生活、医疗废弃物等污染，避开公路主干线、土壤重金属含量高的地区。不能选择冶炼工业（工厂）下风向 3 km 内，且空气环境质量应符合《环境空气质量标准》GB 3095-2012 中一、二级标准。

二、无公害黄连优良品种选育

（一）优良种源选择原则

针对黄连生产情况，选择适宜当地抗病、优质、高产、商品性好的优良品种，尤其是对病虫害有较强抵抗能力的品种。病虫害一方面造成产量和品质的降低；另一方面使用化学农药来防治病虫害，不仅增加成本且污染环境，还会通过食物链使产品中残留的农药进入人体而产生毒害，危及人体健康。

选育优质高产抗病虫的新品种是无公害黄连生产的一个首要措施，采用优质高产抗病虫的黄连新品种，可以有效缩短选育时间，提高选育效率，进而保障无公害黄连生产。优良品种是黄连高产、抗逆，减少病虫害从而达到无公害标准的有利保障。依据产地环境现状，选择已有新品种（如“黄连 1 号”）或开展新品种选育进行种子、种苗繁育。

（二）黄连良种繁育

1. 黄连良种的选择

针对种子繁殖的黄连，从无病株留种、调种，剔除病籽、虫籽、瘪籽，种子质量应符合相应黄连种子二级以上指标要求。

2. 制种

种子可通过包衣、消毒、催芽等措施进行处理，用于后续种植。种子消毒方法主要包括温汤浸种，干热消毒、杀菌剂拌种，菌液浸种等。针对有育苗需要的黄连，应提高育苗水平，培育壮苗，可通过营养土块、营养基、营养钵或穴盘等方式进行育苗。

3. 良种贮藏

种子需进行湿沙层积储藏，贮藏后需经常检查，特别是在头 2 个月，需每隔 3～5 天检查一次，发现霉变应立即将种子淘洗后与沙混合再贮藏。9 月后，气温逐渐降低，可 1 个月检查一次。用这种贮藏方法加上按时检查管理，可以延长到 11 月至次年 1 月，种子质量不受影响。

4. 分级、播种

选择每年的 10～11 月播种，将种子与 20～30 倍的细土拌匀后撒播于苗床上，播后先用木板稍加压实。盖 0.5～1 cm 的干细腐熟牛马粪。冬季干旱时，还需盖一层稻草或秸秆保湿。到来年春天化雪后，及时去除覆盖物，以利出苗。每亩用种量为 2.5～3 kg。

三、无公害黄连栽培技术

（一）综合田间农艺措施

1. 整地

地选好后清除灌木杂草，可堆集到一起处理转化成基肥。

表 2-36-2　无公害黄连生产的土地改良

土地类型	整地方式
荒地	去除杂草后，将表层 0～20 cm 的土堆成堆，熏烧成黑土。土地翻耕深约 15 cm，整细耙平，然后根据地形开沟，作畦。通常畦宽 1.3～1.5 cm，高 15～20 cm，畦沟宽 20～30 cm。作畦后，将所烧泥土铺于畦面上，厚约 20 cm
熟地	每亩施入腐熟土杂肥 4000～5000 kg，深翻 20 cm，耙平作畦，根据地形开沟、作畦。通常畦宽 1.3～1.5 cm，高 15～20 cm，畦沟宽 20～30 cm
林间	选择高 4～5 m 的松木或阔叶混交林地，砍掉过于密集的树枝，使林间的隐蔽度维持在 70% 左右。根据地形开沟、作畦。通常畦宽 1.3～1.5 cm，高 15～20 cm，畦沟宽 20～30 cm

2. 间苗匀苗

原则为去小留大，去歪留正，去杂留纯，去劣留优，去弱留强。育苗期内要控制好温湿度，精心管理，使秧苗达到壮苗标准。定植前再对秧苗进行严格的筛选，可以大大减轻或推迟病害发生。

3. 中耕除草

黄连地内极易生长杂草，尤以轮作的熟地杂草更多。中耕除草是种植黄连的基本操作，移栽当年和次年，做到除早、除小、除净。每年结合中耕除草4～5次；第三、四年每年除草3～4次；第五年除草1次。

4. 移栽定植

黄连移栽可在2～3月、5～6月或9～10月3个时期进行，尤以5～6月移栽最好。2～3月多用一至二年生苗，适于气候温和的低山区；5～6月多用三年生苗，栽后成活率高，为最佳移栽期；9～10月栽后易受冻害，只适宜气候温和的低山区。移栽宜选在阴天或雨后晴天进行，取生长健壮、具4片以上真叶幼苗，连根挖起，剪去部分过长须根，留2～3 cm长，按株行距各10 cm开穴栽植，穴深6 cm左右，苗直立放入，覆土稍加压实。每亩栽苗6万株左右。

5. 遮阴搭棚

适当的荫蔽是黄连生长的必要条件。随着黄连苗龄增长，应逐年减少荫蔽度，增加光照，抑制地上部分生长，促使养分向根茎转移，增加根茎产量。移栽当年需要70%～80%的荫蔽度；第二年起荫蔽度逐年减少10%左右，到第四年荫蔽度减少到30%～50%。第五年调节到20%左右。可采用水泥桩、铁丝、竹木条、秸秆、遮阳网等材料进行搭建荫棚。

6. 摘蕾

除留种株外，在植株苗移栽后第二年起，均在抽薹时摘除花薹。

（二）合理施肥

无公害黄连施肥应坚持以基肥为主、追肥为辅和有机肥为主、化肥为辅的原则。使用肥料的原则和要求、允许使用和禁止使用肥料的种类等按DB13/T 454执行。针对性施用微肥，提倡施用专用肥、生物肥和复合肥，重施基肥，少施、早施追肥。无公害黄连施肥方法分为浅施与深施两种：根系浅的地块和不易挥发的肥料宜适当浅施，根系深和易挥发的肥料宜适当深施。化肥深施，既可减少肥料与空气接触，防止氮素的挥发，又可减少氨离子被氧化成硝酸根离子，降低对黄连的污染。采收前不能施用各种肥料，防止化肥和微生物污染（表2-36-3）。

表2-36-3 无公害黄连生产肥料施用方法

施用目的	肥料种类及施用方法	施用时期
刀口肥	每亩以腐熟细碎的厩肥1000 kg或熏土1000 kg拌腐熟的人畜粪尿均匀撒于厢面	移栽后7天内
追肥	每亩可用尿素7 kg或15 kg碳酸氢铵拌细土，在晴天无露水时撒施，撒肥后即用竹枝或细树枝在厢面上轻扫一次，将肥料颗粒扫落土里	移栽后1个月左右

续表

施用目的	肥料种类及施用方法	施用时期
春肥	每亩用厩肥 1500 kg，也可单用尿素 10 kg 或碳酸氢铵 20 kg 拌细土撒施	第二年 3 月
追肥	每亩施用捣碎腐熟的厩肥 1500 kg 或熏土 2000 kg	第二年 5～6 月
追肥	每亩可用厩肥 2000 kg，拌 100 kg 过磷酸钙及石灰 150 kg 撒施厢面，或单施过磷酸钙 150 kg 后，培土（生土）1 cm 左右厚	第二年 10～11 月
春肥	每亩用厩肥 1500 kg，也可单用尿素 10 kg 或碳酸氢铵 20 kg 拌细土撒施	第三年 3 月
追肥	每亩用腐熟厩肥 2300 kg，拌石灰 300 kg 撒施	第三年 5～6 月
上饱泥	每亩用腐熟厩肥 3000 kg，或熏土 4000 kg，拌过磷酸钙 150 kg 撒施后，马上培土约 3 cm 厚	第三年 10～11 月
春肥	每亩用厩肥 1500 kg，也可单用尿素 10 kg 或碳酸氢铵 20 kg 拌细土撒施	第四年 3 月
追肥	腐熟厩肥每亩 2300 kg，拌石灰 300 kg 撒施	第四年 5～6 月
上饱泥	每亩用腐熟厩肥 3000 kg，或熏土 4000 kg，拌过磷酸钙 150 kg 撒施后，马上培土约 3 cm 厚	第四年 10～11 月
第四、五年，若不收获，追肥、培土的方法同第四年。若为收获的当年，则只施春肥，不需施秋肥		

注：数据来源于种植基地试验数据。

（三）病虫害综合防治

无公害黄连种植生产过程中相应准则参照 NY/T 393《绿色食品农药使用准则》、GB 12475《农药贮运、销售和使用的防毒规程》、NY/T 1667（所有部分）《农药登记管理术语》。按照无公害黄连生产主要病虫害控技术规程执行，在生产管理规程中容忍部分病虫害损失，而黄连药材中农药残留和重金属含量应符合规程要求（表 2-36-4）。

表 2-36-4　无公害黄连常见病虫害及其防治措施

病虫害种类	危害部位	防治措施
白粉病	叶	调节隐蔽度，适当增加光照；注意清沟排水，降低棚内湿度；发病初期摘除病株并集中烧毁；20% 粉锈宁可湿性粉剂 1000～1500 倍液；25% 多菌灵可湿性粉剂 500～1000 倍液喷雾
白绢病	根茎	50% 多菌灵可湿性粉 500 倍液淋灌；发病初期用 50% 的石灰水浇灌
炭疽病	叶	75% 百菌灵可湿性粉剂加水喷雾
蛴螬	叶	移栽前，用石灰进行土壤消毒；90% 美曲膦酯可湿性粉剂 1000～1500 倍液浇注
小地老虎	叶芽	90% 美曲膦酯晶体粉 100 g 拌切碎的嫩草洒在厢面诱杀

注：数据来源于种植基地试验数据。

四、无公害黄连采收与加工

黄连一般移栽5年后采收，秋末冬初雪前采挖。采挖后不能用水洗，抖去泥土，烘干至一折就断时，趁热置于竹制槽笼中冲撞去泥沙、根须及残余叶柄。雅连一般栽培4～5年后采收，一般于立冬前后采收，抖去泥后，烘炕至皮干心湿，筛去部分杂质再烘至全干。然后在竹槽笼中撞去根须、泥沙，剪去残余连秆和过长“过桥”即可。云连种植4年以上收获，抽挖出根茎粗壮者，抖去泥土，晒干或烘干再撞去根须、泥沙即可。

无公害栽培是当前中药材种植产业发展的新方向，生产基地的环境是无公害中药材种植的基础条件，植物生长发育所需的土壤、水分、空气的质量好坏直接影响中药材产品是否能够达到无公害标准，种植过程中重金属污染、化肥、农药和生长调节剂滥用等。最后严重拖延了中药材走向国际化的步伐，同时也危害到用药者的生命安全。因此，在继续推行中药材GAP的前提下，建立适合中药材种植特点的无公害产地环境质量标准，符合当下中药材种植向无公害方向发展的重要需求，以推动我国中药材生产进入“无公害时代”。

参考文献

[1] 马波，赵宝林，刘学医．中国历代黄连属药材商品变迁[J]．安徽中医药大学学报，2016，35（3）：89-92.

[2] 李建民，李华擎．黄连商品种类现状考察[J]．中国现代中药，2017，19（10）：1476-1479.

[3] 赵磊，王书林，杨慧，等．川牛膝与黄连轮作规范化种植规程（SOP）[J]．中国医学创新，2009，6（11）：19-20.

[4] 章承林，江建国，周忠诚，等．鄂西南山区日本柳杉林下黄连种植技术规范[J]．农村经济与科技，2012，23（11）：62-65.

[5] 李乾友，朱富华，蔡梦阳．杉木林下黄连种植技术[J]．湖北林业科技，2010，（2）：70-72.

[6] 方清茂．GAP基地黄连的研究道地药材黄连种植的环境评价及质量标准规范化研究[D]．成都：四川大学，2002.

[7] 李春民，徐自锦，章承林，等．林下黄连种植模式研究[J]．湖北农业科学，2014，（12）：2817-2820.

[8] 冉成，陈桂芳．黄连育苗栽培技术[J]．重庆林业科技，2006，（2）：37-38.

[9] 王显安，胡榜文，丁礼康，等．“黄连1号”新品种特征特性及栽培技术试验研究[J]．中国现代中药，2016，18（8）：1009-1011.

[10] 胡波，何涛．黄连搭棚生态栽培技术[J]．湖北植保，2009，（1）：46-47.

[11] 戴云树，谭久琼．石柱黄连林下栽培技术[J]．科学种养，2006，（2）：16.

[12] 雷庆华，黄德平．黄连无公害栽培技术[J]．中国农技推广，2011，27（5）：32.

[13] 雷李洪鹏．黄连高产栽培技术[J]．湖北林业科技，2007，（2）：73-74.

[14] 庆华，黄德平．黄连无公害栽培技术[J]．四川农业科技，2011，（2）：32.

[15] 龙入海，谭立斌．黄连的两段高产栽培技术[J]．中国农业信息，2015，（1）：31.

[16] 李春龙．黄连栽培关键技术[J]．四川农业科技，2013，（8）：31-32.

[17] 沈普翠. 黄连栽培新技术 [J]. 农家科技，2008,（12）：17.
[18] 徐成文. 名贵中药黄连的栽培方法 [J]. 北京农业，2009,（4）：20.
[19] 胡露洁，杨朝东. 黄连药用价值和栽培生理研究进展 [J]. 长江大学学报（自科版），2015,（21）：39-42.

（刘丹，刘霞，孟祥霄，崔宁，汪波，王学奎）

37　黄柏

引言

黄柏基原植物为芸香科 Rutaceae 黄檗属落叶乔木黄皮树 *Phellodendron chinense* Schneid.，原名“檗木”，始载于《神农本草经》，列上品，已有2000多年的药用历史。在《中华人民共和国药典》（2000年版）前，川黄柏和关黄柏都以“黄柏”入药。由于盐酸小檗碱、黄柏碱及其他含量差异较大，《中国药典》2005年版之后修订中药材黄柏只指“川黄柏”，而关黄柏独立为“关黄柏”。黄柏野生资源在20世纪50年代很多，从80年代开始，由于中药市场的活跃，人们对黄柏开始了超越限度的不合理利用，野生资源遭到严重破坏。为了保护和合理利用野生药材资源，国务院于1987年颁布了《野生药材资源保护管理条例》，国家中医药管理局将黄柏列为第一批国家重点保护野生药材，同时黄柏也被确认为贵州珍稀濒危保护植物。《中国珍稀濒危植物》（1989）和《中国植物红皮书》（1990）也将其列为保护树种。现有商品药材主要来源于栽培，各产区的黄柏质量有较大差异，一些地区主要有效成分含量低，达不到药典标准，一些地区存在部分重金属超标的问题，同时普遍存在黄柏和关黄柏品种来源不分等问题。对此进行无公害种植，从产地环境、品种选育、种植管理技术、病虫害综合防治、采收方法及质量标准等方面规范黄柏生产过程，以生产无公害、高品质的黄柏药材，保证黄柏产业的可持续发展。

一、无公害黄柏产地环境

黄柏为阳性树种，气候适应性强，喜温暖湿润气候。苗期较耐阴，成年树喜光，不耐阴，怕涝，在疏松深厚肥沃中性至微酸性的砂壤土生长最好，pH 5～7的紫色土、黄壤、红壤等均能生长。海拔高度以600～1400 m为宜，海拔过高，生长缓慢，易受冻害。黄柏适宜区的主要生态因子如表2-37-1。黄柏分布于我国云南、湖北、湖南、四川、重庆、陕西、江苏、浙江、广东、广西、贵州等省（区），道地产区在四川和重庆。根据黄柏的生物学特性和生产需要，宜选择交通便利、水源充足、排灌方便、无污染的地段，土壤应深厚、肥沃、腐殖质含量较高、疏松、湿润、排水性好，地势平坦，山坡坡度不宜过大，小于20°最佳，且宜在山坡的中下坡位，坡度25°以上地方可以种植，但土层不能太薄（土层厚度不小于30 cm）。产地的土壤环境必须符合GB 15618-2008的一级或二级土壤质量要求，空气环境质量应符合GB/T 3095-2012中一、二级标准值要求，田间灌溉用水质量必须符合GB 5084-2005的规定。同时产地区域和灌溉上游无或不直接受工业“三废”、城镇生活、医疗废弃物等污染，避开公路主干线、土壤重金属含量高的地区，不能选择冶炼工业（工厂）下风向3 km内。

表2-37-1 黄柏野生分布区、道地产区、主产区气候因子阈值（GMPGIS-Ⅱ）

生态因子	生态因子值范围	生态因子	生态因子值范围
年均温度（℃）	5.4～22.4	年均降水量（mm）	668.0～2783.0
平均气温日较差（℃）	5.7～12.4	最湿月降水量（mm）	130.0～474.0
等温性（%）	23.0～53.0	最干月降水量（mm）	3.0～90.0
气温季节性变动（标准差）	3.2～9.3	降水量季节性变化（变异系数%）	44.0～102.0
最热月最高温度（℃）	17.2～34.1	最湿季度降水量（mm）	331.0～1216.0
最冷月最低温度（℃）	-8.5～10.8	最干季度降水量（mm）	12.0～305.0
气温年较差（℃）	16.6～35.8	最热季度降水量（mm）	321.0～1027.0
最湿季度平均温度（℃）	12.5～28.6	最冷季度降水量（mm）	12.0～305.0
最干季度平均温度（℃）	-2.3～16.4	年均日照（W/m^2）	118.3～154.8
最热季度平均温度（℃）	12.5～28.7	年均相对湿度（%）	51.1～76.2
最冷季度平均温度（℃）	-2.3～15.6		

二、无公害黄柏优良品种选育

选择适宜当地抗病、优质、高产、商品性好的优良品种，尤其是对病虫害有较强抵抗能力的品种。黄柏目前有一个良种——“荥经黄柏”，其主要有效成分小檗碱含量高，适宜在四川、重庆海拔1500 m以下地区栽培。今后还需加快适宜不同产区的黄柏新品种培育。

三、无公害黄柏种植管理技术

（一）无公害种苗培育

1. 种子采收及贮藏

采种母树宜选择树龄10年以上、生长健壮、无病虫害感染、未被剥皮利用的优良植株，黄柏果实由绿变褐，最后呈紫黑色时可采收。黄柏鲜果采摘后，需堆沤半个月左右，果肉腐烂后，进行淘洗分离，风干后贮藏。以沙藏为好，将种子与湿沙按 1∶3 的比例充分混合后，沙子湿度以手握沙子后能成形为适，置于室外地势较高的坑内，覆湿沙 10 cm，再覆土 10 cm，并扦秸秆捆或稻草通气。也可以堆放在室内低温通风处，贮藏中应注意保持沙子湿润。

2. 种子处理及播种

黄柏种子播种前都要进行消毒和催芽处理。播种前，将种子用“水选法”选种，浸种约 5 小时，除去浮在表面的种子，沉在水中的种子用 5% 生石灰水浸泡 1 小时，消毒后用初始温度 50℃热水浸泡 3 天，沉入水中的种子可直接播种，也可沙藏催芽，当种子破口，约有 1/3 的种子露白时即可播种。播种一般在 1～3 月，播种过早，种子在田间损失较大，不利出苗；播种过晚，气温逐渐增加，打破休眠不完全，出苗率下降。因此应根据地区气候条件选择合适的播种时期。

播种前要求全面深翻圃地，深度 30 cm 以上，清除草根、石块等杂物，耙细整平，每亩用 75 kg 波尔多液消毒杀虫。圃地四周开设一条宽 40 cm、深 30～40 cm 环通排水沟。育苗地的厢宽以 2 m 为宜，厢面宽为 165 cm，厢沟宽 35 cm，厢沟深 20～30 cm。传统撒播方法省事省力，但因种子分布不均匀，易造成幼苗生长不均匀，难以达到苗木标准化，生产上普遍采用条播。播种时，厢面按行距 25～30 cm 横向开沟，沟宽 10～20 cm，沟深 3～5 cm，将种子单粒点播于播种行中，播于沟底，每亩播种量 3～5 kg，播后覆盖细土 2～5 cm，覆土厚度以见不到种子为宜，轻轻镇压，然后整平厢面，床面覆草或盖草帘，并浇透水，以保持湿度，防止雨水冲刷。

3. 苗木出圃及质量要求

苗木出圃时间受气候、海拔等情况的影响，应根据实际情况判定。一般在冬季落叶后至翌年新芽萌动前，将幼苗带土挖出，剪去根部下端过长部分。起苗应深起，保持主根完整。苗木要求顶芽饱满，无机械损伤，无病虫害，苗木质量分级见表 2-37-2。运到外地的苗木要浆根，50 株 / 扎，以稻草包裹根部，并用草绳捆绑，立即运输。不能及时运走的苗木，选择排灌良好、阴凉潮湿、土壤疏松的地方及时假植，假植一般不超过 15 天。

表 2-37-2 黄柏苗木质量标准

等级	苗高（cm）	地径（cm）	根系
一级	＞100	＞0.8	主根＞25 cm，侧根 2～3 条
二级	60～100	0.5～0.8	主根 15～24 cm，侧根 1 条
不合格苗	地径＜0.5 cm，苗高＜59 cm，或者主茎未完全木质化		

（二）栽培模式选择

黄柏栽培模式比较单一，主要是传统的药用林模式，纯林、混交林或林草（菜、药）模式，对资源综合利用单一，经济价值较低。一般栽培面积较小，可采用纯林，面积较大，宜用混交。混交林是常用的造林模式，能显著抑制病虫害，改土保肥，促进生态系统健康发展，提高药材品质。混交可带状或块状混交，树种比例一般为 1∶1，可根据市场需求调整。黄柏与杜仲、厚朴生态习性相似可混交。纯林或混交林种植株行距可选 2.0 m×2.0 m、1.5 m×1.5 m 等，林下间作其他药材或蔬菜等株行距可增加到 2.0 m×4.0 m，2.0 m×5.0 m，土层深厚肥沃，立地条件好的宜稀植，土壤瘠薄的山地，可适当密植。

栽植前进行整地，秋季栽植在当年的雨季前整地，春季栽植在前一年的秋季整地。山地可采用全垦或带状整地，25° 以上坡度的山地禁止全垦整地。山地、丘陵保留山顶、山脊天然植被，或沿某一等高线保留一定（3 m 宽）的天然植被。荒芜、半荒芜的宜林缓坡地要进行全面翻土。整地前对造林地的采伐剩余物或杂草、灌木等天然植被进行清理，宜保留阔叶树，陡坡地建议开成梯形以利水土保持。栽植时间从冬季落叶后到土壤封冻前，或春季新芽萌发前。栽植时选用一年生二级以上苗木，按苗木大小分区栽植，以便生长整齐。定植穴一般长宽深 50 cm×50 cm×40 cm，种植时苗木放正，要求根系舒展，细土回填与根部紧密结合，根系不得在土里卷曲、上翘。覆土后踩紧压实，垒土应高于地面 10～15 cm，如果穴内填有草皮等农家肥，则垒土需再高一些。栽后宜用地膜（黑地膜为佳）或草覆盖穴盘。

（三）田间综合管理

1. 苗期管理

黄柏的抗旱能力较弱，幼苗忌高温干旱，出苗期间要定期浇水，保持表土层湿润，下雨时清沟排渍，防止因土壤积水造成烂根。幼苗出齐后，要及时间苗，原则是留优去劣，留疏去密，幼苗过于稀疏的地段要进行补苗，合理保留密度。黄柏长到 2～3 片叶、苗高 5～7 cm 时，按株距 3～4 cm 间苗；苗高 15～20 cm 时，按株距 7～10 cm 定苗，每平方米苗量 20～40 株。幼苗生长期间，要根据土壤的板结程度和杂草生长情况，进行中耕除草，苗期一般除草 3 次，即播种后出苗前中耕 1 次，出苗后至郁闭前中耕 2 次。注意不要伤害苗木根系，以人工除草为主。化学除草剂由于危险性较大，必须经过严格的控制试验后方可在生产上使用。幼苗喜欢阴凉湿润的环境，因此在幼苗未达到半木质之前要对其采取遮阳，可用 70% 的遮阳网遮阳，以提高幼苗的成活率。

2. 幼林管理

（1）中耕除草　定植后 1～3 年，管理较为精细，全年除草 2 次，第 1 次除草在 4～5 月，杂草茂盛生长期进行。第 2 次除草在 9～10 月，杂草种子脱落之前进行。树盘（树干为中心点，半径 50 cm）内人工除草，树盘外可用一些无毒、低残留的化学除草剂。使用除草剂喷雾时应在喷头上加防护罩，压低喷头在行间定向喷雾，避免药液溅到枝叶上，有风时不可喷药。除草结合松土，做到里浅外深，不伤根系，深度 10～15 cm，梅雨季和雨季不宜进行松土。此后每年应于冬季或早春进行 1 次松土和林地清理。

（2）修枝　栽植当年必须进行修枝。修枝在萌芽后进行，主要针对顶芽缺失的树木。当黄皮树顶芽受伤或缺失后，其下两个对生的侧芽萌发，长成两个侧枝，此时应保留一根，另一根从基部剪去，确保黄皮树直立生长。修枝时应保留紧贴于侧枝下部的复叶，萌生的其他侧枝只要不影响主干生长即可保留。每年将距地面 2 m 内主干上的大侧枝均去掉，以促进主干的生长。

（3）间作　定植后前 3～5 年植株较小，林间空间较大，可间作豆科作物、草本药材等矮秆作物，间种的植物离幼树 50 cm 以上的距离。

（4）抚育间伐　随着林分郁闭，树林营养空间竞争逐渐强烈，部分树林生长衰弱、被压或整体过密，通风透光差，林分生产力下降，且易引发病虫害，必须抚育间伐，砍除被压树、衰弱树及病虫树，或按比例隔株隔行间伐，均匀调整，改善林分结构。间伐后的萌发枝条留强去弱，主干上的萌发枝条要及时修剪。

（5）截顶　为了加快黄柏径生长，增厚皮层，在定植 10 年后，当树高长到 8 m 左右时，就可将主干顶梢截除，并修剪密生枝、纤弱枝、垂死枝，使养分集中供应主干和主枝。

（四）合理施肥

施用的肥料以有机肥为主，其他肥料为辅，限量施用化肥，且有机肥料必须经过高温发酵，达到无害化标准。施肥主要包括施基肥和追肥，苗圃地和定植穴要施足基肥，一般用腐熟有机肥，追肥一般结合中耕除草，苗期还应追肥 2～3 次，以促进生长，生长后期不再施肥，促进木质化。幼林期结合中耕除草每年追肥 2～3 次，后期可减少追肥次数。每年入冬前再施一次农家肥，三至六年生幼树每株可施基肥 5～10 kg，七年生以上每株施 10～15 kg，施肥时每株宜加入过磷酸钙 0.5～1.0 kg。具体施肥方法见表 2-37-3。

表 2-37-3　无公害黄柏施肥方法

类型	施肥方法
苗圃基肥	每亩施农家肥 3000～5000 kg，过磷酸钙 25～30 kg
苗期追肥	追肥 2～3 次，第 1 次在幼苗 3～5 片真叶期，每亩追施尿素 2.5～3.0 kg；第 2 次在苗高 30 cm 左右，每亩施入尿素 3.0～3.5 kg。第 3 次视苗木生长情况，主要针对土壤肥力不足、基肥不足、苗木生长欠佳者，每亩施入 4.0～5.0 kg 尿素。追肥结束时期为 6 月底，7 月后一般不再追肥，以免造成苗木徒长，质量下降
种植地基肥	每穴用过磷酸钙 0.2～0.5 kg，尿素 0.05 kg 或复合肥（N：P_2O_5：K_2O＝15：15：15）0.2 kg，也可将火土灰、腐熟土杂肥、草皮铲入穴内拌匀，回少量表土
定植后追肥	造林后当年追肥 2～3 次，以后逐年减少次数。第 1 次 4～5 月，第 2 次 7～8 月，第 3 次 9～10 月。施肥量：第 1 次、第 2 次每株用尿素 0.05 kg，第 3 次增加过磷酸钙 0.2 kg；如果使用复合肥（N：P：K＝15：15：15），按每株 0.2 kg 施肥；在距树干 50～80 cm 内均匀撒施，以雨后撒施为宜

四、无公害黄柏病虫害综合防治

（一）综合农艺措施

淘汰有病虫害的种子，选择优良种子、种苗，并在栽植之前对种子、种苗进行消毒。不用过于阴湿地作苗圃地，圃地设置良好的排水体系，防止积水。土壤深翻、深耕，精耕细作，并做好土壤消毒工作，可用 1%～3% 硫酸亚铁液 2 kg/m^2 喷洒灭菌，每亩用 75 kg 波尔多液、25% 多菌灵可湿性粉剂 500 倍液喷洒杀虫，还可撒少量生石灰，可有效预防多种病虫害。肥料用腐熟有机肥。根据黄柏的种类、品种、株型、最适叶面积系数、种植季节、水肥状况等因素，对种植密度、种植规格等详细规划，合理配置株行距，优化群体结构，使黄柏植株之间能够维持良好的透光状态，特别是植株下部的光照条件，提高植株抗性，消除发病的局部小气候条件。发现病株，应立即将其整株清除，病枝集中烧毁，拔除的坑穴用石灰消毒，防止疾病蔓延。黄柏生长期间要采取中耕、松土、除草等措施，可以有效防止田间病、虫、草害，消灭病、虫寄主，有助于降低病、虫害的发生率。

（二）物理防治

对于活动性不强、危害集中或有假死性的害虫可以实行人工捕杀。秋后 11 月至翌年 3 月摘除牡蛎蚧越冬虫囊，消灭越冬幼虫。对有趋光性的鳞翅目及某些地下害虫，利用诱蛾灯或黑光灯诱杀。树干上刷涂白剂，防止害虫在树干上越冬产卵及病菌侵染树干。

（三）生物防治

保护和利用各种捕食性和寄生性天敌昆虫，采用人工繁殖、释放、助迁、引进天敌等方法防治害虫。利用寄生性益虫寄生蜂抑制凤蝶；在园林中种植蜜源植物，保护和繁殖益鸟，可有效防治蚧壳虫；保护和利用大草蛉、二星瓢虫、食蚜蝇等可防治黄柏丽木虱。

（四）化学防治

化学防治禁止使用剧毒、高毒、高残留或具有三致（致癌、致畸、致突变）的农药，严格按照农药使用间隔期安全使用，改进施药技术，控制施药面积、次数和浓度。根据当地病虫害发生规律制定化学防治综合方案，多种病虫害最好选用能综合治理的方式，施药一次有效的不要多次用药，尽量减少化学农药的施用。药材采收当年禁止施用化学农药（表 2-37-4）。

表 2-37-4　黄柏部分病虫害的化学防治方法

病虫害种类	防治方法
根腐病	1∶1∶100 的波尔多液喷射树干、树枝，50% 多菌灵或 50% 甲基托布津 400～800 倍液浇灌病穴
煤污病	50% 多菌灵可湿性粉剂 800～1000 倍液或波美 0.3 度石硫合剂喷雾
锈病	波美 0.2～0.3 度石硫合剂，25% 粉锈宁 700～1000 倍液，50% 代森锰锌 600 倍液，每隔 15 天喷 1 次，连续喷 2～3 次
轮纹病	一至三年生幼树，喷施波尔多液（1∶1∶160），或 70% 甲基托布津可湿性粉剂 800 倍液
凤蝶	幼虫三龄以后喷含菌量 100 亿 /g 的青虫菌 300 倍液，每隔 10～15 天喷 1 次，连续喷 2～3 次
蚜虫	苦参茎、叶煎汁，加石灰喷洒；1 kg 烟草水（1 kg 烟草浸 20 kg 水）加肥皂 3 g，再加清水 1 kg 喷洒，现配现用
蚧壳虫	越冬代雌虫：冬季喷施 1 次 10～15 倍的松脂合剂。越冬若虫：冬季和春季发芽前，喷波美 3～5 度石硫合剂

五、无公害黄柏采收方法及质量标准

（一）黄柏剥皮再生方法

黄柏生长缓慢，周期长，一般要8年以上才能利用。传统砍树剥皮的采收方式，极大的消耗黄柏资源，同时破坏了生态环境，因此提倡剥皮再生技术。黄柏剥皮一般选择夏季5～7月高温高湿季节，气温在22～26℃，以雨后阴天为佳。选择生长旺盛、枝叶繁茂、无病虫害的植株剥皮，在主干距地面20 cm处环切1刀，上端环切1刀，连接上下切口，再纵向划2刀，2刀之间间距约1.5 cm，保留2刀之间的树皮，其余小心撕去，剥皮长度1.5～1.8 m。剥面喷70%甲基硫菌灵700倍液，立即用透明地膜包扎。当剥面由黄色变为浅绿色，长出新生组织后（7～15天），除去薄膜，当年即可形成新树皮。

（二）无公害黄柏质量标准

无公害黄柏包括药材农药残留和重金属及有害元素限量等质量指标，质量标准可参照《中华人民共和国药典》2015年版规定，黄柏中盐酸小檗碱含量≥3.0%，盐酸黄柏碱≥0.34%，同时要求重金属含量铅≤1.0 mg/kg，镉≤0.3 mg/kg，铜≤20 mg/kg，汞≤0.1 mg/kg，砷≤2.0 mg/kg。研究发现一些产区的黄柏，重金属含量超标，可能与自身对重金属元素的富集能力有关，其重金属主要来源于环境中，因此在黄柏产地的选择中，必须符合前文所述的环境质量标准。

黄柏是传统大宗中药材，药用历史悠久，由于野生资源锐减，各地引种栽培，特别是在山区，是优良的造林树种，除药用外，还具有较高的生态价值。但由于选址不当、种植管理粗放等问题，使各产区黄柏药材质量参差不齐，甚至重金属超标，极大影响了药效，用药安全受到广泛关注。本文从适宜产地选择、栽培关键环节、药材采收等方面论述了黄柏的无公害生产技术，规范生产过程，保证黄柏药材品质。

参考文献

[1] 茅向军，许乾丽，周兰，等. 黔产天麻、杜仲、黄柏、厚朴重金属含量的研究[J]. 贵州科学，1998，16（2）：136-139.
[2] 孙鹏，张继福，李立才，等. 黄柏的栽培技术与方法[J]. 人参研究，2013，（3）：59-61.
[3] 叶萌，徐义君，秦朝东. 黄柏规范化育苗技术[J]. 林业科技开发，2005，19（1）：56-58.
[4] 谭勋桃. 黄柏栽培技术要点[J]. 湖北林业科技，2012，（1）：65-73.
[5] 唐大岳. 杉木黄柏混交林初期生长研究[J]. 湖北林业科技，2000，（3）：5-7.
[6] 曾令祥. 黄柏主要病虫害及防治技术[J]. 贵州农业科学，2003，31（6）：55-57.
[7] 韩学俭. 黄柏的采收加工与商品规格[J]. 特种经济动植物，2004，（3）：36.
[8] 金敏. 调剂中易混淆品种黄柏与关黄柏的探讨[J]. 首都食品与医药，2018，（1）：89-90.

[9] 汤欢，向丽，赵莎，等. 应用DNA条形码ITS2序列对市售药材黄柏的鉴定研究[J]. 世界科学技术-中医药现代化，2016，18（2）：184-190.
[10] 董林林，苏丽丽，尉广飞，等. 无公害中药材生产技术规程研究[J]. 中国中药杂志，2018：1-15.
[11] 陈士林，董林林，郭巧生，等. 中药材无公害精细栽培体系研究[J]. 中国中药杂志，2018，(8)：1517-1528.
[12] LY/T 2045-2012，黄皮树栽培技术规程[S].
[13] DB51/T 1149-2010，无公害造林技术规程黄柏[S].

（杨俐，李洪运，丁丹丹，叶萌，向丽）

38 菊花

引言

菊花为菊科植物菊 *Chrysanthemum morifolium* Ramat. 的干燥头状花序，是我国常用中药。经过产地变迁、长期的人工栽培与加工方法改进，药用菊花形成了不同的栽培类型和商品规格。2015年版《中华人民共和国药典》（一部）将菊花按产地和加工方法不同，分为“亳菊”“滁菊”“贡菊”“杭菊”“怀菊”五个药用菊花品种。除此以外，市场上流通的还有川菊、济菊、祁菊、福白菊等菊花品种。

目前市场上的菊花多为栽培品，生长过程中农药使用较普遍，农药残留阳性检出率较高；菊花传统加工方法中有过度使用硫黄的现象，导致菊花中二氧化硫残留量超标情况频发；另外连作障碍使菊花植株发育不良、病虫害严重，由于许多药农对菊花连作障碍缺乏科学认识，盲目加大农药和肥料使用，致使药材农残及重金属含量超标。由于菊花的用量大，蓄积中毒的风险较大，为了保障药品的质量安全，菊花的无公害生产需进一步规范。无公害菊花种植体系是保障菊花品质的有效措施之一，为指导菊花无公害规范化种植，结合菊花的生物学特性，概述了无公害菊花产地环境、品种选育、种植管理技术、采收与加工、质量标准等，为菊花的无公害种植提供支撑。

一、无公害菊花产地环境

无公害菊花产地的生态环境、空气环境质量、土壤环境质量、灌溉水环境质量均应达国家相关标准的要求。生态环境与药材质量密切相关，根据原产区的气候、土壤等生态因子寻找相似生态环境的新产区，是保证菊花引种成功和避免连作障碍的有效途径，但不可盲目引种。利用《药用植物全球产地生态适宜性区划信息系统Ⅱ》(GMPGIS-Ⅱ)，可获得菊花主要生长区域的生态因子范围值，为合理扩大菊花的种植面积及生产规划提供科学依据。

(一)生态环境要求

菊花多生长于土壤肥沃、排水良好，气候温暖湿润的地区。菊花栽培历史较长，种植区域广泛，其中亳菊、滁菊、贡菊主产于安徽，杭菊主产于江苏和浙江，怀菊主产于河南，川菊主产于四川，济菊主产于山东，祁菊主产于河北，福白菊主产于湖北。除此以外，江西、福建、广东、湖南、山西、陕西、贵州、云南等省亦有栽培。

基于GMPGIS-Ⅱ系统分析，得到菊花主要生长区域的生态因子阈值，结果见表2-38-1。菊花主要生长区域生态因子范围：最冷季均温-2.1～17.9℃；最热季均温21.5～28.7℃；年均温度11.1～23.4℃；年均相对湿度55.6%～77.7%；年均降水量416～1663 mm；年均日照118.1～157.1 W/m^2，土壤类型以高活性强酸土、冲积土、淋溶土、粗骨土等为主。

表2-38-1　菊花道地产区、主产区气候因子阈值(GMPGIS-Ⅱ)

生态因子	生态因子值范围	生态因子	生态因子值范围
年均温度(℃)	11.1～23.4	年均降水量(mm)	416.0～1663.0
平均气温日较差(℃)	6.5～12.1	最湿月降水量(mm)	98.0～319.0
等温性(%)	24.0～54.0	最干月降水量(mm)	3.0～47.0
气温季节性变动(标准差)	3.3～11.0	降水量季节性变化(变异系数%)	44.0～127.0
最热月最高温度(℃)	26.8～34.0	最湿季度降水量(mm)	274.0～815.0
最冷月最低温度(℃)	-9.4～12.6	最干季度降水量(mm)	12.0～176.0
气温年较差(℃)	19.6～41.9	最热季度降水量(mm)	247.0～815.0
最湿季度平均温度(℃)	18.7～28.7	最冷季度降水量(mm)	12.0～287.0
最干季度平均温度(℃)	-2.1～18.9	年均日照(W/m^2)	118.1～157.1
最热季度平均温度(℃)	21.5～28.7	年均相对湿度(%)	55.6～77.7
最冷季度平均温度(℃)	-2.1～17.9		

(二)无公害菊花产地标准

无公害菊花生产的产地环境应符合国家《中药材生产质量管理规范》，NY/T 2798.3-2015《无公害农产品生产质量安全控制技术规范》；大气环境无污染的地区，空气环境质量达GB 3095规定的二类区以上标准；水源为雨水、地下水和地表水，水质达到GB 5084规定的标准；土壤不能使用沉积淤泥污染的土壤，土壤农残和重金属含量按 GB 15618 规定的二级标准执行。

无公害菊花生产选择生态环境条件良好的地区，产地区域和灌溉上游无或不直接受工业“三废”、城镇生活、医疗废弃物等污染，避开公路主干线、土壤重金属含量高的地区，不能选择冶炼工业（工厂）下风向 3 km 内。

二、无公害菊花优良品种选育

（一）优良种源选择

针对菊花生产情况，选择适宜当地的抗病、优质、高产、商品性好的优良品种，尤其是对病虫害有较强抵抗能力的品种。依据产地环境现状，选择已有高产优质品种进行种苗繁育。菊花按产地和加工方法不同，分为亳菊、滁菊、贡菊、杭菊、怀菊五大主流品种，其主要栽培类型、特点及传统种植区域见表 2-38-2。

表 2-38-2　主流菊花品种的栽培类型、特点及传统种植区域

菊花品种	栽培类型	种质特点	传统种植区域
怀菊	大怀菊	药用为主。怀菊主流品种，主要用于加工药用菊花，产量高	河南焦作
	小怀菊	多茶用、保健品用。主要用于加工“珍珠菊”，为温县怀菊花的一个独特品种，产量较低	
	小黄菊	多茶用、保健品用，产量较高	
亳菊	小亳菊	多药用，产量较低	安徽亳州
	大马牙（大亳菊）	多药用，花大、产量高	
贡菊	中熟品系	多茶用。主栽品系，即传统的“贡菊”（黄山贡菊、徽州贡菊），多种植于山坡地带。立冬前后开采	安徽歙县
	晚熟品系	多茶用。较“中熟品系”开花晚，品质优，但其产量偏低，目前种植较少，其是花序黄白色的品种，烘干后的商品称“贡菊王（皇）”，较一般的贡菊（中熟品系）颜色略微发黄	
	药菊	多茶用。花序为黄色，其花朵较小，舌状花层数和个数均较少，管状花较多，药味较浓，故也被称为“黄药菊”。该品种种植量较少，其虽名“药菊”，但仍以茶用为主，鲜见药用	
	七月菊	于 7 月和 10 月开二季菊花品系，且产量高于原传统黄山贡菊，但有明显苦味，其中 10 月开的第二季花，有较多明显可见的管状花，与一般贡菊不同，又称为“太阳花”	
滁菊	滁菊	多药用。滁菊从形态学来看，与南北的品种区别较大，历史上也未见到相互联系，可能是独立形成的品种。花瓣紧密，花盘直径 4～5 cm，花蕊（管状花群）直径 1.0～1.5 cm，金黄色，花瓣（舌状花）135～138 片、玉白色，单片长 1.5～1.7 cm，宽 0.2～0.4 cm	安徽滁州

续表

菊花品种	栽培类型	种质特点	传统种植区域
杭菊	早小洋菊	多茶用。为小洋菊突变植株培育而来，熟期早，花朵紧凑，鲜花序直径平均 3.9 cm，花瓣（舌状花）玉白色、短而多，花瓣通常 5～6 层，85～105 片。品质优，商品性好，丰产性好，适应性广。通过芽变，选育出金菊 1 号、金菊 2 号、金菊 3 号、金菊 4 号等杭菊新品种	浙江桐乡
	晚小洋菊	多茶用。鲜花序直径 3.8～4.2 cm，花瓣（舌状花）一般 80～90 片，4～5 层；花瓣玉白色，花蕊（管状花）金黄色，加工干制后色玉白稍带黄色	
	金菊 1 号、金菊 2 号、金菊 3 号、金菊 4 号、香溢	多茶用。通过杭白菊的芽变特性从传统栽培类型早小洋菊和晚小洋菊中选育出来，“金菊”系列与传统栽培类型的主要区别是花瓣（舌状花）金黄或鹅黄，“香溢”的主要特点是花序香气浓郁	
	小黄菊（小汤黄）	药用为主。鲜花序直径 4.0～4.5 cm，总苞约 3 层，舌状花黄色，5～6 层，管状花黄色，管状花盘直径 0.9～1.1 cm。每花序有舌状花 63～88 朵，管状花 92～130 朵	
杭菊	福白菊	多茶用。20 世纪 50～60 年代，湖北麻城福田河一带从浙江桐乡引种杭菊获得成功，至 20 世纪 80 年代大规模种植。栽培品种有白菊和金菊两大系列，其中白菊品种有红心大白菊、小白菊等	湖北麻城
	大白菊	多茶用。鲜花序直径平均 4.4 cm，花瓣（舌状花）4～5 层，平均花瓣数 70 片	江苏射阳
	大黄菊	药用为主。花期较晚，鲜花序直径 4～6 cm。总苞 3～5 层。舌状花黄色，4～6 层，外层长 2.0～2.2 cm。管状花黄色，管状花盘直径 1.1～1.3 cm，偶见舌状花散生于管状花盘中。每花序有舌状花 65～96 朵，管状花 151～272 朵	

（二）良种繁育

1. 良种的选择

菊花生产用良种应从品种纯正、产量较高的种植田内选取无病虫害、生长势较强的植株，并做好标记，精心管理。

2. 种苗繁育

菊花繁殖通常采用分株、扦插和压条繁殖三种方法。

（1）分株繁殖　菊花收获后，将菊花茎齐地割除，选择生长健壮、无病害植株，将其根全部挖出，重新栽植在一块肥沃的地块上，施一层土杂肥，保暖越冬。翌年 3～4 月扒开粪土，浇水，4～5 月菊花幼苗长至 15～25 cm 高时，将全株挖出，分成数株，立即栽植于大田。

（2）扦插繁殖　选择发育充实、健壮、无病虫害的茎枝作插条。将插条去掉嫩茎，将其截成 10～15 cm 长的小段，下端近节处削成马耳形斜面，顶端留 2～3 片叶，下部叶片全部摘除。先用水浸湿，快速在 1500～3000 mg/L 吲哚乙酸（IAA）溶液中浸蘸一下，取出晒干后立即进行扦插。在整好的插床上，按株行距 8 cm×10 cm，将插条斜插在苗床上。

插条入土深度为穗长的1/2～2/3，插后用手压实并浇水，前期需要适当遮阴，插条生根逐步去掉遮阳物。

（3）压条繁殖　选择生长健壮、无病虫害的菊花植株作为母株。当菊株长到40～60 cm高的时候，将其茎枝向两面行间贴泥压倒，覆土5 cm左右，一般在茎节处生根并发出蘖苗，进而成长为新的植株。

3. 种苗质量标准

菊花优质种苗质量应符合菊花种苗质量标准二级以上指标要求，菊花种苗质量标准见表2-38-3。

表2-38-3　菊花种苗质量标准

标准等级	质量标准
一级标准	根系发达，苗高≥20.4 cm，地径≥0.35 cm
二级标准	根系发达，18.5 cm≤苗高<20.4 cm，0.28 cm≤地径<0.35 cm
三级标准	根系发达，苗高<18.5 cm，地径<0.28 cm

三、无公害菊花种植管理

（一）综合田间农艺措施

1. 整地

根据菊花的生物学特性和生产需要，种植菊花以选择肥沃、阳光充足、透性良好、pH 6～8的砂壤土为宜。忌连作种植。于头年秋冬季绿肥回田后深翻土地，使其风化疏松。翌年春季移栽前20天可选择使用棉隆进行土壤消毒，之后施生物菌剂和基肥。深耕20～30 cm，深翻土壤25 cm左右，结合整地施基肥，每亩施腐熟农家肥2000～3000 kg、过磷酸钙20～50 kg。然后整细耙平，做成宽150 cm、高20 cm的畦，畦间开40 cm左右宽的沟或平整作垄，垄宽40～60 cm，沟宽30～40 cm，沟深20～25 cm，以利排灌水。

2. 定植与补苗

根据菊花的生长特性来对其栽种密度进行合理设定、对株距进行科学控制。定植结束后，需要浇定根水，确保浇水量要浇透。若出现缺株，要及时补栽同龄苗，以保证全苗生产。

3. 摘蕾

菊花株高25 cm时，进行第一次摘心，选晴天摘去顶心1～2 cm，以后每隔半个月摘心一次，进入9月后停止摘心，否则分枝过多，营养不良，细小，反而影响菊花的产量和质量。

4. 排灌

菊花怕涝，雨季注意排水。同时要根据其生长的不同时期对其浇水量进行适当的控制，尽量做到少浇勤浇、肥水结合。花蕾期适量的增加浇水量。在进入冬季后则需要对菊花的浇水量进行有效控制，做到适当的控水。

5. 中耕除草

菊苗移栽成活后，到现蕾前要进行4～5次除草。每次除草宜浅不宜深，同时要进行培土，防止菊苗倒伏。

（二）合理施肥

菊花施肥使用肥料的原则和要求、允许使用和禁止使用肥料的种类等按DB13/T 454执行。应坚持以基肥为主，追肥为辅和有机肥为主、化肥为辅的原则。未经国家或省级农业部门登记的化肥或生物肥料禁止使用（表2-38-4）。

表2-38-4　无公害菊花生产肥料施用方法

施用类型	肥料种类及施用方法	施用时期
基肥	每亩施腐熟农家肥2000～3000 kg或羊粪500 kg、过磷酸钙20～50 kg	整地作畦期
追肥	每亩施入人粪尿100～150 kg、尿素0.5～0.7 kg，兑水浇施	苗期
追肥	每亩施尿素10～15 kg	返青期
根外追肥	每亩浇施稀薄人粪尿200 kg，二次摘完后，每亩施人粪尿100～150 kg或尿素7.5～10 kg，配合灌溉或兑水10倍浇施	分枝期
追肥、叶面追肥	每亩用复合肥20～30 kg，配合灌溉或兑水浇施。0.2%尿素加0.3%磷酸二氢钾叶面喷施2～3次	现蕾期

（三）病虫害综合防治

无公害菊花病虫害防治按照“预防为主，综合防治”的植保方针，优先选用农业防治、生物防治和物理防治的方法。当生物农药和其他植保措施不能满足有害生物防治需要时，可针对病虫害种类科学合理应用化学防治技术，采用高效、低毒、低残留的农药，对症适时施药，降低用药次数，选择关键时期进行防治。生产过程相应准则参照NY/T 393《绿色食品农药使用准则》、GB 12475《农药贮运、销售和使用的防毒规程》、NY/T 1667（所有部分）《农药登记管理术语》。菊花主要病虫害种类及防治策略参照表2-38-5。

表2-38-5　菊花主要病虫害种类及防治策略

病虫害种类	危害部位	防治策略	
		化学药剂	综合方法
灰霉病	茎及叶片	嘧霉胺、多菌灵、腐霉利、异菌脲	注意排水，透光均匀，采收及时消毒，销毁病株，生物菌肥调控
枯萎病	先叶片后蔓延全株	代森锰锌、甲霜灵、多菌灵、碱式硫酸铜、菌毒清、福美双	土壤消毒，及时排水，生物菌肥调控，农抗120抗生素防治

续表

病虫害种类	危害部位	防治策略	
		化学药剂	综合方法
叶斑病	叶片	甲霜灵、代森锰锌、多菌灵、甲基硫菌灵	清园，加强管理，控旺，雨季及时排水，初期摘除病叶
病毒病	叶片	病毒必克、菌克毒克、病毒立清、施特灵	选用良种，防治蚜虫、飞虱类
叶枯病	叶片	三唑醇、多菌灵、甲基硫菌灵	轮作，合理密度，排水降湿，井冈霉素防治
霜霉病	叶片、茎	甲霜灵、代森锰锌、甲基硫菌灵、多菌灵	选抗病品种，种苗消毒，土壤消毒，轮作，加强通风，合理施肥，清园
根腐病	根、根茎	恶霉灵、福美双、代森锌、甲基硫菌灵	土壤消毒，排水及通风，病株挖出、病穴消毒，酵素、枯草芽孢杆菌调控
蚜虫、蓟马、白粉虱	叶片、嫩梢、花蕾	吡虫啉、抗蚜威、噻虫嗪、吡蚜酮	清园，引入天敌，加强田间管理，生物农药防治
红蜘蛛、菊叶螨等螨类	叶片	噻螨酮、乙螨唑、噻虫嗪、炔螨特	清园，引入天敌，加强田间管理，生物农药防治
菊天牛	茎	高效氯氟氰菊酯	清园，捕杀成虫
大丽菊螟	茎、叶片	噻虫嗪	清园，诱虫灯诱杀成虫，白僵菌生物防治
菜叶蜂	叶片	噻虫嗪	清园，黑光灯诱杀成虫，苏云金杆菌、白僵菌生物防治
夜蛾类、蝶类幼虫	叶片	阿维菌素、高效氯氟氰菊酯	清园，土壤消毒，诱虫灯诱杀成虫，苏云金杆菌、白僵菌生物防治

四、无公害菊花的采收与加工

菊花采收应根据加工产品的工艺分批采摘，运输包装材料应保证无污染，并做好包装和运输记录。无公害菊花原料的加工场地必须保证无污染，原料到加工场尽快完成上架摊晾或杀青，并进入专用烘烤设备或专用太阳能干燥棚，避免堆积起热变色。菊花的加工方法优先选择烘房干燥、热风干燥、微波干燥和杀青后干燥，并避免硫黄的使用，杜绝二氧化硫残留量超标的情况发生。

五、无公害菊花质量标准

无公害菊花农药残留和重金属及有害元素限量应达到《中华人民共和国药典》、美国、欧盟、日本及韩国对中药材的相关标准以及 ISO 18664-2015《Traditional Chinese Medicine-Determination of heavy metals in herbal medicines used in Traditional Chinese Medicine》、GB 2762-2016《食品安全国

家标准食品中污染物限量》、GB 2763-2016《食品安全国家标准食品中农药最大残留限量》等现行标准规定。

菊花药材中的杂质、水分、总灰分、浸出物、含量等质量指标参照《中华人民共和国药典》2015 年版检测方法及规定。参照《中华人民共和国药典》2015 年版高效液相色谱法（通则 0512）进行测定，菊花药材按干燥品计算，含绿原酸（$C_{16}H_{18}O_9$）不得少于 0.20%，含木犀草苷（$C_{21}H_{20}O_{11}$）不得少于 0.080%，含 3,5-*O*- 二咖啡酰基奎宁酸（$C_{25}H_{24}O_{12}$）不得少于 0.70%。

参考文献

[1] 陈士林，黄林芳，陈君，等. 无公害中药材生产关键技术研究 [J]. 世界科学技术 - 中医药现代化，2011，13（3）：436-444.

[2] 黄林芳，陈士林. 无公害中药材生产 HACCP 质量控制模式研究 [J]. 中草药，2011，42（7）：1249-1254.

[3] 毛鹏飞，汪涛，郭巧生. 不同级别药用菊花种苗与植株生长及药材产量和品质关系研究 [J]. 中国中药杂志，2012，37（13）：1922-1927.

[4] 姜保平，许利嘉，王秋玲，等. 菊花的传统使用及化学成分和药理活性研究进展 [J]. 中国现代中药，2013，15（6）：523-529.

[5] 方翠芬，马临科，陈勇，等. RRLC/MS/MS 测定菊花中农药残留量 [J]. 中成药，2012，34（5）：883-887.

[6] 曹红霞. 菊花常见病虫害的症状、发生规律及其综合防治 [J]. 园林科技，2008，（3）：24-26.

[7] 马凤爱，宋洁，张伟，等. 安徽省不同药用菊花中挥发油成分的 GC-MS 分析 [J]. 现代中药研究与实践，2017，（4）：12-16.

[8] 谢作成，郭巧生，邵清松，等. 杭菊 5 个新栽培类型及传统型药用菊花花粉形态比较研究 [J]. 中国中药杂志，2008，33（21）：2556-2559.

[9] 张卉，罗颖. 菊花主要病害的识别与防治 [J]. 北京农业，2010，（12）：57-59.

[10] 李建民，李华擎，胡世霞，等. 杭菊花的产区和商品种类现状 [J]. 中国药师，2015，18（7）：1098-1100.

[11] 王珊，李友连，苏靖，等. 中国药用菊花品种及加工方法变迁的研究 [J]. 中国药学杂志，2017，52（7）：539-542.

[12] 陆中华，沈学根，王志安，等. 杭白菊早小洋菊无公害高产关键技术研究[J]. 中国现代中药，2011，13（3）：26-28.

[13] 赵茵. 菊花扦插繁殖技术研究 [J]. 河北农业科学，2009，13（4）：20-21.

[14] 郭巧生，何先元，刘丽，等. 药用白菊花新品种选育研究 [J]. 中国中药杂志，2003，28（1）：28-31.

[15] 徐雷，刘常丽，陈科力，等. 药用菊花不同繁殖方法的产量比较及其构成因子研究 [J]. 时珍国医国药，2013，24（11）：2792-2793.

（王旭，李西文，孟祥霄，何学良，高致明）

39 银杏

引言

根据《中华人民共和国药典》(2015年版)记载，中药材银杏叶和白果分别是银杏科植物银杏 *Ginkgo biloba* L.的干燥叶和干燥成熟种子。银杏是银杏科、银杏属多年生落叶乔木植物。我国是世界银杏的起源、进化及分布中心，已有多年的药用历史，李时珍的《本草纲目》中已有详细记载。虽仅在浙江天目山和湖北神农架等地区有野生树木存在，但在我国分布广泛，20多个省(区)内均有栽培。银杏的适应性强，具有耐寒、抗风、抗旱等特性，在微碱性、酸性或中性土壤中均能正常生长。

银杏在园林绿化、医药领域、食品工业、生物农药等领域中具有广泛的应用前景。我国拥有大量资源，是银杏主产国，然而由于药材有效成分含量低、质量不稳定等因素，出口量少、出口受阻、国际市场议价能力低下。目前我国达到农残检测出口标准的银杏叶原料仅占极小部分，出口量和品质远不及日本、韩国等。为生产优质银杏原材料、减少农残及重金属等外源物质污染、建立科学合理的银杏无公害农田栽培技术规范及标准，推进农田种植产业的健康发展，基于银杏的生物学特性，本文制定了银杏无公害生产的产地环境、优良品种选育、综合农艺措施、合理施肥及病虫害综合防治方法等生产技术。

一、无公害银杏产地环境

确定银杏栽培基地，是实现优质无公害银杏中药材规模生产的首要环节。银杏产地环境应符合国家《中药材生产质量管理规范(试行)》(GAP)的规范标准；无公害银杏种植地的空气环境质量应符合《环境空气质量标准》(GB/T 3095-1996)中二级以上标准值，农田灌溉水的水源质量必须符合《农田灌溉水质标准》(GB 5084-1992)的相关规定要求，以及种植地土壤必须符合《土壤环境质量标准》(GB 1561-1995)。

银杏极喜温凉湿润的气候，但降水不宜过多；能耐干旱，但是不能经受水涝；空气相对湿度越大，生长发育越好。根据银杏的主要生物学特性和生产需要，种植银杏应选择向阳，地势稍高，地下水位较低，灌排条件便利，土层厚度在1m以上的黄壤或红壤中。生产基地环境要保证无污染、无工业废弃物排放的场所。无公害银杏生产根据其自身生物学的特性，土壤类型主要为强淋溶土、高活性强酸土、红砂土、黑钙土、铁铝土、粗骨土、变性土等。适宜银杏生长的土壤以湿润肥沃、排水良好的中性或微酸性土为好(表2-39-1)。

表 2-39-1 银杏产地适宜生态因子范围阈值（GMPGIS- Ⅱ）

生态因子	生态因子值范围	生态因子	生态因子值范围
年均温度（℃）	6.1～22.1	年均降水量（mm）	536.0～1866.0
平均气温日较差（℃）	6.9～12.2	最湿月降水量（mm）	128.0～328.0
等温性（%）	23.0～38.0	最干月降水量（mm）	2.0～50.0
气温季节性变动（标准差）	5.2～12.5	降水量季节性变化（变异系数 %）	44.0～111.0
最热月最高温度（℃）	20.7～33.8	最湿季度降水量（mm）	305.0～873.0
最冷月最低温度（℃）	-16.5～8.9	最干季度降水量（mm）	9.0～173.0
气温年较差（℃）	23.6～46.1	最热季度降水量（mm）	288.0～792.0
最湿季度平均温度（℃）	13.6～27.4	最冷季度降水量（mm）	9.0～199.0
最干季度平均温度（℃）	-8.4～16.1	年均日照（W/m^2）	57.4～74.4
最热季度平均温度（℃）	14.1～28.4	年均相对湿度（%）	116.9～154.4
最冷季度平均温度（℃）	-8.4～14.3		

二、无公害银杏优良品种选育

在选择优质、高产品种的同时要选择抗病、抗虫及适应性广的品种，这样既保证了良好的药性且可以减少农药的使用量及使用次数，使其真正达到无公害的标准。银杏在长期的栽培中形成了丰富的品种资源，我国的银杏品种类型独特，有叶用、果用、材用、观赏用等不同类型。实际生产中各地应根据当地生态环境、栽培目的的不同来选择优良品种种植，充分发挥品种的内在优势，如安陆 1 号、黄酮 F-1 号和黄酮 F-2 号等。

选育优良银杏新品种，增强抗病虫能力，减少用药。湖南省林科所筛选了适合于叶用栽培的优良株系 019、047、011 和 032。从 44 个银杏品种中选出泰山 1 号、泰山 2 号及泰山 4 号 3 个有效成分含量高、叶产量大的品种。在对银杏的耐热性研究中选出洞庭皇 1 号、郯城马铃 2 号、大龙眼 3 个强耐热性的栽培品种。在对大金坠、梅核、马铃、大圆铃、佛指 5 个银杏品种进行的耐盐能力的试验后发现马铃具有刚好的耐盐性。选出的银杏新品种聚宝与普通品种相比较，生长活力更强，抗逆能力更大。但在雄株选优方面，我国仍没制定出相应的标准，美国雄株在这方面处于领先地位，已有 50 个银杏品种被正式注册，其中被认可的栽培品种有 18 个。我国学者通过对来自各地 13 个雄性品种和泰兴境内 18 株雄株进行测定，得到了单叶面积、单叶重以及单株重较大的雄株品系 A1。

根据核型不同，可将银杏品种划分为马铃类、长子类、梅核类、佛指类和圆子类 5 大类。按使用目的的不同可将银杏分叶用、果用、花粉用、材用、观赏用等。叶用银杏的生产目标主要以叶为主，而果用银杏的生产目标主要以种子为主。银杏的生产过程中，应根据用途需求，结合当地土壤环境、气候条件及生产水平，因地制宜，选择相应的品种类型（表 2-39-2）。

表 2-39-2 国内较为有名的银杏品种类型及其特性

品种类型	主要品种	主要特点	用途
叶用品种	泰兴佛指、郯城金坠、马铃、郯城圆铃优泰山 1 号和泰山 4 号	生长快，叶面大，叶质厚，产叶量高，叶内内酯类等有效成分高	主要为药用、提取物制成多种医疗保健品和化妆品
果用品种	大佛指、大马铃、大梅核、洞庭佛手、大金坠、长柄佛手	结果早、丰产、果大，结果期长，种核整齐、出核率和出仁率高，其年生长量小于 20 cm	药用或制成多种菜肴、罐头、饮料和蜜饯
材用和观赏用品种	垂乳银杏、金丝银杏、金带银杏、多裂银杏、叶籽银杏	树体高大，伟岸挺拔，雍容富态，端庄美观	主要用于街道、园林绿化

三、无公害银杏生产的综合农艺措施

无公害银杏的生长期间，适当的农艺措施必不可少。在种植前要进行土壤的翻耕修复，减少病原菌的传播。银杏苗的繁育分为有性繁殖和无性繁殖两种方式，因有性繁殖遗传性状不稳定，故主要以无性繁殖为主。扦插育苗前应选择适当的软枝和适宜的扦插时间。育苗后选择适当的时间进行移栽，扦插和移栽后都要加强田间管理，及时中耕除草，并结合银杏的实际生长需求进行排水或灌水。

（一）扦插育苗

银杏的无性繁殖以扦插繁殖为主，在移栽之前须先以扦插的方式育出优质的银杏苗。适宜的扦插时间可保证插穗的成活率，试验表明 6 月下旬扦插成活率最高。扦插时在优良的植株上选择合适的枝条做插穗，以 10～25 年实生母树的当年生枝条为宜，硬枝、软枝皆可；采集后把穗条剪成 10～15 cm、上留 2～3 片叶的插穗；选好插穗，做好插壤消毒后便可进行扦插，扦插前嫩枝用 300～400 mg/L 萘乙酸速蘸处理，硬枝需用 500 mg/L 萘乙酸溶液浸泡插穗下端；之后按 4 cm×15 cm 株行距，将插穗 2/3 埋入土壤压实，1 个半月至 2 个月即可生根；在这期间注意遮阴，保持土壤湿润，使插床的温度控制在 24～28℃，相对湿度控制在 90% 左右，经常浇水，每次雨后喷施多菌灵，防止病害发生。提高扦插质量，能保证育出的银杏苗苗全苗壮，提高银杏苗自身抗病能力，使移栽之后的生产过程减少病虫害，减少农药化肥使用，对无公害银杏的生产有着重要作用。

（二）土壤改良和移栽

土壤理化性质和肥力状况对银杏的叶产量、果产量及黄酮类等有效成分含量影响极大。银杏对 pH 适用范围很广，pH 4.0～8.5 之间均能生长，但以 pH 6.0～7.5 为宜。含盐量 0.3% 以下，土层厚度 1.5 m 以上，地下水位 1.5 m 以下。

银杏喜光，耐干旱，不耐水涝。栽植时要掌握“苗壮、穴大、肥足、土实、浅栽、水透”几个要点，并选择春秋两季进行栽植。良种壮苗以雌株为主，要求顶芽健壮、侧芽饱实，当年新梢长 30 cm 以上，主根长 30 cm 以上且侧根多，木质部发白，根皮略成红色且与木质部紧密相贴，无病虫害。春季萌芽前进行移栽，但成活率不如秋冬季高。一般在 10～12 月落叶后进行秋栽，此时栽植苗根系恢复期长，成活率较高。特殊情况下，夏季也可以移栽，但需要修剪掉 1/3～2/3 的枝叶量后带土移栽，并需要加强抚育管理。栽植地应选择在地势高、阳光足、土壤肥厚、排水较好的地方，土壤选择黄壤、砂质壤土。若地形为黏重土和渗水排水不良，需先进行浇灌种植穴，待水下渗后再移植。

在移栽前一个季节，应采用挖种植沟或挖穴等方式进行土壤改良。穴深以 50 cm 较为适宜，栽植深度过大，会产生地温上升慢、土壤透气性下降、湿度增大等一系列不利于根系伤口愈合和发新根的问题。穴的直径与深相似，50 cm 左右。种植密度为每亩种 40 株左右。每穴（沟）内施入腐烂有机杂肥（充分腐熟）、有机氮肥和磷肥的复合肥 20 kg，充分腐熟，上盖 15 cm 左右厚的土，防止根系接触肥料而烧根；之后取银杏苗种入穴内；然后扶正培土，栽植不宜过深，苗种根茎与地面持平即可，深度以原土痕上方 3～5 cm 为宜；根系舒展后，一边培土一边踩实；定植后浇足定根水，待水渗下后，再覆盖一层细土。

银杏苗移栽后首先应采用 3 柱支架固定法进行树体固定，以防止风吹致树冠歪斜；同时需固定根系以利于根系生长。移栽后 5～7 天浇水，待银杏成活后，无须经常灌水。银杏耐旱忌涝，阴雨天要注意排涝。春秋两季，在树冠外围，用打洞或环状施肥法的方法，施一次腐熟的有机肥，施后浇水。另外，银杏移植时需注意雌雄异株树种的栽培比例配置，一般 5%（即 20∶1）比例为宜，雄株要求选择花粉量大、花期长、花期基本与雌树一致，并栽植于主风方向的上方，有利于风媒传粉。

（三）田间综合农艺管理

适当的田间管理促进银杏的生长，提高丰产率。种植密度不但会影响银杏的产量，也会影响其有效成分。康志雄等则认为前期密度采用 0.2 m×1.0 m 产生的单位面积经济效益较高；但一般种植密度为每亩种 40 株左右。中耕是为了增强土壤的通透性，改良土壤的结构，要做好中耕除草的工作，中耕除草一般在生长季进行，视具体情况一年可进行中耕 4～8 次，中耕深度为 5～10 cm。在移植后的每年都要进行扩穴，在 11 月中旬进行，以植株树冠边缘位置，向外挖 60 cm×60 cm 左右的环形深沟，逐年向外扩大，扩穴改土可结合施肥，在回填时放入各种所需肥料。在银杏栽培过程中，合理的施肥和浇水对银杏的生长起重要作用，夏季高温，土壤水含量低时，应及时浇水，多雨季节根据情况减少浇水，并注意排水工作，春秋两季为最佳施肥时间，可施 2～3 次肥。种植后 3～4 年内，可套种花生、大豆、绿豆等植物。每年冬季人工修剪整形，剪除枯枝、细弱枝、重叠枝、过密枝、伤残枝、直立枝和病虫枝。过密的枝条用绳拉开，确保光照，剪除根部新芽减少养分浪费。长枝形银杏树枝容易出现重叠现象，应及时修剪。

四、无公害银杏合理施肥

在银杏栽培和养护中，限制银杏生长的主要因素是施肥不足和缺乏营养。银杏生长和发育需要充足的营养供给作为基础，营养供给不足则产量得不到保障。生产过程中尽量通过使用有机肥、种植绿肥、微生物肥，腐殖质类肥保证产品达到无公害的要求。肥料中各元素的比例不同也会影响银杏的长势不同，例如对不同施肥处理盆栽银杏幼苗的生长指标进行观察，发现都有明显差异。同时试验发现，叶用林生长对氮和钾需要量较大，对磷需要量较少。银杏的施肥主要把握三个时期，早春用催芽肥促进苗木生长，生长期用壮果肥促进果实生长。秋季果实采收期施一定量肥，增加树木抗寒力。银杏施肥方法主要有基肥和追肥（表 2-39-3）。

表 2-39-3 无公害银杏生产肥料施用方法

施用类型	肥料种类及施用方法	施用时期
基肥	每亩 50～75 kg 的豆饼，同时每亩配合施入 10～30 kg 的尿素	银杏幼龄期间
长叶肥	以腐熟的有机肥，如人畜粪尿、饼肥等为主，可配施适量的氮肥或复合肥	授粉前 45 天至授粉后 30 天
沟施基肥	每亩 80 kg 的复合肥，同时配合施入 75 kg 的豆饼	银杏初果期间
长果肥	经腐熟的有机肥配施适量的氮磷钾复合肥	5 月下旬到 6 月中旬
根外追肥	尿素 0.3%～0.5%、新鲜草木灰澄清液 2%～3%、磷酸二氢钾 0.2%～0.3%、过磷酸钙浸出液 0.5%～1.0%、硼砂 0.1%～0.2%	全年 4～5 次，根据植株生长状况而定

五、无公害银杏病虫害综合防治

无公害银杏病虫害防治按照“预防为主，综合防治”的植保方针，采取农业防治、化学防治和生物防治相结合的手段，更为有效的控制病虫害的发生。银杏无公害生产过程农药使用相应准则参照 NY/T 393《绿色食品农药使用准则》、GB 12475《农药贮运、销售和使用的防毒规程》、NY/T 1667（所有部分）《农药登记管理术语》。针对银杏病虫害类型，建立综合防治方法，构建银杏病虫害的无公害防治体系。在防治上，要做到早发现、早防治。银杏的病害较少，主要病害有叶枯病和茎腐病等真菌性病害，虫害主要有超小卷叶蛾、大袋蛾、黄刺蛾等。

（一）农业防治

无公害银杏可以利用间套作方式对银杏害虫起到控制作用，通过与葱、蒜、姜间作栽培使银杏病虫害减少。栽植时选择无病虫的抗病壮苗进行栽植，加强水肥管理、土壤管理，以提高树木本身的抗病虫害能力。3 年以上的轮作制度可以控制坚黑穗病和野燕麦杂草的发生；及时清除病株残体和田间杂草，消灭越夏病虫源。人工剪除病枝，修剪时切口平整，避免伤口被病菌侵入，修剪下来的病枝同枯枝落叶，虫茧等集中拿出园外烧毁。整地中耕时，可人工捕杀地下害虫并将其烧毁。

（二）物理防治

银杏的虫害多为鳞翅目害虫，成虫具趋光性，可利用诱虫灯或黑光灯等诱杀。银杏大蚕蛾虫卵多产于树干上，较易发现，故可用棒敲击或刮去卵块。虫蛹与虫卵相似，容易发现可手工摘除。敲击树干可击落金龟子等害虫，落地将其捕获击杀。冬天可用白涂剂涂抹树干、主枝干来减少越冬虫源、菌源。

（三）生物防治

利用生物天敌、昆虫病原微生物等方法对银杏病虫害进行生物防治，人工饲养平腹小蜂、赤眼蜂等寄生蜂防治银杏大蚕蛾。用苏云金杆菌制剂、球孢白僵菌分别防治蛴螬、银杏大蚕蛾。用昆虫病毒如核型多角体病毒防治银杏大蚕蛾等鳞翅目害虫。

（四）化学防治

化学防治容易污染环境，引起人畜中毒，有农药残留及重金属污染等问题，但其效果好、见效快、使用方便、成本低，是目前最常用的防治方法之一。化学防治要做到科学合理用药，注意对症施药，减少施药次数，以降低农药残留及重金属污染等。

银杏病害较少，但不可忽略病害的防治，如发生叶枯病时，可使用多菌灵或托布津在生长前期喷施 2～3 次；发生茎腐病时，可用波尔多液、多菌灵等进行防治；发生早期黄化病、缺钾症、缺铁症等时，可增施有机肥等。具体病害种类及防治方法参照表 2-39-4。

表 2-39-4　无公害银杏种植中病害化学防治方法

病害种类	危害症状	防治方法
日灼病	植株凋萎、死亡，地表茎基部灼伤、变黄、变干	做好搭棚遮阴工作
早期黄化病	叶片部分或全株黄化，提前落叶	及时浇水和排水，注意施肥工作
缺钾症	老叶叶尖及边缘焦枯，在叶缘形成一条黄带，出现斑点，后期扩大并穿孔	补施含钾素的有机肥料和无机肥料
缺铁症	幼叶脉间失绿，老叶仍保持绿色，叶小而薄，叶肉黄绿、黄白或乳白色	根外喷施亚铁盐，每年喷 2～3 次。较大量地施用有机肥，降低局部土壤 pH
茎腐病	有水渍状病斑，全株枯死，叶片枯黄下垂但不脱落	注意土壤处理和苗木消毒，严格控制水分，冬季严防冻害发生
根腐病	根部腐烂，苗木直立枯死	及时拔掉已经死亡或濒死苗木，用托布津液喷雾处理病株
枯梢病	幼叶上出现紫红色病斑，经 1 个月左右变褐色，直至坏死干枯	抗菌剂农药进行预防。感病后，用托布津或多菌灵防治

银杏生长期间的主要虫害有天牛、大袋蛾、蓟马和银杏超小卷叶蛾，蓟马发生时，可喷敌杀死乳油防治，超小卷叶蛾幼虫虫害时，可喷 2.5% 溴氰菊酯乳油防治。具体虫害种类及防治方法参照表 2-39-5。

表 2-39-5 无公害银杏种植中虫害化学防治方法

虫害种类	危害症状	防治方法
超小卷叶蛾	初孵幼虫蛀入枝内取食，随后将枯叶卷起在叶内取食	人工捕杀成虫，用 25% 溴氰菊酯乳油防治
黄刺蛾	初孵幼虫取食叶肉组织，造成叶片呈圆形透明缺刻，之后仅留有叶柄和主脉。	剪除树体虫茧，人力摘除虫叶，用黑光灯进行诱杀
桑天牛	取食嫩枝树皮及嫩叶，咬破树皮和木质部，幼虫蛀入木质部	伐除桑天牛危害严重的林木，人工捕捉成虫，使用白僵菌无纺布菌条防治
蛴螬	幼虫取食银杏根部，取食根皮。	中耕除草消灭蛴螬幼虫及卵，人工捕杀成虫，用黑光灯诱杀成虫，在树干涂 50% 辛硫磷

六、讨论及展望

我国的银杏资源居世界首位，因其树形优美，园林用银杏的相关研究较多，种源选育研究倾向于培育观赏价值更高的株系、品系，而在叶用银杏的种质资源研究方面较为薄弱。目前选育叶用银杏良种时，主要以叶中黄酮和萜内酯含量或基地产量为主要因素，考察标准主次不同，选种结果差异较大，不能形成统一标准，故亟需建立银杏良种选育的标准。叶用银杏在山东、四川、云南、崇明岛等地区有大型种植区，但存在明显的地域生态环境、种植技术、田间管理等综合差异，导致市场上银杏叶品质良莠不齐。

建立规范的银杏无公害生产体系，更好地指导银杏的规范生产栽培。通过对银杏产地环境的选择，为银杏的生长提供适宜的环境。选择更优的银杏品种，能有效减少病虫害，从而减少农药的使用。农艺管理措施结合当地生态环境条件，向更为成熟、更规范化的方向发展，探索最适银杏生长的种植技术。通过建立无公害银杏种植体系，为银杏种植注入科技的内涵，指导并保障农户科学合理种植、施肥和采收，扶贫致富，体现科技与生产相结合，为下游制剂和大健康产品生产企业提供具有成分含量特征地理标志的高品质银杏叶，促进银杏产业可持续健康发展。

参考文献

[1] 李月娣. 银杏价值及其产业现状分析 [J]. 长春大学学报，2017，27（2）：32-37.

[2] 黄克攀. 银杏的经济价值及栽培管理技术探讨 [J]. 绿色科技，2016，（1）：21-22.

[3] 钟禄堂. 梅州银杏引种栽培技术的应用分析 [J]. 农林科技，2017，（1）：285.

[4] 黄慎羽. 银杏绿化树栽培与育苗技术 [J]. 南方园艺，2016，27（1）：50-52，59.

[5] 曹福亮，汪贵斌，郁万文. 银杏叶用林定向培育技术体系的集成 [J]. 南京林业大学学报（自然科学版），2014，38（6）：146-152.

[6] 徐江，沈亮，汪耀，等. 基于 GMPGIS 银杏全球生态适宜产区分析 [J]. 世界中医药，2017，12（5）：969-973.

[7] 赵惠忠，曹清，汤先锋，等. 银杏 GAP 基地的栽培管护措施 [J]. 江苏林业科技，2011，38（4）：36-38，43.

[8] 辜夕容，江亚男，倪亚兰，等. 叶用银杏的良种选育与定向培育研究进展 [J]. 中草药，2017，48（15）：3218-3226.

[9] 陈海刚. 叶用银杏丰产栽培技术 [J]. 现代农业科技，2017，（23）：68，78.

[10] 夏笑，崔佳雯. 中国银杏种质资源研究进展 [J]. 江西农业，2017，（4S）：70.

[11] 王永祥. 综合因素与银杏生长的相关分析 [J]. 防护林科技，2014，（1）：27-28，87.

[12] 潘业圣. 银杏嫁接育苗技术要点 [J]. 农林科技，2015，（13）：287.

[13] 王加朝，孙曾丽，王建玉，等. 银杏丰产栽培管理 [J]. 特种经济动植物，2016，19（7）：41-43.

[14] 万丽英，张祥，刘永强. 银杏树的栽培与管理技术 [J]. 河南农业，2016，（2）：52.

[15] 朱卫东. 银杏栽培与管理技术 [J]. 乡村科技，2018，（9）：76-77.

[16] 尹燕萍. 施肥对银杏生长及其生理特性的影响 [J]. 山西林业科技，2016，45（2）：42-44.

[17] 姜宗庆，汤庚国，肖文华，等. 施肥对盆栽银杏幼苗生长指标的影响 [J]. 江苏农业科学，2014，42（7）：188-189.

[18] 刘彩虹. 安徽银杏育苗栽培技术 [J]. 农业与技术，2017，37（21）：95-96.

[19] 海娜，周青，辛贺奎，等. 银杏叶枯病的发生与防治技术 [J]. 农业与技术，2013，33（8）：63-63.

[20] 郭新艳. 银杏主要虫害及其综合防治方法 [J]. 安徽农学通报，2014，（22）：82-83.

[21] 尉广飞，董林林，陈士林，等. 本草基因组学在中药材新品种选育中的应用 [J]. 中国实验方剂学杂志，2018，24（23）:11-21.

[22] 沈亮，李西文，徐江，等. 人参无公害农田栽培技术体系及发展策略 [J]. 中国中药杂志，2017，42（17）：3267-3274.

（刘志香，李西文，沈亮，徐江）

40　银柴胡

引言

传统常用中药银柴胡是石竹科繁缕属多年生草本植物银柴胡（*Stellaria dichotoma* L. var. *lanceolata* Bge.）的干燥根，始载于《本草纲目》，收载于历年版《中华人民共和国药典》。银柴胡主要分布于宁夏、内蒙古、陕西和新疆等省区干旱少雨沙生草原区，野生株生长于海拔 1200～1500 m 的荒漠或半荒漠地带，多生于固定或半固定沙丘、干燥草原。由于市场上银柴胡药材主要来源于野生资源，过度的滥采致使银柴胡野生资源严重匮乏，难以满足日益增长的国内外市场需要。银柴胡的人工驯化和种植是保障资源可持续利用的必然解决途径，尤其宁夏作为银柴胡的道地产区，其中部干旱地带成为人工栽培银柴胡的最佳区域。然而，人工种植的自然环境与野生环境差异较为明显，再加上银柴胡病虫害多采用高毒性农药进行化学防治，导致人工种植药材的质量远不及野生株。由此银柴胡的无公害栽培技术尤为重要。为达到减少农残及重金属含量、提供优质药材原料的目的，本文制定了无公害银柴胡生态适宜产区选择、优良品种选育、无公害规范种植、合理的田间管理方法以及病虫害综合防治等无公害栽培技术。

一、无公害银柴胡产地环境

根据其生物学特性，开展无公害银柴胡栽培选址，因地制宜、合理规划，是实现无公害银柴胡规模生产的首要环节。无公害银柴胡生产的产地环境应符合国家《中药材生产质量管理规范（试行）》中 NY/T 2798.3-2015《无公害农产品生产质量安全控制技术规范》、GB 15618-2008《土壤环境质量标准》、GB 5084-2005《农田灌溉水质标准》、GB 3095-2012《环境空气质量标准》和 GB 3838-2002《国家地表水环境质量标准》等对环境的要求。并且按时对栽培基地及周边环境大气、水质、土壤进行检测和开展安全性评估。

银柴胡喜阳光，耐干旱、耐贫瘠、耐寒、忌涝。根据银柴胡生物学特性，依据《中国药材产地生态适宜性区划》（第二版）进行产地的选择，银柴胡适宜生长于地势较高、阳光充足、土层深厚、透水性良好的松砂或干旱贫瘠壤土，而黏重土壤、盐碱低洼土地则不适合。银柴胡主要适宜的土壤类型有人为土、红砂土、钙积土、始成土、黑钙土、铁铝土、潜育土、灰色森林土、石膏土、栗钙土、薄层土、低活性淋溶土、白浆土、岩土等。

本文利用 GMPGIS-Ⅱ对采样点生态因子进行提取，获取银柴胡生长区域的生态因子阈值如表 2-40-1 所示。其年降水量为 105～597 mm，相对湿度为 41.6%～61.9%，年均温度为 -4.5.9～9.5℃，年均日照为 122.5～166.3 W/m^2，无霜期 153～205 天，年日照为 3000 小时。

表 2-40-1 银柴胡野生分布区、道地产区、主产区气候因子阈值（GMPGIS-Ⅱ）

生态因子	生态因子值范围	生态因子	生态因子值范围
年均温度（℃）	-4.5～9.5	年均降水量（mm）	105.0～597.0
平均气温日较差（℃）	11.8～14.8	最湿月降水量（mm）	33.0～138.0
等温性（%）	22.0～39.0	最干月降水量（mm）	0.0～5.0
气温季节性变动（标准差）	7.4～14.9	降水量季节性变化（变异系数 %）	90.0～117.0
最热月最高温度（℃）	11.4～32.5	最湿季度降水量（mm）	69.0～362.0
最冷月最低温度（℃）	-26.9～-14.3	最干季度降水量（mm）	2.0～20.0
气温年较差（℃）	35.1～53.7	最热季度降水量（mm）	69.0～362.0

续表

生态因子	生态因子值范围	生态因子	生态因子值范围
最湿季度平均温度（℃）	4.7～24.1	最冷季度降水量（mm）	2.0～20.0
最干季度平均温度（℃）	-18.7～-5.2	年均日照（W/m^2）	122.5～166.3
最热季度平均温度（℃）	4.7～24.1	年均相对湿度（%）	41.6～61.9
最冷季度平均温度（℃）	-18.7～-5.2		

二、优良品种选育

银柴胡又名狭叶歧繁缕，为石竹科繁缕属（*Stellaria*）叉歧繁缕的变种，属小品种药材，分布种类较为单一，无相近或相似物种混淆。但在全国不同地区市场上尚有石竹科繁缕属以外的多种植物灯心蚤缀（*Arenaria juncea* Bieb.）、蝇子草（*Silene fortunei* Vis.）、丝石竹（*Gypsophila oldhamiana* Miq.）等植物的根作银柴胡或柴胡使用，称为山银柴胡。由于银柴胡人工种植的历史较短，目前尚未出现新的栽培品种。

针对银柴胡生产情况，采用现代生物分子技术选育优质、高产、抗病虫的银柴胡新品种，可以有效缩短选育时间，提高选育效率，进而保障无公害银柴胡生产。基于 14 份人工栽培银柴胡和 1 份野生银柴胡基因组 ITS 序列，展开银柴胡种质资源的遗传多样性研究，结果显示 10 条 ITS 序列中共有 12 个 SNP 位点。陈士林团队构建的中药材 DNA 条形码数据库（中药材 DNA 条形码鉴定系统 http://www.tcmbarcode.cn）中含有 16 条银柴胡 ITS2 序列，结合 NCBI 上已有的 12 条 ITS 序列（KT898232、KY018698、KY446000、KY445999、KY445994、KY445986、KY445976、KY445975、KY445998、KY445992、KY445989、KY445987），利用 MEGA 6.0 软件进行比对分析。结果显示银柴胡 ITS2 序列长度 228 bp，共有 6 个变异位点，分别为 89 位点 C-T 变异，91、178、191 位点 G-A 变异，174 位点 T-C 变异，177 位点 C-A 变异或出现简并碱基 M，69 位点处碱基缺失。27 条银柴胡 ITS2 序列的遗传多样性分析，为银柴胡种质资源的评价、保护和育种提供一定的科学依据。

三、无公害银柴胡生产的综合农艺措施

银柴胡属于耐旱、耐贫瘠的深根型植物，其人工种植有直播和移栽两种方式。灌溉方便的水浇地最好于清明前后采用春播方法，川水地区的浅山、退耕还林还草地最好选用秋播。干旱荒漠或半荒漠草原区宜采用移栽的种植方法，移栽种植的银柴胡质量较直播株更接近于野生株，且产量更高。

（一）整地和育苗床处理

深秋后，将引黄灌区淤土深翻 30 cm 以上，灌足冬水，加深耕层；次年播种前每亩施足过熟的农家肥 2500 kg 或氮磷钾复合肥 30 kg 作基肥，稍干后深耙、趟平。半阴湿山地区多采用育苗移

栽的方法，最好参照上述直播法也进行灌溉。沙生草原地区播种前应施足基肥、灌足水，保持土壤湿润，深耙、趟平。

育苗床应土层疏松、通气、保水、透水、保温，具有良好的物理性；营养成分均衡，富含可供态养分且不过剩，酸碱度适宜，具有良好的化学性；生态性良好，无病菌、虫卵及杂草种子。

春季 4 月中上旬或秋季 10 月中上旬，将苗床先浇灌底水，在上面撒播或条播处理好的种子；然后覆土以没过种子为宜，1～2 cm；每亩播种量 8～10 kg。每亩移栽苗量适宜为 20 000～25 000 株。实验证明，秋季播种出苗和长势较春播好，大风沙暴来临之前根已牢固，地上苗也较坚挺，足够顺利越过春季的恶劣天气。若无灌溉条件，可根据实际降雨情况及时抢种。

（二）种苗处理

种苗的品质决定银柴胡的质量与产量。选择高发芽率、高纯度和高净度的种子，有利于种子发芽、生长，亦可有效地减少中药材生长过程中农药的使用。针对种子繁殖的银柴胡，从无病株留种、调种，剔除病籽、虫籽、瘪籽、废籽，种子质量应符合相应银柴胡种子二级以上指标要求，即发芽率≥67%，生活力≥59%，含水量≤10.0%，千粒重≥1.98%，净度≥89%。银柴胡种子萌发与温度有直接关系，最适温度为 20～25℃，平均发芽率为 70.4%～86.3%；适宜的发芽条件下，种子大小不会影响发芽率。银柴胡种子是有胚乳型种子，种皮为棕褐色或深褐色，表面不光滑且有较多小突起，种孔一端有一弯锥状结构，野生型与人工栽培型种子的形态及结构并无差异。但人工栽培株收获种子的含水量和电导率均高于野生种子，三年生株收获的种子接近于野生种子的发芽率和出苗率。

针对育苗移栽或无性繁殖，选取无病原体、健康的幼苗等繁殖体作为材料进行处理。银柴胡移栽种苗要求取苗床生长两年，主条长且无（或少）分支、无伤损或病虫伤斑，根长约 12 cm、重约 3 g 且含较少侧根、头见芽而无地上苗叶等；按株距约 15.5 cm、行距 27～30 cm 采用平栽或斜栽的方式进行春季或秋季移栽；栽后将移栽地整平，以利于缓苗；每亩可移栽约 1 万株。

（三）播种

银柴胡繁殖主要是以有性（种子）繁殖为主，多为旱地直播；亦可以进行根段繁殖或分株繁殖。分株繁殖适于 3 月中下旬至 4 月上旬期间进行，将萌发于母株附近的幼苗连根挖出，以株行距 3～4 cm 进行定植，后踩实、灌水，每亩定植 5500～7400 株。

银柴胡种子最好在秋季果实成熟时进行优选，此时种子已变为黑褐色，选留粒大饱满、无病虫害的蒴果作种用，自然风干去杂保存，干燥低温贮藏。黄河灌区应于 4 月中旬春季开冻或秋季封冻前后，进行穴播或条播，条播沟深约 3 cm，沟距约 30 cm，播幅约 10 cm，用细沙将种子拌匀撒入沟内，上覆土 0.5～1 cm，每亩用种量 0.75～1.0 kg；穴播按行株距大小 30 cm×20 cm 开穴播种，每穴撒种子 15～20 粒，穴深约 3 cm，覆土 0.5～1 cm，每亩用种量 0.5 kg；当年 9 月底即可收种子。5 月上旬土壤干旱时，可田间灌水后再行播种，以利全苗。土壤非干旱时，为提高种子发芽率，播前用水常温下浸种 12 小时，沥干水分后即可播种。秋播年前一般不出苗，春天回暖后才出苗；春播应保持土壤湿润，最宜温度 17～25℃时，10 天即可出苗。

干旱沙生草原区宜于8月上中旬参照上述方法播种，避免春季频繁沙暴致使种子裸露、恶劣气候导致缺苗断垄现象。无灌溉条件的山区，可根据降雨情况进行及时抢种。

（四）田间管理

无公害银柴胡田间管理贯穿从栽培到收获的整个生长期。依据银柴胡生长发育的特点，因时因地采用促进和控制相结合的调控措施，以满足其生长发育所需求的环境条件，从而达到收获优质药材、提高产量的目的。

1. 间苗、定苗及中耕除草

银柴胡春播时出苗早，出苗后要及时除草松土；待苗长至2 cm时，应进行适当疏苗；株高7～8 cm时，按株距4～5 cm进行间苗，并及时拔草；当株高10～15 cm时，按株距10～15 cm进行定苗，并同时进行带土补苗。秋播的银柴胡当年不间苗苗，来年待苗高5～10 cm时进行间苗。在种植条件较差时，可不进行间苗、定苗，以减轻由恶劣环境造成的缺苗现象。每亩种植密度约10 000株较好。

银柴胡前期苗较小、生长缓慢，一般进行及时除草3～4次；定苗时进行第1次松土除草，苗高约10 cm时进行第2次，一个月后再进行一次，尽量做到见草就除，以防杂草严重影响银柴胡产量；待植株长高足以完全封垄覆盖地面后，可以不中耕除草。

2. 追肥和灌水

银柴胡植株具有一定的抗贫瘠性，在移栽或直播后均不需要多次追肥。通常在移栽一个月后至植株封垄前可追肥1～2次，每次每亩追施5～10 kg磷酸二铵或尿素，施后马上浇灌小水。6～9月时银柴胡生长旺盛，可适植株生长状况适时追施，每亩追施10～15 kg磷酸二铵或尿素；尤其开花初期每亩追施20 kg磷酸二铵和10 kg尿素，对银柴胡种子产量和质量较好。沙生草原区和山区旱地也可参照上述操作进行追肥。

银柴胡是干旱型植株，在人工种植管理中，水分管理十分必要。除了追肥时淌水外，其他时间皆以喷水为主，且每次水量不宜过多，特别注意田间不能出现积水。并注意天旱时及时浇水，雨季及时排水，以防烂根。在整个生长期中若非特殊干旱，一般不灌水或不泄水，灌水时注意不可淹没幼苗，并且禁止伏天灌水，尤其是二至三年生植株更需要谨慎。若6月下旬至8月中旬特别干旱无雨，植株茎叶出现萎黄现象时，可大水快灌1～2次（俗称“跑马水”），每亩灌水量约为20 m^3，但田间不得留明水；秋末冬初时要灌足冬水。沙生草原区灌水也应依据尽量少用水的原则进行灌水。

四、病虫害综合防治

无公害银柴胡病虫害防治按照“预防为主，综合防治”的植保方针，以改善生态环境、加强栽培管理为基础，基于银柴胡病虫害的发生规律，优先选用农业措施、生物防治和物理防治的方法，最大限度地减少化学农药的用量，以减少污染和残留。

人工种植银柴胡的病虫害相对较少，且在干旱沙生草原区相对较轻。虫害主要有苗期蛴螬（无翅黑金龟幼虫）易造成缺苗断垄现象、生长期蚜虫（银柴胡蚜）导致叶片过早枯黄。病害主要有根腐病、霜霉病和白粉病等，主要发生在雨水较多、湿度大的5～7月；沙生草原区和山区旱地区很少发生烂根病。无公害银柴胡生产过程中农药使用应符合NY/T 393《绿色食品农药使用准则》、GB 12475《农药贮运、销售和使用的防毒规程》和 NY/T 1667（所有部分）《农药登记管理术语》。

（一）农业防治

选择适宜银柴胡生产而不适宜其病虫害生长的环境；播种前，精选银柴胡种子种苗，剔除有病虫害的种子、种苗；或可以选栽抗病虫害的银柴胡品种，减少病虫害危害。在银柴胡生长期间，要及时采取中耕、松土、除草等措施，可以有效防止田间病、虫、草害，消灭病、虫寄生，有助于降低病、虫害的发生率。同时注意合理的水分管理，减少灌水次数、勤排水，有利于减轻银柴胡病害的发生。

早春、晚秋时期，将干枯的病、虫、残、枯等症状的枝条以及枯草落叶，在田外集中烧毁，以消灭病、虫源。每年春季统一清理，可大量减少越冬虫的基数。

（二）物理防治

针对银柴胡病虫害，可以采取人工捕杀部分病虫害，同时还可以采用防虫网防虫、地膜覆盖隔离病虫害、高温灭菌杀灭病原菌等物理防治方法。早期若发现银柴胡植株中有虫害集中，即刻将害虫直接移除，将病害植株立即带土拔出并集中销毁，且在病穴中施撒石灰以防止蔓延。银柴胡蚜可使用黑光灯进行驱杀。

（三）生物防治

在银柴胡种植区内有大量的害虫天敌，如七星瓢虫、小姬蝽、食蚜蝇、蜘蛛等，可借“以虫治虫”“以鸟治虫”等方法对害虫进行抑制。应保护天敌，达到动物天敌的自然控制。另外，还可以使用微生物的次生代谢物作为生防菌剂或微生物菌剂，如球孢白僵菌、BT 乳剂、阿维菌素、灭幼脲等对病原菌或害虫进行生物防治。针对银柴胡根腐病的生物防治，或许也可参考人参、三七等中药材根腐病的绿肥紫苏 *Perilla frutescens*（L.）Britt. 提取物生物防治方法；银柴胡蛴螬、地老虎病虫害可分别采用球孢白僵菌、苏云金杆菌等对土壤进行生物防治。目前，银柴胡霜霉病的防治方法研究不深，可尝试利用夜来香、大叶桉和野苏麻等植物乙醇提取物对银柴胡霜霉科病原真菌进行生物防治；银柴胡赤条椿象病虫害可采用寄生蜂、螳螂等椿象天敌进行生物防治。

（四）化学防治

化学农药防治方法比较高效、快速，是最常用的中药材病虫害防治的主要方法。银柴胡病害主要是降雨量和湿度过大导致，控制灌水量、及时排水即可，无需使用到农药。而针对银柴胡苗期或生长期发生的虫害，则需要使用少量农药进行防治；蛴螬发生时，改喷洒抗蚜威等可湿性粉剂进行防治；蚜虫、黄凤蝶、地老虎、赤条椿象等发生时，使用灌烟叶水或采用青虫菌等低毒性农药进行防治（表 2-40-2）。

表 2-40-2　无公害银柴胡虫害防治方法

虫害种类	危害症状	发病时间	防治方法
蛴螬	缺苗断垄，或根部空洞	4～5 月苗期	施用腐熟的有机肥，忌用生粪；人工捕捉；使用球孢白僵菌或抗蚜威等 50% 可湿性粉剂进行土壤处理
银柴胡蚜	叶片过早枯黄	5～7 月生长旺盛期	人工捕捉；喷洒用草木灰和水按 1∶5 泡制的溶液；使用黑光灯驱杀
黄凤蝶	危害花和花蕾，严重时可将全部叶子吃光	7～8 月	人工捕捉；青虫菌 500 倍液喷施 2～3 次，每次间隔 5～7 天
地老虎	咬断根茎，造成缺苗、死苗	4～5 月苗期	土壤消毒，苏云金杆菌生物防治，毒饵诱杀幼虫；淋灌烟叶水
赤条椿象	吸取叶液，影响植株生长	6～8 月	人工捕捉；使用锐丹和 80% 锐劲特水分散粒剂；采用椿象天敌寄生蜂、螳螂等进行生物防治

另外，银柴胡白粉病和霜霉病的防治方法研究不足，白粉病可参考川芎、芍药等药用植物白粉病无公害防治方法，喷施硫黄悬浮剂或甲基托布津可湿性粉剂等；霜霉病可参考黄瓜喷施抑快净水分散粒剂或低毒性锰锌可湿性粉剂（表 2-40-3）。

表 2-40-3　无公害银柴胡主要病害防治方法

病害种类	危害部位	危害症状	发病规律	防治方法
根腐病（烂根病）	叶片、根	发病时，叶片发黄，根褐色腐烂发臭	暑天常因田间灌水过多或连雨天，排水不良引起发病	选择透水性良好的土壤种植；控制灌水量，田间不留明水，雨后及时排水；每亩用 40% 多菌灵 5 kg 进行土壤消毒；发病初期在地里撒草木灰预防病害；及时拔除病株，并用石灰处理病穴
白粉病	叶片、嫩茎	叶片上有零星白色粉末状霉层，甚至整叶片覆有被白色粉末霉层	7～8 月进入降雨季节，湿度大，危害较为严重	50% 硫黄悬浮剂 1500 倍溶液喷雾防治；或 70% 甲基托布津可湿性粉剂 1200 倍液防治
霜霉病	叶片	发生不甚明显的黄棕色病斑，湿度大时，病斑叶背有一层灰白色霉状物，叶片渐枯，主茎顶梢扭曲畸形，根部停止生长	每年 5 月开始发病，植株封垄，田间郁闭，温度高，病害常连片发生	及时通风换气；52.5% 抑快净水分散粒剂 1500 倍液，或锰锌可湿性粉剂 700 倍液，每隔 7～10 天喷 1 次，连续喷 2～3 次

由于银柴胡长期遭到过度采挖，野生银柴胡的资源急剧匮乏，而银柴胡的无公害人工种植是保障银柴胡可持续发展的根本途径。宁夏、内蒙古和陕西等省（区）的主要银柴胡人工栽培区，目前品种仅含有野生变家种或野生移栽种，前者品质远远不及野生品种，三年生野生移栽种稍接近于野生品种。不同人工栽培区还存在明显的地域生态环境、种植技术、田间管理等综合差异，导致市场上银柴胡药材品质良莠不齐。

由此，筛选银柴胡更优质、无公害的新栽培品种成为无公害银柴胡种植的首要任务。通过对银柴胡产地环境的选择，为银柴胡的生长提供适宜的环境，可减少种植环境不适致使的病害发生；利用本草基因组学和分子标记辅助育种等技术建立银柴胡品种选育技术体系，筛选更优质的银柴胡品种，在提高银柴胡药材品质的同时，也可有效减少病虫害的发生。随着中药材病虫害防治技术平台体系的建立、中药材病虫害无公害防治技术体系的形成以及无公害中药材生产技术规定的制定，为制定银柴胡无公害病虫害防治方法提供理论指导，优选农业措施、生物防治和物理防治的方法，以减少药材农残及重金属含量，从而提供高品质银柴胡中药材；农艺管理措施结合当地生态环境条件，采用科学合理的土壤改良、施肥管理和病虫害防治生产方式，探索最适银柴胡生长的种植技术；从而达到银柴胡无公害化标准，进一步形成规范的银柴胡精细栽培体系，有效地指导银柴胡的规范生产栽培，从而保障银柴胡药材产业持续地良性健康发展。

参考文献

[1] 杨小军，丁永辉．银柴胡资源及其可持续利用的研究 [J]．中药材，2004，27（1）：7-8.

[2] 于凯强，焦连魁，任树勇，等．中药银柴胡的研究进展[J]．中国现代中药，2015，17（11）：1223-1229.

[3] 鲍瑞，韦红，邢世瑞．宁夏人工种植银柴胡不同区域适应性研究 [J]．农业科学研究，2006，27（3）：49-53.

[4] 尚博扬．宁夏栽培银柴胡质量分析的研究 [J]．宁夏医学杂志，2012，34（5）：451-452.

[5] 马伟宝，谢彩香，陈君，等．基于野生银柴胡的产地适宜性分析[J]．中国现代中药，2017，19（5）：684-687.

[6] 叶方，杨光义，王刚，等．银柴胡的研究进展 [J]．医药导报，2012，31（9）：1174-1177.

[7] 孟祥善，代晓华，刘萍，等．基于 ITS 序列的银柴胡种质资源遗传多样性研究 [J]．中药材，2018，41（1）：55-59.

[8] 李福厚．银柴胡栽培技术 [J]．吉林农业，2011，（8）：120-121.

[9] 于凯强，焦连魁，彭励，等．银柴胡种子质量分级标准研究 [J]．中药材，2016，39（4）：720-723.

[10] 马伟宝，彭励，李海洋，等．银柴胡单株种子产量与农艺性状的相关及通径分析 [J]．中国现代中药，2017，19（11）：1612-1614.

[11] 马伟宝．银柴胡传粉特性及农艺措施对种子产量和质量影响的研究 [D]．银川：宁夏大学，2017.

[12] 吴晓玲，彭励，张沛川．野生与栽培银柴胡种子种用性能的研究 [J]．江苏农业科学，2006，（3）：151-154.

[13] 鲍瑞，杨彩霞，高立原，等．银柴胡主要病虫害研究初报 [J]．中国农学通报，2006，22（5）：381-383.

[14] 陈美艳，陈君．生物源农药在中药材生产上的应用概述 [J]．时珍国医国药，2005，16（5）：421.

（黄旗凯，沈亮，刘志香，徐江，开国银）

41 麻黄

引言

麻黄是我国常用中药材之一，《中华人民共和国药典》(2015 年版一部) 收载的麻黄来源于麻黄科植物草麻黄 (*Ephedra sinica* Stapf)、中麻黄 (*Ephedra intermedia* Schrenk et C. A. Mey.) 或木贼麻黄 (*Ephedra equisetina* Bge.) 的干燥草质茎，按照不同品种分别分布于华北、西北及吉林、辽宁、山东、陕西、新疆、甘肃、河南西北部等地，其中以新疆和内蒙古蕴藏量最大，占全国蕴藏量的 85% 以上。

麻黄迄今已有 4000 多年的应用历史，国内外对麻黄化学成分的研究颇多，发现其含有生物碱类、黄酮类、挥发油、多糖、酚酸类等多种成分。麻黄主要依赖于野生资源，近年来过度采挖导致麻黄野生资源严重匮乏，质量急剧下降。为保证市场对麻黄药材的需求，麻黄实现了大面积的人工栽培，草麻黄为麻黄商品中的主流品种，也是人工栽培的主要品种；木贼麻黄中的生物碱含量比其他品种高，但由于木贼麻黄的木质茎较发达，且长短不一，收割困难；中麻黄为我国分布最广泛的麻黄之一。但人工种植生产的麻黄质量良莠不齐、农残超标等问题亟待解决。通过多年栽种麻黄研究数据及产区调研结果，该文制订了麻黄无公害农田栽培技术体系。该体系包括麻黄生态适宜性数值区划确定农田栽培用地、无公害种植方法、田间管理、病虫害防治等内容，适用于无公害麻黄的生产。

一、无公害麻黄产地环境

麻黄为多年生草本状小灌木，适应性强，喜光、耐干旱，光照时间越长、光强越大麻黄碱含量越高，除生长在平原山麓、丘陵及低山区之外，还可以在濒临沙化的草地上顽强生长，并且有报道显示麻黄在砂质土壤出芽率较高。无公害麻黄的产地环境应符合国家《中药材生产质量管理规范（试行）》的要求及 NY/T 2798.3-2015《无公害农产品生产质量安全控制技术规范》；无公害麻黄种植地的空气环境质量应符合 GB/T 3095-2012 中 、二级标准值要求，农田灌溉水的水源质量应符合 GB 5084-2005 的相关规定要求，以及种植地土壤应符合 GB 15618 和 NY/T 391 的一级或二级土壤质量标准要求。无公害麻黄生产根据其自身生物学的特性，依据《中国药材产地生态适宜性区划》(第二版)，主要选择中温带干旱气候区，适宜的生长条件为：年平均气温 1.0～12.7℃，年降水量 48～606 mm，在砂质壤土、砂土、壤土等土壤中均可生长，忌盐碱，不宜在低洼地和排水不良、通透性较差的黏土中生长。产地区域生态因子值范围详见表 2-41-1。无公害麻黄生产选择在生态环境条件良好的地区，产地区域和灌溉上游无或不直接受工业“三废”、城镇生活、医疗废弃物等污染，避开公路主干线、土壤重金属含量高的地区。不能选择冶炼工业（工厂）下风向 3 km 内。

表 2-41-1　麻黄野生分布区、道地产区、主产区气候因子阈值（GMPGIS- Ⅱ）

生态因子	生态因子值范围		
	草麻黄	中麻黄	木贼麻黄
年均温度（℃）	1.0～12.7	1.9～11.3	1.0～10.2
平均气温日较差（℃）	10.7～14.2	9.1～15.3	11.1～14.8
等温性（%）	25.0～33.0	27.0～39.0	23.0～37.0
气温季节性变动（标准差）	9.7～14.3	7.46～12.028	7.2～14.1
最热月最高温度（℃）	21.9～31	18.3～32.1	19.3～32.6
最冷月最低温度（℃）	-26.3～-79	-20.7～-6.9	-23.6～-12.6
气温年较差（℃）	38.7～53.2	32.6～47.9	35.0～52.6
最湿季度平均温度（℃）	14.2～23.5	10.6～23.2	12.0～23.0
最干季度平均温度（℃）	-18.3～-0.9	-13.1～0.2	-14.5～-3.9
最热季度平均温度（℃）	14.2～25.2	11.2～23.2	12.6～24.2
最冷季度平均温度（℃）	-18.3～-0.9	-13.1～-0.5	-16.1～-3.9
年降水量（mm）	186.0～527.0	48.0～576.0	79.0～606.0
降水量季节性变化（变异系数 %）	79.0～127.0	70.0～111.0	35.0～106.0
最湿季度降水量（mm）	119.0～354.0	29.0～307.0	48.0～315.0
最热季度降水量（mm）	115.0～354.0	29.0～304.0	48.0～304.0
年均相对湿度（%）	41.1～58.6	39.7～59.2	45.0～54.2
年均日照（W/m^2）	151.1～170.4	140.1～163.1	141.4～160.8
土壤类型	人为土，钙积土，黑钙土，铁铝土，栗钙土，低活性淋溶土，粗骨土，岩土，碱土	人为土，红砂土，钙积土，始成土，黑钙土，铁铝土，石膏土，栗钙土，薄层土，岩土	人为土，红砂土，钙积土，始成土，黑钙土，潜育土，灰色森林土，石膏土，栗钙土，薄层土，变性土

二、种植方法

（一）选地

根据麻黄的主要生物学特性和生产需要，种植麻黄以温暖、阳光充足的地方为宜，同时耕层（0～30 cm）土壤含盐量在 1.2% 以下，pH 值在 8.2 以下砂壤或砂质等结构尽可能疏松的土壤（表 2-41-2）。

表 2-41-2 无公害麻黄种植土壤重金属和有害元素限量

重金属和有害元素	限值（mg/kg）	重金属和有害元素	限值（mg/kg）
总镉	≤0.30	总铅	≤50
总汞	≤0.25	总铬	≤120
总砷	≤25	总铜	≤50

（二）整地

深耕具有翻土、松土、混土、碎土的作用，深翻地可减少越冬害虫，土地整平可防积水，防止流水传染病害和诱发病害发生，因此合理深耕能达到增产的目的。深翻 15～20 cm、耙细、磨平。耕地同时每公顷深施充分腐熟农家肥 45 t 作基肥，可另施磷酸二铵种肥 150～225 kg。做畦前灌足底水，待田间持水量达到 80% 左右做畦。选择平畦或底床开沟作业，畦面大小可根据灌水和作业方便确定。畦面宽 120～130 cm，畦埂宽 50～60 cm，畦长视具体情况及实际需要而定，一般以 10 m 左右为宜。每平方米均匀撒施 67 kg 充分腐熟的优质农家肥和 20～30 g 磷酸二铵，并与地表 10～15 cm 的土壤拌匀，拣净石块、根茬，耧平畦面待播。

同时为防治地下害虫，对土壤按苗床面积大小称取药量，先用少量细干土与药粉混匀，再加 10～15 kg 细干土，充分混匀。配成的药土，均匀撒于畦面，耙匀。畦做好后，用 70% 甲基托布津可湿性粉末 1000 倍液均匀喷洒于畦面，用量 1.5 kg/hm^2，防治幼苗立枯病和猝倒病。

（三）播种和移栽

1. 优良品种选育

针对麻黄生产情况，选择适宜当地抗病、优质、高产、商品性好的优良品种，尤其是对病虫害有较强抵抗能力的品种。病虫害一方面造成产量和品质的降低；另一方面使用化学农药来防治病虫害，不仅增加成本且污染环境，还会通过食物链使产品中残留的农药进入人体而产生毒害，危及人体健康。

选育优质高产抗病虫的新品种是无公害麻黄生产的一个首要措施。当前传统选育是麻黄主要的选育手段之一，该选育方法利用外在表型结合经济性状通过多代纯化筛选，实现增产或高抗的目的，然而该方法选育周期长，效率低。采用现代生物分子技术选育优质高产抗病虫的麻黄新品种，可以有效缩短选育时间，加快选育的效率，进而保障无公害麻黄生产。针对育苗移栽或无性繁殖，选取无病原体、健康的繁殖体作为材料进行处理。针对种子繁殖的麻黄，从无病株留种、调种，剔除病籽、虫籽、瘪籽，种子质量应符合相应麻黄种子二级以上指标要求。

2. 种子处理

种子可通过包衣、消毒、催芽等措施进行处理，用于后续种植。种子消毒方法主要包括温汤浸种，药剂浸种如“浸种灵”，干热消毒、杀菌剂拌种，菌液浸种等。针对有育苗需要的麻黄，应提高育苗水平，培育壮苗，可通过营养土块、营养基、营养钵或穴盘等方式进行育苗。

3. 播种

麻黄种子在15～25℃（变温）时发芽率最高，温度太高或太低都不利于发芽，应根据不同地区的气候特点，选择最佳播种时期，一般在4～5月播种较好，若秋播需在封冻之前。播种时，按行距40 cm左右，开深3～4 cm、宽8～10 cm且沟底平的浅沟，一般每亩播种量10～15 kg。播种前浇透底水，水渗后将种子均匀地撒入沟内，随后覆细沙0.5～1 cm。麻黄种子顶土能力很弱，覆土时必须均匀，出苗期要保持苗床湿润，浇水最好采用微喷，以确保麻黄适时出苗，实现全苗、齐苗、壮苗。

4. 移栽

麻黄采用育苗移栽，可节省种子，延长生长季节和利于确保全苗。育苗移栽一般在3～8月进行，最佳移栽时间为4月。秋季移栽应在雨季的7月底至8月下旬进行。移栽时要随栽随浇水，一般移栽的株行距为25～30 cm，密度为6000～8000株/亩。

三、田间管理

（一）中耕除草

清除田间杂草，可采用人工清除和化学除草剂清除。除草剂使用要注意用药的绝对安全，防止药害。不过目前防治麻黄田间杂草还没有理想的除草剂，因此要及时组织人工除草。应在杂草盘根前连续除草3～5次，以除净杂草，苗床中的麻黄幼苗很小，除草应做到除早、除勤，避免草荒，一年生育苗田拔草时应小心仔细，避免伤苗，并且一年生的幼苗不宜使用除草剂。

（二）间苗、定苗与补苗

麻黄种植后，应及时查苗和补苗，麻黄齐苗后，应视保苗难易分别采用一次或二次的方式进行间苗、定苗。易保苗的地块，同穴2株，深度以埋入麻黄根茎部3 cm左右为宜，苗要直立，不曲根、不卧根、不露根。栽后踏实，行距30～40 cm。株距10～15 cm，每公顷定植15万～18万株。结合间苗、定苗，对严重缺苗部位进行移栽补苗，要带土移栽，栽前或栽后浇水，以确保成活。

（三）灌水与排水

麻黄在出苗前及幼苗初期应保持土壤湿润，定苗后土壤水分含量不宜过高，适当干旱有利于蹲苗和促根深扎。麻黄成株以后，遇严重干旱或追肥时土壤水分不足，应适时适量灌水，每年3～5次即可。每年的早春要灌足解冻水，封冻前灌足封冻水。麻黄采收田封冻水要灌在采收前，解冻水可推迟至再生年植株出苗萌发后灌溉。麻黄怕涝，雨季应注意及时松土和排水防涝，以减轻病害发生，避免和防止烂根死亡，改善品质，提高产量。

（四）蹲苗与盖草

试验研究结果表明，于麻黄幼苗期进行适当的蹲苗和生长期间地面覆盖秸秆与杂草，对提高麻黄产量和麻黄苷含量都有显著的作用。蹲苗的方法是选晴天轻压麻黄地上部，从而起到控上促下的作用。地面盖草，可以保墒防旱，防止板结，利于通气，调节土温，促根生长。盖草的技术要求是，于麻黄追肥松土以后，行间地面覆盖约 1 cm 厚的作物秸秆或碎草，以碎草最为理想。

（五）剪花枝

对于不采收种子的麻黄田块，于麻黄现蕾后开花前，选晴天上午，将所有花枝剪去，并分批进行，可减少麻黄地上部养分消耗，促进养分向根部运输，提高麻黄产量，但对根部麻黄苷含量无明显影响。

（六）合理施肥

无公害麻黄施肥过程中肥料使用的原则和要求以及允许使用和禁止使用肥料的种类等按 DB13/T 454 执行，禁止使用未经国家或省级农业部门登记的化肥或生物肥料。麻黄施肥应坚持以基肥为主、追肥为辅和有机肥为主、化肥为辅的原则。养分最大效率原则。有机肥和无机肥搭配使用，有机肥除了能补充麻黄生长所需要的微量元素、增加土壤有机质和改良土壤外，在持续增加麻黄产量，改善其品质方面更具有特殊作用。无公害麻黄种植过程中针对性施用微肥，提倡施用专用肥、生物肥和复合肥，重施基肥，少施、早施追肥。采收前不能施用各种肥料，防止化肥和微生物污染；底肥一般于秋季前作物收获后，每亩均匀撒施高温腐熟的农家肥 2000～4000 kg，磷酸二铵等复合肥 10～15 kg。

四、病虫害防治

随着《中药材生产管理质量规范》（GAP）的实施，为保证中药材质量，必须按照 GAP 要求进行生产操作，对病、虫、草害采取“预防为主，综合防治”的原则，禁止使用剧毒、高毒、高残留或具有致癌、致畸、致突变的农药，加强栽培管理为基础，优先选用农业措施、生物防治和物理防治的方法，最大限度地减少化学农药的用量，以减少污染和残留。麻黄无公害生产过程农药使用相应准则参照 NY/T 393《绿色食品农药使用准则》、GB 12475《农药贮运、销售和使用的防毒规程》、NY/T 1667（所有部分）《农药登记管理术语》。麻黄的主要病害为根腐病和根线虫病，地面害虫最普遍的是丽小灯蛾及蚜虫，其次为姬猎蝽、草地螟、蛴螬等。

（一）农业综合防治措施

首先整地时应深翻，不仅可促使病株残体在地下腐烂，同时也可把地下病菌、害虫翻到地表，结合晒垡进行土壤消毒。种植时合理配置株行距，优化群体结构，提高植株抗性，消除发病的局部小气候条件，为植物营造更加优越的生长环境，有效抵制种植病害的发生。其次适宜地选用抗病品种，适时播种、避开病虫危害高峰期，从而减少病虫害。麻黄生长期间要采取中耕、松土、除草去除病苗等措施，可以有效防止田间病、虫、草害，消灭病、虫寄主，有助于降低虫害的发生率。同时为了促进麻黄健壮生长，最大限度减少麻黄病虫害的发生与蔓延，从而减少农药用量，还需要恰到好处的水、肥、光共同作用，进而达到优质、高产、高效的栽培目标。

（二）物理防治

根据病虫害对物理因素的反应规律，利用物理因子防治病虫害，不用药、不污染。例如：通过覆膜方式利用太阳能提高土层温度，进而抑制病害；使用黑光灯、高压汞灯、双波灯、频振式杀虫灯等诱杀害虫；使用防虫网防虫等。另外，麻黄中药材有毒，也要设立防护栏，防止人和动物误食。

（三）生物防治

利用生物天敌、杀虫微生物、农用抗生素及其他生防制剂等方法对麻黄病虫害进行生物防治，可以减少化学农药的污染和残毒。对于麻黄来说，植物体内含有麻黄碱，害虫较少，生物防治方法主要靠以虫治虫：利用瓢虫、食蚜蝇、草蛉等捕食性天敌防治害虫。最近发现麻黄抗病诱导剂、多抗霉素、农用链霉素及新植霉素等抗生素可以防治麻黄病害。

（四）化学防治

针对病虫种类科学合理应用化学防治技术，采用高效、低毒、低残留的农药，对症适时施药，降低用药次数，选择关键时期进行防治。化学药剂可单用、混用，并注意交替使用，以减少病虫抗药性的产生，同时注意施药的安全间隔期。在无公害麻黄种植过程中禁止使用高毒、高残留农药及其混配剂（包括拌种及杀地下害虫等）。不允许使用的高毒、高残留农药，如氰化物、磷化铅、氯丹、甲胺磷、甲拌磷、对硫磷、甲基对硫磷、内吸磷、杀螟磷、磷胺、异丙磷、三硫磷、氧化乐果、磷化锌、克百威、水胺硫磷、久效磷、三氯杀螨醇、涕灭威等。

无公害麻黄种植中允许使用安全、低残留的化学农药进行病虫害防治。虫害可采用吡虫啉、抗蚜威、阿维菌素、噻虫嗪等化学农药；枯萎病可采用多菌灵或甲基托布津可湿性粉剂进行防治等（表2-41-3、表2-41-4）。

表2-41-3　无公害麻黄种植中病害防治方法

病害种类	发病症状及危害	防治方法
根腐病	是目前国内麻黄草产区危害最严重的重大病害。幼苗期发病苗茎基部最初产生水浸状斑，病情在1～2天内加重，引起幼苗倒伏死亡；成株期病程较长，春季4月初发病植株表现为根部呈现水浸状，颜色变褐，由根尖向茎基部扩展，根表皮易脱落，7～8月时地上部枝条表现为由枝条顶部逐节向下干枯或整株颜色变为黄绿色，最后全部枝条干枯死亡	以栽培措施培育壮苗为主，如增施农家肥和微肥，控制灌水等

续表

病害种类	发病症状及危害	防治方法
根线虫病	症状表现为植株略矮化，地上部个别枝条或半边枝叶萎蔫枯黄，植株生长停滞，与缺肥或缺水相似，地下部枝盘以下逐渐肿大，开裂后露出黄褐色粉状物	首先要对发病田病株进行定点拔除，集中烧毁。常用的杀根线虫剂有 DD 混剂，每亩用量 30～40 kg，或 80% 二溴氯丙烷每亩用量 1.5～2 kg。药剂于补苗前 10 天施入 20 cm 深的沟中，补苗种在沟中
立枯病	温室播种后种子在土壤中被浸染出现种腐。幼苗出土后感病，茎基部出现水渍状斑，逐渐扩展，病组织变褐色，并溢缩凹陷，上部叶片萎蔫下垂。病害向下蔓延至根部，土壤潮湿时，根部迅速腐烂。地上部枯死，有时直立不倒伏	此病发生在人工栽培麻黄的育苗期，要注意进行种子消毒处理，以及防止土壤湿度过大。可喷施甲基托布津 800～1000 倍溶液

表 2-41-4　无公害麻黄种植中虫害防治方法

虫害种类	发病症状及危害	防治方法
蚜虫	麻黄蚜虫从每年 4 月底麻黄草茎秆高 10 cm 左右时为害，到 9 月中旬茎秆老化时结束，一年发生 3～4 代。受害麻黄茎尖发黄，停止生长，受害严重时茎秆会披散倒伏、枯落，即使控制病情后受害麻黄重新发芽，采收期麻黄产量及质量均会降低	抗蚜威 50% 可湿性粉剂或吡蚜酮 50% 可湿性粉剂稀释 2000 倍施用
草地螟	草地螟成虫每年 8～9 月生长在麻黄地中。并在附近草灌木上产卵，来年幼虫便会啃食麻黄幼嫩茎尖。每年发生 1 代	7、8 月喷施 20% 高效氯氟氰菊酯 2500 倍液
姬猎蝽	每年 7～8 月，以成虫刺吸茎秆汁液，受害麻黄黄化失绿，停止生长，上有害虫褐色排泄物	
蛴螬	4～8 月，蛴螬成虫啃食麻黄幼嫩茎尖，幼虫啃食麻黄根部，咬断主根，引起麻黄失水干死，咬断侧根，引起植株根部腐烂。受害麻黄常表现为一侧茎秆黄化发白或整株死亡	田间施入农家肥必须充分腐熟，翻耕时用阿维菌素、高效氯氟氰菊酯细土均匀撒于地面，以防地下害虫

五、无公害麻黄的采收与质量控制

无公害麻黄是指农药、重金属及有害元素等多种对人体有毒物质的残留量均在限定的范围以内的麻黄。无公害麻黄质量包括药材材料的真伪、农药残留和重金属及有害元素限量、总灰分、浸出物、含量等质量指标。

（一）麻黄的采收

麻黄的采收期依据每种物种的类型选择适宜的采收期。麻黄在移栽生长 3 年后可首次采收，以后 2 年轮采 1 次。最佳采收时间在 10 月上旬，留茬高度为根茎以上 1～2 cm，即距离地面 3 cm 左右为宜。麻黄原料的装运，包装环节避免二次污染，需要干燥的麻黄原料，需依据每种药材类型及要求，采用专用烘烤设备或专用太阳能干燥棚等进行干燥。

（二）质量控制

麻黄真伪可通过形态、显微、化学及基因层面进行判别。麻黄主要有效成分麻黄苷的含量按高效液相色谱法（《中华人民共和国药典》2015 年版一部：通则 0512）测定，盐酸麻黄碱（$C_{10}H_{15}NO \cdot HCl$）和盐酸伪麻黄碱（$C_{10}H_{15}NO \cdot HCl$）的总量不得少于 0.80%。

无公害麻黄农药残留和重金属及有害元素限量应达到相关药材的国家标准、团体标准、地方标准以及 ISO 等相关规定。通过多年来麻黄产地、市场、进出口检验等数据分析，并参考《中华人民共和国药典》、美国、欧盟、日本及韩国对麻黄的相关标准以及 ISO 18664-2015《Traditional Chinese Medicine-Determination of heavy metals in herbal medicines used in Traditional Chinese Medicine》、GB 2762-2016《食品安全国家标准食品中污染限量》、GB 2763-2016《食品安全国家标准食品中农药最大残留限量》等现行标准，规定无公害麻黄农药残留和重金属及有害元素限量，包含艾氏剂、毒死蜱、氯丹、五氯硝基苯等 42 项高毒性、高检出率的农药残留限量，及铅、镉、汞、砷、铜重金属及有害元素限量。

中药材无公害栽培体系的建立就是为了解决长久以来，市场上中药材无序生产和滥用农药等问题，包括利用 GIS 信息技术指导药用植物精准选址，以现代组学方法辅助药用植物育种，以宏基因组学指导土壤复合改良，以合理施肥及病虫害综合防治为主的田间精细管理。随着麻黄野生资源日益减少，人工栽培成为获取麻黄的主要方式，但由于生态环境恶化，化肥、农药的不合理使用，不规范的生产及加工方式使麻黄品质低劣，农药、重金属和有毒元素含量超标，严重影响消费者的生命安全及健康，所以建立麻黄无公害精细栽培体系迫在眉睫。本文从选地整地、选种播苗、水分控制、合理施肥、病虫害防治等方面对无公害麻黄的培育进行了阐述，对无公害麻黄的种植起到一定的指导作用。

参考文献

[1] 吴康衡．麻黄、喜树、紫茉莉根的中毒解救方 [J]．东方药膳，2016，(11)：63-64.
[2] 查丽杭，苏志国，张国政，等．麻黄资源的利用与研究开发进展 [J]．植物学报，2002，19 (4)：396-405.
[3] 刘珊，邵东清，贾云峰．光照对麻黄生长发育及生物碱产量的影响 [J]．中药材，1999，22 (5)：221-222.
[4] 满多清，寥空太．中麻黄生境及栽培因子研究 [J]．甘肃农业大学学报，2003，38 (1)：84-88.
[5] 赵永卫，朱秀梅．麻黄人工栽培技术 [J]．新疆畜牧业，2006，(4)：57.
[6] 李胜，杨德龙，汪建政，等．我国麻黄资源的驯化栽培与开发利用研究现状 [J]．甘肃农业科技，2004，(2)：51-53.
[7] 蔺福生，刘珊，张飞虎，等．麻黄种子采收及播前处理 [J]．中药材，1998，21 (7)：325-328.
[8] 王成信，王耀琳．沙区麻黄人工栽培技术的试验研究 [J]．甘肃林业科技，1991，(1)：31-38.
[9] 乔栈彪，朱万成．麻黄种植栽培技术 [J]．北方农业学报，2000，(2)：43.
[10] 杨文，童云峰，马涛，等．风沙土麻黄基地土壤培肥措施及肥料效应研究 [J]．草业科学，2008，25

（8）：19-25.
[11] 任德权，周荣汉．中药材生产质量管理规范（GAP）实施指南 [M]．北京：中国农业出版社，2003.
[12] 程惠珍，高微微，陈君，等．中药材病虫害防治技术平台体系建立 [J]．世界科学技术－中医药现代化，2005，7（6）：109-114.
[13] 黄文思．生产 A 级绿色食品禁止使用的农药 [J]．科学种养，2013，（1）：55.
[14] 朱春雨．麻黄根腐病病原及其防治初步研究 [D]．北京：中国农业大学，2002.
[15] 董林林，苏丽丽，尉广飞，等 . 无公害中药材生产技术规程研究 [J]. 中国中药杂志，2018，（15）：3070-3079.

（鹿江南，刘霞，孟祥霄，韩宗贤）

42　淫羊藿

引言

中药材淫羊藿为小檗科淫羊藿属（*Epimedium* L.）多年生草本植物的干燥叶，《中华人民共和国药典》收录了 5 种淫羊藿，包括淫羊藿（*Epimedium brevicornu* Maxim.）、箭叶淫羊藿［*E. sagittatum*（Sieb. et Zucc.）Maxim.］、柔毛淫羊藿 *E. pubescens* Maxim.、朝鲜淫羊藿（*E. koreanum* Nakai.）。淫羊藿药材作为滋补类中药始载于《神农本草经》，在中国已经有 2000 多年的使用历史，是中国应用最为广泛、最为悠久的中药之一。

以淫羊藿为原料的保护神经、抗癌等新医药品种的开发带动了对淫羊藿药材的巨大需求，而我国的淫羊藿药材来源长期依靠野生资源，淫羊藿当前供需矛盾严重，淫羊藿药材价格连年持续上涨，我国的淫羊藿野生资源也遭受了严重的破坏，野生资源储备量锐减，其中 11 个淫羊藿物种已经属于濒危种，13 个淫羊藿物种为易危，还有 3 个淫羊藿物种为极危种。由于依靠淫羊藿野生资源已经不能满足生产的需要，淫羊藿的人工种植从 21 世纪初陆续开展起来，但整体还处于起步状态，存在盲目引种、产量和品质良莠不齐等诸多问题，严重制约了淫羊藿产业化种植的进程。因此，推动淫羊藿药材无公害规范化种植，不仅可以高效生产优质中药材，而且可以促进中药种植产业可持续发展。

一、无公害淫羊藿栽培选地

无公害淫羊藿种植要符合《中药材生产质量管理规范（试行）》，产地环境应符合 NYT 5295-2015《无公害农产品产地环境评价准则》标准和 GAP 规范；土壤和灌溉用水应分别达到 GB

15618-2008《土壤环境质量标准》二级标准和 GB 5084-2005《农田灌溉水质标准》二级标准；基地的大气质量应达到 GB 3095-2012《环境空气质量标准》二级标准。淫羊藿属植物自然状态下为林下草本优势物种，根据地域性宜选生态相近具有自然荫蔽条件或阴坡、远离污染源、灌溉排水方便、便于运输、远离主干道的地区种植。

（一）生态适应因子

淫羊藿属植物属亚热带和温带林地草本植物，常生于灌木丛、沟谷、松林等荫蔽度较大、阴湿的阴坡或半阴半阳坡，淫羊藿属植物自然垂直适应度较宽，海拔 200～3700 m 均有分布。淫羊藿属植物在我国分布较广，不同产区生态环境相差很大。利用 GMPGIS-Ⅱ（药用植物全球产地生态适宜性区划信息系统）对淫羊藿属植物产地环境因子进行提取，淫羊藿药材适宜生长的生态因子阈值如表 2-42-1 所示，适宜的土壤类型如表 2-42-2 所示。

表 2-42-1 淫羊藿药材野生分布区气候因子阈值（GMPGIS-Ⅱ）

生态因子	生态因子值范围			
	淫羊藿	箭叶淫羊藿	朝鲜淫羊藿	柔毛淫羊藿
年均温度（℃）	1.3～15.4	9.7～20.9	1.2～8.1	9.9～18.3
平均气温日较差（℃）	7.4～13.9	6.3～9.6	10.5～13	7.2～10.7
等温性（%）	24.0～39.0	22.0～36.0	24.0～26.0	26.0～30.0
气温季节性变动（标准差）	6.9～10.3	5.7～8.8	11.4～13.4	6.4～9.0
最热月最高温度（℃）	14.5～34.6	23.1～34.7	23.9～28.1	25.5～34.3
最冷月最低温度（℃）	-21.3～-0.6	-4.7～7.2	-26.4～-15.2	-6.3～4.1
气温年较差（℃）	28.5～41.8	23.8～33.5	43～51.6	26.3～35.5
最湿季度平均温度（℃）	7.3～26.2	17.1～27.1	17.1～22.2	19～26.5
最干季度平均温度（℃）	-10.7～11.1	1.6～14.4	-17.1～-7.5	～0.7～8.4
最热季度平均温度（℃）	7.8～28.2	19.2～28.4	17.1～22.2	20.2～28
最冷季度平均温度（℃）	-10.7～5.2	-0.3～12.2	-17.1～ -7.5	-0.7～8.4
年均降水量（mm）	353.0～1445.0	1100.0～2092.0	648.0～1112.0	627.0～1668.0
最湿月降水量（mm）	83.0～239.0	174.0～354.0	157.0～313.0	119.0～435.0
最干月降水量（mm）	2.0～46.0	12.0～52.0	6.0～12.0	3.0～17.0
降水量季节性变化（变异系数 %）	48.0～93.0	44.0～78.0	92.0～110.0	65.0～98.0

续表

生态因子	生态因子值范围			
	淫羊藿	箭叶淫羊藿	朝鲜淫羊藿	柔毛淫羊藿
最湿季度降水量（mm）	206.0~581.0	480.0~917.0	409.0~727.0	343.0~1045.0
最干季度降水量（mm）	7.0~165.0	52.0~195.0	21.0~41.0	11.0~61.0
最热季度降水量（mm）	191.0~547.0	428.0~838.0	409.0~727.0	318.0~991.0
最冷季度降水量（mm）	7.0~195.0	52.0~254.0	21.0~41.0	11.0~61.0
年均日照（W/m^2）	132.2~155.2	121.7~146.7	140.7~154.3	123.1~143.8
年均相对湿度（%）	47.7~73.6	68.3~75.7	58.4~61.0	63.6~73.3

表 4-42-2 淫羊藿药材野生分布区土壤类型（GMPGIS- Ⅱ）

品种	土壤类型
淫羊藿	强淋溶土、红砂土、始成土、黑钙土、铁铝土、栗钙土、薄层土、低活性淋溶土、白浆土、粗骨土
箭叶淫羊藿	强淋溶土、高活性强酸土、红砂土、黑钙土、铁铝土、低活性淋溶土、淋溶土、粗骨土
朝鲜淫羊藿	黑钙土、低活性淋溶土、白浆土
柔毛淫羊藿	红砂土、黑钙土、铁铝土、低活性淋溶土、聚铁网纹土、粗骨土

（二）生态适宜产区

淫羊藿属植物为典型的旧世界温带分布类型，广泛且间断分布于西起北非阿尔及利亚、东至日本之间的窄长地带，无广布种，各个种都为狭域分布，约 80% 种类产于中国中部至东南部。药典收录的 5 种淫羊藿在中国不同地区都有其各自优势，淫羊藿药材在中国可分为四个产区：中国东北区只产朝鲜淫羊藿一种，西北、华北区产淫羊藿为主，华东、华南区主产箭叶淫羊藿，西南区主产巫山淫羊藿、柔毛淫羊藿等。由于不同淫羊藿属植物生长所需环境差异很大，在推广引种时应根据当地自然生态环境，选取和原产地自然环境相近、优质高产、抗病虫害、适应性强的新品种。

二、无公害淫羊藿优良品种选育

（一）种质资源现状

淫羊藿属全世界约有 60 种，我国约有 50 种，我国是淫羊藿属植物的分布和多样性中心，具有丰富的淫羊藿野生资源，尤其以四川东部、重庆、鄂西、黔东北和湘西北地区种类最为集中。由于我国淫羊藿药材主要依靠野生资源，其野生资源遭受了严重的破坏、储备量锐减。淫羊藿药材基原植物较为多样，使用比较混乱，淫羊藿药材质量参差不齐；淫羊藿属植物不同物种、不同产地的类群有效成分差别很大；被《中华人民共和国药典》和地方标准收录的部分淫羊藿类群，其功能成分并不达标，而没有被收录的淫羊藿类群却不乏高品质的药材。由于淫羊藿药材价格高、供不应求，目前只要是淫羊藿属植物都作为淫羊藿药材使用，这将进一步导致淫羊藿属植物种质资源的流失和质量的不稳定。开展淫羊藿资源圃建设、种质资源评价、选育优良淫羊藿属药材品种，有利于提高淫羊藿药材的品质和淫羊藿药材无公害种植产业的发展。

（二）优良品种培育

目前，我国淫羊藿属植物的育种工作还相对比较薄弱，目前淫羊藿药材仅有的 3 个优良品种“中科箭叶 1 号”“中科黔北 1 号”和“中科巫山 1 号”。这 3 个淫羊藿药材优良品种除具有适应性强、丰产稳产、病虫害少、值得大面积推广等优点外还具有各自的特征：“中科箭叶 1 号”淫羊藿叶片总黄酮和淫羊藿苷含量均远高于药典标准；根状茎粗壮，结节较长，出芽多，易分蘖繁殖；“中科黔北 1 号”淫羊藿新品种叶片总黄酮、淫羊藿苷和朝藿定 C 含量均远高于药典标准，植株健壮，叶片生长量大；“中科巫山 1 号”淫羊藿新品种叶片总黄酮和朝藿定 C 含量均远高于药典标准，不仅产量高，而且具有大花型，是一个观赏和药用兼备的良种。

为有效推进今后的淫羊藿育种工作，可以通过以下几条途径：①通过对淫羊藿野生资源的系统评价，筛选出高产、优质、多抗、适应性广的淫羊藿优良新品种；②利用杂交优势，通过杂交育种获得淫羊藿优异新品种。目前本学科组采用该方法，已经初步筛选了一批具有明显杂种优势的株系；③利用多倍体诱导的方法，使淫羊藿属植物染色体加倍，以期获得产量、抗性和药效成分增加的淫羊藿优良品系；④筛选与质量和产量等重要性状相关联的分子标记，利用这些分子标记快速筛选淫羊藿优良品系，进而辅助推进淫羊藿的育种进程。

三、无公害淫羊藿种植技术

（一）土壤消毒

土壤消毒可有效地杀死土壤中害虫、致病菌、虫卵等，减少淫羊藿属药材病虫害的发生，对提高药材产量和质量有重要的意义。无公害药材土壤消毒目前有物理和化学两种方法，物理消毒主要是高温时节在生产田覆盖地膜，利用太阳能提高地表温度或采用高温火焰法等来达到消灭土壤中害虫的目的，物理消毒操作简单，对周围环境的影响小，但也存在消毒不彻底的问题；化学消毒主要是利用消毒剂进行化学熏蒸来消灭土壤中害虫，改善土壤环境，常用的消毒剂有石灰、多菌灵、棉隆等，无公害药材的种植宜选用低毒，农残低消毒剂，适当配合土壤还原剂修复根际生态环境，可有效减少土传疾病，提高中药材的品质。无公害中药材种植土壤消毒要严格按照国家标准进行，土壤消毒完成后，待有毒气体完全挥发后方可进行种植。

（二）土壤改良

适宜无污染的土壤环境是种植无公害中药材的保障，根据淫羊藿属药材的生长需求，可适时对土壤进行改良。常用的土壤改良方法有绿肥回田法、菌剂调控法等：绿肥回田是指将苜蓿、紫苏、大豆、紫云英等绿肥作物经过切割、堆沤等方法加工后或直接翻压后作为肥料使用，绿肥对土壤理化性质、氮、磷、钾、有机质、土壤菌群等都具有一定的改善作用，紫云英等绿肥处理后可降低土壤重金属含量和综合污染指数；菌剂调控法通过施用微生物菌剂或菌肥，来改善土壤微生态环境、降解有毒物质并降低死苗率进而提高药用植物的抗逆性，提高产量和品质。除绿肥和菌剂外还可适量施加有机肥和微量元素肥，肥料的施用要严格遵照 NY/T 394-2000《绿色食品肥料使用准则》执行，禁止使用工业、医疗、生活等产生的垃圾作为肥料，改良后的土壤环境应满足或优于《无公害农产品产地环境评价准则》，达到生产优质无公害淫羊藿中药材条件。

（三）种苗繁育

淫羊藿种子生产量大，依靠种子可快速繁育出大量种苗。淫羊藿种子萌发率是限制淫羊藿种子繁殖一个重要因素，国内相关研究表明，适当浓度配比氟啶酮和赤霉素混合液，可提高巫山淫羊藿发芽速度和成苗率；变温处理、赤霉素加低温处理可打破拟巫山淫羊藿种子休眠，提高发芽率；先暖温后低温处理可增加朝鲜淫羊藿胚发育速度；腐殖土加光照可提高粗毛淫羊藿发芽率，对淫羊藿种子的研究有助于淫羊藿种子繁殖发展。淫羊藿药材种子繁殖，一般采用秋播或春播，育苗圃施有机肥约 1000 kg/ hm^2，耙细并整平，做成高 20～30 cm、宽 1.3～1.5 m 的畦，畦间留 30 cm 左右行道，每穴播种 2～3 粒萌发的种子（也可将种子和细土等混匀撒于苗田并覆盖薄土），每穴间距 12～16 cm，待种苗长到 4～5 片真叶可移植大田。

种子繁育存在种系不纯，多代以后药材质量、抗病性等会有所下降等问题。无性繁殖是保证药材品系品质的有效繁育方法。组培方面操作简单，繁殖率高，生产成本低，繁殖周期短，适宜于工厂生产应用。组培苗驯化完成生长稳定后可移栽定植。

目前国内对淫羊藿属药材还采用芽头或分株繁殖：芽头繁殖选取具有 4 个芽头的根茎，或不低于 2 个芽头的根茎，切成 2～4 cm^3 根茎块，每块至少保存 2 个芽头，种块种植前经消毒剂消毒后，可移栽于繁育苗床，每株距 12～16 cm，待苗长成后定植于大田；秋季或春季可采取分株繁殖，首先对淫羊藿进行分株，每株带有 2～3 苗，修剪地上部分和须根后定植于过渡田，待长势苗壮后，移栽生产田。

（四）移栽定植

种苗移栽大田一般在秋季或春季进行，生产田施用有机肥 2000～3000 kg/hm^2，复合肥约 50 kg/hm^2，实际应用中应该根据土壤肥力及肥料成分含量等适当调整。翻耕深度 30 cm 左右为宜，耙平土地，使肥料和土壤充分混匀，去除田间大块的石块或其他杂物，做厢开畦，畦沟深 30 cm 上下，并做好排水灌溉设施。将生长 6 个月左右的 3～5 片叶子种子繁殖苗或块茎繁殖苗，以及经过驯化后的组培苗，按 25～30 cm 行距，穴深 13 cm 左右定植大田，每亩用苗 5000～6000 株，每穴用 5～6 cm 覆土压实后浇足水。

（五）合理施肥

无公害淫羊藿药材施肥类型和原则要严格按照 DB13/T 454 执行。无公害淫羊藿药材施肥以有机肥为主，同时辅以氮、磷、钾、微量元素等肥料，施肥要适时适量，过度施肥不但不会增加产量，还会降低产量影响药材品质。施肥可以分为土地改良期、整地底肥和追肥：土地改良期以绿肥和微生物菌肥为主；底肥以有机肥为主，整地时每公顷施有机肥 3000 kg 左右；追肥以氮、磷、钾、微量元素为主复合肥或有机肥，可在催芽、拔芽或采收后每公顷施复合肥或有机肥 300 kg 左右，也可在控制好使用量情况下两者同时使用。无公害淫羊藿中药材施肥要根据植物的生长发育需求，不可过量施肥或使植物处于营养不良生长环境。只有适时、适量合理施肥才能满足生产高品质药材的要求，进而生产出优质药材。

（六）无公害种植管理

无公害淫羊藿药材种植管理，要依据其生长特点，采用适宜管理措施，保证淫羊藿属药材苗壮成长所需条件。根据淫羊藿不同生长阶段应采用不同管理措施：①种子沙藏时注意防止种子霉变，并维持沙子含水量在合理范围内，进而培养出合格种苗；②育苗时要注意土壤消毒、防治病虫害、适时施肥使幼苗健康成长，为大田移植做好准备；③大田在移植种苗前要施好基肥，对土壤进行消毒，消灭土壤中害虫、虫卵及病原微生物，并做好灌溉和排水设施，种苗移植后去除死苗、病苗和弱苗并及时补苗，雨季要注意排涝，中耕除草和追肥，淫羊藿药材喜阴湿的环境，高温时节或荫蔽度不足注意遮阴并适量喷水降温，土壤干旱时灌溉要适时，冬季适当清除枯枝落叶，防止病虫害发生。实时监测种植基地大气质量和灌溉用水重金属含量，精选高效、低毒，农残低的农药，确保生产出优质无公害淫羊藿药材。

四、无公害淫羊藿病虫害综合防治

无公害淫羊藿属植物病虫害防治，应坚持预防为主，防治结合的综合防治原则，根据药材的生长特性和季节，掌握病虫害发生规律，提早预防、及时消灭害虫，减少经济损失。无公害淫羊藿药材种植，要最大限度降低农药的残留量，优先选用非化学防治方法，在实际运用过程中，综合应用农业、物理、生物及化学防治法，构建高效病虫害防治体系，有效消灭病虫害。应用化学防治时应遵循 NY/T 393《绿色食品农药使用准则》和 GB 12475 章程，安全、高效、低残留防治无公害药材病虫害。

（一）农业防治

农业防治是无公害中药材生产过程中最为经济的手段之一。总结无公害药材和蔬菜种植经验，进行农业防治时可采取以下措施：选育高抗病虫害的优良品种；适当调整播种期避免病虫害高发和易发期；清洁田园和病残体减少污染源；根据植物的生长需求合理施肥浇水，控制好灌溉量和施肥比例；合理轮作、套种、间作，避免土壤肥力对中药材生长发育的影响；合理的密植保证淫羊藿属中药材能得到足够光能和二氧化碳量，为生长提供适宜的条件，同时也可避免形成局部小气候；改善栽培技术和管理方法；调节土壤微生物环境，营造出适宜的中药材生长环境；加强对种子和种苗的检疫工作，避免病原菌的扩散，通过以上措施，可有效降低病虫害的发生，创造出利于无公害药材生长的环境，生产出优质中药材。

（二）物理防治

无公害中药材生产过程中可采用无污染的物理防治方法。物理防治害虫可参考使用以下方法：部分害虫具有趋光性，可利用高压汞灯、黑光灯、频振式杀虫灯等对害虫进行诱杀，人工摆放食源如糖醋液或蜜源丰富的植物来诱杀害虫；利用害虫的求偶性，通过性诱剂来诱杀害虫；有些害虫具有特殊光谱反应原理，通过使用对害虫有吸引力的色板或色膜诱杀害虫；通过架设防虫网隔离栽培也可有效防治害虫，避免害虫的扩散；土壤改良时在高温天气，可以通过覆盖地膜、翻晒法、高温火焰法有效地杀死土壤中病原和虫卵。

（三）生物防治

生物防治方法主要有微生物防治、生物药剂防治和害虫天敌防治。现将无公害药材和蔬菜生产常用生物防治方法总结如下，为无公害淫羊藿药材害虫生物防治参考：常用的细菌杀虫剂有杀螟杆菌、青虫菌、松毛虫杆菌、苏云金杆菌，对食叶量大的害虫有较好的杀灭效果；真菌类的白僵菌对防治地老虎、菜青虫等有不同的效果。植物源农药大黄素甲醚、除虫菊素、印楝素、苦参碱等在病虫害的生物防治中具有高效无污染特点。害虫天敌防治害虫是一种环保的方法，保证中药材不会有农药残留，如捕食性昆虫瓢虫、草蛉、食蚜蝇可捕食蚜虫等害虫，胡蜂可捕食鳞翅目的幼虫，寄生蜂和寄生蝇可寄生在害虫体内，对抑制害虫有一定的作用。生物农药具有安全、环境友好等特点，有利于无公害药材的生产，是未来无公害药材种植害虫防治的发展方向。

（四）化学防治

现阶段化学防治是我国淫羊藿药材防治病虫害主要的手段，以简便的方法和良好的短期效应优势，一直是防治病虫害的主体。无公害淫羊藿药材害虫防治，严禁使用高毒、高残留、剧毒化学农药，宜采用低毒、低残留高效的农药。农药的施用要注意提高施药技术，农药的轮换和施药量，多种农药搭配使用，杀灭害虫的同时降低农药残留量。淫羊藿属植物常见病虫害及防治方法（表 2-42-3）。

表 2-42-3　无公害淫羊藿属植物病虫害种类及防治方法

病虫害种类	病原	危害部位及症状	发生特点	防治方法	
				化学防治	综合防治
灰霉病	葡萄孢属真菌	危害叶，病叶表现为不规则水渍状或褐色病斑	4～8 月发病，阴雨和通气不良时易发	嘧霉胺等	通风排水、烧毁病叶
根芽腐烂病	腐皮镰孢菌	危害根和根芽，病根芽或根有褐色病斑	5～7 月发病，水淹，施用未腐熟有机肥，根有伤口时易发	噁霉灵、多菌灵等	轮作、清除病残体、施用腐熟有机肥、排水并防治地下害虫
叶褐斑枯病	大茎点霉属真菌	危害叶片，病叶褐色伴有黄色晕圈斑点	4～9 月发病，风、虫媒传播，高温多雨时易发	多菌灵等	销毁病残体
皱缩病毒病	淫羊藿皱缩病病毒	危害叶，病叶增厚、畸形并且叶斑驳状	此病整个生长期均发生，虫媒和摩擦传播	抗毒剂Ⅰ号、病毒宁等	杀灭虫媒，种苗检疫
淫羊藿锈病	双胞锈菌属	危害叶、果实等，产生小点，后期产生橙黄色孢子堆	高温、高湿时易发	粉锈宁等	清洁田园，清除传染源
白粉病	粉孢属真菌	危害叶，产生白色小粉斑和白粉区	施用氮肥过多，钙、钾不足，通风透光不良易发	多菌灵、粉锈宁等	清洁田园、适时灌溉、加强通风
淫羊藿生理性红叶病	无遮阴暴露地发生	叶部呈红色状	无遮阴地方种植，全年均可发生		遮阴、种植基地选在阴凉区域
小地老虎	小地老虎、土蚕、切根虫	危害子叶、幼叶和近地面叶片，产生孔洞	4～6 月易发病。低洼多杂草易发	多抗霉素等	铲除杂草，消灭虫卵、黑光灯诱杀

五、无公害淫羊藿药材采收加工贮藏和运输

淫羊藿药材多在夏或秋季采收地上部分，初加工去除较大的粗梗、树枝等杂质，阴凉通风处干燥；初加工后储藏以符合国家卫生标准的麻袋、箱子等包装后置于干燥、无污染专门的储藏室保存；淫羊藿药材运输不得与有毒有害、潮湿有异味的物品混装运输，运输工具具有良好的透气、防雨等功能，以保证药材安全保质运输。

为了淫羊藿资源的可持续开发利用以及培育打造淫羊藿大品种大健康产业，对淫羊藿属植物开展无公害种植技术的研究和应用是非常关键的。本文制定了淫羊藿属植物无公害中药材栽培体系，在实施过程中，建议着重注意以下环节：①加强野生资源保护力度，加快淫羊藿属植物种质资源圃建设，为淫羊藿药材种质筛选，优良品种培育和可持续发展提供依托；②加快具有优良性状淫羊藿属药材品种选育，选育出抗性强的新品种，降低逆境胁迫的伤害，减少病虫害的发生，进而减少农药的使用量。良种选育除了传统育种手段还可应用现代分子生物学手段，加快优良品种选育进程；③土壤改良过程中，杀灭土壤中害虫时，使用低残留土壤改良剂，注重生物来源的杀虫剂，最大限度降低土壤中高毒和剧毒农药含量，目前中药材农残高和重金属超标是制约中药材产业发展瓶颈，除建立以农业、物理、生物防治的综合体系外，还应

该大力发展植物源农药研发和推广，使用安全、高效、环保的植物源农药，为无公害中药材害虫防治保驾护航；④改变种植理念和旧的观念，不要盲目地追求产量，稳定产量的同时还要注重品质的保障，加强质控，确定最佳采收季节，提升现有的种植管理模式，探寻不同种植模式对药材有效成分的影响，寻找适合产区的最佳模式，使生产出的无公害药材质优、有效成分含量高；⑤对淫羊藿属药材进行分级，建立国际质量标准体系，催生市场多元化发展的同时，使我国中药材进入国际医药主流市场，促进无公害药材健康蓬勃发展；⑥无规矩不成方圆，完善中药材质量监管体系，以二维码、DNA 条形码、化学指纹图谱及网络数据库为依据建立可溯源系统，提供药材流通各个环节信息记录及追溯功能，有法可依的同时做到有据可查，遏制伪劣药材，降低安全事故发生。因此，建立并完善政府主导的监管和质量评价体系，加强科研机构和企业的技术支撑，强化社会监管、技术指导，共同推动淫羊藿中药材种植产业蓬勃健康发展。

参考文献

[1] Ying TS, Boufford DE, Brach AR. *Epimedium* L. [M]. Science Press, Missouri Botanical Garden Press, 2011: 787－799.

[2] Stearn WT. The Genus Epimedium and other herbaceous berberidaceae[M]. Portland: Timber Press, 2002.

[3] 国家药典委员会. 中国药典：一部 [M]. 北京：中国医药科技出版科，2015：8-9.

[4] Ma HP, He XR, Yang Y, et al. The genus Epimedium: an ethnopharmacological and phytochemical review[J]. Journal of Ethnopharmacology, 2011, 134（3）: 519-541.

[5] Jiang J, Song J, Jia XB. Phytochemistry and ethnopharmacology of *Epimedium* L. [J]. Species, 中草药（英文版），2015，7（3）：204-222.

[6] 李作洲，徐艳琴，王瑛，等. 淫羊藿属药用植物的研究现状与展望 [J]. 中草药，2005，36（2）：289-295.

[7] 么厉，程惠珍，杨智，等. 中药材规范化种植（养殖）技术指南 [M]. 北京：中国农业出版社，2006：849-857.

[8] 应俊生. 淫羊藿属（小檗科）花瓣的演化和地理分布格局的研究 [J]. 植物分类学报，2002，40（6）：481-489.

[9] Zhang YJ, Dang HS, Li JQ, et al. The Epimedium wushanense（Berberidaceae）species complex, with one new species from Sichuan, China[J]. Phytotaxa, 2014, 172（1）: 39-45.

[10] 郭宝林，肖培根. 中药淫羊藿主要种类评述 [J]. 中国中药杂志，2003，28（4）：18-22.

[11] 张华峰，杨晓华，郭玉蓉，等. 药用植物淫羊藿资源可持续利用现状与展望 [J]. 植物学报，2009，44（3）：363-370.

[12] Zhang YJ, Du LW, Liu A, et al. The complete chloroplast genome sequences of five Epimedium species: lights into phylogenetic and taxonomic analyses[J]. Frontiers in Plant Science, 2016, 7（696）:306.

[13] Chen JJ, Xu YQ, Wei GY, et al. Chemotypic and genetic diversity in Epimedium sagittatum from different geographical regions of China[J]. Phytochemistry, 2015, 116（1）: 180-187.

[14] Xu YQ, Huang HW, Li ZZ, et al. Development of 12 novel microsatellite loci in a traditional Chinese medicinal plant, Epimedium brevicornum, and cross-amplification in other related taxa[J]. Conservation Genetics, 2008, 9 (4) : 949-952.

[15] 杜真辉，董诚明. 淫羊藿种子研究进展 [J]. 种子，2016，35（9）：58-60.

[16] 徐艳琴，陈建军，葛菲，等 . 淫羊藿药材质量评价研究现状与思考 [J]. 中草药，2010，41（4）：661-666.

[17] 中国科学院中国植物志编辑委员会. 中国植物志：第 29 卷小檗科 [J]. 北京：科学出版社，2004.

（于东悦，王瑛，孙伟，梁琼，党海山，张燕君）

43 紫苏

引言

2015 年版《中华人民共和国药典》收录三个紫苏药材基原：紫苏叶，紫苏梗，紫苏子。其中紫苏叶及紫苏梗主要来自于药（叶）用紫苏，包括唇形科紫苏属植物紫苏回回苏变种 [*Perilla frutescens* var. *crispa*（Thunb.）Hand.-Mazz] 及野生紫苏变种 [*Perilla frutescens* var. *acuta*（Thunb.）Kudo] 的干燥叶及干燥梗；紫苏子主要来源于籽（油）用紫苏，指唇形科紫苏属植物紫苏原变种 [*Perilla frutescens* var. *frutescens*（Linn.）Britt] 的籽粒。目前紫苏产品市场较为混乱，由于紫苏不同种质间挥发油中药用成分差异较大，而多数种植户或生产企业未对栽培种质进行评估，如部分野生种质中含有紫苏酮等有毒成分，导致产品质量出现问题。而且以及在栽培过程中没有注意栽培过程中过量或不当使用农药及杀虫剂，造成紫苏叶及梗中农药残留及重金属超标。而且种植时往往仅注重产量而忽视品质，导致紫苏产品市场良莠不齐。

一、无公害紫苏产地环境

（一）生态适宜因子

无公害紫苏生产的产地环境应符合国家《中药材生产质量管理规范（试行）》，根据其生物学的特性，依据《中国药材产地生态适宜性区划》（第二版）进行产地的选择。紫苏为一年生草本，对环境适应能力较强，喜温暖湿润气候。种子在地温 5℃以上时即可萌发，发芽的最适温度为 18～23℃，采收后适宜在低温存放。土壤以疏松、肥沃、排灌方便为佳。花期 7～8 月，果期 8～9 月。根据 GIS 空间分析法得到紫苏主要生长区域生态因子范围：年均温度 1.0～19.1℃；最热季均温 17.7～28.6℃；最冷季均温：-18.3～9.4℃；年均相对湿度 54.8%～74.9%；年均日照 122.5～157.5 W/m²；年均降水量 404～1623 mm（表 2-43-1）。土壤类型以强淋溶土、高活性强酸土、红砂土、人为土、黑钙土、始成土、冲积土、淋溶土、低活性淋溶土、黑土、粗骨土、变性土等为主。种植地土壤必须符合 GB 15618 和 NY/T 391 的一级或二级土壤质量标准要求。

表 2-43-1　紫苏野生分布区、道地产区、主产区气候因子阈值（GMPGIS-Ⅱ）

生态因子	生态因子值范围	生态因子	生态因子值范围
年均温度（℃）	1.0～19.1	年均降水量（mm）	404.0～1623.0
平均气温日较差（℃）	6.8～12.9	最湿月降水量（mm）	131.0～297.0
等温性（%）	21.0～30.0	最干月降水量（mm）	1.0～52.0
气温季节性变动（标准差）	7.0～14.5	降水量季节性变化（变异系数 %）	46.0～127.0
最热月最高温度（℃）	24.4～34.6	最湿季度降水量（mm）	286.0～733.0
最冷月最低温度（℃）	-28.2～5.5	最干季度降水量（mm）	6.0～181.0
气温年较差（℃）	27.4～52.9	最热季度降水量（mm）	286.0～590.0
最湿季度平均温度（℃）	17.7～26.9	最冷季度降水量（mm）	6.0～223.0
最干季度平均温度（℃）	-18.3～11.5	年均相对湿度（%）	54.8～74.9
最热季度平均温度（℃）	17.7～28.6	年均日照（W/m²）	122.5～157.5
最冷季度平均温度（℃）	-18.3～9.4		

（二）无公害紫苏产地标准

紫苏产地环境应符合 NYT 5295-2015《无公害农产品产地环境评价准则》标准，空气应符合 GB 3095-2012《环境空气质量标准》二级标准，土壤应符合 GB 15618-2008《土壤环境质量标准》二级标准，种植要求应符合《中药材生产质量管理规范（试行）》，灌溉水质应符合 GB 5084-2005《农田灌溉水质标准》二级标准。生产基地应选择远离城区、工矿区、交通主干线、工业污染源、生活垃圾场等。

（三）生态适宜产区

根据紫苏主要生长区域生态因子阈值，紫苏生态适宜产区以黑龙江、湖南、吉林、辽宁、河北、四川、云南、贵州一带为宜；引种栽培研究区域主要包括黑龙江、湖南、四川、吉林、辽宁、河北、云南、贵州等省。

二、无公害紫苏优良种子及种苗生产

（一）优良种源选择原则

根据《中华人民共和国药典》2015年版定义，药（叶）用紫苏主要选择叶挥发油含量高，且挥发油主要成分以紫苏醛为主的叶用品系。叶用优良品种还要具有叶丰产、病虫害抗性强、在适宜栽培生态等优良特性。籽（油）用紫苏主要选育种子油脂含量高，且高产、优质、抗病、在适宜栽培生态等特性的优良品种。目前选育方法主要是采用系统选育的方法，通过表型性状及经济性状优选，经过多代自交纯化筛选，强化目标性状，实现增产、优质、高抗的目的。

（二）紫苏良种制种生产要求

制种田要求在相对隔离的区域，土壤肥力均匀、水源灌溉良好、风速中等，间隔区间500 m以上的土地。且必须是多年未种过紫苏的土地，以免自生紫苏引起混杂。

原种进行隔离种植，播种及管理方式参照无公害紫苏直播栽培方式进行。在苗期，现序期及初花期分别进行观察，去除劣株、异性株及早花株。紫苏花序1/2变黄时即可收获。成熟期选择长势良好、生育期一致的优良单株进行混收。收获种子外观应为完整、健康、无伤痕、无病虫害的种子，且良种质量需达到净度>95%、发芽率>75%、含水量<8%、杂质率<2%。紫苏种子由于油脂含量较高，易氧化失活。种子收获后需及时干燥，要求含水量<8%，密封存放于4℃低温下。存放时避免受潮，以及挤压造成的破裂。紫苏种子采用种衣剂处理可明显提高种苗活力，增加紫苏幼苗生长速度。每千克种子添加16 ml艾科顿种衣剂。且在该种衣剂处理下，对单株生物量及产量构成因素均有提高，对紫苏锈病、白粉病及根腐病抗性也有显著提升。

三、无公害紫苏种植生产技术和管理系统

（一）无公害紫苏轻简化高效直播方式

轻简化栽培技术主要为机械化高效栽培方式，生产效益较高，适用于大面积及规模化的种植。

1. 种子处理

应选择完整、健康、无伤痕、无病虫害的种子。且良种质量需达到净度>95%, 发芽率>75%, 含水量<8%, 杂质率<2%。紫苏种子采用种衣剂处理可明显提高种苗活力，增加紫苏幼苗生长速度。每千克种子添加16 ml艾科顿种衣剂。在该种衣剂处理下，对单株生物量及产量构成因素均有提高，对紫苏锈病、白粉病及根腐病抗性也有显著提升。

2. 栽培地处理

根据栽培地肥力情况，可进行基肥补充，每亩施腐熟好的优质有机厩肥或堆肥4000 kg或施用25 kg复合肥。基肥施用非常关键，可有效减少中耕追肥管理的环节。在施好基肥的地快，采用机械化翻耕播种。翻耕后厢面处理平整，土粒细匀。播种时如遇土壤干旱，应先浇水将地淋透，待

土壤吸水后再松土、平整，然后才能播种。

3. 播种

紫苏最适播种期为4月中下旬，直播每亩播种量为50～80 g。将种子拌入部分细沙或草木灰进行播种。机械撒种时采用油菜籽播种机。

4. 苗期管理

苗期4～5对真叶时，如密度过大，则可匀苗，间去过密的幼苗。如出苗不好，及时补苗。油用紫苏密度控制在11 000株/亩为宜。叶用紫苏则为5500株/亩。抗旱防涝：紫苏幼苗时，如遇土壤干旱缺水，应注意浇水抗旱。如幼苗期间多雨，试验地排水不畅，应及时挖沟排水，降低地下水位。田间去杂：在苗期至抽薹期期间，进行1～2次田间去杂，主要去掉异型株，确保试验质量。

5. 病虫害防治

紫苏抗性较强，如播种后没有病虫害发生，则常规不用病虫害防治。病虫害防治要符合NY/T 1276-2007农药安全使用规范，并根据当地气候及病害情况调整。

6. 采收

紫苏叶采收主要分为苗后期，现序期，初花期三次采收。紫苏梗采收主要在初花期取主茎及一次分枝茎。紫苏子采收为成熟期采收。如考虑叶、籽双收时，每次取叶需保留最上3～4片真叶。如仅考虑取叶的材料，可在花期时去顶端花序，延长取叶时间。当紫苏花序1/2变色时即可收割后，可采用人工或机械将植株砍倒，田间晾晒2～3天后脱粒。或采用油菜收割机械收割，但后者有30%以上的损失。人工收割时可采用两次脱粒，确保脱粒干净。脱粒后应及时晒干，避免受潮。

（二）无公害紫苏高产育苗栽培方式

无公害紫苏高产育苗栽培方式主要为适应于小面积或不规则地形，如综合开发坡地、荒地，或与其他作物套种的一种生态栽培方式。该方式适宜农户自主栽培，用工量较大，但是单位面积产出较高。

1. 育苗管理

苗床地应选择土地肥沃、向阳、靠近水源和移栽本田管理方便的砂壤地作苗床；如旱地作苗床必须是多年未种过紫苏的土地，以免自生紫苏引起混杂。移栽每亩准备苗床面积为0.05～0.1亩苗床地。苗床整地施肥时，需施好腐熟肥，进行碎土使土肥相容。苗床作土要细。播种时间：4月1日～4月15日。每亩播种量：20～30 g。播种方法：先浇水将苗床湿润，待土壤吸水后再松土、整平后才能撒种。将种子均匀撒入苗床面积内。采用遮阳网或作物秸秆盖种。待子叶伸展，及时揭去覆盖物。

2. 移栽管理

移栽时间：5月1～5月20日，苗为2～4对真叶时进行移栽。

大田整地：保证栽培地不积水、潮湿，提前开沟排水，做到田土干燥，以保证整地质量，按时移栽。移栽前采用机械翻耕后厢面处理平整，土粒细匀。并根据栽培地肥力情况，可进行底肥补充，每亩施腐熟好的优质有机厩肥或堆肥4000 kg或施用25 kg复合肥。

移栽方法：选择阴天或晴天下午进行，厢宽一般不超过 6 m，行距 40 cm，窝距 15 cm。油用紫苏密度控制在 11 000 株 / 亩为宜。叶用紫苏则为 5500 株 / 亩。起苗前一天检查苗床湿度，如果湿度不够应将苗床浇透，以保证起苗时不伤根系。多带护根土，不栽隔夜苗。浇施定根肥水，每亩用尿素 3～5 kg。在栽好苗后立即浇施。

田间管理及采收可参照无公害紫苏轻简化高效直播方式。

四、无公害紫苏施肥管理及病虫草害防治

（一）施肥管理

紫苏较耐瘠薄，栽培过程中需肥量较少。施肥应坚持以基肥为主，如现序期生长有缺肥表现，才考虑进行追肥。基肥主要采用有机肥，辅以其他肥料使用。有机肥除了能补充紫苏生长所需要的微量元素、增加土壤有机质和改良土壤外，在持续增加紫苏产量，改善其品质方面更具有特殊作用。复合肥施用时考虑大中微量元素配合使用平衡施肥原则；实行氮、磷、钾肥配合施用，三者比例约为 3∶2∶0.5。使用肥料的原则和要求、允许使用和禁止使用肥料的种类等执行按 DB13/T 454，未经国家或省级农业部门登记的化肥或生物肥料禁止使用。

无公害紫苏施肥方法为每亩施腐熟好的优质有机厩肥或堆肥 4000 kg 或施用 25 kg 复合肥。追肥时可使用复合肥及氮肥。肥料用量根据土壤肥力高低略有增减。

（二）病虫害管理

无公害紫苏病虫害防治按照“预防为主，综合防治”的植保方针，优先选用农业措施、生物防治和物理防治的方法，最大限度地减少化学农药的用量，以减少污染和残留。生产过程中禁止使用国家禁止和限制在中草药上使用的农药种类。优先选择 NY/T 393《绿色食品农药使用准则》中 AA 级和 A 级绿色食品生产允许使用植物和动物源、微生物源、生物化学源和矿物源农药品种。根据不同栽培目标，选择不同防治措施。药（叶）用紫苏对病虫害防治要求较高，籽（油）用紫苏要求次之。对籽（油）用紫苏选择抗性较强品种栽培，如病虫害较轻不引起减产的情况下，可不采用防治措施。

紫苏病害主要由真菌侵染所致，占 80% 以上，常见的有：锈病，斑枯病根腐病、白粉病、灰霉病、菌核病，其次是细菌性和病毒引起的病害。紫苏常见虫害有10多种，主要有：蚜虫、椿象、地老虎、菜青虫、蓟马、白粉虱、甜菜夜蛾、红蜘蛛，银纹夜蛾、紫苏野螟、蚱蜢等，以危害根、茎和叶为主。

防控时优先物理防控，及时清除病害残体减少病原数量，发现发病中心及时清除发病植株和发病组织，并将病残体带出集中销毁，以减少环境病原数量。或利用植物源农药进行防控，如利用印楝油、苦楝、苦皮藤、烟碱等植物源农药防治多种病虫害。此外，活性菌有机肥（EM 菌剂、酵素菌等）作基肥或叶面肥即增肥又防病（表 2-43-2）。或根据符合 NY/T 1276-2007 农药安全使用规范（表 2-43-3）。

表 2-43-3　无公害紫苏病害种类及防治方法

病害种类	危害部位	防治方法	
		化学方法	综合方法
锈病	叶片	1：1：100 波尔多液或 65% 代森锌可湿性粉	在播种前采用药剂拌种，初发病时采用 400～500 倍液体喷施，注意排水除湿，合理密度
白粉病	叶片	70% 甲基托布津、50% 代森锰锌、50% 多菌灵	初发病时采用 500～800 倍液体交替喷施 2～3 次，注意排水除湿，合理密度
斑枯病	叶片	1：1：100 波尔多液或 65% 代森锌可湿性粉 400～500 倍液喷施	远离发病地块种植，忌轮作，选用无病害紫苏作种根，及时彻底清除销毁病株、残桩及其落叶，合理密植，及时排水降湿
根腐病	根部、根茎	0.3% 的退菌特或种子重量 0.1% 的粉锈宁	栽培前可用多菌灵对土壤进行消毒，如遇发病及时拔出病株，并采用以上溶液进行灌根
立枯病	茎基	发病初期用 5% 石灰水灌根 3～4 次，间隔 7～10 天灌根	及时松土，开沟排水，避免过湿

表 2-43-4　无公害紫苏虫害种类及防治方法

虫害种类	危害部位	防治方法	
		化学方法	综合方法
蚜虫	嫩茎、叶片、花	10% 吡虫啉 1500 倍液或 20% 抗蚜威 1000 倍液喷施 2～3 次	加强田间管理及肥水管理，采用瓢虫生物防治
椿象	叶片、果实	锐丹和 80% 锐劲特水分散粒剂	采用椿象天敌寄生蜂及螳螂进行生物防治
菜青虫	叶片	采用菊酯类农药，如溴氰菊酯、氯氰菊酯、甲氰菊酯、氯氟氰菊酯等进行喷施	利用广赤眼蜂、微红绒茧蜂、凤蝶金小蜂等天敌进行生物防治
蓟马	叶片、根系	25% 吡虫啉 1000 倍，25% 噻虫嗪水分散粒剂 3000 喷施或灌根	清除田间杂草和枯枝残叶，集中烧毁或深埋，消灭越冬成虫和若虫。设置蓝色粘板，诱杀成虫
白粉虱	叶片	600～800 倍蓟虱净或 0.30% 苦参碱喷施	引入蚜小蜂等天敌进行生物防治，或用黄色板诱捕成虫并涂以粘虫胶进行诱杀
甜菜夜蛾	叶片、根系	10% 氯氰菊酯 2000～4000 倍液；2.5% 溴氰菊酯 2000～4000 倍液进行喷施	采用甜菜夜蛾诱捕器进行捕杀
红蜘蛛	叶片	10% 吡虫啉 1500 倍液喷施 2～3 次，每次喷施间隔 7～10 天	收获期彻底清除田间枯枝落叶及周边杂草，集中烧毁或深埋
蚱蜢	叶片	喷撒苦烟粉剂 1.5～2 kg，或采用菊酯类农药兑水喷雾防治	利用麻雀、青蛙、大寄生蝇等天敌进行生物防治

（三）杂草管理

根据栽培地域不同，田间杂草有较大差异。杂草发生种类主要有禾草类、莎草类和阔叶类等杂草，如马唐、辣子草、狗尾草、鸭跖草、腺梗豨莶、鬼针草、水花生等。根据栽培土地杂草类型及数量，紫苏杂草管理可采用除草剂并结合人工除草的方法。在紫苏播种前可考虑采用高效、低毒的选择性除草剂。除草剂使用方法：播种前3～4周使用，杂草枯死后深翻15～20 cm，进行紫苏播种或移栽。在紫苏种植及采收的全过程，均不再使用除草剂。在紫苏种植出苗期间，如杂草生长旺盛，可采用人工除草方式。一般苗期田间考虑除2～3次草。紫苏苗生长旺盛封行后，杂草就很难生长，后期可以不进行除草管理。

（四）鸟害防治

鸟害防治主要是针对籽（油）用紫苏或药（叶）用紫苏种子繁殖。紫苏种子香气浓郁，含油量较高，成熟期易被鸟类啄食，造成大量减产。现阶段国家禁止捕杀鸟类，只能采用物理方式防鸟、驱鸟。常用的方式可以在田间布置驱鸟带，或扎稻草人赶鸟，或利用声波驱鸟，或搭建防鸟网等措施，防止鸟害发生。

七、无公害紫苏采收及质量标准

无公害紫苏的采收期依据物种的类型选择适宜的采收期。紫苏叶采收主要分为苗后期，现序期，初花期三次采收。紫苏梗采收主要在初花期取主茎及一次分枝茎。紫苏籽采收为成熟期采收。

无公害紫苏原料的装运，包装环节避免二次污染，需要清洗原料的清洗水的质量要求必须符合GB 3838《地表水环境质量标准》的Ⅰ-Ⅲ类水指标。需要干燥的无公害紫苏原料，需依据每种药材类型及要求，采用专用烘烤设备或专用太阳能干燥棚等进行干燥。

无公害紫苏质量包括药材材料的真伪、农药残留和重金属及有害元素限量、总灰分、浸出物、含量等质量指标。紫苏真伪可通过形态、显微、化学及基因层面进行判别，《中华人民共和国药典》2015年版对药材进行了详细的描述。杂质、水分、总灰分、浸出物、含量等质量指标参照《中华人民共和国药典》2015年版检测方法及规定。

紫苏种质类型较多，生产管理粗放，药材质量良莠不齐，造成市场混乱。目前解表类中成药中普遍含有紫苏及紫苏提取物。作为特色的药食两用型植物，紫苏近几年需求量增加。为了规范紫苏的栽培管理，提高紫苏的产量和品种，应加强优良品种的鉴选以及栽培管理的规范。在紫苏生产管理中，建立相应无公害紫苏栽培管理技术规范，完善无公害紫苏种植技术体系，推动无公害生产技术全面实施。

参考文献

[1] 国家药典委员会. 中华人民共和国药典：一部[M]. 北京：中国医药科技出版社，2015：38.

[2] 陈士林，李西文，孙成忠，等. 中国药材产地生态适宜性区划 [M]. 2 版. 北京：科学出版社，2017.

[3] 沈奇，张栋，孙伟，等. 药用植物 DNA 标记辅助育种（Ⅱ）丰产紫苏新品种 SNP 辅助鉴定及育种研究 [J]. 中国中药杂志，2017，42（9）：1668-1672.

[4] 杨森，沈奇，田世刚，等. 施氮量对紫苏产量及品质的影响 [J]. 贵州农业科学，2016，45（8）：79-82.

[5] 姜莹，周文美，危克周，等. 生物固氮肥对苏麻种植的影响试验 [J]. 贵州大学学报（自然科学版），2016，33（4）：30-33.

[6] 谭美莲，严明芳，汪磊，等. 国内外紫苏研究进展概述 [J]. 中国油料作物学报，2012，34（2）：225-231.

[7] 沈奇，商志伟，杨 森，等. 紫苏属植物的研究进展及发展潜力 [J]. 贵州农业科学，2017，45（9）：93-102.

[8] 夏至，李贺敏，张红瑞，等. 紫苏及其变种的分子鉴定和亲缘关系研究 [J]. 中草药，2013，44（8）：1027-1032.

[9] 徐静，王仙萍，田世刚，等. 紫苏主要农艺性状与产量构成相关性分析 [J]. 中国油料作物学报，2017，39（5）：664-673.

[10] 魏长玲，郭宝林，张琛武，等. 中国紫苏资源调查和紫苏叶挥发油化学型研究 [J]. 中国中医杂志，2016：41（10）：1823-1834.

（沈奇，李西文，孟祥霄，向丽，杨森，陈士林）

附录 3 GC-MS/MS 标准物质信息

序号	标准物质	定量限（mg/kg）	溶剂
1	Alachlor 甲草胺	0.01	丙酮
2	Aldrin 艾氏剂	0.01	丙酮
3	Bendiocarb 恶虫威	0.01	丙酮
4	Benfluralin 乙丁氟灵	0.01	丙酮
5	Benfuresate 呋草黄	0.01	丙酮
6	Bifenthrin 联苯菊酯	0.01	丙酮
7	Bromophos ethyl 乙基溴硫磷	0.01	丙酮
8	Bromopropylate 溴螨酯	0.01	丙酮
9	Butachlor 丁草胺	0.01	丙酮
10	Carbophenothion 三硫磷	0.01	丙酮
11	Chlorbenside 氯杀螨	0.01	丙酮
12	Chlorfenapyr 虫螨腈	0.01	丙酮
13	Chlorfenson 杀螨酯	0.01	丙酮
14	Chlorfenvinphos 毒虫畏	0.01	丙酮
15	Chlorobenzilate 乙酯杀螨醇	0.01	丙酮
16	Chlorothalonil 百菌清	0.01	丙酮
17	Chlorpyrifos 毒死蜱	0.01	丙酮
18	Chlorpyrifos methyl 甲基毒死蜱	0.01	丙酮
19	Chlozolinate 克氯得	0.01	丙酮
20	cis-Chlordane 顺式氯丹	0.01	丙酮
21	Oxychlordane 氧氯丹	0.01	丙酮
22	trans-Chlordane 反式氯丹	0.01	丙酮
23	Cyfluthrin 氟氯氰菊酯	0.01	丙酮
24	Cypermethrin 氯氰菊酯	0.01	丙酮
25	Deltamethrin 溴氰菊酯	0.01	丙酮
26	Diazinon 二嗪磷	0.01	丙酮
27	Dichlofenthion 除线磷	0.01	丙酮

续表

序号	标准物质	定量限（mg/kg）	溶剂
28	Dichlorvos 敌敌畏	0.01	丙酮
29	Dicofol,p,p’三氯杀螨醇	0.01	丙酮
30	Dieldrin 狄氏剂	0.01	丙酮
31	Dimethenamid 二甲吩草胺	0.01	丙酮
32	Dimethylvinphos 甲基毒虫畏	0.01	丙酮
33	Diphenamid 双苯酰草胺	0.01	丙酮
34	Disulfoton 乙拌磷	0.01	丙酮
35	Edifenphos 敌瘟磷	0.01	丙酮
36	EPN 苯硫磷	0.01	丙酮
37	Ethalfluralin 乙丁烯氟灵	0.01	丙酮
38	Ethion 乙硫磷	0.01	丙酮
39	Ethofumesate 乙氧呋草黄	0.01	丙酮
40	Ethoprophos 灭线磷	0.01	丙酮
41	Etofenprox 醚菊酯	0.01	丙酮
42	Fenchlorphos 皮蝇磷	0.01	丙酮
43	Fenitrothion 杀螟硫磷	0.01	丙酮
44	Fenpropathrin 甲氰菊酯	0.01	丙酮
45	Fensulfothion 丰索磷	0.01	丙酮
46	Fenthion 倍硫磷	0.01	丙酮
47	Fenvalerate&Esfenvalerate 氰戊菊酯 & 高效氰戊菊酯	0.02	丙酮
48	Flusilazole 氟硅唑	0.01	丙酮
49	Fonofos 地虫硫磷	0.01	丙酮
50	Furalaxyl 呋霜灵	0.01	丙酮
51	Heptachlor 七氯	0.01	丙酮
52	Heptenophos 庚烯磷	0.01	丙酮
53	Hexachlorobenzene 六氯苯	0.01	丙酮
54	Iprodione 异菌脲	0.01	丙酮
55	Isazophos 氯唑磷	0.03	丙酮
56	Isofenphos 异柳磷	0.01	丙酮

续表

序号	标准物质	定量限（mg/kg）	溶剂
57	Lambda-cyhalothrin 高效氯氟氰菊酯	0.01	丙酮
58	Napropamide 敌草胺	0.01	丙酮
59	Nitrothal-isopropyl 酞菌酯	0.01	丙酮
60	*o,p'*-DDD *o,p'*- 滴滴滴	0.01	丙酮
61	*o,p'*-DDE *o,p'*- 滴滴伊	0.01	丙酮
62	*p,p'*-DDD *p,p'*- 滴滴滴	0.01	丙酮
63	*p,p'*-DDE *p,p'*- 滴滴伊	0.01	丙酮
64	Paclobutrazol 多效唑	0.01	丙酮
65	Penconazole 戊菌唑	0.01	丙酮
66	Pendimethalin 二甲戊灵	0.01	丙酮
67	Pentachloroaniline 五氯苯胺	0.01	丙酮
68	Pentachloroanisole 五氯茴香醚	0.01	丙酮
69	Permethrin 氯菊酯	0.01	丙酮
70	Phenthoate 稻丰散	0.01	丙酮
71	Phorate 甲拌磷	0.01	丙酮
72	Pirimiphos-ethyl 嘧啶磷	0.01	丙酮
73	Pirimiphos-methyl 甲基嘧啶磷	0.01	丙酮
74	Procymidone 腐霉利	0.01	丙酮
75	Profenophos 丙溴磷	0.01	丙酮
76	Prometryn 扑草净	0.01	丙酮
77	Propiconazole 丙环唑	0.01	丙酮
78	Propyzamide 炔苯酰草胺	0.01	丙酮
79	Quinalphos 喹硫磷	0.01	丙酮
80	Quintozene 五氯硝基苯	0.01	丙酮
81	Safrotin 巴胺磷	0.01	丙酮
82	Salithion 蔬果磷	0.01	丙酮
83	Sulfotep 治螟磷	0.01	丙酮
84	Tau-fluvalinate 氟胺氰菊酯	0.05	丙酮
85	Tebuconazole 戊唑醇	0.01	丙酮

续表

序号	标准物质	定量限（mg/kg）	溶剂
86	Tecnazene 四氯硝基苯	0.01	丙酮
87	Terbufos 特丁硫磷	0.01	丙酮
88	Tetrachlorvinphos 杀虫威	0.01	丙酮
89	Tetradifon 三氯杀螨砜	0.01	丙酮
90	Tolclofos-methyl 甲基立枯磷	0.01	丙酮
91	Triadimefon 三唑酮	0.01	丙酮
92	Trifluralin 氟乐灵	0.01	丙酮
93	α-endosulfan α- 硫丹	0.01	丙酮
94	β-endosulfan β- 硫丹	0.01	丙酮
95	Endosulfansulfate 硫丹硫酸酯	0.01	丙酮

附录 4　LC-MS/MS 部分标准物质信息

序号	标准物质	定量限（mg/kg）	溶剂
1	Acetamiprid 啶虫脒	0.01	丙酮
2	Acetochlor 乙草胺	0.01	丙酮
3	Aldicarb 涕灭威	0.01	丙酮
4	Aldicarb-sulfoxide 涕灭威亚砜	0.01	丙酮
5	Aldoxycarb 砜灭威 / 涕灭威砜	0.01	丙酮
6	Anilofos 莎稗磷	0.01	丙酮
7	Aramite 杀螨特	0.01	丙酮
8	Atrazine 莠去津	0.01	丙酮
9	Azinophos-methyl 保棉磷	0.01	丙酮
10	Azoxystrobin 嘧菌酯	0.01	丙酮
11	Benalaxyl 苯霜灵	0.01	丙酮
12	Bensulfuron-methyl 苄嘧磺隆	0.01	丙酮
13	Bitertanol 联苯三唑醇	0.01	丙酮

续表

序号	标准物质	定量限（mg/kg）	溶剂
14	Boscalid 啶酰菌胺	0.01	丙酮
15	Buprofezin 噻嗪酮	0.01	丙酮
16	Carbaryl 甲萘威	0.01	丙酮
17	Carbendazim 多菌灵	0.01	甲醇
18	Carbofuran 克百威	0.01	丙酮
19	Carbofuran-3-hydroxy 3- 羟基克百威	0.01	丙酮
20	Chlorbenzuron 灭幼脲	0.01	丙酮
21	Chlorbufam 氯草灵	0.01	丙酮
22	Chloroxuron 枯草隆	0.01	丙酮
23	Clethodim 烯草酮	0.01	丙酮
24	Clothianidin 噻虫胺（可尼丁）	0.01	丙酮
25	Cyanazine 氰草津	0.01	丙酮
26	Cyprodinil 嘧菌环胺	0.01	丙酮
27	Diethofencarb 乙霉威	0.01	丙酮
28	Difenoconazole 苯醚甲环唑	0.01	丙酮
29	Diflubenzuron 除虫脲	0.01	丙酮
30	Dimethoate 乐果	0.01	丙酮
31	Dimethomorph 烯酰吗啉	0.01	丙酮
32	Emamectinbenzoate 甲氨基阿维菌素苯甲酸盐	0.01	丙酮
33	Esprocarb 戊草丹	0.01	丙酮
34	Ethiofencarb 乙硫甲威	0.01	丙酮
35	Fenoxycarb 苯醚威	0.01	丙酮
36	Fenpropimorph 丁苯吗啉	0.01	丙酮
37	Fentrazamide 四唑啉酮	0.01	丙酮
38	Haloxyfop-ethoxyethyl 氟吡乙禾灵	0.01	丙酮
39	Haloxyfop-methyl 氟吡甲禾灵	0.01	丙酮
40	Hexythiazox 噻螨酮	0.01	丙酮
41	Imazalil 抑霉唑	0.01	丙酮
42	Imidacloprid 吡虫啉	0.01	丙酮

续表

序号	标准物质	定量限（mg/kg）	溶剂
43	Indoxacarb 茚虫威（安打）	0.01	丙酮
44	Iprovalicarb 缬霉威	0.01	丙酮
45	Isoprocarb 异丙威	0.01	丙酮
46	Isoprothiolane 稻瘟灵	0.01	丙酮
47	Isoproturon 异丙隆	0.01	丙酮
48	Kresoxim-methyl 醚菌酯	0.05	丙酮
49	Lenacil 环草啶	0.01	丙酮
50	linuron 利谷隆	0.01	丙酮
51	Malathion 马拉硫磷	0.01	丙酮
52	Mefenacet 苯噻酰草胺	0.01	丙酮
53	Metalaxyl 甲霜灵	0.01	丙酮
54	Methamidophos 甲胺磷	0.01	丙酮
55	Methidathion 杀扑磷	0.01	丙酮
56	Methiocarb 甲硫威	0.01	丙酮
57	Metolachlor 异丙甲草胺	0.01	丙酮
58	Mevinphos 速灭磷	0.01	丙酮
59	Monocrotophos 久效磷	0.01	丙酮
60	Nicosulfuron 烟嘧磺隆	0.01	丙酮
61	Omethoate 氧乐果	0.01	丙酮
62	Oxadiazon 噁草酮	0.01	丙酮
63	Oxadixyl 噁霜灵	0.01	丙酮
64	Oxamyl 杀线威	0.01	丙酮
65	Oxydemeton-methyl 亚砜磷	0.01	丙酮
66	Parathion 对硫磷	0.01	丙酮
67	Phosalone 伏杀硫磷	0.01	丙酮
68	Phosmet 亚胺硫磷	0.01	丙酮
69	Phoxim 辛硫磷	0.01	丙酮
70	Pirimicarb 抗蚜威	0.01	丙酮
71	Prochloraz 咪鲜胺	0.01	丙酮
72	Promecarb 猛杀威	0.01	丙酮

续表

序号	标准物质	定量限（mg/kg）	溶剂
73	propamocarb 霜霉威	0.01	丙酮
74	Propargite 炔螨特	0.01	丙酮
75	Propoxur 残杀威	0.01	丙酮
76	Pymetrozine 吡蚜酮 / 吡嗪酮	0.01	丙酮
77	pyrazophos 吡菌磷	0.01	丙酮
78	Pyridaben 哒螨灵	0.01	丙酮
79	Pyridaphenthion 哒嗪硫磷	0.01	丙酮
80	Pyrimethanil 嘧霉胺	0.01	丙酮
81	Quizalofop-ethyl 喹禾灵	0.01	丙酮
82	Rimsulfuron 砜嘧磺隆	0.01	丙酮
83	Spinosad 多杀霉素	0.01	丙酮
84	Spiroxamine 螺环菌胺	0.01	丙酮
85	Tebufenozide 虫酰肼	0.01	丙酮
86	Tebufenpyrad 吡螨胺	0.01	丙酮
87	Thiabendazole 噻菌灵	0.01	丙酮
88	thiacloprid 噻虫啉	0.01	丙酮
89	Thiamethoxam 噻虫嗪	0.01	丙酮
90	Thifensulfuron-methyl 噻吩磺隆	0.01	丙酮
91	Thiodicarb 硫双威	0.01	丙酮
92	Thiofanox-sulfone 久效威砜	0.01	丙酮
93	Thiofanox-sulfoxide 久效威亚砜	0.01	丙酮
94	Thiophanate-methyl 甲基硫菌灵	0.01	丙酮
95	Tolfenpyrad 唑虫酰胺	0.01	丙酮
96	Triadimenol 三唑醇	0.01	丙酮
97	Triasulfuron 醚苯磺隆	0.01	丙酮
98	Triazophos 三唑磷	0.01	丙酮
99	Trichlorphon 敌百虫	0.01	丙酮
100	Triflumizole 氟菌唑	0.01	丙酮
101	Triflusulfuron-methyl 氟胺磺隆	0.01	丙酮
102	Vamidothion 蚜灭磷	0.01	丙酮

附录 5 GC-MS/MS 测定法标准物质信息

序号	英文名	中文名	浓度（mg/kg）	溶液名称	溶剂	定量限（mg/kg）
1	Alachlor	甲草胺	1	除虫菊酯标准品溶液	丙酮	0.01
2	Aldrin	艾氏剂	2.5	有机氯标准品溶液	丙酮	0.01
3	Benzoepin b	*β*- 硫丹	150	有机氯标准品溶液	丙酮	0.01
4	Bromopropylate	溴螨酯	150	除虫菊酯标准品溶液	丙酮	0.01
5	Butachlor	丁草胺	5	G1 标准品溶液	丙酮	0.01
6	Chlordane cis	顺式氯丹	2.5	有机氯标准品溶液	丙酮	0.01
7	Chlordane oxy	氧化氯丹	2.5	有机氯标准品溶液	丙酮	0.01
8	Chlordane trans	反式氯丹	2.5	有机氯标准品溶液	丙酮	0.01
9	Chlorfenapyr	溴虫腈	250	G2 标准品溶液	丙酮	0.01
10	Chlorobenzilate	乙酯杀螨醇	80	有机氯标准品溶液	丙酮	0.01
11	Chlorpyrifos	毒死蜱	10	有机磷对照品溶液	丙酮	0.01
12	Chlorpyrifos-methyl	甲基毒死蜱	5	有机磷对照品溶液	丙酮	0.01
13	Cyanophos	杀螟腈	2.5	有机磷对照品溶液	丙酮	0.01
14	Cyfluthrin 1	氟氯氰菊酯 1	50	除虫菊酯标准品溶液	丙酮	0.01
15	Cyfluthrin 2	氟氯氰菊酯 2	50	除虫菊酯标准品溶液	丙酮	0.01
16	Cyfluthrin 3	氟氯氰菊酯 3	50	除虫菊酯标准品溶液	丙酮	0.01
17	Cyhalothrin 1	三氟氯氰菊酯 1	50	G2 标准品溶液	丙酮	0.01
18	Cyhalothrin 2	三氟氯氰菊酯 2	50	G2 标准品溶液	丙酮	0.01
19	Cypermethrin 1	氯氰菊酯 1	50	除虫菊酯标准品溶液	丙酮	0.01
20	Cypermethrin 2	氯氰菊酯 2	50	除虫菊酯标准品溶液	丙酮	0.01
21	Cypermethrin 3	氯氰菊酯 3	50	除虫菊酯标准品溶液	丙酮	0.01
22	Cypermethrin 4	氟氯菊酯 4	50	除虫菊酯标准品溶液	丙酮	0.01
23	Deltamethrin	溴氰菊酯	25	除虫菊酯标准品溶液	丙酮	0.01
24	Diazinon	二嗪磷	25	有机磷对照品溶液	丙酮	0.01
25	Dicofol	三氯杀虫螨	100	有机氯标准品溶液	丙酮	0.01

续表

序号	英文名	中文名	浓度（mg/kg）	溶液名称	溶剂	定量限（mg/kg）
26	Endosulfan sulfate	硫丹硫酸盐	150	有机氯标准品溶液	丙酮	0.01
27	Endrin	异狄氏剂	2.5	有机氯标准品溶液	丙酮	0.01
28	EPN	苯硫磷	5	有机磷对照品溶液	丙酮	0.01
29	Ethion	乙硫磷	100	有机磷对照品溶液	丙酮	0.01
30	Fenitrothion（MEP）	杀螟硫磷	25	有机磷对照品溶液	丙酮	0.01
31	Fenthion	倍硫磷	2	有机磷对照品溶液	丙酮	0.01
32	Fenvalerate 1	氰戊菊酯 1	75	除虫菊酯标准品溶液	丙酮	0.01
33	Fenvalerate 2	氰戊菊酯 2	75	除虫菊酯标准品溶液	丙酮	0.01
34	Fonofos	地虫硫磷	2.5	有机磷对照品溶液	丙酮	0.01
35	Heptachlor	七氯	2.5	有机氯标准品溶液	丙酮	0.01
36	Heptachlorepoxide cis	反式环氧七氯	2.5	有机氯标准品溶液	丙酮	0.01
37	Hexachlorobenzene	六氯苯	2.5	有机氯标准品溶液	丙酮	0.01
38	Imibenconazole MET2	甲基 2 亚胺唑	5	G1 标准品溶液	丙酮	0.01
39	Malathion	马拉硫磷	50	有机磷对照品溶液	丙酮	0.01
40	MCPA-ethyl	2 甲 4 氯乙酯	50	G2 标准品溶液	丙酮	0.01
41	MCPA-thioethyl	2 甲 4 氯硫代乙酯	50	G2 标准品溶液	丙酮	0.01
42	*o,p′*-DDE	o,p′-滴滴伊	10	有机氯标准品溶液	丙酮	0.01
43	Parathion	巴拉松	25	有机磷对照品溶液	丙酮	0.01
44	Parathion-methyl	甲基对硫磷	10	有机磷对照品溶液	丙酮	0.01
45	PCA	五氯苯胺	50	有机氯标准品溶液	丙酮	0.01
46	PCNB	五氯硝基苯	50	有机氯标准品溶液	丙酮	0.01
47	PCTA	甲基五氯苯硫醚	50	有机氯标准品溶液	丙酮	0.01
48	Pendimethalin	二甲戊灵	2.5	除虫菊酯标准品溶液	丙酮	0.01
49	Permethrin cis	顺氏氯菊酯	50	除虫菊酯标准品溶液	丙酮	0.01
50	Permethrin trans	反氏氯菊酯	50	除虫菊酯标准品溶液	丙酮	0.01
51	Phenthoate	稻丰散	5	有机磷对照品溶液	丙酮	0.01
52	Phorate	甲拌磷	5	G1 标准品溶液	丙酮	0.01
53	Phosalone	伏杀硫磷	5	有机磷对照品溶液	丙酮	0.01

续表

序号	英文名	中文名	浓度（mg/kg）	溶液名称	溶剂	定量限（mg/kg）
54	Phthalide	苯酞	50	G2 标准品溶液	丙酮	0.01
55	Pirimiphos-methyl	甲基嘧啶磷	200	有机磷对照品溶液	丙酮	0.01
56	*p,p'* -DDD	p,p' - 滴滴滴	10	有机氯标准品溶液	丙酮	0.01
57	*p,p'* -DDE	p,p' - 滴滴伊	10	有机氯标准品溶液	丙酮	0.01
58	Procymidone	腐霉利	5	G2 标准品溶液	丙酮	0.01
59	Prometryn	扑草净	5	G1 标准品溶液	丙酮	0.01
60	Propargite	炔螨特	250	G2 标准品溶液	丙酮	0.01
61	Silafluofen	氟硅菊酯	250	G2 标准品溶液	丙酮	0.01
62	Tetradifon	三氯杀螨砜	15	G2 标准品溶液	丙酮	0.01
63	Tolclofos-methyl	甲基立枯磷	100	G2 标准品溶液	丙酮	0.01
64	Trifluralin	氟乐灵	100	G2 标准品溶液	丙酮	0.01

附录 6　LC-MS/MS 测定法标准物质信息

序号	英文名	中文名	浓度（mg/kg）	溶液名称	溶剂	定量限（mg/kg）
1	Acephate	高灭磷	150	L7 标准品溶液	甲醇	0.01
2	Acetamiprid	啶虫脒	50	L5 标准品溶液	甲醇	0.01
3	Avermectin B_{1a}	阿维菌素 B_{1a}	100	L6 标准品溶液	甲醇	0.01
4	Azoxystrobin	嘧菌酯	50	L4 标准品溶液	甲醇	0.01
5	Bentazone	灭草松	25	L3 标准品溶液	甲醇	0.01
6	Bifenthrin	联苯菊酯	100	L6 标准品溶液	甲醇	0.01
7	Buprofezin	噻嗪酮	50	L5 标准品溶液	甲醇	0.01
8	Carbaryl（NAC）	甲萘威	50	L7 标准品溶液	甲醇	0.01
9	Carbendazim	多菌灵	150	标准储备溶液 D	甲醇	0.01
10	Carbofuran	虫螨威	25	L3 标准品溶液	甲醇	0.01
11	Carbofuran-3-hydroxy	羟基 -3- 呋喃丹	25	L3 标准品溶液	甲醇	0.01

续表

序号	英文名	中文名	浓度（mg/kg）	溶液名称	溶剂	定量限（mg/kg）
12	Chlorobenzuron	灭幼脲	2	L7 标准品溶液	甲醇	0.01
13	Chromafenozide	环虫酰肼	50	L5 标准品溶液	甲醇	0.01
14	Clomeprop	氯甲酰草胺	5	L1 标准品溶液	甲醇	0.01
15	Clothianidin	噻虫胺	50	L4 标准品溶液	甲醇	0.01
16	Coumatetralyl	杀鼠醚	5	L1 标准品溶液	甲醇	0.01
17	Cyazofamid	氰霜唑	25	L3 标准品溶液	甲醇	0.01
18	Cyprodinil	嘧菌环胺	50	L4 标准品溶液	甲醇	0.01
19	Daimuron	杀草隆	5	L1 标准品溶液	甲醇	0.01
20	Diafenthiuron	丁醚脲	15	L2 标准品溶液	甲醇	0.01
21	Dichlorvos（DDVP）	敌敌畏	50	L7 标准品溶液	甲醇	0.01
22	Difenoconazole	苯醚甲环唑	50	L5 标准品溶液	甲醇	0.01
23	Diflufenican	吡氟酰草胺	100	L6 标准品溶液	甲醇	0.01
24	Dimethametryn	异戊腈	5	L1 标准品溶液	甲醇	0.01
25	Dimethoate	乐果	50	L7 标准品溶液	甲醇	0.01
26	Dimethomorph 1	烯酰吗啉 1	75	L4 标准品溶液	甲醇	0.01
27	Dimethomorph 2	烯酰吗啉 2	75	L4 标准品溶液	甲醇	0.01
28	Dinotefuran	呋虫胺	50	L5 标准品溶液	甲醇	0.01
29	Edifenphos	克瘟散	10	L2 标准品溶液	甲醇	0.01
30	Esprocarb	戊草丹	5	L1 标准品溶液	甲醇	0.01
31	Ethiprole	乙虫腈	50	L4 标准品溶液	甲醇	0.01
32	Ethofenprox	醚菊酯	100	L5 标准品溶液	甲醇	0.01
33	Ethychlozate	促长抑唑	50	L5 标准品溶液	甲醇	0.01
34	Etoxazole	乙螨唑	50	L4 标准品溶液	甲醇	0.01
35	Fenbuconazole	氰苯唑	50	L4 标准品溶液	甲醇	0.01
36	Fenpropathrin	甲氰菊酯	100	L5 标准品溶液	甲醇	0.01
37	Fenpyroximate	唑螨酯	50	L5 标准品溶液	甲醇	0.01
38	Flonicamid	氟啶虫酰胺	100	L6 标准品溶液	甲醇	0.01
39	Fluazifop-butyl	吡氟禾草灵	25	L3 标准品溶液	甲醇	0.01
40	Fluazinam	氟啶胺	50	L5 标准品溶液	甲醇	0.01

续表

序号	英文名	中文名	浓度（mg/kg）	溶液名称	溶剂	定量限（mg/kg）
41	Fludioxonil	咯菌腈	100	L6 标准品溶液	甲醇	0.01
42	Flufenoxuron	氟虫脲	25	L3 标准品溶液	甲醇	0.01
43	Flutolanil	氟酰胺	100	L4 标准品溶液	甲醇	0.01
44	Furametpyr	福拉比	5	L1 标准品溶液	甲醇	0.01
45	Haloxyfop-methyl	氟吡甲禾灵	1	L1 标准品溶液	甲醇	0.01
46	Imazosulfuron	唑吡嘧磺隆	25	L1 标准品溶液	甲醇	0.01
47	Imibenconazole	亚胺唑	100	L5 标准品溶液	甲醇	0.01
48	Imibenconazole MET1	甲基 1 亚胺唑	50	L5 标准品溶液	甲醇	0.01
49	Indanofan	茚草酮	5	L1 标准品溶液	甲醇	0.01
50	Indoxacarb	茚虫威	50	L4 标准品溶液	甲醇	0.01
51	Ioxynil	碘苯腈	25	L1 标准品溶液	甲醇	0.01
52	Ipconazole	种菌唑	25	L3 标准品溶液	甲醇	0.01
53	Isocarbofos	水胺硫磷	25	L3 标准品溶液	甲醇	0.01
54	Isoxathion	异噁唑啉	10	L2 标准品溶液	甲醇	0.01
55	Ketoconazole	酮康唑	50	L4 标准品溶液	甲醇	0.01
56	Kresoxim-methyl	醚菌酯	50	L4 标准品溶液	甲醇	0.01
57	Linuron	利谷隆	25	L3 标准品溶液	甲醇	0.01
58	Lufenuron	虱螨脲	75	L2 标准品溶液	甲醇	0.01
59	MCPA	2- 甲基 -4- 氯苯氧乙酸	100	L4 标准品溶液	甲醇	0.01
60	Mefenacet	苯噻酰草胺	5	L1 标准品溶液	甲醇	0.01
61	Metalaxyl	甲霜灵	50	L5 标准品溶液	甲醇	0.01
62	Methamidophos	甲胺磷	35	L7 标准品溶液	甲醇	0.01
63	Methidathion	杀扑磷	10	L7 标准品溶液	甲醇	0.01
64	Methomyl	灭多威	25	L3 标准品溶液	甲醇	0.01
65	Methoxyfenozide	甲氧虫酰肼	50	L4 标准品溶液	甲醇	0.01
66	Metolachlor	异丙甲草胺	15	L2 标准品溶液	甲醇	0.01
67	Monocrotophos	久效磷	10	L7 标准品溶液	甲醇	0.01
68	Myclobutanil	腈菌唑	50	L4 标准品溶液	甲醇	0.01

续表

序号	英文名	中文名	浓度（mg/kg）	溶液名称	溶剂	定量限（mg/kg）
69	Omethoate	氧化乐果	50	L7 标准品溶液	甲醇	0.01
70	Oxaziclomefone	噁嗪草酮	25	L3 标准品溶液	甲醇	0.01
71	Pencycuron	戊菌隆	50	L4 标准品溶液	甲醇	0.01
72	Pentoxazone	戊基恶唑酮	100	L6 标准品溶液	甲醇	0.01
73	Phoxim	辛硫磷	25	L3 标准品溶液	甲醇	0.01
74	Piperonyl butoxide	增效醚	150	L7 标准品溶液	甲醇	0.01
75	Prochloraz	咪鲜胺	25	L3 标准品溶液	甲醇	0.01
76	Profenofos	丙溴磷	5	L1 标准品溶液	甲醇	0.01
77	Propanil	敌稗	5	L1 标准品溶液	甲醇	0.01
78	Propiconazole	丙环唑	5	L1 标准品溶液	甲醇	0.01
79	Pyraclostrobin	吡唑醚菌酯	25	L3 标准品溶液	甲醇	0.01
80	Pyridaben	哒螨灵	50	L4 标准品溶液	甲醇	0.01
81	Pyrimidifen	嘧螨醚	15	L2 标准品溶液	甲醇	0.01
82	Pyriminobac-methyl E	肟啶草 E	5	L1 标准品溶液	甲醇	0.01
83	Pyriminobac-methyl Z	肟啶草 Z	5	L1 标准品溶液	甲醇	0.01
84	Pyroquilone	咯喹酮	10	L2 标准品溶液	甲醇	0.01
85	Simeconazole	硅呋唑	15	L2 标准品溶液	甲醇	0.01
86	Tebuconazole	戊唑醇	25	L3 标准品溶液	甲醇	0.01
87	Tebufenozide	虫酰肼	25	L3 标准品溶液	甲醇	0.01
88	Thiacloprid	噻虫啉	50	L5 标准品溶液	甲醇	0.01
89	Thiamethoxam	噻虫嗪	50	L5 标准品溶液	甲醇	0.01
90	Thifensulfuron-methyl	噻吩磺隆	25	L1 标准品溶液	甲醇	0.01
91	Thiobencarb	禾草丹	10	L2 标准品溶液	甲醇	0.01
92	Thiodicarb	硫双威	25	L3 标准品溶液	甲醇	0.01
93	Thiophanate	硫菌灵	50	L4 标准品溶液	甲醇	0.01
94	Tolfenpyrad	唑虫酰胺	100	L6 标准品溶液	甲醇	0.01
95	Triazophos	三唑磷	5	L1 标准品溶液	甲醇	0.01
96	Triflumizole	氟菌唑	100	L4 标准品溶液	甲醇	0.01
97	Triflumizole MET	甲基氯菌唑	100	L4 标准品溶液	甲醇	0.01